U0317061

地质信息科学与技术丛书

地质信息科学与技术概论

吴冲龙　刘　刚　田宜平　毛小平　何珍文　等 著

科 学 出 版 社

北 京

内 容 简 介

《地质信息科学与技术概论》是作者团队撰写的地质信息科学与技术丛书的第一部。该丛书是作者在此领域进行数十年探索性研究的成果汇聚。本书着重介绍了地质信息科学的基本理论框架、方法论框架和技术体系框架，并且结合目前在各类地质调查、矿产资源勘查和工程地质勘察领域的实际情况，概略地介绍了地质信息系统设计及其优化的原理与方法，其中包括地质信息系统的构架、数据采集、数据管理、空间分析、数据挖掘、信息处理、图件编绘、三维可视化、多维地质建模、过程动态模拟、资源评价与决策分析、数据远程传输和信息系统集成等。书中借鉴并融入了国内外地质信息科技及地理信息科技领域的最新研究成果，体现了系统性、先进性和创新性。

本书可作为从事各类地质、矿产和工程勘查的专业信息科技人员、研究生和本科生的参考书。

图书在版编目(CIP)数据

地质信息科学与技术概论/吴冲龙，刘刚，田宜平，毛小平，何珍文等著.—北京：科学出版社，2014.7

（地质信息科学与技术丛书/吴冲龙主编）

ISBN 978-7-03-041251-5

Ⅰ.①地⋯ Ⅱ.①吴⋯ ②刘⋯ ③田⋯ ④毛⋯ ⑤何⋯ Ⅲ.①信息技术-应用-地质-调查 Ⅳ.①P62-39

中国版本图书馆 CIP 数据核字（2014）第 135144 号

责任编辑：罗　吉　周　丹/责任校对：胡小洁
责任印制：肖　兴/封面设计：许　瑞

科 学 出 版 社 出版
北京东黄城根北街 16 号
邮政编码：100717
http://www.sciencep.com

中国科学院印刷厂印刷

科学出版社发行　各地新华书店经销

*

2014 年 7 月第 一 版　开本：787×1092　1/16
2014 年 7 月第一次印刷　印张：33 3/4
字数：798 000

定价：198.00 元
（如有印装质量问题，我社负责调换）

地质信息科学与技术丛书
编委会名单

主编：吴冲龙

编委：刘　　刚　　田宜平　　毛小平
　　　张夏林　　何珍文　　刘军旗
　　　翁正平

《地质信息科学与技术概论》
作者名单

吴冲龙	刘　刚	田宜平	毛小平
何珍文	张夏林	刘军旗	翁正平
张志庭	李新川	李章林	徐　凯
孔春芳	李　星	綦　广	马小刚

丛　书　序

　　地质信息科学与技术是一个崭新的研究领域，它随着计算机科学和技术的兴起，以及地球空间信息学（geomatics）、地球信息学（geoinformatics）、地理信息科学（geographic information science）和地球信息科学（geo-information science）的出现和发展，以及多种信息技术在基础地质调查、矿产资源勘查和工程地质勘察中的应用而兴起，正吸引着越来越多研究者的关注和参与。

　　作为地质工作信息化的理论和方法基础，地质信息科学是关于地质信息本质特征及其运动规律和应用方法的综合性学科领域，主要研究在应用计算机硬软件技术和通信网络技术对地质信息进行记录、加工、整理、存储、管理、提取、分析、综合、模拟、归纳、显示、传播和应用过程中所提出的一系列理论、方法和技术问题。它既是地球信息科学的一个重要组成部分和支柱，也是地球信息科学与地质科学交叉的边缘学科。吴冲龙教授及其科研团队从20世纪80年代开始，就在这个领域进行探索性研究，先后承担并完成了多个国家级、省部级和大型企业重点科技项目的研究与开发任务，在实践中逐步形成了较为完整的思路、理论与方法，并且研发出了一套以主题式点源数据库为核心的三维可视化地质信息系统平台软件（QuantyView，原名GeoView）。在该软件平台的基础上，还研发了一系列应用软件，在多家大型和特大型地矿企、事业单位推广应用。吴冲龙教授及其科研团队于2005年对上述研究和开发成果进行了归纳和概括，提出了地质信息科学的概念并对其理论体系、方法论体系和技术体系进行了初步探讨。

　　该系列丛书就是该团队近年来在地质信息科学的理论、方法论和技术体系框架下，所进行各种探索性研究的一次系统总结。丛书包括一部概论和四部分论。其中，概论从初步形成的地质信息科学概念及其理论、方法论及其技术体系框架开始，介绍了地质信息系统的结构、组成和设计原理，地质数据的管理、地质图件机助编绘及地质模型的三维可视化建模，地质数据挖掘与勘查（察）决策支持，地质数据共享及地质信息系统集成的基本原理与方法；分论的内容涵盖了基础地质调查、固体矿产地质勘查、油气地质勘查和工程地质勘察专业领域。书中借鉴、参考和吸取了地球空间信息学、地球信息学、地理信息系统和地理信息科学，以及国内外地质信息科技领域的最新成果，体现了研究成果的系统性、先进性、实用性和实践性，以及学科交叉的特色。

　　随着地质工作信息化的深入发展，地质信息科技领域的研究方兴未艾，希望有更多研究者的参与，以便共同推进这一学科的进一步发展。因此，该系列丛书的出版是十分必要而且适时的。

中国科学院院士

2013 年 8 月 26 日

Foreword One

The new book on Geological Information Science and Technology by Professor Chonglong Wu and his research group is a welcome addition to the literature. The author discusses origin, further developments and proposes a new framework for this emerging inter-disciplinary field. He is concerned with geoscience's characteristic features, their interconnections and how these should be applied to observed geological data. The basic principle in this endeavor is to capture original data in such a form that they become usable information which is quantitative and can be used for a wide variety of purposes that include geological map-making and 3-dimensional geomodeling. The step from data recording to production of useful geoinformation has to keep up with the continuous stream of technological innovations. Additionally, any theoretical framework to be used should allow for the incorporation of multiple geological concepts. It is well-known, for example, that different geological maps can be constructed from the same observed data if different geological concepts are employed for the data integration.

The term "ontology" is often used for a domain model that provides a vocabulary about key geological concepts, their interrelationships and the theoretical processes and principles that are relevant within the geoscientific sub-discipline under which the basic data are collected. Information management involves the transmission from observations to meaningful results such as 3D geomodels possible involving conditional geologic process simulation including prediction of occurrences of orebodies and hydrocarbon resources. Uncertainties associated with such predictions should be considered as well. Geological Information Science, in its broadest sense, involves geological data collection, data management, data processing, geological mapping, 3D geomodeling, geological process simulation, resource assessment, plus information distribution using current information technologies.

The aim of the book is to help create common data platforms based on point-source databases utilizing database systems (DBS), geographic information systems (GIS), global positioning systems (GPS), remote sensing (RS), management information systems (MIS), expert systems (ES) and decision support systems (DSS). Each of these subjects is reviewed on its own and integrated with the other subjects.

　　This book is recommended reading for all geoscientists engaged in data observation and management with the ultimate aim to construct easy-to-understand and reliable projections of parts of the Earth's upper crust and it's deeper domains.

Frits Agterberg

Emeritus Scientist，Geological Survey of Canada

Former President of International Association of Mathematical Geosciences

October 8，2013

序　一

由吴冲龙教授及其研究团队编写的关于地质信息科学与技术的新书展现了新的内容。作者讨论了这一新兴交叉学科领域的兴起和进一步发展，并提出了一个新的框架。作者关注了地学的典型特征及其相互联系，以及如何将其应用于观测的地质数据。这项研究的基本原理是使得所获取的原始数据成为可用的定量化的信息，并能用于很多种用途，包括地质制图和三维地质建模。从数据记录到可用地学信息的产生，每一步均伴随着不断的技术创新。另外，任何应用的理论框架应能融合相应的多种地质概念。众所周知，如果数据集成采用了不同的地质概念，同一观测数据可以生成不同的地质图。

"本体论"一词常用于领域模型，提供地质概念的词表、相互关系以及基于所采集基础数据相关的地学各学科的理论过程与原理。信息管理涉及从观测结果到有意义结果的转换，如三维地质模型可与条件地质过程模拟相关联，包括矿体赋存状态和油气资源的预测。这类预测中相关的不确定性应同时予以考虑。广义地说，地质信息科学是指采用现代信息技术实现地质数据采集、数据管理、数据处理、地质编图、三维地质建模、地质过程模拟、资源评价以及信息发布等内容。

该书的目标在于基于点源数据库构建共用数据平台，其中运用了数据库系统、地理信息系统、全球卫星定位系统、遥感、管理信息系统、专家系统和决策支持系统等技术。其中各个主题都进行了总结，同时和其他主题实现集成。

推荐该书给所有从事数据观测和管理的地质科学家阅读，最终目标是构建易于理解并且可靠的地球上地壳和更深领域的映射模型。

Emeritus Scientist，Geological Survey of Canada

弗里奇·阿格特伯格

加拿大地质调查局　资深科学家

国际数学地球科学协会前主席

2013 年 10 月 8 日

序　二

　　记得第一次较全面地了解吴冲龙教授所从事的地质信息科学领域研究工作是在2004年组织申报地质过程与矿产资源国家重点实验室过程中。现代空间信息技术的研发以及在地质过程与矿产资源研究中的应用是国家重点实验室的重要研究方向之一。2005年我担任大会主席在多伦多举办了国际数学地球科学协会年会（IAMG 2005），在此次大会上，与吴教授的团队进行了广泛交流。之后，我多次在IAMG国际年会和协会理事会上与该团队成员进行了接触与学术交流。他们的研究成果得到了同行的普遍认可，并产生了良好的国际影响。

　　正如专著所述，地质信息科学是近年来随着计算机科学和技术以及空间信息学的兴起而发展的新兴学科领域。由于地质过程的复杂性和地质现象的多样性，为了提高对地质过程的认知能力，减少对资源、环境、灾害的预测和预警的不确定性，人们不断地发明和应用各种观测、探测和测试分析技术来获取海量地学数据，采用各种数学物理模型和计算机技术来获取更深层次和更全面的地质信息。然而，由于地学数据具有多源、多类、多维、多量、多尺度和多时态特征，对这些海量数据实现存储、管理、处理和灵活应用具有巨大的挑战性。研发和应用有效的信息技术对于实现基础地质调查、矿产资源勘查和工程地质勘察等地质工作的信息化和定量化，具有深远意义。

　　吴教授及其科研团队长期开展地质信息科学与技术的探索性研究工作，先后承担了包括国家863计划、973计划、重点攻关项目、重大科技专项、重大科技支撑项目、国家自然科学基金项目和特大型企业重点科技项目等的研究与开发任务，并且积极参与了多个地矿行业的地质工作信息化建设工程，研发出了一套以主题式点源数据库为核心的三维可视化地质信息系统平台软件QuantyView，并基于该软件平台研发出一系列应用软件，在行业中得到实际应用。经过科学研究、技术开发和信息化工程建设的实践，逐步形成了较为完整的思想、理论与方法。

　　该书从地质信息科学的理论入手，全面介绍了地质信息系统的结构、组成和设计原理，地质数据的采集、整理与加工，地质数据的组织、管理及其数据库设计与实现，地质数据可视化及地质图件计算机辅助设计原理与方法，数字地质模型的快速、动态和三维可视化建模，地质数据挖掘与勘查（察）决策支持系统的设计，地质数据网络的设计、建设与数据共享，地质信息系统集成的方法与应用，内容几乎涵盖了基础地质调查、矿产地质勘查和工程地质勘察主流程信息化作业的全部内容，具有很好的系统性、先进性和实用性。

当前国内外该领域的研究不断深入，如玻璃地球、地学大数据与云计算以及地学时空模拟等，我国也相继部署了包括深部探测技术专项在内的一系列重大工程项目，急需新的地质信息前沿技术。该书的出版无疑对地球信息科学理论和方法的丰富与完善，以及推进地矿工作信息技术综合应用和信息系统建设具有重要的指导意义和参考价值。

国际数学地球科学协会　主席

地质过程与矿产资源国家重点实验室　主任

2013 年 10 月 15 日

前　言

由于地质体、地质结构和地质过程本身的极端复杂性和不可见性，其本身结构信息不完全、关系信息不完全、演化信息不完全和参数信息不完全，所导致的地质对象特征的不确定性和认知的不确定性，困扰着一代又一代的地质科技人员。人们只能不断地发明和应用各种探测技术，以便从各个方面获取更多的地质信息。这就造成了地质数据的多源、多类、多维、多量、多尺度、多时态和多主题特征，进而导致对这些数据的存储、管理、处理和应用的极端复杂性。人们曾通过不懈的努力来寻找地质学定量化的道路。随着计算机科学和技术的兴起，以及地球空间信息学（geomatics）、地理信息科学（geographic information science）和地球信息科学（geo-information science）的出现和发展，以及多种信息技术在基础地质调查、矿产资源勘查和工程地质勘察中的应用，人们意识到，要实现地质学定量化，首先必须实现地质工作信息化，并且开始了一系列新的探索，由此也催生了一门崭新的学科——地质信息科学。

作者及其科研团队从 20 世纪 80 年代开始，就进行这方面的探索性研究，先后承担了 50 余个包括国家 863 计划、973 计划、重点攻关项目、重大科技专项、重大科技支撑项目等的课题或子课题，以及国家自然科学基金项目、省部级重点科技项目和特大型企业重点科技项目的研究与开发任务，并且积极参与了多个地质矿产行业的地质工作信息化建设工程。在科学研究、技术开发和信息化工程建设的实践中，逐步形成了较为完整的思想、理论与方法，研发出一套以主题式点源数据库为核心的三维可视化地质信息系统平台软件（QuantyView，原名 GeoView），并于 2001 年获得国家版权局颁布的软件著作权。在该软件平台的基础上，还研发了一系列应用软件，并在多家大型和特大型地质矿产企、事业单位推广应用。基于以上研究和开发成果，作者在 2005 年的国际数学地球科学协会年会上提出了地质信息科学的概念，并对地质信息科学的理论体系、方法论体系及其技术体系的框架做了初步论述。

本书在编写过程中力求体现系统性、先进性、实用性和实践性。书中从初步形成的地质信息科学的理论体系、方法论体系及其技术体系框架开始介绍，依次介绍了地质信息系统的结构、组成和设计原理，地质数据的采集、整理与加工，地质数据的组织、管理及其数据库设计与实现，地质数据可视化及地质图件计算机辅助设计原理与方法，数字地质模型的快速、动态和三维可视化建模，三维空间分析地质数据挖掘与勘查（察）决策支持系统的设计，地质数据网络的设计、建设与数据共享，地质信息系统集成的方法与应用，内容几乎涵盖了基础地质调查、矿产地质勘查和工程地质勘察主流程信息化作业的全部内容。

本书凝聚了研究团队十余年的研究成果。该研究团队包含了教授、副教授、讲师和博士后数十名，博士生、硕士生百余名。所提出的关于主题式点源地质数据库、基于主题式点源数据库的地质数据共享平台，以及以主题式点源地质数据库为核心的技术方法和应用模式层叠式复合的地质信息系统的整体构建思路与方法，是研究团队在长达 20 余年的科学研究与技术开发实际中逐步总结出来的。关于海量地下-地上、地质-地理的空间-属性数据一体化采集、存储、管理、处理与应用，地质体和地质结构的多维、快速、动态、精细建模，地质图件的快速编绘、矿床资源动态评价和地质过程三维动态模拟等方面，包含了研究团队的 8 项发明专利技术和自主创新成果。同时，也借鉴、参考和吸取了地球空间信息学、地球信息学（geoinformatics）、地理信息系统（geographic information system）和地理信息科学，以及国内外地质信息科技领域的最新成果。

应该说明的是，在本书所涉及主题和内容的研究过程中，得到了前辈学者中国科学院院士杨起教授自始至终的关心、支持和帮助。在这个过程中的不同阶段，团队的研究工作还得到中国科学院院士赵鹏大教授、国际数学地球科学协会（IAMG）原主席 F. Agterberg 博士（加拿大）、中国科学院-中国工程院院士李德仁教授和国际数学地球科学协会现任主席成秋明教授，以及国际地质信息技术领域的权威专家 T. V. Loudon 博士（英国）、澳大利亚地质信息技术领域首席科学家 R. Ryburn、国土资源部地质信息技术领域的首席科学家李裕伟教授等的热情支持和帮助。尤其令人欣慰的是，在本书即将出版之际，赵鹏大院士、F. Agterberg 博士和成秋明教授还应邀分别为本书撰写了序言。在此谨向他们致以衷心的谢意。

在本书的研究与撰写过程中，还得到国土资源部、中国地质调查局、中国石油化工股份有限公司、中国海洋石油总公司、中石化北京勘探开发研究院、中石化胜利油田分公司、中石化西北油田分公司、中国煤炭地质总局、长江水利委员会综合勘查局、长江水利委员会水文局、中核集团地质矿产事业部、福建紫金矿业集团、三峡地质灾害防治工作指挥部、湖北省国土厅、福建省地质矿产勘查开发局、南京地质调查研究中心、福建地质调查研究院、中国水电顾问集团昆明勘测设计研究院及华东勘测设计研究院等各方面专家的热情支持和帮助。值此专著出版之际，谨向所有参与相关研究的人员以及支持、关心和帮助过我们的专家和同行致以衷心的谢意。

因本书内容涉及领域宽广，参考文献众多，为了减少篇幅负担，书后仅列出一些有学术性探讨的参考文献，而一些有关常识性介绍的参考文献就不再列入，在此谨向相关作者表示歉意。由于作者水平有限，书中疏漏之处在所难免，敬请读者批评指正。

作　者

2013 年 8 月 20 日

目　　录

第1章　地质信息科学与地质工作信息化

地质勘查和勘察各专业的工作过程，本质上都是信息的获取、管理、处理、解释和应用过程。地质信息技术可理解为以信息科学为基础，以计算机技术为手段，以基础地质调查、矿产地质勘查和工程地质勘察等的信息获取、管理、处理、解释和应用为内容，以实现地质资源、地质环境和地质灾害勘查和管理信息化为目标的知识、经验、措施和技能。地质信息技术是在借鉴和引进遥感技术、数据库技术、计算机辅助设计技术和地理信息系统技术的基础上发展起来的。随着各种信息技术的引进和应用，地质信息技术体系初步形成，地质信息科学已经初露端倪。"地质信息科学"是基础地质学、矿产地质学、环境地质学、工程地质学、矿产勘查学、数学地质学、地球物理学、地球化学与一般信息科学、地理信息科学、计算机应用等多学科交叉融合的边缘科学。它将与地理信息科学、大气信息科学、水文信息科学、海洋信息科学一起，支持地球信息科学的形成与发展，进而为地质学定量化提供必要基础和可靠途径。

1.1　地质信息科学的萌芽与现状

伴随着基础地质学、矿产地质学、资源勘查学、工程勘察学、地球物理学、地球化学、地球动力学和数学地质学，以及地质学定量化和地矿勘查信息化的发展，伴随着一般信息科学（information science）、地球空间信息学（geomatics）、地球信息学（geoinformatics）和地理信息科学（geographic information science）的兴起，一门崭新的边缘学科和研究领域——地质信息科学（geological information science）正在逐步形成（吴冲龙等，2005a）。

1.1.1　地质信息科学的含义与学科地位

1. 地质信息科学的含义

地质信息科学是关于地质信息本质特征及其运动规律和应用方法的综合性学科领域，主要研究在应用计算机硬软件技术和通信网络技术对地质信息进行记录、加工、整理、存储、管理、提取、分析、处理、综合、模拟、归纳、显示、传播和应用过程中所提出的一系列理论、方法和技术问题。它既是地球信息科学的一个重要组成部分和支柱，也是地球信息科学与地质科学交叉的边缘学科。

地质信息是地质对象存在方式和运动状态的表征，是地质体和地质过程中各种特征、状态的客观显示，是人类在研究、利用和保护地质资源的活动中所揭示并获取的，也是人和地质体之间在相互作用过程中交换的内容。地质信息有时表现为物质形态，有时表现为非物质形态，既反映了地质体和地质现象的特征及其之间的相互联系和相互作用，又反映了岩石圈（含地壳）和上地幔运动，以及地质作用中的各种差异及规律。可以认为，地质信息在将地质体和地质现象的性质、特征及其形成、分布、演化规律转化为人类意识的过程中，以及人类社会与自然界的相互联系、相互作用和协调发展过程中，始终起着中介作用。可靠而健全的地质信息，可以消除人类对自身与地质资源、地质环境的协调关系和社会可持续发展问题认识的不确定性——导致由人类与自然界所组成的人-地系统的有序性增加，即信息负熵增加（信息熵减少）。当然，失真而且残缺的地质信息，必然增加人类对自身与地质资源、地质环境的协调关系和社会可持续发展问题认识的不确定性——导致由人类和自然界所组成的人-地系统的有序性减少，即信息负熵减少（信息熵增加）。开展地质信息科学研究和技术开发，就是为了最大限度地增加信息负熵，提高人-地系统的有序性。

地质信息的载体是地质数据，而地质数据具有多源、多类、多维、多量、多尺度、多时态和多主题特征。如何取好、管好、用好这些数据，从中获取可靠且健全的信息，并提高地质矿产（简称地矿）工作的可视化、智能化和自动化水平，以便正确、高效地认识地质体、地质现象、地质过程、地质资源和地质环境，为对其合理开发、利用和保护服务，正是地质信息科学的重要研究任务。

2. 地球信息学及相关学科

近年来，地球信息学在地质学研究、区域地质调查和矿产资源勘查中的应用，已经十分广泛并且取得了重要进展（Sinha et al.，2010a，2010b；keller et al.，2011）。但是，由于我们在多数情况下只是从工具的角度研究和应用地球信息学，缺乏对地质学和信息学（informatics）之间的相互渗透和融合做更深入的研究，实际上限制了一个新的边缘学科领域的形成和发展。为了使研究领域更加清晰，吸引更多的人来关注和参与，我们曾对已有的研究工作和成果进行了概括和归纳，把这个边缘学科领域定义为"地质信息科学"（吴冲龙等，2005a）。一般地说，每一门成熟的学科都有自己的理论体系、方法论体系和技术体系。但是，地质信息科学是一个新的主题和边缘研究领域，其理论体系、方法论体系和技术体系至今还没有完全建立起来。为推动这一新兴研究领域的发展，有必要对其含义、学科地位、发展历程及其理论体系框架、方法论体系框架和技术体系框架做一些探讨和总结。

为了易于达成共识而不引起歧义，我们首先讨论在下面的论述中将要涉及的一些概念，其中包括：数据、信息、geomatics 和 geoinformatics。

关于数据、信息的概念，本书遵从如下认识，即数据是客观事物（包括概念）的数量、时空位置及其相互关系的抽象表示；而信息是数据的含义或约定，表示事物的存在方式和运动状态。换言之，数据是信息的载体，而信息是数据的内涵（冯秉铨，1980；李之棠和李汉菊，1997）。数据可以是单个的符号、数字、字母、文字和词语，也可以是它们某种形式和规则的集合，如一个数组、一段文字、一句话、一篇文章或者是一幅图。总之，一切能为人感知的抽象表示都可以是数据。数据是一种逻辑概念，通常需要用物质载体（称为媒体）来记录和存储。一批数据可以记录在多种媒体上，同样，一种媒体也可以记录多种不同的数据。对地质体、地质现象和地质过程的数量、时空分布及其相互关系的表达越完整、准确，地矿勘查数据的价值就越高。

信息寓于数据之中，因此，数据也可以理解为信息的载体。就像多波段遥感数据是地貌、植被、水体和某些地质信息的逻辑载体一样，磁带或卫星照片是多波段遥感数据的物质载体。由于数据、信息和媒体三者密不可分，人们常将数据和信息甚至媒体误当作同义词看待。有价值的信息是数据真实含义的反映，但信息是通过对数据进行分析和解译来获取的。要获得数据所包含的真实含义，首先要有数据的完整性和准确性作保证。例如，我们在某地区进行矿产资源勘探时，获得了一批重力异常数据，它们可能是岩石圈结构和成分异常特征的反映，也可能是地壳深部结构和成分异常特征的反映，还可能是地壳浅部存在某种矿床的反映。因此，对于矿产资源勘探而言，重力异常数据不能算是完整的数据。如果我们无法分离这些来自不同深度和不同地质体的数据，或者无法用另外的方法进一步获取新的数据并加以分析、综合和解释，那么我们实际上还弄不清这些重力异常数据的真实含义，或者说还没有得到真实、可靠而完整的信息。显然，要提高信息的真实性、完整性和使用价值，一方面要优化数据分析、解译、处理技术和信息提取技术；另一方面要拓展数据采集的方法、途径并完善各种数据采集手段、工具，以便增加数据所包含的信息量。

关于 geomatics 的概念，Gagnon 于 1990 年将其定义为：利用各种手段，通过一切途径来获取和管理有关空间基础信息的空间数据部分的科学技术领域；Groot（1991）进一步将其定义为：研究空间信息的结构与性质、信息的获取、分类与合格化以及存储、处理、描绘、传播和确保其优化使用的基础设施的科学技术。随后，国内外许多专家和学者先后探讨了"geomatics"的定义，国际标准化组织（ISO）也于 1996 年给出了 geomatics 的定义：geomatics 是一个十分活跃的学科领域，它是以系统方式集成所有获取和管理空间数据的方法。这些方法是作为空间信息产生和管理过程中所进行的科学的、管理的、法律的和技术操作的一部分。这些学科包括但不限于地图制图、控制测量、数字制图、大地测量、地理信息系统、水文学、土地信息管理、土地测量、矿山测量、摄影测量与遥感。这是由多国科学家参与讨论和制定的，具有国际权威性。ISO/TC 211（1996）还给出了简明定义：Geomatics is the modern scientific term referring to the integrated approach of measurement，analysis，management and display of spatial data。李德仁（1998）则根据国际上对"geomatics"所给出的各种定义以及"geomatics"的构词学，指出"geomatics"是以全球定位系统（GPS）、地理信息系统（GIS）、遥感（RS）等空间信息技术为主要内容，并以计算机技术和通信技术为主要技术支撑，用于采集、量测、分析、存储、管理、显示、传播和应用与地球和空间分布有关数据的一门综合和集成的信息科学和技术，是地球信息科学的重要组成部分，也是地球科学的一个前沿领域。

geoinformatics 是近期讨论比较多的概念。Sinha 等（2010a；2010b）及 Keller 和 Baru（2011）都曾对其下过类似的定义。前者认为，geoinformatics 是一个通过地球科学数据融合、分析和应用而发现知识的信息学格架；后者则将 geoinformatics 理解为一个包含由数据驱动的科学工具和计算基础设施等相关方面的领域，地球科学家和计算机科学家在其中协同工作，并且尽各种努力通过使用先进的信息技术和集成分析，为处理各种复杂科学问题提供方法。geoinformatics 的指导原则是促进基于社群的开源和可广泛使用的软件开发，目标是"把已知的地质特征和地球物理数据与模型关联起来"，使得"在未来，有关人类福祉的决策和行动将得到协调的、全面的和可持续的地球观测和信息的支持"。

显然，上述 geoinformatics 与 geomatics（ISO/TC 211，1996）的定义（内涵）在逻辑上是相通的。根据这个定义，geoinformatics 可以理解为 geomatics 与 earth-science 相结合的一种新的工具学科，是地球信息科学的一个基础性横断基础学科，但不是地球信息科学的全部。它分别与地质科学、地理科学、海洋科学、环境科学和大气科学相结合，为地球信息科学的一些相应的分支学科，如大气信息科学、地质信息科学、地理信息科学（Goodchild，1992，1995）、海洋信息科学和环境信息科学的产生创造了条件。总而言之，geoinformatics 既是这些分支学科的有机成分，也为之提供了完备的方法和技术支撑。因此，可以将 geoinformatics 译为地球信息学。

3. 地质信息科学的学科地位

如前所述，地质信息科学是地质学（包括基础地质学、矿产地质学、环境地质学、工程地质学、数学地质学、地球物理学、地球化学、资源勘查学等）与信息科学（包括地球信息科学、地球空间信息科学及信息系统技术、计算机技术及通信网络技术等）交叉融合的产物。它既是一个独立的分支学科，又紧紧地为地质学发展服务，为地质学定量化和地矿工作信息化服务。

在地球信息科学的诸多分支学科中，地质信息科学、地理信息科学、海洋信息科学、环境信息科学和大气信息科学处于同等地位，具有并列关系（图 1-1），其研究对象分别是岩石圈、地表、水圈、生物圈和大气圈的信息；而地球空间信息科学是一门横断性的信息科学分支，其研究对象是地球各层圈的空间位置、拓扑关系、空间结构、空间形态及其变化的信息。由于地质科学研究对象本身的极端复杂性，地质信息科学可能是地球信息科学领域中最复杂的一个分支学科。作为地球信息科学和地球科学的分支学科，地质信息科学理所当然地接受并继承着地球信息科学和地球科学所积累的一切成果，同时也从地球空间信息科学、地理信息科学、水文信息科学、环境信息科学等兄弟分支学科的发展中得到启示、借鉴和支持。

1.1.2　地质信息科学的发生和发展

地质信息科学的发生与发展，是一种历史的必然，是多种内外因素共同作用和推动的结果。其中包括地质科学、地矿勘查工作以及地矿勘查工作信息化发展本身的需要，也包括一系列相关的科学、技术发展的影响和推动。

1. 地质信息科学发生发展的内因

地质信息科学的发生和发展，首先是地质学定量化和地矿勘查信息化本身的需要。因此，地质信息科学的发生和发展总是与地质学定量化进程相伴随，与地质学各分支学

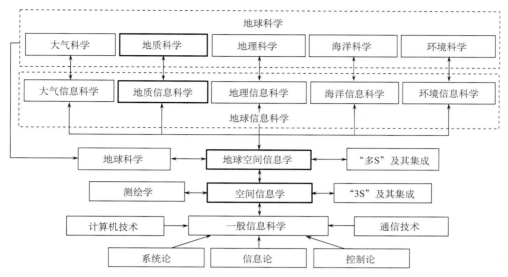

图 1-1　地质信息科学在地球信息科学体系中的位置

科，如区域地质调查、资源勘查学、应用地球物理学、应用地球化学、地球动力学和数学地质学的发展相伴随，也与地矿勘查的信息化实践发展相伴随。

地质学在由经验上升到理论的无数次飞跃中，需要有数学的介入，需要定量化手段的支持，也需要有更多、更好的探测与分析技术的帮助。从地质体和地质现象的几何学、物理学和化学测量、换算、分析，到各种地质变量的时空变化规律统计和矿产储量的计算，再到重力法、磁法、电法、地震法、大地电磁法、放射性法和遥感等地球物理探测手段和各种分析化学手段的相继出现，地质学、资源勘查学、地球物理学、地球化学和地球动力学不断发展。人们获取地质数据的手段越来越多，类型越来越复杂，数量也越来越庞大，以至于地质数据有了多源、多类、多量、多维、多时态和多主题特征。为了从这些数据中获得更为全面的有用信息，以便深刻地了解和认识地质体、地质现象和地质过程，更好地利用和保护地质资源，人们越来越多地求助于数学方法和地质信息技术。各种物、化探异常的正反演理论方法（Sharma，1958）和各种地球动力学理论方法（李四光，1973；Scheidegger，1963；Wyllie，1971；Гзовский，1975；Liboutry，1982；於崇文等，1998）的提出和完善，都是这方面的重要成果，对地质学定量化和地矿勘查信息化进程起了重要的推动作用。

数学地质学学科的形成和计算机技术的应用，为地质信息科学发展进一步创造了条件。数学地质学经过了 130 余年的漫长历程，才成为一门独立学科。这个过程从 1840年英国学者 C. Lyell 首次运用统计学方法划分第三纪地层开始，到 1944 年苏联学者А. Б. Вистелиус 在《分析地质学》一文中提出用定量方法研究地质问题的设想，到1958 年美国学者 W. C. Krumbein 首次在杂志上公布电子计算机地质计算程序，再到1968 年国际数学地球科学协会成立为止。数学地质学开创了地质变量的不确定性、地质体数学特征、样本空间特征和地质变量提取转换方法的研究，建立了地质数据空间分布理论和地质作用随机过程理论，给出了地质信息的空间统计法、多元统计法、稳健统计法、成分数据统计法和统计预测法（Matheron，1971；Agterberg，1974；Huber，1981；Aitchison，1982；赵鹏大等，1983），成为地质信息科学的方法基础；而电子计算机及其信息系统的应用，既为数学地质学提供了必要的工具，也为地质信息科学技术体系的形成奠定了基础。

　　20世纪90年代以来在全世界范围内兴起的地矿勘查与开发信息化，更是地质信息科学产生和发展的直接驱动力。我国的地矿勘查工作信息化概念是在20世纪80年代中期提出的，原地质矿产部曾作为全国性工程加以推动。自从国外提出"数字地球"（Gore，1998）和"玻璃地球"（Carr et al.，1999）概念以来，我国的地矿勘查工作信息化工程便被纳入"数字中国"（徐冠华等，1999）和"数字国土"（张洪涛，2001）工程而加速进行了。地矿勘查工作信息化不是地质信息技术的简单应用，而是涉及更为深刻的领域。根据国内外地矿工作领域信息技术的应用状况及其所带来的影响，地矿勘查工作信息化是指采用信息系统对传统的地矿勘查工作主流程进行了充分改造，实现了全程计算机辅助化，数据在各道工序间流转顺畅、充分共享（吴冲龙等，2005b）。这里包含3项相互密切关联的内容：①建立以主题式地矿点源数据库（包括空间数据库和属性数据库）为基础的共用数据平台，力求避免系统内出现大量的数据冗余；②利用信息系统技术对地矿工作主流程进行充分改造，实现从野外数据采集到室内综合整理和编图，再从成果保存、管理、使用到资源评价、预测的全程计算机辅助化；③进行"多S"的技术集成、网络集成、数据集成和应用集成，使各部分有机结合、相互衔接，数据在其中流转顺畅、充分共享，同时实现勘查数据的三维可视化。这3项内容既是推进地矿勘查工作信息化、建立和完善地质信息技术体系所必须进行的工作内容，也是衡量一个地矿勘查单位信息系统建设及勘查工作信息化程度的基本标志。前述①项工作是②③项工作的基础。显然，在地矿勘查工作的各个环节应用计算机技术，仅仅是地矿勘查工作信息化的开端，而非地矿勘查工作信息化的完成。

　　在各道工序上应用信息技术，是实现地矿工作信息化的必要条件，但并非充要条件。只有使各个信息管理与处理环节有机地组成一个整体，各个信息处理环节相互衔接，数据在其间流转顺畅、充分共享，才能最大限度地发挥各种信息技术的作用。因为系统只要有了这样的整体性，即使在系统中每个元素并不十分完善，通过综合与协调，仍然能使整体系统达到较完美的程度。考虑到地矿勘查与开发数据的高度复杂性，系统集成首先要进行属性数据库（DBS）和空间数据库（SDBS）的集成，同时还要考虑构建用于数据分析和资源预测与评价的模型库、方法库、数据仓库，并开展多维动态地质建模，实现复杂地质对象的结构、成分和过程三维可视化。

　　地质矿产勘查工作信息化既涉及各种信息技术及其集成化应用，也涉及方法论和其他问题，要求深化对地质信息机理基础理论的研究。与地质学定量化一样，地质矿产勘探开发信息化的需求也是地质信息科学发展的动力，促进地质信息科学的理论框架、方法论体系和技术体系形成；而地质矿产勘探开发工作信息化工程，又反过来成为地质信息科学发展的用武之地和检验场所，地质信息科学的理论框架、方法论体系和技术体系正是通过地矿工作信息化的实践而逐步发展起来的。

2. 地质信息科学发生发展的外因

地质信息科学的发生和发展，也得益于一系列相关科学、技术领域发展的影响和推动。这里需要着重指出的是地球空间信息科学在地质信息科学近期发展中的促进作用。地球空间信息科学为地球科学各分支学科的研究提供了空间信息框架、数学基础和信息处理技术。由于地矿勘查对象都具有空间特征，地球空间信息科学从理论、方法和技术等方面深刻地影响着地矿勘查工作（李裕伟，1998）。因此"3S"及其集成技术一出现，便被引进地矿领域。但由于地质科学和地质勘查对象及技术的特殊性和复杂性，所引进的各种信息技术成果都经过了改造和再开发，并与原有的多种技术融合和集成——"多S"集成，才成为今天的地质信息科学技术体系（吴冲龙，1998a，1998b）。

地质信息技术体系的发展始于 20 世纪 60 年代初。最初是物化探数据处理和模型正反演技术的应用，接着是 70 年代中期基础地质研究的 RS 技术和地质图件编绘的 CAD 技术引进，再接着是 80 年代初测试数据和描述性数据管理的数据库技术引进，以及地质过程计算机模拟技术的兴起，随后是 90 年代初用于空间数据管理和空间分析的 GIS 技术引进，最后是 90 年代后期野外地质测量的 GPS 技术和 GPS、RS、GIS 集成化概念和技术的引进，以及地矿点源信息系统理论、方法与技术的建立。目前，信息技术已经在基础地质调查、矿产资源勘查开发、水利水电工程勘察、土地管理和地质灾害监测治理等领域广泛应用，并向地球深部构造、地球动力学、全球环境变化等研究领域渗透。信息技术的引进、改造、融合和集成，大大加快了地质矿产勘查工作的信息化进程。随着数字地球、数字城市、数字国土、数字地勘、数字矿山、数字油田、数字水利、数字地灾，以及"玻璃地球"（Carr et al.，1999；Esterle and Carr，2003）等的相继提出并付诸实施，如何全面而有效地实现地质工作信息化，已经成为一个亟待解决的问题。

总之，地质信息科学发生和发展的内部条件，是地质学定量化和地矿勘查的信息化需求；其外部条件是一般信息科学、地球信息科学和地球空间信息科学的形成与发展。从地质信息科学的理论、方法论和技术的发展历史和现状看，其理论基础是地球空间信息学，其方法基础和技术基础是数学地质学、计算机技术、地矿勘查技术、空间信息技术，其实践基础是地质矿产勘查（察）信息化。

1.2　地质信息科学的体系框架

地质信息科学尚在形成和发展的初期，其理论体系、方法论体系和技术体系都还在逐步形成的过程中，目前只有一个大致的框架。

1.2.1　地质信息科学的理论体系框架

地质信息科学理论体系框架的核心是地球空间信息学，包括地质信息的本质、运动规律、传输机制、信息流形成机理、地质对象认知的一般规律，以及地质信息管理等（吴冲龙，2005b）。

1. 理论体系框架的结构和组成

地质信息科学的理论体系框架的结构和组成，主要体现在研究对象、研究任务和研究内容等几个方面。

地质信息科学的研究对象主要是岩石圈（含地壳）和上地幔的地质信息。这与地质科学以岩石圈（含地壳）和上地幔的物质或能量为研究对象，有着显著的差别。信息不同于物质和能量，地质信息是岩石圈（含地壳）的物质和能量存在方式和运动状况的表征。将地质信息作为专门的研究对象，既说明地质科学的成熟，也说明信息科学与地质科学的结合与融合已经达到相当高的程度。

地质信息科学的任务主要是研究地质信息的本质和运动规律，探索人类对各种地质信息的获取、分类、变换、传播、存储、管理、处理、解译、表达和利用的一般方法和规律，以提高开发、吸收信息的能力，进一步增强、补充和扩展人类的地质思维功能和智力功能，更好地利用地质信息和认识地质体、地质现象、地质结构、地质作用和地质过程，合理开发、利用、保护地质资源和地质环境。

根据一般信息科学的原理，地质信息科学的研究内容包括以下八个主要方面。

（1）研究在地质过程中地质信息的本质、特征（结构、性质），以及地质信息的度量基准与度量标准。

（2）研究在地质过程中地质信息的运动规律，即研究地质信息在壳幔之间、水岩之间和地质体之间的传输机制、物理过程、增益与衰减，信息流的形成机理。

（3）研究在地质过程中地质信息的产生、表现、关联和认知的一般规律，地质信息的不确定性与可预见性，以及地质本体谱系（Ma et al.，2011）。

（4）研究地质数据的采集（记录、分类、变换、加工、整理）、管理（数据库构建、数据仓库构建、存储、查询、检索、维护）和处理（统计、分析、挖掘、融合、解译、反演、正演、建模、模拟），以及可视化的理论和方法。

（5）研究利用地质信息进行地质体、地质结构、地质过程和地质规律的分析、识别、描述，以及进行地质建模和过程模拟的原理和方法。

（6）研究利用地质信息进行矿产资源的管理、预测、评价、决策、开发和合理利用，以及地质环境和灾害预测、监控、预警和治理的方法和技术。

（7）研究地质信息传播、交流、共享与社会化服务的途径和方法，其中包括地质本体的建模和表达、地质本体谱系的建立和应用。

（8）研究地质信息产品、地质信息商品和地质信息市场，以及地质信息产业的特征、结构、功能及其增值、发展机制，等等。

2. 地质信息的本质、特征与度量

1）地质信息的本质

如前所述，地质信息是地质对象存在方式和运动状态的表征，是地质体和地质过程中各种特征、状态的客观显示，是人类在研究、利用和保护地质资源的活动中所揭示并获取的，也是人和地质体之间在相互作用过程中交换的内容。其中包含四层含义：其一说明了地质信息是什么——地质体存在方式和运动状态的表征；其二说明了地质信息如何显示——自然对象和过程的客观显示；其三说明了地质信息如何获取——人类在研究、利用和保护地质资源的活动中揭示并获取的，也包括分析、处理、综合、模拟和归纳；其四说明了地质信息有何属性——人地之间交换的内容，具有客观和主观二重性，是人类对地质对象的认知、利用和保护的中介。

地质信息是理解和认识岩石圈（含地壳）乃至上地幔的关键，地质学各研究领域实际上是采用不同手段，从不同角度来获取地质信息的。通过对地质信息的分析、处理、综合、模拟和归纳，可以获得对岩石圈（含地壳）乃至上地幔的物质、能量、关系、演化及相关地质作用机制和规律的深层次理解和认知，从而为基础地质研究、矿产资源勘查开发、工程地质勘察、环境地质调查和地质灾害防治提供支持（图 1-2）。

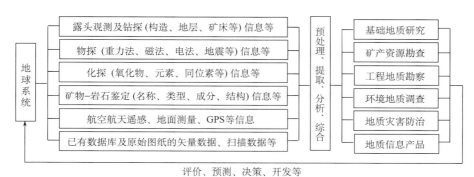

图 1-2　地质信息采集、处理和决策应用

针对地质信息的本质，地质信息可分为客观信息和主观信息两类。前者是地质体以各种形式显示出来，而被人们用各种方式和手段感知和采集的数据；后者是人们通过各种方式对所感知和采集的客观信息进行的分析、综合和判断结果。针对地质信息所表征的内容，地质信息可分为 4 类：①物质信息，指有关地质体的物质成分、结构、形状、数量和状态的表征；②能量信息，指地质体的能量特征，如重力、磁力、电磁、光谱、地热流、地温、地应力、地层压力等表征；③关系信息，指地质体各种关系的表征，包括地质体内部和相互之间的成因联系、共生关系、关联关系和空间拓扑关系，以及各种影响因素和地质作用之间的控制和反馈控制关系的表征；④演化信息，指地质体、地质现象和地质作用演化过程（即地质过程）的表征，包括地质体、地质现象和地质作用的形成发展历史、演化方向、演化特征以及控制和约束演化的因素。前述①②类以客观信息为主，③④类以主观信息为主。

2）地质信息的特征

地质信息有着与一般信息相同的共性，如客观性、普遍性、动态性、独立性、可转换性、可压缩性、可存储性、可传递性和可重复使用性（钟义信，1988），以及与一般空间信息相同的空间性、时序性和时效性。但是，地质信息又有自己的特性，主要表现为隐蔽性、模糊性、多维性、多源性和复杂性五个方面。

A. 地质信息的隐蔽性

地质信息的特性首先表现为隐蔽性。一方面，由于地质科学的研究对象通常深埋于地下而不可直见，能够在地表被直接感知的部分只占很小的比例，多数地质信息需要采用各种物理的、化学的、机械的技术手段来揭示，但即便所采用的技术手段再先进也难以揭示其全部；另一方面，有用的信息往往被大量无用的表面现象和干扰假象所蒙蔽，不通过深入的调查和勘查来详细占有资料，再经过细致的分析、研究进行去粗取精、去伪存真，是不可能获取并识别的。

B. 地质信息的模糊性

地质信息的模糊性起因于地质信息的隐蔽性。由于地质体、地质结构和地质现象的主体可能部分被掩盖在地下，再加上地质体、地质现象空间跨度大，而地质作用过程漫长而曲折，部分已遭受同期或后期的构造作用和沉积作用的改造或破坏，甚至是经过多期次叠加改造，还有部分可能根本就没有出现过——形成时就是不完整的。因此，呈现出普遍的结构信息不完全、参数信息不完全、关系信息不完全和演化信息不完全的特点（吴冲龙等，1993，2005a）。简言之，我们使用各种技术手段所探测到的地质信息是不完全的，很多是模棱两可的，甚至是假的。

C. 地质信息的多维性

地质体、地质结构、地质现象和地质过程都具有特定的依存空间和演化时间，所显现的信息必然包括了表征其三维空间定位特征、分布状态及其相互位置关系的内容，同时也包含反映时序特征和演化系列的内容。这就是地质信息的多维性。要正确地认识地质体、地质结构、地质现象和地质过程的全貌并掌握其形成、分布和演化的规律性，就必须正视地质信息的多维性，采取先进的、适用的技术手段，从不同空间位置、不同时间节点上尽可能多地获取其多维信息。

D. 地质信息的多源性

地质信息的多源性有双重含义：其一是同一地质体、地质结构、地质现象和地质过程的信息在不同位置、不同时间，可能以不同形式和内容显现出来，如反映某区域地壳运动的信息，既显现在地质构造上，也显现在沉积层序上，还显现在岩浆活动上；其二是同一地质体、地质结构、地质现象和地质过程的信息，既可表现为地质现象异常，也可表现为地球物理异常和地球化学异常，因而可以通过露头观察、钻探、物探、化探、遥感等多种技术方法和手段来获取。

E. 地质信息的复杂性

地质信息的复杂性起因于地质体、地质结构、地质现象和地质过程的复杂性，以及地质信息本身的隐蔽性、模糊性、多维性、多源性。同时，地质信息载体（数据）的复杂性，也进一步增大了这种复杂性。地质数据通常具有多源、多维、多类、多量、多尺度、多时态和多主题特征（吴冲龙等，1996，2005b），其中所蕴含的地质信息需要通过各种繁杂的统计分析、融合挖掘、正演反演、逻辑推理、模型构筑、模式识别、智能判断，甚至动态模拟，才能有效地提取并用于对象认知和决策支持。

3）地质信息的度量

在一般信息论中，通信系统中信息传递和信息处理问题是应用统计方法研究的。它规定信息是减少可能事件出现不确定性的量度，信息量等于消除的不确定性的数量（Shannon and Weaver，1964）。对于认识主体（人、生物或机器系统）来说，如果他（它）在接受信息后，一点不确定性都消除不了，那么信息量就最小（等于零）；若所有的不确定性都消除了，则信息量为最大（胡继武，1995）。物理学家布里渊把信息熵和热力熵直接联系起来，发现信息和负熵等价。这表明信息是系统组织化、有序化程度的标记。既然热力学的熵是标示系统混乱程度的量，那么和负熵等值的信息就该是标示系统组织程度的量。控制论创始人 Wiener（1949）也认为："正如熵是组织解体的量度，消息集合所具有的信息则是该集合的组织性的量度。"他指出："一个消息所具有的信息本质上可以解释作该消息的负熵，解释作该消息的概率的负对数。"即

设有 N 个概率事件发生，每个事件发生的概率为 P_i，则

$$P_i = 1/N \qquad (i = 1,2,3,\cdots,N) \tag{1-1}$$

于是信息熵为

$$H = -k \sum_{i=1}^{n} P_i \ln P_i \tag{1-2}$$

在这里，概率事件可理解为对消息集合中有效信息的拾取。同样，地质信息也可以用信息负熵来度量，概率事件可理解为对地质体和地质结构的探测、数据采集、信息处理等的相应步骤。我们对地质体和地质结构探测得越清楚、越彻底，数据采集得越系统、越全面，信息处理得越深入、越透彻，地质信息负熵就越大，对地质对象的认知程度就越高，地质资源和地质环境的不确定性就越少。反之，如果我们对地质体和地质结构探测得越糊涂、越潦草，采集的地质数据越凌乱、越片面，信息处理得越肤浅、越粗陋，则地质信息负熵就越小，对地质对象的认知程度就越低，地质资源和地质环境的不确定性就多。

由于地质信息具有显著的隐蔽性、模糊性、多维性、多源性和复杂性，如何提高各种探测技术水平、数据采集水平和信息处理水平，以便最大限度地排除噪声，增加地质信息负熵，消除地质体、地质结构、地质现象、地质过程，以及矿产资源、工程地质、环境地质和地质灾害认知的不确定性，显得尤为重要。

3. 地质信息的产生和运动规律

地质信息的产生和运动规律是指研究地质信息在壳幔之间、水岩之间、地质体之间和人地之间的传输机制、物理过程、增益与衰减以及信息流的形成机理。

1）地质信息的产生

客观地质信息的产生是地质体的存在特征及运动状态的自然显示，但也是一种人地相互作用的结果。如果没有人的采集（包括揭示、感知、识别、记录、整理和加工），不可能成为可利用的信息，更不可能成为一种认识地质体、地质结构和地质过程的主观

信息。因此，在人类介入之前，即人工干预之前，壳幔之间、水岩之间、地质体之间传递和显现的信息是没有价值的，只有当人的介入或者说实施了人地相互作用，地质体的存在特征和运动状态才能被揭示和感知，从中抽提出某些参数作为表征，并加以描述和记录成为有价值的客观信息。主观信息的产生则是人们利用各种方法对所采集的客观信息进行处理（包括分析、解译、综合、模拟和归纳）的结果。显然，地质信息的产生过程，贯穿于地质数据采集和处理的全过程。地质信息的数量和质量，必将随着勘查探测技术和信息处理技术的提高而提高。

　　2）地质信息流的产生

　　根据广义信息论，一般信息流是由于物质和能量的空间分布不均衡，以及信息处理和传输所造成的，是物质流和能量流的特征、状态的表征，同时也是信息处理和传输流程的反映（图 1-3）。因此，地质信息流既是地质时空中物质流和能量流的特征和状态的客观表露，也是地质调查和地质勘查过程中研究数据和信息传输、流转、语义附加和知识增进过程自然形成的。其中，物质流和能量流特征、状态的表征可称为客观信息流或数据流，信息处理和传输流程的反映可称为主观信息流或知识流。由于地质实体和地质结构极为复杂，其物质流和能量流也极为复杂，地质信息流必然也是极为复杂的。这一点与地理信息流（周成虎和鲁学军，1998）既有共性也有差别。

图 1-3　信息流与物质流、能量流的关系

　　地质对象的物质流和能量流及其形成机制，是地质学和地球科学研究的任务和内容；而信息流及其形成机制，是地质信息科学和地球信息学研究的任务和内容。岩石圈（含地壳）和上地幔的物质流和能量流的形成机制十分复杂，而且具有差异悬殊的时空尺度。例如，岩石圈空间尺度包括了从全球规模的地幔柱运动、岩石圈板块运动、壳幔相互作用，到几十万平方千米的大区域规模地壳造山作用、造盆作用、成岩作用、成矿作用、成煤作用、成藏作用和成灾作用，再到几百、几千或几万平方千米的中小区域规模的矿床、矿田、煤田和油气田，以至几平方千米小区域规模的岩体、矿体、煤层、油气藏和地质灾害体、灾害区，甚至包括手标本规模的构造现象和分子规模的结晶作用、扩散作用。其时间跨度从几十亿年、几亿年（如地球演化过程），到几千万年、几百万年（如板块相互作用、地壳构造运动、成岩成矿作用和油气成藏作用），到几年、几月（如地质灾害的孕育），甚至几分钟、几秒钟（如地质灾害的发生）。

　　地质信息流就是具有如此悬殊时空跨度的物质流和能量流的特征和状态的表征，其复杂性是不言而喻的。进行地质信息科技研究和开发，不可忽视这一点。

3）地质信息的运动规律

地质信息的生命过程是一个运动过程。一个地质信息运动过程包括地质信息的发生、发展、获取、传输、处理以及感受、认知、响应与反馈的全过程。地质信息的运动具有一定的规律性，主要表现在以下四个方面。

A. 多源扩展规律

由于地质空间及其内在结构、成分的隐蔽性及由此造成的"结构信息不完全、参数信息不完全、关系信息不完全和演化信息不完全"状况。为了获取较为完整的地质信息，需要采用各种各样的方法和手段，于是造成地质信息的来源、类型、数量、维度等随着地质科学的发展和探测技术的改进而不断扩展，地质数据因而具备了多源、多类、多维、多量、多尺度、多时态和多主题特点。

B. 加速运动规律

随着社会和科学技术的进步，人类在与自然环境和谐发展过程中对地质信息需求快速增加，数据采集能力越来越强，数据处理水平越来越高。各种客观和主观地质信息在采集、整理、加工、生产、存储、传递、处理、利用和服务等环节之间加速运行。其运动速度越来越快，运动时间越来越短，信息量也越来越大，海量的数据和爆炸的信息时刻困扰着地质和地质信息科技人员。因此，地质信息运动规律表现出在时间上越来越浓缩，在空间上越来越膨胀的发展态势。

C. 信息度增减规律

地质信息加速运动规律是信息运动的时间变化特点，而地质信息密度增减规律则是信息运动的空间变化特点。由于勘查程度和工程控制程度的差别，地质信息密度在空间上是不均衡的，相互间出现落差、不均衡和涨落。虽然世界各国、各地区的地质信息运动都呈加速发展的态势，但由于发展程度和勘查（察）程度的不同，地质信息的生产量、储存量、使用方式、流动速度等方面都是不均衡的。因此，不同国家、不同地区之间的地质信息分布密度也是不均衡的。

D. 守恒与不守恒两重性

地质信息在运动中表现出既守恒又不守恒的两重性：其一，地质对象的客观信息量在采集过程中，不因采集方式和技术手段的差异而增减（采集不到并非没有客观信息）；在传递过程中，也不因拷贝的介质和接受的主体数量多寡而增减（拷贝再多信息量也没有改变）。由此而论，地质客观信息量是守恒的。其二，地质对象的主观（语义）信息量在处理和应用过程中会因处理办法、知识和能力差异而增减，如由于语义曲解和误判而导致客观信息量的减少，即信息负熵减少；或者由于语义正确理解和判别而导致主观信息量的增加，即信息负熵增加。由此而论，地质主观信息量是不守恒的。地质信息在地质对象中及传递过程中的守恒规律，正是我们努力提高地质数据采集技术、采集水平，以便更多、更好、更系统地获取地质对象客观信息的依据；而主观地质信息在地质技术人员处理过程中的不守恒规律，则是我们努力提高信息处理技术和处理水平，以便更深刻、更全面地理解客观地质信息，达到增加主观信息量而减少对地质对象认知的不确定性的目的。

4. 地质对象认知与地质信息认知

人脑对事物的认知来自于对信息的认知，而信息认知贯穿于对信息的采集和处理的全过程。在原始地质数据中，既蕴涵着简单的客观（语法）信息，也蕴涵着较复杂的主观（语义）信息。地质研究人员通过对数据的分析，从中提取出感兴趣的地质信息，并进行分析、推测、反演、模拟等，获得对地质对象的认知——正确地认识地质体、地质结构、地质过程及其规律性。地质空间认知问题是地质对象认知与地质信息认知的核心问题，决定了地质信息系统所采用的数据模型、建模方法、管理方式和应用模式。这里着重探讨地质空间的认知模式和地质空间的对象特征。

1）地质空间的认知模式

空间认知模式包括 3 个层次（鲁学军等，2005）：空间特征感知、空间对象认知和空间格局认知。其中，"空间格局"是基于"空间对象"的结构及关系描述，而"空间对象"是基于"空间特征"的性质及类型识别。人们只有将地质空间抽象成"特征"、"对象"和"格局"3 个层次，才能有效地形成认识和描述地质空间的表达机制。

传统的地质空间认知模式有 3 种（吴立新和史文中，2005）：基于对象（object-based）、基于网络（network-based）和基于域（field-based）的认知模型。其中，除了基于网络的认知模型，都没有给出基于"空间对象"分析推理的"空间格局"的表达机制。"基于网络的认知模型"虽然通过"点"、"线"构建了一定的拓扑关系模型，但是其基础理论是图论，也无法有效地表达复杂的三维地质体之间的关系。由此，有必要提出一种新的空间认知模型——"混合认知模型"（何珍文，2008），既强调空间对象的"空间特征"，又要便于"空间格局"的表达。"混合认知模型"对"基于网络的认知模型"、"基于域的认知模型"进行拓展，结合"基于对象的认知模型"，将地质空间中的地质实体抽象成"点"、"线"、"面"、"场"、"体"5 种要素。

2）地质空间的对象特征

A. 地质空间对象的类型

地学空间对象按其所处圈层和特征可以划分为地理空间对象和地质空间对象，按其生成方式可以划分为人工对象和自然对象两大类（表 1-1），而按其描述方法可以划分为参数约束对象、采样约束对象和定义约束对象 3 类。

表 1-1　地学空间对象分类表

对象	地学空间对象	
	地理空间对象	地质空间对象
自然对象	地表地形、植被、冰川、河流、山脉、土壤等	地层、构造、沉积体、侵入体、暗河、溶洞、含水层、固体矿床、油气藏等
人工对象	房屋、桥梁、行政区、道路、大坝、其他基础设施等	钻孔、矿山井巷、隧道、民用地下工程、军用地下工程、垃圾填埋场等

参数约束对象　参数约束对象是指可以通过设计数据或测量数据等指标参数来精确确定形状的空间对象，其形状一般是规则的，如表 1-1 中的大部分人工对象。这类对象可以通过明确的参数指标来完成对空间对象的描述，如地下隧道和井巷的截面形态可以通过宽度、高度和顶部弧度进行精确的描述。

采样约束对象　采样约束对象是指外部形态和内部结构是通过采样方式决定的自然空间对象。这类对象的形态通常不规则，而结构和成分通常不均匀，只能通过勘探工程所获取的数据来识别和描述。例如，金属矿床，其矿体形态和品位特征只能通过钻探和物探数据来确定，只有当采样数据足够多时其形态才能逼近真实。

定义约束对象　定义约束对象是指外部形态和内部结构由人为的分类标准来决定的自然对象。这种空间对象的形状和结构，会随分类标准的改变而改变。例如，各种矿体的形态、结构和边界，都会随着边际品位和最低可采品位的变动而发生较大的变化，而上述品位的确定又取决于当时的矿产采选冶技术水平和市场价格。

针对不同类型的地质空间对象，需要采用不同的研究和表达方式，特别是在进行三维地质建模表达时，要充分考虑不同类型对象之间的差异，选择相应合适的数据结构。例如，对于参数约束对象可采用简单的 B-Rep 模型，而对于采样约束对象和定义约束对象可采用体、场数据结构相结合的 EBRIM 模型（何珍文，2008）。

B. 地质空间对象的复杂性

地质空间对象的复杂性主要体现在以下三个方面。

形态与结构的复杂性　地质空间对象的形态极端不规则、结构极端复杂是不言而喻的。这就要求用于表达地质实体的数据结构，既要具有处理连续、规则的三维空间实体的能力，又要具有处理离散、不规则的三维空间实体的能力；既要具有处理参数约束对象的能力，又要具有处理采样约束对象和定义约束对象的能力。

作用与过程的复杂性　地质作用包括内动力地质作用和外动力地质作用，地质过程是这些地质作用孕育、发生和发展的地球动力学过程。各种地质作用和地质过程总是长期发展且多期次叠加和交叉复合的，情况极端复杂。因此，要求所建立的各种地质信息系统和地质模型，应能支持复杂地质作用和地质过程的分析、模拟。

数据及来源的复杂性　地质数据具有显著的多源、多类、多维、多量、多尺度、多时态、多主题特点。为了正确地认知地质信息，进而正确地认知地质空间对象，要求所建立的地质信息系统和所采用的建模方式，应当支持对这些数据进行有效的采集、存储、综合、融合和可视化表达、分析、处理与应用。

C. 地质空间对象的特征描述

任何地质空间对象都具有几何、属性、结构和关系四个方面的特征。

几何特征　几何特征是地质对象所处的空间位置、产状和形态的标志。按其产状和形态，地质体可分为面状地质体和体状地质体。前者如层理、节理、断层面、风化面、滑坡的滑带等；后者如沉积体、侵入体、矿体、断层体、滑坡体等。

属性特征　属性特征是地质对象性质特点的标志，如地质年龄、岩性、岩相、成分、成岩程度、孔隙度、渗透率、含水率、力学参数、有机质成熟度等。不同地质对象的属性特征不同，而同一地质对象的属性特征在不同位置也有所不同，如断层的断距和力学性质，以及沉积体的岩相，往往随着空间位置的变化而变化。

结构特征　结构特征是地质对象内部各单元的相对位置和相互关系的标志。地质对象通常是由一系列次级和更次级的地质对象构成，相互之间同样存在着复杂的叠置和交叉关系，甚至出现包容或蚀变的关系。描述和表达地质对象内部复杂的结构特征，对于地质空间三维建模而言，是一个富有挑战性的技术领域和研究课题。

关系特征　关系特征是地质对象之间的拓扑关系、方位等特点的标志。拓扑关系是地质对象之间最主要的空间关系之一，主要包括包含、覆盖、相交、相接、相离、方位等。地质对象的三维空间拓扑关系比二维空间拓扑关系要复杂得多，至今还缺乏成熟的三维拓扑模型，实现其自动或半自动的拓扑关系建模仍是难题。

由于地质对象构成复杂，干扰因素众多，事件的发展方向和结果有多种可能性，即具有不确定性。其中既包括其空间位置的不确定性和空间关系的不确定性，也包括类型、成分、属性的不确定性，以及地质作用和地质过程在时间上的不确定性。而且，由于地质对象多数被掩埋于地下，形成所谓的特征信息不完全、关系信息不完全、演化信息不完全和参数信息不完全的状况，一些似是而非、模棱两可的现象无处不在，相互间常呈过渡关系，难以决然分开，再加上许多地质作用和地质过程的物理、化学本质至今还不清楚。如此之多的不确定性以及地质信息在传输、交换、处理过程中的熵增、熵减，必然造成地质信息的不确定性。对地质信息的认知也因此而出现不确定性。地质信息认知的不确定，又反过来导致地质对象认知的不确定性。

地质信息的不确定性存在于地质信息运动过程中的每个阶段，从数据采集到数据存储，再到数据处理分析和结果输出。通过提高数据采集能力和水平来消除地质信息认知的不确定性，进而通过提高信息处理能力和水平来消除对地质对象认知的不确定性，也就是说通过地质信息认知达到地质对象认知，这实质上就是地质勘查和地质研究的主要工作任务和工作内容，也是地质信息工作者所追求的目标。

5. 地质本体论与地质本体谱系

本体论（ontology）是一个领域里共享的概念化模型的形式化和显式的规范说明（Gruber，1995）。所谓概念化（conceptulization）是指将客观世界中的一些现象抽象成相关概念模型的行为和结果；所谓显式（explicit）是指本体中的概念、使用这些概念的约束以及概念间的关系等都需要明确的定义和说明；所谓形式化（formal）是指用本体描述的客观世界现象所包含的内容应该能够被计算机理解和处理，即计算机应该能够解释和提取这种形式化描述的语义关系；所谓共享（share）是指本体中体现的是共同认可的知识，反映的是相关领域中公认的概念集，可成为实现系统间知识共享和新系统知识重用的基础。本体应用的目标是建立领域内信息在语义上的统一和规范，保证对知识理解和运用的一致性、精确性、可重用性和共享性，它以显式和形式化的方式进行概念描述，以适应机器阅读和理解。这样做不仅使领域内的知识共享和重用成为可能，还为具有不同知识背景的各领域用户进行基于语义的交流创造了条件，促进不同领域应用研究的协同与进步。

　　地质本体研究的关键问题首先是如何进行客观现实的本质抽象？如何将客观世界中的一些现象抽象成领域内群体一致认可的相关概念模型？这里涉及地质领域中一系列概念的定义，以及对这些概念之间相互关系的本体建模和表达（Ludäscher et al.，2003；Brodaric，2004；Kokla and Kavouras，2005；Hanson，2011）。地质本体结构复杂、逻辑关系模糊，其抽象建模不一定都能得到共识。况且还涉及不同构造分区、不同沉积学分区、不同国家和地域、不同地质调查和勘查（察）业务，以及具有不同知识背景的用户的地质信息交流和共享问题。在本体的概念模型可能得不到共识而又必须建立形式上的共享机制，这恰恰是地质信息领域的特殊之处。

　　解决上述问题的有效途径是建立地质本体谱系（ontology spectrum）（McGuinness，2003；Ma，2011）。该谱系包括了从词汇表、分类法、主题词表、关系模型到面向语义网的逻辑语言等不同本体类型。在一个长期的进程中，地质本体和地质数据是不断演化的。对地质领域中各主题的共同理解需要该主题的共同参与者及领域专家开展语义研讨，并且在局部、区域和全球等层次上开展实例研究。

6. 地质数据的融合和定量化转换

　　地质对象的定量化认知，即揭示地质对象存在方式和运动状态的定量规律，是地质科学领域长期追求的目标。海量地质数据的综合运用，能够有效地提高地质数据的信息量和价值，而地质数据的定量化便于实现地质对象的定量化认知。地质认知的定量化过程，是一个对各种地学参数定量反演的过程。然而，由于研究对象的极端复杂性、隐蔽性和所获数据的有限性，地质认知的定量化过程是一个病态反演过程，即用少量采集数据估计非常复杂的地球系统。因此，在反演过程中应进行地面地质、物探、化探、遥感、钻探等多源数据集成与融合，还要充分应用先验知识，如基础地质学、矿床学、煤地质学、油气地质学和工程地质学等理论知识，以及地形、地貌、植被、土壤、水系信息和大量历史资料，以便降低定量反演的复杂程度。

　　然而，由于地质对象调查与勘查（察）的技术方法和技术手段多种多样，而且每一种方法和手段都能产生特有的数据源、数据类型和海量数据，导致地质数据出现多源、多类、多量、多维、多尺度、多时态和多主题的特征。例如，地球化学勘探所得的数据主要是元素含量及其空间分布，而物探数据则主要是各种物理参数、物理量和物理场特征。此外，还有许多描述性和经验性数据。又如，各种岩层露头和岩心的岩石学和矿物学描述、断裂发育状况描述、矿床的类型和矿体特征描述等。如何将这些从地面地质观察和钻探获取的各种经验性、描述性数据，通过定量化处理进行存储、管理、处理、表达和应用，同样是一个艰难的过程。上述各种定量和定性数据，从不同角度和不同侧面反映着地质对象的状况和特征，需要进行综合处理和应用。这就使得在地质数据处理中采用数据融合和综合方法显得格外重要。

　　由于这些定量数据有不同的数量级和不同的量纲，定性数据又类型多样且占有很大的比例，进行数据融合和综合的难度极大。为此，需要在统一定量数据的量级和量纲的同时，设法进行定性数据的定量化转换。地质数据的定量化转化，即利用信息科学、数量化理论、统计学理论、非线性理论，以及序列化、代码化等方法，将定性描述的字符型数据转化为名义型和有序型数据。

　　定性地质数据的量化过程（图 1-4），通常从数据采集定量化开始，通过加工和整理后，存入主题式点源地矿对象-关系数据库（属性＋空间数据库），再通过共享数据平台作进一步定量化处理，然后应用于三维可视化地质建模、三维可视化地质空间分析、地质过程（包括构造过程、沉积过程、岩浆过程、变质过程、成矿过程、成煤过程、成油过程、成灾过程等）动态数值模拟及其三维可视化表达，服务于地质研究、资源评价预测、地质灾害防治和相应的决策支持。

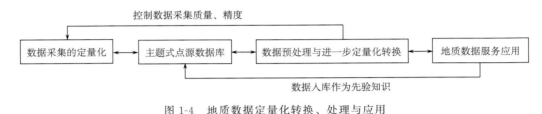

图 1-4　地质数据定量化转换、处理与应用

1.2.2　地质信息科学的方法论体系框架

　　一般信息科学的方法论体系，由信息处理综合法、行为功能模拟法和系统整体优化法 3 个部分组成（冯秉铨，1980；钟义信，1988；胡继武，1995）。这 3 个部分分别源于信息论、控制论和系统论，既密切联系又相辅相成，已经成为现代科学方法论的重要组成部分。然而，对于极端复杂的地质数据而言，单有这 3 种方法是不够的，还需要加以扩充和完善。总结和归纳已有的各种研究成果可知，地质信息科学还有两个重要而又独具特色的方法论，即主题信息管理法（吴冲龙，1998b；吴冲龙等，2005a）和信息交换本体法两个部分。于是，地质信息科学的方法论包括了 5 个组成部分，即主题信息管理法、信息交换本体法、信息处理综合法、行为功能模拟法和系统整体优化法。

1. 主题信息管理法

　　主题信息管理法是根据地质信息自身的特点，从一般信息科学的 3 个方法论综合和拓展出来的。它是指利用以主题式点源地矿数据库为核心的信息系统和"多 S"集成技术，全面改造地矿工作流程，使数据在各道工序间流转顺畅，为地质对象分析和认知提供可靠而健全的信息，奠定地矿工作全流程数字化、信息化和智能化的基础。

　　地质矿产勘查工作每日每时都在获取资料和数据（客观信息）。随着大批已发现的资源转入勘探和开采，要求在找矿难度较大的深部或新区取得新的进展，同时，新一轮的基础地质、工程地质、环境地质、灾害地质和农业地质的开展也使地质资料和数据的数量急剧地增加。由于地矿勘查的数据资料具有反复使用、长期使用的价值，而具有长期保存的必要性；同时又由于获取时的代价昂贵和对于不同勘查对象、不同勘查目的和不同勘查阶段的通用性，而具有共享的必要性。这两种必要性的存在使得地矿勘查资料和数据成为国家的宝贵财富，其数据库通常被放在优先建设的地位上。为了充分发挥数据的作用、增强数据共享性，需要采用主题数据库（subject databases）的设计思路与方法（James，1977），以数据管理为核心，统一概念模型和数据模型，实行术语、代码标准化，通过系统分析和模型设计来形成与各种业务主题相关联的数据库（吴冲龙和刘刚，2002），建立以主题式点源数据库为核心的共用数据平台。

地质矿产勘查数据库有两个并行的发展方向：一个是大型集中式方向；另一个是微型分布式方向。大型集中式数据库的优点是便于集中管理，缺点是不便于各地使用，而且也难于组织、容纳繁多的点源数据类别和复杂的数据结构，更难于应付不断增多的日常点源信息处理需求。微型分布式数据库是指建立于基层勘查单位的各种点源数据库系统，其优点是便于数据组织、补充、更新与应用，便于满足各级各方用户对数据的需求。微型机技术和网格技术的发展、普及和提高，使分散于各地的点源地矿信息资源的管理、交叉访问、数据互操作及远距离传输成为可能，分布式点源地矿信息系统的价值受到普遍的认同。与此相应，以主题式点源数据库为核心的共用数据平台，也必然是微型分布式的。建设分微型分布式的共用数据平台，将实现地质矿产勘查全过程数据资料采集、处理计算机化，与实现地质数据资料管理、检索计算机化、网络化这两大目标结合起来，为使国家资源信息系统具有支持政府决策和进行地质研究的双重功能提供必要保证，是一个值得研究和发展的方向。

2. 信息交换本体法

信息交换本体法源自于本体论，是指采用本体论的思想和方法进行地质信息的逻辑表达与结构建模。

一方面，为了解决地质与环境科学研究及资源勘查、开发中面临的一些问题，如区域地质演化、矿产和地质灾害预测评价等，通常是从多种来源的资料中收集和整合地质数据。目前，人们已经可以从许多网站上快速下载地质调查、矿产勘查和工程勘察等领域的各种地质数据。但是，这些来自全国乃至全世界各地中的海量地质数据资源，不但外部机构和不同国家的人不容易理解和使用，就是同行业的不同专业和不同工作性质的人员也同样存在困难。换言之，从图表和语义的水平上看，要正确地理解并关联这些数据不容易，要恰当地应用这些数据更难。为了充分发挥地质数据的价值，必须使地质数据具有互操作性，避免局部的地质数据库成为信息孤岛。这里涉及地质领域中一系列概念的定义及对这些概念之间相互关系的表达，而采用地质本体谱系是解决这个问题的有效途径（McGuinness，2003）。

另一方面，如前所述，由于地质对象大多数深埋于地下，除局部露头和钻孔之外，是不可视、不可触摸和不可量测的，只能采用物探、化探和遥感技术手段间接地进行探测，同时由于影响因素众多而且不确定，可控程度和可预测性较低，原则和依据都不清楚，其信息是一种不良结构化信息，甚至是非结构化信息。面对这种严重不确定性和不良结构性（或非结构性），仅仅研究和采用本体逻辑结构表达和建模法，对于跨越计算机系统间的"语义鸿沟"的效果是有限的，因为这样做难以克服因认知能力的差异性和有限性造成的数据与模型的多义性，更难以达到有效地进行复杂的地质实体分析、定量化描述、本体建模和信息共享的目的。

本体谱系包括了从词汇表、分类法、主题词表、关系模型到面向语义网的逻辑语言等不同本体类型（McGuinness，2003）。在地球科学领域的自身发展过程中，已经有了可以符合该谱系的各种实例。其中，词汇表的一个实例是美国地质调查局出版的地质词汇表（Neuendorf et al.，2005），分类法的实例有如岩石分类和古生物分类等（Huber et al.，2003；Huber and Klump，2009），主题词表的实例有我国的地质矿产术语分类代码国家标准（GB/T 9649—1988）和地质年代主题词表（Ma et al.，2011）等，概念模型的实例有美国地质调查局和加拿大地质调查局联合设计的北美地质图数据模型（NADM Steering Committee，2004）等。近年来，很多人开始采用面向语义网的逻辑语言，如资源描述框架（RDF）和网络本体语言（OWL）来编辑地学本体，促进了地球科学数据在网络发布中的互操作；地球和环境词汇语义网（SWEET）（Raskin and Pan，2005）和地质年代本体（Ma et al.，2012）等。在欧洲地质一体化（OneGeology-Europe，2010）项目中，也使用面向语义网的语言开发了针对地质年代和岩石类型的本体。该本体对涉及的每个地学概念给出了 18 种文字的标签，实现了 20 个欧洲国家的地质图在网络上的一体化融合和发布。

通过使用本体谱系，还可开发各种新颖应用，促进地质数据在局部、区域和全球等层次上的交换与互操作。然而，在应用本体谱系时存在 4 个方面的挑战：①建模和编码的联系与区别；②多语言化的地质数据和地质本体；③基于本体的应用灵活性和效用；④地质数据和本体的调和与演化。地质本体谱系中的不同本体类型，可以用来对各地质主题中共同认可的模型进行编码。为了应对在使用一个本体谱系促进地质数据交换与互操作时所面对的挑战，需要解决如下问题（Ma，2011）。

（1）如何对本体进行建模和编码，使得建立的本体不仅能有效地应用于整合本地的地质数据，同时还能促进本地数据和外部课题之间的互操作？

（2）在一个区域/全球化的环境中，如何通过建立和使用多专业、多语种的本体来降低在线地质数据的专业屏障和语言屏障？

（3）如何集成概念分析中的不同方法，使得建立的主题化的概念框架不仅能用于解决主题应用中的问题，还能与地质领域的通用标准互容？

（4）如何开发基于本体的各类应用，来提高在线地质数据的互操作性，以便于地质工作人员和非地质工作人员来提取信息和发现知识？

（5）局部环境对地质数据互操作性带来了哪些挑战，存在哪些难题？在一个长期的远景中如何应对这些挑战以及如何解决这些难题？

上述问题的答案，以及在实际工作中部署一个本体谱系的策略和方法，可以通过一些实例研究来寻求。通过实例研究，还可以针对性地开发出多个不同类型的实用本体，如主题词表、概念模型和基于逻辑语言的本体。

3. 信息处理综合法

信息处理综合法是指通过对海量地质数据的集成、融合和综合处理，并且从信息过程的特征和联系上了解和认识地质对象。如前所述，由于地质对象的极端复杂性，以及数据具有显著的多源、多类、多维、多量、多尺度、多时态、多主题特征，其信息分析和提取必然要采用集成、融合和综合处理（包括各种分析、建模、反演、正演、综合、评价、预测）的办法。其中，包括建立各种地质空间分析系统、矿产资源综合预测评价系统、工程地质条件综合预测评价系统、矿产资源开发利用决策支持系统、地质环境综合评价系统和地质灾害预报预警系统等。这种综合处理方法，贯穿于地质对象认知的全过程。只有通过这种综合处理的方式和方法，提取系统、健全的信息，才有可能实现对复杂地质体、地质现象、地质过程、地质资源和地质环境，乃至整个地质系统和地球系统的认知，以便合理地开发、利用和保护地质资源和地质环境。

4. 行为功能模拟法

行为功能模拟法是在控制论的指导下，利用各种地质过程模拟或仿真系统，对各种地质模型进行解算、推演、追索、再造和预测，揭示地质系统演化的影响因素及其相互间的控制与反馈控制关系，进而总结地质系统演化的内在规律，实现对地质资源、地质环境和地质灾害的正确预测和评估。

地质过程的时间与空间跨度极大，通常难以采用物理模拟的方法来再现和追踪，最佳办法是采用计算机数值模拟、智能模拟或系统动力学模拟的方法，通常统称为计算机模拟。地质过程的计算机模拟，也称地质过程数学模拟。它是近 20 年来在计算机地质应用领域里，迅速发展着的一种地质过程定量分析和仿真技术。地质工作者可以将概念模型及其相应的方法模型看作实验工具，通过改变各种条件和参数来观察它的反应，从而定量地推演各种地质事件发生和发展的过程，揭示各种影响因素的相互关系，以及变化趋势和可能结果（Harbaugh and Bonham-Carter，1980）。

地质过程计算机模拟面临的问题，包括地质作用所依存物质空间的三维再造、各地质作用之间的控制和反馈控制关系的动态描述和地质作用的非线性过程描述。其解决途径是采用系统工程学的理论与方法，将动力学模拟与拓扑结构模拟结合起来，用拓扑结构模拟来客观再造实际地质过程的物质空间；将常规动力学模拟与系统动力学模拟结合起来，用系统动力学模拟描述地质系统整体的非线性过程；将数值模拟与人工智能模拟结合起来，用人工智能模拟解决地质过程的局部非线性问题。

5. 系统整体优化法

系统整体优化法有两方面含义：其一是指在地质对象研究和矿产资源勘查、开发过程中，根据系统论原理，从部分与部分之间、部分与整体之间、整体与外部环境之间、资源开发利用与生态环境保护之间、人与自然的协调发展之间的相互联系中，综合地考察研究对象，进行最优化决策，并且将知识转化为可操作的开发、保护和治理行为，达到可持续发展的目的。其二是指在地质信息系统软件研发过程中，根据系统工程的原理和方法，从总体目标出发，采用整体规划、分步实施的策略，不追求局部最优化而是追求整体最优化；在竭力加长"水桶"最短板的基础上改善系统的逻辑结构和功能结构，但也不放弃关键环节的研发，做到既努力提高系统整体水平，又努力寻求关键环节的新突破以带动新一轮提高。

1.2.3　地质信息科学的技术体系

地质信息科学的技术体系由地质数据采集、地质数据管理、地质数据处理、地质图件编绘、地质过程模拟、地质资源评价、地球信息传播及其集成化技术组成（吴冲龙等，2005a）。由于地质信息及其处理本身的极端复杂性，至今这个技术体系还不完善，集成化程度也比较低。随着"数字地球"和"玻璃地球"概念的提出，各国政府和产业部门纷纷将"数字国土"、"数字勘查"、"数字矿山"、"数字油田"、"数字地灾"和"数字水利"等构想付诸实施，地质信息技术正在朝着体系完整的方向发展。

1. 地质数据的数字化采集技术

地质数据的主要来源包括：地球物理勘探与遥感、地球化学勘探、野外地质勘测、室内岩矿分析测试和图形编绘。由于数据类型繁多、结构复杂，地质数据的采集方式不可能划一。目前，与各种数据源和数据类型相适应的数字化采集技术得到快速发展，如各种数字化的重力法、磁法、电法、地震法、大地电磁法等物探技术；数字化的多光谱、高光谱、高分辨率的遥感技术；数字化的视电阻率、自然电位、放射性、声波速度、地层倾斜、地温等测井技术；数字化的固体矿物成分、流体包裹成分、粒度和温压条件的显微镜、电子显微镜、电子探针镜和激光拉曼光谱检测技术等；数字化的氧化物成分、元素成分、同位素特征等化学测试技术；数字化的素描、摄影、录像、录音等多媒体技术等。特别是基于便携机和掌上机的野外地质数据和测绘数据采集系统的研发（Brodaric，1997；Briner et al.，1999；刘刚等，2005），集成了 RDBS、GIS、RS 和 GPS，正在改变着野外数据手工采集的落后面貌。与此同时，数据采集内容的标准化、代码化和数据模式的通用性问题也在进一步解决之中。

2. 地质数据的计算机管理技术

地质数据的计算机管理技术是主体信息管理法的主要体现，其核心技术是数据库技术。数据库技术是根据一次输入多次使用的原理，通过建立数据库并围绕数据库配置相应的数据管理和操作软件，形成一个功能完善的数据库系统。所谓数据库系统（database system，DBS）是一个由硬件、软件、数据和用户构成的完整计算机应用系统。数据库是数据库系统的核心和管理对象，具有如下特点：①查询迅速、准确，且有多种表达与传输方式；②数据结构化且统一管理；③数据冗余度小，有效地避免了数据之间的不一致性；④数据具有较高的物理和逻辑独立性，可以大大地减少应用程序开发工作量；⑤数据具有很高的内部共享性和外部共享性，便于多种作业、多种语言、多种用户公用。数据库能使庞杂的数据按一定格式进行组织、描述、存储、管理、维护、调度和服务，因而可以充分地发挥数据资源的价值（James，1977；Pratt and Adamski，1997）。

地质数据管理的发展趋势是：①以数据管理为核心，采用主题式对象-关系数据库的设计思路与方法，统一概念模型和数据模型，实行术语、代码标准化；②实现海量复杂的地下-地上、地质-地理、空间-属性数据的统一存储、管理、融合、集成和应用；③兼顾地矿行业的当前与未来需求，研发适合于地矿勘查工作信息化的数据仓库和共享数据平台的支撑软件，进而建立充分共享的地质数据平台。其中，实现海量的多源、多类、多维、多尺度、多时态、多主题空间数据的存储、融合、集成和快速动态调度，是地质数据计算机管理领域面临的挑战。

3. 地质数据的计算机处理技术

地质数据的计算机处理是利用电子计算机的快速运算功能，来实现各种数学模型的解算，达到压制干扰、突出有用信息的目的，并且对有用信息进行分析和综合。其内容包括物探方法模型的正反演计算，化探及地质编录数据的统计分析，地质特征的空间分析，矿产储量的估算与统计，工程岩土力学和水力学计算，钻井（孔）设计和孔斜校正等。此外，地质数据计算机处理还包括大量日常的数据换算。随着物探数据正反演，地球动力学和数学地质理论、方法的迅速发展，以及矿产资源定量预测理论和方法的完善，已经涌现出大量的应用软件，如石油地震勘探解释软件、各种多元统计分析软件和克里金储量估算软件等。目前，这些软件开始走向以公用数据平台为依托，按专题进行技术集成和应用集成的道路，并进入地矿勘查工作的主流程。

4. 可视化与地质图件机助编绘技术

地质体、地质现象和地质作用都不同程度地存在着参数信息不完全、结构信息不完全、关系信息不完全和演化信息不完全的情况。对这种不良结构化或半结构化问题进行定量化描述十分困难，借助三维可视化技术所提供的洞察力，能启迪思路，有助于直观地感知和了解地质体、地质现象和地质过程（MacEachren，1998）。因此，可视化技术在地矿工作信息化领域有重要地位。可视化包括数据可视化和计算可视化（McCormick et al.，1987；Rodlie，1995；Danie and Dianne，2000）。计算可视化实质上也是数据可视化。因此，从应用角度看，数据可视化可分为表达可视化、分析可视化、过程可视化、设计可视化和决策可视化（吴冲龙等，2011b）。

应用 CAD 技术来编制地质图件，既能保证质量，减少编图、制图和修编的工序和时间，还有利于图形的存储、保管和使用，保证实现图形数据共享（Förster and Merriam，1996；刘刚等，2002）。国际上在这方面进行了许多探讨和研发并取得重要进展，所涌现出来的 CAD 应用软件很早就进入了地矿勘查工作的主流程。这些图件包括：钻孔（井）综合柱状图、实测地质剖面图、勘探剖面图、储量计算图、资源预测评价图、构造纲要图和各种综合地质图。地矿图件计算机辅助编绘技术的发展方向如下：一是以公用数据平台支撑软件为依托，提高地矿图件编绘的数据库支持程度（Laxton and Becken，1995）；二是与 GIS 技术相结合，提高地矿信息提取、转换和成图的自动化程度（Reddy et al.，1990）；三是与三维图示技术相结合，实现地质数据资料的立体表现（Williams，1996）；四是采用参数化方式（刘刚等，1999，2001），并与人工智能方式及本体论（Brodaric，2004）相结合，提高地矿信息提取、转换和成图的自动化程度，以及人机交互能力。

5. 多维可视化地质建模技术

从技术层面上讲，多维地质建模（geomodeling）是一种应用建模，就是利用计算机技术和数学方法并根据地质空间对象的几何特征、属性特征、结构特征和关系特征来构建其多维综合数字模型，以及进行可视化的虚拟再现。简言之，所谓多维可视化地质建模，就是利用地质数据可视化技术进行地质体的多维数字化抽象、重构和再现（吴冲龙等，2012）。地质空间具有不可直见、不可触摸和不可量测的特点，进行多维可视化建模，可以在更加真实、直观和形象的条件下进行地质现象分析、模型抽象、实体重构、科学计算、过程再现、知识发现、成果表达、评价决策和工程设计。三维空间构模方法也是建立真三维地学信息系统最为核心的关键技术，其发展经历了从简单的线框建模、表面建模、体三维建模到集成建模的发展阶段。根据多维地质空间建模的功能需求，本书将其技术层次分为5级，即模型可显示层次、模型可度量层次、模型可分析层次、模型可更新层次和模型可仿真层次。其中，可显示层次和可度量层次属于2.5维静态建模，可分析层次属于3维静态建模，可更新层次属于3.5维动态建模，而可仿真层次属于4维动态建模。多维地质建模的基础是地质数据可视化。地质数据的可视化具有科学研究、决策支持和辅助设计等多方面的属性。

近年来，随着地质矿产工作信息化的不断推进，特别是"玻璃地球"计划和"One-Geology"的提出和实施，地质空间多维快速动态建模、复杂地质结构描述和地质数据可视化问题越来越受到重视。这方面的关键技术，仍将是未来一段时间的研究和开发重点，引进知识驱动和本体论思路、方法，可能是解决这些难题的有效途径。

6. 地质过程计算机动态模拟技术

地质过程计算机模拟是行为功能模拟法的实际应用。其主要研究和应用领域包括：①壳幔相互作用过程的建模与模拟；②板块相互作用过程的建模与模拟；③造山和造盆作用过程的建模与模拟；④构造应力场的建模与模拟；⑤构造变形过程的建模与模拟；⑥岩浆侵入和火山作用过程的建模与模拟；⑦沉积作用过程的建模与模拟；⑧成岩作用过程的建模与模拟；⑨地热场演化过程的建模与模拟；⑩岩石变质作用过程的建模与模拟；⑪地质流体运动与成矿、成藏过程的建模与模拟；⑫地下水与温泉运动过程的建模与模拟；⑬海水入侵与污染过程的建模与模拟；⑭天然卤水活动过程的建模与模拟；⑮地层与岩石中物质扩散、迁移过程的建模与模拟；⑯地质灾害孕育与发生过程的建模与模拟等。当前发展最为迅猛的领域是石油天然气勘查领域的盆地模拟（Leonard，1989）、油气系统模拟（Waples，1994）或油气成藏过程动力学模拟（吴冲龙等，2001c；Wu et al.，2013）和油藏模拟（Haldorsen and Macdonald，1987），已经进入了资源预测评价的实际应用阶段。实现地质过程计算机模拟的关键，是把地球动力学与动画技术结合起来。计算机动态模拟技术与拟三维乃至四维数据可视化技术和虚拟现实的仿真技术相结合，可以借助可视化技术所提供的新的洞察力，直观、形象地观察、理解、推演和再现地质过程（吴冲龙等，2011b）。然而，纯粹的动画只能再现想象中的地质过程，属于艺术动画范畴；而与地球动力学结合的动画能够再现推理中的地质过程，属于科学动画范畴。为此，地质过程计算机动态模拟技术必须与实际地质过程分析密切结合。

目前，地质过程计算机模拟所存在的共同问题可归纳为：①缺乏对地质作用的整体性认识，即系统观念薄弱；②对地质作用系统及其各子系统的反馈控制机制重视不够；③概念模型过于简化而与实际过程差别太大；④数学模型单一且偏于确定性等。针对这些问题，需要引入地质作用系统的概念，应用系统论、信息论和控制论（包括灰色系统控制论），具体地对模拟对象进行系统分析，建立合乎实际的各种地质作用概念模型，进而转化为数学模型。在构筑数学模型时，可按照选择论的基本原理将确定性模型与随机模型结合起来，并且在处理模糊现象和灰色系统时，尽量采用模糊数学模型和灰色系统数学模型。在此基础上，才有可能对地质演化过程（包括构造演化、地热演化、流体演化、成岩演化、成矿演化、成藏演化和成灾演化等）及其相应的地球动力学过程，有一个正确的认识、推演和再造，同时也才有可能实现对各种矿产资源和地质灾害进行可靠的定量评价和预测。

7. 地质资源人工智能评价技术

地质学由于学科本身的特点，一直是专家系统应用研究的活跃领域（Wadge et al.，1992；Hawkes，1992）。许多复杂地质问题的解释和处理，在很大程度上依赖于专家的知识和经验。专家系统可以充分发挥专家作用，使得一般地质人员能像专家那样工作，从而提高找矿和勘探效果。在固体矿产资源评价和油气资源勘探评价方面，很早就涌现出一批有实用价值的软件系统（Duda et al.，1979；李新中等，1995）。为了解决复杂的组合优化、多目标决策问题，如地矿勘查、开发和管理中的技术方法和手段组合优化决策、最优勘探方案的选择、资源配置与合理利用、勘查投资结构优化及投资风险评估决策等，地质领域的专家系统（ES）的发展方向是与人工神经网络技术（artificial neural network，ANN）相结合（Brown et al.，2000）。而为了具有求解不确定性、模糊性和随机性问题的能力，并解决地质矿产资源预测评价领域中的复杂空间分析问题，人们正在把模糊数学、数理统计、拓扑几何等方法结合到 ANN 的学习规则中去，并且将专家系统和 ANN 与 GIS 及可视化技术结合起来，同时，将资源预测评价专家系统置放于共用地矿数据平台之上。

8. 地质数据的数字化传输技术

地质数据数字化传输既包括将野外采集的数据向室内数据处理中心传输，也包括在室内进行远程数据查询、交换和互操作。地矿信息数字化传输主要是通过数字通信网络（目前主要是 Internet）来实现的。随着各国信息高速公路和通信网络建设的加速进行，将使地矿数据的远程共享和综合应用成为现实。这里需要着重解决多源异构数据的整合及海量空间数据的传输技术和设施问题。海量地质空间和属性数据的传播不同于一般事务管理和商务管理，不但需要有专门的信息保真、保密、防衰减和增益技术，还需要有高速、高效的国家空间数据基础设施的支持。国家空间数据基础设施包括：空间数据协调、管理与分发体系和机构，空间数据交换网站，空间数据交换标准以及数字地球空间数据框架。各国政府所制定并实施的信息高速公路计划、空间数据交换格式标准和协议，以及各种大、中、小比例尺的基础空间数据库建设，为开展地质数据的远程传输、互操作和充分共享打下了良好基础，可以充分的利用。

综上所述，地质信息科学已经具有独特的研究对象、明确的研究内容、完整的方法论体系和崭新的技术体系，其理论框架也初步形成，已经奠定了成为一门独立学科的根基。然而，就总体而言，其理论体系、方法论体系和技术体系还不够完善，还需要加强研究和实践。为了提高开发、利用地质信息的能力，扩展地质思维功能，更深入地认识地质体、地质现象、地质过程和地质环境，并加以合理开发、利用和保护，有必要进一步加强地质信息科学的理论体系、方法论体系和技术体系的研究和实践。显然，从事这项研究工作既有着重要的理论意义，又有着重要的现实意义。

1.3 地质工作信息化的途径与方法

随着计算机科学和技术的迅速发展，社会信息化和信息社会化的步伐不断加快，各行各业都被卷入到这个信息化的潮流之中了。然而，由于各个领域的工作对象和内容存在着差异，其信息化的难易程度及进程是不一样的。相比较而言，实现地质工作信息化是比较困难的。地质工作信息化是地质调查、矿产勘查和工程勘察等多项工作信息化的统称。这是一个渐进的过程，涉及十分深刻和广泛的领域，并非地质信息技术的简单应用。它既需要有正确的理论和方法论指导，也需要有高超的技术支撑。也正因为如此，才催生了地质信息科学和技术的研究领域。

1.3.1 地质工作信息化的含义

根据国内外地质工作领域信息技术的应用状况及其所带来的影响，地质工作信息化的内涵是指：采用信息系统对传统的地矿勘查工作主流程进行了充分改造，实现了全程计算机辅助化，数据在各道工序间流转顺畅、充分共享（吴冲龙等，2005b）。其中，包含着 3 项相互密切关联的内容：①建立以主题式点源地质数据库为基础的共用数据平台，力求避免系统内出现大量的数据冗余，并实现了空间数据和属性数据的一体化存储和管理；②采用"多 S"技术并进行技术集成、网络集成、数据集成和应用集成，使各种技术方法与应用模型有机地结合起来，层叠式复合成完整的地质信息系统，数据在其中流转顺畅、充分共享，并实现三维可视化；③利用地质信息系统对地质矿产勘查工作的主流程进行充分改造，实现从野外数据采集到室内综合整理和编图，再从成果保存、管理、使用到资源评价、预测和决策的全程计算机辅助化。

地质工作信息化所包含的上述 3 项基本工作内容，既是建立和完善地质信息技术体系、推进地质工作信息化所必要进行的工作内容，也是衡量一个地矿勘查单位信息化程度的基本标志。由此而论，在地质工作的各个环节应用计算机技术，仅仅是地质工作信息化的开端，而非地质工作信息化的完成。

由于地质工作对象及其数据采集、管理、处理与应用的复杂性，其信息化的难度很高，进展十分缓慢。为了加快地质工作信息化的进程，需要探索并选择一条正确的途径。根据地质工作的实际并参考国内外相关行业的经验，实现地质工作信息化的基本途径是有计划、有步骤、循序渐进地进行上述 3 项工作。

1.3.2　主题式共用地质数据平台建设

建立以主题式点源地质数据库为基础的共用数据平台，可以有效地将实现地矿勘查全过程数据资料采集、处理计算机化、网络化，与实现地质数据资料管理、检索计算机化、网络化这两大目标结合起来，为使信息地质系统具有支持政府决策和进行地质勘查、研究的双重功能提供必要保证（吴冲龙等，1998，2005b）。

1. 建立共用地质数据平台的必要性

地质矿产勘查工作每日每时都在获取资料和数据。由于地质矿产勘查的数据资料具有反复使用、长期使用的价值，而具有长期保存的必要性；同时又由于获取时的代价昂贵和对于不同勘查对象、不同勘查目的和不同勘查阶段的通用性，而具有共享的必要性。这两种必要性的存在使得地矿勘查资料和数据成为国家的宝贵财富，其数据库通常被放在优先建设的地位上（Johnson and Bradbury，1991）。我国从 20 世纪 80 年代中后期开始起步，迄今为止已经建立了上万个不同类型的地质数据库。

我国地矿行业当前的信息系统建设所采用的数据环境多数是应用数据库。为了提高共享性、系统性、科学性和安全性，需要采用主题数据库的设计思路与方法，统一概念模型和数据模型，实行术语、代码标准化，并兼顾地矿行业的当前与未来需求，通过系统分析和模型设计来形成与各种业务主题相关联的数据库，建立以主题式点源对象关系数据库为核心的共用数据平台（吴冲龙和刘刚，2002）。

2. 共用地质数据平台的分布式结构

自从 20 世纪 90 年代以来，随着微型机技术的普及和提高，分布式点源数据库建设提上了议事日程。特别是近年来网络和网格技术的发展，使分散于各地的点源地矿数据资源的管理、交叉访问、互操作及远距离传输成为可能，分布式点源地矿数据共享平台的价值受到普遍的认同。这显然是一个值得重视的发展方向。

由于我国幅员辽阔，地矿勘查数据量庞大，以主题式点源数据库为基础的共用数据平台可以按中央（部委、集团公司）、省（厅局、矿务局、石油管理局）和地区（地区国土局、地质队、大型矿山、采油厂、大专院校）三级布局，实行分级建设和管理。地区级共用数据平台存放除遥感数据外的所有点源数据，省级共用数据平台可存放部分综合数据和大型待开发矿床的原始数据，中央级共用数据平台可存放一些重要的综合数据和超大型待开发矿床或成矿带的原始数据。目前，我国地矿行业各部门和矿业集团公司的共用地质数据平台，基本上就是按照这种布局建设起来的。但由于管理体系不同、建设思路不同，其分布格局和管理体制也有所差异。

3. 共用地质数据平台的支撑软件

目前，国内外许多类似的共用数据平台，如土地管理数据平台、交通管理数据平台、管道网络数据平台和城市规划数据平台等，都是采用 GIS 来实现的。从本质上说，GIS 是地理领域的一种通用的点源空间数据管理和处理的软件平台。GIS 本身具有较强的二维空间数据管理、处理能力和空间分析、区域评价能力。在地质信息技术发展的初期，引进 GIS 作为地矿工作信息化的软件平台，无疑是一种进步。然而，GIS 难以有效地存储、管理和处理多源、多类、多维、多量、多尺度、多时态和多主题特征的地质数据，也难以支持复杂地矿信息的综合分析、复杂地质体和地质结构的综合建模、复杂地质过程的综合模拟，以及复杂地质问题的综合解决。显然，直接采用 GIS 来建立一个地区的专业化共用地质数据平台是很有问题的。因此，研发适合于地质工作信息化的共用数据平台支撑软件是十分必要的。

共用地质数据平台需要有一系列支撑技术，其中包括能够支持地质数据采集、管理和调度的高水平软件技术：①具有高度可操作性和自适应性的野外数据采集技术。这里需要解决两个基本问题，其一是能够适应不同区域地质状况的动态型野外数据采集工具——基于数据字典和逆规范化方式的动态数据采集界面；其二是能够实行"多 S"内部集成的轻便型野外数据采集工具——基于便携机和掌上机的野外地质数据采集系统。②能够同时支持数据库系统和文件系统的海量地质-地理、空间-属性数据一体化存储、管理和动态调度技术。这里涉及四个基本问题：其一是地质-地理三维空间数据存储、管理方法；其二是三维空间数据自适应缓存管理方法及系统；其三是三维空间数据自适应预调度方法；其四是面向三维空间数据传输的通信方法。

4. 公用地质数据平台的发展趋势

公用地质数据平台的一个重要发展方向是与信息处理相结合。评价一个公用地质数据平台的功能，不仅看其数据存取效率和方便程度，而且看其能否有效地支持各种复杂的数据处理、图件编绘、实体建模、过程模拟和评价决策系统的运行。大型综合性数据库系统、对象-关系数据库、数据银行（data bank）、数据仓库（data warehouse）/数据集市（data mart）和数据挖掘理论、方法和技术的引进、消化、改造及其在地质工作中的广泛应用，便是这一发展方向的典型代表。

通常把数据处理分为两大类：操作型处理（事务处理）和分析型处理（信息型处理）。二者的分离使原来以单一数据库为中心的数据环境发展为一种新环境——体系化环境。随着地质信息系统技术的不断发展，人们不再满足于传统的日常事物处理和数据查询检索，需要进一步利用计算机对地质、矿产、工程和地灾的分析、评价、预测和管理工作进行辅助决策。这就要求有综合性、概括性的多源数据作支撑。然而，传统的数据库技术严格限制数据冗余，不允许存储综合数据，并且以单一数据资源，即数据库为中心进行事务处理、批处理和决策分析，也难以满足这种辅助决策的需要。为了对数据库，特别是对多种异构异质数据库进行数据整合、调度、综合、融合、处理和应用，人们引进了数据仓库和数据集市的思想和技术。

数据仓库和数据集市技术是一种分析型数据处理新技术，最初应用于企业经营管理的决策支持。数据集市是数据仓库的子集，是主题式或专题式的小型数据仓库。数据仓库有 4 个基本特征：数据是面向主题的，数据是集成的，数据是不可更改的，数据是随时间不断变化（积累）的（Inmon，1994）。数据仓库与传统数据库的差异主要体现在如下几个方面：在数据的更新上，传统的数据库适合于记录集的更新，并将其作为操作的一个标准部分，更新时需要耗费大量的资源，而数据仓库不会付出任何更新的开销；在基本的数据管理上，通用的数据库管理系统（DBMS）要留一些自由空间以方便数据的更新和插入，而数据仓库不需要；在索引机制上，数据仓库采用更健壮和更完善的索引结，而 DBMS 环境限制有限数量的索引，所以 DBMS 本身需要数据管理；除此之外，在数据管理能力和策略上，它们在物理上用优化方式组织数据以适应不同类型数据的访问。DBMS 优化数据是为了事务的访问，而数据仓库是为了决策支持系统的访问和分析。显然，数据仓库技术的出现为解决复杂的地质数据管理和应用问题开辟了新的途径。

数据仓库技术并不是一种市场上现成可买的软件产品，但目前的许多数据库软件生产厂商（如 Oracle 公司）都提供相应的数据仓库解决方案，并开发了相应数据仓库开发支持软件工具产品。使用这些软件可方便地根据自己的应用需求构建数据仓库或数据集市。数据仓库和数据集市技术的引进，大大地增强了公用地质数据平台的功能，不仅提高了数据存取效率和方便程度，而且有效地支持了各种复杂的数据挖掘、数据处理、图件编绘、多维建模和决策分析系统的运行。

1.3.3　地质信息技术的"多 S"集成

为了最大限度地发挥各种信息技术和数据的作用，需要进行系统集成，以便使各个信息处理环节无缝衔接，各部分组成一个有机整体，让数据在其间流转顺畅、充分共享，实现整体最优化。系统有了这样的整体性，即使在系统中每个元素并非十分完善，通过综合与协调，仍然能使整体系统达到较完美的程度。从地质信息技术体系的逻辑结构看，系统集成的内容包括：技术集成、网络集成、数据集成和应用集成。地质信息技术的集成，可以借鉴地理信息科学领域的"3S"（GIS、RS、GPS）（王之卓，1995）和"5S"（GIS、RS、GPS、DPS、ES）集成技术（李德仁，1995）。但由于地矿勘查所要管理和处理的既有地表空间数据和属性数据，还有更多的地下空间数据和属性数据，不仅应该考虑关系式数据库（RDBS）和空间数据库（PDBS 或 GIS）的集成，还要考虑构建用于数据分析和资源预测、评价、管理和决策的模型库、方法库、数据仓库、决策支持系统和联机分析处理系统等。因此，应当考虑"多 S"集成，先使之成为以主题式点源地矿数据库为核心的共享数据平台，然后再进一步发展成为以数据管理为核心的、技术方法与应用模型层叠式符合的地质信息系统平台。

所谓"多 S"是 DBS、DWS、OLAPS、MIS、DSS、OAS、GIS、GPS、RS、DPS、CADS 和 ES 等的总称。其中，DBS 是 data base system（数据库系统）的缩写；DWS 是 data warehouse system（数据仓库系统）的缩写；OLAPS 是 on-line analytical processing system（联机分析处理系统）的缩写；MIS 是 management information system（管理信息系统）的缩写；DSS 是 decision support system（决策支持系统）的缩写；OAS 是 office automation system（办公自动化系统）的缩写；GIS 是 geographic information system（地理信息系统）的缩写；GPS 是 global position system（全球定位系统）的缩写；RS 是 remote sensing（遥感）的缩写；DPS 是 digital photograph system（数字摄影系统）的缩写；CADS 是 computer aided design（计算机辅助设计系统）的缩写；ES 是 expert system（专家系统，泛指人工智能系统）的缩写。

"多 S"集成的途径有内部集成和外部集成之分。所谓内部集成，是指在一个地质信息系统平台中具备上述多种"S"的功能；而所谓外部集成，是指采用各种系统连接技术把上述多种"S"连接为一个整体。在目前条件下，比较合理的做法是把两种集成方式结合起来，即在采用外部集成方式的同时，进行某些"S"内部集成的研究与开发，逐步用内部集成取代外部集成，直至全部转为内部集成。

1.3.4　地质工作全程的计算机应用

地质信息系统建设能最大限度地发挥地质数据的利用价值，促进地质信息资源管理和应用的发展，既是实现地质工作信息化的基础，也是建立地质信息科学理论、方法论和技术体系的基础。地质信息系统技术的迅速发展极大地推动了地矿勘查工作和地球科学研究的前进，如同其他工业部门和学科领域一样，地质信息系统技术的应用水平已经成为衡量地质勘查工作和地球科学研究现代化程度的主要标志；而利用信息系统技术对地质勘查工作及其信息处理流程的改造、优化程度，则是衡量信息化水平高低的重要标志。在基层勘查单位、研究院所和各级决策机构，建立了共用地质数据平台和三维可视化地质信息系统之后，便有可能利用地质信息系统对勘查工作流程和信息处理流程进行合理改造和优化。使地质数据存储、检索和处理实现自动化、高速化，同时也能为进行地质研究、综合评价和决策分析提供数据和技术支持。

在地质工作各环节都采用了地质信息技术的条件下，通过这样的改造和优化，全部地质工作及其信息处理便可以纳入到一个完整的机助作业流水线中，即实现从野外数据采集到室内综合整理、编图和分析，再从成果保存、管理、使用到资源评价、预测和决策的全过程计算机辅助化。针对地质工作全过程计算机辅助化需求所进行的地质信息技术应用的集成化改造和优化，就是地质信息技术的应用集成；反之，根据应用集成后的地质信息技术的特点所进行的地质工作流程和信息处理流程的改造和优化，则是地质信息技术的集成应用。

根据前面的分析，地质工作流程和信息处理流程的改造和优化，最好是与点源信息系统建设同时进行并一步到位。但从实际情况出发，也可以分两步走，即首先在地质勘查工作的各个环节实现各种分散应用的信息技术集成化（低级别集成），同时对各个环节的工作内容和方式进行适当的改造和优化；在完成共用数据平台建设后，再将各个环节采用的信息技术集成到共用地质数据平台上（高级别集成），并采用主题式点源信息系统对地质工作主流程进行整体改造和优化。

第2章 地质信息系统与"玻璃地球"建设

地质信息系统是主题式点源地质信息系统的简称。它是地质信息技术体系的核心。采用"多 S"结合与集成化方式来建立以地质信息系统为核心的地质信息技术体系，是发展和完善地质信息科学、实现基础地质调查、矿产资源勘探、工程地质勘察、环境地质勘察和灾害地质勘察工作（统称为地矿勘查）及其管理工作信息化的关键环节。地质信息系统的支撑技术是高功能的地质信息系统软件平台，地质信息技术体系的一种区域性整体应用就是"玻璃地球"建设。

2.1 地质信息系统设计原理与方法

在地质调查、矿产勘查和工程勘察过程中，每日每时都在获取着大量的资料和数据。管理好这些数据并快速、有效地利用这些数据去解决各种复杂地质问题，开展各种地质评价和资源预测的最优途径，从而建立完善的高功能地质信息系统。所谓的高功能软件平台是指：能够一体化存储管理 TB 级的海量地质-地理、地下-地上的空间-属性数据；至少能够动态调度 10 万个以上的大规模空间目标；能够实现复杂地质结构多维、快速、动态、精细建模；能够全面实现地质体、地质结构和地质过程表达、分析、过程、设计和决策三维可视化；能够实现各类复杂地质图件的机助编绘和资源评价的快速化、动态化；能够全面支持地质工作主流程的数字化、信息化和智能化作业。该高功能软件平台建设所涉及的关键技术问题，有许多是国际上公认的瓶颈技术问题，需要认真对待并研发出专业化的"三维地质信息系统平台"。

2.1.1 主题式点源地质信息系统的特点与功能

主题式点源地质信息系统是指建立于基层勘查单位、矿山、油田、煤田、水利枢纽、大型水电站、城市和地灾防治机构的基础地质矿产信息系统。之所以称为主题式点源地质信息系统，是因为其数据库采用主题式数据库设计方法，而信息源具有点源性质（吴冲龙等，1996）。地质信息系统既是基层勘查单位进行数据采集、存储、管理、处理和应用的综合性技术系统，也是上级主管部门组建地矿信息网络系统、开展地矿信息服务的基础。对于基层勘查单位或信息源业主而言，它们是功能强劲的微型工作站；而对于国家或省局级地质信息系统而言，它们是数据齐备的网络节点。地质信息系统的建立，不但可以提高数据存储、检索和处理效率，也可以为支持政府决策和进行地学研究提供必要的技术保证。

1. 地质信息系统的特点

地质信息系统与一般企业信息系统相比，在服务对象、服务性质和服务内容方面存在着本质差别。一般企业信息系统的服务对象是企业内各级管理人员和上级机关管理人员，而地质信息系统的服务对象除此之外，更主要的是第一线的技术人员。从服务性质和服务内容上讲，一般企业信息系统主要着眼于"物质产品生产过程"和"物质产品流通过程"的信息收集、存储、管理和处理，为产品结构调整、产量和质量控制、品种更新、新产品设计以及日常生产管理，提供自动化工具和决策依据，因此也被称为企业管理信息系统；地质信息系统则主要着眼于"地质矿产（类似于企业的原材料）的自然属性和时空特征"的信息收集、存储、管理和处理，不但为地质矿产（原材料）价值的综合评价及其利用决策提供依据，同时也为揭示地质矿产（原材料）形成的自然规律提供依据。由于地质矿产勘查的"产品"是勘查报告（或调查报告、勘探报告）——描述被勘查对象的特征和性质的数据资料集合，因此，从某种意义上说，地质信息系统本身既是"原材料"与"产品"的管理工序，也是"产品"的生产工序。

与一般地矿资源勘查数据处理系统相比，地质信息系统在服务对象、服务性质和服务内容方面的差别也很显著。一般地矿资源勘查数据处理系统的服务对象，只是基层勘查单位内部或科研机构内部的技术人员，通常不存在单位之间的数据共享问题；而地质信息系统的服务对象除此之外，还包括企业内部各级管理人员和上级机关管理人员，以及不同单位的科技人员，因此必须考虑单位之间的数据共享问题。一般地矿数据处理系统都以处理功能为核心，其软件开发的重点是各种数据处理功能（数据分析、统计、计算和编图），为了数据输入方便，通常利用数据文件或简单的应用数据库来组织数据，很少花大力气对数据库管理系统平台做二次开发。目前，我国地矿数据处理系统已经开始向集成化、系统化、三维化和实用化方向发展。地质信息系统与一般数据处理系统的最大区别，就在于它以主题数据库为核心，数据处理功能的开发围绕数据库展开。为此，要求对所选用的数据库管理系统平台进行大量的二次开发。

总之，地质信息系统不仅应当具备功能强劲的空间信息处理子系统，还应当具备结构合理、功能强劲的主题数据库子系统。地质信息系统与地理信息系统的主要差别，一方面在于它要面对地下三维非结构化（或不良结构化）信息；另一方面在于它必须集强大的空间信息处理系统与强大的点源主题数据库系统于一身，不仅要管理和处理具有多维空间分布特征的多尺度空间数据，而且要管理和处理多源、多类、多量、多时态和多主题的属性数据，是一种多库联合、"多 S"集成的综合技术系统。

2. 地质信息系统的结构与功能

一个完整的（简称地质信息系统）地质信息系统，需要具备勘查数据采集、勘查数据管理、勘查数据处理、勘查图件编绘、勘查地质建模和地矿资源预测评价六大功能，其核心问题是勘查数据管理。根据结构-功能一致性准则，其结构可分为内、中、外 3 层（图 2-1）。内层为数据管理层，由下部的主题式对象-关系数据库子系统与上部的数据仓库组成，其职能是实现数据组织、存储、检索、转换、分析、综合、融合、传输和交叉访问；外层是技术方法层，包括各种高功能的硬、软件平台和空间分析技术、三维可视化技术、CAD 技术、GPS 技术、RS 技术、人工智能技术等；中层是功能应用层，由下而上可分为数据综合处理、建模与编图和资源预测评价 3 个层次，其职能是实现系统的全部功能处理和决策支持。

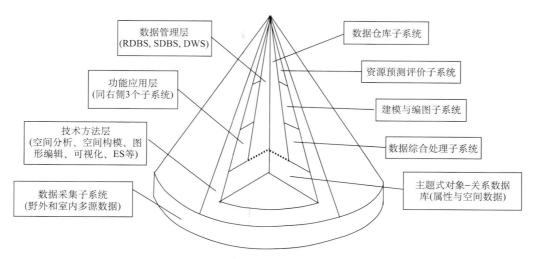

图 2-1　以主题式点源数据库为核心的地质信息系统概念模型（改自吴冲龙等，2005b）

　　在该系统中，数据采集子系统处于地质信息系统的底层，是整个系统的基础，可实现野外与室内各种属性数据和空间数据的采集和入库。

　　主题式点源数据库子系统处于数据采集子系统之上，是整个地质信息系统的核心。该数据库子系统以数据管理为根本，各种功能处理软件都有共同的数据库基础——可以是分置的主题式点源属性数据库和主题式点源空间数据库，也可以是能实现空间-属性数据一体化存储的主题式点源对象-关系数据库。系统开发采用面向对象和专题关联的设计技术，实现数据模型与代码标准化，并且有强大的数据存储、管理和操作功能；具有信息齐备、功能齐备、安全高效、应用方便的特点，既能为各个功能应用层提供原始数据支持，也能为区域性和全国性地矿信息网络提供点源数据支持。

　　数据仓库子系统位于主题式点源数据库子系统的上方。其数据是面向各种应用主题进行组织的，能够在较高层次上完整、统一地刻画各个分析对象所涉及的数据及数据间的联系；能够从原有分散的数据库中抽取数据，并使数据一致化和综合化，进而形成可供资源分析、评价和决策专题应用的集成化数据。数据仓库还可以随时间变化不断增加新数据，删除旧数据，以及重新形成综合数据。

　　综合处理子系统处于主题式点源数据库之上，又与数据仓库邻接，包括野外资料整理、专题资料汇总、日常数据处理、储量计算、多元统计分析和地质规律分析等模块。这个子系统可以直接为地勘单位的日常生产管理和报告编写服务，也可以为地质规律、成矿规律及找矿勘探方法的研究服务。地质规律分析主要包括勘查区（研究区）的构造作用、岩浆作用、沉积作用、变质作用和成矿作用的规律分析，由于涉及参数多、关系复杂，也可采用专家系统和人工神经网络技术来实现。

　　建模与编图子系统处于地质信息系统的第 4 层，包括地面地质、钻探、地球物理勘探、地球化学勘探和遥感等技术手段所形成的各种日常生产图件、分析图件、解释图件和综合图件。地矿勘查和科研工作的成果大多以图件的方式来表达，这些图件的种类之多、数量之大、结构之复杂，也是一般地理信息系统所不能比拟的。完整的图件编绘子系统的设计和研究包括两大部分：图形的计算机辅助设计（CAD）和图件的计算机辅助出版（CAP）。

　　资源预测评价子系统处于功能应用层的上部，包含矿产资源（数量、质量及赋存、分布状况）预测评价，矿产资源（开发的地质、技术、经济、环境条件）综合评价，以及水文地质、工程地质、环境地质、灾害地质等评价和预警等模块。该子系统的职能是为政府机构及勘查单位立项提供决策支持。预测评价可以采用静态的方式，通过经典数学、随机数学、模糊数学和灰色系统方式，以及人工专家系统和人工神经网络方式来实现；也可以采用动态的方式，通过地质成矿过程数学模拟（对于含油气盆地而言，有盆地模拟、油气成藏动力学模拟、油气勘探目标模拟等）方法来实现。此外，还可以包括地矿资源勘查开发过程模拟——企业生产工艺过程、产品流通过程和企业发展过程模拟，即"企业过程"的模拟。

　　总之，地质信息系统是一种信息齐备、功能完善的地质与矿产勘查（察）区点源信息系统，是一种在计算机硬、软件的支持下，高效率地对勘查数据进行收集、整理、存储、维护、检索、统计、分析、建模、模拟、综合、显示、输出、发送和应用的综合性技术系统。它可将实现地质矿产勘查全过程数据资料采集、处理计算机化，与实现地质数据资料管理、检索计算机化、网络化这两大目标结合起来，为使国家资源信息系统具有支持政府决策和进行地质研究的双重功能提供必要保证。

　　为了保证系统的各组成部分之间相互协调以及整体目标的顺利实现、系统分析和系统设计，必须运用系统工程的理论和方法统一进行，不是刻意追求个别软件功能的最优化，而是努力追求系统整体功能的最优化，使之成为从野外采集数据到数据存储、管理、数据分析、图件编绘，再到地矿预测、评价的综合技术系统。这种具有完善的硬、软件配置的分布式地质信息系统，能够实现从多源、多类、多量、多维、多尺度、多时态、多主题数据采集到建库、数值处理、图件编绘、多维建模、动态模拟，再到综合解释、预测、评价和决策的完整工作流程；该系统又是一个开放式的应用软件开发平台，不但提供各种接口以便能随时接纳国内外的新功能软件成果，还能支持各用户按各自的特殊需要方便地进行补充再开发。这种综合性技术系统是提高地矿勘查资料利用价值、推动地矿科学向定量化方向发展的重要条件，也是为各种综合数据库系统提供数据流的不竭源泉。正是基于上述指导思想和体系架构，作者研发出了三维地质信息系统平台（QuantyView，原名 GeoView）（Wu et al.，2005）。

2.1.2　主题式点源地质信息系统设计方法

　　地质信息系统的开发与建造是一项复杂的系统工程，必须按照系统发展的客观规律进行作业。从数据库诞生以来的 30 多年中，人们通过大量的实践，探索和发展了许多指导管理信息系统开发的理论和方法，如结构化生命周期法、企业系统规划法、战略数据规划法、原型法和面向对象的分析及设计法等。其中，最常用而且有效的方法是结构化生命周期法、快速原型法和面向对象法（刘鲁，1995；李之棠和李汉菊，1997）。这些方法在原则上也适合于地质信息系统的开发。

1. 结构化生命周期法与快速原型法

1）结构化生命周期法

结构化生命周期法是结构化分析和设计方法的简称，出现于 20 世纪 70 年代，属于目前使用较多的成熟方法。该方法是对 20 世纪 60 年代发展起来的各种信息系统开发方法的总结和优化。其分析过程是一个自顶而下的功能分解过程，而设计过程是一个自下而上的功能合成过程。每一个过程都被严格地划分为若干个阶段，并且预先规定了各个阶段的任务，要求依照准则按部就班地完成。

结构化生命周期法有如下特点。

（1）预先明确用户的要求，根据需求来设计系统。强调直接为用户服务，要求以用户需求为系统设计的出发点，而不是以设计人员的主观想象为依据；在未明确用户需求之前，不得进行下一阶段的工作。需求的预先定义，使系统开发减少了盲目性。这既是结构化生命周期法的主要特点，也是相对于在它之前的各种开发方法的主要优点。

（2）自顶向下来设计或规划信息系统。结构化生命周期法着眼全局，从维护系统总体效益的角度来设计或规划系统，保证了系统内数据和信息的完整性、一致性；注意系统内部或子系统之间的有机联系和信息交流，并且努力防止系统内部数据的重复存储和处理，从而大大地减少了数据的冗余量，保证了系统运行的有效性。

（3）严格按阶段进行开发。该方法将系统开发的生命周期划分为若干个阶段，每个阶段都规定了明确的任务和目标，进而将各个阶段划分为若干项工作和步骤。这种有序的安排，不仅条理清楚，便于计划管理和控制，而且有利于后续工作的展开，基础扎实，不易出现返工现象。

（4）工作文档标准化和规范化。文档既是本阶段软件开发工作的重要成果，也是下一阶段软件开发工作和用户了解并使用软件的依据。为了保证对各子系统和模块之间通信内容的正确理解，该法要求文档采用标准化和规范化的格式、术语、图形和图表，使开发人员及用户有共同语言。

（5）运用系统的分解和综合技术，使复杂的系统简单化。把信息系统看成是功能模块的集合，自顶而下地将一个复杂的大系统分解为一系列相互联系而又相对独立的子系统直至模块，可以使对象简单化，便于建模、设计、软件开发和系统实施，并且可以使系统的设计和实施过程，成为一个自下而上的功能合成过程。利用该技术，能够方便地将子系统及其功能模块综合成完整的系统以体现总体功能。

（6）强调阶段成果的审定和检验。为了增强系统开发的有序性，要求加强阶段成果的审定和检验，及时发现并清除系统中的隐患，弥补各阶段工作的不足与过失。根据结构化生命周期法的建模原则，只有得到用户、管理人员和专家认可的阶段成果，才能作为下一阶段工作的依据。

结构化生命周期法的基本思想是将系统开发看作工程项目，有计划、有步骤地进行工作。结构化生命周期法的理论基础较为严密，它要求系统开发人员和用户在系统开发初期对系统的功能就有全面的认识，并制定出每一个阶段的计划和说明书，来规范随后的各项工作。其思想基础是认为任何系统都能在建立之前被充分理解。近年来，随着时代的变迁和计算机技术的发展，出现了许多新情况，对这种传统的系统开发方法提出了挑战。一方面，信息系统的开发已经成为一个行业，许多软件开发人员不具备实际工程——用户专业领域的知识；另一方面，用户常因忙于自己的业务工作而无暇与系统开发人员仔细讨论。在这种情况下，传统的结构化生命周期法便显得无能为力了，需要寻找一种易于和用户沟通的开发方法。

结构化方法的着眼点在于一个信息系统需要什么样的加工方法和过程，并把数据结构和处理方式截然分开，用过程抽象来应付系统的要求。对一个系统来说，结构是相对稳定的，而行为则是相对不稳定的。结构化方法把基点放在相对不稳定的行为（即功能）上，难以适应系统的变化。这是又一个很大的缺点。另外，结构化方法主要由数据流程图（DFD）及控制结构图（CSD）等图表工具来描述，一般只能表达顺序流程和平面结构，且不太精确，不能全面描述信息系统模型。从某种意义上来说，结构化方法是强调人们从计算机软件开发人员的角度，而不是从用户的角度来思考要实现的信息系统。显然，这种方法是与计算机应用的初级阶段相适应的。目前在地质信息系统的开发中，这种方法一般只用于高层的模块或子系统分析。

2）快速原型法

快速原型法是为了加快同用户的交流，尽早明确用户的要求，缩短系统的开发周期，提高软件开发效率而提出的。这种方法使用户在大规模的系统开发展开之前，能够尽快地看到未来系统的全貌，了解系统功能及效果；开发人员可以及时对模型修改补充，为用户展开新的模型，直到用户满意为止，形成最终产品。快速原型法是从人本身灵活、多变、依经验行事的特点出发而提出的一种新的信息系统开发方法。这种方法的基本思想包含以下四个方面。

（1）并非所有的需求都能预先定义。例如，在信息系统开发的初期，用户的要求是经常变动的，有时甚至是模糊的；最终用户对计算机能为他们做些什么并不完全了解，而软件人员又常常不熟悉用户的业务；用户只有在看到一个具体的系统时，才能清楚自己的需要和系统的缺点；每个信息系统开发项目的参加者都有自己的观点，他们对系统的理解和看法不会完全吻合，等等。

（2）反复修改是必要的、不可避免的。采用结构化生命周期法开发出来的信息系统具有很大的惰性，难以随着社会环境和客观条件的发展而发展。为了使未来系统所提供的信息能够真正满足管理和决策的需要，系统的开发方法应当接受和鼓励用户不断提出更多、更高的新要求，并且要能够根据这些新的要求对系统进行反复修改。基于这种思想，快速原型法将系统的可修改性作为一项重要的功能指标。

（3）需要一个系统模型来作为系统开发的雏形。用结构化生命周期法的语言及图表所描述的系统模型很难被用户理解和接受。为此，需要建立一个直观的、动态的系统模型。这个模型尽管不是完善的和最终的系统模型，但却是可以实际运行并且易于为用户理解和接受的实验模型。同时，这个模型必须能够不断地根据实际情况和用户的需求进行修改和完善的，可以作为系统开发的雏形——系统初始原型。

（4）只要有合适的工具，就能够快速建造和修改原型。系统原型要为用户所理解和接受，并且作为系统开发的雏形，就必须在立项初期甚至前期就快速地建造出来，随后又能够根据用户的要求方便地进行修改。这需要有软件开发工具的支持，特别是要有高效率的计算机辅助软件工程（computer assist software engineering，CASE）技术的支持。近年来，支持原型化的工具软件和 CASE 技术发展十分迅速，一些集成化的软件工具也已经进入市场。快速原型法大量采用并发展这些技术来强化自己，使开发人员摆脱了繁重的手工作业，实现了系统原型的快速建造和修改。

快速原型法主要分为 4 个阶段，即确定用户的基本需求阶段、开发系统原型阶段、提炼用户需求阶段和改进系统原型阶段。整个过程如图 2-2 所示。如果用户对修改过的原型表示满意，则该原型便成为一个新的运行原型和应用系统开发的基础，或者可以成为新的应用系统。至此，便完成了地质信息系统的一个开发周期。

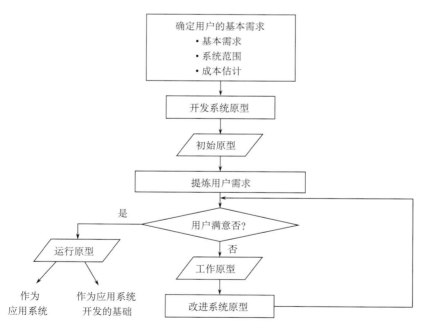

图 2-2　利用快速原型法开发地质信息系统的过程

2. 地质信息系统面向对象开发方法

1）面向对象法的提出和发展

随着软件工程理论与实践的发展，目前在地质信息系统开发中广泛使用的是面向对象方法。面向对象（object-oriented，OO）方法起源于面向对象的程序设计语言。在20世纪60年代末期，Simula 67语言的设计者为了便于在计算机上进行仿真建模，在Algol语言的基础上引入了对象概念。随后，Smalltalk的设计者引入了对象、类、继承和动态束定等机制，率先以面向对象的程序设计为核心，集各种开发工具为一体，建立了具有很强的图形功能和多窗口用户界面的计算机环境。面向对象法的基本思想是：对问题领域进行自然分割，以更接近人类通常的思维方式建立问题领域的模型，便于对客观的信息实体进行结构模拟和行为模拟，从而使设计出的软件尽可能直接地表现问题求解的过程。由于这种方法符合人的思维习惯，便于实现问题空间与解空间的自然映射，可以应用于复杂问题的软件分析和设计，因此当20世纪70年代末出现软件生产落后于硬件生产的危机之时，其研究和应用便成了一股强劲的浪潮。经过不断发展，产生了C++、Java、C♯等一大批面向对象的编程语言，并且形成了从软件的分析、设计、编程实现到集成测试的一整套面向对象方法论体系。利用这些面向对象的程序设计语言和方法，可以实现GIS和CAD所需要的各种性能，甚至可以描述和操作可扩充的复杂数据模型，因而适用于GIS和图像、拓扑数据的管理和处理。

2）面向对象的基本概念和术语

面向对象开发方法涉及一系列概念和术语，其中最重要的是对象、类和继承。

a. 对象

对象是所研究和描述的事物，可以是具体的也可以是抽象的。例如，一套地层、一片土地、一个区域是对象，一个工厂、一个车间、一个生产组也是对象；同样，一个地矿勘查过程、一个产品的设计过程、一个生态环境的发展过程、一种数据结构和一种系统行为等也都是对象。面向对象方法以对象作为最基本的元素，将软件系统看作是离散的对象的集合。面向对象方法分析问题解决问题的核心就是对象的分析和描述。

b. 类

类是具有一致数据结构和行为对象的归纳和抽象，例如，"地质"、"矿产"、"土地"、"资源"和"环境"等都是类。每个类都是个体对象的可能的无限集合，而每个对象都是其相应类的一个实例。类反映了与对象的应用有关的重要性质，而忽略了其他一些与应用无关的内容。任何类的划分都应与具体的应用有关。类中的每一个实例均有各自的属性值，它们的属性名和操作是相同的。

c. 继承

继承是对具有层次关系的类的属性和操作进行共享的一种机制。在面向对象的方法中，定义一个类，可以在一个已存在类的基础上进行。其要领是先把这个已存在的类所定义的内容（行为）作为自己的内容，然后加入若干与新类有关的内容。这个已存在的类被称为父类，通过继承而由父类所定义的新类被称为子类。利用这种继承机制，可以最大限度地减少系统设计和程序实现中的重复性。

d. 面向对象的分析

面向对象的分析（object-oriented analysis，OOA）就是研究和理解系统中的对象及其之间相互作用时出现的事件，并以此来把握系统结构和系统行为的一项工作。其任务是理解现实的问题（系统）并用便于软件开发人员理解的术语和方式表达出来，即建立系统的逻辑模型；其内容包括根据用户的需求，确定系统应由哪些类（对象）组成，明确各个类（对象）之间的相互关系（从结构上），明确各个类包含哪些属性，分别提供哪些服务，以及明确各类（对象）之间是怎样通过消息的传递和响应来实现系统所需各项功能的。

e. 面向对象的设计

面向对象的设计（object-oriented design，OOD）是根据面向对象的分析所提供的系统逻辑模型，建立能用现有开发工具实现的、具有较高的性能/价格比的物理模型的一项工作。从实质上看，面向对象的设计过程是将面向对象的分析结果映射到某种实现工具的结构上的过程。其内容包括系统设计和对象设计。系统设计的任务是确定实现系统的策略目标、系统的层次结构，以及所优化的性能和初步的资源配置。对象设计则是在系统设计的基础上加入一些实现细节，如确定解空间中的类、数据结构、关联、接口形式及实现服务的算法。面向对象设计所采用的实现工具可以是面向过程的（如 CO-BOL、C 等），也可以是面向对象的（如 C++、Smalltalk 等）。当实现工具是面向对象时，由于分析者、设计者、程序员和最终用户都使用相同的概念模型，映射过程有比较直接的一一对应。

3）面向对象方法与统一建模语言

据不完全统计，自 1988 年以来，国内外公开发表的用于实现面向对象的分析和设计的方法有 50 多种。这些方法大致可划分为两种类型：以分析作为开发重点的方法，如 OMT（object modeling technique）方法、OOSE（object-oriented system engineer-ing）方法、ER 模型（entity-relationship model）、RDD 方法、OOA 方法（object-oriented analysis method）、OSA（object-oriented system analysis）方法和 VMT（visual modeling technigue）等；以设计作为开发重点的方法，如 Booch93 方法等。下面仅对常用的 OMT 方法和 Booch93 方法作些简单的介绍。

OMT 方法（Rumbaugh et al.，1991）是在实体主关系模型（ER 模型）的基础上扩展了类、继承和行为得到的。这是一种以分析作为开发重点的代表性方法。其特点是：强调对系统和相关领域的理解，并在此基础上建立模型。它引入了 3 个模型来描述问题——对象模型（object model）、动态模型（dynamic model）和功能模型（function model）。对象模型用信息结构图（information structure diagram）来描述系统的静态结构、问题域中的对象和对象之间的结构，并通过对象图来描述系统内部的对象组成、对象间的关系以及对象的属性和操作。动态模型是对象模型的参照，通过事件图和状态转换图（state transition diagram）描述对象的动态行为，用对象的事件状态响应来刻画对象的时序性。功能模型用数据流图（data flow diagram）描述了系统的所有计算方法——对象操作的含义，即如何从输入值得到输出值，而不考虑计算值的次序。这些模型从三个不同的角度（或三个不同的坐标维）描述信息系统的不同侧面，比传统、单一的数据流程图更全面、更深刻。IBM 公司 1996 年所公布的 VMT 方法，是对 OMT 方法的发展，它集合了 OMT、OOSE、RDD 等方法的优势，同时推出可视化编程工具 VisualAge 以实现 VMT 设计模型。

Booch93（Booch，1993）是以设计作为开发重点的代表性方法，它把工作集中在开发过程中的设计阶段。整个开发工作分成微观过程和宏观过程两部分。微观过程主要用于建立一个反复、递增的开发框架，而宏观过程则用于对微观过程进行控制。微观过程由脚本和产品的体系结构驱动，包括如下反复循环的 4 个步骤：①确定类和对象；②确定类和对象的语义；③确定类和对象的关系；④规范类和对象的接口和实现。宏观过程只关心开发过程中的管理问题，包括以下 5 个步骤：①概念化、建立核心需求；②分析、建立理想的行为模型；③设计、创建体系结构；④细化并完善和实现模型；⑤维护、管理和提交模型。这种方法的优点是能够细致地刻画类和对象的事件、触发、操作及其控制。

上面提到的面向对象方法的建模实现方式之间存在术语不统一、过程不一致、表现方式各异的问题，不利于面向对象方法在软件工程中的全面推广使用，急需要一种统一的面向对象的建模语言。20 世纪 90 年代中期，Grady Booch 和 Jim Rumbaugh 开始致力于这一工作。他们首先将 Booch 93 和 OMT-2 统一起来，并于 1995 年 10 月发布了第一个公开版本，称之为统一方法 UM 0.8（unitied method）。此后，OOSE 的创始人 Ivar Jacobson 加盟到这一工作。经过 Booch、Rumbaugh 和 Jacobson 三人的共同努力，于 1996 年 6 月和 10 月分别发布了两个新的版本，即 UML 0.9 和 UML 0.91，并将 UM 重新命名为 UML（unified modeling language）。1996 年，一些机构将 UML 作为其商业策略已日趋明显。UML 的开发者得到了来自公众的正面反映，并倡议成立了 UML 成员协会，以完善、加强和促进 UML 的定义工作。当时的成员有 DEC、HP、I-logix、Itellicorp、IBM、ICON Computing、MCI Systemhouse、Microsoft、Oracle、Rational Software、TI 以及 Unisys。该协会对 UML 1.0（1997 年 1 月）及 UML 1.1（1997 年 11 月 17 日）的定义和发布起了重要的促进作用。

UML 集成了 Booch，OMT 和面向对象软件工程的概念，将这些方法融合为单一而通用的，并且可以广泛使用的建模语言。目前广泛使用的面向对象建模语言是统一建模语言 UML2.0，它是一种非专利的第三代建模和规约语言。同时，UML 也是一种开放的方法，用于说明、可视化构建和编写一个正在开发的、面向对象的、软件密集系统制品的开放方法。UML 展现了一系列最佳工程实践，这些最佳实践在对大规模复杂系统进行建模方面，特别是在软件架构层次已经被验证有效。

UML 作为一种统一建模语言和方法，其中包含了众多的概念和术语：对于结构而言，有执行者、属性、类、元件、接口、对象、包等；对于行为而言，有活动、事件、讯息、方法、操作、状态、用例等；对于关系而言，有聚合、关联、组合、相依、广义化等；此外还包含一些其他概念术语，如构造型、多重性、角色等。

在 UML 系统开发中有以下三个主要的模型。

（1）功能模型：从用户的角度展示系统的功能，包括用例图。

（2）对象模型：采用对象、属性、操作、关联等概念展示系统的结构和基础，包括类图。

（3）动态模型：展现系统的内部行为，包括序列图、活动图、状态图。

UML 模型和 UML 图是不同的两个概念。UML 图包括用例图、协作图、活动图、序列图、部署图、构件图、类图、状态图，是模型中信息的图形表达方式，但是 UML 模型独立于 UML 图存在。UML 使用一套与 Java 语言或其他面向对象语言等价物，同时也是本体论等价物的图形标记。UML 2.0 中一共定义了 13 种图示（diagrams），大致可以分成如下三种类型。

（1）结构性图形（structure diagrams）强调的是系统式的建模，具体包括类别图（class diagram）、元件图（component diagram）、复合结构图（composite structure diagram）、部署图（deployment diagram）、对象图（object diagram）、套件图（package diagram）。

（2）行为式图形（behavior diagrams）强调系统模型中触发的事件，具体包括活动图（activity diagram）、状态机图（state machine diagram）、用例图（use case diagram）。

（3）沟通性图形（interaction diagrams），属于行为图形的子集合，强调系统模型中的资料流程，具体包括通信图（communication diagram）、交互概述图（interaction overview diagram）、顺序图（sequence diagram）、时间图（UML timing diagram）。

此外，UML 2.0 为了符合模型驱动架构（model driven architecture）的需求做了大幅度的修改，除在图形基础上扩充及变化了部分的展现方式外，也增加了一些图形标准元件，比前一版多出了由顺序图与互动图所混合而成的互动概图（interaction overview diagram）、强调时间点的时序图（timing diagram）与合成结构图（composite structure diagram）。同时，UML 2.0 支援模型驱动架构（MDA）倡议，提供稳定的基础架构，允许软件开发程序增添自动化作业。MDA 把大型的系统分解成几个元件模型，并与其他模型保持连结，使得 UML 更加精确。

3. 多种方法混合使用的系统设计法

尽管面向对象方法和 UML 已经成为主流的分析设计方法和手段，但是由于用户的专业领域和业务范围不同，所期望的地质信息系统在规模、级别、结构组成与功能需求上会有显著差别。这些差异以及用户需求的不确定性，使得各种系统开发方法都显现出一定的局限性。开发人员和用户应当共同关心的问题是：如何根据实际情况来选择合适的方法，以便保证地质信息系统研制的高效率、高质量和低成本。

按照系统建模的基本工作方式，信息系统开发的方法可以划分为两大类：预先严格定义法（如结构化生命周期法、企业系统规划法和战略数据规划法等）和非预先严格定义法（如快速原型法等）。面向对象法作为一种思维方式和通用的软件开发技术，既可以用于预先严格定义的方法中，也可以用于非预先严格定义的方法中，还可以作为一种独立的建模方式来使用。

在地质信息系统开发中，方法的选择应当把握及时、真实、完整地反映用户需求的准则。表 2-1 分别列出了选择预先严格定义法和非预先严格定义法的几种具体条件。

表 2-1　采用预先严格定义法和非预先严格定义法的影响因素

采用预先严格定义法的条件	采用非预先严格定义法的条件
用户要求定义明确，可以预先定义	用户需求不明确，难以预先定义
系统规模大且层次复杂	系统规模小且较为简单
要求数据管理与处理标准化	不要求数据管理与处理标准化
系统运行程序确定、结构化程度高	系统过程是非结构化的
系统的使用寿命较长	系统的使用寿命较短
开发过程要有严格的控制	系统要求在短期内无法实现
开发人员经验丰富且熟练程度高	开发人员缺乏该系统的开发经验
用户环境与需求稳定	用户环境与需求易于改变
系统文档要求详细而且全面	拥有第四代语言或其他原型化工具

　　在实际的信息系统开发过程中，总会遇到一些各种方法都无法单独解决的复杂情况。这时，需要把几种方法结合起来，灵活地加以运用。信息系统开发的实践表明，快速原型法和结构化生命周期法虽然在指导思想和具体做法上不同，但并非互相排斥，而是可以互相补充的。我们可以把原型的开发过程作为结构化生命周期法开发过程的需求定义阶段，弥补结构化生命周期法在需求定义阶段存在的或可能产生的困难。一旦需求完全清楚，就可以丢弃各种原型，采用严格的结构化方法进行开发。这种信息系统开发方法简称原型-结构法（图 2-3）。

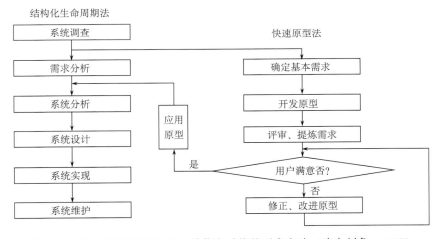

图 2-3　基于原型-结构法的地质信息系统的开发方法（改自刘鲁，1995）

　　地质信息系统是复杂的系统。为了解决这种系统的分析、设计与开发问题，还可以结构化生命周期法为基础，在需求定义阶段采用快速原型法，在系统分析阶段采用结构化方法，而在系统设计和系统实现阶段采用面向对象方法；或者先进行面向对象的分析与设计，再用结构化生命周期法来编程实现；也可以在面向对象的系统开发和生命周期的有关阶段中，采用快速原型法进行模型求真。

2.1.3 主题式点源地质信息系统开发过程

根据地矿勘查（察）工作的特点与需要，主题式点源地质信息系统常用的设计和开发方法，是以面向对象法为基础的原型化与结构化多种方法混合设计法。根据地质工作特点以及地质信息系统开发经验，快速原型进化法与结构化生命周期法相结合是一种最佳选择方法。从一般系统工程的角度看，建立一个适合于基层勘查（察）单位和矿山、油田、水利水电设计单位使用的地质信息系统，大致要经过系统调查、系统分析、系统设计、系统实现和系统维护 5 个阶段（图 2-4）。

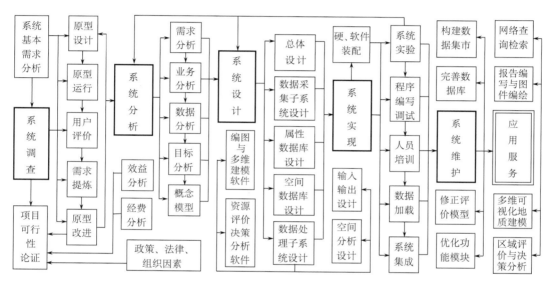

图 2-4　基于原型-结构结合法的地质信息系统的开发、建造、应用服务流程和内容

1. 面向对象系统分析

这是地质信息系统开发的第一阶段，包括需求调查和需求分析两个部分。需求调查的主要工作包括：①用户需求概略调查；②原有系统（若有）概况调查；③新系统原型求真；④项目可行性论证。其中工作量较大且较重要的是原型求真和可行性论证。

进行原型求真时，开发人员要根据用户所表述的基本需求设计出一个初始原型，并向用户演示；然后倾听用户的评价意见，从中提炼出用户真正的需求，对系统原型进行修正、改进，再向用户演示和征求意见。这个过程必须循环往复进行，直到用户满意为止。所提供的原型应当比较具体、细致，并且符合用户所从事的地矿勘查类型，如金属矿床勘查信息系统原型、非金属矿床勘查信息系统原型、煤田（煤产地）勘查信息系统原型、油气田勘查信息系统原型、水资源勘查信息系统原型、工程地质勘查信息系统原型和地质灾害勘察信息系统原型等。必要时还可以提供更细致的原型，如脉岩型金矿勘查信息系统原型、中小型陆相盆地石油勘查信息系统原型、水利枢纽坝区工程地质勘查信息系统原型。

这个阶段，系统开发最重要的成果就是列出要建造的地质信息系统的主要需求，表2-2 展示了一个城市地质信息的主要需求。这是面向对象系统分析的基础。

表 2-2　××城市地质信息系统主要需求

需求名称			需要描述
城市地质信息系统	地质数据管理需求		基础地质、工程地质、水文地质、地质资源、环境地质、地震地质、地球物理以及地球化学相关数据的录入、编辑、查询、统计及打印输出
	地质三维可视化应用需求		三维空间信息的查询；空间离散建模方法；三维可视化分析；挖方分析；隧道分析；三维信息的二维输出；信息标注与地质符号表达
	城市地质专题应用需求	基础地理应用需求	基础地理矢量地图数据的查询、显示；DEM 数据的表面建模、显示；文件对象模型（DOM）数据的显示；矢量地图数据、DEM 数据和 DOM 数据的综合显示
		基础地质应用需求	绘制基岩地质钻孔平面布置，能够对单个钻孔绘制柱状图属性进行选择显示，花纹库、花纹充填、交互式编辑、打印；能够在平面布置图上选择多个钻孔绘制地质剖面图。根据钻孔数据进行三维地质建模，能够对模型进行旋转视图、切割和切挖，能够显示模型内部结构的构造信息（产状、岩性等） 绘制第四纪钻孔平面布置，能够对单个钻孔绘制柱状图属性进行选择显示，花纹库、花纹充填、交互式编辑、打印能够在平面布置图上选择多个钻孔绘制地质剖面图。根据钻孔数据进行三维地质建模，能够对模型进行旋转视图、切割和切挖，能够显示模型内部结构的构造信息
		地球物理应用需求	重力、磁法、电法、放射性及地震勘探数据应用及其可视化
		地球化学应用需求	基岩、土壤、环境等地球化学专题图件制作；相关样品数据分析及其可视化
		工程地质应用需求	绘制工程钻孔平面布置，能够对单个钻孔绘制柱状图属性进行选择显示，花纹库、花纹充填、交互式编辑、打印；能够在平面布置图上选择多个工程钻孔绘制地质剖面图。根据工程钻孔数据进行三维地质建模，能够对模型进行旋转视图、切割和切挖，能够显示模型内部结构的构造信息
		水文地质应用需求	绘制水文钻孔平面布置，能够对单个钻孔绘制柱状图属性进行选择显示，花纹库、花纹充填、交互式编辑、打印；能够在平面布置图上选择多个水文钻孔进行地质剖面图绘制。地下水水位、水质、地面沉降监测点空间分布，水位长期观测资料，水位过程线（单点不同时段的水位变化情况曲线），对选定的监测点绘制给定时段的水位等值线（可以按月），最好能够绘制流场图（网格矢量图）和渲染的 3D 表面图。根据水文钻孔数据进行三维地质建模，能够对模型进行旋转视图、切割和切挖，能够显示模型内部结构的构造信息（产状、地下水水位、岩性等）
		地震地质应用需求	城市地震资料的应用、可视化、分析应用及打印输出；城市地震地质专题图制作、整饰及打印

续表

需求名称		需要描述
城市地质信息系统	城市地质专题应用需求 / 城市地质专题应用需求 / 环境地质应用需求	露采矿山、垃圾填埋场、土壤地球化学采样点等空间分布图的自动生成、属性与空间数据的双向查询、空间统计、空间分析、专题制图及打印输出功能；单元素土壤地球化学成分等值线、分层设色专题图与 DEM 图的自动生成、输出与打印 斜坡稳定性、滑坡、泥石流、地面塌陷、地裂缝等地质灾害以及垃圾点、土地利用现状等信息的分布图生成、双向查询、空间统计、空间分析、专题制图及打印输出功能；灾害点信息显示，能够以报表的形式显示、打印
	地质资源应用需求	各种地质资源专题图生成、制作、整饰及打印；地质资源的交互式查询
	公众查询与服务需求	城市地质数据查询与分析应用成果的发布
	系统维护与管理需求	用户角色权限管理、数据库配置、数据库备份与恢复、运行日志管理等

系统需求分析在系统原型求真和项目可行性论证的基础上进行，大致包括如下内容：①用户需求调查与需求分析；②地矿勘查工作的业务现状分析；③地矿勘查工作的数据现状分析；④业务发展趋势研究和系统动态分析；⑤信息系统功能目标分析；⑥地矿勘查的实体模型研究；⑦地矿勘查的概念模型（逻辑模型）研究；⑧系统安全保护策略与措施分析。系统分析的核心是需求分析、业务分析、数据分析、目标分析和概念模型研究。

与系统调查阶段相比，该阶段的需求分析要求深入、具体、全面和周详。业务现状分析是指对具体地矿勘查单位的日常工作内容、技术手段、质量标准和工艺流程等的调查、研究和整理、归纳。数据现状分析不仅要求查明该单位在业务过程中的数据来源、数据类型与特征、数据采集方式与方法，还要求弄清在本单位使用数据以及为社会服务过程中的数据流向。由于地矿勘查工作有很强的研究性质，要使所建立的信息系统具有强大的生命力，在系统分析阶段进行业务发展趋势研究和系统动态分析是十分重要的。与此相应，系统的功能目标分析也应当包括当前和未来两部分内容。通过目标分析，要具体规定系统开发目的、当前目标和未来目标，以及所要解决的问题。系统的未来功能目标不必在本次开发过程中实现，但要求所开发的系统能够支持未来的再发展。这些工作需要用户参与和配合。

通过用户需求分析、业务现状分析、数据现状分析和当前系统功能目标分析，可以建立当前的地矿勘查实体模型；而通过系统动态分析以及未来的系统功能目标分析，可以建立未来的地矿勘查实体模型。因此，实体模型研究应当包括当前和未来两种模型。这两类实体模型的概括和抽象，便是系统的概念模型。概念模型的研究包括子系统及功能模块的划分和最优方案的确定。这显然是一种"由下而上"的建模过程。这种概念模型是一种逻辑模型，因此，通常也把系统分析阶段称为系统的逻辑设计阶段。系统分析阶段结束时，要求提交系统逻辑设计说明书，以便作为系统设计的依据。

2. 面向对象系统设计

　　按照面向对象设计的基本规定，系统设计的基本任务是把系统分析阶段提出的逻辑模型变成系统的物理模型，即按照系统分析阶段所确定的目标和逻辑模型，具体地设计出运行效率高、适应性强、可靠性高且经济实用的系统实施方案和应用软件。

　　在系统总体设计时，开发人员要勾画系统的总体轮廓，划分并确定系统的软件模块和硬件系统的结构和组成，选定信息系统的层次结构模型。地质信息系统在总体上可分为数据采集子系统、属性数据库子系统、空间数据库子系统和信息处理子系统四大子系统，每个子系统又可以包含若干个功能模块。开发单位的负责人必须根据系统分析得到

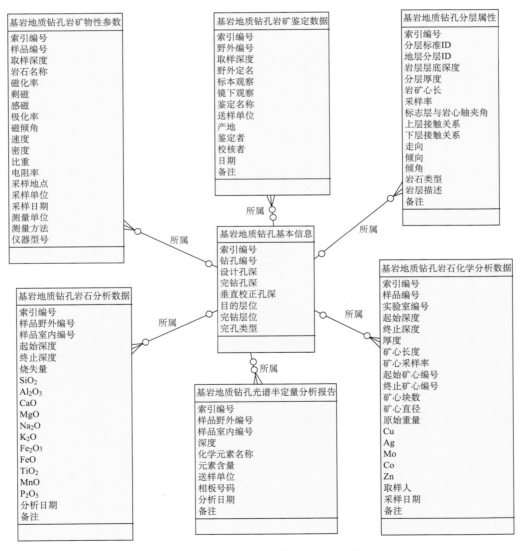

图 2-5　基岩地质钻孔及测试数据关系图

的系统目标和概念模型进行规划，并且定义物理模块、设计输入输出的格式和内容、确定安全保密和操作控制规范，还要对开发人员进行具体分工。

在系统详细设计时，应当以建设属性数据库和空间数据库为重点，并且围绕数据库展开各种处理功能的研究和软件设计。每个子系统的负责人要进一步给出该子系统的层次结构模型，明确地定义输入、输出介质，完成人-机过程、代码和通信网络设计，逐一编写每个功能模块的具体算法和数据结构；要编制实现每一个功能的说明书，特别是相应的软件模块说明书，指出每一个功能模块的功能目标、开发要求以及如何去实现它。该说明书是程序员编写程序或修改、移植现存的软件——对基础软件进行二次开发的依据。

如果说在系统分析阶段的逻辑建模过程是一种"由下而上"的过程，那么在系统设计阶段所进行的数据模式建造过程，则是一种"由上而下"的过程，即在进行勘查区数据模式研究时，先根据地矿勘查工作的现状确定总体模型，再根据地矿勘查科学的发展及勘探技术的可能改进逐级分解实体集及其属性。

在系统设计阶段需要编写概要设计说明书和详细设计说明书。概要设计说明书需要对软件功能结构等进行说明，而详细设计说明书则应该详细到可实现层次。图 2-5 是采用 UML 设计的某城市地质信息系统的基岩地质钻孔及测试数据关系图。根据这个系统开发人员可以直接在数据库中构建相关数据表，并可以实现对数据表的数据录入、编辑修改和输出等操作功能。对于系统中涉及的对象，应该采用 UML 进行详细设计，图 2-6 为要素对象 Feature 的类图，编码人员可以根据 UML 类直接进行编码实现。

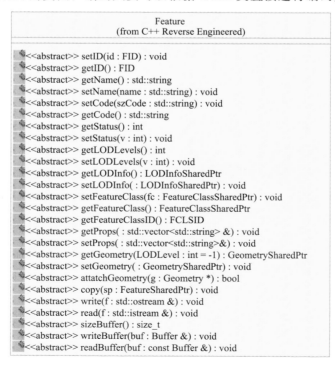

图 2-6　Feature 对象的 UML 类图

　　此外，由于目前众多的 UML 工具都对软件从分析、设计、编码到测试进行了良好的支持，设计人员甚至可以根据 UML 设计文档自动生成框架代码。例如，下面是采用 Rational Rose 对图 2-6 的 Feature 类自动生成的代码。

```
// # # ModelId = 4CFBAFC603CE
class  Feature {
public:
  // # # ModelId = 4CFBAFC9031B
  virtual  void setID (FID id) = 0;
  // # # ModelId = 4CFBAFC90320
  virtual FID getID () = 0;
  //获取要素对象名称
  // # # ModelId = 4CFBAFC90322
  virtual std:: string getName () = 0;
  //设置要素对象名称
  // # # ModelId = 4CFBAFC90325
  virtual void setName (
      //要素对象的名称
      std:: string name) = 0;
  // # # ModelId = 4CFBAFC90329
  virtual void setCode (std:: string szCode) = 0;
  // # # ModelId = 4CFBAFC9032E
  virtual std:: string getCode () = 0;
  // # # ModelId = 4CFBAFC90330
  virtual int getStatus () = 0;
  // # # ModelId = 4CFBAFC90333
  virtual void setStatus (int v) = 0;
  // # # ModelId = 4CFBAFC90337
  virtual int getLODLevels () = 0;
  // # # ModelId = 4CFBAFC90339
  virtual void setLODLevels (int v) = 0;
  // # # ModelId = 4CFBAFC9033E
  virtual LODInfoSharedPtr getLODInfo () = 0;
  // # # ModelId = 4CFBAFC90341
  virtual void setLODInfo (LODInfoSharedPtr) = 0;
  // # # ModelId = 4CFBAFC90344
  virtual void setFeatureClass (FeatureClassSharedPtr fc) = 0;
  // # # ModelId = 4CFBAFC90349
```

```
virtual FeatureClassSharedPtr getFeatureClass () = 0;
// ＃＃ModelId = 4CFBAFC9034B
virtual FCLSID getFeatureClassID () = 0;
// ＃＃ModelId = 4CFBAFC9034E
virtual void getProps ( std:: vector<std:: string>&) = 0;
// ＃＃ModelId = 4CFBAFC90351
virtual void setProps (std:: vector<std:: string>&) = 0;
// ＃＃ModelId = 4CFBAFC90355
virtual GeometrySharedPtr getGeometry (int LODLevel = -1) = 0;
// ＃＃ModelId = 4CFBAFC9035A
virtual void setGeometry (GeometrySharedPtr) = 0;
// ＃＃ModelId = 4CFBAFC9035E
virtual bool attatchGeometry (Geometry * g) = 0;
// ＃＃ModelId = 4CFBAFC90362
virtual void copy (FeatureSharedPtr sp) = 0;
// ＃＃ModelId = 4CFBAFC90367
virtual void write (std:: ostream & f) = 0;
// ＃＃ModelId = 4CFBAFC9036B
virtual void read (std:: istream & f) = 0;
// ＃＃ModelId = 4CFBAFC90370
virtual size _ t sizeBuffer () = 0;
// ＃＃ModelId = 4CFBAFC90372
virtual void writeBuffer (Buffer & buf) = 0;
// ＃＃ModelId = 4CFBAFC90377
virtual void readBuffer (const Buffer & buf) = 0;
};
```

3. 面向对象系统实现

如果系统设计能够做得足够详细，系统开发人员的工作就会非常简单。但在实际过程中，往往很难做到足够详细的程度。此外，即使到了系统实现阶段也往往还会有需求变更的要求。因此，在系统实现阶段也需要用户与开发人员密切配合。系统开发人员的主要任务是：①按照系统设计说明书的规定编写并调试各个子系统的功能模块；②进行子系统的整体调试和子系统之间的联合调试，③进行系统优化与集成、开发统一的用户界面；④协助用户单位重新组织信息流程、修订业务规程；⑤培训上岗人员，并指导其数据整理与数据输入；⑥制定系统维护方案和安全保护措施；⑦完成系统整体试运行，并交付评价与验收。按照一般信息系统的结构化生命周期法设计要求，开发人员在系统实现阶段必须提交高质量的程序文档和系统实施报告。与此相应，用户的主要任务是：①组织实施队伍、选派人员接受培训，筹措硬件及配套设施；②在开发人员的帮助下进行系统平台（硬软件）

的安装与调试；③整理数据、输入数据，完成属性数据库和空间数据库的实际加载；④组织并参与系统整体试运行、系统评价与验收。地质信息系统的各子系统的功能设计都是围绕属性数据库和空间数据库展开的，其功能只有在用户完成上述相应的任务，特别是完成属性数据库和空间数据库的实际加载之后，才能得到完全的体现。

4. 地质信息系统运行维护

系统维护包括系统的日常管理、数据更新、数据重组、安全保护以及为了适应地矿勘查业务和信息管理需求变化所进行的修改与完善工作。地矿勘查单位的业务与管理活动，总是随着社会经济的发展和科学技术的进步以及系统的目标、环境及自身条件的变化而不断变化和发展的，这就要求地质信息系统相应地加以改进和更新。地质信息系统维护所进行的修改与完善工作，主要包括系统的数据处理过程及应用程序、软件设计文档、数据库结构、编图软件、地矿评价模型和输入输出等方面的修改，有时也涉及某些基础软件、设备和人员组织的变动。当发现旧的系统在总体上不能适应发展的需要，甚至阻碍了业务工作和信息管理活动时，系统维护人员有责任及时而慎重地提交分析报告，请求开展全面的系统评价，以便决定是否结束该信息系统的生命周期，进行新一轮系统开发。

总之，开发和建造功能强大的地质信息系统，涉及地质矿产的业务知识、经济理论、计算机科学、运筹学、统计学等多学科的理论和方法，必须坚持多学科协同、跨专业协作的原则，做到软件开发人员与用户专业人员密切配合。鉴于地矿工作信息化领域宽广，涉及部门和企业众多，工作量庞大且需长期延续，需要加强培养既懂地质矿产勘查的业务知识又懂信息技术的新型复合人才。

2.2 "玻璃地球"建设的概念与内容

"玻璃地球"（the glass earth）建设是地质信息系统的一种综合性、集成化的典型应用。所谓"玻璃地球"是一个地质信息和地理信息相结合并存储于计算机和网络上的、可供多用户访问和开展决策分析的三维可视化虚拟浅层地壳。"玻璃地球"可看作"数字地球"在地矿领域的表现形式。它主要用于描述地壳表层地质结构、成分及其空间拓扑关系，能够有效地采集、管理和处理基础地质调查、矿产地质勘查、矿山和油田开采、地下水探测与开采、矿产资源权属和生产安全监控、工程地质勘察和灾害地质勘察等方面的信息，可以为资源勘查、开发与管理，工程勘察、设计与建设，地质灾害勘察、预警与治理，以及城乡规划、建设与管理提供全新的服务方式和服务手段。在一个国家范围内，"玻璃地球"可直称为"玻璃国土"。

2.2.1 "玻璃地球"及其建设现状

1. 国外"玻璃地球"建设现状

"玻璃地球"的概念最初是由澳大利亚地质学家 G. R. Carr 在 20 世纪 90 年代（Carr

et al., 1999) 提出的, 至 90 年代末正式列入澳大利亚国家预算 (Esterde and Carr, 2003), 由澳大利亚联邦科学与工业研究组织 (CSIRO) 联合执行实施建设。其目的是使 1km 地壳表层及其地质过程变得透明, 便于发现下一代巨型矿床; 其任务是建立全国地学家联盟来填制四维"地图", 并通过高度可视化和广泛的网络服务接口传播信息。

"玻璃地球"涉及一系列复杂的高新技术的创新和研发问题。根据在信息综合过程中的作用和性质, 澳大利亚 CSIRO 把这些技术概括地分成三个层次: 一是外围的设备层 (instrumentation layer), 主要包括重力梯度测量、地磁张力梯度测量等物探手段和同位素地球化学等; 二是知识产生层 (knowledge generation layer), 包括地球化学、水文地质、表土作用过程等; 三是核心数据处理层 (data processing layer), 包括可视化、数据转化和数据融合技术等。这三个层面的技术相互配合, 从而实现技术的有效综合。对这些技术进行综合要求先进的信息管理以及可视化系统和新型数据挖掘/数据融合技术, 以保证知识 (并非仅仅是数据) 来自综合过程。

基于上述理念, 澳大利亚"玻璃地球"计划围绕 3 个主题进行, 即获取新资料的能力建设, 新资料判识、综合和解译的能力建设, 基于澳大利亚大陆的勘探模式的建立。具体地说, 就是研究和发展航空重力梯度测量、航空磁张量梯度测量、航空和卫星矿物地球化学填图、先进的航空电磁法、新的钻探技术, 并通过这些技术获取地表和地下的成矿信息; 研究和发展地下水化学、地表地球化学、同位素示踪等, 以及利用一系列新的地球化学探测技术, 获取深部隐伏矿体的成矿信息, 追踪成矿作用过程; 利用空间信息系统、模拟技术、可视化、数据融合和转化技术等, 综合处理各种成矿和找矿信息, 使大陆表层 1km"像玻璃一样透明"。

在"玻璃地球"计划中, 信息技术是核心, 而如何将这些技术综合到一种便于检查和管理所有数据的环境中, 则是该计划成功的关键。作为"玻璃地球"计划的执行者和主要研究机构, 澳大利亚地球科学中心 (GA) 和维多利亚地质调查局 (GSV) 利用一系列现有的二维和三维软件, 结合使用隐式 (应用 SKUA 和 Geomodeller 软件) 和显式建模方法 (应用 GOCAD) 进行建模, 并制定了相应的三维建模工作流程。最终勘查人员可以处理三维地震数据、三维位场数据、同位素数据、热流数据, 以及来自地表露头观察、采样化验的数据, 或者来自钻探的数据。

在澳大利亚之后, 加拿大也提出了类似计划, 要实现 3km 深度以上透明, 并且首先在马尼托巴省 (Manitoba) 开展三维地质填图, 采用基于盆地分析与层序地层组合, 以及数据驱动的专家系统, 建立了该省东南地区的三维水文地质模型和西南地区综合的基岩三维地质模型。在新一轮加拿大北部能源与矿产地质调查计划中, 还建立了该省北部哈得孙湾洼地三维地质结构。

接着, 其他欧美国家也先后制定了相应的计划, 并开展关键技术研究。欧美各国的科学家认为, 三维地质图是传统的二维地质图在三维方面的扩展, 因此通常把主要关注点放在三维地质建模 (3D-geological modeling) 上, 并且将其与三维地质填图 (3D-geological mapping) 等同起来, 把二维和三维混合地质填图应用程序的开发作为其目标。因此, 把软件研发的重点放在三维地质建模上。美国于 1997 年完成了首张三维地质图, 开展了可视化国家地质填图计划, 把固体地球内部结构高分辨率三维地震成像研究确定为 21 世纪研究重点，还启动了"地学数据网格"的开放合作项目（GEON），旨在开发一个集成三维和四维地球科学数据的信息基础框架。该项目得到了美国国家科学基金会（NSF）的长期和持续的资助，并且和日本、中国、印度等国的学者及组织建立了合作关系。经过十余年的努力，已经初步完成了全美国小比例尺的三维地质模型的构建，并出版了相应的三维地质图。最大的三维建模和可视化需求和应用，是在地质、水文地质和生物区划建模方面。为了描述复杂的地质结构，解决有关构造、结构、地层学的问题，研究团队采用了地质图数据和钻孔数据，以及基于地球物理模型的地下地质特征解释成果；而为了评价断层活动和其他地质灾害的孕育状况，研究团队采用了四维的高分辨率 T 激光雷达影像。此外，还着重研究了新的绘图方法、分辨率、不确定性、数据库设计等问题。

英国地质调查局（BGS）在其最新的发展战略（2009—2014）中，把三维模型放在核心位置，开发了 GSI3D 建模软件，并建立全国的地层框架（LithoFrame）模型。作为地质图从 2D 到 3D 的扩展延伸，该地层框架的核心由 1∶1 000 000、1∶250 000、1∶50 000 和 1∶10 000 4 种比例尺和 4 个不同分辨率的模型，即由国家总体模型到具体地点的精细模型构成，相互间实现了无缝过渡。其数据来自最新的航空地球物理探测和高分辨率的地球化学探测，目前正在进一步开展国家级的海洋地质图项目。

法国地质调查局（BRGM）在公共服务、国际项目和与多个团体、客户合作研究 3个领域开展三维建模方面的工作。所建立的三维地质模型，主要用于地质调查、含水层的保护和管理、城市地质、地震风险评估、土木工程、油气捕捉和存储研究、地热潜能评估、矿产资源开采和采后评估。BRGM 着重研究了较为精细的三维地质建模和属性充填方法，其中包括岩石面模型参数（顶、底和厚度）的克里金插值，以及钻孔数据的三维随机模拟。其典型成果是阿基坦（Aquitain）盆地的第三纪三维地质模型。为了满足不同的研究需要，不同应用采用了不同的商业软件包。

荷兰也启动了"地下数据和信息"（DINO）项目，由荷兰应用科学研究组织（TNO）下属的荷兰地质调查局组织实施。该项目旨在建立全荷兰地下地学信息的数据银行，包括浅钻和深钻、地下水、静力触探试验、电法实验、地球化学、地震等各方面的信息。GeoTOP 建模是使用企业数据库中的钻孔数据，在参考过去几十年来绘制的各种地质图的基础上，通过对每个岩层单位单独使用一个随机插值技术——序贯指示模拟来获得岩性及各种物理化学参数，并实现三维地质建模。目前已经基于数万个钻孔数据和随机插值技术，建立了全荷兰三维栅格数字地质模型。

值得提出的是，苏联在 20 世纪六七十年代就率先开展了三维地质填图的研究和试验，出版了 1∶5 万稀有金属矿区立体地质填图及深部地质填图，并强调在立体填图的基础上进行深部找矿。他们虽然没有提出"玻璃地球"的概念，也没有三维可视化的空间信息技术可利用，但仍不失为这个领域的先驱。

研究开始时，"玻璃地球"的内涵和外延比较局限，数据也主要来自物探和化探。经过十余年的发展，已经把露头、钻探、遥感和其他数据都包括进去了，而且其内涵和外延也都扩大了，内容也更为丰富了。由于各个国家的学术界和地质调查机构对"玻璃地球"概念的内涵和外延的理解不同，所制定的规划、计划和做法都不太相同，但是在开展三维地质建模、实现一定深度范围内的地壳透明化的目标是一致的。

从 2001 年开始，美国地质学会（GSA）和加拿大地质学会（GAC）已经举行了 6 场关于 3D 地质填图的研讨会（Richard，2011），并建立了一个国际性的工作组，联合了世界各地的地质学家，共同致力于开发新的地质填图方法，并主要阐述从传统的二维地质填图到三维地质填图（也称三维地质建模）的转变。

经过一段时间的实践，人们发现目前的物、化探技术还达不到准确探测地下复杂地质结构的程度，单纯依靠物探和化探技术，既不可能完整地获取深部地质-成矿信息，追索地质-成矿作用过程，也不可能建设"玻璃地球"。于是，人们在关注三维地质建模问题和技术的同时，一方面加强新的物探和化探技术研究；另一方面进行多源异构数据集成与融合的探索研究。于是，"玻璃地球"的概念开始拓广了。

如今，在资源与环境的双重压力下，让地球深部透明化，已经成为越来越多国家关注的焦点。特别是国际合作的"地质一体化"活动的开展，更把玻璃地球建设推向国际合作进程，引起了各国地质科学界和政府的高度重视。

2. 我国"玻璃地球"建设的探索和现状

我国在这方面的探索也已经有十几年时间，所取得的进展也较为显著。

我国的研究者根据实际情况，一开始就注重三维可视化地质信息系统软件的研究与开发（Wu et al.，2005），目的是使勘查人员可以综合地处理和利用地球物理勘查、地球化学勘查、区域地质调查和各种矿产勘查、工程勘察，以及矿山勘探和开采数据集（包括地表和井下取样、钻孔资料等）。特别是着重进行了多源异构数据集成与融合的探索研究，数据集成与融合的对象包括露头、钻探、遥感、区域调查，以及矿山、油田勘探、开发和大型工程勘察数据。与此同时，还将"数字国土"、"数字勘查"、"数字矿山"、"数字盆地"、"数字油田"、"数字地灾"、"数字工程"、"数字水利"与"玻璃地球"建设联系起来，而不是单纯地进行三维地质建模。

20 世纪 50 年代以来，我国在区域地质调查、矿产资源勘查、工程地质勘察、金属非金属矿山建设、煤田和油气田建设，以及各类大型、特大型工程建设方面积累了海量地质数据，同时还完成了 11 条岩石圈地质-地球物理大断面，以及大别山、燕山、西昆仑、北祁连等造山带深反射地震剖面，建立了若干条深部地质走廊，实施了横穿青藏高原的国际合作 INDEPTH 深部探测、横穿喜马拉雅山脉的地震探测、中美与中法青藏高原天然地震观测等项目。这些成果是我国"玻璃地球"建设的重要基础。

从 20 世纪末开始，中国地质调查局启动了"新一轮国土资源大调查"和"数字国土"计划，其中包括二维数字化区域地质填图计划。与此同时，我国地矿行业的一些企事业单位也先后尝试性地开展了"数字国土"、"数字勘查"、"数字矿山"、"数字盆地"、"数字油田"、"数字地灾"、"数字工程"、"数字水利"建设。包括地质信息系统、三维地质建模以及地质数据可视化在内的地质信息科技理论、方法、技术和软件研发，也在许多高等学校和研究机构蓬勃开展起来，并取得了很大进展。

为了充分实现空间信息共享，国家信息中心"九五"期间就开始了基于网络的分布式空间信息系统研究，在信息共享标准、共享政策、模式、软件平台等方面做了大量工作，初步完成空间对象数据库管理系统的模型设计。还开发了支持空间元数据网络系统的空间元数据编辑器、空间元数据服务器管理系统软件，提出了空间信息共享平台系统模型，设计了系统的总体结构框架，研制了支持 SDE 的空间信息共享平台。迄今为止，已经完成了空间信息共享网络技术系统的技术原型，形成了试验运行的空间信息交换网络应用系统，初步建成国家公用基础地理信息平台，建立了包括全国土地、水、森林、海洋、矿产资源和地区经济 6 个全国资源综合数据库，1 个省级资源环境与社会经济示范数据库（海南省），全国基础地理数据库（1：400 万、1：100 万、1：25 万基础地理数据库和 1：50 万全国地理底图数据库、1：100 万和 1：50 万海洋基础地理信息系统）、全国遥感资源环境综合数据库和 NREDIS 综合数据库在内的 10 个可供分布式网络共享的空间信息系统及其空间元数据库群。该信息系统及其空间元数据库群提供空间元数据的查询检索、空间数据浏览、空间数据在线格式转换等服务，并在 1998 年农情和洪涝灾情遥感速报中发挥了显著的成效。

　　中国地质调查局也于 1999 年进行了国家基础地质数据库建设全面部署，并着手开展新中国成立以来原地矿部门和行业完成的国家基础性、公益性地质资料的数字化及系列数据库建设。通过几年的努力，国家基础地学数据库的建设取得重大进展。关键生产与处理技术接近发达国家水平。至 2003 年 6 月已建立多个专业的总数据量大于 3TB 的上万个数据库（其和日格和韩志军，2003），主要包括：①区域地质图空间数据库与小比例尺地质图空间数据库，内含覆盖全国的 1：20 万区域地质图空间数据库、1：50 万数字地质图数据库（中、英文版）、全国 1：250 万数字地质图空间数据库，以及 200 余幅 1：5 万区域地质图数据库；②区域水文地质图数据库，内含覆盖全国 1：20 万数字水文地质图空间数据库和全国 1：5 万重点城市及经济开发区水工环综合地质空间数据库；③矿产地质数据库与钻孔地质数据库，内含 31 个省（自治区、直辖市）25 000 个大中小型矿床、矿点信息及近 800 个典型矿床的矿区地质图、重要剖面图数据，以及 350 个固体矿产矿区的 120 万 m 钻孔的数据，同时完成了有色、冶金、煤炭、核工业、化工、建材、武警黄金部队等部门的矿产地质数据库数据采集工作；④专题地质数据库，其中的岩石地层单位数据文件扩展至 80 380 个，全国 1：20 万区域自然重砂数据库已完成150 万个数据点的录入工作，全国同位素地质测年数据库共收录 13 000 个各种同位素地质测年信息，全国地质工作程度数据库也已经完成数据的录入和建库工作。此外，区域海洋地质数据库的总体设计也已经完成，目前正在着手进行建库工作。

　　自 2003 年起，国土资源部在北京、上海、天津、南京、杭州和广州 6 个大型城市开展了城市立体调查试点，系统查明了城市地质、资源和环境状况，建立了城市地质、水文地质和工程地质结构模型，研发了三维可视化的城市地质信息管理和服务系统。在油气调查和勘探领域，各油气公司先后开展了含油气盆地的三维地震探测，并建立了重要地区三维地质模型。为了探索深部奥秘，2006 年还在江苏省东海实施了中国大陆科学钻探，2009 年启动了"深部探测技术与实验研究"国家专项。针对深部找矿，相继开展了安徽省铜陵地区大比例尺立体调查和立体预测、湖北省大冶铜绿山矿田等三维地质调查和成矿预测。2008 年开始，在长江中下游重点成矿区带九瑞、宁芜等地区开展了 1：5 万综合地质-地球物理立体填图试验。经过 12 年的地质大调查,我国地质工作取得了长足进展,陆域中比例尺地质填图已全面覆盖,中东部大比例尺地物化遥工作大部分完成,并且完成了全国重大比例尺地调资料和图件、矿产资源勘查资料和图件、工程勘察资料和图件的数字化存储、管理和应用,建立了 6 个试点城市的三维地质信息系统。随着我国工业化、城镇化进程的加快,资源需求日益上升,地质环境问题日趋严重,提高资源保障能力、缓解环境压力的目光逐步转向地球深部。目前,我国东部矿产勘查已由地表转入深部第二找矿空间,急需了解深部成矿地质背景;近年来,地震频发,地球深部地质结构、深部地质作用过程不明,导致地震预报预警研究迟缓;此外,京津冀、长三角、珠三角、海峡西岸、北部湾等重要经济区的主体功能区建设日益加快,经济区规划、重大工程建设和地下空间利用急需摸清地下地质结构特征和资源环境状况。为此,中国地质调查局于 2011 年启动了覆盖区隐伏矿产预测和三维区域地质填图计划。

　　与二维地质调查相比,三维地质调查要求从单一的地表观察转变为地物化遥手段的综合应用,从传统的"网格式"填图转向以解决地质问题为重点的填图,在进行地面地质填图的同时,应用各种物探、钻探等勘查技术,按照相应的精度获取研究区地壳表层一定深度的地质信息,编制出三维空间乃至四维时空地质图。为推进三维地质填图工作,引导三维地质填图和三维地质建模的健康发展,中国地质调查局在 2013 年连续召开了两次全国性的三维地质信息技术研发与应用研讨会。

　　综上所述,我国的地质调查技术、深部探测技术、地质信息技术和数字国土建设都取得了巨大进步,为进一步开展深部地质结构调查、矿产资源探测、地质灾害预测和地球动力学研究奠定了良好基础,同时也在深部信息管理和三维可视化建模和决策分析方面,为"玻璃地球"建设奠定了良好基础。

2.2.2　"玻璃地球"建设的主要内容

　　"玻璃地球"建设工作是一个复杂的系统工程问题。"玻璃地球"建设涉及基础地质调查、固体矿产与油气资源勘查、工程地质与灾害地质勘察、地球物理探测、地球化学探测、航空航天对地观测和地矿工作信息化等领域。对于一个国家而言,"玻璃地球"也可称为"玻璃国土"。"玻璃国土"数据的全面、完整获取,依赖于物探、化探、钻探等深部探测技术,以及遥感、露头观测等地面调查技术的进步;而地质数据的有效管理、融合、建模、分析、综合、模拟与应用,主要依赖于地质信息科学和技术的进步。根据国际上"玻璃地球"的建设经验,地质信息科学和技术的进步是核心问题,其中不仅涉及地质信息科学理论与方法论研究、高功能三维地质信息系统的研发,还涉及获取深部探测新资料能力建设、新资料综合和解译能力建设,以及矿产资源勘探模式、工程地质勘察模式和地质灾害预警模式的建立。在地质信息科学的理论体系、方法论体系和技术体系框架下,"玻璃国土"建设的主要内容及关键技术主要包括如下几个方面(吴冲龙等,2012)。

1. "玻璃国土"理论与方法论研究

要把"数字国土"建设推进到"玻璃国土"阶段，这是一项庞大的系统工程，既需要先进的软件技术作为支撑，也需要先进的理论、方法论作为指导。因此，深入开展地质信息科学理论、方法论和技术研究，开发出兼具空间查询、空间分析和三维可视化能力的地质信息系统，是当前的重要任务。"玻璃国土"建设所面临的科技问题，主要包括如何全面、完整地获取多源、多类、多维、多尺度、多时态、多主题的海量地质数据，并有效地进行整合、存储、管理、融合、挖掘、处理、三维可视化建模、四维编图和综合应用等。

2. 获取深部探测新资料能力建设

提高获取深部探测新资料的能力，是"玻璃国土"数据准确、可靠和动态更新的保证，主要涉及深部探测理论与探测技术的研究开发与应用，以及"天、空、地"动态立体监测数据获取系统的建设与应用两大部分。

a. 深部探测技术的研发与应用

主要是深部钻探技术和先进的物、化探技术。目前常用的物、化探技术包括航空重力梯度测量、航空磁张量梯度测量、航空和卫星矿物地球化学填图、先进的航空电磁法、地下水化学、地表地球化学、同位素示踪和新的钻探（包括测井）技术等。但是实际上，这些物、化探技术并不能准确地探查出深部地质结构和物质成分的空间分布状况，而深钻数量也有限，期盼用它们来解决"玻璃国土"建设的基本数据问题，可能是行不通的。应当结合当前急需，在引进、消化、吸收国外先进探测技术的同时，组织物探、化探和钻探领域的专家针对性地展开关键技术问题的攻关与研发。

b. 动态立体监测数据获取系统

根据"玻璃国土"建设的需要，一方面要充分利用高分辨率对地观测、地壳观测等国家重大工程的数据与成果；另一方面应当优化配置"天、空、地"立体数据获取及动态监测系统，实时获取、集成和处理各种多光谱、高光谱、高精度遥感数据和GPS数据。研究内容包括：①多源遥感图像的配准方法；②基于多源数据融合的图像分割和分类方法；③海量遥感图像数据的动态存取、更新和显示；④海量数据处理和分析的动态调度；⑤地上数字高程模型与地下真三维地质数据集成建模、管理和可视化；⑥成灾信息的提取、识别及其过程的动态可视化，等等。

3. 新资料判识、综合和解译能力建设

这方面涉及地质空间的认知、空间分析理论和技术、数字图像处理分析技术、多源数据融合和集成技术、空间数据挖掘方法的技术、三维可视化动态地质建模技术、地质过程模拟与数值仿真技术，各种模式识别、智能计算、高性能计算和云计算技术，三维可视化地质信息系统研发、优化和应用、多维可视化动态地质建模方法和技术，以及地质、物探、化探、遥感、钻探数据的解释系统的研发和应用，等等（Carr et al.，1999；Esterle and Carr，2003）。其建设目标和内容与地质信息系统建设是一致的。但

由于"玻璃地球"是地质信息系统的综合性和集成化应用，其目标应是构建全信息的虚拟浅层地壳，使一定深度的地壳浅层连片透明化，为超大型矿床和大规模地质灾害发育机理研究提供依据和手段，必然也有许多独特之处。归纳起来有以下几点。

a. 海量空间-属性数据的一体化管理和动态调度

"玻璃地球"建设涉及大面积、大深度的地下-地上、地质-地理、空间-属性数据的一体化管理，需要进行大规模的四维动态地质建模、地质空间分析、地质过程模拟和可视化浏览，其数据量少则几百个 GB，多则几十个 TB，要求主题式点源地质信息系统具有真正海量空间-属性数据的一体化管理和动态调度的超强能力，需要着重研发适合大范围多图幅连片的海量空间-属性数据的管理与动态调度技术。

b. 复杂地质数据互操作与共享的本体论谱系构建

"玻璃地球"建设涉及跨大地构造分区、跨地层分区、跨矿集区、跨图幅、跨专业、跨矿种的数据整合、融合、集成，以及多个异构数据平台的互操作。因此对采用本体论的思想和方法，建立地质本体谱系，进行复杂地质信息的逻辑表达与结构建模有了更为迫切的需求。只有这样，才有可能实现地质信息在语义上的统一和规范，克服因认知能力和方式的差异造成的数据与模型的多义性，以便跨越计算机系统间的"语义鸿沟"，保证对不同分区、不同图幅地质知识理解和运用的一致性、精确性、可重用性和共享性，实现以显式和形式化方式进行地质体、地质现象、地质结构和地质过程概念描述。这可能也是盘活已有的各种数据库，消除信息孤岛的有效途径。

c. 多源地质空间数据的融合技术

"玻璃地球"是一种包含各种地质信息的三维乃至四维可视化地质模型，为了将各种探测手段的传感器获取的数据进行集成和建模，并转化成关于深部地质结构与成分的知识，需要开展多源地质空间数据的融合技术研发。所涉及的技术包括多目标正反演的信息融合技术、多假定正反演跟踪技术、随机数据关联滤波技术、交互式复合建模技术、相似传感器融合技术、不相似传感器融合技术、特征融合技术、数据链系统测试技术等。

d. 地质数据仓库及基于数据仓库的数据挖掘

"玻璃地球"建设需要建立一系列资源勘查评价、工程勘察评价和地灾预测评价模式，数据仓库和数据挖掘技术在其中显得尤为重要。除常规的地质数据仓库的数据抽取、清理和转换，以及元数据、数据模型、数据粒度、物理存储结构、构建方法及基本操作之外，更需加强基于数据仓库和联机分析处理技术的空间与属性数据挖掘技术的研发和应用，以便利用从主题式地质空间-属性数据库中发现知识，如地质对象的空间拓扑关系、空间分布规律、空间关联规则，为各种勘查（察）模式的建立服务。

e. 全信息三维数字化地质建模、动态重构与过程模拟

为了实现"玻璃地球"的建设目标，需要综合地进行全信息三维数字化、可视化地质体建模；为了使三维地质体模型能够随时间推移和勘查（察）工作的阶段性发展进行动态更新，需要使之具备三维地质体模型快速重构的能力；而为了预测、评估勘查资源的形成分布机理和地质灾害孕育发生机理，需要在该三维地质体模型上开展各种空间分析和地质过程计算机模拟。其主要研究内容包括：引进知识驱动和本体论思路、方法，

改进三维数据结构和算法模型，研究地质空间的认知模式和空间分析技术，研究各种3.5维的地质体可更新建模技术和4维地质过程的可仿真建模技术，并且研发相应的软件。然后在此基础上开展各种复杂地质过程建模、模拟和仿真。应当指出的是，"玻璃地球"的建设不是为了好看，而是为了好用，是为了直接在透明的三维地质体中进行各种决策分析，因此应当实现其表达三维可视化、分析三维可视化、过程三维可视化、设计三维可视化和决策三维可视化。

f. 高性能海量数据处理与分析平台及大规模计算

"玻璃地球"建设所涉及的地质数据可能达到 TB 级，而连片集成数据则可能达到 PB 级以上，其处理、分析、建模、调度和浏览也都涉及大规模计算和高性能计算问题，因此必须研究海量复杂地质数据并行处理、实时分析方法，建立可扩展的、实时的海量地质数据高性能处理和分析平台，为实现大范围连片"玻璃国土"集成、空间分析和浏览提供计算支持。其主要内容包括：①针对三维可视化数据处理和分析的关键算法通用图形处理器（GPGPU）并行化；②基于高速网络的高性能个人计算机与 GPGPU 相结合的分布式计算平台；③基于 GPGPU 并行化技术的多通道地质数据时频分析方法和深部地质信号特征提取算法；④基于网络的云计算方法和技术。

g. 三维地质信息系统体系的结构优化与系统集成

根据上面各项分析，为了适应"玻璃国土"建设的需要，其地质信息系统应以分布式的主题式地质点源数据库为核心、以数据仓库和联机分析处理系统为数据处理和交换平台。同时，应当着重优化其三维地质信息系统体系结构，研发基于网格的分布式主题地质点源数据库构建和管理技术，以及面向地质过程模拟和表达的时空数据模型；建立可扩展和开放的多层次可伸缩、多用户体系结构，并提供灵活的二次开发平台，支持对系统功能的快速扩充，使大范围三维图形和属性信息的连片快速显示、浏览和分析成为可能。最后还要进行技术集成、网络集成、数据集成和应用集成，在三维可视化地质信息系统平台上，着重进行模型库、方法库、数据仓库和以"多 S"为主体的技术集成，并解决大面积、多尺度、多时态三维地质模型的连片集成问题。

h. 数据存储、管理和传输的安全保密

"玻璃地球"的用途十分广泛，它未来将面对多层次、多类型用户。其数据存储、访问、查询、检索和交换必定十分频繁，因此大量涉密数据在存储、管理和传输过程中的安全保密问题应当引起"玻璃地球"建设者及管理者的高度重视。需要着重探索海量地质数据安全存储及加密检索的新途径和新方法，实现海量地质数据在网络中"智能隐藏"和安全传输。其中包括构建海量多维地质数据隐密通信的理论模型，解决其隐密通信中"隐藏容量的提升瓶颈"、"隐藏算法的融合"和"数据安全存储及加密检索"三大关键技术问题，以及基于神经网络的自动识别软终端原型。

i. 不同分辨率的三维地质模型的集成

在"玻璃地球"建设中，不同区域的研究详度是不同的，因而所建立的多维地质模型和所填制的四维地质图具有不同的分辨率。在工作过程中，通常需要进行邻区不同分辨率三维地质模型的集成，以便完整地表达一定范围内的地质状况，供区域地质分析、成矿预测、找矿勘探和开发决策，以及开展区域地壳稳定性评价和地质灾害预测预警使用。为此，应当认真解决建模数据的一体化问题，即坐标系统、边界对接和数据结构的一体化问题。这就要求遵循主题数据库的设计思路与方法，不但要统一概念模型和数据模型，实行术语、代码标准化，还应当考虑建立与各种业务主题相关联的分布式网格数据库和共用数据平台。

4. 资源勘探模式、工程勘察模式和地灾预警模式

为了充分发挥"玻璃国土"建设的效益，需要同时研究并建立基于"玻璃国土"的矿产资源勘探模式、工程地质勘察模式和地质灾害预警模式，以及开展基于"玻璃国土"的资源、工程地质灾害定量评价、智能评价技术研发、应用。

a. 矿产资源勘探模式的建立

矿产资源勘探模式的建立包括：地壳演化理论，大型和超大型金属矿床、油气田和煤田成矿成藏理论；不同层次的地质结构模型、构造模型、矿集区模型、矿床模型、油藏模型，典型造山带、盆地和矿集区成矿、成藏模式的研究和建立；中国大陆和海洋的大型、超大型金属矿床、油气田和煤田的发现模式-勘探模式的研究、构建。同时，为了解决矿产资源预测与评价、最优勘探方案选择、资源配置与合理利用、勘查投资结构优化及投资风险评估决策等问题，需要研发相应的矿产资源预测评价系统和决策支持系统。

b. 工程地质勘察模式的建立

工程地质勘察模式的建立包括：研发三维工程地质信息系统，开展大型和特大型水利水电工程的三维地质建模和三维地质结构动态模拟，并利用数据仓库技术（数据云）和三维可视化技术，实现大型和特大型水利水电工程的数据采集，工程地质条件、地基及边坡稳定性分析、评价的数字化、信息化和整体透明化。为此，需要研究并建立工程地质条件、地基及边坡稳定性分析、评价模式，为相关软件的研发和应用提供理论模型和应用模型。

c. 地质灾害预警模式的建立

地质灾害预警模式的建立包括：研发三维地质灾害信息系统，开展地质灾害体三维建模和三维动态模拟，实现数据采集、地质灾害识别、决策分析的信息化和三维可视化；按灾害类型和可能的危害程度，分别建立地质灾害预警及应急指挥模型，并利用视频会议系统、大屏幕系统、单兵系统、通信指挥车系统、GPS 定位系统、地理信息系统、卫星系统等搭建信息查询、信息交流和信息发布平台，建立可视化程度高、信息流转顺畅、预警和应急响应迅速的服务环境，有效地支持地质灾害预警决策及应急指挥。

第3章　地质数据的数字化采集与加工

数据的采集和加工是信息管理和处理的重要步骤。为了提高地质工作的现代化和信息化水平，需要采用先进的数字化方式和手段来采集和加工各类地质数据。地质数据类型繁多、结构复杂，其采集和加工方式和方法也是多种多样的。

3.1　地质数据的基本特征

从数据的来源、类型、结构、时空分布和用途看，地质数据具有显著的多源、多类、多维、多量、多尺度、多时态和多主题特征。下面对此作简要说明。

3.1.1　地质数据的多源特征

地质数据的多源特征起因于地质对象的隐蔽性。为了解决这种隐蔽对象的认知问题，需要采用多种方法和技术手段来获取较为全面的信息，因而就有了地质数据的多源性。从地质信息技术的角度来看，地质数据源主要有以下三类。

1. 野外实地数据源

野外实地数据源是指基础地质调查、矿产资源勘查和工程地质勘察的野外工作现场和相应室内样品测试分析现场。野外现场主要包括岩石露头、探槽、浅井、钻孔（井）、坑道、矿井、矿坑乃至山脉、高原、平原、田野、草原、沙漠和海洋，室内配套的各种物理、力学测试场所和化学分析实验室。野外实地数据和对应的室内分析数据是原始地质数据采集最主要、最直接的源泉。对于地质勘查（察）与开发人员而言，这类数据源的特点是原始、真实、准确、现势，而且能提供全方位、多角度的原始数据。数据采集方式主要有野外露头观测、钻探岩心描述、物理测井、日常生产记录、重磁电震等地球物理勘探、航空航天遥感、地球化学勘探、室内岩矿分析、物理-力学测试、综合研究和编图作业等。

2. 历史文献数据源

历史文献数据源是指前期各类地质调查报告、勘探报告、测试报告、研究报告、实验报告、野外记录簿、图纸、照片、胶片、磁带等。这些历史文献资料包含着地质信息科技发展应用之前长期积累的大量原始数据和研究成果，其中包含着大量客观信息和主观信息，通常有规范化的形态和格式，比较直观、清晰，易于通过阅读、视听方式来识别和采集，是极为重要的地质数据源。但是，也应当看到，由于这些历史文献资料有明显的技术落后性，所提供的信息往往比较粗糙，查找起来也较为繁琐，使用很不方便。

其中，有些资料可能已经破损或者被毁坏，有的被新的勘查（察）工作所否定，或者已被新资料所取代，需要细心鉴别和采纳。

3. 前期建成的数据库

数据库是按一定的格式储存关联数据的计算机软硬件系统。其中的数据都是经过人们筛选、加工整理的，既丰富又齐全，具有很高的使用价值。自 1980 年以来，我国各地质行业和部门已经建立了数以千计的各类数据库，覆盖了基础地质、固体矿产地质、石油天然气地质、工程地质、水文地质、灾害地质，以及矿山、油气田和特大型水利水电工程等各个领域。这类数据源只要是开放的，就可以通过局域网络或广域网络进行远距离检索。对于开展新区调查与勘探而言，友邻勘探部门或单位的数据库，也是重要的数据源。但是，由于有很多矿产资源勘查和工程地质勘察部门所建立的数据库，是作为内部进行资源预测、勘探评价和决策支持而存在的，因而不提供共享服务。另外，也有许多数据库是属于应用型数据库，其数据模型、术语代码和图式图例未经标准化，本身已经成为信息孤岛。

3.1.2　地质数据的多类特征

如此丰富的数据源，必然带来繁多的数据类型。从不同的视角，可以把地质数据分为不同的类型。目前的地质数据分类大致是从描述对象的本质、表现形式、数学性质、演绎方法和存储结构等几个视角进行的。

从对象的本质看，地质数据可分为属性数据和空间数据两种；从表现形式看，地质数据可分为字符型数据、数值型数据、日期型数据和图形型数据（吴冲龙等，1996）；从数学性质看，地质数据可分为名义型数据、有序型数据、间隔型数据和比例型数据 4 类（赵鹏大等，1983）；从演绎方法看，地质数据可分为定性数据和定量数据；从存储结构看，地质数据可分为栅格数据、矢量数据和栅格-矢量混合数据。

这些数据类型及其分类方法相互交叉，反映了地质数据复杂的多类型特征。例如，地质属性数据可以是定性的也可以是定量的，可以是字符型的也可以是数值型的；地质空间数据可以是字符和数值形式，也可以是图形形式，在机器内可采用栅格数据结构存储，也可采用矢量数据结构存储。其中，图形型数据既包括那些观测时直接以图形形式记录下来的数据（如模拟地震及模拟测井数据），也包括用传统方法绘制的各种成品图件；在图形中既包含着定性数据也包含着定量数据，既可以是栅格型数据也可以是矢量型数据，还可以是栅格-矢量混合型数据。又如，名义型和有序型数据是定性数据，而间隔型和比例型数据是定量数据。在数据的表现形式和数学性质之间也存在着一定的包容关系，字符型数据是定性数据的表现形式，也可以是定量数据的概括和归纳；数值型数据是定量数据的表现形式，也可以是定性数据的转换形式。

此外，按照数据采集加工状况，还可以把地质数据分为原始数据、加工数据和成果数据。原始数据是指直接采集自野外的露头观测、岩心描述、测量、物探、化探、遥感和室内物理测试、化学分析数据；加工数据是对原始数据进行整理、加工而条理化、系统化和规范化的数据；成果数据是指经过处理后所得到的数据，包括统计分析和计算结果数表，所编绘的图件，所建立的各种地质模型、模式和知识，以及各类文字报告。对于当前数据库构建者或者当前用户而言，所搜集到的前人加工数据和成果数据，也可以作为原始数据看待。

3.1.3　地质数据的多维特征

地质数据的多维特征表现在与空间位置的密切联系上，以及描述层次的交叉复合上。例如，一个钻孔的数据，不仅有孔口坐标 (x, y) 和高程 z，还有钻孔名称、性质、钻探目的、设计深度、终孔深度、孔径尺寸、技术措施、施工质量、施工单位、施工日期等。对于一般空间信息系统而言，这已经是一种需要进行分层管理的多维空间数据了。但对于地质点源信息系统而言，更重要、更复杂的地质信息还在钻孔岩心和露头地质描述数据中。一个钻孔有几百乃至几千层岩石，每一层岩石都有岩性、岩相、结构、构造、矿物组成等描述参数，如果是含矿层或矿体，还要采样化验其矿物共生组合、元素组成等少则几种多则几十个参数，相互之间既成层次关系又成网络关系，错综复杂。因此，其性质、成因和含矿性都要用多种因子来描述和判定。这种多元特点对地质矿产数据而言，是一种普遍现象。

多元数据在数学处理时通常使用多维空间的概念，地质数据的多维特点不仅表现在这里，还表现在这种多元数据的多层次交叉叠覆上。

3.1.4　地质数据的多量特征

地质数据是一种典型的海量数据。每一个基础地质调查图幅、资源勘查区、工程勘察区和地灾勘察区，都拥有海量的空间数据和属性数据——通常包含数十本野外记录本、数十乃至数百幅各种比例尺的柱状图、剖面图和平面图，数十个乃至上百个分析、测试数据表，以及数十万字的文字报告。仅就空间数据而言，每一幅二维图件的矢量数据和栅格数据，少则几 MB，多则几百 MB，因而在一个小工区，二维图件的数据总量常常达到数十 GB。如果是大型矿山、大型油气田、大型水利枢纽和大型城市，则二维图件的数据总量常常达到数百 GB。如果开展三维地质建模、空间分析和过程动态模拟，则数据量将立即上升一至两个数量级，达到几至几十个 TB。而如果开展"玻璃地球"或"玻璃国土"建设，实行三维地质模型的连片集成和大区域整体透明化，则数据量还将上升若干个数量级。如此惊人的数据量，是其他领域所不曾遇到的。因此，地质数据是十足的海量数据。实现这种海量数据的快速高效存储、管理、调度、处理、建模、模拟、传输和应用，面临着巨大的困难和挑战。

3.1.5　地质数据的多尺度特征

地质数据的多尺度特征是指数据本身的分辨率、精度、详度不同，造成各种图件和模型等成果的比例尺不同，给各种数据的融合、集成、分析和建模，以及二维地质图件和三维地质模型的拼接、集成带来巨大的困难。

1. 不同地质工作阶段采用的比例尺不同

在地质调查与勘查（察）的不同阶段，工作部署和实施是按照不同比例尺进行的。例如，区域地质调查和区域物探、化探采用 1∶25 万和 1∶5 万的比例尺；在矿产资源勘查普查、详查和精查阶段，以及水利水电工程勘察设计的不同阶段，分别采用 1∶2.5 万、1∶1 万、1∶5000、1∶2500 或 1∶1000 的比例尺。比例尺不同，工作内容和工作量不同，所获取的数据精度、详度就不同，所编绘图件的分辨率也不同。这就造成了不同阶段、不同类型的地质工作成果具有不同的尺度和不同的分辨率。

2. 不同时期使用的仪器设备分辨率不同

由于科学技术水平不同，在不同历史时期的地质调查与勘查（察）工作中，所采用的各种物探、化探设备、航空航天遥感和岩矿鉴定、化学分析等仪器的精度和分辨率是不同的，即便是同一地质调查与勘查（察）阶段，所使用的各种仪器、设备也具有不同的分辨率。例如，现代的数字地震仪的分辨率是以前的模拟地震仪所不可比拟的，而目前的多光谱、高光谱遥感数据也是以前的四波段遥感数据所不能比拟的。此外，对于同一地质对象而言，不同方法手段的探测结果也具有不同的分辨率。例如，重磁勘测结果的分辨率与地震勘测结果的分辨率不同，当然它们所反映的信息类型也不同。

3.1.6　地质数据的多时态特征

地质数据的多时态特征包含两方面的含义：其一是所有地质体和地质现象都是地质历史进程某一阶段的产物，我们所获取的地质数据记载了不同地史时期的地质作用信息，而利用这些信息来恢复地质演化史正是地质学的重要研究内容之一。我们今天所感知的地质数据和所认知的地质信息，都分别是地质对象演化到某一特定阶段残留下来的。其二是地质勘查工作是阶段性递进的，矿产资源勘查分为普查、详查、精查等几个阶段，而岩土工程地质勘察分为预可行性、工程可行性研究、初步设计、施工图设计、补充勘察、施工勘察等阶段。与勘查（察）工作相伴随的一些科学研究，也在不断地进行着。于是，在各个勘探区、矿山、油田和水利水电工程，就有了不同阶段的地质数据和成果。虽然，随着勘探程度的提高，工程密度逐步增加，所获取的数据不断增多，除一些数据被更新、一些图件被重新编制之外，不同勘查（察）阶段的数据仍有提供不同用户参考和应用的价值，因而有长期保存的必要性。正是这两方面原因，使得地质数据的多时态特征表现得特别突出。在地质矿产勘查（察）和研究中，对于地质数据的多时态特征，需要加以认真地鉴别和使用。

3.1.7　地质数据的多主题特征

地质数据的多主题特征是指其用途的广泛性。一个显而易见的例子是，同一个露头或同一个钻孔岩心的观察数据，对于不同地质专业的人员有着不同的用途。每一种数据既要用于地质体、地质结构、地质成分、地质作用和地质过程分析，又要用于矿体及矿床特征分析、控矿因素及成矿过程分析、外围及深部含矿性预测，还要用于储量计算和地质–技术–经济–环境条件综合评价。此外，利用同一批勘查（察）还要编制出数十幅乃至数百幅各种各样的勘查图件。因此，地质数据存在着多个应用主题和处理主题。反之，每一个主题都要涉及大量不同类型的数据，而每一种数据都还可能有多种具体用途，数据流向极为复杂，数据处理过程极为繁琐。

根据地质数据的上述"七多"特征，为了推进勘查工作的定量化、信息化，需要开发有效的野外及室内数据采集系统，并大力改进地质现象的描述方式；需要采用以主题式数据库为核心的"多S"结合与集成的地质信息系统，高效地实现数据采集、存储、管理、处理、建模和应用；需要在合理构建地质对象的实体模型、概念模型、数据模型、方法模型和应用模型的基础上，进一步开发功能强劲的基于数据仓库的数据挖掘、数据融合、图件机助编绘、多维动态地质建模和决策支持系统。

3.2　地质数据采集与加工方法

数据采集是指接收主体按照一定的程序和方法，有目的、有计划、有步骤地对地质对象的空间特征和属性特征进行系统地观察和量测，并详细地描述、记录和聚集的过程。地质数据采集是地质信息工作的起点，也是整个地质工作信息化的基础。地质数据对于认识和研究地质体、地质现象及矿产资源的意义是不言而喻的，其真实度如何、时效怎样、价值大小等，是地质勘查（察）成败的关键。数据加工指的是对所采集的数据，进行分类、鉴别、筛选、剔除，使其内容真实，且条理化、规范化、精确化，然后编码入库存储的过程。这里所说的数据加工，只是在使用计算机管理之前的一种加工整理，并非信息（数据）处理前的专项再加工——数据预处理或数据处理。有些数据加工往往跟采集同步进行，也有一些是分开进行。

地质数据采集是随着勘查（察）阶段的推进和勘查（察）程度的提高而不断进行的。由于主客观条件所限，特别是由于地质体、地质现象的隐蔽性和信息不完全性，人们在各个勘查（察）阶段中不可能瞬间就收全、收准所需数据。因此，地质数据采集必然贯穿于地质勘查（察）工作的全过程，地质信息工作者必须尽可能采集不同时期、不同勘查（察）阶段和不同勘查（察）程度的数据，并实现其动态更新和多时态并存。各种数据采集工具不但应当易于操作使用，还应当便于在数据加工、存储、处理、利用过程中进行补充和修正。

3.2.1　地质数据采集的原则

根据一般信息科学原理（钟义信，1988），地质数据采集应当遵循以下四个原则。

（1）准确、可靠。准确、可靠是指数据来源必须真实，原始数据测量必须精确，可信度高。如果所采集到的地质数据不符合这个要求，轻则将因被剔除而造成人力、物力和时间上的浪费，重则将因虚假而造成认识上、决策上和经济上的损失。为了确保数据的准确可靠，首先应当是信息源可靠，并且数据采集渠道可靠，尽量减少采集过程中受到的干扰，避免造成信息流失或误加。

（2）现势、及时。现势、及时是指要迅速、敏捷地采集与目标有关的最新数据，或者说能反映该地质体和地质现象的最新情况和最新水平的数据。一方面，对于一些暴露在空气中易于氧化、变质或损毁的地质体和地质现象及其样品，需要及时进行观察、描述和测试，才能避免所采集的数据失真；另一方面，对于正在孕育着的地质灾害，或者正在开采着的矿山和油气田，地质数据是有时效性的，只有及时采集并迅速传递到使用者手中，才能使它发挥应有的作用。为了保证数据的现势、及时，应当密切关注与监测目标有关事物的发展动态，精心设计数据采集方法，并且尽可能地变手工操作为现代化的技术手段，特别是使用数字化的采集手段。

（3）系统、连续。系统、连续包括两方面的含义：其一是所采集的数据要系统、连续，即要求数据在空间与时间上的完整、均匀；其二是数据收集工作也要系统、连续，即要求采集工作周密部署、持续不断。对于前者，系统性是指某个专题的数据在空间上延伸的结构完整性与分布均匀性，连续性则是反映该专题的数据在时间上延伸的结构完整性与分布均匀性。数据的系统、连续性越强，就越能够反映事物的整体情况，其使用价值也就越大。对于后者，系统性是指数据采集工作必须有完善的计划和安排，而连续性是指数据采集要按一定的时空间隔不停地进行。为此，首先必须严格地执行地质工作规程，对各项数据采集工作进行周密地规划和部署，并且一丝不苟地进行。对于一些目标，如地下水位、地温、地应力、矿压、油水界面、断层位移、岩（土）体稳定性等的变化动态和变化特征进行长期、连续地追踪监测。同时要加强技术方法、仪器仪表和软件系统的研发和引进，不断提高数据采集水平。

（4）适用、适量。一种新的地质思维和地质理论的出现，总会产生对新的地质数据的需求，激发出对引进新的探测技术和探测方法的热情，这就必然导致地质数据的采集方式、内容和数量发生变化，从而带来地质数据类型和数量的急剧膨胀。地质信息技术的采用使得我们能够有效地存储、管理、处理和应用这些数据。一般地说，数据类型越多、数据量越大，越有利于对地质对象的感知和认知。但是，一定的技术方法总是和一定类型、一定数量的数据相适应的，过量的数据采集不仅会造成人力、物力和财力上的浪费，而且可能增加数据处理的负担，使真伪难辨、主次难分，反而会增加信息的模糊度。因此，地质数据采集必须遵循适用、适量的原则，既要有的放矢，针对性强，又要限定在适当的数量内。如何做才能达到适用和适量，需要根据研究对象、研究任务，以及技术规范和操作规程而定。

3.2.2　地质数据采集的主要技术和方法

如前所述，按照数据采集加工状况，可以把地质数据分为原始数据、加工数据和成果数据。对于当前数据库构建者或者当前用户而言，所搜集到的前人加工数据和成果数据，也可以作为原始数据看待。下面拟对这两类原始地质数据的采集技术和方法作简要介绍。为了叙述方便，把直接从野外探测或室内测试所获取的原始数据称为直接原始数据，而把加工数据和成果数据称为间接原始数据。

1. 直接原始地质数据的采集技术和方法

直接原始地质数据属于自然科学数据，其采集是一种对自然界和自然现象的科学探测，其采集渠道包括手工渠道和技术渠道两类，其采集方式和方法涉及一系列复杂的科学知识和技术，其中包括各种地球物理勘探、航空航天遥感、地球化学勘探、室内测试化验、野外肉眼观测、地形地貌测量等。

1）物探数据的采集技术和方法

地球物理勘探数据基本上都是用仪器进行测量和记录的，但大致可分为人工读数记录、模拟自动记录和数字自动记录 3 种方式。经过多年的研发与改造，目前的地球物理勘探几乎全部实现了数字化自动记录，并且直接采用微型计算机或便携机来控制和接收；各种航空、航天遥感数据则一开始就是采用数字化自动记录的。但也仍有部分仪器，如地面电法、磁法和重力测量，有时仍保留传统的手工方法作为补充。

2）测试化验数据的采集技术和方法

室内测试化验数据主要来自野外采集样品的化学分析、同位素分析、岩矿鉴定和各种物理-力学性质测试，其中包括大量的地球化学勘探数据。目前，多数室内测试化验仪器设备已经实现了模拟自动记录或数字自动记录，只有少数仍停留在人工记录的水平上。但具有自动记录装置的仪器设备，由于软件功能不同，数据存储的方便程度差别也很悬殊。有的已经实现全自动记录，如各种电子显微镜、气相色谱仪、激光拉曼光谱仪，可将数据采集、结构分析和成分分析结合为一体，能同时完成各种探测参数记录和分析结果记录，甚至实现了测试过程的全程微机自动控制；有的则只是实现人机交互的半自动记录，或者只能进行简单的数据自动拾取。

3）人工观测数据的采集技术和方法

野外人工观测数据的采集包括区域地质调查和矿产、水文、工程等地质勘查中所涉及的露头、坑探、槽探和钻探的肉眼观测编录数据。目前国内外在传统笔记本记录方式的基础上，对采集内容进行了标准化、定量化和代码化，并制定出标准化表格，广泛使用掌上机和便携机进行数据采集。基于掌上机的野外地质数据采集系统的优势，是体积小、重量轻、电池寿命长、携带方便的特点，可以使用专用软件来采集野外属性数据，还能够接收 GPS 导航仪提供的空间数据；而基于便携机的野外地质数据采集系统的优势，是可以装载强大的地质信息系统，可以采用"多 S"结合与集成技术，在野外直接修编地质图，并实现野外数据采集系统与室内数据库系统的无缝连接，以及多源数据的集成化应用。与此同时，野外数字录像和数字照相技术在数据采集中也得到了广泛应用，所获取的影像数据可以直接输入计算机内。采用"多 S"结合与集成化装备来补充传统的"老三件——铁锤、罗盘、放大镜"，是地球信息科学与技术发展的必然趋势。

4）地表测绘数据的采集技术和方法

地质、矿产与工程勘查（察）所使用的地形图或地理底图，通常是测绘部门提供的。但勘查区、工程施工区和矿区的大比例尺地形图，以及某些地质点、矿化点、采样点、探槽、探洞、钻孔和坑道的位置、高程数据和图形，还是需要自己测量和绘制的。以往测绘数据的获取，在地面上主要靠肉眼仪器观测、读数和手工记录，在空中主要靠感光摄影和人工选点、转点、量测像点像片坐标或模型坐标。目前，数字测绘技术已经普及应用，即采用数字方式实现对空间数据的采集、记录和处理。野外数字测量的主要仪器是全站仪，其由电子经纬仪和激光测距仪组成，通过"3S"（GPS、RS、GIS）集成与应用，可以同时自动获取空间目标的距离、方位、大地坐标和高程数据，实现地面地图测绘的信息化（李德仁，1997）。如果采用"5S"（GPS、RS、GIS、DPS 和 ES）集成与应用，则可以全面实现地图航空测绘的信息化和自动化（李德仁，1995）。近年来地面移动三维测绘系统、空中解析法精密立体三角测量系统、水下地形测量自动化系统等，发展也很快。前者是一种装在汽车上的集 GPS 接收机、摄影传感器及惯性导航系统为一体的自动测绘软件，主要用来进行道路、街景和公用设施的三维测量和地图的自动编绘。

2. 间接原始地质数据的采集技术和方法

间接原始数据一般存储在各种纸介质、塑料介质、磁介质和光介质之中。相对于直接原始地质数据而言，这类数据的采集方法较为简单。主要有以下六种。

1）资料室查阅

资料室查阅包括从本单位资料室查阅有关的野外记录本、岩心记录本、照片、图件、磁带、光盘、实验报告、勘探报告、研究报告、杂志、图书，以及各类数据库等。所需要的数据可以采用摘抄、复印、拍照、扫描、拷贝或转储的方法获取。

2）索取或购买

索取或购买主要是指向各级国家地质资料管理机构或友邻单位借阅、索取或购买相关的地质数据、资料。其资料形式、内容和获取方法与查阅相似。

3）网络检索

网络检索是通过专业计算机网络，进行相关地质数据、资料的查询检索。这是一种最为迅捷、高效的先存地质数据采集方法。但是，由于各种经费问题、标准问题、保密问题没有解决，相应的政策法规也还没有建立，目前许多专业地质网站还没有进行公开的社会化服务，已经开始运作的网站能提供的地质数据也不多。

4）已有数据库的导入或转换

目前，各地质勘查单位和研究机构都已经建立了大量的异构数据库，包括各种应用型关系数据库、GIS 的空间数据库、对象-关系数据库、CAD 图形库等，数据和成果分散存储的现象较为严重，甚至造就了一些内部信息孤岛。对于这些数据，可以采用数据导入工具（如微软 SQL Server 提供的 DTS 工具、Oracle 提供的 Convert Mysql to Oracle 工具），或者编写专门的接口程序，转换到新的系统中存储和使用。这也是在目前各单位采用的信息系统多而杂，且更替频繁的情况下，采集数据的重要方法。

5）已有纸质图件数据的采集

能否准确、迅速地采集已有各种地质、地理图件和各类航天、航空和地面照片上的空间数据，是实现旧地质图件计算机管理的关键环节。目前的纸质图件数据采集方法有三种：第一种，手扶跟踪矢量数字化方式；第二种，自动扫描栅格数字化方式；第三种，自动扫描栅格数字化加矢量化方式，来实现这些图形数据的采集。第一种方式效率太低；第二种方式仅适合于照片和分版单色地图；第三种方式可用于处理各种复杂图件，可分为导引式半自动矢量化和全自动矢量化，前者是采用人机交互方式用鼠标导引逐个线条进行矢量化，后者则全部由计算机一次性自动矢量化。前者适合于线条和图斑复杂的图件，而后者适合于线条和图斑简单的图件。针对不同的输入设备和不同类型的纸质图件或照片，应当配备不同的软件，以便保证各种类型的图形和图像都能转换成空间数据库可以接收、存储和处理的数字形式（图 3-1）。

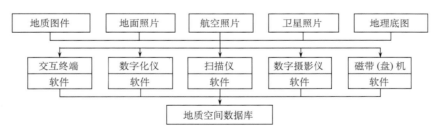

图 3-1　图形与图像数据转换与输入模块示意图

6）数据综合整理与处理

通过对上述各种直接或间接原始地质数据进行综合整理与处理，也是获取新的地质数据的重要途径与方法。综合整理包括原始资料的分类归并、分析套合、数据融合、数据转换、计算处理和图件编绘等。综合整理也有手工方式、人机交互方式和全自动方式之分。一般地说，除图件之外，采用各种方式整理得到的数据，通常仍用同种方式记录保存或输入计算机内保存。图件是地质勘查与研究成果的主要载体，其数据形式较为特殊。采用机助编绘或计算机全自动编绘的图件,其数据可直接转存到图形库中,不存在采集和入库问题;凡采用手工编绘的图件,特别是已有的旧图件,数据输入计算机较为麻烦,需要专门矢量化或者数字化。

3.2.3　地质数据加工的主要技术和方法

数据加工是信息工作的第二个重要步骤。数据加工是指对所采集的数据进行分类、鉴别、筛选、剔除,使其内容真实,且条理化、规范化、精确化,然后编码入库存储的过程。因此,数据加工只是在使用计算机管理之前进行的一般性整理,并非信息(数据)处理前的专项再加工——数据预处理。数据加工往往紧随数据采集进行,但也有些是分开进行的。考虑到地质数据的加工是按照数据库要求进行的,并且贯穿于数据入库过程中,本书把数据入库归并到数据加工范畴中。

1. 数据加工目的

采集来的数据之所以要进行加工,是为了使这些数据达到有序化、优质化、易于补缺、易于入库管理的状态,便于计算机管理、处理和交换。

有序化包含条理化和系统化两种含义(胡继武,1995)。从数据源采集到的地质数据,无论是原始的还是先存的,大部分比较杂乱和孤立,而且往往与数据库要求的格式不符合。这样的数据储存、检索、处理和利用都十分不便。因此必须根据一定的格式进行整理、加工,使之符合条理化和系统化的要求。在一般情况下,条理化和系统化是指将内容相同或相关的数据集中在一起,使之脉络清晰、层次分明、关系明确、浑然一体,呈现出某种秩序,并且能够表达某方面的意义,产生某种交叉效应,或能给人以某种新的启示。对于计算机管理而言,条理化和系统化则是指按照数据库的规范化要求和数据文件格式,把所采集的数据进行归类、子集划分和重组。

由于主观识别能力和仪器抗干扰能力的缺陷,从数据源中采集到的数据通常存在着误差,并且常常是优劣并存、真伪混杂的,甚至还会出现严重的畸变和矛盾,需要对其质量作一次全面的核对检验。通过整理、鉴别、评价和筛选,剔除误差超限的数据以及那些虚假不实和内容含混不清的描述,突出有价值的信息并提高其清晰度、可信度,减少其冗余度,可使数据实现精约化和精确化,从整体上提高数据的质量。

通过数据整理和加工,可以使数据的时空特征、类型特征和质量特征一目了然,有助于地质勘查(察)人员了解所采集的数据的情况,直观地发现某些数据的不足。这对于补充收集新数据十分有利,特别是在野外工作期间,如果能及时进行数据整理、加工,及时发现问题、及时补充采集数据,可以避免许多重大的失误和损失。除此之外,数据加工还可以对数据的采集方法及通道、数据源作一次全面检查,从中总结出经验教训和一些规律,这也为改进数据采集方法和仪器设备创造条件。

2. 数据加工步骤

根据计算机管理的需要,地质数据加工整理可分为转抄转录、分类排序、核查筛选、格式转换和编码入库五个步骤。

（1）转抄转录。转抄转录是信息采集的继续，是指将已经采集的信息从一个载体复制到另一载体上的汇总过程。例如，将环境、水文、气象等监测站所采集的某些信息，摘录到另一些记录本上；将搜集到的一批地理底图或地质图数字化并存入磁盘中；将从数据库或网络上检索来的、未经整理的数据转录在磁盘上，等等。

（2）分类排序。分类是对所采集的数据，按照特定的原则和方法，以及数据的内容特点和管理利用的要求，将其按类别分层次地置放在一起。其中也包括空间数据的分层。排序则是按照逻辑顺序和数据结构，将已经分类的数据重新组织起来，并给出相应的类目和层次序号。分类排序是进行数据加工的关键一步，可使零散、孤立的数据条理化、有序化，便于存储、检索和利用。

（3）核查筛选。即对经过初步分类排序的数据，逐一进行真实性、系统性、完整性、精确性和科学性的核查和鉴别，然后根据不同的需要进行数据组织，淘汰虚假、冗余和无关的数据，并且对初步分类排序的结果作进一步调整。

（4）格式转换。来自其他数据库的数据，要经过格式转换再录入新系统。格式转换分为三类：一是属性数据格式转换，通常使用转换工具来实现，如微软 SQL Server 的DTS 工具；二是空间数据格式转换，通常转换到 DXF，eoo，TIF 等标准格式；三是使用第三方接口软件，直接将原文件转换为目标系统支持的格式。

（5）编码入库。编码入库是按照数据入库的标准格式和标准代码进行数据重组和编码，然后逐一输入数据库。为了提高工作定性数据的输入效率，可采用一种用户格式输入技术——直接用记录格式和术语输入，数据重组和编码工作由计算机自动完成。

上述 5 个数据加工步骤都是相互联系、前后有序的。近年来随着信息技术的发展，这 5 个步骤之间的关系有模糊化的趋势，局部还有合并的情况。尽管如此，就数据加工的过程而言，这 5 个步骤既不能随意取舍，也不能随意颠倒。有些数据采集软件，如野外露头数据采集系统、岩心描述数据采集系统和各种物探数据采集系统等，已经按照标准化、规范化格式把数据直接存入数据库或磁带上了，即实现了数据采集与加工一体化处理，除了出现特殊情况，无需再进行加工和整理。

3. 数据加工方法

下面借鉴一般信息科学的知识和经验（胡继武，1995），结合地质信息科学技术领域的新成果，着重介绍地质数据的部分加工方法。

1）图件数字化转录后的编辑

图件数字化是指利用手工方式或数字化仪和扫描仪，将图形和图像转化为数字形式并转储于计算机内的过程。不管以何种方式将图件数字化转录后，都需要进行编辑加工。编辑加工的主要任务，是按照国家标准、行业标准或部门标准，进行图式、图例、线型、标注和颜色的规范化处理。对于采用手工方式、数字化仪方式和半自动扫描仪方式的数字化转录，还需要进行图元修补、线条连接、线条圆滑、图斑整形、标注修整、位置调整等编辑工作。这项加工工作十分繁琐，需要认真细致。

2）数据分类排序的一般方法

在长期发展中，地质学科已经形成了一些成熟的分类体系，如矿物分类体系、岩石分类体系、古生物分类体系、构造分类体系和矿产分类体系。在进行这类数据的分类排序时，必须严格遵循这些分类体系。如果所面对的是一个新领域，还没有现成的分类方案，可暂时按照所研究问题的结构要素进行初步分类。例如，关于"地质灾害问题"的数据，可以先按"地震灾害"、"滑坡灾害"、"泥石流灾害"和"地表塌陷"等进行分类，再根据其逻辑顺序或其他要求对数据进行排列，然后给出顺序号。有些数据在分类体系中的位置不确定，甚至可能出现于不同的位置上，可以采取暂时归位、适时调整和重复放置的做法，待入库时再按照数据库要求进行冗余处理。准备存入计算机的数据，还要按照标准进行数据编码。

3）数据的核查鉴别

凡采集到的数据，都应当进行核查鉴别。越是重要的数据，越应当如此。对数据的核查鉴别，主要是针对数据的真实性鉴别而言。具体地说，第一是要鉴别数据是否真实，即鉴别该数据来源是否可靠，数据所反映的情况是否属实，所揭示的事物是否确有发生，等等。第二是要对数据的准确性进行分析，即要鉴别该数据是否有偏颇之处，也就是说它的出现是合乎逻辑的，不仅在局部是正确的，而且在全局也是正确的。当然，也要注意那些虽然不符合传统认识，却揭示了新事物的真实数据。

A. 数据失真的表现和原因

数据采集是人的主观意识与客观事物相结合的活动，造成数据失真的影响因素主要有数据采集者的主观因素和数据来源、渠道的客观因素（胡继武，1995）。归纳起来，数据失真主要表现在选择失真、解译失真和技术失真 3 个方面。

选择失真　从根本上说，数据采集过程实际上是一个选择过程。选择既表现了认识过程中认识的能动作用，也反映了感知的局限性。地质体和地质现象是极其复杂的，所发出的客观信息也是多种多样的。人的感觉器官不可能将信源所发出的信息全部摄入大脑，其中会有一个选择过程。不仅露头和岩心的观察描述是如此，即便是先进仪器的自动记录也是如此。突破这种局限性是防止选择失真的关键。

影响数据选择的主要因素包括观察范围、信息刺激水平和主体感知能力 3 个方面。观察范围过窄，看不到研究对象的整体，难以进行对比，必然导致描述内容选择失真，甚至本末倒置。信息刺激水平是指被感知事物的特征显现的清晰程度。显现清晰可给人以深刻印象，受人关注；反之就给人以模糊印象，被人忽略。这种情况可能造成某些本质特征被缩小，而某些表面特征被放大。采用多种方法、手段和工具，从不同角度和不同侧面来揭示地质对象的特征，目的就是为了取长补短，提高本质特征信息的刺激水平。主体感知能力是指数据采集人员对地质客体特征的识别能力，表现为对客观事物感知的敏感性、客观性和适应性。人体感官是在主体感知能力和信息刺激水平等因素作用下的信息过滤器。在一定条件下，这些因素甚至会使一个人的感官在接收信息时，完全从属于个人的主观目的和需求，即陷入先入为主的思维定势中，从而使认识离开地质客体的本性。解决办法是在提高个人的地质科学知识水平和分析问题解决问题的能力的同时，加强心理素质和工作责任心的培养。

解译失真　从地质数据源获取的数据有多种形式，包括文字、数字、符号、代码、图形、图像和电磁脉冲等。数据在储存、处理和利用之前一般都必须经过解译转换，即由一种形式或内容转化为另一种形式或内容。例如，将文字记录转化为数字表格，将反射地震剖面转化为地质剖面，将遥感图像转化为地质图，将图形数据转化为文字数据，等等。有的数据结构简单、直观、变换比较容易；而有的数据则结构复杂，含义多样，在已有知识、经验和感觉差异等因素的影响下，很容易产生解译失真。显而易见的是，知识和经验不足的新就业人员，比知识和经验丰富的老工程师更容易出现解译错误。此外，主体的心理状态也会对数据解译产生影响，特别是在既有学术观点的影响下，可能促成先入为主的思维定势，难以客观地看待数据和解释数据。

技术失真　数据采集技术的误差，也可以产生数据失真。主要表现为以下 7 种（李毕万等，1989）：①抽样偏差。在收集数据资料时并没有严格使用统计学中的最优抽样法，或者使用不正确，如样本数量过小、样本范围界定不合理等。②计量误差。包括计算的错误，或者在不可比的事物间进行了比较，或者是量级、量纲不统一，或者是统计口径不一致，以及定性数据与定量数据之间的转换错误，等等。③数据不完全确实。某些主、客观因素使得提供先存数据的单位，没有把确实无误的数据全部提供出来。④调查表的设计或填报不当。有些调查记录表设计不合理、不全面，某些概念不清，或填表人不理解表格内容，或不负责任填写，等等。⑤数据汇总失误。例如，统计错误、抄录遗漏，或者抄录重复等。⑥分类和定义的不当。由于事物的分类和定义复杂和困难，影响了人们对数据的归类、存放和使用。⑦时间因素影响。例如，某些数据统计时限不一致，或未注明时间，导致不同工作环境、不同技术水平和不同仪器设备所获取的不同精度数据混杂在一起。此外，数据收集与数据加工之间的时差过大，也会使一些有严格时效性的数据失效，等等。

B. 鉴别数据失真的方法

由于地质数据失真的原因很多，失真的表现形式也很多，我们不可能鉴别出全部失真的数据，但可以根据长期积累的领域知识和经验，将一些较为严重的失真数据鉴别出来，使失真数据的比例限制在尽可能低的水平上。

核对法　核对法的要领是：①对于先存数据，应检查原始材料，主要参考文献，确定所抄录和摘录的数据有无错漏、断章取义，或曲解原意等情况；②对于实验或计算数据，要按所涉及的方法、步骤，全部或局部地重复实验或计算，验证能否得出相同结果；③对于野外观察数据，应深入实际对有疑惑的数据进行调查核实。如果数据数量过大，不便用上述 3 种方法逐一核对，可采用统计学的抽查法进行核对。

校验法　对一些测试、化验或测量数据，可以对其使用的仪器设备进行检查或标定，鉴定其是否合乎标准，所获得的数据是否可靠；还可以采用标准仪器设备，对同一批样品或同一观测对象进行抽测，以便判断所获得的数据是否可靠。

比较法　对于那些由于主客观条件所限而难以核对的数据，或者是一时核对不了的数据，可以用从其他渠道所获得的有关同一问题的数据与之进行比较，以验证其是否真实可靠。虽然这种经验性鉴别方法不一定可靠，但若从其他渠道所获得的数据都与之相左，该数据的真实性就值得怀疑，必须采取其他措施进一步核查。

条件法　条件法的要领是通过对该数据所反映的问题及其相关因素的考查，分析该数据所反映的事物发生、发展的信息的合理性，判断该数据是否真实可靠。利用条件法只能作出数据失真可能性的估计，而不能得出是否失真的准确结论，因此，条件法不宜单独使用，必须与其他鉴别法结合起来，才不会造成另一种失真。

逻辑法　逻辑法即通过逻辑分析发现数据所反映的事实或问题的破绽或疑点，包括数据所描述的事实前后矛盾，或表述中有明显夸大、悖于常理，等等。当然逻辑真实性与事实真实性也不能完全等同，在虚假数据基础上经过合理的逻辑推导所得出的虚假结果，也同样可以具有逻辑真实性；相反，有些悖于常理的现象也可能是地质体和地质现象的真实反映，揭示这种现象可能导致新认识、新理论的出现。因此，逻辑法应与前面几种方法结合，才能收到效果。

统计法　采用统计学的检验方法，也能够对失真的或来自其他事物的量化数据进行有效的鉴别。目前常见的统计检验法有肖维涅（Chauvenet）法、狄克松（Dixon）法和威尔克斯（Wilks）法。

4）数据的筛选剔除

数据筛选和剔除是指在数据真实性鉴别的基础上，经过分析比较和归类，将那些失真或无关的数据挑出来并剔除掉；而将那些真实、合格的数据，筛选出来并作归类，减少其冗余度而增强其清晰度，然后分出等级、层次。数据筛选剔除与前述核查鉴别相辅相成，可以看作是一个完整的去伪存真、去粗取精的数据加工整理过程。

A. 数据筛选的方法

数据筛选的方法很多，下面仅介绍一些常用的方法。

比较法　比较法是指将经过鉴别的同类数据进行比较，挑选出那些信息含量大，代表性强的、揭示问题更为深刻的数据。该法的实施需要有客观标准。

评估法　对于某些关键性参数的取值，如断层性质和运动方向等，需要按照规程采取措施进行评估，其中包括专家评估；而对于某些敏感性参数，如矿体的厚度等，则需要采取专门的评估程序来进行评估，以判断其水平和价值。

时序法　对先后获取的同一个地质体和地质现象的观察数据，在信息量大体相当的情况下，一般说来应选后面获取的数据。当然这也不能绝对化，有些时效性不很严格的数据，不一定就是越新越好，去留与否主要应以实际工作质量为准。

调查法　对某些一时难以分辨的数据，如不同历史时期的先存数据，可以对其数据源、采集机构、采集技术条件和采集过程等进行调查。如果数据采集机构是某方面有资质的、有影响的专门研究机构，其使用价值就可能很高。

分析法　通过对数据内容的分析而判断其价值的大小，如通过对某地质现象发生发展的前因后果或影响因素等方面的深入分析，可以进一步帮助确定哪些地球动力学参数的数据是具有代表性意义的、值得留下并加以入库存储的。

文献法　文献法是指通过查阅有关文献和数据，了解有关领域的发展现状和最新水平，并据此而确定所采集到的数据的价值和筛选依据。随着科学技术的发展，人们对一些地质现象的认识会不断提高，某些数据的价值也随之不断提高。

上述 6 种方法可以根据具体情况选用。在日常工作中，往往是同时或先后采用几种方法对数据进行筛选，用以提高精度、可信度和工作水平。

B. 数据的剔除法

数据的剔除方法较为简单，只要弄清了哪些数据是该剔除的，把它舍弃就是了。问题是哪些数据是该剔除的呢？一般说来符合下列情况之一者，是该剔除的。

已被证伪的数据　经核实鉴别为内容失真的数据，也包括那些来历不明的，缺乏具体采集过程的技术条件说明的，因而没有足够可靠性的数据。

陈旧过时的数据　由于时差过大，或者经过新的工作证实精度不足，失去了使用价值的过时数据。但那些用于刻画连续过程的历史数据，不在此列。

不适用的信息　那些与需要解决的问题或服务对象完全没有关系的数据，应当予以剔除。但是，有些数据虽然对本单位或本研究任务无关，却对其他单位或其他研究任务有关，因而有共享价值的数据，不应该删除，而应当予以整理入库。

重复、雷同的数据　那些在同一数据源中重复收集而质量相同的数据，或者与原有数据的主要内容雷同，又不涉及时空连续分布的冗余数据，应予剔除。

没有实际内容的信息　有些野外地质现象描述内容空泛，言之无物，没有任何使用价值的，也应当剔除。但是，剔除之后必须立即补充观察描述。

5）编码入库的方法

经过分类排序、鉴别筛选等加工处理之后的数据，就可以提供信息资源管理人员进行编码入库。属性数据和空间数据的编码入库方法不同，通常是分别进行的。空间数据的编码入库方法就是前面所介绍的图形数字化转录方法，这里不再赘述。下面着重介绍属性数据的编码入库方法。通常与所选择的关系数据库管理系统相适应。

A. 数据编码方法

为了便于存储、管理和共享应用，入库的数据需要进行编码。根据国家要求，我国地质点源数据库的属性数据，统一采用国家标准《地质矿产分类术语代码（GB 9649—1988）》。在输入、输出的提示和转换过程中，各功能模块都力求体现用户定义优先准则。利用数据输入模块进行数据字典连接及数据存储时，既允许使用国标全码和文字值码，又允许使用简码和标准术语。若数据项是字符型并设置了约束，可在屏幕下方显示出该项数据的常用术语和代码，作为输入提示。在该模块支配下，输入的数据在系统内以代码方式存储，而以标准术语方式显示及输出。

B. 数据入库方法

数字型数据的入库较为简单，对于手工记录的数据，可把按照库文件格式整理好的数据，直接用键盘输入数据库；对于可以直接转存的磁盘或磁带数据，则通过特定接口直接转入数据库中。定性描述的属性数据入库，可以先转为代码后再输入，也可以直接用术语输入。如果直接用术语输入，则其前导的编码工作变为计算机的后续自动处理，但要求输入的文字值是标准的术语，否则要采用提示式的选择输入。

　　常规的数据输入格式都是规范化的数据库文件格式。这对于属性数据量庞大且类型繁多的地质数据入库工作而言，显然是十分困难的事情。因为每个数据库都含有数百个数据文件，要按照这些文件格式逐一地完成数据整理和入库，需要耗费巨大的人力、物力和财力。这就要求地质数据库配备有强大自适应功能、能够面对不同数据的通用输入模块。所谓通用，是指适合于整个数据库的全部数据文件，与数据文件是一对多的关系，并且不受数据文件变化的影响。选用该模块输入数据时，系统将提供数据文件选择菜单，以及数据文件的数据项选择菜单，随后自动显示屏幕输入格式。

　　为了快速高效地实现定性数据入库，还可以采用用户格式输入方式，让用户按地质勘查数据的原始记录格式——用户视图入库，而将数据规范化的整理工作交给计算机来自动完成。用户视图格式输入模块内含有机助数据规范化功能子模块，能根据用户选择输入的数据项，自动进行分析处理并完成相应的物理数据分配。用户不但可以很方便地进行原始地质数据输入，还可以随时修改或调整数据项或有关参数。

3.3　地质数据采集系统的设计

　　基于地质数据特征、数据来源及其采集、加工技术和方法，并选择合适的数据库管理系统，分别进行系统建模，便可开发出各类不同的地质数据采集模块。例如，岩石露头数据采集模块、钻井（孔）岩心数据采集模块、物探数据采集模块、化探数据采集模块、遥感地质数据采集模块，以及地质图数据采集模块等。这些数据采集模块既有共性也有个性，按照研究-勘查领域进行组合、优化和补充再开发，便可以形成不同领域的专业化地质数据采集子系统，包括区域地质调查数据采集子系统、城市地质调查数据采集子系统、金属矿产勘查数据采集子系统、煤炭勘查数据采集子系统、石油天然气勘查数据采集子系统、水资源勘查数据采集子系统、工程地质勘察数据采集子系统、灾害地质勘察数据采集子系统等。限于篇幅，本书仅介绍具有代表性的岩石露头数据采集、遥感地质解译数据采集和地质图件数据录入与编辑模块设计原理。

3.3.1　岩石露头数据采集模块

　　岩石露头观测和描述，是野外地质数据的主要来源。其主要工作方式是用格式化的表单对观察结果进行逐项记录，结合部分地质特征自由描述，并通过屏幕表单直接录入便携机或掌上机内。下面以区域地质调查的露头数据采集模块为例加以说明。

1. 野外属性数据采集作业模式

　　区域地质调查的任务是通过填制地质图查明区内构造、地层、岩石、矿化、环境等，及其他各种地质业特征，并研究其形成条件和发展历史等基础地质问题，为矿产、水文、工程、环境和地灾等地质勘查、国土规划、科学研究、专业教学等提供基础资料。区域地质调查以野外露头观察和路线追索为主要方式，要求以成熟的先进地质理论为指导，准确地观察、记录野外地质现象，取全、取准各项原始地质数据。其主要工作

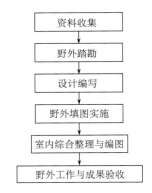

图 3-2　区域地质调查工作流程

内容包括资料收集、野外踏勘、设计编写、野外填图实施、室内综合整理与编图、野外工作与成果验收等，工作流程如图 3-2 所示。

传统的野外露头观测数据和实测剖面数据，是采用专用的野外记录本（野簿）来记录的。这种方式存在记录内容随意、信息不完备，格式不规范、野外使用不便，室内整理和编图费力、费时，代价较大等缺点。如果改用基于袖珍便携机、掌上机并配合 GPS、DBS、GIS 等的野外数据采集系统，则记录内容相对固定、记录格式规范化，可以快速地将野外数据入库，而且可保证参数一致、信息齐备，后期室内整理、数据处理和编图方便、快捷、高效，可克服手工作业方式的诸多问题。

把区域地质调查作业由传统手工方式转变为计算机辅助方式，需要有一个强劲的野外数据采集系统，并且需要对传统工作流程进行改造（Liu et al.，2005，2006b）。根据区域地质调查的总体概念模式，可以给出野外数据采集系统的体系结构图（图 3-3 中虚线框内）。图中的箭头指示系统的数据流向和模块间相互联系。该系统应该是一个包含"多 S"技术，如 GIS、RS、GPS、DBS 和 CADS 等，涉及多种轻便型野外设备的综合性系统。该系统实现的关键，是进行"多 S"技术集成和多种相关设备的有机连接，以期适应野外工作环境并符合我国地质调查规范。野外地质数据采集的内容主要是地质对象的空间特征和属性特征，因而其数据类型主要就是空间数据和属性数据。三维 GIS 系统平台是存储和处理空间数据和开展各种地质空间分析的操作平台；而后台数据库能够弥补 GIS 在属性数据管理方面的不足，用于管理复杂属性数据；可更新的三维地质建模系统用于直观地展示工区的立体地质结构，并提供各种三维空间分析功能。

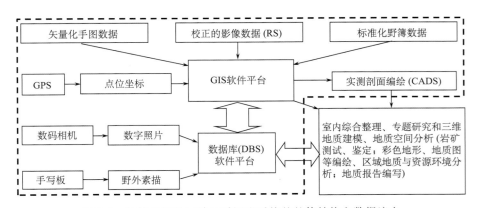

图 3-3　计算机辅助区域地质调查系统的整体结构和数据流向

目前，区域地质调查野外的具体工作模式以硬件平台划分，主要包括基于掌上机和基于便携机两种模式。图 3-4（a）是以加拿大、澳大利亚和中国地质调查局野外系统为代表的早期掌上机工作模式，图 3-4（b）是以中国地质大学（武汉）GeoSurvey 野外系统为代表的当前便携机工作模式。前者是在野外使用掌上机记录属性信息，辅以标准化野簿，在野外基地通过数字化板将空间数据导入便携机或台式机并转化为图形；后者则直接以轻型便携机为野外工作平台（图 3-5），辅以掌上机和标准化野簿，在野外基地也以轻型便携机为主，其中减少了数据转换环节。随着便携式计算机与掌上机之间的差别越来越小，基于便携机的野外工作系统具有可持续发展前景。近年来，欧美各国的地质调查机构都以平板式便携机（Tablet PC）为平台，进行新的野外地质数据采集软件研发。

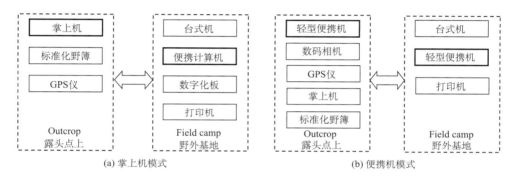

图 3-4　计算机辅助区调工作系统工作模式对比（据刘刚等，2003）

图 3-5　野外数据采集装备：老三件＋新三件

2. 野外属性数据采集模块设计

野外属性数据采集模块的设计，以野外属性数据采集工作模式为依据进行。其中，基于便携机和"多 S"集成的野外地质数据采集系统，是以主题式点源数据库为核心的综合性技术系统。该系统为了解决速度问题，采用了前端（野外）与后端（室内）分离、空间数据与属性数据分离，以及综合使用先进设备的办法；为了解决界面问题，采用了多数据表单界面录入技术、标准词条的屏幕提示录入技术和组合快捷键技术；为了保证系统数据模型的完备性和适时可扩充性，采用了动态模型技术（图 3-6）。

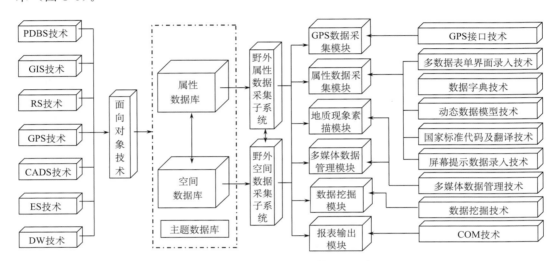

图 3-6　野外数据采集子系统功能和技术支持图示（据 Liu et al., 2005）

1）速度问题的解决方案

采用前端（野外）与后端（室内）分离、空间数据与属性数据分离，以及综合使用先进设备的办法，即：①前端（野外）与后端（室内）分离；②空间数据与属性数据分离；③综合使用多种先进设备。

2）界面问题的解决方案

采用多数据表单界面录入技术、标准词条的屏幕提示录入技术和组合快捷键技术，即：①多数据表单界面录入技术；②标准词条的屏幕提示录入技术；③组合快捷键技术。

3）模型可扩充性解决方案

面对不同时代的地层单元、不同类型的构造单元和不同性质的勘查对象，使用常规的固定数据采集窗口难以适应，因为不能随时间、空间和工作的变化，进行动态的自适应调整。为此，需要对数据采集窗口进行研究、开发，增强其可扩充性和动态自适应性。具有动态自适应性的数据采集窗口，能够协助野外工作人员根据具体情况对数据采集窗口进行快速调整和定制，增强了数据采集系统的实用性和生命力。

采用动态数据采集窗口（张夏林等，2001），首先需要解决一系列相关的技术问题以保证模型的有效性和正确性；其次是应当尽量减少各种不必要的变化，保持系统的相对稳定状态，利于后期的数据综合处理；最后是由于违反了数据库的数据规范化准则，导致出现一定的数据冗余，增加了存储空间的消耗。所有这些问题，有可能在进一步的研究开发中解决。

3.3.2　遥感地质解译数据采集模块

遥感地质解译是地质信息技术体系的重要组成部分。当前，星载雷达可以全天候地揭露植被、沙漠、冰雪覆盖下的地质构造形迹；高分辨率成像光谱仪能提供对岩石光谱的海量数据，反映岩石、地层的结构和成分，及其经过风化作用后的信息增益或衰减的规律；全球定位系统可以直接提供高精度的地壳形变的数据，为地球动力学的研究、地质灾害及自然环境变迁监测，创造了优越的技术条件；以地理信息系统为处理平台，实现了地球物理场、地球化学场与遥感图像的多维分析、模拟与预测。遥感地质解译数据采集模块可结合物理手段和数学方法，对所获得的航天、航空遥感数据进行分析、解译，以获得各种地质要素和矿产资源时空分布的特征信息（陈述彭和赵英时，1990）。该模块的设计，是以地质模型和遥感地质解译数据的特点研究为基础，分为手工、人机交互和全自动化三种作业模式进行。

1. 遥感地质解译及数据采集模式

遥感地质信息是地表地质结构、构造、地层、岩石、矿物和矿藏等物质状态及其空间分布特征的综合反映，因此遥感影像地质解译是依据遥感图像上的色调、形态、纹理和结构特征，对地表地质体及各种特征的分析和识别过程。遥感地质解译数据的采集，则是指对地表地质体及其各种特征进行定性描述和定量测算，并且进行登录和加工的过程。遥感技术作为实现我国地质工作现代化的一种先进手段，在区域地质调查、矿产勘查及预测、生态地质、环境地质和灾害地质调查中的应用日益广泛。

1）遥感及其地质解译技术现状

为了与各种物质反射、辐射波谱的特征峰值波长相适应，遥感波谱域不断地朝着宽域分布的方向扩展，即从最早的可见光迅速向近红外、短波红外、热红外、微波方向发展。在时间分辨率上，也从几小时到 18 天不等，形成不同时间分辨率的互补系列。同时，实现了大、中、小卫星协同，高、中、低轨道结合。

近年来，随着热红外成像、机载多极化合成孔径雷达、高分辨力表层穿透雷达和星载合成孔径雷达技术的日益成熟，民用遥感图像的空间分辨率从 1km、500m、250m、80m、30m、20m、10m、5m 发展到 1m，军事侦察卫星的传感器则已经到 15cm 或者更高。空间分辨率的提高，有利于分类精度的提高，但也增加了计算机分类的难度。高光谱遥感的发展，使得遥感波段宽度从早期的 $0.4\mu m$（黑白摄影）、$0.1\mu m$（多光谱扫描）到 5nm（成像光谱仪）。遥感器波段宽度的窄化，使得对目标地物检测的针对性更强，可以突出特定地物反射峰值波长的微小差异；同时，成像光谱仪等的应用，提高了地物光谱分辨力，有利于区别各类物质在不同波段的光谱响应特性。

与此同时，遥感信息分析处理技术也从"定性"向"定量"转变，定量遥感已经成为遥感应用发展的研究热点和关键技术。其地质信息的提取和转换模式，即其地质解译数据采集模式，也随之由手工作业发展到半自动的人机交互作业，目前正在逐步向全自动作业转化。建立适用于遥感图像自动解译的专家系统，实现遥感图像地质专题数据采集的完全自动化，已经成为遥感地质数据获取技术发展的方向。

2) 遥感地质数据的特点与分类

遥感信息通常具有多源性、多重性、复杂性、不精确性、不确定性等特点，在现象上表现为同质异谱、同谱异质、像元混合、纹理复杂、空间交错、时相多变，在传输过程中常因客观条件的改变而出现显著的衰减和增益。遥感图像中的地质信息十分丰富，主要分为遥感岩石学信息、遥感矿物学信息、遥感地层学信息、遥感构造学信息和遥感环境生态地质学信息等几类（陈述彭和赵英时，1990）。由于遥感信息的上述不确定性和复杂性，给遥感图像的地质解译工作带来了困难。因此，目前对遥感影像地质信息的数据采集方式，仍然以影像的目视解译为主，以人机交互解译为辅，计算机全自动解译还处于探索性研究中。在进行遥感地质数据采集时，首先应当进行地质对象的模式识别，即地质解译。不同的信息类型，需要采用不同的数据采集和处理技术。

A. 遥感岩石学数据

遥感岩石学数据采集是以岩石学理论为基础，以遥感技术为手段，结合图像处理技术进行的，所采集的数据内容包括矿物组成、岩石类型、岩石的结构构造、空间分布规律及岩相变化等。遥感岩石数据采集是区域地质填图的关键技术，主要研究：①地表岩石反射波谱和发射波谱特性，以及图像检测和数据采集方法；②基于地面岩石光谱定量处理的信息增强和数据采集方法，如波段比值法、反射波谱编码法、岩石波谱与化学成分的逐步回归法等；③基于影像灰度值空间结构的岩石信息识别、分类和数据采集方法，如基于灰度共生矩阵的影像纹理分析、基于分形几何的影像纹理分析和岩石类型识别等；④遥感图像的岩石地貌形态特征识别，岩石类型识别、岩石类型划分以及数据采集方法。遥感图像的岩石类型识别是基于区域地层填图单元的一种图像分类和边界检测技术，要求遥感图像必须同时具备高光谱分辨率和高空间分辨率。

B. 遥感地层学数据

遥感地层学数据采集的基本方法，可分为地层光谱反射率定量数据采集和影像层序结构数据采集两种。前者可应用于地层划分，后者可应用于地层空间分布的解译和填图。二者均以沉积学、岩性地层学和层序地层学为基础。

遥感影像地层学基本数据如下：①岩层产状及空间排序特征；②影像层理结构及其在剖面上的组合特征；③影像标志层及其在纵向（层序）和横向（延展分布）上的空间结构特征；④层序界面、构造层序界面、沉积体叠覆界面的图形结构（图式）及其接触关系识别；⑤影像纹理结构信息，如纹理谱、纹理单元图域的空间划界标志；⑥岩层上下层位的空间结构信息；⑦地表景观标志，如植被覆盖类型、残积层及土壤覆盖类型、人工开采标志等信息。目前的遥感地层学数据采集以图像目视解译方法为主，但也通过各种定量的图像增强处理方法，以及与 GIS 结合的方法来获取专题数据。

　　C. 遥感构造地质学数据

　　遥感图像能够真实、形象、直观地展现地壳的构造形迹及其空间格架，为构造地质学研究提供了多类型、多层次、多尺度和多维度的构造景观图像。遥感构造地质学数据的采集，就是以这些构造景观图像为依据，以现代构造地质理论为指导，进行区域地质构造格架及其细节识别和读取的。这种技术方法的基本特点是能够从表层到深部、从静态到动态、从单一信息到多学科信息对区域构造的认知和综合测量。其研究内容主要集中在 3 个方面：①基于构造几何学和运动学成因机理的构造线性体数据采集；②基于多源和多学科知识的深部构造信息的数据采集；③遥感构造地质信息的定量化数据采集。目前的构造地质遥感影像数据采集以目视解译方法为主，但同样也可采用各种定量的图像增强处理方法，以及与 GIS 结合的方法来获取专题数据。

　　D. 遥感环境地质学数据

　　多时相、多光谱和高分辨率的遥感图像，为研究活动断裂和隐伏断裂、河流和湖泊地质作用及其演变规律、海岸线变迁、边坡稳定性、滑坡及泥石流的发育和成灾背景、干旱和半干旱地区的土地荒漠化，以及沙丘移动等环境地质和生态地质问题的研究和认知，提供了丰富而直观的依据。此外，热红外辐射传感器还可以显示地震构造活动引起的地面和大气增温异常信息，为研究断裂构造的活动性及现今地壳破裂过程提供常规方法难以获取的信息。近年来，地学信息工作者正在致力于研究基于时态 GIS 的时空数据模型，多时相遥感数据和 GPS 技术的结合是数据采集并建立时空 GIS 数据库的基础数据源。在环境地质及生态地质调查中，还可以通过 GPS 网点观测来获取动态演化的地学数据，进而建立地学环境因子的矢量化时空数据模型，然后通过空间拓扑和时间拓扑分析，建立地学环境变化因子的地质灾害预测模型。这一应用领域的关键技术，是多层次影像信息的定量化数据采集、转换，尤其是多时相、多光谱和高分辨率动态信息的识别及数据采集、转换和基于 GIS 的时空分析模型的建立。

2. 遥感地质解译数据的采集方法

1）遥感地质数据采集的依据

　　从遥感图像上采集地质数据的依据是图像特征中的地质解译标志。所谓地质解译标志，是能用于识别地质体和地质现象，并能说明其属性和相互关系的图像特征。能直接见到的形状、大小、色调、阴影、花纹等图像特征，称为直接地质解译标志；而需要通过分析和判别才能获知的图像特征，称为间接地质解译标志。

　　A. 图像的色彩与色调

　　图像的色彩与色调受地质体的颜色、含水量、风化程度、土壤及植被掩盖程度，以及光照条件变化等多种因素的影响。在不同类型的遥感图像上，色彩与色调的物理含义不同。在可见光黑白像片上，色调深浅反映反射能量的大小，色调越浅反射值越高。热红外图像色调的深浅表示地物温度不同，一般色调浅的温度高。在雷达像片上，色调深浅表示微波后向散射能力的大小，浅色调的后向散射能力较强。

B. 地物的几何形态

地物几何形态特征是指地物的形状、大小，如卵圆形的岩体露头、条带状的沉积岩层、线状的断层等。地物的几何形态与图像比例尺、分辨率有关。一般地说，比例尺越大，分辨率越高，地物形态细节显示就越清楚。因此，根据几何形态对不同地物进行解译，应在相同比例尺的图像上进行。

C. 地物的纹理图案

遥感图像上的地物内部细节，由点、斑、线、纹、格、栅等纹理组成，有时呈规律性重复出现，构成了各种纹理图案。这些纹理图案是地物的形状、大小、色调、阴影、小水系、植被、微地貌、环境因素的综合显示。不同的地质构造单元，由于构造、岩性不同，地质历史也不同，会造成大区域的地形地貌特征不同，在小比例尺遥感图像上，往往显示为纹理图案的差异。在遥感图像上，常见的纹理有条带状、网格状和环带状。条带状纹理，通常由层状或似层状的岩层构成；网格状纹理常由耕地、两组或多组相互交叉的区域性断层、大型节理、冲沟等组成；环带状纹理，由圆、椭圆状的环状构造、岩体和火山机构组成。

D. 地物的网络结构

有些地物，如水系，在遥感图像上往往呈现规律性的网络结构，即多级水道组合而成的水文网。水系的发育与地形、地质、气候有关，尤其对新构造活动反应灵敏。一般地说，在细碎屑岩区，土壤与岩石透水性不良、地表径流发育，水系密度大；在砂岩、变质岩区，大型断层裂隙多，土壤与岩石透水性好，地表径流不发育，水系长而稀疏；在大片花岗岩出露区，由于抗风化能力与刚度大，裂隙发育均匀，水系发育也均匀。水系的对称性，通常反映两侧地形或岩层相向倾斜；水系的方向性，往往反映区域山系、岩层及构造走向。特别是由于水的波谱特征鲜明，水系在近红外波段的图像上通常十分清晰，因此成为地形、地貌和地质构造的重要解译标志。其中，末级支沟、小溪等水文网特征，是小构造及岩性分析和认知的重要依据。

2）遥感地质数据采集的方法

遥感地质数据采集是在图像运算及增强处理的基础上，应用计算机软件和地质建模技术，对其中反映地质内容的各种几何和物理特征加以识别，并且将其参数值量测出来，经整理加工后存入数据库中，供进一步的地质分析使用。以岩石地层单元模型的建立为例，把多波段遥感图像上的像元灰度看作是波段函数，则不同岩石地层的函数曲线是不同的。反之，不同的函数曲线反映不同的岩石地层类别。建立基于遥感图像亮度值区间的岩石地层单元模型，首先要确定和识别岩石地层类别的均值和方差作为识别参数。这时，每类别相应的识别模型为

$$|DN_j - \overline{DN_j}| \leqslant \sigma_j \qquad\qquad (3-1)$$

式中，$\overline{DN_j}$ 和 σ_j 分别为待识别类在第 j 波段的均差和方差，二者均为阈值参数。由于

每类地质体在各波段都有一定的亮度范围，同类地质体总是在多维空间的某一空间区域内簇集在一起。因此，一旦确定了各地质体类别的变差参数，通过对图像的扫描、比较和分析，便可以自动识别岩石、地层的类型。遥感地质数据采集在算法上与遥感图像运算及增强处理一致，目前已经有一些成熟的软件可供利用。

RS、GPS、GIS 和 ES 集成，是遥感地质信息采集的发展方向。

3. 遥感地质解译数据采集模块设计

根据所采集的数据类型，遥感地质解译数据采集模块通常包含 4 个子模块：遥感岩石学数据采集子模块、遥感地层学数据采集子模块、遥感构造地质学数据采集子模块、遥感环境地质学数据采集子模块。

1）遥感岩石学数据采集子模块

该子模块所采集的数据内容包括矿物组成、岩石类型、岩石的结构构造、空间分布规律及岩相变化等。子模块中包括以下功能。

矿物组成分析　矿物组成分析主要研究露头岩石的矿物成分，其处理模式包括基于多波段遥感数据处理和高光谱数据处理两种处理模式。其中多波段遥感数据处理，主要采用波段数较少的遥感数据进行处理，采用的方法有比值变换、主成分分析、光谱角填图、对应分析法、Gram-Schmidt 投影方法、混合像元分解法和 MPH 技术等。高光谱数据处理方法，包括反射光谱微分处理、反射光谱匹配运算、光谱分解、最大似然分类处理、高光谱维的特征提取。

岩石类型划分　岩石类型划分主要采用人机交互的方法利用中高空间分辨率遥感数据对研究区岩性进行大致的划分，首先利用计算机根据处理的数据以及研究的区域地质特征对数据进行预处理，包括波段组合、图像增强、图像滤波等以增强图像中的岩性信息；后期利用目视解译的方法，以人工解译经验为主利用解译目标的相关直接和间接解译标志获取区域岩石信息。

岩石的结构构造、空间分布规律及岩相变化，在岩石类型划分的基础上，利用目视解译的方法结合区域地质资料对研究区岩石的结构构造、空间分布及岩相变化进行分析，获取其相关数据。

2）遥感地层学数据采集子模块

地层学数据采集可分为地层光谱反射率定量数据采集和影像层序结构数据采集。

地层光谱反射率定量数据采集与管理，包括两个方面：一是研究区岩石地层光谱反射率的实地测量，即利用手持光谱仪实地采集光谱数据，最好是能结合卫星过境同步进行数据采集，以便后期的星地数据对比，采集的数据要建立数据库进行管理，可以与标准数据库中的标准光谱曲线进行对比分析。二是在对所获得的研究区遥感数据利用遥感模型进行定量反演，获取其地层光谱反射率信息。

影像层序结构数据采集，同样采用人机交互的方法利用中高空间分辨率遥感数据对研究区岩性进行大致的划分，在获取岩性信息的基础上再着重对地层信息进行系统分析。首先根据处理的数据以及研究的区域地质特征对遥感数据进行预处理，包括波段组合、图像增强、图像滤波等以增强图像中的岩性信息，尤其是线性、层状信息的增强处理，后期利用目视解译的方法，以解译经验为主利用直接和间接解译标志获取岩层产状、影像层理结构、影像纹理结构信息、岩层上下层位的空间结构信息、地表景观标志，如植被覆盖类型、残积层及土壤覆盖类型、人工开采标志等信息。

3）遥感构造地质学数据采集子模块

该子模块的功能包括：基于构造几何学和运动学成因机理的构造线性体数据采集；基于多源和多学科知识的深部构造信息的数据采集；遥感构造地质信息的定量化数据采集。

基于构造几何学和运动学成因机理的构造线性体数据采集，主要完成遥感图像上直接体现的构造线性体信息，即大型断层、褶皱、节理信息。这些信息的采集采用人机交互的方法利用中高空间分辨率遥感数据对研究区构造信息，特别是线性构造信息进行提取与分析。首先对遥感数据进行预处理，包括波段组合、图像增强、图像滤波等以增强图像中的构造信息，特别是线性信息的增强处理，然后利用目视解译的方法，结合岩石地层信息以解译经验为主利用各种直接和间接解译标志获取线性构造信息。

基于多源和多学科知识的深部构造信息的数据采集，利用遥感数据进行地质信息提取，重要的工作是利用地表所反映的特征分析并获取地下深部构造的信息，这也是遥感地质工作的难点。目前还未有遥感模型和模式可利用，只能根据遥感图像上表面地质信息，利用专家经验，结合多源、多学科知识，获取深部构造信息。

遥感构造地质信息的定量化数据采集，在构造信息识别的基础上，利用专用量测工具对影像上的构造信息进行采集，包括产状测定、走向与倾向、倾角测定；褶皱对称性判别；褶皱转折端形态检测、倒转褶皱影像特征提取、线状构造形迹追踪检测、断层种类判别、环状构造形迹追踪检测等。

4）遥感环境地质学数据采集子模块

在获取地质背景数据的基础上，结合其他地理、水文、气象等资料，将所获取的遥感地学数据作为已有的各种环境地学模型的输入，研究活动断裂和隐伏断裂、河流和湖泊地质作用及其演变规律、海岸线变迁、边坡稳定性、滑坡及泥石流的发育和成灾背景、干旱和半干旱地区的土地荒漠化，以及沙丘移动等环境地质和生态地质问题。

例如，滑坡研究，首先可利用遥感数据对研究区滑坡稳定性进行评价，确定滑坡重点监测区域；然后利用遥感数据获取滑坡物理模型所需要的地学参数，驱动模型对滑坡进行预测预报。又如，对于土地荒漠化的研究，可在完成区域地质资料分析的基础上，利用遥感数据对区域的生物量进行定量反演（仝川等，2002），分析区域生物量的时序变化，为土地荒漠化程序的评价提供数据支撑。

3.3.3　地质图件数据录入与编辑模块

原始空间数据可能存在的问题主要有：采集过程引入错误、数据格式不对应、坐标系统不一致、比例尺和投影不统一、图幅之间不匹配、数据冗余等。在将其录入空间数据库时，必须进行纠错和规范化处理，使之符合一般使用要求；进而应当对数据进行重新组织和格式化处理，使之适合于地质专题分析和处理的需要。地质空间数据的加工整理在很大程度上是基于数据库进行的，对采集自地质图件的数据进行录入与编辑，就是空间数据整理加工的一种典型工序。其主要任务是利用空间数据库和属性数据库的管理软件，对空间数据进行各种编辑处理和数据转换，具体工作内容包括对这些多源、多类的空间数据进行纠错和规范化，或者根据需要进行数据重新组织和格式化。为了实现简便高效，需要研发并设置地质图件数据录入与编辑模块。

1. 数据采集过程引入错误的去除

空间数据采集过程的引入错误包括：空间点位和线段丢失或重复、线段过长或过短、区域中心识别码遗漏，以及节点代码和区域属性码不符合拓扑一致性要求（即出现拓扑异常），等等。这些错误是进行空间数据加工首先必须面对的。

1）数据查错方式与过程

空间数据的除错方式有目视检查、机器检查和图形检查 3 种（图 3-7）。其中，目视检查是指在屏幕上用肉眼直接检查一些明显的错误，如线段的丢失、线段过长等；机器检查是指采用人机交互方式或全自动方式，进行空间数据拓扑一致性的逻辑检验、弧段多边形拼接和数据容差检查，并进行图形参数编辑和图形几何数据编辑等；图形检查是

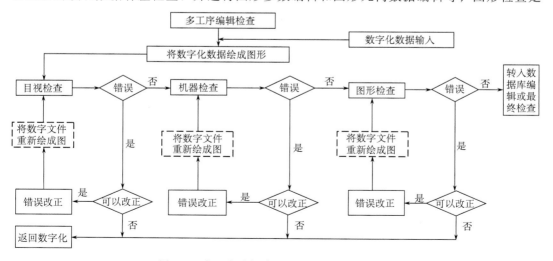

图 3-7　多工序编辑检查地质空间数据的过程

指采用透明叠合方式，进行数字化结果与原图吻合程度的检查，通常用透光桌将数字化文件输出的地图覆盖在原始地图上，逐一进行比较。必要时可将两种图形同比例放大，再进行比较。

2）拓扑关系建立与校正

空间图元之间都有一定的空间拓扑关系。例如，一个矿体多边形通常由若干个边界弧段组成，一个矿体边界弧段又由若干个节点组成，而矿体多条边界弧可能共用一个节点；一个矿体多边形内部可能有若干个透镜体状的"岛"，而一个矿体多边形又可能与其他围岩多边形邻接，等等。在进行数据采集时，为了避免造成多边形共用边的重复输入与拼合不准，一般只将节点与弧段数字化结果输入，然后在图形编辑时交互式生成多边形拓扑结构或全自动生成拓扑结构，进而生成线状或面状地物。

交互式生成多边形拓扑结构是采用鼠标方式进行的。它的操作复杂，工作量大，但对原始数据要求不严，修改时不必重复计算。全自动生成拓扑结构是采用纯软件驱动方式进行的，生成速度快，不需要人工干预，但对原始数据要求严格。

出现多边形不封闭或存在边的重复输入问题的图形，其拓扑结构是混乱的。在数据编辑时必须对其进行拓扑结构合理性检查。一般的空间数据库系统都能按要求显示输入图形中的悬挂线、交叉边、重复边等，提示操作人员进行校正。有的系统还能自动进行节点平差，自动分割交叉边，自动将线段端点延伸到接点上，或将线段超过接点的部分自动切除。对图形进行这些必要的加工，可进一步减轻图形编辑的负担。

除上述多边形的拓扑关系外，还可通过图形编辑建立几何图形之间的组合关系。

3）图形编辑与纠错

图形编辑包括图形参数编辑与图形几何数据编辑。仅以简单的二维环境为例，在地质空间数据库中，空间图形元素（简称图元）分为点、线、面3类，其中点元素包括表征地质体的图形符号、数字、文字、圆、椭圆等。每种图元有相应的图形参数。例如，一个标注实体的图形符号，其图形参数包括符号代码、符号高、符号宽、旋转角、颜色、层号、属性代码等；又如，一条代表断层的曲线，其图形参数包括描述断层性质的线型和线色、描述断层级别的线宽、描述断层赋存状态的层号、属性代码；再如，一个描述地层的多边形，其图形参数有表征地层的岩性、时代等的填充方式、填充图案类型、填充颜色、层号、属性代码，等等。

地质空间数据库通常都具有修改地质图元几何数据和进行参数控制的多种功能。其中，对于点数据的编辑处理功能主要是增加、删除、检索等操作；对于弧段数据的编辑处理功能主要是拓扑信息的调整，包括修改弧段、删除弧段、部分弧段的连接与断开，以及曲线的光滑等。对于面数据的编辑较为复杂，其几何数据处理是以弧段（或链）为基础的，除弧段数据的编辑内容外，还涉及移动一个地物、删除一个目标、旋转一个实体，以及图形拷贝等功能。在图形编辑中涉及的参数控制功能是：①设置数据采集参数，如节点捕捉容差等；②设置地形图定向参数；③存储一般的数据获取与编辑参数；

④设置一些功能开关，等等。

对于所有这些图形参数和几何数据，操作者可以利用图形编辑模块进行可视化修改，非常直观方便。修改既可单独进行，也可按层、按区域成组地进行。系统允许按层显示地图要素，以便控制图面负担，突出研究专题的信息。每个描述地质体的图元都具有层号和属性代码，用于连接该图元与属性数据库中相应的属性数据。

4）定义接边信息

在对各种地质图件进行数字化时，所存在的人工操作误差、机器精度误差、图幅转换误差以及其他因素影响，将导致两个相邻图幅的地图接合处出现逻辑裂隙与几何裂隙。所谓的逻辑裂隙，是指一个图幅的图元的属性或图形参数，与另一图幅相应的图元不一致，也就是说同一地质体在两个数据库文件中具有不同的附加信息；几何裂隙是指两个图幅中相应图元（边界被分开的一个物体）的两个部分不能精确地衔接。为此，通常要求在图形编辑系统中定义相邻图幅的接边范围，开窗检索搭接范围内的图形及属性信息，根据接边的方向将跨接图幅目标的横坐标或纵坐标进行排序。对逻辑相同的地物，可在几何上进行自然连接；对于属性一致的图形，可自动清除接边误差；对于属性不一致的图形，可用交互方式进行拼接，使之达到逻辑上的一致。

5）图幅间的边缘匹配

在编辑加工阶段，如果需要将几幅地质图件合并成一个完整的大型图件，应当按要求进行空间数据的编辑加工，其主要内容是边缘匹配，即消除相邻图幅边缘部分由于种种原因造成的误差，包括同一地质体的线段或弧的坐标数据不衔接、坐标系不一致和编码方法不一致等。其编辑过程如图 3-8 所示。

A. 识别相邻图幅的对应数据

相邻两幅图的对应数据识别，可以通过图幅编号与分幅数字化的数据关联的方法来解决。图幅数据的边缘匹配加工主要是针对跨越相邻图幅的线段或弧而言的，为了减少数据容量，提高处理速度，一般只检索并采集图幅边界 2cm 范围内（图 3-9 中编号为22 的深灰色部分）的数据来建立匹配文件。

B. 相邻图幅边界点坐标数据的匹配

相邻图幅边界点坐标数据的匹配可采用追踪拼接法（胡友元和黄杏元，1988）。实施追踪时可采用向右、向左、向上和向下 4 种方式。通常只要符合下述两个条件，两条线段或弧即可匹配衔接：①相邻图幅边界两条线段或弧的左右码各自相同或相反；②相邻图幅同名边界点坐标在某一许可值的范围内（如≤±0.5mm）。匹配衔接时以一条弧或线段链作为处理单元，当边界点位于两个节点之间时，须分别取出相关的两个节点，然后按照节点间线段链方向一致性原则进行记录和存储。图 3-10（b）就是根据图 3-10（a）的原始数据，按照跟踪拼接法处理后输出的图形。

C. 相同属性多边形公共界线的删除

图幅数据通过边缘匹配处理而组成较大区域的连续图幅数据的过程，常常伴随着比

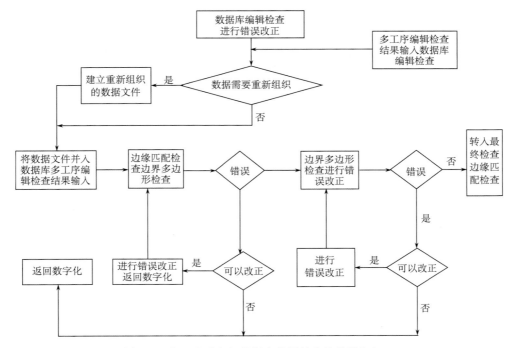

图 3-8　基于地质空间数据库的图件合并编辑与加工

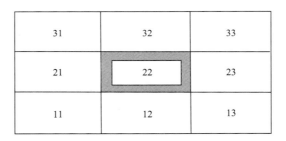

图 3-9　图幅编号及图幅边缘数据的提取

例尺的缩小和属性类型的合并。当相同属性的多边形合并之后，原先各自的边界封闭线就成为多余的了，需要将其删除掉。

鉴于目视检查和图形检查是一种机械式的手工作业，易于理解和操作，不需要赘述。

6) 属性数据编辑

为了保证数据的完整性，在图形编辑系统和数据库管理系统中的地质属性数据是存储在同一数据库中的。为此，在对一个几何目标进行数字化和建立图形拓扑关系的同时或之后，应对照该几何目标直接输入相应的属性数据。而为了把一个地质体的属性数据与对应的几何目标相连接，并建立属性描述数据与几何图形的联系，图形编辑系统应当

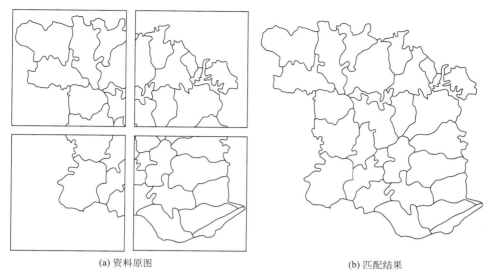

(a) 资料原图　　　　　　　　　　　　　　　(b) 匹配结果

图 3-10　图幅的边缘匹配示意图（据胡友元和黄杏元，1988）

具有对地质属性数据的编辑功能。这些编辑功能中，除插入、删除、修改、拷贝等功能外，还有移动数据的行和列，合并数据等。

当全部图形编辑任务完成以后，首先要将这些经过编辑的数据存入新的文件或数据库中，待审核无误后再将原有数据删除。

2. 地质图件的图幅数据变换

1）图幅数据变换的种类

当使用数字化仪和扫描仪对地质图件进行图数转换时，由于数字化仪桌面坐标系与地质图件直角坐标系不一致，或者由于图纸变形等原因，所获得的数字化坐标 (x, y) 不可能与地图的真实坐标 (x, y) 一致。有时，不同来源的地质图件的地图投影及地理坐标还可能有差异，地图比例尺之间、地图比例尺与数字化仪的长度单位之间也可能不一致。另外，野外现场观测数据的获取，也是根据具体的任务要求，结合现场操作的方便和习惯进行的，在地质空间数据的类型、结构、规范、标准及其坐标系、比例尺方面，都会有一定的差异。为了获得与地图直角坐标一致的数据，也为了统一不同地图的投影坐标，必须对图幅内的数字化图形坐标数据进行变换，包括比例尺的变换、变形误差的消除、投影类型的转换，以及坐标的旋转和平移（图 3-11）。

2）数字化坐标的变换

如图 3-12 所示，设 XOY 为地质图件直角坐标系，$xo'y$ 为数字化仪坐标系，两坐标系之间的坐标轴夹角为 α，o' 相对于 XOY 坐标系原点的平移距离为 A_0、B_0，则根据图形学原理，可写出变换公式：

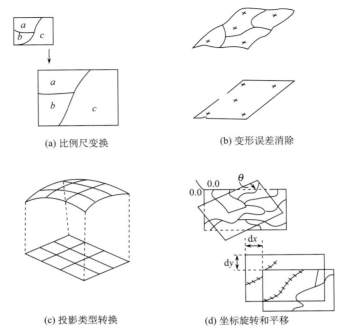

(a) 比例尺变换　　　　　　　　　　(b) 变形误差消除

(c) 投影类型转换　　　　　　　　(d) 坐标旋转和平移

图 3-11　图幅数据变换的类型（据 Dangermond，1984）

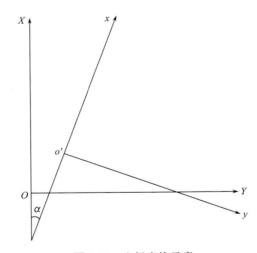

图 3-12　坐标变换示意

$$X = m(x\cos\alpha - y\sin\alpha) + A_0$$
$$Y = m(x\sin\alpha + y\cos\alpha) + B_0$$

(3-2)

令 $A_1 = m\cos\alpha$，$B_1 = m\sin\alpha$，式中，m 为地图比例尺。则式（3-2）可以简化为

$$X = A_0 + A_1 x - B_1 y$$
$$Y = B_0 + B_1 x - A_1 y$$

(3-3)

当已知点数 $n=2$ 时，各个系数有最简单的计算形式：

$$A_1 = \frac{(x_2 - x_1)(X_2 - X_1) + (y_2 - y_1)(Y_2 - Y_1)}{(x_2 - x_1)^2 + (y_2 - y_1)^2}$$

$$B_1 = \frac{(x_2 - x_1)(Y_2 - Y_1) - (y_2 - y_1)(X_2 - X_1)}{(x_2 - x_1)^2 + (y_2 - y_1)^2}$$

(3-4)

$$A_0 = X_1 - A_1 x_1 + B_1 y_1$$

$$B_0 = Y_1 - B_1 x_1 - A_1 y_1$$

(3-5)

显然，每个数字化坐标 (x, y)，对应的实际坐标 (X, Y)，均可由式（3-3）求得。注意：式（3-3）是假设地图的实际比例尺在 X 和 Y 方向一致，称为相似变换。实际上，由于地图图纸所标注的方向不同，其 X 和 Y 方向因变形而引起的实际比例尺常常是不相同的。令 m_1 和 m_2 分别表示 X 和 Y 方向的比例尺，则可变换公式（3-2）为

$$X = (m_1 \cdot \cos\alpha)x - (m_1 \cdot \cos\alpha)y + A_0$$

$$Y = (m_2 \cdot \sin\alpha)x + (m_2 \cdot \cos\alpha)y + B_0$$

(3-6)

令 $A_1 = m_1 \cdot \cos\alpha$，$A_2 = -m_1 \cdot \sin\alpha$；$B_1 = m_2 \cdot \sin\alpha$；$B_2 = m_2 \cdot \cos\alpha$，则式（3-6）简化为

$$X = A_0 + A_1 x + A_2 y$$

$$Y = B_0 + B_1 x + B_2 y$$

(3-7)

由此，建立误差方程：

$$Q_x = X - (A_0 + A_1 x + A_2 y)$$

$$Q_y = Y - (B_0 + B_1 x + B_2 y)$$

(3-8)

同理，由 $[Q_{x_2}]$ 为最小和 $[Q_{y_2}]$ 为最小的条件，得到两组方程：

$$A_0 n + A_1 \sum x + A_2 \sum y = \sum X$$

$$A_0 \sum x + A_1 \sum x^2 + A_2 \sum xy = \sum xX$$

$$A_0 \sum y + A_1 \sum xy + A_2 \sum y^2 = \sum yX$$

(3-9)

和

$$B_0 n + B_1 \sum x + B_2 \sum y = \sum Y$$

$$B_0 \sum x + B_1 \sum x^2 + B_2 \sum xy = \sum xY$$

$$B_0 \sum y + B_1 \sum xy + B_2 \sum y^2 = \sum yY$$

(3-10)

求解方程，可得系数值 A_0、A_1、A_2 和 B_0、B_1、B_2。

当已知点数 $n=3$ 时，可以根据式（3-11）线性方程组求解各个系数。于是，根据

各个数字化坐标（x,y），可由式（3-7）求得对应的实际坐标（X,Y）。

$$
\begin{bmatrix} X_1 \\ Y_1 \\ X_2 \\ Y_2 \\ X_3 \\ Y_3 \end{bmatrix} = \begin{bmatrix} x_1 & y_1 & 0 & 0 & 1 & 0 \\ 0 & 0 & x_1 & y_1 & 1 & 0 \\ x_2 & y_2 & 0 & 0 & 1 & 0 \\ 0 & 0 & x_2 & y_2 & 1 & 0 \\ x_3 & y_3 & 0 & 0 & 1 & 0 \\ 0 & 0 & x_3 & y_3 & 1 & 0 \end{bmatrix} \begin{bmatrix} A_1 \\ A_2 \\ B_1 \\ B_2 \\ A_0 \\ B_0 \end{bmatrix} \tag{3-11}
$$

3）地图投影的变换

当数据库中存储的空间数据是取自不同地质图投影的图幅时，需要将各种投影的数字化数据变换为所需要投影的坐标数据，以便在同一地图投影下进行不同比例尺地图的合成，以及跨分度带的地图的拼接。在一般的地质信息系统中有三种投影变换的方法模块，可供选择使用。

正解变换 通过建立一种投影变换为另一种投影的严格或近似解析关系式，直接由一种投影的数字化坐标（x,y）变换到另一种投影的直角坐标（X,Y）。

反解变换 由某投影坐标反解出地理坐标（$x,y \rightarrow B,L$），再将结果代入另一种投影的坐标公式中（$B,L \rightarrow X,Y$），实现由一种投影坐标到另一种投影坐标的变换（$x,y \rightarrow X,Y$）。

数值变换 根据两种投影在变换区内的若干同名数字化点，采用插值法、有限差分法、有限元法或待定系数法等，实现由一种投影坐标到另一种投影坐标的变换。

4）图形的缩放与旋转变换

在进行图形加工、编辑和分析时，为了观察和修改的方便，常常需要将图形平移、放大、缩小，甚至旋转到某一个新的角度。在地质信息系统中，图形的平移、放大、缩小和旋转，是通过空间数据的拓扑运算来实现的。

3. 地质图件的图面整饰

为了制作正规的勘查成果图，必须对图面进行整饰。地质信息系统提供丰富的图形整饰工具，可以自动生成标准图廓、经纬线或方里网，以及制作拼图表、比例尺、指北针以及图例、图注等，还具有简单的文字排版功能。地质图件的线型、符号种类繁多，需要加以规范化、标准化。为了补充实际应用的需要，地质信息系统通常都提供自定义功能，让用户根据需要制作一些特殊的图形符号、特殊线型、填充花纹和调色板。用户可以用鼠标直接描绘，也可以通过组合原有的符号来形成新符号，然后存入符号库中，供图件整饰时使用。

4. 地质图件的空间数据转换

矢量数据和栅格数据是地质图件中空间数据的基本数据形式，进行矢量数据与栅格数据之间的互相转换、表示和计算，是空间数据加工的重要内容。矢量数据和栅格数据的混合处理和应用是当前地质信息系统数据加工的主要方式，并且对矢量、栅格和地质专业数据的共同管理和处理，也已成为应用型地质信息系统设计的基本标准。

1）矢量数据的栅格化

矢量向栅格转换处理的根本任务是通过一个有限的工作存储区，使得矢量和栅格数据之间不可避免的读写操作限制在最短的时间范围内。根据转换处理时，基于地质体弧段数据文件和多边形数据文件的不同，分别采用不同的算法。

A. 弧段数据的栅格化方法原理

弧段数据栅格化涉及矢量数据体分割和数据转换计算两个步骤。

a. 矢量数据体分割

矢量数据体分割是指按照可用的工作存储区，将矢量数据体划分成数据段或栅格条带（图 3-13），并建立其矢量数据文件。其方法是：对整个原始矢量数据文件进行一次性扫描，计算原点（IX_0，IY_0）、弧段总数 NA、栅格行数 NR、列数 NC、分带数 NW，再按照在纵轴上的位置将各弧段归入相应的子数据体中。用 max（I）表示该弧段归入的栅格带最大编号，min（I）表示该弧段归入的栅格带最小编号；I 为弧段的识别码。在实现了矢量数据的分割之后，便可以按照规划的栅格带，进行矢量向栅格的转换计算。

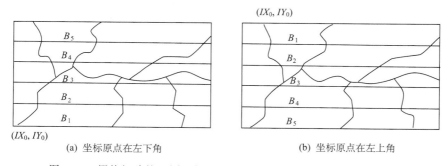

（a）坐标原点在左下角　　　　　　　　　（b）坐标原点在左上角

图 3-13　栅格矩阵按不同坐标系分带示意图（引自黄杏元等，2001）

b. 数据转换计算

数据转换计算是将任意图元的 x、y 坐标转换为由行号 I 和列号 J 表示的栅格形式。具体方法是：采用扫描线与有关的弧段求交，再将交点的 x 坐标、该弧段对应的左右区码记入该扫描线所在行的数组，然后对一行栅格条带的所有 x 值按照由小至大排序、进行左右区码配对和施行奇点处理等技术，在相邻 x 值之间逐段生成栅格数据，直到全部扫描行都完成从矢量向栅格的转换为止。其算法框图如图 3-14 所示。

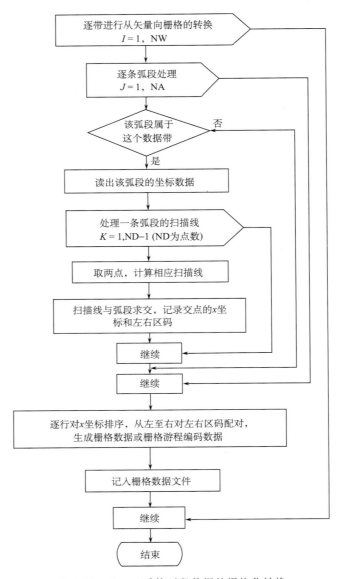

图 3-14　基于地质体弧段数据的栅格化转换

B. 多边形数据的栅格化方法原理

多边形数据栅格化方法以多边形作为栅格化的处理单元，首先将一个多边形的 x 坐标数据，分别按照顺时针和逆时针的方向排序，即 x_1，x_2，…，x_{n-1}，x_n 和 x_n，x_{n-1}，…，x_2，x_1。

对任一格网点 p，设其坐标为 $(x_p$、$y_p)$，则根据该点的 x 值在上述两组坐标序列中相应区间出现的次数，可以求出相应个数的 y 值。设 y_a 对应于顺时针排列的 x 区间的内插值，y_b 对应于逆时针排列的 x 区间的内插值，则

$$y_a = y_i + \frac{y_i - y_{i-1}}{x_i - x_{i-1}} \times (x_p - x_{i-1})$$

$$\tag{3-12}$$

$$y_b = y_i + \frac{y_j - y_{j+1}}{x_j - x_{j+1}} \times (x_p - x_{j-1})$$

设 A_1，A_2 和 A_3 为中间变量，而且 A_3 为 A_1 和 A_2 之和，并且 A_1 和 A_2 的取值由式（3-13）决定。

$$A_1 = \begin{cases} 1 & Y_a \geqslant y_p \\ -1 & Y_a < y_p \end{cases} \qquad A_2 = \begin{cases} 1 & Y_b < y_p \\ -1 & Y_b \geqslant y_p \end{cases} \tag{3-13}$$

如果 $|A_3| \geqslant 2$，则该格网点 p 位于该多边形之内，将该多边形的属性值赋予该格网。

照此法逐点处理，直到全部多边形生成栅格数据或栅格游程编码数据为止。

2）栅格数据的矢量化

栅格数据矢量化的目的，是为了将自动扫描仪获取的栅格数据加入矢量数据库中进行管理，以便支持各种空间分析。此外，为了压缩数据量的需要，也常将海量的栅格数据转换为由少量矢量数据表示的多边形边界。在进行转换处理时，须根据图像数据文件和再生栅格数据文件的差异，采用不同算法。

A. 图像栅格数据的矢量化

图像栅格数据是指通过自动扫描仪，按一定的分辨率对不同色调的影像或线划图进行扫描采样，所得到的以不同灰度值（0～255）表示的数据。在将图像栅格数据转换成矢量数据时，通常要经过二值化、细化和跟踪等处理过程。

a. 二值化处理

线划图形经扫描后所产生栅格数据，是按从 0～255 的不同灰度值量度的，设以 $G(i, j)$ 表示。为了将这种256级或128级不同的灰阶压缩到 2 个灰阶，即 0 和 1 两级，首先要在最大和最小灰阶之间定义一个阈值，设为 T，则根据式（3-15）可得到二值图。

$$B(i, j) = \begin{cases} 1 & G(i, j) \geqslant T \\ 0 & G(i, j) < T \end{cases} \tag{3-14}$$

b. 细化处理

细化用于消除线划图横断面栅格数的差异，使得每一条线只保留代表其轴线或周围轮廓线（对面状符号而言）位置的单个栅格的宽度。栅格线划的"细化"处理主要采用"剥皮"法。其实质是从曲线的边缘开始，每次"剥掉"等于一个栅格的一层，直到最后留下彼此连通的由单个栅格点组成的图形（图 3-15）。由于同一条线在不同位置可能有不同的宽度，在"剥皮"过程中不允许"剥去"会导致曲线不连通的栅格。

c. 跟踪处理

将经细化处理后的栅格数据，整理为从节点出发的线段或闭合的线条，并将所涉及

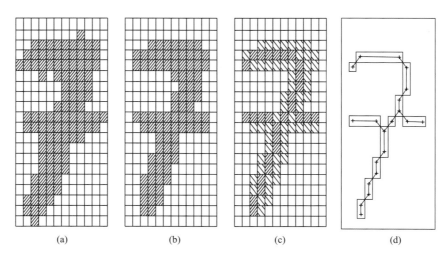

图 3-15　栅格—矢量转换的二值化和细化处理过程（据 Lichiner et al.，1987）

的特征栅格点中心以矢量形式存储于坐标系中。跟踪处理一般从图幅左上角开始，按顺时针或逆时针方向，对八个邻域进行搜索，依次跟踪相邻点，并记录节点坐标，然后搜索封闭曲线，直到记录完全部栅格，把结果写入矢量数据库。

　　在地质信息系统内，栅格数据的二值化、细化和跟踪处理，可以采用人机交互方式完成，也可以采用全自动方式完成。

　　B. 再生栅格数据的矢量化

　　再生栅格数据是指根据弧段数据或多边形数据生成的栅格数据。再生栅格数据的矢量化目的，通常是为了通过矢量绘图装置输出高质量的地质图件。这种数据除与图像数据相匹配者需要进入数据库之外，一般不必作为永久文件保存。

第4章　地质数据的计算机管理

地质信息系统的基本任务之一是完成对研究区地质目标对象的数据管理与分析。数据是信息系统的核心内容，所有的可视化、建模、分析和运算都是围绕所管理的数据资源进行的。在一般情况下，地质点源数据库的属性数据和空间数据，是分别采用关系数据库和空间数据库来存储管理的。随着地质数据的规模不断扩大，这种存储管理模式已经不能很好地适应应用需要。本章将分析地质数据管理技术现状，并探讨基于对象-关系数据库的地质数据管理方式和方法。

4.1　地质数据管理技术现状与趋势

就对象本质特征而言，地质数据可分为属性数据和空间数据两类。地质空间中的属性数据刻画了除空间位置外的地质目标性质，与地理空间中的属性数据相比，地质空间中的属性数据所占比例更高，并且有显著的非结构化特征。地质数据的管理与调度十分复杂，随着地质信息技术的发展经历了多个不同的发展阶段。

4.1.1　地质数据管理模式的发展沿革

地质信息系统的数据存储管理模式发展阶段与地理信息系统大体一致，这与长期以来绝大部分地质数据库采用地理信息系统来存储管理是紧密相关的。其存储结构自20世纪70年代开始发展至今，大体经历了五代的演变：第一代数据文件存储管理模式、第二代混合数据存储管理模式、第三代关系数据库存储管理模式、第四代面向对象数据库存储管理模式、第五代对象-关系型数据库存储管理模式。

1. 数据文件存储管理模式

由于地质空间对象数据的特殊性，不仅包含空间特征信息，而且包含很多属性信息。在早期的文件中，由于还没有办法统一空间数据和属性数据的存储格式，一般都将其分开存储。随后，有些系统开始尝试利用关系数据库来存储属性数据，但仍采用文件来存储空间数据，然后通过在空间数据和属性数据之间建立关联来管理和调用，即对数据文件中同一个对象的空间数据和属性数据，用唯一标识（ID号）来连接。为了便于操作并加快检索速度，一般会设计多种辅助文件来实现数据的添加、修改、删除、查询。其中数据状态记录文件和索引文件是比较常用的重要辅助文件。

众多地理信息软件，如 ArcInfo/ArcGIS、ArcView、MapInfo、SuperMap、GeoStar、MapGIS 的早期版本都采用了这种存储管理模式。由于这种存储管理模式中的空间数据存储比较凌乱，能管理的数据量有限，空间数据与属性数据的一致性及一体化存储管理问题没有解决，无法有效保证数据安全，也不能有效支持并发控制，人们开始探索并建立别的管理模式。但是，文件管理模式数据模型简单、容易处理和应用的优点也使另一些人致力于对其数据管理和调度能力的拓展。经过多年的研发，文件管理模式所存在的这些问题，已经得到了一定程度的解决。

2. 混合数据存储管理模式

混合数据存储管理模式是指空间数据采用文件系统管理，而相应的属性数据采用关系数据库的存储管理模式。20 世纪 80 年代中后期，由于关系型数据库技术的发展，许多的空间信息系统平台开发商致力于支持访问商业关系数据库的技术研发，而用户单位则利用这一技术将大量属性信息存储在数据库中，并为属性数据建立较为复杂的数据模型，但其空间数据继续采用数据文件的方式进行存储。

这种混合数据存储管理模式一般采用分层结构管理数据。所谓的分层结构就是把关系数据库和数据文件作为两个子系统，并在这两个管理子系统的基础上增加一层，以实现对各种空间数据类型和属性数据类型的统一分发管理和操作。其要领是将空间数据操作发送给基于文件的空间数据管理子系统，而将属性数据操作发送给基于关系数据库的属性数据管理子系统。在所增设的数据访问层上，空间数据和属性数据对外是一个不可分割的元组。这种结构既保持了传统文件型空间数据存储方便、检索高效的优点，又有效地利用了关系数据库系统的优势。但是，整个数据库系统需要采用一系列接口程序进行分解和合成，全局优化较为困难。

混合数据存储管理模式的优点是能够通过商用关系数据库提供的数据安全、事务处理、索引机制和备份与恢复机制，对属性数据进行高效管理和快速访问。但其缺点也是明显的，首先在于这种存储管理模式的实质是通过统一接口的功能分发，不便于进行完整（包括空间和属性）的事务处理、容易出现难以清除的数据垃圾；其次，空间数据安全无法保证、很难做到同一时间点的在线数据备份与恢复；再次，如果要实现企业级应用及多用户并发访问，应用开发商还必须补充大量的空间数据管理方面的底层开发，以保证空间数据访问的并发控制和数据一致性。此外，基于文件系统处理和访问海量的空间数据非常困难，也难以建立面向管理对象的复杂数据模型。

3. 关系数据库存储管理模式

关系数据库存储管理模式是针对混合数据存储管理模式的一种改进方案。它将空间数据和属性数据一起存放在关系数据库中。这种模式对属性数据处理方式与混合模式一样，但对空间数据有两种不同的处理方式：第一种是将非结构化的空间数据也分解映射成结构化信息存放在关系数据库表中，采用与属性数据统一的 ID 进行关联；第二种是将空间数据作为一个大字段存放在相关属性数据的数据表中。

这种存储管理模式一般都提供了空间数据引擎，可以对空间数据和属性数据进行统一访问。该模式的优点是能够实现空间数据和属性数据的完整性、一致性和数据备份与恢复的一致性；可以充分利用关系数据库的安全机制保证数据的安全性；能够实现多用户并发访问控制和企业级应用。但是，这种纯关系数据库存储管理模式只是利用关系数据库提供了空间数据存储管理，并不能像处理结构化的属性数据那样提供方便的索引检索机制。为了更好地支持空间数据的查询检索和分析，需要在其中添加多种元数据支持信息，这样就大大增加了数据库系统管理的开销。此外，由于空间对象的类型定义和映射方式不同，空间数据共享也存在较大问题。

4. 面向对象数据库存储管理模式

由于上面 3 种常用的数据模式都存在或多或少的问题，空间信息科学领域的研究者一度对面向对象数据库寄予了厚望，期盼能借此管理模式有效地解决空间数据和属性数据的统一存储管理问题。从理论上讲，构建真正的面向对象的空间数据库，是实现空间数据与属性数据一体化存储管理、交互查询，以及其充分共享的最有效的解决方案之一。面向对象数据库采用面向对象分析和设计方法建立数据存取和处理的新模式，其目标是准确地描述空间对象属性及其行为，将空间数据和属性数据统一存储在对象存储系统中。虽然面向对象已成为目前的主流技术，并且在国内外也已经有许多实现的面向对象数据库系统，如 Iris、Open-OODB、ObjectStore 等，但这些系统在空间数据管理方面实际上并没有达到实用推广的程度。这种面向对象数据库存储管理模式的优点是建模能力强，缺点是缺少 SQL 的支持，很难在数据库中进行空间数据查询与分析。

5. 对象-关系型数据库管理模式

由于上述前 3 种常用模式都存在较多问题，而第 4 种模式的技术还不成熟，空间数据的管理问题一直是空间信息领域的研究热点与难点。在 20 世纪 90 年代末，国际数据库协会理事 Kim（1993）提出了使用对象-关系型数据库管理空间数据，而不借助任何中间件，实现在一个数据库中同时存储管理空间数据和属性数据，并兼容关系数据库和SQL。但是，迄今为止所出现的对象-关系型空间数据库，如 Oracle Spatial、ZEUS 等，在一定程度上仍存在偏重关系模式支持而对面向对象模式支持不足的问题。

4.1.2　海量地质数据访问调度技术现状

除与上述管理模式相关的问题之外，大规模的地质数据动态调度技术，特别是海量三维地质空间数据与属性数据的高效动态调度技术，也是地质信息科学与技术领域的重点研究课题之一。经过多年的研究，目前已经在一系列关键技术方面取得了突破。其中，包括多级缓存技术、三维地质空间索引及预调度策略等。

1. 地质数据管理的多级缓存机制

不管采用哪种空间数据存储管理模式，从空间数据库中动态调度地质数据时，都需要频繁地进行数据库的访问操作。目前，绝大多数数据库管理系统都基于磁盘管理的体系架构，如 Oracle、SQL Server、DB2 等。频繁的磁盘读写操作往往成为影响空间数据动态调度性能的瓶颈，如果将经常被访问的数据保存在内存中，便可以大大降低数据库读取数据的开销（孙卡等，2011）。因此，缓存技术成为提高数据访问效率的关键。

实践结果表明，对于响应速度与数据存取性能要求极高的地质空间数据库而言，采用缓存技术能够大幅度提高海量三维空间数据并发访问和动态调度的能力（孙卡，2010；孙卡等，2011）。

近年来，国内外对于缓存技术的研究主要集中在客户端数据缓存系统、集中式数据缓存系统、分布式数据缓存系统、虚拟数据缓存系统等几个方面。这些缓存技术的研发都以提高数据利用率和检索效率为目标，所涉及的研究范围很广，研究重点也逐渐从宏观深入到微观。多维地质空间数据的固有特点，如海量性特征、复杂的空间结构特征、分类编码特征、非结构化的不确定性特征、多尺度与多分辨率特征、多时态特征，以及地质信息处理对海量三维地质空间数据动态调度的特殊需求等，都要求对缓存机制的研究必须具有针对性。其中包括针对缓存数据的选择与存放、缓存数据的组织与索引结构、缓存数据的替换与更新策略等关键问题的研究。

2. 地质数据管理的空间索引技术

海量地质空间数据数据的利用效率，可采用三维空间数据索引技术来提升。由于地质空间数据本身的复杂性，以及人们对三维地质空间信息需求的日益增大，使得高效的三维空间索引技术成为地质信息系统领域的一项重要研究方向。在三维地质空间中，除有地上无数的地形、地物和建筑物之外，更主要的是有地下复杂的地质体、井巷、硐室和管线等多种要素。如何高效地从三维空间中查询、检索出符合指定条件的地质要素，是真三维地质空间索引技术研发的难点所在。

目前在地理信息系统领域，三维空间索引方法主要有以下几类：对象分割法，主要由层次包围体来实现；规则分割法，主要包括规则网格、KD 树、KDB 树、BSP 树、八叉树、R 树等；组合索引法，针对不断出现的新需求，对各种索引技术进行重组和改进，如 R＋树、R＊树、LOD-OR 树等。各种空间索引方法的优缺点见表 4-1。

表 4-1　空间索引方法优缺点分析

索引名称	索引类型	优点	缺点
层次包围体	对象分割	高效查询，能快速检索到最小像素，有成熟算法支持	算法比较复杂
规则格网	规则分割	组合编码，高效查询，算法简单	数据冗余，单一分辨率，变长记录难以维护
KD 树	规则分割	较低存储需求，高效查询	无法管理海量数据，更新困难，主要用于点对象
KDB 树	规则分割	动态索引，高效查询	删除算法效率较低，浪费空间；线、面索引困难
八叉树	规则分割	算法简单，与空间对象分布相适应	深度较大，对各种操作均有不利影响
BSP 树	规则分割	可控制切割面与分割树的深度，分割更加有效，树的检索速度快	算法较复杂，动态维护性较差，需要预先生成

续表

索引名称	索引类型	优点	缺点
R 树	规则分割	动态索引结构，存储效率较高	区域之间经常重叠，多路径搜索降低效率
R＋树	组合索引	采用 R 树与 KDB 树结合避免了区域的重叠	不同节点存储同一个区域的标识，存储效率降低
R * 树	组合索引	减少了节点间的重叠面积，利用了强制重新插入	存在中间节点的索引空间重叠，当失败查找路径较长时，对性能影响很大
LOD-OR 树	组合索引	减轻 R * 树插入、删除的开销，提高 R * 树查找性能；增加了三维实体的 LOD 信息的索引	算法较复杂
X-List	R 树的超集索引	减少了节点间的重叠面积，利用广义列表特性实现多维空间，有利于实现海量空间数据分析与推理	算法较复杂

地质信息系统领域的三维空间索引，可以借鉴上述地理信息系统领域的空间索引方法。但上述空间索引方法都各有优缺点，且都有各自的应用范围和适用对象。选取何种索引机制作为地质空间数据库的索引，需要根据实际情况和具体应用对象来确定（何珍文，2008）。目前，大多数地质信息系统软件采用多种索引机制并存、取长补短的策略（何珍文等，2001；魏振华，2011），同时进行针对性的探索和研发。

索引技术也一直是数据库领域关注的焦点。许多数据库厂商，如 Oracle Spatial、SQL Server 2008 Spatial、PostgreSQL 等，都在各自的数据库管理系统中，增加了空间数据管理模块。目前绝大多数数据库管理系统都只能支持二维空间数据，Oracle Spatial 11g 最先增加了三维数据类型的支持，使 R 树空间索引扩展到了三维空间，但其三维 R 树索引在处理地势平坦和地物高度小的常见空间数据时，效率往往还不如二维空间索引，因此三维索引功能还难以发挥应有的作用。

3. 地质数据管理的 LOD 技术

大规模三维地质空间数据动态调度的重要基础是多细节层次（levels of detail，LOD）模型。最初发展起来的是离散 LOD 模型，至今在一些实时图形动态调度中仍有应用。其要点是预先针对某一模型数据生成离散的 LOD 模型，供图形绘制时动态选择使用，以便减少图形处理系统的负担，实现高帧速率的实时显示效果。在进行 LOD 模型选择时，要预先在显示环境中设定一定的阈值条件，当条件满足时就调用已经生成好的 LOD 模型。阈值条件包括几何模型与视点距离、投影后的模型在图像空间所占像素面积，以及光照的强度等。虽然这种技术能够提高图形处理能力，加快图形绘制速度，但在实时显示中，由于不同级别的 LOD 模型之间在拓扑结构上互不相关，在切换时会在视觉上引起明显的跳跃感。很多学者针对这些问题提出了解决方案，包括减少相邻级别 LOD 对应模型的细节层次差别，或者在距离视点较远的地方进行不同级别 LOD 对应模型的切换。这些方案在一定程度上弥补了视觉抖动的缺陷，但多个级别的 LOD 占用了大量的存储空间。目前，新的连续 LOD 技术正在成为研究的热点。

　　连续 LOD 技术根据原始模型，通过阈值条件的变化，实时生成拟显示的多分辨率模型。它通过迭代运算进行各种操作，如删除模型中的几个点、几条边或几个三角形等，从精细模型中得到简化模型。由于相邻级别 LOD 模型仅在局部被删除的点、边或三角形附近区域有差别，在模型切换时就不会在视觉上产生明显的抖动现象。

　　与连续 LOD 技术发展的同时，出现了多分辨率模型的概念。不同分辨率模型之间用节点相连，通过对节点的启动来操作相应的部件。多分辨率模型的优点在于可表达复杂的不连续的体模型对象，如将建筑物模型内部的桌、椅、板、凳等作为建筑物 LOD 模型的组件，而建筑物模型则是该模型中进行动态切换的节点。该模型结构已经在 VRML 语言、MultiGen 系统和 OpenFlight 数据存储格式中得到了广泛应用。

　　LOD 技术考虑视点对于描述空间实体表面特征的重要性，实现了三维空间模型的简化（魏振华，2011）。相对而言，离散和连续 LOD 技术对于体积较小的物体，简化效果更为满意，如景观树，人造物、动物模型等。其中，离散 LOD 通过内存的消耗来提高绘制的速度，而连续 LOD 通过处理器的消耗来提高绘制的速度，多分辨率模型则利用了空间对象之间的拓扑关系，将不同的空间对象进行有机组合，增加了空间关系上的复杂度。对地质空间数据模型进行 LOD 简化时，要综合考虑多方面的因素，如空间实体之间的拓扑关系、模型复杂程度、数据量及调度速度等，因此需要针对性地研究适合于海量地质空间数据动态调度的 LOD 技术。

4. 地质数据并行调度与预调度

　　为了避免图形绘制操作等待数据加载操作的情况，国内外很多数据动态调度技术都采用了数据加载线程与数据绘制线程分离的做法。数据加载线程负责将空间数据从存储设备中加载到内存缓存，图形绘制线程从内存缓存中获得数据并绘制图形。当数据不能保证在当前帧绘制前加载到内存时，系统便使用该数据的粗层次进行替代，或者忽略当前帧的绘制。该方法要求对需要加载的数据进行视觉重要性加权处理，加权因子通常为空间对象相对于视点的位置，以及空间对象数据量的大小等（孙卡，2010）。这种以绘制数据的重要性来决定数据加载先后顺序的方法，确保了即使在数据不能完全加载的情况下，其所采用的替代数据也不会严重的影响视觉效果。

　　作为空间数据动态调度技术重要补充的预调度技术，一直是地学领域研究的热点问题之一。目前，国内外许多软件，如 Google Earth、Skyline，都采用调度和预调度有机结合的策略，来实现海量空间数据的调度。预调度的难点在于预测模型的确定，即如何从海量的空间数据库中选择可被预先调度的对象。为了解决这个问题，二维地学软件常使用基于扩展范围的预测模型，三维地学软件则常使用基于视点的预测模型。前者将与当前可见区域相邻的 8 个未可见区域的数据预调度出来；后者根据当前视点的位置、运动方向、运动速度、角速度等参数建立关于视点的预测函数，然后计算几个可能的视点位置，根据视点进行数据的可见性判断，进而实现空间对象的选择。三维预调度技术的典型应用，如德国萨尔大学开发的、用于大规模场景射线实时追踪的 K-D 树内外存一体化结构。这种内、外存一体的存储结构大多针对开放模型的应用，如波音 777 飞机模型、北卡罗来纳大学的电厂模型和油轮模型等。这类模型的空间范围较小，数据密度较高，通常达几千万个三角形，但数据类型和属性单一，与具有多源、多类、多维、多量、多主题、多时态特点的地质空间数据有很大不同。Oracle 数据库摒弃了数据的空间特性，单纯从面向对象的角度，开发了基于对象关系图的预调度技术。该技术采用面向对象思想，为存在继承、派生、联合、聚合关系的对象建立对象关系图，并沿此图实现预调度对象的追踪和加载。然而，由于地质空间数据的固有特征，如结构信息不完全、参数信息不完全、关系信息不完全、演化信息不完全等，导致已有的预调度技术和方法都不能完全满足海量地质空间数据的调度需求。

5. 地质数据的压缩与通信传输

实现三维地质空间数据调度时，必然要涉及空间数据的网络传输问题。在有限的网络带宽上传输海量的三维空间数据，同时又保证良好的可视化效果，是目前空间数据调度比较突出的难题之一。其中的关键问题是高效的数据传输技术和空间数据压缩算法。空间数据压缩是把一组数据 D 编码成为较小数据组 d 的过程。由于空间数据在压缩过程中不允许精度损失，即必须保证 d 数据组经解码能完全恢复为原数据组 D，其压缩方式只能采用无损方式。

空间数据压缩包括矢量数据压缩、栅格数据压缩和视频数据压缩。矢量数据尤其是地图数据的无损压缩难度较高，研究进展十分缓慢。其主要原因在于地图数据中拓扑关系（邻接、关联、包含和连通等）的复杂性和空间数据种类的多样性（点、线、面、体、组等）。高效的矢量数据压缩方法要求具备高度的压缩比、保持拓扑一致性、高效的解码方法，以及保持空间对象几何特征的极大相似性。目前，部分学者基于小波变换、簇算法等理论开发出了一些压缩方法，可以有效地实现诸如线性数据压缩等单一类型的空间数据压缩，但还难以面对多源、多分辨率空间数据的压缩。基于栅格表达的空间数据快速压缩和解压缩方法，多应用在多分辨率数据的传输中。比较有代表性的研究成果有基于四叉树方法的压缩、基于小波的压缩和基于 JPEG 的压缩。这几种栅格数据压缩方法在影像数据的特征保留和数据的压缩比方面各具特色，基本代表了国内外目前的最新水平。尤其是 JPEG 2000 标准出现以后，以 JPEG 2000 为标准的影像压缩已经成为一种工业标准。视频资料的压缩方面的研究也已经趋于成熟，推出了一批实用的工业标准，如 MPEG-4 等。

在目前的商业软件中，Google Earth、Skyline 等都采用数据流的方式实现数据的高效传输，Google Earth 的 KMZ 文件，就是典型的无损空间数据压缩文件。同时，国内外研究学者也提出了一些三维模型渐进传输方法，如渐进网格（PM）方法、SmoothLOD 渐进编码方法等。这些研究方法都是针对几何模型的传输的，而且对数据的组织要求比较高。因此，对于具有多细节层次及大量精细纹理数据的三维地质空间数据的高效传输方法，仍是亟待深入研究与开发的重要技术问题。

6. 地质空间数据引擎技术

空间数据引擎是一种处于上层应用程序和底层数据库管理系统之间的开放且标准化的中间件技术，它满足了 GIS 软件与数据库管理系统的集成功能，屏蔽了数据库的设计过程以及应用软件与数据库的交互过程，可以使用户更加专注于业务功能的开发而不用考虑数据的存取问题。同时，它对数据的存取速度及存取流程也进行了较大的改进和提高。目前，国内外比较典型并且被广泛使用的空间数据引擎有 ESRI 公司的 ArcSDE、MapInfo 公司的 SpatialWare、超图公司的 SuperMapSDX＋、Oracle 公司的 Oracle Spatial、IBM 公司在 DB2 数据库上构建的 Spatial Extender、Oracle 公司的 Spatial Extensions、Microsoft 公司的 SQL Server 2008 Spatial 等（表 4-2）。这些空间数据引擎技术，都可以作为地质信息系统研发的借鉴。

表 4-2　空间数据引擎及其解决方案的对比分析

名称	存储模型	空间索引	进程管理	空间查询	SQL扩展	数据缓存	二次开发
ArcSDE	压缩二进制、大对象块（BOLB）、Oracle Spatial 标准化方案与几何数据类型	经过优化的格网空间索引	单独的	异步流模式	不支持	单独的	提供开放的高级 C 和 Java API
Oracle Spatial	一系列存储过程和函数，对 Oracle 数据库的存储和访问	R-树空间索引和四叉树空间索引	利用数据库本身的	两步处理流程（主过滤和次过滤）	支持	数据库自身	提供各种开发接口，如 OCI、OCCI、JDBC 等
Spatial Ware	扩充原有的数据类型	R-树空间索引	利用数据库本身的	基于标准 SQL 的空间运算符	支持	数据库自身	利用 MapX 组件，提供 VB、VC++ 等的 API
DB2 Spatial Extender	扩充数据库原有标准数据类型	基于网格的三层空间索引	利用数据库本身的	空间优化器	支持	数据库自身	提供一系列的存储过程
Informix DataBlade	扩充数据库原有标准数据类型	R-树索引	利用数据库本身的	空间优化器	支持	数据库自身	提供 C、C++、Java、J++的 API
SuperMapSDX＋	扩充原有的数据类型	图库＋四叉树＋网格＋三级索引	利用数据库本身的	基于标准 SQL 的空间运算符	支持	多级缓存	提供 VB、VB Net、C♯等的 API

资料来源：汪明冲，2006

4.1.3　地质数据管理技术发展趋势

综上所述，迄今为止的地质数据管理技术基本上沿用地理信息技术领域。这些技术虽然对地质数据管理技术的发展起了重要的指导作用，但实际上并不能满足地质工作信息信息化的需求。近年来，地质信息科技领域针对性地开展研究，在上述各方面都取得了较大进展，揭示了该领域未来的发展方向。

1. 兼顾多细节层次的空间索引技术

R 树空间索引是基于子对象范围驱动的动态索引结构，它不需要预先划分空间数据的范围，这是八叉树等基于全局对象范围驱动的索引结构所达不到的。从理论上讲，R

树具备空间相关性及空间聚类的特征，即同层的节点与节点之间空间差异明显，父节点和子节点之间构成聚类包含关系，它的空间层次结构有利于快速定位和查询空间对象，因此被普遍认为是最有前途的真三维空间索引方法。然而，索引区域重叠以及多路径搜索对 R 树的效率也产生了严重影响。为了克服这一问题，国内外许多学者对 R 树进行改进并提出了很多可行性的方法，如 R＋树、R＊树等。另外，LOD 已成为减少三维场景内绘制数据量、增强绘制流畅性的重要技术手段，而目前大多数空间索引结构却仍不支持直接对 LOD 数据的检索，采用改进的三维 R 树与 LOD 相结合的多层次混合三维空间索引技术，是地质空间数据 LOD 表达技术的发展趋势（魏振华，2011）。

2. 地质空间数据的简化及调度策略

地质空间模型的复杂性与地质空间模型分布的不规则性，使得用户在进行大场景显示时，必须根据观察的需求来选择并调度数据，而不必追求在一定可视距离下的最精细模型数据。于是，完善的、适用于各种地质环境并顾及视点运动特征与视觉观察特征的视点运动预测机制，以及地质空间数据的简化及调度策略，成为该领域研究的热点课题。该项研究面向具有多源、多类、多分辨率的属性数据，用于实现在广阔的范围内对分布密度不均匀的三维地质体模型进行动态调度。

3. 集群并行的空间数据库管理技术

三维空间数据实时可视化与多用户在线应用等，都要求有极高的响应速度和极强的数据存取能力。这一要求对目前的大规模三维空间数据库管理性能提出了严峻的挑战。目前，市场上以数据库集群技术为基础的并行数据库，都没有专门针对地质空间数据进行设计，更没有考虑地质空间数据的特点及其结构的复杂性，难以获得均衡的地质空间数据分布效果，也很难发挥地质空间数据库的并行性能。因此，以高性能、高可用性和高可扩展性为目标，以大规模并行计算技术为基础的并行三维空间数据库管理系统的研究，成为改善三维空间数据库性能的趋势和最佳选择。

4. 海量地质空间数据引擎技术

空间数据引擎提供快速的、支持多用户的数据存取功能，还提供开放的应用开发环境和标准的应用编程接口（API）。这就使得海量地质空间数据的管理和调度，有了一种理想的模式，对解决地质空间数据的多用户编辑、时态 GIS 数据的存储和管理、多源异构数据的融合等问题提供了很大的支持。采用先进的空间数据引擎技术，包括存储技术、索引技术和查询技术，将会大大提升“矢量-栅格数据一体化”、“空间-属性数据一体化”、“空间-业务数据一体化”、“地上-地下数据一体化”、“地质-地理数据一体化”等集成式空间数据管理与调度能力。这是海量地质空间数据管理领域中的一个值得探索并着力推进的重要方向。最近，中国地质大学（武汉）地质信息科技研究所在国家 863计划项目课题“三维空间数据管理系统与分析组件研发”的支持下，基于上述理念和三维可视化信息系统平台，设计开发了 QuantyView Catalog 2010，初步实现了三维地质空间数据的上述 5 个一体化管理，可视作该方向的探索性成果。

4.2　地质数据的组织与管理方式

地质数据分为空间数据和属性数据两大类，采用对象-关系型数据库对其进行统一存储管理。但由于对象-关系型数据理论及其数据库管理系统的发展并不完善，并且存在着与关系数据库系统兼容的要求，对象-关系型数据库管理系统存在着多种不同的实现方式。这些不同的实现方式影响了地质数据库的设计模式。下面将主要对基于对象-关系型数据库的地质数据实现方法和引擎的设计与应用进行讨论。

4.2.1　对象-关系型数据库管理系统的实现方法

关系数据库的性能优势在于对海量简单数据的检索，面向对象数据库的性能优势在于对复杂数据对象的导航式访问。随着像 GIS、CAD/CAM、CASE 这些既要求检索访问又要求导航访问的非标准应用的不断涌现，对能同时体现关系数据库（RDB）和面向对象数据库系统（OODB）性能优势的数据库系统需求也逐渐增多。由于纯粹关系型数据库和面向对象型数据库系统各自的缺陷和不足，以及新的数据库应用要求，使得部分应用研究开发人员把注意力转向了对象关系型数据库。于是，一些传统商用 RDB 如 Oracle，Ingres，Sysbase，Oracle，DB2，SQL Server 等也都在向面向对象方向扩充；而 OODB 也要求进一步成熟起来，并与在市场和应用中占主导地位的 RDB 保持尽可能兼容，这就导致出现了关系范型和 OO 范型合一的趋势。Ingres 和 UniSQL/x 是早期最能够体现"对象-关系"合一范型特点的典型代表。WonKim 博士甚至直接把自己的 UniSQL/x 称为对象关系型数据库（object relational database）。

目前，对象关系型数据库管理系统的实现方法主要有三种：Gateway 方法、OOlayer 方法和合一（unification）方法。Gateway 方法是在 OODB 应用与 RDB 服务器之间增加一个能对二者起到"沟通"作用的中间环节。其特点是：Gateway 就是 RDB 的一个普通用户；OODB 需求受限过多（面向对象特色难于充分体现）；性能欠佳——对每次服务请求和结果都要进行必要的翻译；可用性差——用户必须了解 2 种不同的 DB。OOlayer 方法是在一个现成的 RDB 引擎（engine）上增加一层"包装"，使之在形式上表现为一个 OODB。其特点是：在 OOlayer 与 RDB 引擎之间有 3 种接口方式。翻译的开销仍很高；在实现上，一般不为适应上层 OOlayer 的需要而对下层的 RDB 引擎作相应的修改；由于关系模型和对象模型的独立存在，当涉及复杂的数据库操作时，会导致严重的性能问题，如模式演进要求对类层次进行的原子性封锁，而 RDB 并不支持；OOlayer 方法可作为多数据库系统的一种实现基础。在对象关系型空间数据库管理系统中用于外部关系数据库的管理。合一方法是指在模型和系统上将 RDB 与 OODB 集成为一体，使之同时具备 OO 范型和关系范型的特色。对模型上的合一将导致下列概念等同起来：关系与类、关系的元组与类之实例、表列（column）与属性（attribute）、过程与方法、关系继承与类继承（关系继承是对 RDM 的新扩充）等。其特点是：在实现上一般要对 RDB 的存储层和管理层作必要的修改；

数据模型一致化（unified）；查询与操纵一致化；支持数据库语言所允许的各种机制，如动态模式更新、自动查询处理和优化、并发控制、恢复、事务管理、授权等；实现比较困难。

4.2.2　地质数据引擎的设计与应用

采用对象-关系型数据库对空间数据和属性数据进行一体化存储管理，是当前地质数据管理的常规做法。但是，由于对象-关系型数据库范式理论并不完善，在实际的系统设计与开发中，对于空间数据库的设计通常采用面向对象分析方法，然后将面向对象模型映射到对象关系模型或关系模型中去；对于属性数据则采用直接关系模型存储。最后，将对象关系模型或关系模型映射到某一具体的数据库管理系统（如 Oracle 数据库系统）中，并在此基础上构建地矿数据引擎。

地质数据管理系统由地质数据库、地质数据管理工具和地质数据引擎组件三部分组成（图 4-1）。系统的逻辑结构如图 4-2 所示。作为商品化的地质数据管理系统软件，应该能够支持多种存储管理模式，在设计过程中必须保证概念模型、逻辑模型的相对独立性。而针对不同的存储管理模式，需要根据逻辑模型设计出不同的物理模型，以便支持文件系统、数据库管理系统及其集群并行系统 3 种不同的存储环境。

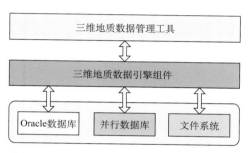

图 4-1　三维空间数据管理系统的总体结构

地质数据的具体管理功能由一系列运行在客户端上的工具软件构成，提供对地质数据管理的各种基本操作，使用户方便地完成地质数据库的建库、索引的创建、数据的更新等各种操作。地质数据管理工具主要包括以下模块：①数据建库模块——包括地质体数据建库、属性数据建库等；②空间索引模块——提供各种索引的创建、存储、更新等功能，以及基于索引的查询方法等；③并行管理模块——提供地质数据的并行分布、并行索引的创建/更新等功能；④数据更新模块——模型数据更新、属性数据更新（更新方式有局部更新、专题更新或整体更新，更新操作有插入、删除、修改、批量替换等）；⑤数据备份模块——定期数据备份并异地存放，包括物理备份、逻辑备份等；⑥日志管理模块——记录系统运行情况、用户登录信息、用户访问的数据内容和提交的功能请求、用户离开时间等信息；⑦数据安全模块——用户管理、分配用户、用户授权限制等。

地质数据引擎作为地质数据库上层的服务程序，应为客户的请求提供数据查询、访问和数据调度等服务，并可通过缓存管理提高数据调度的性能，在数据库环境下提供对多用户并发的管理，保证多用户并发访问。最上层的地质数据管理工具运行在客户端，系统为用户提供各种数据操作的接口，可方便地对地质数据执行建库、更新、备份等各种数据管理操作。

地质数据引擎设计的要点是：利用 C/S 计算模式和关系数据库管理海量数据特点，

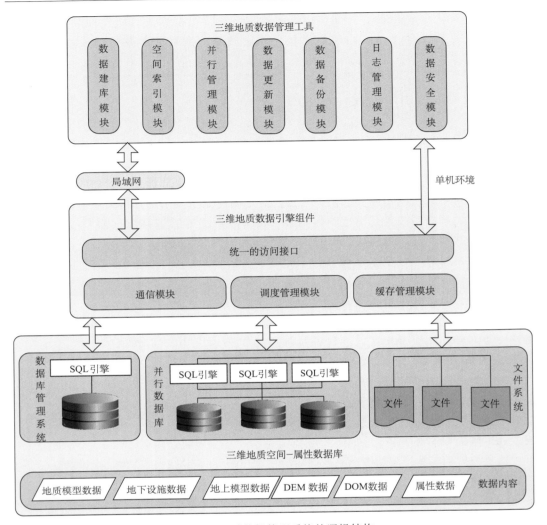

图 4-2　地质数据管理系统的逻辑结构

将地质数据加入到关系数据库管理系统（RDBMS）中，同时支持多用户对数据的并发访问。

地质数据引擎组件主要包括以下模块（图 4-3）：①统一的地质数据访问接口模块——提供对文件系统、数据库管理系统与并行数据库管理系统的统一访问接口；②通信模块——提供客户端或可视化服务器集群与数据库服务器端的通信连接与数据传输功能；③调度管理模块——提供地质数据的快速访问与高效调度功能；④缓存管理模块——自适应的管理服务器与客户端的缓存；⑤多用户并发管理模块——通过连接池、缓存共享等技术对多用户的并发访问进行管理；⑥服务器监视模块——主要用于监控服务器的物理状况、工作状况及网络流量，为数据库、服务器的优化调整提供依据；⑦日志管理模块——日志管理模块主要记录空间数据引擎内部操作流程，以确保在特殊情况下实现对空间数据引擎的操作进行恢复，保障地质数据库的安全。

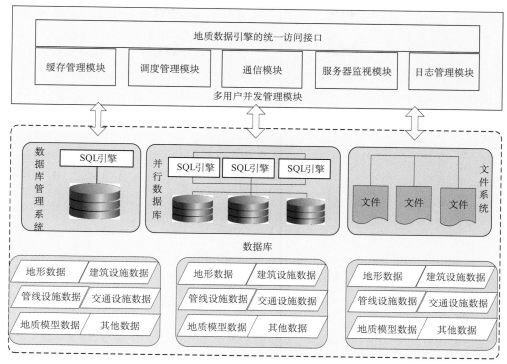

图 4-3 地质数据引擎组件组成

上面这些功能是地质数据管理的基本工具。在这些基本工具的支持下，可以设计开发更具地质特色的地质数据处理功能。

4.3 地质数据库设计与实现

地质数据计算机管理的核心问题是地质数据库的构建，4.2 节所述的系统结构和功能设计都是围绕地质数据库进行的。地质数据库结构设计的好坏直接影响整个系统的整体性能。设计地质数据库的关键，就是在所选定的数据库管理系统支持下，根据用户需求和应用环境，确定整个数据库结构。其设计过程就是将反映研究区地质对象的数据，组织成符合所选定的数据库管理系统的数据模式所要求的结构。在进行地质数据库结构设计时，已经有国家或行业标准的，就直接引用标准；还没有制定标准的，就采用自顶向下分析和自底向上综合的方式。

地质数据库是三维地质信息系统的核心。由于基础地质调查、矿产地质勘查、工程及灾害地质勘察工作均与地理环境密切相关，地质数据库中需要一体化存储管理地下-地上、地质-地理的空间数据。这些数据不仅结构复杂、类型繁多、数据量庞大，而且其样品及数据特征在三维空间中分布不均衡、个体对象差异显著，需要 LOD 表达。然而，大规模地下-地上、地质-地理三维空间数据的一体化组织与管理，迄今仍存在着诸多亟需突破的难点。地质数据库的设计需要从概念模型、逻辑模型、物理模型 3 个方面展开（汪新庆等，1998；刘刚等，2011）。其中，概念模型即地下-地上实体集成表示的统一数据模型，相当于从用户角度看到的数据库模型；逻辑模型即通过实体关系图表达的地下-地上一体化的数据库存储模型，相当于从管理员角度看到的数据库模型；物理模型即针对文件系统、关系数据库管理系统，及其集群并行管理系统三维存储环境所设计的数据库结构，相当于从程序员角度看到的数据库模型。

　　需要说明的是，地质数据与地理数据的主要差别在于，地质数据中的属性数据占有很大的比例。这是因为地质对象具有大量的属性数据。这些属性数据比较适合用关系模型来描述，而地质数据中的空间数据部分比较适合采用面向对象模型来描述。因此，在地质数据库的概念模型设计上空间数据模型和属性数据模型往往是分开的，而到逻辑模型设计或物理模型设计时进行统一。

4.3.1　数据库概念模型设计

　　地质数据库的概念模型设计包括两部分：一是针对三维空间对象的三维空间数据库概念模型设计；二是针对地质属性数据的关系数据库概念模型设计。两部分概念模型设计，都需要从主题参数集分析入手，由下而上进行。在实际工作中，常常出现一些只凭知识和经验主观拟定的做法，这是不可取的。

1. 地质空间数据库概念模型

　　地质空间数据库概念模型是地质空间数据库系统中各种数据模型的共同基础，因此其设计是整个数据库系统设计的关键环节。它通过对用户需求进行综合、归纳与抽象而成，独立于具体数据库管理系统而存在。以城市地质调查为例，三维空间数据库的概念模型包含地上和地下两部分，其空间对象的专题语义划分如图 4-4 所示。

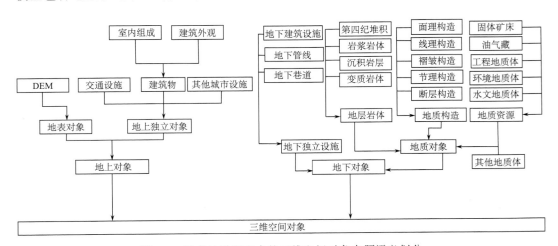

图 4-4　城市地质调查中的三维空间对象专题语义划分

上述专题数据库所存储的三维空间对象类型不同，其索引、存储管理方式也有所差异。在物理设计时要针对上述不同类型的三维空间对象，建立不同的三维空间索引及底层调度引擎。地质实体模型描述的内容包括外部结构和内部结构两部分（图 4-5，图 4-6）。其中，外部结构包括外观几何形态、纹理和整体属性；内部结构包括地层、岩体、矿床、矿体、褶皱、断层、节理、线理等天然实体和穿插于其中的隧道、井巷、平硐、钻孔、探槽等地下工程设施，以及它们相互间的联系和拓扑关系。地质实体模型按照建模细节层次要求共分为三级，即格架模型、标准模型、精细模型。原始模型主要体现中等比例尺的格架信息，包括一般地质勘查状况、地层格架和构造格架等；标准模型是在原始模型的基础上按照规范和标准的要求建立的，用于描述研究区中大比例尺的地层、岩体、矿床、矿体、断层等地质实体模型；精细模型则是根据专题研究和资源、环境勘探的需要建立的，用于描述局部的大比例尺精细地质结构和成分，包括各种岩层、岩体、矿体、断层、节理、面理等地质实体。

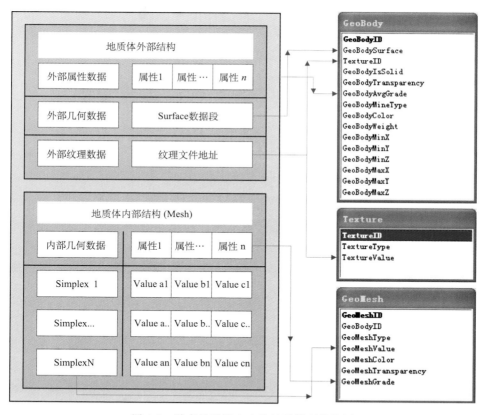

图 4-5　城市地质调查中的地质模型结构图

2. 地质属性数据库概念模型

地质属性数据适合采用关系模型进行描述。以金属矿床勘查地质数据库为例，所

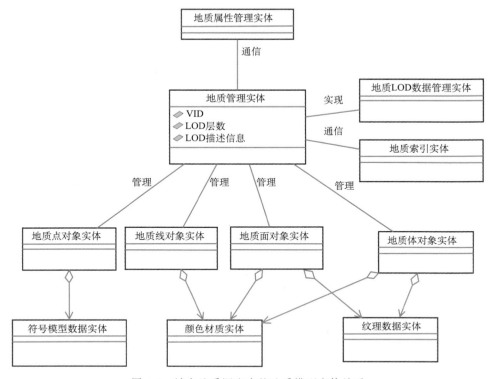

图 4-6　城市地质调查中的地质模型实体关系

涉及的属性数据主要来自两大主题，即矿床勘查与成矿预测。每一个大主题都各自包含了一系列研究主题，如矿床勘查包含了勘查技术手段、原始数据采集、基本地质特征、地理环境特征、资源综合评价等主题；而成矿预测包含了构造作用特征、沉积作用特征、岩浆作用特征、变质作用特征、地热作用特征和成矿作用特征研究等主题。每个主题包含一个描述对象实体集，并对应一个参数集。这些实体集可集成为一个大的实体集，即子概念模型。于是，可得到矿床勘查和成矿预测两个子概念模型。在资源勘查价值链上进一步汇总和集成这两个子概念模型，便可形成金属矿床勘查地质数据库的全局概念模型（图 4-7）。有协同关系的实体集及其参数集之间还可以形成一些关联集。

　　矿床地质勘查子模型各描述对象实体集包括以下五点。

　　勘查技术手段：①勘查技术手段的种类和性能（地质填图、坑探、钻探、测井、物探、化探、大地测量）；②影响勘查技术手段选择的因素（勘查阶段、勘查地区、矿床类型）；③勘查技术手段的组合方案；④技术手段综合应用的效果评价。

　　原始数据采集：①原始数据的类型与信息源（地面观测点、钻孔、坑道、物探、化探）；②各种原始数据采集的方式与方法；③各种原始数据采集的规范与标准；④各种原始数据的筛选、优化方法；⑤各种原始数据的预处理与定量化。

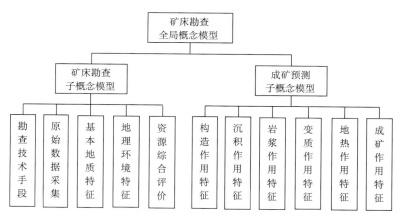

图 4-7　金属矿床勘查区地质数据库的全局概念模型

基本地质特征：①矿床形成的地质条件（区域地质、矿带地质和矿区地质）；②矿床地质和地球化学特征；③矿床、矿体的自身特征（类型、形态、规模、分布、组合、产状等）；④成矿系列（矿床系列）与成矿体系；⑤矿石和矿化的特征（成分、品位、结构、构造、不均一性与分带性等）；⑥主矿种储量与伴生矿种储量。

地理环境特征：①地形地貌特征；②侵蚀切割程度和第四系厚度；③气候条件与气象特征、生物-气候分带特征；④水系发育情况、流域面积、水文地质状况和水动力特征；⑤构造破碎、断裂带、溶洞的发育程度和充填程度；⑥矿体（层）顶底板岩稳固程度；⑦崩塌、滑坡、泥石流和历史地震活动情况；⑧环境污染现状与发展趋势。

资源综合评价：①矿床地质参数（矿床类型、规模、成矿序列、成矿体系、矿床与矿石特征、品位、储量、矿石可选性与可冶性、伴生有益与有害组分）；②政治经济和自然地理参数（国家需求状况、资源政策、环境政策，矿床内外部建设条件）；③经济参数（矿产品价格、投资、成本以及利息率，矿山服务年限）；④矿山主导参数（矿山生产规模、边界品位、金属回收率和开采损失率、贫化率）；⑤开采技术参数（构造复杂程度、构造破碎、断裂带、溶洞的发育程度和充填程度、矿体（层）顶底板岩石稳固程度、矿体（层）的埋藏深度、矿体（层）的倾斜程度、涌水量、地温）。

成矿预测是一项在矿区范围内通过对控矿地质因素、矿化信息、成矿规律进行全面分析研究，从而对矿床及其深部和外围的金属矿产资源作出综合预测和评价的系统方法。成矿预测子概念模型是这项工作的归纳和概括。其描述对象集包括以下六点。

构造作用特征：①基础参数，区域构造特征、矿区构造特征；②分析参数，构造格架、构造应力场、构造演化。

岩浆作用特征：①基础参数，区域岩浆岩特征、矿区岩浆岩特征；②分析参数，岩浆岩格架、岩浆旋回、岩浆演化。

沉积作用特征：①基础参数，区域沉积特征、矿区沉积特征；②分析参数，地层格架、沉积相、沉积演化。

变质作用特征：①基础参数，区域变质特征、矿区变质特征；②分析参数，变质岩格架、变质相、变质演化。

地热作用特征：①基础参数，区域地热特征、矿区地热特征；②分析参数，地热梯度、地热场、地热演化。

成矿作用特征：①基础参数，区域成矿特征、矿区成矿特征；②分析参数，成矿条件、矿源岩（层）、成矿演化。

在上述概念模型的基础上，对所有参数集和参数子集的全部数据项进行同类项合并，去掉冗余部分，便可以得到完整、齐备的数据项。

4.3.2　数据库逻辑模型设计

为了能够用数据库系统或文件系统来管理地质数据，还必须将概念模型进一步转化为相应的逻辑模型。数据库逻辑模型设计就是在概念模型的基础上，按照数据库管理系统的模式制定数据库的逻辑结构，即从数据库管理员的视角，制定数据库管理系统可以处理的规范化的数据库逻辑模式和子模式，并相应定义逻辑模式上的完整性约束、安全性约束、函数依赖关系和操作任务对应关系。逻辑模型设计的好坏直接影响到最终形成的物理数据库的成败。在将地质空间概念模型和地质属性概念模型转换成相应的逻辑结构模型时，必须在逻辑层面上实现数据库结构的统一。

地质空间数据库的逻辑模型可通过实体-关系图（entity-relationship diagram，E-R图），进行三维地下-地上空间数据的一体化表达（图4-8）；地质属性数据库的逻辑模型可以按照关系数据理论进行转换设计，其实质就是将数据库概念数据模型转换为具体关系数据库管理系统所要求的数据模型。

在数据库逻辑模拟设计中，还要在考虑数据齐备性和数据组织方式的同时，顾及数据存储效率和访问效率。以金属矿床勘查信息系统为例，其主题式点源地质属性数据库，需要存储矿床勘查与成矿预测两大主题及其下属的勘查技术手段、原始数据采集、基本地质特征、地理环境特征、资源综合评价、构造作用特征、岩浆作用特征、沉积作用特征、变质作用特征、地热作用特征和成矿作用特征11个主题的全部实体的属性数据，并且要提供多种数据格式的输入、输出、查询、管理功能。而为了实现数据在更大范围内的充分共享，设计中还要遵照相关的国家或行业标准，如果已有属性数据逻辑结构标准，就直接采用标准；如果没有标准，需根据实际制定项目标准（韩志军等，1999b）。

1）划分实体集，给定初选文件名称

以勘查区钻孔资料实体集的子集及其属性划分为例（图4-9），每个实体子集对应着一个数据文件，因而实体子集的名称可按规定格式转化为数据文件的名称。

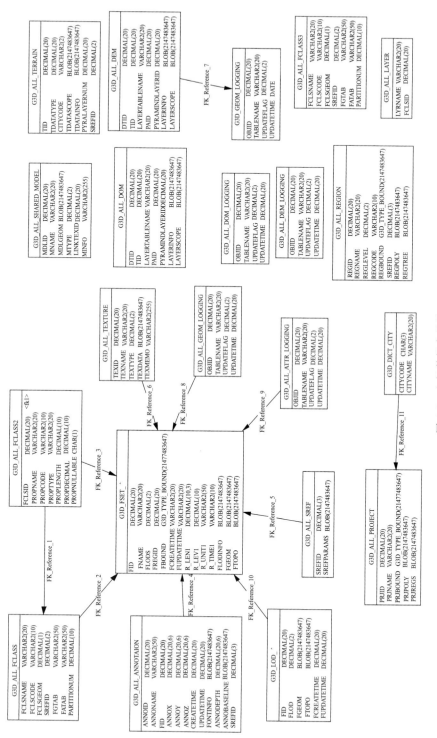

图 4-8　空间数据库结构

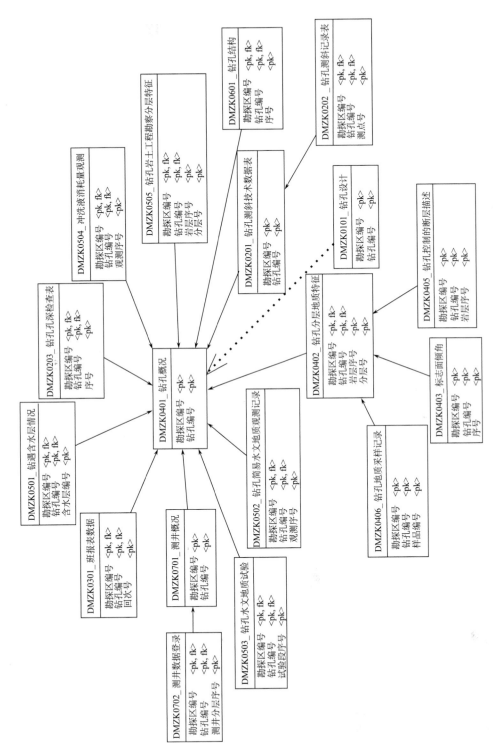

图 4-9　矿床勘查区点源数据库钻孔资料实体模型及其对应属性数据表

2）选择描述实体集的全部属性，确定索引关键字

利用 E-R 图可以确定同一关系下的属性集合——实体子集。由于符合某一关系的属性都被选入某一实体子集中去，必然出现数据冗余问题。例如，层理级别、层理类型、层系形态、层面构造和其他沉积构造发育程度 5 个属性，既是"碎屑岩特征"的属性，也是"同沉积构造特征"的属性，在数据库概念模式中必然是重复的，需要加以合并。同时，还需要着重解决一个"导出依赖"的问题，即凡是可以由子集内的其他属性计算出来的属性，如钻孔中的岩层厚度可以由岩层底板埋深与顶板埋深之差算得，就不应该保留在实体子集内。此外，作为各个实体子集不可缺少的、用于连接文件的共同关键字（索引关键字），如钻孔编号、岩层序号和样品编号等属性，则在各个实体集中都应该加以保留，以便用于进行关联检索。这些索引关键字的确定至关重要，应当在数据模式规范化完成之后进行。在实体集及其全部属性确定之后，数据库的各数据记录形式也就随之确定了。

3）分析实体集内各属性的依赖关系，进行数据规范化处理

开展地矿数据库系统的数据模式规范化工作，一方面是为了减少数据冗余；另一方面是为了提高数据的灵活性。这项工作也是与前两个步骤即划分实体集和选择属性交叉进行的，其中属性选择过程就是数据模式规范化的最初过程。

采用数据规范化技术可以消除各属性之间的不必要牵扯，为插入、修改、删除等数据操作带来极大的方便。而且，被规范化了的数据模式还具有较大的灵活性和扩展能力。在一个实体集内，各属性之间的关系有 6 种范式，即第一范式（1NF）、第二范式（2NF）、第三范式（3NF）、BOYCE/CODD 范式（BCNF）、第四范式（4NF）和第五范式（5NF）。由第一范式向第五范式的规范化过程，实际上是一个数据间关系由函数依赖→完全函数依赖→非传递依赖→非多值依赖→隐含联结依赖的逐步简化过程（冯玉才，1993）。

一般地说，范式越高，数据的冗余度越小，独立性越大，可操作性与可修改性也越好。但是，在实际应用中，并非规范化程度越高越好。因为随着范式的增高，数据间关系趋向简单，必然引起数据文件急剧增多，加长了查找途径，提高了联结代价，反而降低了访问效率。根据实际经验，地矿数据库系统的数据模式规范化的最高级别宜定在第三范式，多数情况下达到第二范式即可。换言之，只要使实体集内部的各属性之间满足完全函数依赖关系，便可满足本数据库系统的要求。

在具体的规范化工作中，究竟选择第二范式还是第三范式，可视各地质模型中各个子模型所涉及的属性多寡及属性间传递依赖关系的多寡而定。如果模型所涉及的属性多且属性间的传递依赖关系也多，则取第二范式，否则取第三范式。

4）定义数据完整性约束

数据完整性约束包括系统定义的结构完整性约束和用户定义的一般完整性约束。

结构完整性约束主要指维持用户指定的函数依赖关系，特别是包含关键字的函数依赖关系。在设计关系模式时，应当对所处理的属性间关系和背景非常清楚，以便在定义数据库模式时，指明属性间的依赖关系。确定了一个关系模式的关键字，就意味着找到

了该关系的决定属性。数据的结构完整性约束，由数据库管理系统执行。当每一个元组输入时，都由数据库管理系统对其进行检查，若符合所定义的关键字函数依赖关系，就允许装入数据库，否则拒绝装入。只有这样，才能确保数据库中的所有关系，都满足已定义的函数依赖关系。例如，为了保证钻孔（井）数据文件中的所有一般参数与关键字具有指定的完全函数依赖关系，每一个钻孔（井）的每一个岩层名称和岩层序号所组成的组合关键字都必须具有唯一性。

　　数据的一般完整性约束，主要是指对每个实体集（子集）内部各属性的字段名、单位、字段类型及其取值范围的约束。这一工作的基础是域分析。属性的字段名即数据项的标准代码。通常为便于查询、联结运算和批处理，在同一数据库内，同名字段的单位及字段类型、取值范围都必须保持一致。岩层一般参数的关系模式（表4-3）可以作为数据完整性约束的实例。

表 4-3　岩层一般参数的数据文件结构

数据文件名　MDBN502.DBF　索引文件名：NDBN502.CDX

索引关键字　钻孔编号＋岩层序号

序号	字段说明	字段名	约束	单位	类型	长度	小数
1	钻孔编号	MDBTAG			C	5	0
2	岩层序号	MDBWAA			C	5	0
3	岩石地层单位	DSB	专项		C	6	0
4	底面深度	MDBWAC		米	N	7	2
5	岩心长度	TKAJAI		米	N	5	2
6	岩心倾角	MDBWAD		度	N	4	1
7	岩石基本名称	MDAEI	专项		C	8	0
8	原生色	YSHBA	专项		C	7	0
9	次生色	YSHBB	专项		C	7	0
10	层厚型式	MDBWAK	专项		C	7	0
11	底部接触关系	MDBWAQ	专项		C	8	0
12	样品编号	PKHFB			C	11	0
13	备注	MDBTZ			C	12	0
14	数据入库日期	MDBTKI		月日年	D	8	0
	总计	TOTAL				100	

　　在地质点源数据库中，数据结构完整性约束和一般完整性约束，均需采用数据文件结构描述报告加以详细说明。各种数据入库时，其完整性约束将由系统的输入子模式来完成。不同矿产勘查和工程勘察对象的数据库结构设计，在方法上相同，但具体数据模式和数据文件结构有所不同。

　　表4-4是通过以上对矿产资源勘查各应用专题中的数据综合分析，并参考和对照了现有的各类规范与标准，选择提取了必要的数据项，然后采用数据库设计的规范化理

论，最终设计出的 172 个数据表。这些数据表中所含的数据项可达 4000 个左右，涵盖了矿产资源勘查区的各方面信息，能够满足矿山数据管理的需要。

表 4-4　岩层一般参数的数据文件结构

序号	专题	表名	表说明
1	测绘	DMCH0101	测量控制点成果表
2		DMCH0102	工程测量图根锁网精度统计表
3		DMCH0103	地质剖面测量控制点
4		DMCH0104	观测点
5		DMCH0105	剖面线测量起点信息表
6		DMCH0106	剖面测量中间点信息表
7		DMCH0107	剖面测量中间点信息表（XYZ 坐标）
8	地质观测点	DMDC0101	地质观测点
9		DMDC0102	地质观测点采样记录
10	基础地质	DMDZ0101	地层
11		DMDZ0201	断裂
12		DMDZ0202	褶皱
13		DMDZ0203	节理
14		DMDZ0301	岩浆活动特征
15		DMDZ0302	侵入体基本特征
16		DMDZ0303	岩石鉴定特征
17		DMDZ0304	岩石化学特征
18		DMDZ0305	侵入体围岩特征
19		DMDZ0306	矿产文件
20		DMDZ0307	报告名称
21		DMDZ0308	火山岩及火山机构
22		DMDZ0401	变质作用特征
23	工程地质	DMGC0101	岩石物理力学测试基本参数
24		DMGC0102	岩石物理力学测试
25		DMGC0103	岩石物理性质试验
26		DMGC0104	岩石力学性质试验
27		DMGC0105	岩石抗剪强度试验
28		DMGC0106	软弱夹层渗透破坏试验
29		DMGC0201	重力坝坝基抗滑稳定
30		DMGC0202	坝基岩体压缩变形分析
31		DMGC0203	水库渗漏
32		DMGC0204	大坝工程地质条件

序号	专题	表名	表说明
33	工程地质	DMGC0301	开挖岩质边坡稳定性
34		DMGC0302	开挖土质边坡稳定性
35		DMGC0303	软土地基承载力
36		DMGC0304	路基边坡稳定性评价
37		DMGC0401	坑道工程地质条件
38		DMGC0402	坑道围岩工程地质分段特征
39		DMGC0501	天然建材料场登记
40		DMGC0502	土料砂砾石料
41		DMGC0503	块石料
42		DMGC0504	土料试验成果
43		DMGC0505	砂砾石料试验成果
44		DMGC0506	块石料试验成果
45		DMGC0601	岩石风化程度分带
46		DMGC0602	岩体深厚风化描述
47	环境地质	DMHJ0101	泥石流调查
48		DMHJ0102	滑坡调查
49		DMHJ0103	崩滑体调查
50		DMHJ0104	危岩体调查
51		DMHJ0105	地震灾害
52	化探	DMHT0101	水系沉积物测量化探数据点
53	矿床（产）	DMKC0201	矿点（床）概况数据
54		DMKC0202	实物工作量数据文件
55		DMKC0203	地质调查史数据
56		DMKC0204	含矿地层数据
57		DMKC0205	地质构造数据
58		DMKC0206	侵入岩体数据
59		DMKC0207	岩石数据
60		DMKC0208	变质作用与变质相数据
61		DMKC0209	沉积作用与沉积相
62		DMKC0210	围岩蚀变范围
63		DMKC0211	围岩蚀变分带特征
64		DMKC0212	矿体特征
65		DMKC0213	矿石特征数据
66		DMKC0214	矿物特征数据
67		DMKC0215	矿石组分

序号	专题	表名	表说明
68	勘探区	DMKQ0101	勘探区概况
69		DMKQ0102	交通运输
70		DMKQ0103	工业生产
71		DMKQ0104	农业生产
72		DMKQ0105	乡镇人口
73		DMKQ0106	气象条件
74		DMKQ0201	勘探工作量统计
75	坑探	DMKT0101	平硐探槽设计
76		DMKT0201	坑道概况
77		DMKT0202	坑道基线数据表
78		DMKT0203	坑道界线数据表
79		DMKT0204	坑道左壁分层界线基本数据表
80		DMKT0205	坑道右壁分层界线基本数据表
81		DMKT0206	坑道顶壁地质界线基本数据表
82		DMKT0207	产状基本数据表
83		DMKT0208	样品记录表
84		DMKT0209	坑道分层地质特征
85		DMKT0210	断层描述
86		DMKT0301	坑道掌子面基本数据表
87		DMKT0302	坑道掌子面界线数据表
88		DMKT0303	坑道掌子面地质界线数据表
89		DMKT0304	产状基本数据表
90		DMKT0305	样品基本数据表
91		DMKT0306	坑道掌子面分层地质特征
92		DMKT0307	坑道掌子面断层描述
93		DMKT0401	探槽概况
94		DMKT0402	探槽基线数据表
95		DMKT0403	探槽左壁界线数据表
96		DMKT0404	探槽右壁界线数据表
97		DMKT0405	探槽底界线数据表
98		DMKT0406	探槽左壁分层界线表
99		DMKT0407	探槽右壁分层界线表
100		DMKT0408	探槽底分层界线表
101		DMKT0409	产状基本数据表
102		DMKT0410	探槽样品记录表

续表

序号	专题	表名	表说明
103	坑探	DMKT0411	探槽分层地质特征
104		DMKT0501	探井概况
105		DMKT0502	探井界线数据表
106		DMKT0503	探井四壁地质编录基本数据表
107		DMKT0504	产状基本数据表
108		DMKT0505	样品记录表
109		DMKT0506	探井岩层地质特征
110		DMKT0507	探井断层描述
111	勘探线	DMKX0101	勘探类型
112		DMKX0102	勘探线基线
113		DMKX0103	勘探线
114	剖面	DMPM0101	实测剖面基本信息
115		DMPM0102	实测剖面导线信息
116		DMPM0103	实测剖面分层信息
117	水文地质	DMSW0101	地下水类型
118		DMSW0102	承压水情况
119		DMSW0103	含水层描述
120		DMSW0104	隔水层描述
121		DMSW0105	相对隔水层描述
122		DMSW0106	水文地质观测点
123		DMSW0107	矿井水文地质调查
124		DMSW0108	矿井涌水量
125		DMSW0109	开采过程的水文地质情况
126		DMSW0110	水位观测记录
127		DMSW0111	地下水长期观测
128		DMSW0112	平硐出水点记录
129		DMSW0113	裂隙统计
130		DMSW0201	水文孔设计
131	物探	DMWT0101	航磁数据点
132		DMWT0201	磁化率测量数据点文件
133		DMWT0301	重力数据点
134		DMWT0401	密度数据点
135	样品	DMYP0101	化学样品分析结果表
136		DMYP0102	岩矿样品登记
137		DMYP0103	伴生矿产化学成分分析成果

续表

序号	专题	表名	表说明
138	样品	DMYP0201	化学送样单总表
139		DMYP0202	化学送样样品单
140		DMYP0301	岩石薄片结构鉴定
141		DMYP0302	岩石薄片石英组分鉴定
142		DMYP0303	岩石薄片长石组分鉴定
143		DMYP0304	岩石显微镜鉴定
144	钻孔	DMZK0101	钻孔设计
145		DMZK0201	钻孔测斜技术数据表
146		DMZK0202	钻孔测斜记录表
147		DMZK0203	钻孔孔深检查表
148		DMZK0301	班报表数据
149		DMZK0401	钻孔概况
150		DMZK0402	钻孔分层地质特征
151		DMZK0403	标志面倾角
152		DMZK0404	岩层倾角
153		DMZK0405	钻孔控制的断层描述
154		DMZK0406	钻孔地质采样记录
155		DMZK0410	探槽断层描述
156		DMZK0501	钻遇含水层情况
157		DMZK0502	钻孔简易水文地质观测记录
158		DMZK0503	钻孔水文地质试验
159		DMZK0507	探井断层描述
160		DMZK0601	钻孔结构
161		DMZK0701	测井概况
162		DMZK0702	测井数据登录
163		DMZK0801	岩石钻孔概况
164		DMZK0802	钻孔岩心质量
165		DMZK0803	勘探线与钻孔
166	地质资料	DMZL0501	地质报告索引
167		DMZL0502	图件索引
168		DMZL0503	照片索引
169		DMZL0504	录像索引
170		DMZL0505	遥感影像登记
171	炮孔	DMPK0201	爆堆概况
172		DMPK0202	爆堆炮孔数据

4.3.3　数据库物理模型设计

地质数据库逻辑模型是在统一的构架下建立的关系数据模型，但由于不同物理存储环境需要有不同的物理模型，因此需要进行针对性的设计。对于地质属性数据库而言，常用的物理存储环境主要是关系型数据库管理系统；而对于地质空间属性数据库而言，常用的物理存储环境包括文件系统、关系型数据库管理系统及集群并行管理系统三种。下面分别讨论地质空间和属性数据库物理存储方案的设计方法。

1. 空间数据库物理模型设计

1）基于文件系统的空间数据库物理模型设计

文件系统主要面向单用户、小区域空间分析及各类专题应用，需要建立面向关系数据库数据的导入、导出接口，以及不同类型空间数据的索引文件和适应于图件快速绘制等应用的存储格式，并提供对地质空间数据进行相关的修改、编辑功能。

其要领是根据三维空间数据库的数据内容、概念模型和逻辑模型，在文件系统中采用空间分区、属性分层的方法，针对整个地质对象空间建立多个可管理的分块，并在每个分块内部建立基于对象类型的分层组织；然后为每一类对象建立索引组织与索引格式，为空间分析应用和专题业务应用建立文件系统的接口（图 4-10）。

2）基于关系型数据库管理系统的空间数据库物理模型设计

基于关系型数据库管理系统的三维空间数据库物理结构设计内容包括：确定表及索引的物理存储参数、确定及分配数据库表空间、确定初始的回滚段、临时表空间及重做日志文件等，并确定系统的主要初始化参数。物理结构设计参数可以根据实际运行情况作出适当调整，其中最基础、最重要的是数据库的存储结构设计和索引设计。

关系型空间数据库的存储结构设计包含对象类型设计、表空间设计、数据表设计、序列设计、触发器设计、存储过程设计等。为了应对这方面的需求，Oracle 扩展了 SQL（DDL 和 DML），并允许用户定义自己的类型及这些类型间的关系，将它们作为基本或本地类型存储在数据库中（存储在表的某列中，或存储为表本身），以及查询、插入和更新它们。与本地 SQL 数据类型完全不同，对象类型是用户定义的，并指定底层永久数据（即对象类型的属性）和相关的行为（即对象类型的方法）。Oracle 提供的对象类型包括用户自定义的表类型、数组类型和对象类型。

三维空间数据库的表及索引的存储容量，是根据其记录长度及估算的最大记录数确定的，其中考虑了数据块的头开销以及记录和字段的头开销等。通过该估算，可确定给每个表及索引初始分配的表空间大小及存储参数。

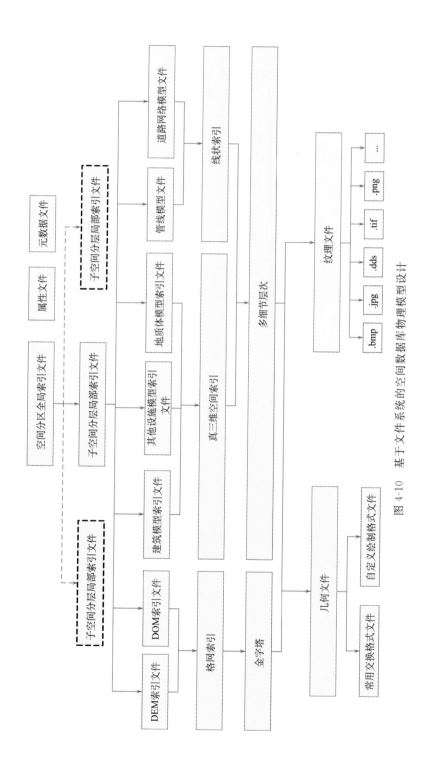

图 4-10　基于文件系统的空间数据库物理模型设计

为了提高对数据表查询与检索的效率，必须创建索引。三维空间数据库的索引包括三大类：一是针对三维空间数据的快速检索与高效调度创建的三维空间索引结构；二是利用 Oracle Spatial 的改进 R 树空间索引，提高检索效率；三是针对常用的查询属性字段，创建 Oracle 支持的 B 树索引、位图索引等，进一步提高查询性能。真三维空间索引，对于实现大规模地下-地上、地质-地理复杂目标的高效组织与调度管理十分重要。由于目标空间分布不均，大小形状千差万别，几何与纹理数据量巨大，建立统一的空间索引十分困难。按照分类分区的思想建立多层次的三维空间索引方法，并针对不同模型地物的特点及组织方式建立不同的三维空间索引结构，是解决这个问题的有效途径。其具体措施是在地质对象空间的各个分区内，设置改进的 R 树空间索引数据表，每条记录是分区内 R 树空间索引的一个节点或者一个目标元组信息。

3）基于并行数据库管理系统的空间数据库物理模型设计

这类物理模型的设计要领，是使用集群技术来构建并行空间数据库管理系统。以 Oracle 数据库为例，将 Oracle RAC 运行于并行集群服务器系统之上，通过高速缓存合并技术使所有并行集群服务器节点共享对并行空间数据库的访问。

在这种情况下，空间数据无需分布于并行集群服务器节点间。基于 Oracle RAC 构建的并行空间数据库系统采用"sharing everything"的并行实现模式，可通过 CPU 共享和存储设备共享来实现多节点之间的无缝集群，用户提交的每一项任务被自动分配给集群中的多台机器执行，不必通过冗余的硬件来满足高可靠性要求。因此，构建在 Oracle RAC 的并行三维空间数据库的逻辑模型和物理模型，可以在数据表、索引、视图、存储参数设置方面与非集群情况相同。

2. 属性数据库物理模型设计

地质属性数据库的物理模型设计，就是针对所建立的逻辑模型，在关系型数据库管理系统的物理存储环境中制定其合适的物理结构并加以实现。换言之，是使用选定的关系型数据库管理系统，在数据库服务器上将数据库具体地建立起来。其内容包括数据库参数设计、数据库存储设计、完整性设计、索引设计、视图设计、包设计、安全性设计和备份恢复设计，并用数据库管理系统提供的工具将每一个功能编码实现。

1）数据库参数设计

由于目前数据库建设的目标是企业级数据仓库，数据库类型通常选择能方便地支持数据仓库构建，并且拥有丰富工具的数据库管理系统。

为了满足数据装载时的大量批处理服务，系统的连接应选择与数据库管理系统相适应的专用方式，如与 Oracle 数据库系统的连接选用 Oracle. NET Data Provider、ODBC. NET Data Provider 或 OLE DB. NET Data Provider 方式；与 MySQL 数据库的连接选用有 DSN 的连接字符串方式，或者无 DSN 的连接字符串方式。

　　数据库的内存配置根据服务器实际物理内存的大小来确定，通常可使用70%～80%的内存来应付大字符集的管理和调用。此外，聚合内存使用、连接数与数据块大小、缓冲区设置等，都应根据实际数据量，使用方式来进行设置。

　　为了使数据库能够正确支持多国语言，需要将数据库字符集配置为 UTF 字符集。

　　2）数据库存储设计

　　数据库存储设计的内容包括控制文件设计、日志文件设计、回滚段配置、临时表空间配置、系统表空间配置、表空间大小定义等。表空间扩展性设计原则包括以下四个方面。

　　a. 控制文件设计

　　在控制文件中包含数据库的重要信息，如数据库的名字、数据文件的位置等，一旦控制文件损坏，数据库的工作就将陷于停顿。而如果没有数据库的备份和归档日志文件，数据库将无法恢复。因此，需要建立多路镜像控制文件，并把每个镜像的控制文件分布在不同的物理磁盘中。同时，为了便于进行全面管理和控制，控制文件中设置的最大数据文件数，不能小于数据库参数 db_files 的约定。

　　b. 日志文件设计

　　数据库在为日常处理和批处理装载数据时，会产生大量日志。为了减少日志的负荷，可建立选择打开的功能，以便关闭某些事实表日志，而仅打开使用频率较高的数据表。日志文件的大小由数据库事务处理量决定，在设计时应确保在选定的时间间隔中切换一个日志文件。为了支持数据仓库系统的运行，日志文件大小通常需要设置为几百兆到几千兆，每日志组的成员为 2 个，日志文件组为 5～10 组。

　　c. 撤销表空间配置

　　撤销表空间用于保存数据库修改前的数据，以便必要时加以恢复，还可以为数据库操作中的所有进程提供读一致性。为了提高工作效率并简化操作，Oracle 9I 引入了一个新机制，即自动撤销管理（automatic undo management）。这个机制用撤销（UNDO）表空间取代已经使用了多年的回滚段（rollback segment）。这实际上是将回滚段（撤销段）放入了撤销表空间，而由行程自动处理撤销表空间中的回滚段。这种管理机制不仅可以减轻 DBA（database administrator，数据管理员）的工作负担，而且还可以获得较好的回滚性能。通过查询数据字典视图 DBA_ROLLBACK_SEGS，可以得到撤销表空间中回滚段的信息。

　　回滚段大小的精准确定涉及多个方面，在一般情况下可以采用的计算方法为

$$Undospace = UR * UPS * db\_block\_size + 冗余量 \tag{4-1}$$

式中，UR 为在 undo 中保持的最长时间数（s），由数据库参数 UNDO_RETENTION 值决定；UPS 为在 undo 中每秒产生的数据库块数量。

　　d. 表空间配置

　　表空间是数据库中最大的逻辑结构单元，一个数据库通常由一个或多个表空间组成的。表空间在物理上与磁盘上的数据文件相对应，二者构成 1-1 或 1-n 的关系，即一个表空间可由一个或多个数据文件组成，但一个数据文件只能属于一个表空间。所谓数据

库的逻辑配置，实质上就是指表空间的配置。

数据库表空间有系统表空间和临时表空间两种。系统表空间在所有数据库中都是必需的。对于 Oracle 数据库而言，系统表空间包括 SYSTEM 表空间和 SYSAUX 表空间。系统表空间大小通常在 1G 左右，主要存放数据库数据字典的数据之外的其他存储系统表空间。当表空间大小小于操作系统对最大文件的限制时，表空间由一个文件组成。如果表空间大小大于操作系统对最大文件的限制时，该表空间由多个数据文件组成。表空间的总大小为估算为：Tablespace＋sum（数据段＋索引段）* 150%。

数据库临时表空间根据实际生产环境情况调整其大小，其属性可自动扩展。临时表空间用于存放因执行排序（ORDER BY）、分组汇总（GROUP BY）、索引（CRE-ATE INDEX）等功能的 SQL 语句时所产生的大量临时数据。数据库临时表空间的服务器进程是：首先将临时数据存放到内存结构的 PGA 区的排序区中，当排序区不够用时，服务器进程就会在临时表空间中建立临时段，并将这些临时数据存放到临时段中。如果在创建用户时没有为用户指定一个临时表空间，将会造成 SYSTEM 表空间的存储空间被占用，并且会因产生大量的存储碎片而致磁盘读取效率下降。临时空间可以被全部用户所共享和利用，但具体用户使用的临时表空间是在创建该用户时指定的。

表空间数据文件通常采用自动扩展的方式，其容量块大小按 2 的整数倍（1M、2M、4M、8M、16M、32M、64M）进行扩展，创建表空间时采用 nologing 选项。表空间的最大限制一般采用 unlimited，并采用 local 管理方式。

3）其他方面设计

除上述几项设计之外，数据库物理模式设计还包括完整性设计、索引设计、视图设计、数据包设计、安全性设计和备份恢复设计。为了简化设计工作，目前各数据库管理系统都给出了相应的设计工具，可以直接利用。

4.3.4 数据库数据字典设计

数据字典也称为数据库的数据库，是整个数据库系统的情报系统。数据库系统是一个复杂的系统，其中所包含的信息除用户数据外，还有很多非用户数据如模式和子模式的内容、文件间的联系、数据项的长度、类型、用户标识符、口令、索引等。为了使数据库的设计、实现、运行、维护、扩充有一个共同遵循的标准和依据，并且也为了保证数据库的共享性、安全性、完整性、一致性、有效性、可恢复性以及可扩充性，数据库中需要设置一种数据字典来集中保存这些信息（韩志军等，1999，2000）。从广义的角度看，数据字典也是一种元数据。除此之外，数据字典还可以作为数据自动规范化入库和专题索引的工具（吴冲龙等，1996）.

1. 属性数据库的数据字典设计

基于关系模式的属性数据库的数据字典依据自身的特点和使用形式，可分为代码数据字典（简称代码字典）、模型数据字典（简称模型字典）、方法数据字典（简称方法字典）、综合数据字典（简称综合字典）和 CASE 技术数据字典（简称 CASE 字典）。

1）模型数据字典

模型数据字典用于管理数据库全部关系子模型及其属性，包括模型管理字典、关系子模式字典和属性字典 3 种。

A. 模型管理字典（数据文件字典）

用于存放所有关系子模型的概况信息，如项目号、名称、关系名、关键字、关键词等，兼作调用关系子模式的菜单，还具有模式连接、选择及参数调用的功能。该字典的建立，使整个系统的关系子模型便于修改、扩充和自动连接。

B. 关系子模式字典

关系子模式字典用于详细描述数据的关系子模式（用户模式），其内容包括：关系子模式的字段名、字段说明、字段类型、字段长度、小数位、单位、数据项约束、属性域、用户界面参数等。如果是属性域字典中已有的属性域参数，系统将自动从属性域字典中传输过来，否则系统将提示输入，而当用户输入后系统将自动存放到属性域字典中，并且传送到关系模式字典中。

C. 属性字典

每一个地矿勘查区的点源数据库通常都有百余个数据子模式，所包含的属性可达数千余项。属性字典用于存放对所有属性的说明，包括属性的项目名称、字段名、字段类型、字段长度、小数位、单位，以及有关数据存储方式、术语字典控制等数据的完整性、一致性、安全性约束条件等。其中，定性描述的属性，可按标准方式进行描述并存放约束条件；定量描述的属性，则以属性域的范围作为约束条件存放。在关系子模式维护、修改、扩充、重组过程中，属性字典起着恢复和传输各关系子模式属性参数的关键作用。在属性字典中，需要设置专用的参数来沟通数据与代码字典的相互关系，同时解决与数据一致性、数据存储形式、数据存储和输出之间转换控制的各种相关问题。

2）代码数据字典

代码字典是一种可供多用户共享的代码系统对比、转换标准和参照依据，它包括国家标准术语代码的编码字典和地矿标准术语代码分级字典。

A. 国家标准术语代码的编码字典

在建立国家标准术语代码字典之前，需要建立一个编码体系字典，统一存储管理各学科的术语代码体系；同时还应采用对数字值赋属性代码的办法，使之单值化。国家标准地质矿产术语代码（除岩石地层单位标准术语代码以外）采用混合编码体系，即数据项属性代码的前两位采用专业分类助记码（前两个汉字的拼音的第一个字母，表 4-5），第 3 位至第 6 位采用字母顺序码；属性值域代码则采用在数据项属性代码的基础上，增加 1～8 位数字顺序码。

表 4-5　地学学科代码体系

学科代号	学科名	学科代号	学科名
CH	测绘	KC	矿床学
DD	大地构造学	KS	矿山地质与采矿
DH	地球化学	KW	结晶学及矿物学
DM	地貌学	MD	煤地质学
DR	地热地质	PK	固体矿产普查与勘探
DS	地史学及地层学	QD	区域地质调查
DW	地球物理学	SD	数学地质
DZ	地震地质	SW	水文地质学
GC	工程地质学	SY	石油及天然气地质学
GD	古地理学	TK	探矿工程
GZ	构造地质学	WD	外动力地质学
HJ	环境地质	WT	地球物理勘探
HS	火山地质	XY	选矿与冶金
HT	勘查地球化学	YG	遥感地质
HX	化学分析	YK	岩矿鉴定
HY	海洋地质学	YS	岩石学
JJ	地质经济学	YZ	宇宙地质学

B. 地矿标准术语代码分级字典

一级地矿标准术语代码字典　一级地矿术语代码字典容纳了整个地矿术语分类代码国家标准（GB/T9649—1988）。所收入的全部术语（词汇）和代码约 10 000 条，涵盖了地矿学科 34 个专业。其数据字典结构见表 4-6。

表 4-6　一级国家标准地质矿产术语代码字典表

索引标识名	索引类型	索引关键字	关键字说明
C _ NAME	普通索引	C _ NAME	汉字说明
CODE	普通索引	CODE	代码
GBXK	普通索引	GBXK+CODE	学科分类+代码

序号	字段说明	字段名	类型	长度	小数	空值	单位	约束	存储
1	代码	CODE	C	10	0				
2	汉字说明	C _ NAME	C	40	0				
3	英译名	E _ NAME	C	80	0				
4	备注	C _ MEMO	C	20	0				
5	类型	C _ TYPE	C	1	0				
6	原代码	O _ CODE	C	10	0				
7	学科分类	GBXK	C	2	0				
8	控制类	GB _ CONT	C	1	0				
9	注解	GB _ MEMO	C	20	0				
	总计	TOTAL		184					

二级地矿标准术语代码字典　　由于地矿术语分类代码国家标准（GB/T9649—1988）所收入的词汇量庞大，为了方便用户选择使用，需要分级建立其代码字典。二级地矿标准术语代码字典分别用于描述各类基础地质调查、矿产资源勘查、工程与环境勘察所涉及的地质矿产术语代码，可视为专业型地矿术语代码字典。每个二级字典所涉及的常用词大约都在 10 000 个左右。其描述字段，只有术语本身和相应的代码。为了方便基层勘查单位建库和应用，可以在二级地矿标准术语代码字典的基础上，根据实际地质状况和需要进行精简，进一步建立三级地矿标准术语代码字典。

C. 用户定义标准术语代码字典

由于用户对国家标准地质矿产术语代码的熟悉程度有限，在使用时往往需要有提示和帮助，有必要设计一种由用户定义的标准术语代码字典（表 4-7）。

表 4-7　用户定义的标准地质术语代码字典表

索引标识名		索引类型		索引关键字			关键字说明		
ZXDC		普通索引		ZXDC＋FIELD _ NAME			用户字典控制＋代码		
序号	字段说明	字段名	类型	长度	小数	空值	单位	约束	存储
1	用户字典控制	ZXDC	C	8	0				
2	代码	FIELD _ NAME	C	10	0				
3	术语（说明）	NAME	C	24	0				
4	英译名	E _ NAME	C	80	0				
5	类型	FIELD _ TYPE	C	1	0				
6	次数	NUMBER	I	4	0				
7	选择控制	XZ	L	1	0				
	总计	TOTAL		128					

D. 地质矿产术语代码字典的应用

在数据库关系数据模式设计与物理模式设计中，地矿术语代码字典主要用于解决数据存储形式、输入输出与代码字典连接处理问题。这是实现数据库的安全性、完整性、一致性、共享性、可恢复性、可修改性和可扩充性的重要保证。

解决数据采集存储形式问题　　为了实现地质调查、矿产勘查及工程勘察数据的计算机存储、处理，野外描述要求尽可能采用标准化和定量方式；而为了方便用户，地矿数据子库系统应当能够同时用代码和术语两种形式存储数据。此外，数据子模式应具备将标准地矿术语自动转换为标准代码，然后存入物理数据库的功能，以便既减少计算机的存储空间，又利于查询检索和实现数据充分共享。在数据模式字典中，描述型数据可采用多数据或单数据代码存储和术语存储方式，数字型数据中的确定值可直接按数值方式存储。对于数字型数据中的一些不确定值或只给出值域的数据，可借用描述型数据的存储方式，将它们当成字符来存储。

数据输入输出与代码字典连接处理 数据模式字典的数据项约束控制参数，可直接对数据输入、输出和修改进行一致性控制。对于描述性数据项的一致性约束，可采用标准化描述方法，统一描述口径，利用标准术语代码字典提示输入。对于部分选词范围比较广，但又无规律可循的数据项，可利用用户定义标准字典来连接。通过数据项属性关联标准数据模式字典，调用数据项的有关参数（包括约束控制参数、数据对象参数等），对不同的数据项类型及不同的参数确定不同的数据传输处理方法，可解决输入、查询、修改等操作过程中的数据项约束，并实现与术语代码、特殊代码字典、用户定义代码字典、数据对象的连接。

为了保证数据库的数据查询结果以标准地矿术语输出，各种数据项在输出之前都要转换为标准术语。转换算法是通过数据存储形式参数，识别数据值与数据定义的存储形式是否一致？是标准码还是标准术语？是数据项还是文字值？是单项数据还是多项数据？不同的数据形式需要采用不同的转换方法。若是简码，就添加属性码并进行转换；若是全码，则直接转换；若是术语，则直接输出。当数据转换输出时，用户定义标准术语字典库具有优先权。对于无法转换的数据，则以原码形式输出。

数据合法性检查处理方法与数据输出转换处理基本上相同，其要领是：将无法转换的数据及其数据格式，以及数据存储形式不一致的数据记录下来，生成数据错误报告，再检查是数据本身错误还是术语代码字典选词不够，然后提请处理。

3）方法数据字典

方法字典就是描述方法模型、参数及方法代码的数据字典。根据方法面向的对象类型，可把方法字典分为两类：一类是面向数据项的，称为属性方法字典；另一类是面向数据表的，称为方法模型字典。每一个属性的属性域值在不同专业、不同区域、不同部门可能是不同的，所涉及的数据效验方法也会不同。通过方法字典可以设置完整性定义约束函数，解决相关的完整性和一致性保护问题。

4）综合数据字典

综合数据字典用于管理整个数据库系统的综合信息。其中包括：系统参数字典、系统功能字典、系统功能模块使用记录字典、数据操作记录字典、系统最后记录状态字典、在线错误处理字典和用户字典。

系统参数字典 系统参数字典用于存放系统的版本信息、系统用户信息及系统环境参数信息。该字典与系统主控模块设置相应的参数，可使系统处于最佳状态。

系统功能字典 系统功能字典不仅保存了整个系统运行过程中的功能菜单和用户界面信息，而且把系统实现阶段的模块层次划分、层次间关系处理和接口参数设置等分离出来，使描述型式的划分、实施和升级变得非常容易。

功能模块使用记录字典 功能模块使用记录字典用于记录系统运行和调试过程中的各功能模块的使用情况。

数据操作记录字典 数据操作记录字典是数据库操作的日志，用于记录在系统运行过程中，用户对数据所做的各种操作的真实过程。这是数据库系统管理员维护数据的依据，对于数据库系统的数据安全非常重要，其作用相当于数据库系统的"黑匣子"。

系统最后记录状态字典 系统最后记录状态字典用于记录系统运行的最终状态。当用户再次对运行记录进行查询、修改或添加时，系统可以通过该字典自动定位到上次操作的位置，既可以确保工作的连续性，又可以减少不必要的移动记录操作和查找操作。

在线错误处理字典 在系统中设置专门的在线错误处理字典，目的是及时地发现数据库辅助设计系统在工作中所发生的错误，并准确迅速地将错误情况、错误标志，用适当的方式告知使用者，以便采取措施及时纠正。

用户字典 用户字典描述用户姓名、使用权限、权号、口令及使用情况，在地矿数据库管理系统中主要起着安全保护作用。

2. 空间数据库数据字典的制定

空间数据库的数据字典可看作是空间数据库的元数据，它用于描述空间数据库的整体结构、数据内容和定义，解释数据表、数据字段和数据值的意义和取值范围，是一种伴随数据库开发和维护而不断修正、不断更新的格式化动态文件。它既可以作为数据库建设、维护和更新的依据，也可以作为使用数据库的指南。为了方便用户使用和数据维护者更新，数据字典应该有在线（online）版本。

A. 空间数据库数据字典的内容

空间数据库的数据字典通常包括：①数据库的总体组织结构；②数据库总体设计的框架；③各数据层的详细内容定义及结构；④数据命名的定义；⑤元数据内容。其中，数据库总体设计框架部分包括：数据来源、整体命名方法、各特征的值域、有效值、地图投影方式、图幅匹配及精度、线和多边形的拓扑关系、线和多边形的连续性及封闭性、质量控制的过程和内容、数据的文件和表格等。

数据字典中各数据层的详细内容定义及结构包括：①标题类信息，名称、类型、数据质量；②各数据层的有关文件、表，各表的项及各项的定义、有效值范围等；③地理参考方面要求满足的情况；④其他有便于说明和理解的文字或图表等；⑤各数据层空间及属性的质量控制规范；⑥各数据层编号系统与其他各标准编号系统的关系；⑦各数据层数据的使用与各应用类型的关系等。

名称	=	专题	+	序号	+	操作
KT01DG		KT		01		DG

专题：KT：矿体

序号：01：第一次

操作：DG：数字化

图 4-11 数据文件命名举例

B. 空间数据库数据文件的命名方法

空间数据库的数据文件名称，反映了与数据文件有关的信息，其中包括数据内容、所接受的操作、被使用同一类型操作的先后次序等。如图 4-11 所示，文件名 KT01DG 表明该数据文件是矿体数据，是第一次通过数字化所获得的原始数据。不同空间数据库软件的数据文件命名规则和数据操作命令不尽相同，需要具体了解并严格遵循。

表 4-8 给出了 QuantyView 软件的常用操作命令。

表 4-8　**QuantyView 主要操作及字符**

操作	字符	操作	字符
选择	select	编辑	edit
制图	map	查询	reselect
覆盖	overlap	裁剪	clipping
不规则三角网	TIN	数字高程模型	DEM
三维建模	modeling	体布尔运算	boolean
数据管理	catalog		

C. 空间数据库数据字典的元数据

元数据是"数据的数据"。它是对一个数据集的内容、质量条件及操作过程等的描述。元数据的规范化与标准化是实现地矿空间数据共享的一个重要条件。在经济发达的西方国家，如美国联邦地理数据委员会（FGDC）已将元数据的内容规范化，并要求所有政府部门实施这个标准。目前不仅政府部门已经普遍使用这一标准，私营商业及学术机构也一并效法，使整个社会均使用统一的标准。

第5章　地质数据的计算机处理

数据处理是计算机的基本功能，其他功能都是从数据处理功能衍生。地质数据处理的内容十分丰富，如日常的剖面测量换算、钻遇地层真厚度换算、钻孔孔斜校正、地质点点位坐标换算、各种地质数据的空间分析、遥感地质数据处理、地质特征的空间分析、地质图件编绘、矿产储量估算，以及资源预测与评价等。本章着重讨论其中3类地质数据计算机处理，其他内容分别在相关章节中介绍。

5.1　地质特征的空间分析

所谓地质特征空间分析，就是对从地质数据库中查询并提取的各类空间数据，进行拓扑运算、属性分析以及拓扑和属性联合分析，用于阐述地质体、地质结构、地质现象以及矿产资源的时空分布和演化规律，为矿产资源和工程地质条件预测、评价和开发、利用提供依据和决策支持。这是最常用也是最重要的地质数据计算机处理内容。专用空间分析软件的研发是发展空间分析的基本条件。

5.1.1　空间分析的方法原理

地质空间分析的理论基础是地质空间实体都可用点、线、面3类图素的空间特征来抽象表示，其间的位置和拓扑关系反映实体间的相互关系；3类图素可产生多种组合关系，表达相互间的邻接性、闭合性、包含性、一致性等。强大的空间分析功能，为地矿勘查（察）和开发人员提供了多种分析问题和解决问题的有效手段。在实际的空间分析操作中，空间运算、查询和分析往往是同时进行的，相互之间并没有严格的区别。不同的空间分析方法，采用不同的数学模型和空间实体模型，适用于解决不同的地质问题。地质专业领域所涉及的空间分析多达60种以上，其中常用的有缓冲区分析、叠加分析、地形分析、网络分析、邻域分析、趋势分析、变异分析、多重分形、判别分析、聚类分析、证据权分析、矢量剪切分析等。

1. 缓冲区分析

缓冲区分析是根据具体应用目的，在空间数据库的支持下自动建立有关点、线、面实体周围一定范围内的多边形缓冲区，用于表达某种因素的影响范围。例如，在断层或构造线两侧划出缓冲区，对于地球动力学研究，可分析该断层破碎带和影响带规模，以及构造作用的应力-应变场特征；对于矿产资源勘查，可分析该断层破碎带和影响带内的矿化蚀变状况、矿点类型及分布密度，判断在离断层或构造线一定距离内的成矿可能性；而对于工程地质勘察，可分析在断层或构造线影响范围内的边坡稳定性，以及滑坡、崩塌等成灾危险性，并根据观测结果划出一定的缓冲区，作为避让、监测和预警区域。这种缓冲区的空间分布状况，通常以露头、钻探、物探和化探资料为依据来圈定。此时缓冲区具有异向性和可变性，涉及不同地理特征的空间接近度或临近性问题，以及新多边形数据层的存储和管理问题。

2. 叠加分析

在进行资源预测时，常常需要综合多种空间信息和属性信息，这就要求空间信息系统具有把不同数据层的相关信息叠合起来，形成新数据层的能力。叠加分析以叠加运算为基础，将同地区、同比例尺的两组或多组地质体多边形要素的数据文件进行叠加，然后根据两组多边形边界的交点建立具有多重属性的新多边形，或者对新多边形范围内的属性特征进行统计分析（图 5-1）。前者称为合成叠加，后者称为统计叠加。数据模式不同，叠加运算的方式也不同，据此可把叠加分析分为栅格数据叠加和矢量数据叠加两种。

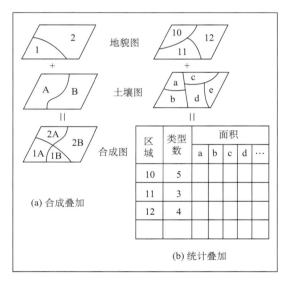

图 5-1　叠加分析示意图

1) 栅格数据的叠加分析

栅格数据的层间叠加可通过像元之间的运算来实现。设 A、B、C 分别为第一、第二、第三层同一坐标处的属性值，函数 f 表示各层上该处的属性与用户需要之间的关系，U 为叠加后属性输出层的属性值，则 $U = f(A, B, C, \cdots)$。

叠加操作的输出的结果可能是：①各层属性数据的平均值（简单算术平均或加权平均等）；②各层属性数据的最大或最小值；③算术运算结果；④逻辑条件组合。

许多地质矿产勘查的原始资料，如化探资料、矿化露头资料等都是离散数据，容易转换成栅格数据，因而可以采用栅格方式的叠加分析。

2）矢量数据的叠加分析（拓扑叠加）

矢量数据的叠加分析实际上是一种空间关系的拓扑叠加分析。叠加可以是多边形对多边形的叠加，也可以是线对多边形的叠加、点对多边形的叠加、多边形对点的叠加、点对线的叠加等。具有完整拓扑关系的矢量数据层通过叠加运算之后，必然产生一些新的实体及其完整的拓扑关系。拓扑叠加还能够把不同数据层的同一实体的属性合并到一起，实现特征属性在空间上的复合。矢量数据的叠加有主动层与被动层之分，地位不同，叠加的结果也不同。例如，点对多边形的叠加与多边形对点的叠加，结果有显著的差别，不能混淆。

3. 地形分析

地形数据不仅是构建地表形态的基础，也是地质构造、岩层、岩体和矿山建模分析，以及矿床开采技术条件评价的主要依据之一。地形起伏的空间连续变化可以用数字高程模型（DEM）来表达。通常，地质信息系统都会提供建立数字地形模型（DTM）的功能，可用于生成三维景观、分析地形地貌特征、制作剖面图、计算工程方量、计算流域和地表汇流面积，以及其他地形的定量化分析等。

1）数字高程模型的建立

数字高程模型主要有格网 DEM、不规则三角网（TIN）以及由两者混合组成的DEM 3 种形式。格网 DEM 数据简单，容易管理，但由于高程多数是原始采样点的派生值，内插过程将要损失一定的精度，仅适合于建立中小比例尺的 DEM。TIN 直接利用原始高程取样点重建表面，能充分利用地貌特征点、线，可以较好地表达复杂的地形，但存储量大，不便于大规模规范化管理。

2）地形分析类型和要领

常用的地形分析包括如下几种。

等高线分析　利用等高线图来表示和分析地形特征，包括地形的变化特点和起伏程度以及各部分的平均高程等。等高线图可从格网 DEM 中获取，也可在 TIN 中生成。

透视图分析　通过绘制地质体透视图或在三维格网上涂色，让地矿人员直观地考察、了解地质体表面的起伏变化与内在结构、成分分布的关系。

坡度坡向分析　借助 DEM，可方便地在三角形或多边形格网内计算某一地质体各部分的坡度和坡向，进而开展滑坡、泥石流等地质灾害和流域洪水分析。

断面图分析　通过断面图可以了解某地质体定向或任意方向的地形起伏状况，还可以提取制作地质剖面图的地形线，为地质剖面自动编绘打下基础。

面积和土石方量计算　以每个格网或每个三角形为基本单元，根据地形起伏计算每个单元的斜面积，进而求得整个地质体 DEM 的表面积，还可以根据不同时期的 DEM，计算地质灾害波及面积和滑移的土石方量。这种地表面积和土石方量计算方法，也可用于工程开挖面积和工程土石方量计算。

4. 网络分析

网络分析是指根据网络拓扑关系（包括线性实体之间、线性实体与结点之间、结点与结点之间的连接、连通关系），利用网络元素的空间数据和属性数据，对网络的性能、特征所进行的各种分析和计算。在地质科学研究和矿产资源勘查中，网络分析主要用于研究金属成矿物质和油气的运聚路径，以及含矿或含烃流体在通道网络中的流量分配，寻找矿质和油气运移的可能路径和主干通道；还可以用来研究金属成矿模式和油气成藏模式，以及矿床、矿体和油气藏的空间分布特征。地质勘查中常用的网络分析有路径分析、连通分析、资源分配和选址分析等。

1）路径分析

路径分析的核心是对最佳路径的求解。从网络模型的角度看，最佳路径求解就是在指定网络中的两结点间寻找一条阻碍强度最小的路径。阻碍强度包括网线阻碍强度和结点转角阻碍强度两种。如果要寻找最快路径，阻碍强度应当预先设定为通过网线或结点转角所花费的时间；如果要寻找费用最小路径，阻碍强度应当预先设定为通过网线或结点转角所花费的金钱；如果要寻找最短路径，则网线的阻碍强度应当预先设定为网线的长度。当网线在顺逆两个方向上的阻碍强度都是该网线的长度，而结点无转角数据或转角数据都是零时，最佳路径就成为最短的路径。

2）连通分析

在分析金属成矿或油气成藏条件时，人们常常需要弄清从某一结点或网线出发能够到达的全部结点或线路。例如，在分析油气二次运移路径并进行油气藏预测时，通常需要知道，烃类流体从烃源岩出发，是通过哪些砂体、不整合面、成藏期活动断层或裂隙带，运送到哪些圈闭内的，以及哪些油气藏和运移通道能够构成一个完整的运移链。如果某些圈闭与烃源岩没有连通路径，那里就不可能有油气的聚集。在矿山和油气田开发中，存在着另一种连通分析问题，即运输连通方案求解问题：如何使连接矿井、采坑、选矿厂、冶炼厂和尾矿堆的公路布局最为合理呢？或者如何使连接油井、采油厂、钻井公司、测井公司和油田管理局的公路布局最为合理呢？如果把每一条可能修建的公路作为网线，把相应的预算费用作为网线的耗费，上述问题就转化为求解一个网线集合，使全部结点连通且总耗费最少的最优评价。

3）资源分配

资源分配是在路径分析和连通分析的基础上，为网络中的网线和结点寻找最近（按阻碍强度大小确定）的资源发散或汇集中心地的分析方法。例如，为城市的每一个社区和农村的每一个村庄确定供水（灌溉）的水厂（水库）和供电的变电站，并模拟资源是如何在中心（水厂、水库、变电站等）和它周围的网线（水管、水渠、线路等）、结点（社区、村庄等）间流动的。在地质科学研究和矿产勘查开发中，可用于寻找每一个矿体或油气藏的矿质或油气来源，并模拟成矿流体和油气如何在矿源或烃源中心（配矿构造或分异区）及其周围网线（断裂、通道等）、结点（容矿构造或油气圈闭）间流动。还可以用于模拟和分析输油气管线布局的合理性，并进行相应的规划和设计。

资源分配是沿最佳路径进行的。其要领是：根据中心容量以及网线和结点的需求，将网线和结点按最佳路径分配给中心；当网络元素被依次分配给某个中心后，该中心拥有的资源量就依网络元素的需求而缩减，直至中心的资源耗尽。

4）选址分析

选址分析也是基于最佳路径和最短路径的一种求解方法。在地矿勘查与开发领域中，选址分析除用于确定服务性设施最佳位置之外，还可用于确定某一矿区内优先开发的矿体或油藏，以及设计工业广场、矿井和油井的最佳位置。在网络分析中的选址问题一般限定设施必须位于某个结点或位于某条网线上，或者限定在若干候选地点中选择位置。由于对"最佳位置"的解释标准不同以及要定位的设施数量不同，选址问题是多种多样的，其求解结果和实现方法也是多种多样的。

5. 邻域分析

邻域分析是追索同类目标在邻近区域的分布特征的一种空间分析方法。利用这种方法，可随时检索已知的某种地质对象实体在邻近区域内的分布状况。例如，在矿产资源预测中的就矿找矿、根据成矿序列法寻找新类型矿床、老矿区深部和外围的成矿预测，以及研究某种岩石类型和矿床类型的空间分布特征等。

6. 趋势分析

地质体的各种特征和结构在空间的分布和变化，都受控于地壳或岩石圈的内在条件和因素，并且表现出一定的趋势。但是，这种变化趋势往往受到局部或偶然因素的影响和干扰，使其面貌变得模糊不清。在地质研究中，查明空间对象的趋势变化具有重要的意义。例如，查明某种成矿元素的分布趋势，有助于发现致矿异常；查明某盆地地层埋深的变化趋势，有助于发现有利的油气聚集区带。查明趋势还有助于对某些描述参数进行内插和外推。因此，如何从庞大的数据集中发现所隐含的趋势，是地质空间数据挖掘的重要任务。

任一地质观察值 Y_i 等于该点区域趋势值 T_i、局部趋势值 t_i 和随机误差 ε_i 之和，可表达为

$$Y_i = T_i + t_i + \varepsilon_i \tag{5-1}$$

区域性趋势在地质上往往反映大范围的或高级序的控制因素，局部性趋势可能反映小范围的或低级序的控制因素（地质异常），而随机误差可能反映随机干扰因素。为了分离出趋势部分，可采用空间或时间的某种函数来逼近它，如代数多项式和三角多项式。前者即常规趋势分析，在数学地质领域应用比较多，用于逼近任意的连续函数；后者也称调和趋势分析，用于拟合周期性变化趋势。根据变量空间的维数，多项式趋势分析可分为一维、二维和三维 3 种（图 5-2）。

　　一维趋势分析用于检查某一地质变量是否随着距离或时间变化呈现趋势变化［图5-2（a）～图5-2（c）］。二维趋势分析是一种多项式趋势面分析，是采用多项式函数来分析地质体的某些特征在二维空间上的分布状态，即用函数所代表的曲面来拟合该地质特征的空间变化趋势［图5-2（d）～图5-2（f）］。三维趋势分析，即三维超平面和超曲面趋势分析，是采用多项式函数来分析地质体的某些特征在三维空间上的分布状态，即用函数所代表的超曲面来拟合该地质特征的空间变化趋势［图5-2（g）～图5-2（i）］。

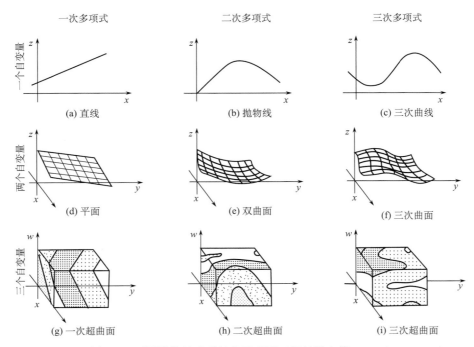

图 5-2　不同维数的地质趋势示意图（据赵鹏大等，1983）

　　一般地说，拟合次数越高，所得的趋势值与观测值的近似程度就越高，分离出来的趋势形态也越复杂；拟合次数越低，所得的趋势值与观测值的近似程度就越低，分离出来的趋势越简单。换言之，不同的拟合次数可得到不同级别的趋势。拟合次数的选择取决于地质特征空间分布的复杂程度，以及所研究问题的需要和所涉及范围的大小。分离出大趋势之后的剩余值，可以视作观测值再做趋势分析，得到次一级的局部趋势。各维度各级次趋势分析，都要通过方差分析来检验其显著性。

7. 变异分析

　　变异分析是克里金法分析的核心。该法从变量相关性和变异性出发，在有限区域内对区域化变量的取值进行线性、无偏、最优估计。它考虑了信息样品的形状、大小及其与待估计块段相互间的空间位置等几何特征，以及特征的空间结构。就几何意义而言，它是对空间分布的数据求线性、无偏、最优内插估计的一种方法，其内插的结果可信度较高。

克里金法的适用条件是区域化变量存在着空间相关性。经过多年的研究，针对地质体空间属性的不同分布特征，已经发展出普通克里金方法（二阶平稳或内蕴，点克里金法和块段克里金法）、泛克里金法（具非平稳特征）、协同克里金法（涉及多个变量）、对数正态克里金法（呈对数正态分布）、指示克里金法（存在特异值）、析取克里金法（针对局部目标）等。近年来，通过与其他学科的交叉和融合，又形成了一些新方法，如分形克里金法、三角克里金法和模糊克里金法等。所有克里金法均涉及 3 个重要的概念，即区域化变量、变异函数和协方差函数。因此，克里金法就是以变异函数为基本工具，研究区域变化量空间分布的结构性和随机性，以达到精确估计为主要目的的一种空间分析方法。但不同的克里金法有不同的具体应用范围和适用条件，在利用克里金模型进行地质数据空间分析时，需根据需要和实际情况进行选择。

8. 多重分形

由于地质过程往往具有多期次和空间相关性，所产生的地质体或者相应的场往往也会呈现空间自相似性或统计自相似性，即形成具有自相似性或统计自相似性的多重分形场（Cheng，1999a，2001）。这种场的特点是场的形态变化与度量尺度不相关。这种与度量尺度无关的自相似性，称为标度独立性。例如，不同规模的河口三角洲、不同规模的热液矿床、不同规模的裂陷盆地，以及不同规模的推覆体等，往往呈现出空间结构、组成、构造和形态的某种自相似模式。标度独立性也称尺度不变性（scale invariance），包括自相似性（各向同性）、自仿射性（成层结构）、广义自相似性（各向异性标度不变性），可用分形和多重分形模型来表征。尺度不变性是地质特征和模式的本质属性。在进行地质数据空间分析时，不能不考虑这种尺度不变性特征。

如果一个模式具有多重分形特征，那么在该模式上定义的某种量值 $C(r)$ 与其度量的空间范围大小（度量尺度）会遵循如下的幂律关系（Cheng，1999a）：

$$C(r) \propto r^{\alpha-2} \tag{5-2}$$

式中，$C(r)$ 为基于尺度 r 的邻域内（特殊的邻域，如圆）密度含量的平均值；α 为幂律关系的指数值，也称奇异性指数，表征了模式密度分布随度量尺度的变化性。

如果 α 在整个研究区是常数，那么这种空间模式是一种单重分形或非分形分布；否则，这种空间模式具有多重分形分布。在实际应用中，式（5-2）可有多种形式。例如，$C(r)$ 可以表示 r 邻域内的矿床分布密度（矿床数量与 r 邻域面积的比值），或者表示 r 邻域内的地球化学元素的平均含量（密度）等。

在不同的位置上，幂律关系可以具有不同的奇异性指数 α。奇异性指数 α 具有如下性质：在 $\alpha=2$ 处，当且仅当 $C(r)=$ 常数，与 r 无关，模式在该位置上是非奇异的（线性的）；在 $\alpha<2$ 处，当且仅当 $C(r)$ 是关于 r 的递减函数，在给定位置 $C(r)$ 具有凸性，为正奇异；在 $\alpha>2$ 处，当且仅当 $C(r)$ 是关于 r 的递增函数，在给定位置 $C(r)$ 具有凹性，为负奇异。在正奇异点处，$C(r)$ 值随着窗口 r 的减小而增大；在负奇异点处，$C(r)$ 值随着窗口 r 的减小而减小。由不同的 r 计算得到 $C(r)$ 值后，可以作出它们的双对数图，然后通过最小二乘法拟合，进而估计出奇异性指数 α。

奇异性指数既可以用来刻画具有连续性的空间模式，如地球化学异常和地球物理异常等，也可以表征不连续的空间特征分布，如断层、岩性和矿床分布等。Cheng（1999a）发展了一种多重分形插值方法。该插值方法不仅考虑了通常克里金方法所依据的空间相关性，而且考虑了空间属性特征的局部奇异性。

处理二维模式的多重分形方法的通用公式表达为

$$C(r_1) = (r_1/r)^{a(x)-2} C(r) \tag{5-3}$$

式中，r_1 和 r 为邻域的 2 个任意尺度。式（5-3）表明从 2 个不同的邻域计算得到的平均值 $C(r)$ 和 $C(r_1)$ 与尺度比有幂律关系。如令 r_1 为单位或像元尺度，r 为用像元个数表示的半径值，$C(r)$ 用它的加权滑动平均值来替代，则有

$$C_x = r^{a(x)-2} \sum_{x+h \in \Omega(x, r)} w(\|h\|) C_{x+h} \tag{5-4}$$

式中，C_x 为位于 x 处的密度平均值；$\Omega(x, r)$ 为中心位于 x 处、半径为 r 的邻域，C_{x+h} 为位于 $\Omega(x, r)$ 中 $x+h$ 处的密度值（$x+h \in \Omega(x, r)$），$w(\|h\|)$ 为原点在 x、距离向量为 h 的位置上 C_{x+h} 值的权重。权重 $w(\|h\|)$ 可以用不同的方法进行估计，如克里金和反距离加权等。在这里，克里金或反距离加权可看作是多重分形方法的特例，而多重分形方法可视为各种传统滑动平均方法对处理具有奇异性数据的推广。

显然，基于这种尺度不变性特征，可为刻画地质空间模式及其模式识别提供有力的定量化工具。例如，多重分形（multifractal）滤波方法——阈值-能谱法（S-A），能够根据场的能谱分布的自相似性，形成不规则甚至分形滤波器，并将场分解为不同的组分，如局部异常和背景场。多重分形空间模式（场）的能谱密度和频率（波数）分布的"面积"之间具有分形（幂律）关系（Cheng，2004）：

$$A(\geqslant S) \propto S^{-2/\beta} \tag{5-5}$$

式中，S 为能谱密度；A 为能谱密度大于阈值 S 的波数集合的面积（单位为波数平方）；β 为分形维数。这种关系表示能谱密度在各向同性条件下，在半径上的平均数值和波数（频率）之间的关系。在不同的能谱密度范围内，这种幂律关系会对应不同的幂指数，而不同的幂律关系表现为不同斜率的直线。因此，可以通过不同线段的拟合，来确定具有不同 S-A 关系的能谱密度范围。根据不同范围内的能谱密度具有不同的广义自相似性，可定义出不同的滤波器。例如，以两条直线的交点 S_0 为阈值，可将能谱密度的分布范围分为两个区域，即形成两个滤波器。

第一个滤波器：$G_B(\omega)=1$，当 $S(\omega)>S_0$；$G_B(\omega)=0$，当 $S(\omega)\leqslant S_0$；

第二个滤波器：$G_A(\omega)=1$，当 $S(\omega)\leqslant S_0$；$G_B(\omega)=0$，当 $S(\omega)>S_0$。

滤波器 G_A 中的波数 ω 普遍大于滤波器 G_B 中的波数，表明 G_A 的频率大于 G_B 的频率，即 $G_A(\omega)$ 对应了相对较高的频率成分，$G_B(\omega)$ 对应了相对较低的频率成分。两个滤波器的能谱密度分布，满足不同的幂律关系或具有不同的异向性尺度独立性。只有在特殊的情形下，滤波器才会呈现圆形（各向同性或自相似）或椭圆形（成层结构或自仿射）。经傅里叶逆变换，可得空间域中的分解成分：

$$M_B = F^{-1}\left[F(M)G_B\right]$$
$$M_A = F^{-1}\left[F(M)G_A\right]$$
$$(5\text{-}6)$$

式中，F 和 F^{-1} 分别为作用于空间模式 M 上的傅里叶变换和傅里叶逆变换；M_B 和 M_A（$M = M_A + M_B$）具有不同的性质，但仍分别为连续变化的空间模式，其频率组合在频率域中呈不同的自相似性。在特征（基因）空间内寻找空间模式的广义自相似性，进而识别和分解空间模式，对地质空间的认知具有重要意义。

采用多重分形进行各种地球化学和地球物理场分解，不仅有效而且能够充分利用空间结构和局部变异信息（局部奇异性）（local singularity），揭示某些地质现象形成的特异规律。正因如此，多重分形凭借其自身的显著优势，已经成为提高勘查地球化学、地球物理及遥感数据处理效果的重要手段之一。

9. 判别分析

判别分析（discriminatory analysis）是在已知对象分类的条件下，判别某一研究对象类型归属的一种多变量统计分析方法。实际上，判别分析是一种定量"类比分析"方法。在地质空间对象的研究中，"类比分析"是一种常用的方法，如根据已知矿床或油藏的控制因素或成矿（成藏）地质条件，进行新区的成矿（成藏）远景类比预测；根据已知地质灾害体的控制因素或致灾地质条件，进行新区的地质灾害发生类比预测。

判别分析的基本原理是：先按照某种准则建立一个（或多个）判别函数，再利用空间对象的大量数据来确定判别函数中的待定系数，并计算判别指标。在判别分析中，用 p 个标志描述的某一对象被看作 p 维空间中的一个点，或者是通过 p 维坐标系原点的一个向量。于是，两类（或多类）不同对象就被假设为两个（或多个）p 维总体在 p 维空间中的两个（或多个）点群。判别分析有多种类型，根据待判别的对象组数，可以分为两组判别分析和多组判别分析；根据判别函数的形式，可以分为线性判别和非线性判别；根据判别式处理变量的方法，可以分为逐步判别、序贯判别等；根据判别标准的差异，可以分为距离判别法、费希尔（Fisher）判别法和贝叶斯（Bayes）判别法等。在待判的两个（或多个）点群中，可能有部分是重叠的。从几何意义上讲，判别分析就是要在 p 维空间中部分重叠的不同点群间，寻找一个最优分割面 [图 5-3（a）]，或者是最优分割方法 [图 5-3（b）]，使分类判别的损失为最小。

10. 聚类分析

聚类分析是在没有事前分类的条件下，根据实体的空间特征和属性的模式识别或类别聚合，进而发现数据集的空间分布规律和典型模式的方法。聚类分析的出发点是研究对象之间可能存在的相似性和亲疏关系。根据研究对象的差别，聚类分析可分为 Q 型和 R 型两类。Q 型聚类是研究 p 维空间中的样本（空间单元或区块）间相似程度，对标本进行分组归类，如研究预测单元的成矿或成藏有利因素的发育程度及其组合状况，以帮助进行不同空间单元或区块的成矿或成藏远景区分；R 型聚类是研究 N 维样品空间中变量点之间的相似程度，对变量进行分组归类的方法。又如，研究控矿及矿化标志

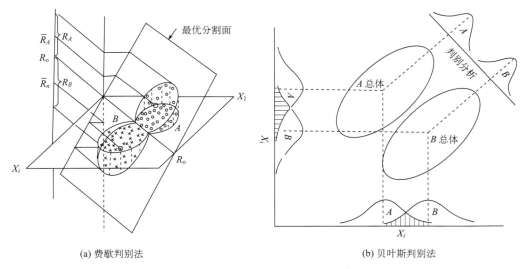

图 5-3　判别分析的基本原理（据赵鹏大等，1983）

A、B 分别为得判总体的代号

间的相关关系，多用于同一矿床或区块内的矿物、化学元素的分组，以帮助进行不同矿体或油藏的成矿或成藏条件区分。

　　用于衡量标本或变量相似性的方法，实际上都是从 3 个不同的角度着眼的，即描述两个标本或两组变量的对应值接近程度、对应元素成比例程度、对应元素消长关系的密切程度。因此，通常分别采用距离系数、相似系数和相关系 3 种参数作为统计评价指标。在确定统计评价指标的基础上，采用适当的方法即可实现聚类。目前常用的聚类方法有两类，即系统聚类法和动态聚类法。

　　系统聚类法的要领是：先把每个样品当作一类，再对各样品进行两两比较，并按照相似性指标大小逐步并类，直至最后并成一大类为止，形成一个由小类到大类的分类树（谱系）。系统聚类法的聚类过程，可分为一次计算聚类和逐步计算聚类。

　　动态聚类法的要领是：先把所有样品当作一类，再选择若干个凝聚点，依各样品与凝聚点的距离进行初始分类。然后，按照某种原则进行修改（合并或拆分），直至分类比较合理为止，形成一个由小类到大类的分类树（谱系）。动态聚类不是把每一个样品与另外所有样品逐一加以对比，而是将其与各批样品的重心相比而进行分类，大大地简化了运算步骤，且保持了分类信息和效果，更适合于大数量样品的分类。

11. 证据权分析

　　证据权分析是从医学领域发展起来的。Agterberg（1993）将其引入矿床预测领域，Bonham-Carter（1996b）对该理论的实际应用进行了全面总结。该方法最初是采用基于二值图像的一种统计分析模式，通过对一些与矿产形成相关的地质信息的叠加复合分析，来进行矿产远景区预测。其中的每一种地质信息都被视为成矿远景区预测的一个证据因子，而每一个证据因子对成矿预测的贡献是由这个因子的权重值来确定的。证据权重法涉及先验概率、权重和后验概率等概念。

这里的先验概率是指根据已知矿点分布，计算各证据因子在单位区域内的致矿概率。为了便于解释预测（证据）图，证据权通常采用二态赋值形式。应用地质判断或统计方法，能够将这种形式主观地转换成其他形式以确定临界值。其临界值能够最大限度地揭示二态制图模式与数据模型的空间组合关系。在计算后验概率时，需要通过对各证据权重因子关于矿点条件独立的假设检验。证据权重法的最终结果，可以表达为权重形式或者后验概率图形式的组合图。其优点在于权重的解释是相对直观的，并能够独立地确定，易于产生重现性。该方法也适用于获取局部特征和区域模型的信息（如地质异常、地球化学异常和地球物理异常等）。

12. 矢量剪切分析

地质对象的矢量剪切分析是地质信息系统空间分析的核心功能之一。它通过对地质体、地质界面、地质线条等矢量数据的布尔运算来实现，所生成的图形仍然是矢量图形，保存了原有的几何拓扑关系。其主要内容包括切制地质剖面和栅状图、挖刻沟槽和地下硐室、制作虚拟钻孔和虚拟井巷等。地质人员通过矢量剪切分析，能够直观而形象地了解地质体内部结构、构造和成分特征（图 5-4），进而可深入分析和了解地质体的成因和相互关系，以及运动机制、发展过程和演化规律。

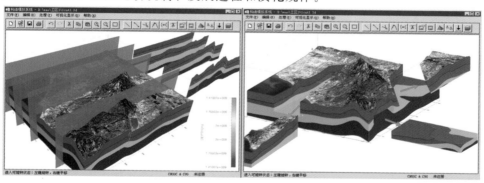

(a) 剖面切割制作　　　　　　　　　　(b) 任意切块、刻槽、挖洞

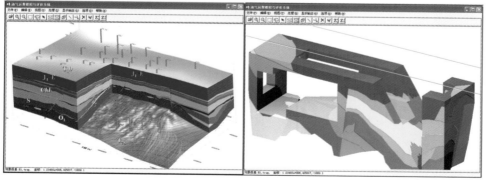

(d) 观察油藏结构　　　　　　　　　　(c) 任意切块、刻槽、挖洞

图 5-4　地质空间对象的矢量剪切示例

从几何学角度看，矢量剪切可分 x 方向、y 方向、z 方向和任意方向的剪切。其基本方法原理为：取出所有图形的数据点，判断此点是在剪切面的哪一侧，保留其中一侧的数据点，舍弃另一侧的数据点；然后求出剪切面与所保留图形的交点，并将这些交点按照图形的拓扑关系形成相应的填充区，将继承的拓扑关系与保留图形一起形成新的实体（田宜平等，2000b）。剪切算法的关键是判定空间中的点与三维地质体、地形及地质边界等约束面的空间关系，其算法主要有面求交算法、空间分区二叉树（BSP）分解算法、栅格转换算法等。对于比较简单的三维地质模型，可采用传统的面求交算法；而对于复杂的地质体模型，可采用 BSP 算法（杨成杰等，2010；刘刚等，2012）。

开展地质特征空间分析，需要着重解决如何从地质数据库中查询、检索并提取各类空间数据，以及如何高效地进行拓扑运算、属性分析以及拓扑和属性联合分析等问题，以便为基础地质研究、矿产资源勘查和工程地质条件评价服务。

5.1.2　地质特征空间分析技术

1. 空间分析的功能模块

基于对象-关系数据库的数据共享平台，通常拥有自动建立拓扑关系的整套算法。这些算法模块，一方面可以验证拓扑关系的正确性，修正地质空间数据录入及存储的错误；另一方面提供了对空间数据进行操作和分析的各种功能（图 5-5）。其中的空间查询与空间分析模块，具有地矿勘查专业的专业特色。

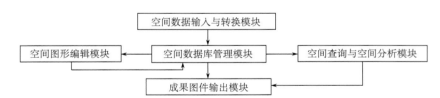

图 5-5　主题式对象-关系数据库中与空间分析相关的模块及其联系

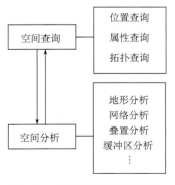

图 5-6　空间查询与分析模块

空间查询功能是空间数据提取的技术基础。通过空间查询和检索，研究人员可以根据空间图形来获知相应的地质属性信息，也可以根据属性数据来了解相应的地质空间实体，从而能从整体上把握地质体的时空结构，获取新信息和新知识，为地质特征的空间分析提供各项数据。在地质信息系统中，空间查询与空间分析的关系如图 5-6 所示。

由于不同地质工作的空间分析内容、方式和过程都不同，为了提高空间分析的针对性及其质量和效率，需要建立不同的空间分析模型。所谓地质空间分析模型是对具体地质空间对象及其演化过程的抽象，通过一系列典型的运算与查询命令来表达，可以用来帮助用户完成地质调查、矿产勘查和工程勘察涉及的各项空间分析任务。

2. 空间数据的提取

在实际操作中，地质对象的空间分析是与空间查询、空间计算交叉进行的。空间数据提取是指借助各种数据查询手段，将数据库中的相关空间数据搜索出来，并以屏幕显示、文件转存或打印形式加以表达的一种操作。空间数据的提取操作贯穿于空间数据分析和处理的全过程，是地质数据库管理系统的一种经常而重要的工作形式。空间数据的提取方式有多种，分别用于不同的分析、处理目的。

1）空间数据的提取方式

空间数据提取包括基本提取、空间检索和布尔处理 3 种方式。

A. 基本提取

基本提取是指按照一般属性通过常规窗口找出所需空间数据的操作，而空间检索专指按照空间范围限定条件找出所需空间数据的操作。

B. 空间检索

空间检索的主要内容包括：①相邻分析检索，指采用相邻分析的技术方法，检索出与某一已知空间实体有邻接关系的空间实体；②相关分析检索，指把与查询窗口有关的点、线、面状空间实体都检索出来；③叠置分析检索，指利用多边形叠置分析技术，来检索落在窗口内的空间实体，而对落在窗口外的部分则剪裁掉；④边缘匹配检索，指应用边缘匹配处理技术，在多幅地图的数据文件之间建立跨图幅的多边形，并提取与查询窗口关联的图幅数据，再将这些数据自动地组织进连续的窗口内（图 5-7）。

C. 布尔处理

布尔处理是指根据布尔标准或条件表达式所进行的限定性的多重属性查询和数量统计（图 5-8）。例如，"检索图斑面积大于 0.25km^2 的所有金矿区"，便是属于双重属性的布尔数据提取处理。

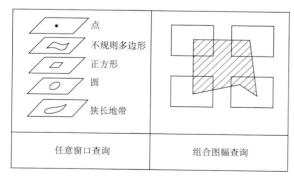

图 5-7　数据的查询检索
（据 Dangermond，1983）

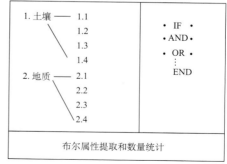

图 5-8　数据的布尔处理
（据 Dangermond，1983）

2）空间数据的提取方法

一般的空间信息系统都提供了多种空间数据提取方法，如拓扑检索提取法、分层检索提取法、定位检索提取法、区域检索提取法和条件检索提取法等。

A．拓扑检索提取法

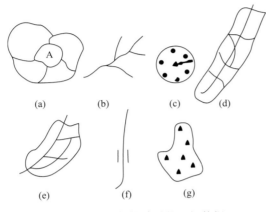

图 5-9　基于拓扑关系的空间数据

空间目标之间的拓扑关系有两种：一种是节点、弧段和面块等图元之间的拓扑关系；另一种是地质体之间的空间拓扑关系。拓扑关系一般通过关联关系和位置关系来隐含表达，并通过专门途径进行提取：①面与面关系，如检索与某个面状地质体相邻的所有地质体［图5-9（a）］；②线与线关系，如检索所有与某一主断层关联的次级断层［图 5-9（b）］；③点与点关系，如检索到某矿点的距离小于 2km 的所有点状地质体［图5-9（c）］；④线与面关系，如检索某断层所经过的所有矿床［图 5-9（d）］，或检索某矿区内所有断层［图 5-9（e）］；⑤点与线关系，如检索某河流上的桥梁［图 5-9（f）］；⑥点与面关系，如检索某含矿层所有的矿床分布点［图 5-9（g）］。

B．分层检索提取法

空间数据库中的地质属性数据与空间数据都是分层存放的，如矿产地质图的信息分为成矿有利地层、含矿岩体、断层构造线、矿化点等多个层次。如果要提取与成矿有关的断层构造线，只需要检索断层构造线这一层数据即可。

C．定位检索提取法

地质体都有自己特定的空间位置，利用这种特定位置进行地质体的图形和属性的双向交叉检索和数据提取的方法，即为定位检索提取法。基于这种方法，用户可以用光标指点屏幕上的图形，查询并提取它的相关属性数据；也可用光标指点数据表格中的数据项，在屏幕上直接显示出该数据项所关联的地质体图形。

D．区域检索提取法

区域检索提取法是指在屏幕上指定一个矩形或任意多边形，并提取落在该区域内的所有地质体及与其相关的属性。利用这种方法，也可设定任一已知点、线、面图元周围一定距离内的区域，并查询该区域内所有地质体及其相关属性。

E．条件检索提取法

条件检索提取法是指根据设定条件进行空间数据的查询、检索和提取。查询条件可用数据项与运算符组成的条件表达式来表达。这些运算符号可以是＋、－、×、≥、≤、＞、＝、＜等。例如，给定条件"（面积＞100）&&（地层代号＝＝'Pt2'）"，我们可以检索出满足面积大于 100，而且地层代号为 Pt2 的所有地质体。

5.2　地质遥感数据的处理

地质遥感数据的处理是地矿勘查领域的一种图像处理。它以遥感图像特征和地质模型研究为基础，通过多种数学方法对所提取的地球表层多光谱遥感数据进行分析和解译，揭示地壳表层的结构、成分、地质构造，进行矿产资源勘查和地质灾害预测与评估。地质对象的遥感图像特征源自岩石、矿物、土壤、水和气体的反射光谱特征。其中，能用于识别地质体和地质现象，并能说明其属性和相互关系的信息，称为遥感地质解译标志。遥感地质解译标志可分为直接标志和间接标志两种，前者是指直观的典型图像特征，如形状、大小、色调、阴影、花纹等；后者是指需要通过增强处理和深度挖掘才能感知的典型图像特征，如某种成矿元素的空间分布规律。地质遥感数据处理的目的，就是通过处理来提取各类地质解译标志，揭示和识别地质体、地质构造和地质现象，为地质资源、地质环境和地质灾害预测、评价服务。

5.2.1　地质遥感数据的处理方法

任何遥感系统获得的原始图像数据均是三维景物的二维投影显示，存在着不同程度、不同性质的几何形态畸变和辐射量失真现象；遥感图像往往是地面景物的综合反映，多种信息混杂在一起，甚至彼此叠掩，相互抑制；而有的原始遥感图像数据的表现形式不适合于人眼观察，难于直接进行目视分析解译。因此，原始遥感图像数据不经过适当处理，就无法从中提取准确的地质信息。地质遥感数据的处理除基于不同平台和不同传感器参数所进行的图像统一处理外，还可根据使用目的对图像进行针对性应用处理，即遥感图像的目标驱动处理。

1. 地质遥感数据处理内容和分类

一般地说，地质遥感数据处理的内容，主要有以下三个方面。

（1）对接收系统所获得的遥感信号进行处理和记录，回放出原始遥感图像，对图像中存在的畸变及失真现象，根据成像机理与相应的构像方程数学模型进行补偿和校正。简称图像生成回放、图像恢复或校正处理。

（2）根据人眼视觉原理与特点对遥感图像进行各种变换和增强，提高遥感图像中反映地物目标特性的视觉效果与可识别性。简称遥感图像的变换和增强处理。

（3）对原始遥感图像所反映的地物目标波谱特性进行反演、统计和分析，提取地物目标类别及其空间分布信息。简称遥感图像特征信息提取与识别处理。

总之，从遥感接收系统捕获到卫星遥感信号，经过多种处理得到适合应用者需要的优质图像和有用信息的全过程，都属于图像处理范畴。前述（1）和（2）项处理工作从图像总体出发，着眼于改善和提高图像整体质量，通常称为遥感图像的系统性处理；而（3）项图像处理工作则密切结合具体应用目的与对象，期望从遥感数据中获得有用信息，以至发现可用于指导科学决策的知识，通常称为遥感图像的应用性处理。将遥感图像处理工作分解为遥感图像的系统处理与应用处理两类并加以深入研究，有助于扩展遥感应用新领域，并大幅度提高遥感技术的应用水平。

2. 地质遥感数据应用处理思路与流程

　　遥感图像应用处理与分析的目标，在系统处理的基础上根据应用目的与地区特点做进一步的处理，以便应用者从中提取有用信息，并发现更有价值的知识，帮助各应用部门的领导者做出科学决策。为此，需要认真研究和解决如何从地面电磁波谱特性数据中，突出应用者感兴趣的有用信息，排除或抑制那些无用信息。应该指出，这里说的有用、无用都是相对的，需要针对性地选择处理方法。

　　目前，在遥感领域形成了图像、图形和统计数据 3 项信息技术。在图像中，由像元坐标位置 (x_i, y_i) 定义的空间域是唯一的，而不同遥感波段、不同时相 (b_i, t_i) 等所定义的向量空间则是多维的，而且是可改变的。在遥感系统成像过程中，地面原型被压缩、简化为二维模型。由于发生信息衰减和多种随机变化因素的干扰，在利用遥感图像数据进行目标识别和信息提取时，会产生不确定性和多解性。传统的遥感数据处理很难与一些有模糊性的地学知识结合，其方法模型也与实际地学规律脱节，使得现有的遥感图像识别分类和信息提取效果不佳。为了更有效地运用遥感手段研究地质环境和资源，进行地质灾害的动态监测与分析，需要在地学规律的指导下，结合具体的遥感成像机理灵活地运用数理统计和模式识别理论，乃至人工智能统计分析模型，形成精确反映成像规律的遥感图像应用处理与信息提取、处理和分析技术（图 5-10）（周成虎等，1999；徐凯等，2002；徐凯和孔春芳，2002）。

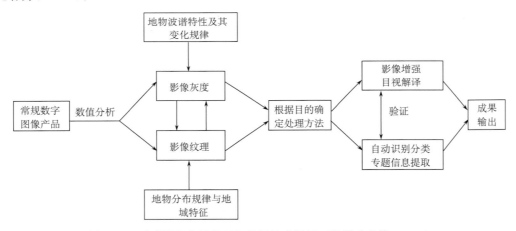

图 5-10　遥感影像应用处理与分析技术框架（据周成虎等，1999）

　　严格地说，经过系统处理的遥感图像还不能称为信息，而是多种"信息"与"噪音"的混合体，称之为资料或数据可能更为准确。目前，遥感技术已大踏步向红外、微波和高分辨率等新领域扩展，多波段、多极化、多角度等新的遥感方式已经或即将投入使用。只有通过对这些图像数据应用处理，使有用信息得到增强与突出，而无用信息与噪音等得到抑制与排除，才能从中提取期望的信息并发现可用于科学决策的知识。图

5-11 展示了基于地质遥感数据应用处理的决策分析流程。

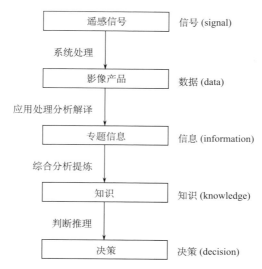

图 5-11　基于遥感影像数据应用处理的决策分析流程（据周成虎等，1999）

3. 地质遥感图像增强处理

地质遥感图像增强处理的主要着眼点在于改进图像显示清晰度，提高与地质特征相关的遥感图像的视觉效果和可解译性，便于应用者从中获得与所研究问题相关的有用信息，快速实现从遥感数据向地质信息的转化。所谓的图像增强，就是根据能为视觉感知且可作为参数描述的遥感图像特征，包括灰度、颜色、纹理和形状等，结合显示介质和人的视觉特点，选择某种变换算法所进行的处理。变换结果能否突出有用信息，是否符合实际要求，在很大程度上取决于应用目的及处理者的主观判断。目前尚难确定一个普遍适用的统一评价标准，通常是结合具体情况并通过反复试验和观察，不断调整参数直至满意为止。因此，地质遥感图像的增强处理过程，是在地质与遥感理论指导下的实践过程。根据处理空间的差异，遥感图像增强处理技术可分为基于图像空间的空域方法和基于图像变换的频域方法两大类。

1）遥感图像的灰度增强

遥感图像灰度增强是一种点处理方法，其立足点是突出像元之间的反差（或称对比度）。目前几乎所有的遥感图像都没有充分利用遥感器的全部敏感范围，各种地物目标图像的灰度值往往局限在一个比较小的灰度范围内，使得图像看起来不鲜明清晰，许多地物目标和细节差别不大，难以辨认。通过灰度拉伸处理，扩大图像灰度值动态变化范围，可加大图像像元之间的灰度对比度，因此有助于提高图像的可识别性。灰度拉伸方法有线性拉伸、分段线性拉伸和非线性拉伸。

A. 线性拉伸

线性拉伸是最简单的一种拉伸算法。假设原图像的灰度值动态分布为 $[a_1, a_2]$，待扩展的灰度值动态范围为 $[b_1, b_2]$，且 $b_2 > a_2$，$b_1 > a_1$，则拉伸结果如图 5-12 所示（韦玉春等，2007）。

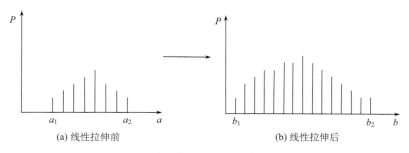

(a) 线性拉伸前　　　　　　　　　　　　(b) 线性拉伸后

图 5-12　遥感图像灰度线性拉伸变换示意图

扩展后的像元灰度为 $g(x,y)$，原图像的像元灰度为 $f(x,y)$，则

$$g(x,y) = \frac{f(x,y) - a_1}{a_2 - a_1}(b_2 - b_1) + b_1 \tag{5-7}$$

当选择灰度动态范围为 $[0, 255]$ 时，式（5-7）可简化为

$$g(x,y) = \frac{f(x,y) - a_1}{a_2 - a_1} \times 255 \tag{5-8}$$

如果以 y 代 $g(x,y)$，以 x 代 $f(x,y)$，则式（5-8）可进一步简化为

$$y = Ax + B \tag{5-9}$$

式中，(x,y) 分别为反差增强前后的像元灰度值；A, B 为线性拉伸常数。

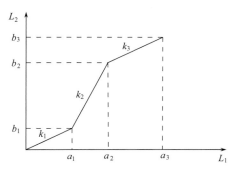

图 5-13　遥感图像灰度分段线性拉伸示意图

B. 分段线性拉伸

对遥感图像进行灰度拉伸时，常遇到只需扩展低灰度区（暗区），压缩高灰度区（亮区），或者反过来，只需扩展高灰度区或某个特定灰度区等情况。这时，可以将图像灰度值的动态范围划分成若干区段，再按区段进行不同程度的线性扩展。也可以说，先将上述分段线性函数连接成折线函数，再进行灰度变换（图 5-13）（韦玉春等，2007）。

图 5-13 中，L_1 为原图像的灰度变量，L_2 为变换后图像的灰度变量，a_1，a_2，a_3 分别为所选择的分段断点，k_1，k_2，k_3 分别为控制三个线段灰度值变换的斜率。每一个区域的拉伸方式和程度根据实际需要确定，选择适当的断点和斜率就可以降低或扩大特定区域内地物目标的灰度反差。例如，设第一段为压缩低值区、第二段为扩展高值区、第三段为微压缩高值区，则有 $-0.5 < \Delta k_1 < 0$，$\Delta k_2 > 0$，$-0.2 < \Delta k_3 < 0$。

C. 非线性拉伸

采用非线性函数关系来扩展原图像的像元灰度值，即对整个遥感图像的灰度值变化范围以不等权的关系进行变换，如对暗区、亮区进行不同比例的扩展，常能产生更佳的增强效果，甚至使一些非常细微的光谱差异凸现出来。非线性拉伸的实施方法有对数变换、指数变换、查表法、直方图调整等。

对数变换　常用于扩展低亮区（暗区）、压缩高亮区的对比度，使暗区图像层次增多，以突出隐伏于暗区图像中的某些地物目标［图 5-14（a）］（章毓晋，2012）。对于比较潮湿的地区或山体阴影区内的地物目标，对数变换可获得较好的增强效果。其算式为

$$g(x,y)=b \cdot \lg[af(x,y)+1]+c \tag{5-10}$$

式中，$g(x,y)$ 和 $f(x,y)$ 分别为扩展后和扩展前的像元灰度值；a，b，c 分别为变换曲线的变化率、起点和截距，是增加变换的灵活度和动态范围的可调参数。

指数变换　如果待研究解译的地物目标主要分布在亮区，或者目标本身比较明亮时，采用指数变换能取得较好效果。指数变换的增强效果正好与对数变换相反［图 5-14（b）］（章毓晋，2012），能突出亮区的差异而抑制暗区。指数变换的算式为

$$g(x,y)=b \cdot e^a \cdot f(x,y)+c \tag{5-11}$$

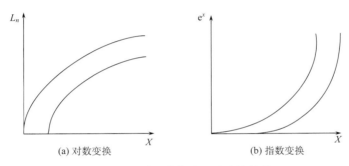

| (a) 对数变换 | (b) 指数变换 |

图 5-14　遥感图像灰度的非线性拉伸

2）遥感图像的边缘增强

遥感系统成像过程中可能产生的"模糊"作用，常使某些用户感兴趣的线性形迹、纹理和地物边界等信息不能清晰地显示出来，导致识别上的困难。在这种情况下，上述各种通过单个像元灰度值调整的处理方法对此均难以奏效，需采用邻域处理方法来分析、比较和调整像元与其周围相邻像元间的对比度，才能使图像得到增强。邻域处理方法的实质就是运用滤波技术来增强图像的某些空间频率特征，以改善地物目标整体与邻域或背景之间的灰度反差。例如，通过滤波增强高频信息而抑制低频信息，就能突出像元灰度值变化较大较快的边缘、线条或纹理等细节；反之，通过滤波增强低频信息而抑制高频信息，则将平滑图像细节，保留并突出较均匀连片的主体图像。

A. 空间域滤波增强

空间域滤波增强有 3 种途径：①提取原图像的边缘信息；②提取原图像的模糊成分进行加权处理，然后与原图像叠加；③使用某一指定的函数对原图像进行加权，使图像产生尖锐化或平滑的效果。无论是哪一种考虑，进行运算时都使用空间卷积技术（也称

掩模技术），也即借助模板在原图像上移动，逐块地进行局部运算。假定原图像为 $f(x,y)$，通过某种方法检测到窗口内的边缘信息 $\Delta f(x,y)$，经加权处理再叠加到原图像 $f(x,y)$ 上，形成滤波后的图像 $g(x,y)$，则

$$g(x,y)=f(x,y)\pm K \cdot \Delta f(x,y) \tag{5-12}$$

式中，K 为常数或某种变量算子；$\Delta f(x,y)$ 为对以 (x,y) 为中心的 $M\times N$ 个像元点矩阵的窗口边缘信息，进行"加"或"减"运算后获得的边缘增强或平滑滤波效果。

B. 频率域滤波增强

卷积理论和傅里叶变换是频率域滤波增强处理技术的基础，可表示为

$$f(x,y) \xrightarrow{\text{傅里叶变换}} F(u,v) \xrightarrow{\text{滤波}} G(u,v) \xrightarrow{\text{傅里叶反变换}} f'(x,y)$$

式中，$G(u,v)=F(u,v) \cdot H(u,v)$。$H(u,v)$ 为频率域的滤波函数，它限定了 $G(u,v)$ 的频率匹配率特征，与肉眼观察的高频或低频相应特征匹配，可产生突出高频或低频信息的图像 $f'(u,v)$。滤波函数的选择由频率响应和函数生成难易两方面决定。通常选择高斯型曲线作高频滤波函数（图 5-15），选择指数型曲线作低频滤波函数（图 5-16）。

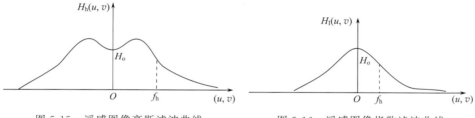

图 5-15　遥感图像高斯滤波曲线　　　　图 5-16　遥感图像指数滤波曲线

从滤波曲线可以看出，高斯滤波曲线对低频和高频都有一定的抑制作用，呈现出带通的效应，正好符合肉眼观察一些边线信息时所反映的"过冲"现象。所以图像的高频滤波增强实际上是带通滤波效应，它增强了人眼"过冲"现象的频率成分。指数滤波曲线则反映了对高频成分的衰减效果，因而起到了平滑图像中细节信息的作用。整个滤波过程如图 5-17 所示。

在图 5-17 中：

$$F(u,v)=\frac{1}{MN}\sum_{x=0}^{M-1}\sum_{y=0}^{N-1}f(x,y) \cdot \exp[-i2\pi(ux/M+vy/N)] \tag{5-13}$$

$$G_{\mathrm{h}}(u,v)=F(u,v) \cdot H_{\mathrm{h}}(u,v) \tag{5-14}$$

$$G_{\mathrm{l}}(u,v)=F(u,v) \cdot H_{\mathrm{l}}(u,v) \tag{5-15}$$

$$f_{\mathrm{h}}(x,y)=\frac{1}{MN}\sum_{u=0}^{M-1}\sum_{v=0}^{N-1}G_{\mathrm{h}}(u,v) \cdot \exp[i2\pi(ux/M+vy/N)] \tag{5-16}$$

$$f_{\mathrm{l}}(x,y)=\frac{1}{MN}\sum_{u=0}^{M-1}\sum_{v=0}^{N-1}G_{\mathrm{l}}(u,v) \cdot \exp[i2\pi(ux/M+vy/N)] \tag{5-17}$$

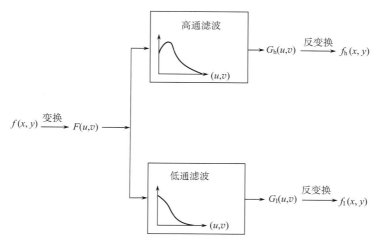

图 5-17　遥感图像频率域滤波过程示意图（据章毓晋，2012）

式中，u，v 为频率域变量，$u = 0$，1，2，3，$\cdots$，$M-1$；$v = 0$，1，2，3，$\cdots$，$N-1$。

在利用频率滤波增强图像的边缘和细节信息时，图像的边缘和细节信息在图上的连续性通常可以较显著地反映出来，对比度也会显著增大。但是，如果地面没有明显的形迹，信息较为分散和微弱，则通过频率域滤波的效果不一定好。这时需要采用多波段图像组合等处理，才有可能取得较好的效果。

频率域滤波算法除上述低通滤波和高通滤波之外，还有带通滤波、带阻滤波和同态滤波等，各有不同的适用范围和增强效果。其中，同态滤波是一种在频率域中既能同时压缩图像亮度范围，又增强图像各部分之间对比度的方法。

4. 地质遥感图像纹理分析

图像纹理反映的是像素灰度的空间变化特征，是分布在整个图像或图像中某一区域内有规律排列的图形。遥感图像纹理所反映出的地形、地貌结构特征，是识别地物目标的重要信息。纹理的标志有三个要素：一是某种局部的序列性，该序列在更大的区域内不断重复；二是序列由基本部分非随机排列组成；三是各部分大致都是均匀的统一体，纹理区域内任何地方都有大致相同的结构尺寸（Hawkins，1970）。纹理特征的定量分析方法有统计分析法、结构分析法和空间/频域分析法。在此仅对统计分析法作详细介绍。

统计分析法是最早在纹理分析中应用的方法之一，也是目前研究较多、应用最多的一种方法。统计分析法之所以有效，是因为纹理图像中灰度变化尽管是随机的却具有一定的统计特性，有的甚至具有某种周期性分布特征。统计分析法主要研究纹理区域中的统计特性、像元邻域内的灰度或属性的一阶统计特性、一对像元或多对像元及其邻域内灰度或属性的二阶或高阶统计特性和用模型来描述纹理等。该方法利用图像的统计特性求出特征值，并基于图像特征的空间一致性进行分割。主要采用自相关函数、灰度共生矩阵、尺度共生矩阵、滤波模板、随机模型（Markov 随机场模型、Gibbs 随机场模型）、时间序列分析、分形分维分析等来计算纹理图像的特征值。该方法的缺点是计算量大、分割精度差、抗噪能力差等。

A. 灰度共生矩阵

灰度共生矩阵用于研究图像中两个像素灰度级联合分布的统计形式，能很好地反映纹理图像中的灰度共生特征及其相关规律。灰度共生矩阵被定义为从灰度 i 点到某个固定位置关系 $\boldsymbol{\sigma}=(a, b)$ 的灰度为 j 的点的概率，即

$$P_\sigma(i, j) = \frac{\#\{(x_1, y_1), (x_2, y_2) \mid f(x_1, y_1)=i \& f(x_2, y_2)=j\}}{\#S} \tag{5-18}$$

式中，i，j 为灰度，i，$j = 0, 1, 2, \cdots, n-1$；n 为灰度级数；$x_2 = x_1 + a$；$y_2 = y_1 + b$。等号右边的分子是具有某种空间关系、灰度值分别为 i，j 的像素对的个数，分母为像素对的总个数（$\#$ 代表数量）。矢量 $\boldsymbol{\sigma}$ 是定义灰度共生矩阵的重要参数。由于灰度共生矩阵与 $\boldsymbol{\sigma}$ 的方向有关，所以单一方向的特征抽取会造成图像发生旋转时图像的纹理特征发生变化，最显然的处理方式是在各个方向进行抽取，然后取平均值和均方差。灰度共生矩阵特别适合微小纹理的描述，不适合描述含有大面积基元的纹理。灰度共生矩阵纹理分析广泛应用于遥感图像和海洋波浪图像分析等领域。

当图像灰度级为 n 时，共生矩阵的大小为 $m \times n$。假设有一个灰度级为 16 的图像［图 5-18（a）］，为简化起见可将灰度级数量化为 4 级［图 5-18（b）］。此时，i，j 的取值为 0，1，2，3。将 (i, j) 各种组合出现的次数排列起来，可得联合概率矩阵［图 5-18（c）～图 5-18（e）］。

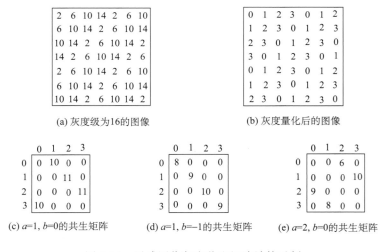

(a) 灰度级为16的图像　　　　　　(b) 灰度量化后的图像

(c) $a=1$, $b=0$ 的共生矩阵　　(d) $a=1$, $b=-1$ 的共生矩阵　　(e) $a=2$, $b=0$ 的共生矩阵

图 5-18　遥感图像灰度共生矩阵计算示例

a，b 分别为行与列元素

由此可见，灰度级为 (i, j) 的像素对的数量不一定等于灰度级为 (j, i) 的像素对的数量。(a, b) 取不同的数值组合，可以得到不同情况下的灰度共生矩阵。a，b

的取值要根据纹理周期分布特性来选择，对于较细的纹理可选取（1，0），（1，-1），（2，0）等小的差分值。纹理变化越快，则对角线上的数值越小，而对角线两侧的数值增大。为了有效地描述纹理，需要选取能综合表现联合概率矩阵状况的参数。

从灰度共生矩阵中，一共可以提取 14 个代表纹理的数字特征，但通常选用以下 5 个特征量作为纹理分析的数字特征统计量。

（1）能量特征（纹理一致性统计量 q_1），其表达式为

$$q_1 = \sum_{i=0}^{L=1} \sum_{j=0}^{L=1} \{p_\sigma(i, j)\}^2 \tag{5-19}$$

（2）对比度特征（纹理反差统计量 q_2），其表达式为

$$q_2 = \sum_{K=0}^{L=1} k^2 \sum_{i=0}^{L=1} \sum_{j=0}^{L=1} \{p_\sigma(i, j)\} \tag{5-20}$$

（3）熵（测量灰度级分布随机性的特征参数 q_3），其表达式为

$$q_3 = - \sum_{i=0}^{L=1} \sum_{j=0}^{L=1} p_\sigma \log p_\sigma(i, j) \tag{5-21}$$

（4）相关性特性（纹理灰度相关统计量 q_4），其表达式为

$$q_4 = \frac{\sum_{i=0}^{L-1} \sum_{j=0}^{L-1} (i-j) p_\sigma(i, j) - \mu_x \mu_y}{\sigma_x \sigma_y} \tag{5-22}$$

图像的灰度级数一般是 256 级，为了避免级数太多导致灰度共生矩阵过大，计算量增大，在求灰度共生矩阵之前，常将灰度量化为 16 级。

B. 尺度共生矩阵

尺度共生矩阵是一种基于小波的纹理分析方法。其要领是利用小波算法对图像进行多尺度分解，再在每个尺度上独立地提取特征，然后组合形成一个特征向量，最后对特征向量进行分类，完成图像分割。尺度共生矩阵方法的特点，是所提取的纹理特征为尺度之间的依存关系，而非尺度间的独立特征。

设 x 为一幅纹理图像，边长为 M，灰度级数为 G，尺度矩阵为 $\boldsymbol{\Phi}_k(i, j)$，则它是尺寸 G 的方阵，可表示为相邻两尺度 x_k 和 x_{k-1} 的函数。

$$\boldsymbol{\Phi}_k(i, j) = \{\phi_{ij}(x_k, x_{k-1})\} \tag{5-23}$$

式中，ϕ_{ij} 为相邻尺度共生灰度的频率，其定义为

$$\phi_{ij}(x_k, x_{k-1}) = \# \{(m, n) \mid (m, n) \in [0, M-1], x_k(m, n)$$
$$= i, x_{k-1}(m, n) = j\} \tag{5-24}$$

式中，# 为集合中元素的数目。

对矩阵 $\boldsymbol{\Phi}_k$ 进行归一化：

$$\hat{\boldsymbol{\Phi}}_k = \boldsymbol{\Phi}_k / N \tag{5-25}$$

$$N = \sum_I \sum_J \phi_{ij}$$

虽然尺度共生矩阵包含了纹理的统计特性，但并不是直接将它作为纹理分割或分类

的特征。而是由尺度共生矩阵构造一些统计量，并以此作为纹理特征。Haralick 导出了
这些统计量，它们分别是

$$f_1 = \sum_{i,j} \hat{\boldsymbol{\Phi}}_k(i,j)^2 \tag{5-26}$$

$$f_2 = \sum_{i,j} \hat{\boldsymbol{\Phi}}_k(i,j) \log \hat{\boldsymbol{\Phi}}_k(i,j) \tag{5-27}$$

$$f_3 = \sum_{i,j} \frac{(1-\mu_i)(1-\mu_j)}{\sigma_i \sigma_j} \hat{\boldsymbol{\Phi}}_k(i,j) \tag{5-28}$$

$$f_4 = \sum_{i,j} \frac{1}{1+(i-j)^2} \hat{\boldsymbol{\Phi}}_k(i,j) \tag{5-29}$$

$$f_5 = \sum_{i,j} (i-j)^2 \hat{\boldsymbol{\Phi}}_k(i,j) \tag{5-30}$$

$$f_6 = \sum_{i,j} [(i-\mu_i)+(j-\mu_j)]^3 \hat{\boldsymbol{\Phi}}_k(i,j) \tag{5-31}$$

$$f_7 = \sum_{i,j} [(i-\mu_i)+(j-\mu_j)]^4 \hat{\boldsymbol{\Phi}}_k(i,j) \tag{5-32}$$

$$f_8 = \frac{\sum_{i,j} ij\hat{\boldsymbol{\Phi}}_k(i,j) - \mu_i\mu_j}{\sigma_i \sigma_j} \tag{5-33}$$

式中，μ_i，μ_j，σ_i，σ_j 分别为行与列的均值及方差。$\mu_i = \sum_i i \sum_j \hat{\boldsymbol{\Phi}}_k(i,j)$；$\mu_j = \sum_j j \sum_j \hat{\boldsymbol{\Phi}}_k(i,j)$；$\sigma_i = \sum_i (i-\mu_i)^2 \sum_j \hat{\boldsymbol{\Phi}}_k(i,j)$；$\sigma_j = \sum_j (j-\mu_j)^2 \sum_i \hat{\boldsymbol{\Phi}}_k(i,j)$。
由此可得到特征值。

对于每个尺度 k，可以构造一个共生矩阵 $\hat{\boldsymbol{\Phi}}_k$，它描述了由尺度 k 到尺度 $k-1$ 的特
性。所有的 $\hat{\boldsymbol{\Phi}}_k$（$k=1$，$2$，…）描述了纹理在多尺度空间中的特性。为了减少尺度共
生矩阵计算的计算量，常将图像的灰度级由 256 级化为 16 级。

C. 纹理分形分析

分形为描述事物的结构形态提供了一种极其简单的方法，它以分维数、自相似性、
统计自相似性和幂函数等为工具，用于研究无规则、混乱而复杂的体系。

a. 分维数的计算

设 $f(r)$ 为测量值函数，r 为测量尺度，根据分形理论，有如下关系成立：

$$f(r) \propto r^{-D} \tag{5-34}$$

对式（5-34）取对数，整理后有

$$\lg f(r) = -D \lg r \tag{5-35}$$

式中，D 为分维数。

对于遥感图像，可以将图像变异函数作为测量值函数，即

$$f(r) = \frac{1}{2N(r)} \sum_{i=1}^{N(r)} [Z(x_i) - Z(x_i+r)]^2 \tag{5-36}$$

式中，$Z(x_i)$ 为图像中 x_i 点的像素值；$Z(x_i+r)$ 为与点 x_i 距离为的点的像素 DN 值；$N(r)$ 为图像相隔距离为 r 的所有像素对的数目。

　　b. 分形滑动窗口的选择

　　进行地质遥感图像的纹理分形分析，需要计算每一个像素点的分维数。其方法是采用一定大小的滑动窗口，再计算窗口内的分维数值，然后将所得的分维数值作为滑动窗口中心点的分维数。

　　设滑动计算窗口大小为 $R \times R$，则 r 的取值范围为 1，2，…，R。在滑动窗口内，对每个不同的测量尺度 r 分别计算对应的变异函数值 $f(r)$，然后采用最小二乘法对式 (5-35) 进行线性拟合，把所得到近似值 D 作为滑动窗口中心的分维数。在整幅遥感图像中逐个滑动窗口进行计算，得到每个像素点的分维数，从而得到整幅分形纹理图像。每个像素点的分维数值，就代表所在窗口中心点的纹理特征。

　　在提取图像分形纹理计算中，滑动窗口大小的选择十分重要。窗口太小，测量尺度 r 取值范围小，无法准确进行式 (5-35) 的线性拟合，从而造成同类纹理的度量值变化太大，不能确切表现纹理特征。理论上同类纹理的分维数应该是相同或者相近的，窗口大虽然有利于准确表达同类纹理特征，但会降低纹理对地物的分辨率，边缘效应也会更加严重，而且随着窗口的增大，计算量也迅速增加。

　　有关研究结果（郭小方和赵元洪，1991）表明，当滑动窗口大小为 32×32 像元时，纹理度量值变动范围趋于稳定。相对标准差 SDV 的计算公式为

$$\mathrm{SDV} = \sqrt{\sum_{i=1}^{n} (x_i^2 - \bar{x})/(n-1)\Big/\bar{x}} \tag{5-37}$$

式中，n 为像元总数；x_i 为 i 像元纹理度量值；$\bar{x}$ 为纹理度量值平均值。

5. 地质遥感图像融合处理

　　遥感数据的空间分辨率、波谱分辨率和时相分辨率不尽相同，采用图像融合技术将它们各自的优势综合起来，可以弥补单一图像上信息的不足，提高遥感图像分析的精度、可靠性和使用率。多源遥感图像融合是通过多级图像处理来复合多源遥感信息，具体做法是先将多源信道所采集的关于同一地质目标的图像分别进行处理，再分别提取其中的信息，然后综合成统一的图像或特征组合以供观察、分析或进一步处理，最后形成对地质目标的完整一致的描述。

　　1）多源遥感数据融合模式

　　目前的遥感图像融合有全色图像与多光谱图像融合、多时相图像融合、光学图像与 SAR（合成孔径雷达）图像融合、可见光图像与红外图像融合等多种模式。

　　A. 全色图像与多光谱图像融合

　　全色图像具有较高的空间分辨率，而多光谱图像可以更精细地描述目标光谱。这种融合既可利用全色图像的高分辨率来改善多光谱图像的分辨率，又可以利用多光谱图像对目标某些特征的精细描述，使融合后的图像包含更丰富的信息。

　　B. 多时相图像融合

　　多时相融合是指对不同时间获取的相同区域遥感图像所做的融合处理。这种融合处理由于综合了不同时相的图像特征，可以达到检测变化的应用目的。用于多时相融合的数据既可来自同一传感器，也可来自多传感器。目前，多时相数据融合多用于遮挡信息恢复、变化检测、空间分辨率改善。利用空间域非均匀分布样点的插值技术，结合图像复原方法进行多图像融合，可以有效地提高空间分辨率。

　　C. 光学图像与 SAR 图像融合

　　SAR 工作于微波波段，其波长较长，受大气和云层的影响较小，且不受光照条件的影响，可以全天时、全天候工作，还能够反映阴影区的细节，对地物又有一定的穿透力，但 SAR 受地表粗糙度、地物复介电常数、入射角、极化方式和角反射器等多种因素影响，对水体、建筑群和植被比较敏感。把 SAR 与多光谱光学图像融合，便可以取长补短，实现对地面目标的最佳分析和解译。

　　D. 可见光图像与红外图像融合

　　红外图像能在光线不足或全黑的条件下拍摄地面目标和发现热源，可以全天时监视地面或空间目标。对光学图像与红外图像进行融合可以有效地补充光学图像对目标红外波段特性描述的缺陷，使融合图像包含更多的目标信息。

2）多源遥感数据融合方法

　　根据信息抽象程度，图像融合可以划分为像素级（数据级）融合、特征级融合和决策级融合 3 个层次。目前像素级融合算法体系较为完善，而对特征级和决策级融合的研究还处于起步阶段，在具体应用中往往利用像素级融合算法进行处理。

　　A. 像素级融合处理技术

　　像素级融合是最低层次的融合，也是各个层次融合中最成熟的一级，其融合方法多，如色彩变换方法、数字统计方法和数值计算方法。色彩变换主要是指 IHS 变换、YIQ 变换、HSV 变换等，数字统计方法有主成分分析和回归分析，数值计算方法主要是指对多源数据进行差值、比值和其他复杂的运算，如傅里叶变换、小波变换和金字塔变换。像素层融合能保持尽可能多的原始数据，提供其他融合层次所不能提供的细微信息，具有最高的精度。

　　IHS 色彩变换融合法的要领是：在进行多源遥感图像融合处理时，将低分辨率的 RGB（红、绿、蓝系统）图像经过变换映射至 IHS（亮度、色调、饱和度系统）空间，然后采用特定的融合策略使其与高分辨率图像进行融合处理，进而置换相应的部分，最后经过逆变换重构融合图像。以加权融合或基于信息量的融合为例，对图像 I_1，I_2，…，I_K 进行像元对像元的加权融合过程如下：

$$I_F = P_1 I_1 + P_2 I_2 + \cdots + P_K I_K \tag{5-38}$$

式中，P_1，P_2，…，P_K 为加权系数。以多光谱彩色合成图像与全色图像融合为例，三个彩色通道的像素加权融合的权值计算式为

$$R' = a_1 R + a_2 I \tag{5-39}$$

$$G' = b_1 G + b_2 I \qquad\qquad (5\text{-}40)$$

$$B' = c_1 B + c_2 I \qquad\qquad (5\text{-}41)$$

式中，权系数 $(a_1, a_2, b_1, b_2, c_1, c_2)$ 可根据经验设置，也可应用相关分析确定。这种算法的优点是简单易行，但有时为了突出某种信息，也采用基于信息特征的融合方法，即先对高分辨率图像进行高通滤波，再把所得到的图像作为纹理细节部分，同时将事先提取的裸地、植被、水体等特征信息加到变换公式：

$$R' = a_1 \times (R + 土地信息 + 纹理信息) + a_2 I \qquad\qquad (5\text{-}42)$$

$$G' = b_1 \times (G + 植被信息 + 纹理信息) + b_2 I \qquad\qquad (5\text{-}43)$$

$$B' = c_1 \times (B + 水体信息 + 纹理信息) + c_2 I \qquad\qquad (5\text{-}44)$$

高通滤波融合（HPE）是指把高分辨率图像中的几何信息按像素逐个叠加到低分辨率图像上的融合过程。显然，高通滤波融合可通过高通滤波器提取高分辨率图像中对应空间信息的高频分量。这种空间滤波器去除了大部分光谱信息，然后在高通滤波结果中加入光谱分辨率高的图像，形成高频特征信息突出的融合图像。

高通滤波融合的处理过程如下：对于两景配准的 $m \times n$ 大小的图像，设低分辨率图像为 L，高分辨率图像为 H，首先将 H 解析为高频和低频部分，然后将该高频部分与低分辨率图像进行融合，得到融合重构的图像为 F。其表达式如下：

$$F(i, j) = L(i, j) + K_{ij} \cdot \mathrm{HP}(H(i, j)) \qquad (i = 1, \cdots, m; \ j = 1, \cdots, n)$$

$$\qquad\qquad (5\text{-}45)$$

式中，$F(i, j)$ 为 (i, j) 位置上的融合值；$L(i, j)$，$H(i, j)$ 分别为低分辨率和高分辨率图像上 (i, j) 同名位置上的像素值；K_{ij} 为空间变化的加权函数；$\mathrm{HP}(H(i, j))$ 为高通滤波器。

图像边缘等细节特征都是由高频信号表示的，因此高通滤波器方法可以增强低分辨率图像的边缘特征，其中 K 代表增强的程度。例如，对于 3×3 高通滤波器，其不同的 K 值对应的滤波器见表 5-1。

表 5-1　不同 K 值对应的 3×3 高通滤波器

$K=1$	$K=2$	$K=3$
$\dfrac{1}{9}\begin{bmatrix} -1 & -1 & -1 \\ -1 & 17 & -1 \\ -1 & -1 & -1 \end{bmatrix}$	$\dfrac{1}{9}\begin{bmatrix} -2 & -2 & -2 \\ -2 & 17 & -2 \\ -2 & -2 & -2 \end{bmatrix}$	$\dfrac{1}{9}\begin{bmatrix} -3 & -3 & -3 \\ -3 & 17 & -3 \\ -3 & -3 & -3 \end{bmatrix}$

高通滤波融合的具体处理流程如下。

（1）对高分辨率全色图像与低分辨率多光谱图像各波段进行直方图匹配；

（2）对经过直方图匹配后的全色图像进行高通滤波；

（3）将高通滤波后的各个波段图像加入对应的多光谱信息；

（4）将多光谱各个波段的图像进行彩色合成为融合图像。

　　c. 主成分变换（PCA）融合

　　主成分变换融合处理的目的是使多光谱图像在各个波段具有统计独立性，便于在各个波段采用相应的融合策略。例如，对 Landsat TM 的 6 个波段的多光谱图像（热红外波段除外）进行主成分分析，然后把得到的第一、第二、第三主分量图像进行彩色合成，可以获得信息量非常丰富的彩色图像。目前，主成分变化融合处理方法已被用于多种图像数据的融合处理中，如红外图像、SAR 图像等。其处理流程和具体方法如下。

　　设多光谱图像有 M 个波段 I_1，I_2，$\cdots$，I_M，经过配准后的各图像大小为 N，首先将 $I_k =$ （1，2，$\cdots$，M）展开成为 $N \times 1$ 行向量：

$$N = \begin{Bmatrix} I_1 \\ I_2 \\ \vdots \\ I_n \end{Bmatrix} = \begin{Bmatrix} x_{11} & x_{12} & \cdots & x_{1N} \\ x_{21} & x_{22} & \cdots & x_{2N} \\ \cdots & \cdots & \cdots & \cdots \\ x_{M1} & x_{M2} & \cdots & x_{MN} \end{Bmatrix}$$

　　主成分变换融合的具体流程如下。

　　（1）计算参与融合的 M 个波段多光谱图像 X 的协方差矩阵 C；

　　（2）由协方差矩阵 C 计算特征值 λ_i 和特征向量 ω_i（$i=1$，$\cdots$，M）；

　　（3）将特征值按由大到小的次序排列，即：$\lambda_1 > \lambda_2 > \cdots > \lambda_m$；

　　（4）由特征向量组成主成分变换参数矩阵 A；

　　（5）按照公式 $Y = AX$ 进行主成分变换，得到各主成分量图像 PC_k，其中第一主成分量图像包含原多光谱图像的大量空间信息，第二、第三主分量包含原多光谱图像的大部分光谱信息；

　　（6）将空间配准的高分辨率图像与第一主成分量作直方图匹配；

　　（7）用直方图匹配生成的高分辨率图像代替第一主成分量，并将它与其余主分量作逆变换就得到融合的图像。

　　d. 小波融合

　　小波变换的引进，是遥感图像融合在工具和方法上的重大突破。小波变换是一种全局变换，在时域和频域中同时具有良好的定位能力和局部化性质，对图像能够进行任意尺度的分解，因而在图像处理领域得到了广泛的应用，在图像增强、图像压缩、变化检测、图像分类等方面都有显著效果。此外，小波变换具有变焦性、信息保持性和小波基选择灵活性等优点，非常适合于遥感数据融合。国内外对此进行了大量的研究并取得了丰硕的成果，形成了丰富的小波融合算法。

　　B. 特征级融合处理技术

　　特征级融合是中间层次的融合，它考虑图像本身所存在的相关性和特征信息，而不孤立地看待每个像素；它可以利用像素级融合的结果，同时又可以将融合结果作为决策层融合的数据源。这类融合可以根据用户的不同要求，灵活改变信息特征提取的方法。以多源遥感图像特征提取为基础的融合所面临的基本问题是：特征的匹配、特征关联运算的数学方法和特征融合处理技术。

a. 特征匹配问题

基于多源图像提取图像特征实际是一个从多特征到单特征的映射。从单个传感器图像中提取出的特征往往不止一个，由于各个图像的特征不同，使得对于同一线索所提取的特征也不完全相同，需要对各图像中对应的景物线索进行特征匹配。以像素级几何配准后的多源图像为研究对象，特征匹配主要依靠邻域支持。

b. 特征融合运算的数学方法

特征融合就是把多种特征信息按一定的方式有机地组合成统一的信息模型。融合后的信息是对被感知对象或环境的更加全面的解释和更高层次的描述。特征间的融合方式可分为：①合作（cooperative），各个分析结果之间互为有效条件；②竞争（competitive），各分析结果属同一种类型，彼此间相互增强或相互削弱；③互补（complementary），各分析结果相互补充，从不同侧面反映同一目标。典型目标的几何不变性特征提取技术对于目标自动识别领域具有重要意义。该技术提取几何不变性的水平，直接影响目标识别的准确率。

特征融合的典型方法是霍夫变换方法。霍夫变换的基本思想是将图像的空间域变换到参数空间中，用大多数边界点满足的某种参数形式来描述图像中的区域边界曲线。由于霍夫变换技术是根据局部度量来计算全面描述参数，因而对于区域边界被噪声干扰或被其他目标遮盖而引起的边界上某些截断的情况，具有很好的容错性和鲁棒性。该技术提取特征的精度，主要取决于图像边缘检测的精度以及量化过程引起的霍夫变换误差。如何在复杂的环境下进行人工目标的正确分割，边缘检测和霍夫变换量化策略的选择，是今后的研究重点和难点。

c. 特征融合处理技术

遥感图像的特征制融合主要通过逻辑关系（与、或、非）、算术关系（加、减、乘、除）或两者的组合关系，以及合取（conjunctive）算子、析取（disjunctive）算子、折中（compromise）算子等来实现，其结果是生成融合的特征描述矢量。

若设 x_1，x_2，$\cdots$，x_n 表示待融合特征置信度的实数参量，F 为它们的融合函数，则合取算子 $F(x_1，x_2，\cdots，x_n) \leqslant \min(x_1，x_2，\cdots，x_n)$ 就表示各个信息的一致性，或者是它们的共同部分，即融合向量可理解为所有特征向量的"与"或"取交集"。析取算子 $F(x_1，x_2，\cdots，x_n) \leqslant \min(x_1，x_2，\cdots，x_n)$ 表示各个信息的最大结果，其融合向量可理解为所有特征向量的"或"或"取并集"；若 $\min(x_1，x_2，\cdots，x_n) \leqslant F(x_1，x_2，\cdots，x_n) \geqslant \max(x_1，x_2，\cdots，x_n)$，则为折中算子。这种算子主要利用模糊理论描述类间冲突，可以理解为特征的广义加权平均。特征的权值分布与传感器的分辨率成正比，例如，航空图像权值为 0.7，SPOT 图像权值为 0.2，Landsat 为 0.1。将各种数据源的边缘图像、融合后的目标边缘图像，同目标的理想边缘图像进行套合，定义理想边缘图像的像素点数为 N，边缘图像 $e(x，y)$ 与理想、边缘图像 $\mathrm{real}\_e(x，y)$ 的重叠率 P 定义为

$$P = \left(\sum_{x，y} e(x，y) \times \mathrm{real}\_e(x，y) \right) \Big/ N \tag{5-46}$$

重叠率越高，表示边缘图像越接近理想边缘图像，越能反映目标的形态特征，目标的可识别率也就越高。表 5-2 给出了不同边缘图像的重叠率比较。

表 5-2　不同边缘图像的重叠率比较

边缘图像	(d)	(e)	(c)	(g)
重叠率/%	43.2	63.5	32.3	75.6

从表 5-2 可知，融合后图像边缘的重合率至少提高了 12.1%，图像的可识别率提高 10% 以上。这说明融合边缘比其他单一传感器图像的边缘，具有更高的检测概率和更准确的定位特性，可以有效地提高目标识别的可靠性。

决策级数据融合首先对待处理的图像，如原始图像、像素层或特征层融合图像等，分别进行信息提取，然后将得到的信息通过一定的决策规则进行融合来解决不同数据产生的结果的不一致性，从而提高对研究对象的辨识程度。

5.2.2　地质遥感数据处理的应用

目前，地质遥感图像的数据处理已经在基础地质调查、矿产资源勘查和地质灾害遥感信息处理中得到了广泛的应用。与目视解译相比，地质遥感图像的数据处理具有显著的优越性。然而在实际应用中，地质遥感图像的数据处理结果通常难以单独应用，需要与目视解译及地面验证结合起来，才能取得良好的效果。

1. 遥感数据处理在基础地质调查中的应用

在基础地质调查中，利用遥感图像的宏观视角优势，结合地面实际调查进行多层次的图像地质解译，能够在整体上提高对工作区域地质特征的认识，解决突出的地质问题和与成矿有关的关键问题，加快填图速度并提高成图质量。

遥感数据的地质解译贯穿于整个调查工作的始终，是一个循序渐进、逐步深化的过程。卫星遥感数据的空间分辨率，需要根据工作任务的比例尺要求来选择。例如，对于 1∶25 万和更小比例尺的区域地质调查，可选用 TM、SPOT 等的数据；对于 1∶5 万区域地质调查，则应选用航空遥感图像或空间分辨率优于 10m 的卫星遥感数据。在一些多云、多雨和植被、雪覆盖严重的区域，可以选用星载 SAR 等微波遥感数据。基于遥感图像数据处理技术的区域地质调查工作程序如图 5-19 所示。

遥感图像数据处理在区域调查的专题研究中的应用，越来越受到重视。这一点可以以断裂的研究为例加以说明。在地质空间中，断裂表现为一系列不规则的线状或面状集合体，传统的欧氏几何学难以精确描述。已有的研究表明（Okubo and Aki, 1987；平田隆幸, 1990）：断裂形成过程具有随机自相似性，因此其几何形态和空间分布具有分形特征。于是，采用分形几何学方法求得断裂空间分布的分维值，便可以唯一地确定断裂的分布和类型。针对断裂等曲线分维值的求解，有

$$N(r) \propto r^{-D} \tag{5-47}$$

式中，r 为用于度量曲线长度的标度；N 为其长度大于 r 的物体的个数，即累计频数；D 为分维值（Mandelbrot，1983），其大小反映了曲线和曲面的形状特征。

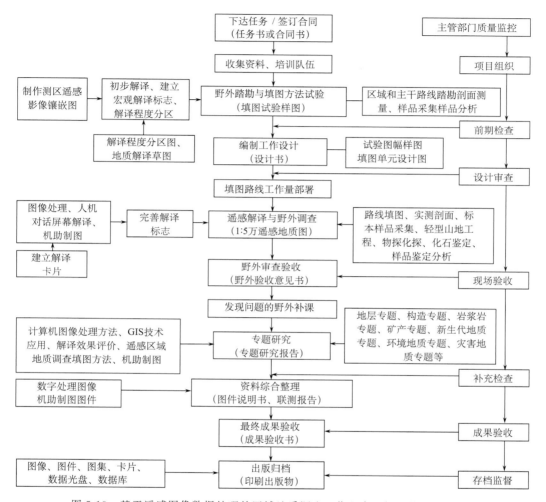

图 5-19　基于遥感图像数据处理的区域地质调查工作程序（据赵英时，2003）

对于断裂而言，D 值的大小反映了活动性、复杂性和发育程度（孔凡臣和丁国瑜，1991）。D 值越大，其活动性越强、结构越复杂，可能还处于发育过程中；D 值越小，其活动性越弱、结构越简单且构造发育趋向成熟和衰亡。断裂之 D 值还会因区域、规模、类型、方位、时代、期次和含矿性不同而有所不同。因此，D 值可用于检测断裂型式并推断断裂的成因机制，以及区分控矿断裂与非控矿断裂。

目前求解断层的分维值的方法有 3 种：长度-频数统计法、圆覆盖法和粗视化网格法。其中，粗视化网格法最适合于结构复杂的断层。人们基于粗视化网格法原理，发展了曲线分形分析的分线法（NinaSiu-Nganlam，1990）、曲面分形分析的坡面法和三角棱柱法（赵军等，2001），并且取得了较好的应用效果。

2. 遥感数据处理在矿产资源勘查中的应用

遥感数据处理在矿产资源勘查中的应用，就是在成矿理论的指导下，根据遥感图像数据的处理结果，识别与控矿作用和成矿条件有关的多种地质信息——如地层露头岩性、线环形构造、构造交叉部位、蚀变带（岩）以及有关的地貌、土壤、植被等信息。这些信息往往十分复杂而且多变，难以用确定的亮度值或概率密度函数来描述它们，需要结合多种方法所获取的各方面信息来分析和综合。

1）基于蚀变矿物光谱特征的遥感成矿预测

热液蚀变是矿物结构、岩石成分与含矿热流体组分接触交代而发生的一种变质作用。在一定的条件下，常可使某些金属成矿元素富集，形成热液型金属矿床。应用卫星遥感数据，尤其是 TM、ASTER 图像数据，进行蚀变岩检测，为在成矿远景区带进行快速矿产勘查和评价提供了一种有效方法。检测并研究蚀变岩的本征反射光谱特征，是利用卫星多光谱遥感数据进行成矿预测和找矿的关键技术之一。

A. 蚀变矿物的光谱特征及其数据处理

在岩石露头良好的地区，由于蚀变岩与非蚀变岩的矿物成分、化学成分、岩石结构差异可以直接显示在遥感图像上，且光谱差异较大，容易检测。但当裸岩区的蚀变岩与非蚀变岩之间难以区分时，如沉积红层与褐铁矿、黏土页岩与泥质蚀变岩类、风化的中酸性侵入岩与绿泥石蚀变岩、绢云母化等蚀变岩与非蚀变岩类等，在 MSS、TM 图像上的光谱模式基本相同，可以通过各种变换来增强并显露差异。

采用成像光谱技术对地表观测时，在获得地质体空间信息的同时，对每个像点采集了数十至数百个波段的光谱信息。经过特殊的数据处理可获得该像点的连续光谱，其分辨率一般达到纳米级。这种图谱合一的特点大大缩小了遥感光谱与实验室光谱之间的差距，使研究人员能像分析地质体实验室测试光谱那样对成像光谱数据进行细致的分析处理，发现地质体固有的微弱特征光谱的存在及其变异，定量地研究地质体的光谱特征跟它的类型、结构、成分之间的内在联系，达到识别地质体属性和量化其物质组分的目的。因此可以说成像光谱技术比任何一种遥感技术更能真切地通过对地质体电磁波反射特性的探测和分析，反映其物理和化学性质的丰富内涵。

大量研究成果表明，地表多数物质的谱段在 $0.4\sim2.4\mu m$，均具有可判断属性的光谱吸收特征及"特征光谱"，一般带宽为 $20\sim30nm$。其中，数千种含有 Fe^{2+}、Fe^{3+}、OH^-、CO_3^{2-}、SO_4^{2-} 和烃类等分子团或金属离子的矿物，在 $2.0\sim2.4\mu m$ 范围都有特征的光谱吸收谷。例如，黏土矿物在 $2.087\mu m$ 和 $2.000\mu m$（带宽为 $0.1\mu m$），碳酸盐矿物在 $2.205\mu m$、$2.370\mu m$、$2.450\mu m$（带宽为 $0.1\mu m$），铁帽在 $2.250\mu m$（带宽为 $0.5\mu m$），烃类在 $2.275\mu m$、$2.300\mu m$、$2.230\mu m$（带宽为 $0.05\sim0.1\mu m$），等等。在应用遥感资料进行找矿时，只要能检测出这些特征光谱，就有可能识别这些物质，发现与矿化有关的蚀变矿物。

B. 蚀变矿物的 TM 光谱模式

常用的蚀变矿物可分为 4 种类型：Ⅰ
类-褐铁矿类、Ⅱ 类-绿泥石化类、Ⅲ 类-高
岭土化类、Ⅳ 类-明矾石类。它们分别代表
不同含矿热流体对围岩的交代结果，具有各
自的找矿指示意义。根据 TM 数字图像的差
异，可总结出相应的光谱识别模式——用
TM 波段亮度值之间的正、负斜率变化表征
的矿床类型光谱识别模式（图 5-20）（甘甫
平等，2002）。褐铁矿类（Ⅰ）的光谱模式
为正斜率-负斜率-平斜率，在 TM1、TM2、
TM3 的反射率呈递增趋势，TM4 为 Fe^{3+} 吸
收带，TM5、TM7 无明显波谱变化。绿泥
石化类（Ⅱ）的光谱模式为长正斜率-长负
斜率，形态上构成山脊型，其光谱的突出特
征是在 TM5 形成强反射峰，TM7 为最强吸
收带（低反射率），反映了含羟基（OH）矿
物最典型的光谱模式。高岭土化类（Ⅲ）是
泥质蚀变或泥化的代表，是构造破碎带中常
见的蚀变类型之一。与绿泥石化类相比，高

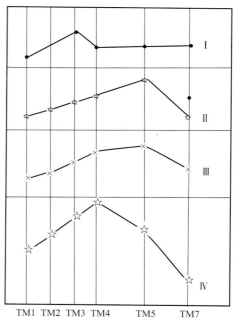

图 5-20　蚀变矿物的光谱模式
（据甘甫平等，2002）

岭土化类最大差异是 TM5 与 TM4 之间斜率的变化。明矾石类（Ⅳ）是含水硫酸盐
矿物蚀变岩石的代表，其光谱模式为陡正斜率-长负斜率，与绿泥石化类、高岭土化
类间的最大差别是在 TM4 形成反射峰，在 TM7 为强吸收带，反射亮度值最低。

从上述 4 种蚀变岩类型的光谱模式中可以看出，蚀变矿物的光谱识别特征主要出现
在 TM4、TM5、TM7 3 个波段上，其中 TM5、TM7 是 MSS 图像所不具备的。因此，
在遥感矿产普查中可充分利用 TM 图像对蚀变矿物的特殊反应。

2）基于矿床综合光谱特征的遥感成矿预测

根据矿化蚀变、赋矿岩石类型、自然景观要素、地球物理数据和地质构造的相关关
系进行遥感图像处理，可以增强并提取用于成矿预测的综合地质信息。

A. 各类矿床的遥感图像处理方法选择

不同的矿床类型，其成矿条件不同，在遥感图像上的信息特征也不同，因而所采用
的遥感找矿技术方法和工作程序也有所不同。

岩浆矿床　岩浆矿床主要是指在成因上及空间分布上与岩浆侵入或火山活动密切相
关的矿床。这种矿床的主要类型就是内生金属矿床。岩浆矿床在遥感图像上往往与线性
构造和环形构造有关，其构造、岩浆岩（或火山岩）及围岩条件决定了矿床的品种、类
型和产出部位，其控矿或导矿构造多为深部断裂带，而赋矿部位则在深部断裂附近的派
生断裂或裂隙带内，或是深部断裂与其他断裂的交汇处，并常伴有与矿化有关的围岩蚀

变和物化探异常。进行这类矿床的遥感图像的数据处理，其主要着眼点在于识别控矿、导矿构造，查明围岩蚀变情况及其成矿标志，判别控矿岩体或火山机构位置，判断矿床赋存部位、规模及分布情况，因而在图像恢复或校正处理的基础上，开展各种增强处理和反演，通常能够取得较好的效果。

变质矿床　变质矿床往往与古老的侵入岩体或古老的火山机构相关，在遥感图像上常常显示出环状特征，并且出现在深大断裂带附近。图像处理技术对于遥感图像上特定影纹结构和色调的解译，可以突出古老的侵入体、火山岩及古火山机构，对于圈定变质区域成矿有利地点很有效，可对找矿起重要的指导作用。由于变质岩区多经历长期、复杂的构造作用，多期次的构造叠加现象比比皆是，而遥感图像数据统计分析对于分离空间对象的多总体特征特别有效，因此在变质成矿作用原理指导下，运用遥感图像数据统计分析技术来探索矿床分布规律并指导找矿是可行的。

沉积矿床　沉积矿床的成因和分布规律主要受某些地层-岩性的控制，但也常受到地层-岩性与构造-岩浆作用的复合控制。通常可以用卫星遥感图像及其数据处理结果来揭示区域构造-岩浆的控制作用，而用高分辨率航空遥感图像及其数据处理结果来揭示地层-岩性的控制作用。石灰岩、石膏、煤层等层状非金属矿床，甚至用肉眼判释解译就可以识别其存在与否及空间分布。但作为局部富集的金属矿床，矿体与岩层并不等同，在遥感图像上难以识别出来，通常需要通过图像变换与增强等数据处理，才能有效地圈定，并结合地面通过验证、对比和追踪，确定新的找矿远景地段。

表生矿床　表生矿床主要是指近代各种风化残余矿床和砂矿。组成矿床的物质是化学性质较稳定的元素和矿物，如金、锰、铝等矿床。无论是风化残积矿床还是砂矿床，均受表生风化作用的控制。含矿地质体的风化、搬运和堆积规律及其矿床赋存部位，均与地貌发育阶段相对应，同时也与一定的地貌部位相对应。现代风化壳中的残余矿床多位于较稳定的准平原化高平台（古夷平面）地形上，有时也可见于凹地、破碎带或岩溶洼地中；而砂矿则多出现于低山丘陵的河谷区和海滨区，如砂金常出现于受区域地质构造、地貌和第四系控制的沉积区，即河流水速变慢的心滩、支流与主流交汇处等。在表生矿床成矿规律指导下开展遥感图像数据处理，并着眼于有利地貌单元的识别和相关发育阶段分析，有助于识别矿床赋存部位及分布规律。

B. 各类构造形迹的信息提取与成矿预测

在遥感图像上常见而又易于识别的构造形迹是线性构造和环状构造。这两类构造形迹都可能与成矿作用有联系，因此在遥感成矿预测的实践中，通常把这两类构造形迹的识别、提取，与其他成矿地质信息结合起来分析和应用。

a. 线性构造信息的提取与成矿预测

线性构造是指遥感图像上的直线状或线段状图像。它们时而稀疏时而密集，分布极为广泛。大量研究表明，绝大多数线性构造所反映的是构造应力作用下的岩石破裂带（包括裂隙带和断裂带）、弹塑性变形带或软弱带。

线性构造往往成为导矿与容矿的场所，还可能是某些成矿、成藏边界的控制因素，如各种断裂对矿体、煤层和油气圈闭的控制。不同级别的线性构造与成矿的关系不同。

一般地说，巨型线性构造对应巨型断裂带或深大断裂带，往往控制着大型成矿带的位置，而有工业远景的矿床和矿体通常分布在主干断裂拐点处，或与主干断裂斜交的次级断裂和裂隙带中。例如，含矿岩浆容易沿着大型剪切带侵入到剪切应力场中的局部拉张区——雁行断层间的扩容性拐点处。又如，在西班牙西北部，蒙特罗索金大型金矿床就位于一条右行雁列式断层间的拐点上。因此，通过遥感图像处理、解译和线性构造分析，是圈定找矿远景区或找矿靶区的一条重要的途径。其工作要领是：在遥感图像目视解译的基础上，针对性地进行图像变换与增强处理，制作遥感线性构造图，同时将其与已知矿床及其中的矿体分布资料进行对比，分析二者的空间关系和空间分布规律，进而建立相关矿床的定量预测模型。

通过线性构造的统计分析，还可以揭示线性构造的某些空间统计规律，有助于分析区域构造演化与成矿作用、成藏作用的关系。

b. 环形构造分析与成矿预测

环形构造是指遥感图像上的圆环状或近圆环状图像。环形构造与矿产的密切关系，已经引起人们的普遍重视。据统计（陈隆，2010），我国的铬、镍、金、铁、铜、铝、钨、锡等主要内生金属矿产，有 91% 分别与 2000 多个大小不等的环形构造有关。

与矿产形成关系密切的环形构造，往往与构造-岩浆作用有成因联系。与垂向构造运动有关的负向环形体，是由地壳局部沉降形成的圆形凹陷和构造盆地。其中规模较大者，在地球物理场上会有反映，如重力低等。与火山作用有关的环形构造通常规模小但成群出现，往往呈叠环、并列、寄生等组合形态，矿床往往赋存于环形构造体内或边缘。如安徽庐枞地区的火山盆地的矿床分布，就与遥感图像上所显示的环形构造具有密切的相关关系。由岩浆侵入引起的围岩蚀变常使环形构造边界模糊，如安徽铜陵地区在遥感图像上显示为一边界模糊的多层环形图像，矿体主要赋存于内部小型环形体的边缘。在线性构造和环形构造之间，往往存在互为依存关系或复合关系。其典型组合形式是，某些环形构造定向排列并呈直线状延伸，可能反映了串珠式的火山机构或侵入体沿着基底断裂分布的状况。线、环构造也可以独立并存，但常见交汇或切线接触等状况，相互间存在复合关系。许多资料表明，线、环构造的交切部位可能就是内生金属矿化、富集的有利地段。

在某些情况下，岩体可能是成矿母岩，而断裂是成矿溶液及岩浆的有利通道。根据遥感图像上的色调异常、线性构造和环形构造的组合特征，以及它们与矿田构造的基本要素（成矿岩体、控矿构造和围岩蚀变）的关系，可以建立由线、环、色斑异常组成的定量遥感找矿模型，用于指导成矿预测与找矿勘探。

C. 矿产遥感勘查和成矿预测的方法步骤

把遥感图像处理技术与目视解译结合起来直接发现有关矿产信息的方法，可使地质找矿工作的周期大为缩短，显著提高找矿工作效率和经济效益。

a. 对成矿远景区进行成矿统计预测

任何矿床的形成都受到多种地质因素复合的控制。但在矿床形成的不同阶段，起主导作用的因素不同。那些与成矿作用相关联的因素，都以特有的方式在遥感图像上表现出来，成为矿床的遥感图像标志。其中，最能够反映矿床或矿体存在的遥感图像标志，称为最佳遥感图像标志。最佳遥感图像标志的组合，包含用于判断某一矿床形成的必要和充要条件的多种类型的标志及其组合方式。利用遥感图像资料查明矿床的赋存和分布状态，需要采用图像数据的变换、增强和反演等定量处理。

一般地说，控矿因素的出现是随机的，矿床和矿体是随机成矿事件的结果，因而矿床及其矿体的空间分布也是随机的，可用概率分布模式加以拟合和指示。由此而论，对研究区的成矿远景定量预测，就转变成为查明该区域最大成矿概率及其时间分布模式——即提取指示最大成矿概率的最佳控矿因素图像标志，以及最佳图像标志组合的信息。这不仅涉及矿床出现的概率，还涉及其时空迁移的随机过程。

目前，基于遥感图像数据的矿床统计预测，已经得到广泛的应用。其基本方法要领是：①根据遥感地质成矿模式分析，将预测的成矿有望地段定为定量预测区；②采用逐步多类别分析及群分析为主要统计分析方法；③在遥感地质系列专题图或遥感地质构造图上按 $1km^2 \times 1km^2$ 划分单元格网，并分别对各成矿因素变量进行统计；④根据遥感地质成矿模式选取最佳图像标志组合变量并对其数字化，使各统计变量服从多维正态分布；⑤建立已知矿床、矿点、矿化的控制单元；⑥采用逐步多类判别分析法，并通过计算和验算确认最优方案；⑦根据最优方案对计算结果进行判别。

除统计预测之外，多重分形分析法（成秋明等，2004）的应用也越来越多了。

b. 矿产遥感勘查和成矿预测的工作程序

矿产资源的遥感勘查工作是一个逐步深入和细化的过程，其勘查阶段和各阶段的工作内容的划分应与常规勘查相适应（表5-3）。

表 5-3　地质矿产的遥感勘查工作程序

序号	阶段	工作目的	遥感工作内容
1	资料准备	收集工作区开展遥感综合找矿工作所需的各种资料	①收集工作区现有的航空、航天遥感图像及数据；②收集工作区已有各类地质调查和专题研究的文字资料、图件以及物探、化探、钻探数据；③收集合适比例尺的地形图及地貌、水文、交通等资料
2	成矿远景遥感预测	采用非传统的遥感与多元地学信息综合分析方法预测和确定成矿有利地段	①进行工作区及邻近地区小比例尺遥感宏观解译，通过识别和分析主要岩石类型、线性和环形构造、火山机构的图像特征，了解区域构造、岩类分布的总体面貌和成矿背景，建立解译标志；②结合物化探资料初步判别主要岩类和构造类型的性质；③根据遥感图像确定区域地质构造的格局，分析矿源层分布规律，推断控矿构造及含矿层位，预测成矿远景，选定成矿有利地段；④在要求比例尺的地形图上标绘出预测的成矿有利地段
3	野外调查	对预测的成矿有利地段进行全面的实地调查，为成矿远景评价提供依据	①重点检查感图像显示的有利于成矿的图像部位所对应地段的地貌、岩性和构造特征；②采集岩矿鉴定、同位素年代测定、构造岩方向测试、元素分析等所需的各种标本；③对重要地段进行野外现场的波谱测试，为进一步的找矿靶区遥感预测提供基础理论依据

序号	阶段	工作目的	遥感工作内容
4	找矿靶区的预测和靶区研究	通过较大比例尺遥感图像的深入解译、实地调查和采样分析鉴定，对成矿有利地段按成矿条件进行分类，确定最有希望的勘查靶区，并对靶区地表矿体进行调查，对深部地质特征进行研究	①对各类标本进行鉴定和分析；②利用以航片为主的高空间分辨率遥感图像（有条件时还应采用高光谱分辨遥感数据）对已知矿床及成矿有利地段作详细的对比解译，建立有区域意义的含矿岩系和控矿构造的图像标志，把最有找矿远景的成矿有利地段列为勘探靶区；③依据标本鉴定的分析结果，对靶区的岩石、构造、矿产信息做更为深入的野外调查和复核，补充采集各类鉴定核分析样品；④对靶区的遥感、地质、物探、化探资料进行复合处理，增强核提取含矿岩系核控矿构造信息，包括各种矿化蚀变核热源信息，分析地表矿体的分布特征，探讨深部隐伏矿体或岩体的赋存状态以及构造活动的期次与活化状况，提供靶区矿产可靠的定性、定量依据
5	建立遥感找矿模式	通过建立遥感找矿模式，提高调查区找矿工作的程度，为进一步深入找矿提供理论指导	①充分运用地质成矿新理论，融合遥感与多源地学信息，建立工作区遥感综合找矿的理论模式；②条件成熟时，应建立遥感与各类地学信息数据库和矿产预测信息系统

资料来源：赵英时，2003

3. 地质灾害遥感信息处理的应用

我国地质灾害种类繁多，其中地震、崩塌、滑坡、泥石流发生最为频繁、造成损失也最严重。采用遥感图像数据处理技术，可以快速、有效地收集大范围内的有关信息，为识别灾害体并圈定其影响范围、制定防灾减灾预案和进行应急指挥提供决策依据。对各种高分辨率遥感图像所做的生成回放、恢复或校正，以及各种变换和增强处理，都有助于提高地质灾害静态特征调查的准确性。然而，各种地质灾害的孕育、发生和成灾过程是一个动态过程，为了监测、预警和减灾，还需要着力解决如何获取其动态特征信息问题。由于各类地质灾害孕育过程缓慢、变化微弱，而目前的航天和航空遥感分辨率仍不足以提取其动态特征信息，要解决各类地质灾害监测、预警，还有待遥感技术的进一步发展。

1）遥感技术在滑坡调查中的应用

目前常用的滑坡遥感调查方法，是根据遥感图像上的地貌形态及光谱特征来识别大型的古滑坡体，或者已经形成的滑坡体，再结合环境资料和不同时态的图像来分析它们的形成条件、运动特征，进而推测成灾危险和可能造成的破坏。

利用多时态遥感图像数据处理技术，还可以估算大型滑坡体的水平滑动距离和垂向下沉距离，进而可以估算滑坡体的面积。

根据梯形法，面积计算公式为

$$S = \sum_{i=1}^{n} \left[(Y_{i+1} - Y_i) \times \frac{X_{i+1} + X_i}{2} \right] \quad (i = 1, 2, 3, \cdots) \quad (5\text{-}48)$$

式中，X_{i+1}，Y_{i+1}，X_i，Y_i 分别为相邻两个数字化点的 X，Y 坐标值；n 为多边形数

字化点数。计算出滑坡体的面积范围后，再根据滑床深度（厚度）的计算公式：

$$h = \frac{S_1}{\sum \Delta X} \tag{5-49}$$

式中，S_1 为原点位置已下滑、下沉面积；$\sum \Delta X$ 为观察点水平位移量。据此，便可以推算出滑坡体的总土石方量。

滑坡的孕育过程，就是滑坡体内主滑面的形成过程。滑坡形成时间曲线为一前端变化平缓，尾端骤变的曲线。平缓的前端代表坡体内部漫长的渐进破坏过程，对于大型滑坡，这个过程为数十年或更长。尾端的曲线骤变代表斜坡内部主滑面已经形成、贯通，滑坡体进入一触即发的临滑阶段。这种曲线特征，也是滑坡孕育过程中能量积累和释放方式的反映。实现滑坡灾害的预报的关键，是在滑坡体大规模活动前，监测到滑坡体变形及其内在结构变化或能量积累和释放的信息。

然而，滑坡体大规模活动前的变形和内在结构变化多是厘米级乃至毫米级，目前的航天和航空光学遥感的地物分辨率难识别；而滑坡体大规模活动前的能量积累和释放所释放的热、光和电磁现象，至今也难以被红外、热红外谱段探测到。因此，随之而来的滑坡体突发性运动一直难以被提前感知。SAR 和 InSAR 技术的研究、开发和应用，可能是解决这一问题的有效途径。

2）遥感技术在泥石流调查中的应用

泥石流的能量大，破坏性强，对人类危害极大。泥石流的发育有三大要素，即丰富的岩土碎屑物质储备、陡峭的地形地貌（起动角 45°±）和多暴雨天气。开展泥石流调查的任务，一方面是查明古代和现代泥石流的分布状况；另一方面是查明泥石流发育的环境条件，目的为泥石流的监测和防治提供决策依据。

A. 泥石流及其形成环境的直接判释

泥石流图像直观、清晰，流动的主体多呈条带状的舌形体。活动的泥石流还具有多时相特征，用多时相航空像片进行对比分析，可了解不同时段泥石流的发生和发展趋势。利用遥感图像能直观、真实地反映泥石流地表特点。早期泥石流沟谷由于经受长期风化剥蚀、植被覆盖及人为改造，形迹多模糊不清，呈灰暗的粗糙条带状或沟口处有扇状堆积体，而近期的泥石流沟谷色调多呈白色线状，图像异常清晰。根据遥感图像数据处理结果，可进行如下判释：第一，确定泥石流沟并圈划流域边界；第二，初步判释泥石流沟的整个流通路径长度、堆积扇体大小与形状；第三，圈划源头触发或两侧山体补给泥石流的崩塌或塌滑体；第四，调查泥石流沟背景条件，包括土层厚度、植被种类与覆盖状况、山体坡度和岩石破碎状况。

B. 泥石流及其发育条件的综合判释

泥石流遥感调查研究过程是一种遥感图像多特征综合的过程。从遥感图像中可以获得地层和地质构造的发育状况，了解地形陡缓状况、流域切割程度、碎屑物质丰富程度、崩滑现象、坡面植被类型及其覆盖情况、人类活动状况等。还可以了解村镇、工矿、公路、道桥等自然地理和经济地理信息。

不同比例尺的遥感图像具有不同的视域范围，相互配合起来使用，可以从宏观与微观两个角度进行泥石流调查。一般地说，应用小比例尺遥感图像能够从总体上把握某次泥石流主、支沟相互关系，还可直观地反映泥石流空间分布与断裂构造的关系；而应用大比例尺航空像片则可以掌握泥石流的形成位置，以及沿途坡面崩塌或滑塌的确切位置及体积，还可以了解不同沟段弯曲、宽窄变化特点及泥石流冲淤现象，清楚地掌握泥石流沿途冲毁房屋、桥梁坝体等灾害情况。依据这些信息，可以确定出泥石流和潜在泥石流的危险程度、危害目标与危害程度，进而可为泥石流灾害预警、治理和减灾决策，以及泥石流发育区的城乡规划提供可靠的依据。

3）遥感技术在地震地质调查中的应用

遥感技术在地震地质调查中的应用主要在三个方面：其一是活动构造的解译和识别；其二是古地震遗迹的解译和识别；其三是地震预测预报。

A. 遥感图像解译用于活动构造调查

活动断裂调查可以在区域地质调查的基础上进行。活动断裂的特点是明显地错断了第四纪沉积物，它们或者以边界形式控制了第四纪盆地的发育，或者因为相对错移而使穿越断层线的多条河流发生整齐的膝状拐弯，或者因为热流体循环而在断层沿线连续分布串珠状温泉。当然，沿着断裂带频繁发生的中小地震，更是活动断裂带的直接证据。其中，活动断裂对第四纪沉积物的错断、对第四纪盆地和对多条河流膝状拐弯的控制，都可以通过遥感图像的直接解译来识别和认知。串珠状温泉的分布，则可以利用红外遥感数据的选择性增强处理来识别和认知。

B. 遥感图像解译用于地震遗迹调查

地震遗迹是对活动断裂在挽近时代活动强度和频度的衡量标志。强烈的古地震将会在活动断裂带沿线造成山体破碎，甚至在断层陡崖前留下倒石堆。地震烈度越大，山体破碎范围越大、破碎程度越高，倒石堆的规模也越大；而地震频度越高，破碎山体及倒石堆的空间分布连续性也越好。山体的破碎状况及倒石堆的存在与否，可以通过遥感图像的变换和增强处理来识别和认知；而山体破碎及倒石堆与活动断裂空间分布的相关性，显然可以通过空间统计分析来识别和认知。

C. 遥感图像解译用于地震预报

据研究（邓明德，1993）地震从孕育到发震前，震源体及其周围介质受力的状况将逐渐由弱而强，地下介质的物性、介电常数、原子、分子的运动状态及其能量也会随之发生变化。原子、分子所获得的机械能，一部分会转换为热能，另一部分会转换为电磁能。这就可能造成介质温度的变化，以及介质电磁辐射能量的变化。只要这个变化量达到遥感探测器的灵敏度，有关信息就能够被探测到，进而有可能通过对这种辐射能的变化量，反演出介质所受应力状况的变化。

然而，介质电磁辐射能量的变化是十分微弱的，并且各种干扰因素层出不穷，为了保证检测数据的可靠性，一方面需要不断地提高遥感探测器的灵敏度；另一方面需要不断拓宽遥感探测器的研究内容。这些内容包括（强祖基和赁常恭，1998；马谨等，2005；吴立新等，2006）：①不同岩石的红外辐射强度和红外辐射温度随应力变化的规律及特征；②岩石内部温度、表面红外辐射温度与岩石应力变化的相关性；③不同岩石的微波辐射、微波后向散射的频率特性、极化特性随应力变化的规律及特征，以及入射角对散射的影响；④不同岩石的介电常数随应力变化的关系；⑤不同含水量的不同土壤受到应力作用时，红外辐射、微波辐射、微波散射随压力变化的规律及特征；⑥红外、微波遥感最佳波段的选取方法；⑦地震遥感信息和遥感短临前兆信息的提取方法和预报方法；⑧岩石的结构、含水量、孔隙度、粗糙度、辐射系数、热物理性质和化学组分对红外辐射、微波辐射、散射的影响及其规律，以及在加载过程中岩石微裂隙的形成与岩石放热；⑨用遥感信息预报地震的理论；⑩岩石受力后的气体逸出问题。

　　上述研究的目的是检测并建立红外辐射能量变化、微波辐射能量变化、微波后向散射系数变化与应力变化之间的定量关系；建立微波辐射、微波散射的频率特性、极化特性的数学模型；提出应力引起介质的红外辐射、微波辐射、微波散射变化的理论分析或解释；建立地震遥感异常信息的判读标志、短临前兆信息的判据，以及预报地震的方法和指标；给出研制地震预报的遥感探测器的技术指标及要求。由于目前遥感技术水平的限制，上述研究目的的实现可能还需要一个漫长的过程。

5.3　矿产资源的储量估算

　　矿产资源储量是矿产资源可利用性评价的关键性参数之一，其估算因而成为矿产资源勘查中最重要的数据处理内容之一。自然界中的大多数矿体不仅形状复杂，而且物质组成和分布也很复杂，要绝对准确地计算其储量是不可能的。已有的估算方法主要有几何学方法（即传统储量估算法）和克里金法（即地质统计学法）两种。传统储量估算法在我国各类矿床勘查和开采阶段被普遍采用，地质统计学方法则在西方各主要矿业国家广泛采用，但近年来在我国的应用也逐渐普及。

5.3.1　矿产储量传统估算法

　　传统的矿产储量估算多为手工完成，部分环节采用简单计算程序或通用软件工具辅助完成，工作量大且繁琐。随着矿山后期勘探与开采工作的不断深入，需要重复进行资料收集、整理、编图和估算，工作效率十分低下。采用计算机进行矿产资源储量估算与管理，是改进传统矿产储量估算法的唯一途径。

1. 传统矿产储量估算的一般过程

　　传统矿产储量估算法是 20 世纪 50 年代从苏联引进的一套简易的资源储量估算法。该方法遵循一个基本原则，即把形状复杂的矿体转化为与其体积大致相等的简单形体，并将整体复杂的矿化状态变为局部均匀化状态。目前较为常用的传统资源储量估算方法主要有地质块段法和剖面法，其一般估算过程如图 5-21 所示。

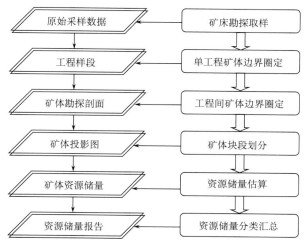

图 5-21　传统矿产储量估算的一般过程

其中，矿体块段的矿石量：

$$Q = V \times D \qquad (5\text{-}50)$$

式中，Q 为矿石量；V 为体积；D 为矿石体重。

矿体块段的金属量为

$$P = Q \times \bar{C} \qquad (5\text{-}51)$$

式中，P 为金属量；$\bar{C}$ 为平均品位。对各块段的金属量进行分类汇总即得矿床储量。

2. 矿产储量传统估算法计算机实现模式

矿产储量传统估算法的一般流程，可采用如下计算机程序来实现（图 5-22）。

（1）利用地矿点源数据库存储矿山勘探与开采数据，如需要折算当量品位，将多种金属矿产任意组合折算当量品位，作为新的矿产进行资源储量估算；

（2）根据矿山实际勘探情况，设置单工程矿体边界圈定规则与矿石体重类型，自动绘制勘探线剖面图底图并圈定矿体边界，编制资源储量估算剖面图；

（3）利用自动绘制的矿体投影图底图实现矿体块段划分，并在此基础上建立矿体块段并估算资源储量，编制矿体投影图；

（4）资源储量分类汇总，资源储量估算成果图件、报表输出；

（5）根据矿山新增勘探及开采数据，快速复用原有资源储量估算成果，实现资源储量动态估算及成果图件、报表快速更新。

3. 实现矿产储量传统估算法计算机化的配套技术

实现金属矿产储量传统估算法计算机化，还需要有一系列配套技术。其中包括储量估算与图表编制一体化技术，夹石、小块段和采空区的快速扣除技术，以及自动化与人机交互一体化集成技术，等等（张夏林等，2010；陈国旭，2011；陈国旭等，2012）。

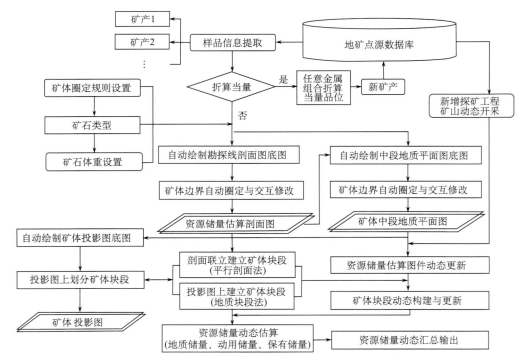

图 5-22　矿产储量传统估算计算机实现工作流程图

1）储量估算与图表编制一体化技术

在传统矿产储量估算过程中，涉及勘探线地质剖面图、矿体中段地质平面图、矿体投影图和大量各类数据表格的编制，而且还需要经常进行图件和数据表格核对，甚至查错、修改和更新，而且还需要将核对和修改结果反馈到基础数据库中。基于共享数据平台进行矿产储量估算与图表编制的一体化作业，不仅可以有效地提高资源储量估算过程中的数据调用、结果表达、图表输出、成果动态更新等的协同性、一致性和共享性，而且可以有效地实现矿产储量估算与图件编绘的互动和联动。

其实现方法大致为：基于地矿点源数据库和共享数据平台，以矿产储量传统估算方法各个环节间的联系为纽带，实现人机交互图表编制系统与基础数据库的挂接，并结合数据库的数据字典和平台提供的空间分析工具，实现储量估算与图件编绘的互动，使矿产储量估算与图件编绘、报表编制得以同步完成。

在完成矿产储量估算后，所同步完成的矿床勘探剖面图、矿体投影图、中段地质平面图等图件，只要稍作编辑和整饰便可作为最终成果打印输出。

2）基于空间关系的计算机辅助夹石、小块段、采空区快速扣除方法

在传统方法资源储量估算中，矿体块段为估算的基本单元。在其空间范围内，往往存在着非矿夹石、不同储量类别和品级的小块段以及采空区等，为了准确地获取分类矿

石储量，需要对这些夹石、小块段、采空区进行剔除。以往，这项工作通常是手工完成的，不仅十分繁琐而且效率低、精确性差。

采用计算机辅助快速剔除技术，可以摒弃落后的手工方式，大幅度地提高工作效率和精确性。计算机辅助夹石、小块段和采空区的快速扣除，可基于块段之间的空间叠加关系和三维可视化技术来实现。其工作流程（图 5-23）为：①根据矿产储量估算剖面图上的矿体信息，分别建立矿体块段和待扣除的夹石块段、小块段、采空体模型；②计算待扣除的夹石、小块段、采空区体积；③利用三维空间叠加分析，获得剔除夹石、小块段和采空区后的矿体块段体积；④根据矿体块段的体重和平均品位，估算矿体块段储量；⑤汇总并输出矿产储量估算的最终结果。

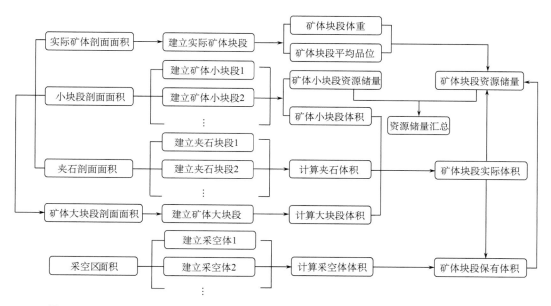

图 5-23　基于空间关系的计算机辅助夹石、小块段、采空区快速扣除方法及工作流程图

3）自动化与人机交互结合的估算技术

由于地质作用的时间漫长、空间广阔、介质复杂，通常难以被全面观测或直接研究，因而在地矿工作中常常需要借助地质专家的经验和知识。

基于专家知识的自动化方式与人机交互方式相结合，是快速实现矿产储量估算和相关图表一体化的有效途径。其关键在于合理地界定自动化方式和人机交互方式的任务和内容，为用户提供适当的专家知识自定义工具，以及强大的人机交互功能处理工具，使地质人员能够充分发挥主观能动性，把知识、经验和计算方法融为一体。例如，矿产储量估算图件底图编绘和各种估算参数的获取，都可以采用自动化方式；而当量品位折算、单工程矿体边界圈定、资源储量汇总输出，以及储量估算过程中的图件、表格核对、查错、修改、更新，则采用人工交互操作方式。这样，地质人员便可以方便而灵活地利用计算机系统，充分地发挥矿产储量传统估算方法的优势。

5.3.2　矿产储量克里金估算法

矿产储量克里金估算法是将矿化现象作为区域化变量来表征，以矿化现象的空间结构为理论基础，以变异函数为工具的一种储量计算方法。克里金估算法与传统估算方法的区别在于：前者对块段品位的估计，来自于对样品在矿体中的方向性变化和空间相关关系的统计分析；而后者对块段品位的估计，来自对块段周边样品长度加权得出的平均品位，没有考虑样品品位的空间相关关系。

1. 矿产储量克里金估算法原理

矿体品位是典型的区域化变量，也是矿产储量估算的最基本要素。其分布特征不同，采用的估计方法也有所不同（侯景儒和黄竞先，1990；侯景儒等，1998）。当品位变化服从正态分布时，可采用普通克里金法；当品位变化服从对数正态分布时，可采用对数克里金法；而当品位变化是非二阶平稳或出现局部漂移的情况，可采用泛克里金法等（侯景儒等，1998）。限于篇幅，本书仅重点介绍普通克里金法的基本原理及其在储量估算中的应用。

1）普通克里金法概述

A. 无偏估计的概念

矿体平均品位估计值 Z_V^* 和它的实际值 Z_V 的偏差可表达为

$$\varepsilon = Z_V - Z_V^* \tag{5-52}$$

为了避免对品位的任何过高或过低估计，进而避免由此引起矿石储量的过高或过低估计，应当提供一个无偏估计且估计方差为最小的估计值。通常认为：

当所有估计块段的 Z_V 与 Z_V^* 之间的偏差平均为 0 时，估计误差的期望应该为 0。

$$E(Z_V - Z_V^*) = 0 \tag{5-53}$$

则这种估计是无偏的；而当块段的估计品位与实际品位之间的单个偏差达到尽可能小时，误差平方的期望值（估计方差）

$$\sigma_E^2 = \mathrm{Var}(Z_V - Z_V^*) = E[(Z_V - Z_V^*)^2] \tag{5-54}$$

也应该是最小的。

对于任一待估块段 V 的真实值 Z_V 的估计值 Z_V^*，都可通过该待估块段影响范围内 n 个有效样品值 Z_V（$\alpha = 1, 2, \cdots, n$）的线性组合（加权平均）得到

$$Z_V^* = \sum_{\alpha=1}^{n} \lambda_\alpha Z_\alpha \tag{5-55}$$

式中，λ_α 为加权因子，是各样品在估计 Z_V^* 时的影响大小，而估计方法的好坏就取决于如何计算或选择权因子 λ_α。

克里金法把矿体划分成许多小块段（待估块段），再根据待估块段周围有限邻域内的信息逐块估计，因而是一种最佳局部估计法。各块段的局部估计组合即为矿床的总体

估计。该法考虑了信息样品的形状、大小及其与待估块段间的空间位置等几何特征，以及品位的空间结构之后，为了达到线性、无偏和最小估计方差的估计，而对每一样品值分别赋予一定的权系数，最后通过加权平均来估计块段品位。

B. 克里金估计量和方差

克里金法最重要的工作是：第一，列出并求解克里金方程组，以便求出诸克里金权系数 λ_i；第二，求出这种估计的最小估计方差——克里金方差。

设 $Z(x)$ 是被研究的定义在点支撑上的区域化变量，且假定 $Z(x)$ 服从二阶平稳假设，即有期望：$E[Z(x)] = m$，及中心化协方差函数：$E\{Z(x+h)Z(x)\} - m^2 = C(h)$；或变异函数：$E\{[Z(x+h)-Z(x)]^2\} = 2\gamma(h)$。现在要求对中

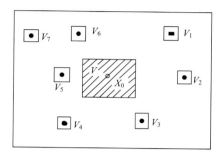

图 5-24　用 7 个信息样估计待估域 V

心位于 x_0 的域 $V(x_0)$ 的平均值 $Z_V = \dfrac{1}{V}\displaystyle\int_{V(x_0)} Z(x)\mathrm{d}x$ 进行估计（图 5-24），而在待估域 V 的周围有一组数据 $\{Z_\alpha, \alpha=1, 2, \cdots, n\}$，在二阶平稳时，它们的期望 $E\{Z_\alpha\} = m$，则待估域 V 的实际值 Z_V 的估计值 Z_V^* 是这 n 个有效数据 $Z_\alpha(\alpha=1, 2, \cdots, n)$ 的线性组合：

$$Z_K^* = \sum_{\alpha=1}^{n} \lambda_\alpha Z_\alpha \tag{5-56}$$

我们的目的是求出式（5-56）中的 n 个权系数 λ_α（$\alpha=1, 2, \cdots, n$），以便保证估计量 Z_K^* 无偏，且估计方差最小。由这样的权系数计算出的估计量 Z_K^* 称为 Z_V 的克里金估计量，而最小估计方差称为克里金方差（Kriging variance），记为 σ_K^2。

2）普通克里金法的基本内容

A. 无偏估计的条件

为了避免系统误差，要求估计无偏，即

$$E\{Z_V - Z_K^*\} = 0 \tag{5-57}$$

在二阶平稳条件下 $E\{Z_V\} = E\{Z_K^*\} = m$，而

$$E\{Z_K^*\} = E\left\{\sum_{\alpha=1}^{n} \lambda_\alpha Z_\alpha\right\} = \sum_{\alpha=1}^{n} \lambda_\alpha E\{Z_\alpha\} = \sum_{\alpha=1}^{n} \lambda_\alpha \cdot m \tag{5-58}$$

要使 $E\{Z_K^*\} = E\{Z_V\}$，即

$$m \sum_{\alpha=1}^{n} \lambda_\alpha = m \tag{5-59}$$

就必须使

$$\sum_{\alpha=1}^{n} \lambda_\alpha = 1 \tag{5-60}$$

式（5-60）就是无偏条件。

B. 普通克里金方程组

在讨论估计方差时，我们得到了估计方差的计算公式：

$$\sigma_E^2 = \bar{C}(V, V) - 2\sum_\alpha \lambda_\alpha \bar{C}(V, v_\alpha) + \sum_\alpha \sum_\beta \lambda_\alpha \lambda_\beta \bar{C}(v_\alpha, v_\beta) \tag{5-61}$$

要求出在无偏条件下，使估计方差 σ_E^2 达到极小的诸权系数 λ_α（$\alpha = 1, 2, \cdots, n$）是个求条件极值的问题，即把最优估值问题理解为在无偏条件约束下求目标为估计方差为最小的估值。

为了便于求解，可将极小 $E\{[Z_V - Z_K^*]^2\}$ 化为无约束的拉格朗日乘数法求极值的问题，即将约束条件 $\sum_\alpha \lambda_\alpha = 1$ 也引入目标函数之中，令

$$F = \sigma_E^2 - 2\mu(\sum_{\alpha=1}^n \lambda_\alpha - 1) \tag{5-62}$$

式中，F 为 n 个权系数 λ_α（$\alpha = 1, 2, \cdots, n$）和 μ 的 $(n+1)$ 元函数；-2μ 为拉格朗日乘数。求出 F 对 n 个 λ_α（$\alpha = 1, 2, \cdots, n$）和 μ 的偏导数并令其为 0：

$$F = \bar{C}(V, V) - 2\sum_{\alpha=1}^n \lambda_\alpha \bar{C}(V, v_\alpha) + \sum_{\alpha=1}^n \sum_{\beta=1}^n \lambda_\alpha \lambda_\beta \bar{C}(v_\alpha, v_\beta) - 2\mu(\sum_{\alpha=1}^n \lambda_\alpha - 1)$$

$$\tag{5-63}$$

$$\begin{cases} \partial F / \partial \lambda_\alpha = 0 & (\alpha = 1, 2, \cdots, n) \\ \partial F / \partial \mu = 0 \end{cases} \tag{5-64}$$

最后，得到普通克里金方程组：

$$\begin{cases} \sum_{\beta=1}^n \lambda_\beta \bar{C}(v_\alpha, v_\beta) - \mu = \bar{C}(v_\alpha, V) \\ \sum_{\alpha=1}^n \lambda_\alpha = 1 & (\alpha, \beta = 1, 2, \cdots, n) \end{cases} \tag{5-65}$$

它是一个 $n+1$ 个未知数（n 个 λ_α 和 1 个 μ），$n+1$ 个方程的方程组。在内蕴假设下，式（5-27）可用 $\gamma(h)$ 表示如下：

$$\begin{cases} \sum_{\beta=1}^n \lambda_\beta \bar{\gamma}(v_\alpha, v_\beta) + \mu = \bar{\gamma}(v_\alpha, V) \\ \sum_{\beta=1}^n \lambda_\beta = 1 & (\alpha, \beta = 1, 2, \cdots, n) \end{cases} \tag{5-66}$$

C. 普通克里金方差

从式（5-66）得

$$\sum_{\beta=1}^n \lambda_\beta \bar{C}(v_\alpha, v_\beta) = \bar{C}(v_\alpha, V) + \mu \tag{5-67}$$

将式（5-67）代入估计方差公式，得

$$
\begin{aligned}
\sigma_E^2 &= \bar{C}(V,\ V) - 2\sum_{\alpha=1}^{n}\lambda_\alpha \bar{C}(V,\ v_\alpha) + \sum_{\alpha=1}^{n}\sum_{\beta=1}^{n}\lambda_\alpha\lambda_\beta \bar{C}(v_\alpha,\ v_\beta) \\
&= \bar{C}(V,\ V) - 2\sum_{\alpha=1}^{n}\lambda_\alpha \bar{C}(V,\ v_\alpha) + \sum_{\alpha=1}^{n}\lambda_\alpha[\bar{C}(v_\alpha,\ V)+\mu] \\
&= \bar{C}(V,\ V) - 2\sum_{\alpha=1}^{n}\lambda_\alpha \bar{C}(V,\ v_\alpha) + \mu + \sum_{\alpha=1}^{n}\lambda_\alpha \bar{C}(v_\alpha,\ V) \\
&= \bar{C}(V,\ V) - \sum_{\alpha=1}^{n}\lambda_\alpha \bar{C}(V,\ v_\alpha) + \mu
\end{aligned}
\tag{5-68}
$$

由于用式（5-68）计算出的估计方差 σ_E^2 为最小估计方差，也称克里金方差，记为 σ_K^2，则

$$
\sigma_K^2 = \bar{C}(V,\ V) - \sum_{\alpha=1}^{n}\lambda_\alpha \bar{C}(V,\ v_\alpha) + \mu
\tag{5-69}
$$

若用 $\gamma(h)$ 表示，则式（5-69）改写为

$$
\sigma_K^2 = \sum_{\alpha=1}^{n}\lambda_\alpha \bar{\sigma}(V,\ v_\alpha) + \mu - \bar{\gamma}(V,\ V)
\tag{5-70}
$$

$\bar{C}(V,\ V)$ 为分隔矢量 h 的两个端点分别独立地在域 V 内移动时，求出区域化变量全部协方差的平均值：

$$
\bar{C}(V,\ V) = \frac{1}{V^2}\int_V \mathrm{d}x \int_V C(x-x')\,\mathrm{d}x
\tag{5-71}
$$

$\bar{C}(V,\ v_\alpha)$ 为矢量 h 的两个端点分别独立地在信息域 V 及 V_α 中移动，求出区域化变量的全部协方差的平均值：

$$
\bar{C}(V,\ v_\alpha) = \int_V \mathrm{d}x \int_{V_\alpha} C(x-x')\,\mathrm{d}x'
\tag{5-72}
$$

$\bar{C}(v_\alpha,\ v_\beta)$ 为矢量 h 的两个端点分别独立地在信息域 v_α，v_β 中移动，求出区域化变量的全部协方差的平均值：

$$
\bar{C}(v_\alpha,\ v_\beta) = \int_{v_\alpha} \mathrm{d}x \int_{v_\beta} C(x-x')\,\mathrm{d}x'
\tag{5-73}
$$

D. 克里金方程组与方差的矩阵形式

为了便于书写，克里金方程组与克里金方差均可用矩阵形式表示为

$$
[K][\lambda] = [M_2]
\tag{5-74}
$$

或

$$
[\lambda] = [K]^{-1}[M_2]
\tag{5-75}
$$

$$
\sigma_K^2 = \bar{C}(V,\ V) - [\lambda]^{\mathrm{T}}[M_2]
\tag{5-76}
$$

式中，

$$[K] = \begin{bmatrix} \bar{C}(v_1, v_1) & \bar{C}(v_1, v_2) & \cdots & \bar{C}(v_1, v_n) & 1 \\ \bar{C}(v_2, v_1) & \bar{C}(v_2, v_2) & \cdots & \bar{C}(v_2, v_n) & 1 \\ \vdots & \vdots & & \vdots & \vdots \\ \bar{C}(v_n, v_1) & \bar{C}(v_n, v_2) & \cdots & \bar{C}(v_n, v_n) & 1 \\ 1 & 1 & \cdots & 1 & 0 \end{bmatrix};$$

$$[\lambda] = \begin{bmatrix} \lambda_1 \\ \lambda_2 \\ \vdots \\ \lambda_n \\ -\mu \end{bmatrix}; \quad [M_2] = \begin{bmatrix} \bar{C}(v_1, V) \\ \bar{C}(v_2, V) \\ \vdots \\ \bar{C}(v_n, V) \\ 1 \end{bmatrix}。$$

$[K]$ 称为普通克里金矩阵，其中由于有

$$\bar{C}(v_\alpha, v_\beta) = \bar{C}(v_\beta, v_\alpha) \qquad \forall \alpha, \beta \tag{5-77}$$

故 $[K]$ 为一对称矩阵。

类似地，也可以用 $\gamma(h)$ 表示如下：

$$[K'][\lambda'] = [M_2'] \tag{5-78}$$

$$\sigma_K^2 = [\lambda']^{\mathrm{T}}[M_2^1] - \gamma(V, V) \tag{5-79}$$

式中，

$$[K'] = \begin{bmatrix} \bar{\gamma}(v_1, v_1) & \bar{\gamma}(v_1, v_2) & \cdots & \bar{\gamma}(v_1, v_n) & 1 \\ \bar{\gamma}(v_2, v_1) & \bar{\gamma}(v_2, v_2) & \cdots & \bar{\gamma}(v_2, v_n) & 1 \\ \vdots & \vdots & & \vdots & \vdots \\ \bar{\gamma}(v_n, v_1) & \bar{\gamma}(v_n, v_2) & \cdots & \bar{\gamma}(v_n, v_n) & 1 \\ 1 & 1 & \cdots & 1 & 0 \end{bmatrix};$$

$$[\lambda'] = \begin{bmatrix} \lambda_1 \\ \lambda_2 \\ \vdots \\ \lambda_n \\ \mu \end{bmatrix}; \quad [M_2'] = \begin{bmatrix} \bar{\gamma}(v_1, V) \\ \bar{\gamma}(v_2, V) \\ \vdots \\ \bar{\gamma}(v_n, V) \\ 1 \end{bmatrix}。$$

3）克里金法估计的求解问题

只有当 $\bar{C}(v_\alpha, v_\beta)$ 严格正定，其行列式才严格大于 0，有唯一解，即要求：①点协方差函数模型 $C(h)$ 为正，或者 $-\gamma(h)$ 条件正定；②数据支撑 v_α 不与另一支撑 $v_\alpha{}'$ 完全重合，因为表示当 $v_\alpha \equiv v_\alpha{}'$ 时，表示当 v_β 固定时，$\bar{C}(v_\alpha, v_\beta) = \bar{C}(v_\alpha{}', v_\beta)$，而使行列式 $|\bar{C}(v_\alpha, v_\beta)| = 0$，所以，克里金方程组的解存在和唯一性条件是克里金方

差非负：

$$\sigma_K^2 = \bar{C}(v, V) + \mu - \sum_{\alpha=1}^{n} \lambda_\alpha \bar{C}(v_\alpha, V); \text{且} \sigma_K^2 > 0 \qquad (5\text{-}80)$$

当 σ_K^2 为负值时，其原因可能有二：所用 $\gamma(h)$ 模型可能不正定；或者样品可能重复，在同一坐标上有两个品位值，或两个相距很近的样品存在。

在克里金方程组中，$[K]$ 及 $[M_2]$ 中的 $C(h)$ 或 $\gamma(h)$ 可以是各向同性或各向异性，也可以是套合结构；样品点 v_α，v_β，V 的支撑可以不同，有些数据支撑可以部分地相交（$v_\alpha \cap v_\beta \neq 0$，但 $\alpha \neq \beta$，$v_\alpha \neq v_\beta$）；有些数据可以包含在待估域 V 内（$v_\alpha \cap V$）。

由于克里金方程组及克里金方差只取决于 $C(h)$ 或 $\gamma(h)$，以及 v_α，v_β 及 V 的相对几何位置，而不依赖于具体数据 Z_α，因此，当两组数据构形相同时，其 $[K]$ 也相同，这样求权系数 λ 时只需一次求逆 $[K]^{-1}$；如果，不但 $[K] = [K']$ 而且 $[M_2] = [M'_2]$ 时，则 $[\lambda] = [\lambda']$，这就只需解一次克里金方程组求权系数。由此可见，为了节省计算机费用，保证数据构形的规则性及系统性是必要的。

由于 σ_K^2 只依赖于 $C(h)$ 或 $\gamma(h)$ 而不依赖于具体的数据 Z_α，这就使我们在进行勘探施工前能够应用 σ_K^2 来获得成本与预计的收益平衡。

从式（5-78）中可以看出，克里金法不仅充分考虑到了样点与待估点之间的关系（K' 矩阵），而且还考虑到了样品与样品之间的关系（M'_2 矩阵）。因此，其估值效果在一定程度上不依赖于搜索椭球体的分区设置。但是，由于普通克里金法基于样品邻域内均值为未知常数的假设，搜索椭球体的使用可使增强方法的适应性。特别是在搜索椭球体的轴长适当大于相应方向上的变程值的情况下，即便数据存在一定变化趋势或漂移，利用普通克里金法都可以得到较好的估值效果。

4）估值过程的负权值解决方案

克里金估值方法的一个显著特点，是可能产生偏离样品测试值分布区间的结果。这种特点的好处是能使估值在一定程度上突破样品数据分布的限制，但因为会产生负的品位估计权值而不合常理。

产生负权值的表面原因，是在克里金方程组［式（5-65）和式（5-78）］中找不到将权值约束为正值的条件，实质上往往与如下情况相联系：①估值过程所使用的理论变差函数模型在原点处理具有强烈的连续性，特别是在原点处呈抛物线型的变差函数模型，如球状模型、指数模型等；②在样品属性的空间主变异性方向上，往往存在一个或多个与待估点相隔得较近、相关性更强的点，造成待估点的作用被"屏蔽"。这两种状况的共同作用，就可能使待估点出现负权值。

为了避免负权值的出现，在估值之前可以采用如下措施：①使用在原点处连续性小的理论变差函数模型，如高斯模型等；②对搜索椭球体内的样品数据进行处理，如对搜索椭球体内的样品进行分区组合。

5）估算结果的可信度分析

通常利用 2 倍的标准克里金方差来对估计值的 95％ 的置信区间进行衡量：

$$95\% = \mathrm{P}\{Z^*(x_0) \mid Z^*(x_0) - 2\sigma_K \leqslant Z^*(x_0) \leqslant Z^*(x_0) + 2\sigma_K\} \quad (5\text{-}81)$$

但是这样的应用必须基于两个条件：①估值点的局部误差值在整体上服从正态分布；②每个局部估值点的真实误差方差独立于其具体的数据值（同方差性），或者可以表述成每个估值点的局部克里金方差即为其真实的局部误差方差。

在一般情况下，除了一些变化性不大、较均匀的属性值，如矿石体重、煤层厚度等，这两个条件是难以满足的。事实上，克里金方差仅仅只是一种与样品值无关、能够反映样品数据的空间构型的一个算子，并不具备反映估值结果的局部可信度的意义。因此，为每个估值点提供一个依赖于样品属性值的测量参数，如通过构建每个估值点的局部概率分布函数的方法，来评价估值可信度是有必要的。

2. 克里金储量估算方法的实际应用

以 QuantyMine 为例，基于克里金法和矿产资源勘查开发共享数据平台的矿产储量估算模块（图 5-25），通常可以进行矿床和矿体的三维可视化动态建模；能够根据多组工业指标动态圈定矿体并且动态地显示矿体的形态；动态计算矿区任意块段、中段（台阶、分层）的分块储量，并汇总矿体和矿床储量；还能够进行储量精度、工程控制程度和储量级别评估，因而也能够快速而有效地应对国际市场的变化。

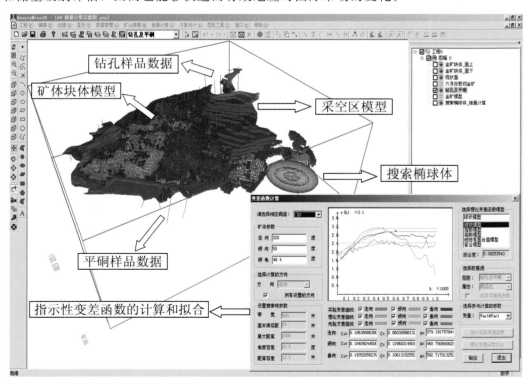

图 5-25　QuantyMine 矿产储量克里金估算模块主运行界面（提示调用数据内容）

1) 数据整理与参数选择

储量克里金估算法所需的各类空间数据、属性数据和各类估算参数，如估值方法参数、搜索半径、搜索轴方位、参与估值的各矿体或块段最大和最小样品数等，以及克里金单元体的大小、变异函数 $\gamma(h)$ 及其模型参数、基本估算邻域大小等，均可通过共享数据平台从基础点源数据库中调入，个别可用手工输入。各种方法模型和算法模型，则可分别从方法库和模型库中调入。计算模块会根据给定的估值方法和估值参数，自动进行品位估值。

2) 储量克里金法估算过程

A. 数据预处理

克里金估值的数据预处理包括：正则化处理、统计分析、矿体形态网格化及克里金块初始化、钻孔数据检错及样品组合、块段模型的建立。

B. 变异函数计算

变异函数计算即空间变异性分析，主要包括：估值方法选取、克里金估值块段划分、实验变差值曲面（图 5-26）、计算实验变异函数、拟合变异函数理论模型、交叉验证、估计邻域大小的确定。

图 5-26　变差值曲面生成效果图

C. 块段品位估计与储量估算

利用估值模型进行克里金块段估值，包括列出克里金方程组，求解克里金方程组中点与点的变异函数值。在此基础上，可进一步计算出块段及样品之间的变异曲线，然后解方程组，计算出块段估值和估计方差，建立矿床或矿体模型。

D. 储量估算结果对比

克里金法储量计算结果，可以进行精度评价，也可以与其他方法的计算结果进行对比，以便进一步确认计算结果的可信度。不同方法的计算结果由计算模块自动提供。

E. 储量估算结果表达

如果有三维可视化的共享数据平台的支持，则储量估算结果的表达将是三维的、动态的和可视化的，其中包括对钻孔、地形、矿体、矿块模型、采掘工程等进行动态显示；自动与机助相结合编制、绘制并显示开采台阶、剖面、品位、储量图；以报表形式（表 5-4～表 5-6）输出计算的各块段、各矿体和矿床各级储量估算结果。

表 5-4　某特大型金-铜矿资源量/储量估算成果表格式

类别	探明的资源量/储量			控制的资源量/储量			合计资源量/储量		
	Q/万 t	C/%	P/万 t	Q/万 t	C/%	P/万 t	Q/万 t	C/%	P/万 t
经济基础储量									
边际经济基础储量									

类别	探明的资源量/储量			控制的资源量/储量			合计资源量/储量		
	Q/万 t	C/%	P/万 t	Q/万 t	C/%	P/万 t	Q/万 t	C/%	P/万 t
次边际经济资源量									

注：Q 为矿石资源量/储量；C 为平均品位；P 为金属量。下同

表 5-5　某矿山金/铜矿可采储量计算结果表格式

类别	探明的可采储量			控制的可采储量			合计可采储量		
	Q/万 t	C/%	P/万 t	Q/万 t	C/%	P/万 t	Q/万 t	C/%	P/万 t
经济基础储量									
边际经济基础储量									

表 5-6　某矿山金/铜矿分台阶资源量/储量表

品位段	0.2%～0.3%			0.3%以上		
台阶标高	Q/万 t	C/%	P/万 t	Q/万 t	C/%	P/万 t
1000m						
985m						

F. 动态估算及经济评价问题

把储量克里金估算法与矿山经济评价模型结合起来，可以实现矿山开采过程最低可采品位的动态确定，从而有可能实现对国际市场的快速应对（吴冲龙等，2011a）。

矿山企业需要根据国际市场的矿产品价格来调整矿石边界品位。例如，当市场矿产品价格提高时，通常会考虑降低边界品位，以便增加剩余储量，但会带来生产成本（开挖、运输和冶炼成本）增加的后果。相反，当矿产品价格降低时，可以考虑提高边界品位，以便降低生产成本，但会带来剩余储量减少的后果。于是，需要在增加剩余储量和降低生产成本之间寻找平衡点——最佳边界品位，以便实现企业的利润最大化。对矿床工业指标进行动态、快速综合评价，并实现矿床储量的动态、快速估算，是解决这个问题的有效途径。由于采用克里金估算法本身具备了对矿床储量进行动态、快速估算的功能，只要与矿床工业指标动态综合评价模型结合起来，就可以快速地找到合理的最佳边界品位（图 5-27 和图 5-28）。

综上所述，克里金方法从原理上能保证储量估算结果的无偏、最优的特征，还能够同时考虑样品之间、样品与待估点之间的空间相关性，在一般情况下可以不对搜索椭球体进行分区处理。但是，当出现负权值或负估计值时，则需要考虑对样品进行分区处理。此外，由于克里金法本身对曲线有很强的圆滑效果，利用储量克里金估算法得到的估计结果来绘制吨位-品位曲线是有一定风险的。为了进一步解决这类问题，也可以考虑配合使用各种条件模拟或非条件模拟方法。

(a) 矿业开发参数

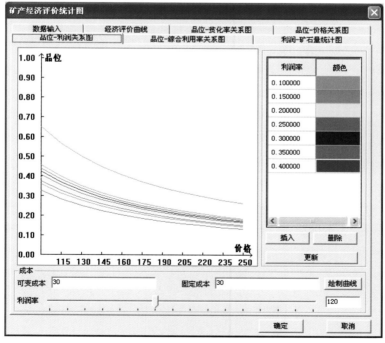

(b) 品位–价格关系图

图 5-27　基于 QuantyMine 软件的矿床工业指标动态综合评价系统界面

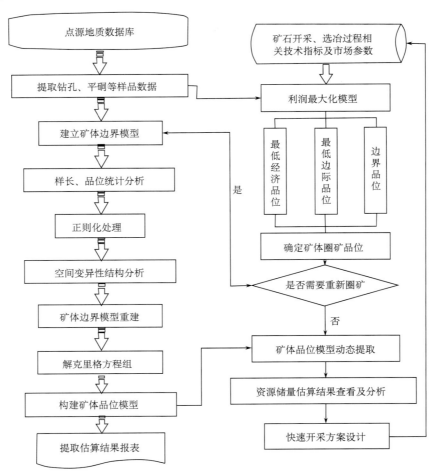

图 5-28　矿产储量克里金估算法流程及最佳边界品位的实时评价流程

第6章 地质数据可视化与机助编图

地质数据可视化与地质图件计算机辅助编绘，是地质信息技术体系的组成部分。地质建模和地质分析所涉及的数据多为三维空间数据，但大量的地矿资源勘查与开发工作成果，通常也需要用二维图件清晰、正确地表达出来，因此如何实现地质数据三维可视化与二维地质图件计算机辅助编绘，并且将二者结合起来，为地质工程师日常研究复杂的地质体、地质现象和地质过程，以及进行矿产资源和地质灾害预测、评价提供可靠的依据，是地质信息科学与技术领域的重要研究课题。

6.1 地质数据可视化的概念与分类

6.1.1 数据可视化的基本概念

数据可视化（data visualization），简称可视化，是指一种计算的方法，是一种将解译的图像数据输入计算机，以及从复杂的多维数据集中生成图像的工具。其目标是通过视觉可感知的方法提供新的洞察力，以影响现有的科学方法；其实现途径是通过计算机工具、技术和系统，把实验或计算所获得的大量抽象数据，转换为人的视觉可直接感受的计算机图形图像，以便进行数据探索和分析，因此也称科学计算可视化（visualization in scientific computing）（McCormick et al.，1987）。换言之，可视化是一个意识的处理过程，这个处理的目的在于促使生成并获取对待解决问题的观察描述和解决的办法（Wood and Brodlia，1994）。这个过程提供了静态图形显示和动画来进行数据的分析和判断。视觉是人类最有力和有效的信息接收和处理手段，如何利用视觉为人类物质生产和科学研究服务，是开展可视化研究的根本目的。

1. 数据可视化的概念模型

数据可视化的第一属性是科学研究，第二属性是决策支持。基于这两个属性，可视化过程的概念模型可表达如图 6-1 所示。这个过程分为可视化思维和可视化交流两个阶段（Dibiase et al.，1990）。在不同阶段，系统所面向的群体不同、处理方式不同、处理和输出对象也不同，但相互间有紧密的上下游联系。可视化思维是个人通过探索数据的内在关系来揭示新问题、形成新观点，进而产生新的综合、找到新的答案并加以确认；而可视化交流是向公众表达已经形成的结论和观点。在过程的开端，由个人使用各种软件工具探索、交流待研究的数据对象，并将其转变为图形、图像、动画等形式；接着通过形成新观点、揭示新问题、实现新综合，找到新答案；而在该过程的末端，利用软件工具与公众交流，确认已经形成的结论和观点。思维分析和交流传输是可视化的双重功能，也是不同信息处理阶段的逻辑体现。在一般情况下，这个过程是循环往复的。

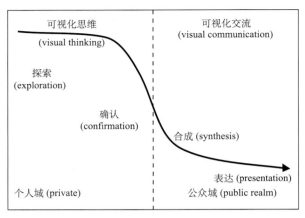

图 6-1　可视化过程的概念模型（据 Dibiase et al.，1990）

地质数据可视化同样具有科学研究和决策支持双重属性。这是因为地质体、地质结构、地质现象和地质过程都不同程度地存在着结构信息不完全、关系信息不完全、参数信息不完全和演化信息不完全的情况（吴冲龙等，1993）。通常，在地质现象和地质过程分析、地质矿产资源评价和开发利用决策时，对于大量的不确定因素，要依靠技术人员或者领导者本身进行定性理解、定量估算和关系描述，并结合时空数据模型和时空分析模型来进行分析、预测、评估和决策。从数学逻辑的角度看，这是一种半结构化或不良结构化甚至非结构化问题。经验表明，数据可视化是描述、表达和理解各种半结构化甚至非结构化问题的关系和模型的最佳方法和手段。基础地质调查、矿产资源勘查和工程地质勘察，在本质上是一种决策分析，最终要提交区域地质结构及其演化、矿产资源潜力和可利用性、工程地质条件评价等成果，为资源开发利用和城乡规划建设提供决策支持。由于地质与矿产信息普遍具有空间信息特征，这种决策支持也就自然而然地具有空间决策支持的属性。用可视化的手段进行数据的探索、完成对半结构化或不良结构化问题的关系描述、信息提取、知识合成以及智力表达，能够有效地获得有利于空间决策支持的信息。面对多维的地质时空信息，仅仅有二维图件是不够的，需要实现三维乃至四维建模与分析。

数据可视化概念包含 3 个层次：可视化表达（visual representation）、可视化显示（visual display）和可视化分析（visual analysis）。可视化表达是指对意识印象的图像描述，以及（或者）以任意介质形式体现的数据集合；可视化显示是指短暂的和容易修改的可视化表达，如在 CRT 屏幕和 LCD 显示器上的图形放大、缩小、漫游、闪烁、旋转、拖动等显示；可视化分析是指直接利用可视化手段来进行数据空间分析，是地质数据可视化的高级形式和研究重点。

目前，市面上已经有了一些较为成熟和流行的可视化语言和实现工具。前者如 VC++、IDL、Java，后者如各种类型的 CAD、GIS、OpenGL 和 OpenInventor 等。地质信息系统可视化思维的交互性和可视化交流的公众性能力，已经能初步满足空间决策支持的交互、反复以及共享的操作要求。目前三维动态模拟显示技术和虚拟现实

（virtual reality）技术还可以提供具有沉浸感（impressive）、动态（dynamic）、交互（interactive）的环境，让用户任意地截取地质体的剖面图、水平切面图和栅状图，并且可以在感兴趣区域内任意地进行挖刻分析；还可以从任意角度以不同分辨率来浏览地壳构造演化、层序地层生成、金属成矿和油气成藏等地质过程的三维动态模拟结果。地质工作者可根据实际需要，对指定范围内的地质体、地质结构、地质现象、地质过程、地质资源和地质灾害进行分类统计，开展多种专题研究和专项区域评价，为合理开发、利用、保护地质矿产资源和防灾减灾的科学决策服务。

　　总之，可视化已经成为目前地质体、地质现象和地质过程时空分析，地质矿产资源评价与空间决策支持所不可或缺的技术和手段。

2. 空间决策分析可视化问题

　　随着空间信息科技在空间决策支持领域的迅速发展，空间分析与可视化相结合的重要性正在凸现出来。作为解决空间问题的重要手段，常规的空间分析方法已经不能满足决策支持数据精加工的要求，需要探索新的方法并与数据可视化及数据挖掘相结合，向知识发现、表示与传输方向发展；而常用的可视化表达和显示技术也不能仅仅停留在多维、多源数据和分析结果的表达和显示上，更重要的是作为一种空间认知行为，可视化本身也要向动态、交互可视化，以及分析、探索和提取空间信息方向发展。于是，可视化技术的研究重点也从空间数据管理逐渐向空间数据分析和空间决策支持方向转变，并且逐步改变了主要围绕结果的表达与显示，以及偏重于技术层次的状况，开始关注可视化的另一个重要层次——思维与分析层次。这是一种高级可视化，在多维数据和多时态数据显示，以及对复杂时空过程分析的洞察和显示等方面，将有效地增强各种空间信息系统的决策分析能力。

　　一般地说，在空间决策支持认知过程的可视化表达中，确定数据的形态、结构、关联和一致性的操作（探索）将数据转变为信息（information），对信息的科学归纳以及对因果关系的挖掘（确认）将信息转变为知识（knowledge），而当把知识应用于新的思想并对时空关系和未来发展趋势进行有目的的考察（合成）时，知识就转变成了智力（intelligence）。这个从数据到智力的认知过程（图 6-2），与上述可视化工具概念模型中的认知过程，是对应一致的（李峻，2001）。

图 6-2　基于决策支持认知过程的可视化工作流程（据李峻，2001）

　　在空间决策支持的认知过程中，不仅要求实现空间数据和分析结果的可视化，还要求实现分析规则、分析过程和决策过程的可视化。这种具有认知、分析作用并能完整地面向分析过程和结果的可视化，称为探索可视化（exploratory visualization）或分析可视化（analytical visualization）。采用可视化的手段来进行数据探索，完成对半结构化或不良结构化问题的关系描述、信息提取、知识合成以及智力表达，能够直观而形象地获得针对目标问题的对象认知和解决办法，进而显著地提高空间决策支持的有效性，是空间信息科技的重要发展方向。这种高级可视化将有效地提高对这种不良结构化或半结构化问题的感知力、洞察力、分析力和描述力。

在当前的数据分析和空间决策支持问题的研究中，对复杂空间问题的解决，不是由单一结构化的空间分析或可视化显示模块独立完成的，而是由多个可视化显示和空间分析模块相互交融，共同完成对空间知识进行挖掘、传输与交流的完整过程。在决策支持中，不仅要对空间数据和分析结果进行表达与描述，还要对分析规则和分析过程实现可视化，才能称为完整的面向过程的可视化决策分析。将数据挖掘和知识发现的推理过程纳入可视化决策分析的过程中，就能获得针对目标问题的深刻感知和解决办法。这是可视化与空间分析的交融，具有认知、分析的作用，并且能够面向分析过程及其结果。这种可视化能够发现知识，也能够交流、传递信息和知识，有很强的动态、交互特性。特别是地质数据的三维可视化，可以在更加真实、直观和形象的条件下进行现象分析、模型抽象、实体重构、科学计算、过程再现、知识发现、成果表达、评价决策和工程设计。用户可根据需要自行定制浏览对象、可视方法、显示形式，还可对整个过程修改编辑，多角度地观察复杂空间对象及其空间关系，直至获得对科学决策的合理支持。这种面向过程、具有空间认知能力的信息技术，将大大提高地矿工作的分析、评价和辅助决策水平。

6.1.2　地质数据三维可视化应用分类

由于地质空间对象和地质工作性质的特殊性，地质数据可视化的内容丰富，其形式也很复杂。一般地说，在地质科技领域，人们所关注的是地下地质结构和成分的空间分布。因此，"体三维"可视化技术的开发和应用成为地质信息科技领域的研究重点。从应用的角度看，地质空间决策支持认知过程可视化可分为表达可视化、分析可视化、过程可视化、设计可视化和决策可视化五类（吴冲龙等，2011b）。

1. 表达可视化

表达可视化泛指原始数据和计算成果以图形或图像形式在屏幕或其他介质上的存在和显示。其内容从图形图像的角度看，大致包括：原始数据的符号化显示；一般科学计算结果的饼图、直方图、曲线图、等值线图和曲面图显示、放大、缩小、漫游、闪烁、拖动，等等；专业分析处理结果的各种一维、二维和三维图形，以及表格、文字、数字的显示、放大、缩小、漫游、闪烁、拖动，等等。

表达可视化是科学研究和空间决策支持认知过程可视化的基础，贯穿于其他各类可视化之中，可分为地下复杂结构表达可视化和成分表达可视化两类。地质研究和决策分析可视化表达的内容，是在野外地质勘探和室内资料分析的基础上，利用计算机定量描述地质对象的几何形态、拓扑关系和属性等信息，其中包括点（地质点）、线（钻孔、平铜、勘探线、地层线、断层线）、面（地层面、断层面等）、体（断块、岩体、岩脉、矿体、地层体等）、网络（断层网络、油气运移通道网络）、属性（年代、岩性、密度、孔隙度、化学成分）等，并通过对研究区地质对象的一维、二维和三维数据的综合处理和综合解释，建立各种数字地质体模型。

2. 分析可视化

分析可视化泛指在可视化环境中进行的各种地质空间决策分析。分析可视化是空间决策支持认知过程可视化的核心，其实现需要通过表达可视化来完成。之所以将其单独分出来，主要是强调分析可视化是借助交互式用户界面而进行的分析推理，地质空间问题分析过程的可视化，及其分析过程的沉浸感、动态性和人机交互特征。

地质空间决策支持分析可视化的内容大致包括：地质体单体查询、地质体表面积量算、地质体体积量算、地质体质心量算、地质体网格单点变换分析、地质体网格邻域变换分析、地质体网格区域变换分析、采样点聚类分析、地质体等值线分析（用于地热场、压力场、温度场分析）、地质体缓冲空间分析、地质体叠加分析、地质流体运移路径模拟分析、地层正反演分析、钻孔之间的钻遇地层对比分析、地质剖面对比分析、地质属性建模分析、地质体插值分析（整体插值、局部插值）、地质数据统计分析、地下设施与地质体干涉检测分析、地质体布尔运算、虚拟钻孔分析、虚拟剖面分析以及沟槽、硐室和隧道挖刻和剖切分析，等等。

3. 过程可视化

过程可视化泛指在可视化环境中再造并展示空间对象的发展变化过程。在地质研究和资源勘查领域，主要是指在三维数字环境中开展各种可视化的地质、成矿过程动态模拟。例如，造山作用动态模拟的可视化、构造变形作用动态模拟的可视化、沉积作用动态模拟的可视化、岩浆（侵入和火山）作用动态模拟的可视化、油气成藏作用动态模拟的可视化、金属矿产形成动态模拟的可视化和各类地质灾害形成作用动态模拟的可视化等。它可以形象地再现岩石圈板块构造演化、造山带演化、盆地演化、矿床形成和地质灾害孕育过程，能够有效地揭示矿产资源形成的地球动力学机制及其时空分布规律。过程可视化同样需要通过表达可视化来实现，将其单独分为一类是因为计算机动态模拟是研究和认识地质过程的重要途径和方式，同时强调其自然过程的可视化重建和再现。在仿真已经成为继演绎和实验之后的第三种科学研究基本途径的今天，过程可视化越来越多地受到科技界的重视。

盆地模拟和油气系统模拟是典型的地质过程可视化案例。它将盆地分析及油气系统分析理论、方法与计算机三维综合模拟技术结合起来，以构造史、埋藏史、地热史、生烃史、排烃史和运聚史为核心，以凹陷资源量-区带资源量-圈闭资源量分级评价为目标，定量地、动态地再现盆地或凹陷的地质演化和油气成藏过程。

4. 设计可视化

设计可视化是近年来可视化领域的一个热门话题。地质工程设计可视化泛指在三维可视化环境中所进行的各种地质工程设计，主要包括：勘探工程设计可视化、矿山采掘工程设计可视化、地质灾害治理工程设计可视化、引水工程设计可视化、水电工程设计可视化、铁路公路隧道设计可视化、地下铁路设计可视化、城市地下工程设计可视化等。同样，设计可视化也要通过表达可视化这一途径来实现。单独分为一类也是因为地质工程设计本身的重要性，而且地质工程设计工作对可视化的需求最为强烈。地质工程设计历来采用二维可视化方式（即 2D CAD）进行，但向三维可视化方式（即 3D CAD）发展已是必然趋势。地质工程设计的具体内容包括钻孔（井）设计、水平井设计、采掘巷道设计、地下厂房和硐室设计（图 6-3）、运输道路设计、排土场设计、堆土场设计，以及抗滑桩设计、滑体锚固设计等。

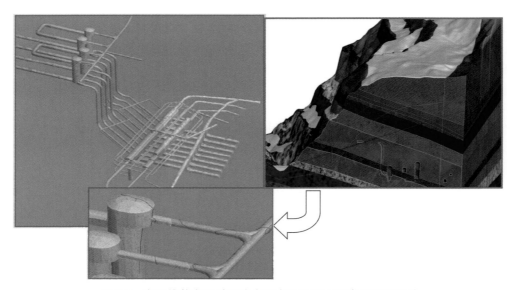

图 6-3　在三维数字地质环境中的水电站地下厂房和硐室设计

5. 决策可视化

狭义的决策可视化泛指在三维可视化环境中进行多方案比较选优决策。在矿产勘查、工程勘察和地质灾害防治领域中，涉及矿产资源潜力和工程地质条件评价，以及进行各类矿产资源开发和地质工程设计的多方案比较选优决策，还包括地质灾害预警、防治和应急预案制定及决策可视化、抗灾救灾的现场应急指挥，等等。在三维可视化条件下，领导者或决策者可以直观、形象地了解专家的决策认知依据、过程和成果，如同身临其境地考察各个决策方案的合理性，进而做出自己的判断、决策，甚至实施应急指挥。在实现了空间决策认知过程前述各环节可视化的基础上，有必要进一步实现决策可视化。特别是当地质结构和成分复杂而决策者和指挥者又非专业人员出身时，这种空间决策可视化就显得更为必要。

实现地质数据三维可视化，不是为了好看而是为了好用。目前，上述各种面向过程、具有空间认知能力的可视化技术，已经成为地质体、地质结构、地质现象和地质过程分析、地质矿产资源评价与空间决策支持所不可或缺的技术和手段。地质数据三维可视化技术已经成功地应用于区域地质调查、城市地质调查、工程地质勘察、矿产和水文地质勘查、矿山和油田资源开发、矿权管理、储量核算、地质灾害勘察治理和地下工程设计等专业领域，有力地提高了地矿资源的分析、评价、管理和辅助决策水平。鉴于上述"五个可视化"在地质空间决策支持认知过程方面具有重要意义，以及其实现具有较高的技术难度，能否真实而又完全地实现"五个可视化"，已经成为检验所有三维可视化地矿信息系统软件的水平和质量的试金石。

三维地质建模与分析技术是实现地质数据可视化的基础，其中包括基础三维数据结构、海量三维数据体的存储和快速调度、三维地质体的快速数字化建模技术、三维数字地质体的局部快速动态更新技术、三维数字地质体的快速矢量剪切技术，以及三维数字地质体多样化空间分析技术。地质数据三维可视化技术的未来发展趋势是实现地下-地上、地质-地理数据一体化三维可视化采集、存储、管理、处理和集成应用，以及地质建模和数据更新的快速化、高效化、动态化。复杂地质结构的三维表达和快速动态建模方法和技术，仍将是未来一段时间的研究重点，知识驱动、数据挖掘和本体论思路和方法的引进和应用，可能是解决这些问题的有效途径。

6.2　地质图件机助编绘的基本原理

地质图件泛指各类地质调查、矿产勘查和工程勘察图件，或称地矿勘查图件。实现地矿勘查图件计算机辅助编绘，是地质工作信息化的重要目标之一。地矿勘查图件的特点是类型多、数量大、内容丰富、结构复杂。如果采用计算机辅助设计（computer aided design，CAD）方式，可使研究人员和工程技术人员从极为劳累、繁琐的手工劳动中解放出来，以便留出时间和精力去从事更有价值的分析研究工作。目前，各类地质信息系统大多有地质图件计算机辅助编绘模块。

6.2.1　地质图件机助编绘软件概述

1. 图件编绘与计算机辅助设计技术

CAD 是指采用人机交互方式，以计算机为工具，具有数据处理、逻辑判断、数值计算、图形显示和自动绘图功能的一种信息技术。CAD 技术是计算机图形学与科学计算可视化及相关空间分析技术紧密结合的产物，它的出现推动了几乎所有领域的设计革命。CAD 技术在发展初期，多被应用于机械、电子、建筑设计等行业，到了 20 世纪 80 年代中期开始扩展到地质矿产勘查领域，目前已经得到广泛应用。

CAD 技术的优越性在于：①减少绘图工作量；②缩短工作周期；③提高精度和可靠性；④降低设计费用；⑤易于修改补充；⑥易于实现标准化。之所以称为"计算机辅助设计"，是因为它不能完全代替人的工作，只有把人的直观感知能力、综合判断能力、经验、创造性和计算机高速度、大容量、高精度和客观准确的处理能力结合起来，才能产生很好的效果。地矿勘查图件计算机辅助编绘软件，通常是在成熟的通用地矿信息系统、GIS 或 AutoCAD 系统平台上进行的。

2. 地矿勘查图件编绘软件的功能与结构

1）地矿勘查图件的基本特点

相对于地理图件和其他各种图件而言，地矿勘查图件有显著的特点。这些特点归纳起来就是类型多样性、内容繁杂性、图例一致性和图形不规则性（刘刚等，2002a）。

所谓的类型多样性是指在一份勘查报告中包含有多种多样的地矿勘查图件，如各种钻孔柱状图、测井曲线图、勘探剖面图和实测剖面图，各种平面地质图、构造平面图、沉积相平面图，物探异常平面图、化探异常平面图、元素分布平面图，各种矿床和矿体水平断面图、各种储量计算平面图，以及各种地质现象素描图、坑槽四壁展开图，等等。而且不同矿种、不同勘探目和不同比例尺的图件还有各自的特殊要求。所有图件类型通常多达数十种，而图件数量多达数百幅。

所谓的内容繁杂性是指地质图件所表达的内容十分丰富、图面负担大。除要表达地理要素外，还要表示大量的地质要素，如各种地质体和地质构造，以及产状和其他多种注记，尤其像区域地质图和区域矿产地质图一类的综合性图件，所表达的内容最为复杂。由于是多种要素的综合，多种内容层层重叠，因而图面负荷较大。此外，图面上还需要有相应的附属内容，如每幅图上都有图签和几十种乃至上百种图例，区域地质图上还需要附综合地层柱状图、典型图切剖面、标准图幅位置图等。

图幅大小、形状的多样性。随着地质工作的性质，工作地区的面积和形状，图件的分类，以及图件的比例尺不同，地质图幅的大小、形状也不相同。例如，有正规国家标准分幅的梯形图幅，也有正方形、竖长方形、横长方形图幅等。矿区大比例尺平面图可大到数平方米，报告插图可小到数平方厘米。

所谓的图例一致性是指同一个调查报告或勘探报告所附的平面图、剖面图、柱状图、素描图等整套图件中，无论图件的内容和样式是否一样，也无论图件的比例尺是否一样，对应的同时代、同类型的岩相、岩性、矿体和构造的图例、花纹、符号、代号和颜色都必须一致，而且必须符合国家标准或行业标准。

图形的不规则性是指图面上各种图素和图元形状和边界都是不规则的，甚至是变化多端、千奇百态的。这是因为自然界的各种地质体和地质构造的空间形态都是不规则的，而地质图件是从不同视角和不同侧面反映这些地质体真实状况的——其中的各种点、线和面，即为地质体或地质构造的交汇点、界线、界面或地质体本身的截面，有些是它们在地面出露形态的表达，有些是它们被水平切面或垂向剖面截切形态的表达，有些则是它们在水平切面或垂向剖面上投影的表达。

由于上述的类型多样性、内容繁杂性、图例一致性和图形不规则性，地矿勘查图件编绘工作具有较强的专业性、较大的难度和较高的技巧，既不同于普通的地图和地形编绘工作，也不同于机械制图、建筑制图等其他专业图件编绘工作。以上各种要求和特点，都是地矿图件编绘软件在功能设计上必须考虑的。

2）地矿勘查图件编绘子软件的基本功能

根据地矿勘查的实际需要，该编图软件应当能够完成柱状图、剖面图、平面图、曲线图和立体模式图五大类图件的设计、编辑和绘制任务，并且应当具有图件种类齐全、系统操作方便，数据准备简单，输入、输出多样，图例花纹标准和图件内容精确以及经济实用、快速高效等特点（刘刚等，2002a）。应当能方便地与地矿勘查点源数据库对接，而且可以根据图件特点自由选择自动化程度。

实现与地矿勘查点源数据库的对接，甚至实现与地矿勘查点源数据库的集成化应用，是利用数据库来对数据实行集中管理的必要措施。其优点在于：①免除应用程序员的数据管理任务；②简化用户的数据采集、整理和加工工作；③易于实施数据标准化；④可减少数据的冗余；⑤可减少数据的不一致性；⑥能实现全部数据的共享；⑦可保证数据的完整性；⑧易于执行安全性措施；⑨编绘工作可与基础图件的查错及修正互动，成果可以直接入库；⑩可为图件编绘与随机查询及空间分析相结合，以及开展其他高级应用打下基础。

要使图件机助编绘系统取代手工作业，不但输出的图件要美观，而且精度必须符合规范和标准的规定指标。精度是资源勘探成果图件的首要质量指标，主要表现在已知点的定位、参数值的外推，以及比例精度和闭合精度等几个方面。其中，已知点定位的内容包括坐标、高程、矿体或矿层的尺寸等，参数值外推的可靠性依赖于数学模型的合理性。某些图件，如矿体或矿层厚度等值线、围岩或矿层底板高程的等高线，对数学模型有很高的要求。为了满足精度要求，程序设计通常要求采用克里金模型和三角网插值模型。已知点的定位精度、图形比例精度及闭合精度，一方面取决于绘图机本身的性能指标；另一方面取决于图形输出的算法。当然，数学模型精度高，图件的处理速度和效率就会降低，因此对一些精度要求并不很高的图件，通常也可以采用一些低精度的数学模型和算法。

　3）地矿勘查图件编绘软件的结构组成

在逻辑结构上，一个完整的地矿勘查图件计算机辅助编绘系统应当包括数据采集、数据存储和图件编绘 3 个子系统。子系统之间存在由数据准备、数据存储和图形编绘顺序构成的逻辑关系（图 6-4）。其中，图件编绘子系统可定义为利用计算机生成、变换和显示图形及符号的人机交互系统，其基本组成如图 6-5 所示。该系统的硬件部分包括计算机和人机交互设备（图形和文档输入、输出设备）；软件部分包括图形数据库管理系统、基础图形编绘模块和应用图形编绘模块。

基础图形系统由专业软件公司提供，是一种具有各种基本绘图功能的通用系统，如 AutoCAD 系统、各种 GIS 和专业地质图件编绘系统。其中，最基本的功能是绘制直线，因为任何曲线都可以由充分小的直线段近似构成。

应用图形系统介于图形数据库和基础图形系统之间，完成由数据到图形的转化任务。应用图形系统包含图形专业建模模块、图形几何建模模块和图形计算模块等几个部分，一般用高级语言（如 C++、FORTRAN 或 IDL 等）写成。图形专业建模模块的任务是以专业知识和专业规范为依据，形成专业成果表达的图形框架。图形几何建模模块的任务是正确地描述对象的几何形体，建立其相应的数学模型。每种几何模型都有相应的数据结构，并以数值形式存储在图形数据库中。图形计算模块的基本任务是：①与

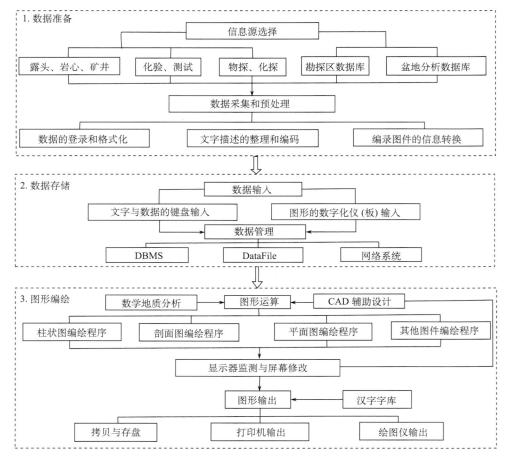

图 6-4　地矿勘查图件编绘系统的逻辑结构框图

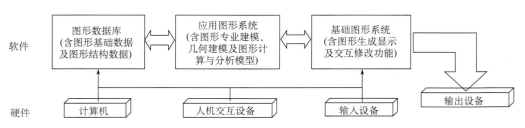

图 6-5　地矿勘查图件机助编绘软、硬件的组成（吴冲龙等，1996）

数据库建立接口，调用数据库的数据；②对几何模型进行分析和综合；③将所调用的数据进行可视化计算，转化成二维或三维图形，并实现投影变换和坐标变换；④调用基础图形系统，完成所得图形的显示和绘制。

6.2.2　地质图件的机助编绘软件设计原理

在通用化、商品化的 CAD 系统基础上进行二次开发，是迅速满足大量专业应用需求的快捷途径。但是，通用化、商品化的 CAD 系统或 GIS 对于图形、花纹较为复杂且不规则的地矿勘查领域而言，直接应用较为困难，需要做大量的补充开发（二次开发）工作，于是导致一些专用的地矿勘查图件编绘系统应运而生。

1. 基本子模块设计原理

从某种意义上讲，地矿勘查图件可以看作一个特殊的符号系统。其图面上由大量的中文、西文、注记、特殊的符号和不规则的自由曲线组合而成。显然，只要建立各种文字与花纹符号和不规则曲线的数学模型，就能生成并组合成错综复杂的任意地矿勘查图件。研制这类大型复杂编图系统的基本方法是模块化程序设计，其实现途径是图形数学模型分析与模块化程序设计相结合。

1）曲线拟合的数学模型

曲线拟合是生成地质图件的基本内容之一，主要应用于等值线和各种地质体边界线的追踪上，以及各种线型的制作。在少数几个已知数据点的基础上进行曲线拟合，必然涉及数据点的外推计算问题，计算的精度取决于所使用的数学模型。下面通过几种曲线拟合算法比较，说明选择数学模型对保证精度的重要性。

资源勘查图件上的曲线类型较多，其图形函数多属于多值函数，往往呈现大挠度、连续拐弯的特征。计算机绘制光滑曲线的基本思想，是把一条曲线看作是由按照某种数学模型排列的一系列密集点连接而成的。如果已知曲线上有若干样点，就能通过一定的数学方法进行插值或逼近，得到这一系列密集的点列的平面位置，并确保在这些点列上具有连续的一阶导数或连续的二阶导数，从而保证绘出的曲线是光滑的。由离散点生成光滑曲线并满足上述条件的数学方法很多，不同方法生成的曲线不同。

矿体或矿层厚度等值线、围岩或矿层底板高程的等高线，对数学模型有很高的要求。为了满足精度要求，程序设计通常要求采用克里金模型和三角网插值模型。除此之外，一般曲线的常用拟合方法有：Bezier 曲线法、B 样条函数法、三次参数样条函数法、NURBS 方法等。这几种曲线拟合方法的差别在于：

对于特征多边形的逼近性　二次 B 样条曲线优于三次 B 样条曲线，还可能优于实用三次样条曲线；实用三次样条曲线和三次 B 样条曲线优于三次 Bezier 曲线。

对于所逼近的相邻曲线段之间的连续性　二次 B 样条曲线只达到一阶导数连续；三次 B 样条曲线则达到二阶导数连续。实用三次样条（三次参数样条）曲线对应于不同的 λ 值，可分别达到一阶和二阶导数连续。

对于特征多边形型值点的逼近性　实用三次样条曲线优于二次 B 样条曲线；二次 B 样条曲线优于三次 B 样条曲线；三次 B 样条曲线优于三次 Bezier 曲线（图 6-6）。

由此可见，Bezier 曲线和 B 样条曲线适用于不要求准确通过型值点的曲线拟合，如

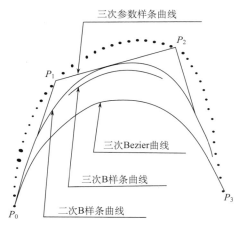

三次参数样条曲线
P_2
P_1
三次Bezier曲线
三次B样条曲线
P_3
P_0
二次B样条曲线
图 6-6　各种曲线对特征多边形的逼近

某些地物图示符号绘制时曲线的光滑输出；实用三次样条曲线则适用于要求通过型值点的曲线拟合，如地形等高线等的光滑输出。其中，张力样条函数产生的曲线有时会产生振荡现象（呈波浪形），而实用三次样条函数当 $0\leqslant\lambda\leqslant1$ 时具有良好的性质。

2）线型规定和制作原理

在确定了曲线的数学模型后，必须按照相关规范或标准确定曲线的线型。曲线的线型是由相应参数来设定的，通常涉及如下 4 个参数项：①实线段长度和虚线段长度设定，实线段和虚线段均可由多个重复的基本单元组成，可用于生成几种常用的点划线型。若设虚线段长度为 0，则该线整条为实线。②线的宽度设定，规定线的宽度系数。③插入符号的设定，插入的符号可能是一种图案，也可以是文字；插入符号应规定插入位置和方向。④线型缩放比例设定，默认值为 1。①②③参数项确定了线的外形，其中插入符号可能较复杂，应作相应图案线划规定。而第④项可在不同比例尺下调节使用。为方便程序调用，可建立线型编码（线型名）和线型库（图 6-7）。

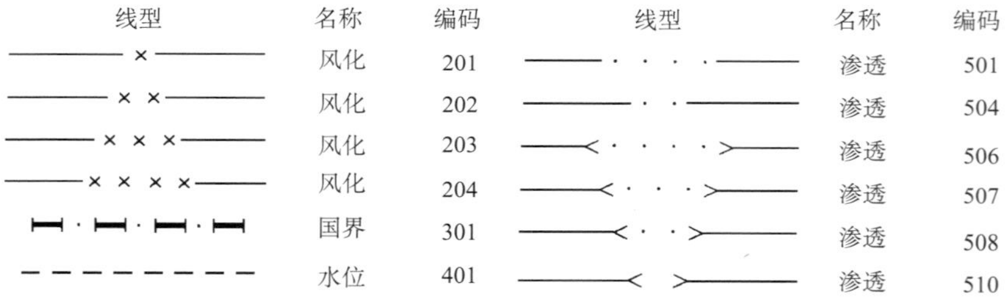

线型
名称
编码
线型
名称
编码
风化　201
风化　202
风化　203
风化　204
国界　301
水位　401
渗透　501
渗透　504
渗透　506
渗透　507
渗透　508
渗透　510
图 6-7　实用线型举例

2. 花纹、图例子模块设计原理

任何地矿图件都是由符号、线条、花纹与颜色组成的，而图例是各种符号、线条、花纹与颜色的详细说明。下面着重介绍岩石花纹及其图例的制作。

1）花纹、图例的制作原则

地矿部门所颁布的岩石花纹，均有深刻的地质涵义。它直观地反映了地质体的成分、结构、构造、历史演变等。绚丽的花纹还有装饰、美化图面的作用，给人以美的感受。迄今为止，我国各部门地矿勘查图件中的数目繁多的岩石花纹，都是通过手工方式设计和描绘出来的，要实现机助编图需要先建立一个方便调用的花纹库。为此应当在行业主管部门的指导下，结合行业制图标准和计算机作业的特点，制定一个全行业均能接受的转换标准，以供各部门共同遵循。为兼顾地质专业工作和计算机处理两个方面的特点，该花纹图例库的建造原则如下。

继承性　所有花纹图例必须继承已有的行业标准和部门标准。

通用性　基础图元应能适应于各类岩性，不能局限于某一类岩石；能适用于各类地质图件，而不能仅适用于某一类图件。

独立性　岩性花纹图例库需独立于程序，各种程序都能方便、快速调用。

开放性　岩石花纹图例库对用户完全开放，允许阅读、查看和任意调用。

单一性　为了简化图例和使用方便，同一岩性花纹可以有两种以上的岩石名称或代号，但一个岩石名称或代号决不能对应一种以上的岩性花纹。

可编辑性　每一个岩石花纹都允许组合、增删、修改、编辑，甚至重建。

2）花纹、图例的制作原理

a. 基本图元法

地矿勘查图件中的岩石花纹往往重复出现。对于有规则边界的岩石花纹绘制，采用基本图元法能收到很好的效果。其基本思想是将岩石花纹划分成为若干基本单元块（图元），然后把基本单元块按一定规律重复排列组合，形成各类岩石花纹（图6-8）。

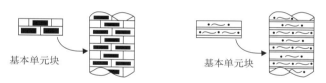

图 6-8　用基本图元法形成柱状图

基本图元法有两种实现方式：一种为计算方式；另一种为组合方式。前者是根据限定边界进行函数计算，直接定义各花纹的坐标位置，再令绘图系统输出。后者是在分析各岩石花纹结构的基础上，提取各单一花纹的图形块，再通过图形块的排列组合来构成各种岩性花纹。计算方式灵活多变、适应性强，组合方式则快速简便、容易实现。

b. 辅助设计法

在不规则边界区域内填充岩性花纹的设计较为复杂。该复杂性不在于算法上，而在于岩性花纹图案填充的设计十分繁琐。为了提高工作效率，一些专用的地质信息系统平台通常设置专门的人机交互模块来实现辅助设计（图6-9和图6-10）。

3. 图件整饰子模块设计原理

各类地矿勘查图件都必须进行图件整饰。为了提高工作效率和输出质量，多数编绘系统都设置了通用的图件整饰子模块。地矿勘查图件编绘软件要面对多个专业领域，其图件整饰子模块应能符合各专业的规范，应用操作要力求灵活。

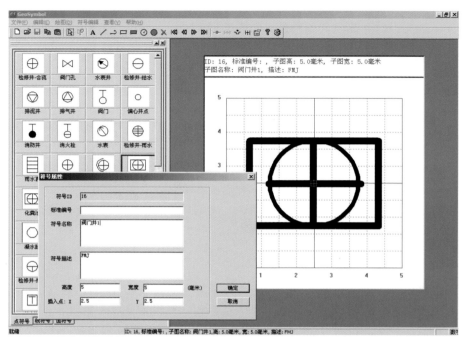

图 6-9　QuantyView 平台的花纹符号图例库的辅助制作界面

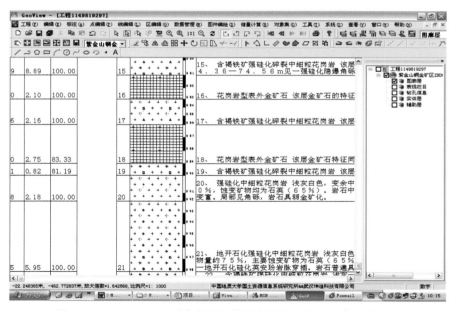

图 6-10　QuantyView 平台的花纹符号在钻孔柱状图的填充效果图

1）图框整饰

大部分地矿勘查图件，特别是各种专业平面图和剖面图都要求有内图框或外图框（图 6-11）。一般规定，在 1∶2.5 万至 1∶10 万的图内只绘方里网，不绘经纬线，但应当在四图角注出经纬度数字，并且在内外图廓的粗细线间按经纬差各 1′绘出分度带。图框整饰模块的设计应当遵从这个规定。考虑到在不同用途的图件上图框常有变化，如有时简化为单线图框，有时则在一个图框中包含两个以上的小图，子模块的调用条件设置应当给出图件型号。

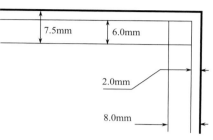

图 6-11　内外图框示意图

2）坐标网整饰

在平面图上，方里网通常按图幅和比例尺要求绘制；在剖面图上，则要求将平面的方里网进行投影，并同时在图框两侧给出高程标注。由于每个图幅的坐标系是事先给定的，只要绘图范围明确，其坐标网就可利用通用子程序绘制出来。

3）分度带整饰

按规定，比例尺小于 1∶2.5 万的图件用 6°分带，等于或大于 1∶1 万的图件用 3°分带。这些分度带都可让程序控制，按实际图形比例尺自动绘制。

4）图幅和分幅整饰

在各类地矿勘查报告中所附的平面图件，除区域地质图和矿产地质图需考虑国际分幅外，其余图件均以图幅能包含拟表达的全部内容，而又出现最少空白为原则，不必考虑国际分幅。图幅的大小，应同时考虑绘图仪的大小和便于折叠保存，尽量为标准 16 开纸的整数倍。如果图幅过大需分为数幅时，应在每幅图廓外侧的右上方绘出接图表，并且把表示该图幅相对位置的方框打上阴影。

5）图名整饰

地矿勘查图件的名称按照规定由省、县（市）、矿区名 3 部分及图名排列组成。图名全部用汉字，写在图的正中最上方，具有多个分幅的图件图名写在中央图幅的最上方。系统中可配置标宋、楷体、黑体、仿宋、隶书和魏碑等多种字体及其型号，供用户根据本专业领域的标准或规范调用，以便书写出美观大方的图名。

6）比例尺整饰

按照相关规范和标准，1∶5 万及以下的各类中小比例尺平面图，应兼有数字比例尺和直线比例尺；1∶1 万及以上各类大比例尺的平面图，只画数字比例尺。标准分幅图件的数字比例尺和直线比例尺绘于图名下方正中，任意分幅比例尺则绘于图的上方正中央的大图名之下。凡未以正上方表示正北方向的平面图，均应绘出表明真北或磁北方向的指北针及注记。所有这些，需要事先在整饰模块中设置好以供调用。

　　7）图签整饰

　　按照相关规范和标准，每一幅勘查图件都需要在右下角附有图签。图签的大小，通常根据图幅大小而定，一般为 9cm×5.5cm～10cm×6cm。图签的具体位置应有利于在图纸折叠时，将图签全部或大部分裸露在外面。图签的内容如图 6-12 所示。为了适应不同部门和不同图件对图签格式的要求，可以采用参数化方法做成一个专用子模块，并且赋予人机交互修改功能，以便用户随时调用。

×× 省 ×× 局 ×× 队			
×××××图			
拟编		顺序号	
审核		图号	
清绘		比例尺	
技术负责		日期	
队长		资源来源	

图 6-12　图签范例

　　8）图例整饰

　　图件中所绘各种图形符号、文字符号、花纹及颜色都必须全部给出图例，地形底图的某些惯用符号可以例外。图例排列的顺序为：地层系统（自新而老）、侵入岩、岩相、构造、矿产、探矿工程、其他。图例一般绘在右图廓外，但也可绘于图框内以利用图面的空白。成套的图件，可单独编一张统一图例。

　　各种岩性图例可在程序处理过程中自动处理排序。所有图例均可事先做成标准子模块，供用户在程序处理或人机交互制作、建库时随时调用。

6.2.3　地质图件参数化编绘方法

　　在地矿勘查图件编绘软件的应用过程中，人们越来越多地发现现有系统的后期图形修改，以及图案花纹、线型的标准化整饰十分不便，也难以适应表达对象及表达内容的细小改变，特别是对那些仅需改变格式和尺寸就能满足新的专题需求的图件显得无能为力。解决这个问题的途径，是引进参数化设计方法（刘刚等，1999）。

1. 地矿勘查图件参数化编绘思路

目前的各种地矿勘查图件编绘模块和子模块，多数是基于单一的确定性数学模型开发出来的，其不足之处主要表现在以下五个方面。

（1）图件模型的适应性不强。为了适应不同部门对同一类图件的不同需求，传统做法是分别建立有针对性的图件模型，为每一种图件编写一种专用处理程序。这就造成图件模型的适应性和可修改性差，不能满足多样化设计的需要。

（2）不能支持完整的设计过程。传统 CAD 系统是基于几何模型的，系统仅仅记录了几何形体的坐标信息，而大量丰富的拓扑信息和尺寸约束信息、功能要求信息均被丢失了。由此而造成其应用只能局限于编图的详细设计阶段。

（3）难以支持快速的设计修改。同样，由于传统的 CAD 系统只记录了图件产品的几何坐标信息，而不记录其他拓扑信息和功能要求信息，即使是一个很小的设计修改也会导致前面的大量设计工作被推翻，需要重新进行整个图件模型的设计、编辑和绘制。不仅效率低，而且难以保持设计约束和相关部分变动的一致性。

（4）不符合设计人员的习惯。传统的 CAD 系统面向具体的几何形状，使工程设计人员一开始就被局限于某些设计细节中而不能估计整个图件的全貌，而地矿勘查图件编绘人员通常是根据图件的内容和规范，先定义一个结构草图作为原型，然后根据实际情况进行各部分的设计，并通过逐步细化和调整达到最佳效果。

（5）无法支持并行设计过程。一个复杂图件的设计过程，需要多个设计人员在多方面、多层次、多阶段参与其中。因此，要求充分地考虑从概念设计到最终完成的整个生命周期中所涉及的并行设计问题，强调支持设计过程的多用户协作。然而，传统 CAD 系统只支持单用户顺序设计方式，无法支持多用户的并行设计。

以上各种问题主要影响到地矿勘查图件的建模和应用操作环境，到目前为止还没有得到解决。引进参数化的图件设计理论和方法，有可能克服以上种种缺点，为用户提供一个新的图件建模环境，以及灵活和方便的专业化图件编绘环境。利用这种新的图件建模环境和编绘环境，用户可以快速地生成系列图件模型并输出标准化图件（刘刚等，2001）。这就使得 CAD 技术，能更好地应用于图件的概念设计和详细设计各阶段。为了将参数化编图技术付诸实际应用，首先要进行地矿图件设计方法、过程和技巧的总结，同时针对地矿勘查图件的类型和构成要素等特征，将参数化编图的约束求解方法与设计方法结合起来，找出其中的规律并建立相应的专业模型。在此基础上，可以构建地矿勘查图件参数化编绘模块的基本框架和工作流程（图 6-13）（刘刚，2004）。

2. 地矿图件参数化编绘模块的设计

1）参数化编绘模块的功能结构

地矿图件参数化编绘模块的功能结构可以从两方面阐述：其一是模块内各部分的层次结构；其二是模块内各部分的体系结构。

A. 参数化编绘模块的层次结构

该模块建立于地矿信息系统平台之上，共包含 4 个层次，即主题数据库连接与操作

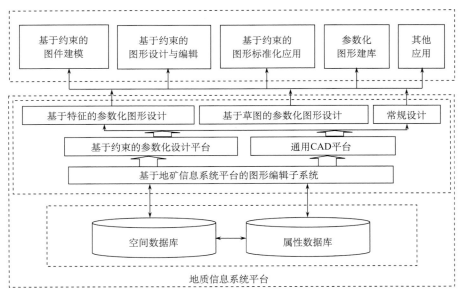

图 6-13　地矿勘查图件参数化编绘模块的设计思路与工作流程图（据刘刚，2004）

层、参数模型维护与管理层、参数化设计表达与计算层和人机交互与输入输出层。地矿信息系统平台提供基础技术支撑和数据管理服务。

数据库连接与操作层　为模块提供数据操作和处理服务，完成数据的读取、更新和转换任务，同时还要提供一个图形文件的综合处理接口。

参数模型维护与管理层　为模块提供一致性和扩展性维护与管理，对特征库、符号库、线型库和花纹库的调用和管理，支持对系统基础数据库的访问。

参数化设计表达与计算层　执行该模块的拓扑关系和尺寸约束表达、约束求解与传播，同时为用户进行图件设计提供灵活的表达环境和基础计算能力。

人机交互与输入输出层　为模块提供人机交互的途径和手段，提供简单和方便的操作界面。同时，该层还要执行模块的文件转换和输入输出功能，其中屏幕交互显示和图形、数据调用和打印输出等。高级的二次开发接口，通常也划归这一层次。

其中，参数模型维护与管理层和参数化设计表达与计算层，是地矿勘查图件参数化设计模块的核心层次和部分。

B. 参数化编绘模块的体系结构

参数化设计模块的体系结构如图 6-14 所示。

为了实现地矿勘查图件各类约束的表达和用户意图，该模块需设置基于草图编绘和基于特征编绘两种主要图件设计途径和方式。其中，基于草图的编绘方式对应于通常自然的图形表达和生成过程，而基于特征的编绘方式则对应于成型的图形特征单元及其组合复用编绘过程。后者有利于图件模型的快速构建。

其他的辅助编绘子模块包括参数化模型维护、数据库接口、系统交互、输入输出和二次开发接口等。参数化模型维护功能子模块不仅直接与参数化的符号库、线型库、花

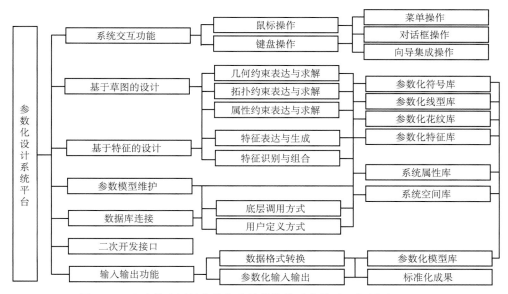

图 6-14　地矿勘查图件参数化编绘模块的功能体系（据刘刚，2004）

纹库和特征库连接，而且可与信息系统平台的基础数据库连接。数据库接口模块要求在提供各类型数据库的基础连接和调用功能外，还要求实现用户的交互式定义和基于关键字的内容更新，是实现参数化模型灵活应用的关键之一。系统交互功能模块提供灵活的交互方式，除常规 CAD 的交互环境外，需要为参数化设计的表达提供友好的界面。输入输出模块要求适应数据库和文件两种方式，能满足各类不同的应用，同时提供基于约束的标准化输出和模型库构建功能。系统二次开发接口为用户的灵活应用提供途径，也便于某些已有图件模型的利用和复用。

2）参数化编绘模块的功能设计

A. 基于草图的参数化编绘子模块

所谓基于草图的参数化编绘是指用户可以按照自己的作图习惯，从初始的草图构想开始进行图形的一种参数化编绘方式（刘刚，2004）。采用这种方式，用户可以利用模块所提供的参数化设计环境来完成目标图件的生成，表达图件编绘意图并妥善地加以保存。该参数化设计环境，由常规的 CAD 操作与参数化表达操作两部分组成。

其中，常规的 CAD 操作包括以下五种。

（1）点操作：点符号（含文字）的生成、编辑修改、删除、移动、拷贝、镜像、旋转以及属性设置与修改等。

（2）线操作：线符号的生成、编辑修改、删除、移动、拷贝、镜像、旋转、曲线的拟合、线上坐标点的编辑，以及属性设置与修改等。

（3）面操作：面符号的生成、编辑修改、删除、移动、拷贝、镜像、旋转、填充花纹的编辑修改，以及属性设置与修改，等等。

（4）图形管理操作：图层的设置与管理、Undo 和 Redo 等。

（5）视图的控制操作：视图的放大、缩小、平移和实时缩放等。

参数化表达操作包括上述几何约束表达、拓扑约束表达以及属性约束表达，标准化约束的表达可以划归属性约束一类。

常用的约束表达有以下二十种。

（1）固定（fix）：该约束将草图对象固定在某个位置上。不同的几何对象有不同的固定方法，点一般固定在其所在位置上；线一般固定在其角度或端点；圆和椭圆一般固定在其圆心；圆弧一般固定在其圆心或端点。

（2）重合（coincident）：该约束定义两个或多个点相互重合。

（3）同心（concentric）：该约束定义两个或多个圆弧或椭圆弧的圆心相互重合。

（4）共线（collinear）：该约束定义两条或多条直线共线。

（5）曲线上的点（point on curve）：该约束定义所选取的点在某条曲线上。

（6）点在多段线上（point on string）：多段线是指由多条直线或曲线组合而成的单一的一条曲线。该约束定义所选取的点在这类多段线上。

（7）中点（midpoint）：该约束定义所选取的点在直线的中点或圆弧的中点上。

（8）水平（horizontal）：该约束定义所选取的直线为水平直线。

（9）竖直（vertical）：该约束定义所选取的直线为竖直直线。

（10）平行（parallel）：该约束定义两条直线相互平行。

（11）垂直（perpendicular）：该约束定义两条直线彼此垂直。

（12）相切（pangent）：该约束定义所选取的两个对象相切。

（13）等长度（equal length）：该约束定义所选取的两条或多条曲线等长。

（14）等半径（equal radius）：该约束定义所选取的两个或多个圆弧等半径。

（15）固定长度（constant cength）：该约束定义所选取的曲线为固定的长度。

（16）固定角度（constant angle）：该约束定义所选取的直线或特征基线为固定角度。

（17）镜像（mirror）：该约束定义所选取的对象彼此成镜像关系。

（18）曲线的切矢量（slope of curve）：该约束定义所选取的曲线过一点且与另一条曲线相切。

（19）均匀比例（uniform scale）：该约束定义所选取的样条曲线的两端点移动时，保持样条曲线的形状不变。此约束可拓展到其他特征。

（20）非均匀比例（nonuniform scale）：该约束定义所选取的样条曲线的两端点移动时，保持样条曲线的形状改变。此约束可拓展到其他特征。

这些约束添加到参数化图形模型中，可以灵活地构造出多变的几何图形，能够适应图件编绘工作的要求。该模块可以提供几何约束和拓扑约束的手工交互建立、自动捕捉建立和智能化建立等方式。除上述常规的约束表达外，还可以将 CAD 环境中文字的位置约束拓展到实体（含复合实体）的位置约束上。

B. 基于特征的参数化编绘子模块

基于特征（feature-based）的参数化编绘是在基于草图的参数化编绘基础上，结合实际应用需求而提出的。所谓特征是指那些形状比较成熟和定型的图形实体(图 6-15)。基于特征的参数化设计，允许用户调入特征库、系统库或图形文件中的参数化特征及其组合来快速构建图件模型。这一点有点类似于 AutoCAD 系统中的块（block）的应用，但这里是参数化了的作图环境，具有更加灵活的应用。

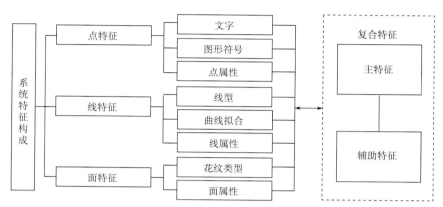

图 6-15　地矿勘查图件参数化编绘子模块的特征构成

基于特征的参数化编绘子模块主要由点、线、面三大类基本特征组成。基于这些基本特征，通过简单或复杂的组合便可以形成复合特征。复合特征可以作为一个整体单独存在。实际上，复合后的特征根据其性状又可以分别划归点特征、线特征或面特征。所有特征可以装载入数据库中并实行统一管理和调用。

复合特征的构成分为主特征（base form feature）和辅助特征（additional form feature）两类。其中，主特征用于构建研究实体的主要几何形状，而辅助特征用于构建研究实体的局部形状。例如，标准图框就是一个完整的复合特征，可以整体存储在模块的特征库中备用，图框的外图廓线和内图廓线为起全局定位作用的主特征，而内、外图廓线之间表示坐标的短线就属于辅助特征。

对于特征及特征库的管理，可以采用面向对象的方法进行，建立特征间联系，实现共享（殷国富和陈永华，2000）。为了描述特征之间的联系，可以采用特征类、特征实例的概念——特征类是关于特征类型的描述，是特征信息和属性的概括；特征实例是对特征属性赋值后的特定特征，是特征类的成员。在特征类之间、特征实例之间、特征类和特征实例之间有如下关系（Liu et al.，2006a）。

继承关系　构成了特征之间的层次关系，位于层次上层的称为超类特征，位于层次下层的称为亚类特征。亚类特征可继承超类特征的属性和方法，这种继承关系称为种类联系。另一种继承联系是特征类与该特征类实例之间的联系，称为实例联系。

邻接联系　反映形状特征之间的相互位置关系。构成邻接关系的形状特征之间的邻接状态信息可以共享。

从属联系　描述形状特征之间的依从或附属关系。从属的形状特征依赖于被从属的形状特征而存在。

引用关系　描述特征类之间作为关联属性而相互引用的联系。引用联系主要存在于形状特征对精度特征、标准特征的引用。

6.2.4　地质图件的机助编绘的作业流程

地质图件的计算机编绘作业流程大致如下。

（1）确定图件模型（包括专业模型和几何模型）。用户依照行业规范，确定图件格式，详细指明图件各部分组成、结构、要求及相互关系。

（2）建立图形计算模型。地质图件的数据来源和性质有两类：一类为实测几何数据，可直接用于空间点的定位输出，如地理坐标、高程等；另一类数据为逻辑数据或推测数据，需要在处理过程中调用计算模型进行逻辑判断与计算。

（3）给定数据格式要求。依照所建立的图件模型和图形计算参数模型，选择合理的数据格式和参数，再交由地矿勘查点源数据库检索生成。

（4）生成图形交换数据或文件。应用软件中预先设置的计算模型来处理逻辑数据或推测数据，然后按照标准格式生成图形交换数据或文件。

（5）生成正式图形文件。在基础绘图系统中生成并显示图形，然后通过人机交互手段对图形中不满意的地方进行加工、修改，对整幅图进行整饰，生成正式图形文件。

（6）输出图形进行硬拷贝。利用系统提供的设备驱动程序，对图形进行硬拷贝输出。

这个作业流程也就是用户的工作模式，其中既包含了机助编图软件必要的工作次序，也包含了用户的工作方式和工作习惯，软件研发者需要在充分理解和尊重的基础上加以实现，并根据必要性和可能性进行改进。

6.3　地质图件机助编绘模块设计与应用

这里主要涉及各地质矿产勘查领域的专业化图件，包括钻孔柱状图、勘探剖面图、等值线图和地质图四类，是地质图件计算机辅助编绘的主体。

6.3.1　钻孔柱状图编绘模块开发与应用

钻探是矿产地质和工程地质勘探工程最主要的技术手段。因此，作为钻探成果的钻孔柱状图，是各类地质勘探报告中最基本的、数量最多的图件。钻孔柱状图编绘便也成为基层勘查单位最经常的、投入技术力量最多的一项基础性工作。为了提高这类图件的编绘效率，迫切要求能够实现计算机辅助化。

1. 图件格式分析

钻孔柱状图是一种表格式图件，从程序设计的角度可将其视为表格。这是因为：①它具有类似表格的外观样式和内在特性；②其内容为分类分项记录的钻孔资料；③除柱状图一栏要求有几何精度外，其他界线只要求相对位置，以美观、协调为目的。钻孔柱状图有几个基本单元：表名（图名）、表眉（图眉）、表头（图头）、岩层表、物性参数表、样品采集与分析测试说明表（简称样品表）、质量表、责任表及其他附表（图 6-16）。有些钻孔综合柱状图的图式比较复杂，如岩层表和物性参数表含有多项栏目，甚至还需要附加多种测井曲线，但总体结构和编绘原理和方式是一致的。

图名		
图眉		
图头		
岩层表	物性表	样品表
质量表、责任表及其他附表		

图 6-16　钻孔柱状图结构分割图

2. 柱状图编绘的实现方法

在柱状图的编绘中，钻孔柱状岩石花纹的充填和各类测井曲线的绘制，可调用花纹与线型的机助编绘子模块。图头文字部分可按规范规定格式，也可作为一个整体框架进行单独处理，预先形成构件，在生成图形时作为图块插入，然后填入可变的数据部分，可减少许多重复工作并提高成图速度（刘刚，2004）。钻孔柱状图的长度由钻孔深度和比例尺大小决定；岩心柱状、分层界线、测井曲线和深度标尺，只需按用户给出的比例尺要求换算长度并定位即可生成。在柱状图图面上，每一岩层的厚度为

$$层厚 ＝（本层底板深度－上层底板深度）\times 比例尺 \tag{6-1}$$

如果分层厚度太薄或岩性描述栏容纳不下所有文字，可使描述栏的分层底线自动下移至合适位置；而当底线下移仍不能解决问题时，则可使分层顶线自动上移，或者使分层顶线和底线同时上移和下移。有关线条下移或上移距离可表达为

$$\begin{cases} S_2 ＝ S_1 ＋（H － W） & \\ S_2 ＝ 0 & H \geqslant W ＋ S_1 \\ S_1 ＝ S_2 & H ＜ W ＋ S_1 \end{cases} \tag{6-2}$$

式中，S_1，S_2 分别为上层底线和本层底线下移距离；H 为本层描述栏所需的顶底线之间最小距离；W 为本层的厚度。描述栏顶底线间最小距离 H 由描述内容的长度 L、每行最多描述字符数 N 和行距 D 决定，即

$$H ＝ D \cdot \text{INT}\left(\frac{L}{N}\right) ＋ 1 \tag{6-3}$$

考虑到计算机屏幕左右长、上下短的特点，可将图形置为左右延伸状态，即应用旋转公式将正视图进行逆时针旋转 90°，令

$$\begin{cases} x' ＝ － y \\ y' ＝ x \end{cases} \tag{6-4}$$

式中，$(x，y)$ 为原坐标；$(x'，y')$ 为旋转后的坐标。

3. 钻孔数据准备

数据格式依据图件内容和用户分析结果制定。在一般的钻孔柱状图编绘模块中，数据文件通常可直接从地质点源数据库中按钻孔检索生成，也可由用户自行建立。一个钻

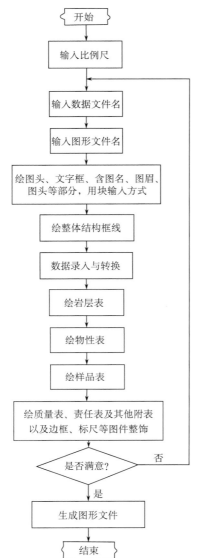

图 6-17　钻孔柱状图程序处理框图

孔对应一个数据文件。

4. 程序设计框图与应用

1）钻孔柱状图编绘程序框图

在进行钻孔柱状图程序设计时，应当同时顾及图件的共性和个性。不同的矿产勘查部门和不同的工程勘察部门的规范和标准不同，其钻孔（井）柱状图的样式也不同。例如，石油、煤炭和某些金属矿产勘查部门，通常要求在单井柱状图上附两条以上测井曲线，在储量计算平面图上附多个煤层或矿层小柱状图。钻孔（井）柱状图的编绘程序应能按照格式要求，自动完成柱状图的绝大部分绘制工作，还能自动充填花纹、标注文字说明，并且按比例尺要求自动形成各岩层界限及边框标尺（图 6-17）。

2）钻孔柱状图编绘步骤

在钻孔柱状图编绘模块的实际应用过程中，一般有以下几个具体步骤：①从数据库检索得到所需的原始数据，并要对数据进行正确性检查；②在应用程序中设置有关图形处理参数，如比例尺、文字字高及图形格式等；③调用基础图形系统生成并显示图形，可任意放大缩小观察；④检查生成的图形是否合格或是否有错，否则重新生成；⑤最终图形存盘。一般地说，钻孔柱状图是各种勘查图件中成图自动化程度最高的一类图件。

3）综合柱状图的编绘

分栏绘制　钻孔综合柱状图中含有地层时代、孔深、底面高程、厚度、岩心柱状图、岩性描述、岩心采取率、钻孔结构、岩石风化程度、工程质量等级、测井曲线、备注等许多栏目。为了保证图件质量，这些数据需要进行严格的核对和查错，如果某些栏目出现错误，应当及时加以修改。该模块应提供分栏成图与绘制功能，以便在对出错栏进行校正后只需重新生成该栏目，而不影响其他部分。

分幅绘制　有的钻孔孔深较大，若按标准比例尺绘制会出现超长的现象。若缩小比例尺，会使得图面拥挤，不利于读图和应用。为此，需解决按给定长度分幅绘制的算法，同时对图形格式的设置做相应调整（图 6-18）。

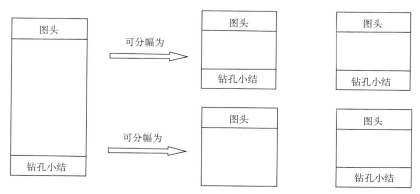

图 6-18 钻孔柱状图分幅绘制图示

4）柱状图编绘模块的应用操作

在完成了柱状图编绘模块的上述设计工作后，经过测试、集成和产品化包装之后，便可以交付用户使用。该类编绘模块的操作步骤大致如下。

（1）进入程序主界面［图 6-19（a）］，输入数据源、比例尺和绘制深度等基本参数，确定绘制钻孔的深度和分幅长度，给定地质描述文字的字高和行距、书写模式及钻孔岩心描述（或称钻孔小结）绘制模式等格式参数；

（2）进入绘制内容选项操作菜单［图 6-19（b）］，采用人机交互方式确定拟在图面上表达的内容，或进行某些部分的参数修改；

（3）根据相关规范和标准确定图头样式（图 6-20）；

（4）根据钻孔深浅和比例尺确定分幅数目（图 6-21）。

用户在确定比例尺、深度、控制范围、图头样式、钻孔参数和分幅数目后，模块将自动调用地矿勘查点源数据库中的钻孔数据，生成柱状图的主体框架并填充钻孔的岩性

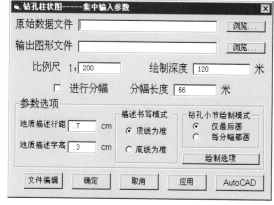

(a) 钻孔柱状图编绘模块主界面

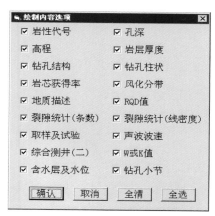

(b) 绘制内容选项操作界面

图 6-19 柱状图编绘模块界面

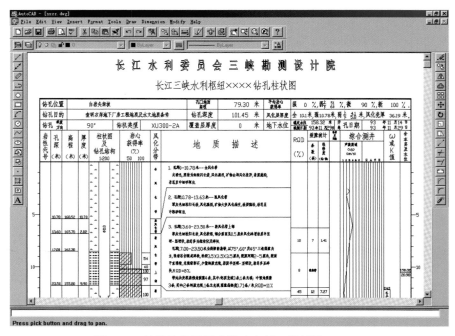

图 6-20　钻孔柱状图图头样式实例（据刘刚，2004）

花纹。用户的主要工作是进行交互式图件局部整饰和修改工作。

6.3.2　勘探线剖面图编绘模块开发与应用

　　勘探线剖面图是地矿勘查报告中的另一类基本图件。在地矿勘查与研究中，常见的勘探线剖面图有金属非金属地质勘探剖面图、煤炭地质勘探剖面图、石油地质勘探剖面图、石油地震勘探剖面图、工程地质勘探剖面图等。勘探线剖面图可以选择性地显示地质对象的典型现象，反映地质体及其构造的空间分布和复杂结构，因此编制剖面图是一项专业性很强的工作。与勘探线剖面图类似的还有实测地质剖面图、构造平衡剖面图和沉积断面图。

1．勘探线剖面图内容分析

　　勘探线剖面图的图面内容包括：①图名、比例尺、图廓、坐标网、责任表、图例；②地形线、方位角、勘探线上的工程位置及编号、地物标志等；③钻孔岩性柱状图及花纹填充；④地层、岩体、断层、褶皱、破碎带等地质体的界线与产状，以及地质符号；⑤不同地质专业有不同的特殊要求，如工程地质勘探线剖面图的下部为标注栏，需要标明钻孔间距、桩号、钻孔编号、孔口高程、地质结构分段等参数；⑥采样位置标注、特殊曲线（测井曲线）匹配以及其他附表。

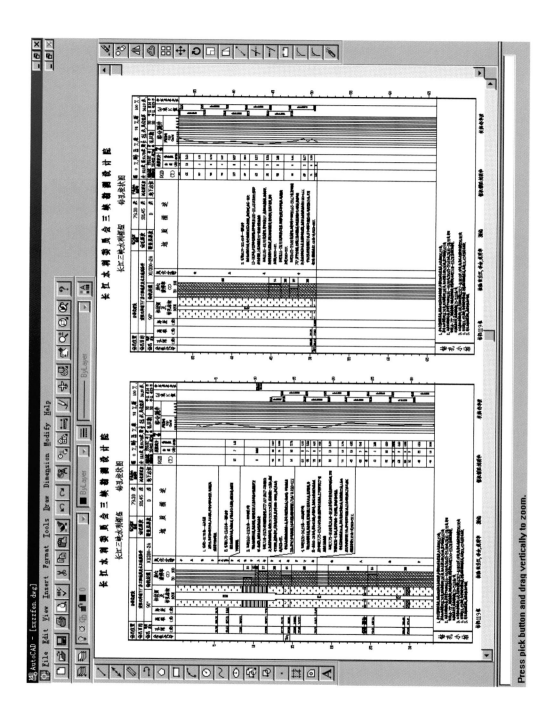

图6-21　钻孔柱状图及分幅式样式实例 (据刘刚，2004)

2. 勘探线剖面图程序设计

勘探剖面图机助编绘原理与常规手工编绘类似，但将工程师、专家的经验与智慧融于计算机的判断之中，不但工作效率高，而且所绘制的图件精度也高。

1）基本规则

勘探线剖面图程序设计的基本规则包括：①图框按照行业标准或各部门的地质专业规范绘制；②坐标网按测绘要求绘制，并标注有关参数；③曲线的拟合可采用实用三次样条函数插值，兼顾美观与精度；④岩性符号的充填采用事先建库，然后由计算机自动调用的方法快速充填。

2）模块组成

模块的基本功能需求是：能按所要求的比例尺，自动生成各钻孔外形和岩层界线、填充岩性花纹，自动标注孔口标高、孔号及方位角等参数，自动生成地形线、等深线及边框标尺，而且能绘制多种线型。因此，勘探剖面图机助编绘模块由如下子模块组成。

孔斜校正和钻孔投影子模块　面对孔深较大，孔斜也较大的钻孔，在模块设计中可借鉴人工智能的思路与方法加以处理，以便扩大程序的适用范围。

图形编辑子模块　考虑到钻孔间的岩层对比应允许用户有更多的干预，以便体现他们的思维和判断，可以借鉴甚至直接选用 CAD 软件系统的图形编辑界面。用户可采取人机对话方式进行操作，还可对自动生成的图形进行人机交互式补充和修改。

线型、符号和属性存放子模块　为了方便，模块事先安排一些图层（layer）来存放各种线型、符号等所需图元和各种地质体的属性，在需要时可灵活地调用。

图形的链式生成子模块　程序将图形生成过程表达为一个链式过程，若由于外界因素造成某一钻孔的生成中断，不必从头开始，只需调用该孔相应的生成段即可。

3）孔斜校正和钻孔投影子模块设计

在实际施工中，钻孔总是或多或少地偏离勘探线。所谓孔斜校正就是指把实际钻孔的中心线连同其中的地层分界线，一起投影到原设计中心线上的作业。同时，在制作勘探线剖面图时，又需要将钻孔投影到剖面图和平面图上，以便进行地质界线推断和连接。这两种投影有相似之处。实际钻孔中心线是通过钻孔倾角、方位角测量得出，测量的间隔越小，所得的中心线轨迹越准确。

A. 钻孔中心线分段

先根据测点将钻孔中心线分为若干段。通常可采取两种分段方法：其一是将实测点作为分段节点；其二是将相邻实测点连线的中点作为分段节点。在后一种情况下，得到测点深度和测量结果后，需先计算控制深度。设在 i 点及 $i+1$ 点的测点深度分别为 h_i 和 h_{i+1}，则两点间的控制深度 h_i' 为

$$h_i' = h_i + (h_{i+1} - h_i)/2 \tag{6-5}$$

控制深度包括孔口深度及终孔深度。然后求出控制距离——相邻控制深度之差。

B. 分段投影及各段连接

勘探线地质剖面通常垂直于地质体走向布置，所以最常用的投影方式是垂直投影。如图 6-22 所示，AB 是空间线段，A 点在垂直投影面 P 上（投影面 P 与勘探线剖面平行），B 点在水平投影面 Q 上。从 A 点向 Q 平面投影，其投影点为 O。线段 OB 为 AB 的水平投影。OB 方向即线段 AB 的方位，令线段方位角为 ω。线段 AB 的倾角为 β（$\angle OBA$），顶角为 α（$\angle OAB$）。过 B 点向 P、Q 两平面的交线引垂线交于 C 点。OC 方向为投影面 P 的方位，也就是剖面的方位，令剖面方位角为 ε。角 φ（$\angle BOC$）为剖面方位与线段方位的夹角。AC 为 AB 在 P 平面上的投影。BC 的长度即为 B 点偏离剖面的距离。这样一来，将线段 AB 分解为在垂直方向上的分量 $\Delta z(AO)$、在剖面方向上的分量 $\Delta x(OC)$ 和偏离剖面的分量 $\Delta y(BC)$。线段投影就归结于这三个分量的求取。求取方法有计算法、投影制图法和量板法。其常用计算法如下。

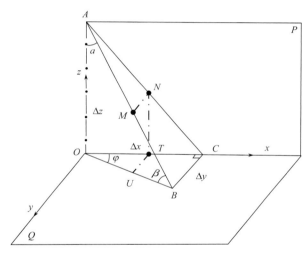

图 6-22　勘探线剖面上钻孔投影计算

令 AB 长度为 l，如图 6-22 所示，可得

$$\Delta z = l \cdot \sin\beta \tag{6-6}$$

$$OB = l \cdot \cos\beta \tag{6-7}$$

$$\Delta x = OB \cdot \cos\varphi = l\cos\beta \cdot \cos\varphi \tag{6-8}$$

$$\Delta y = OB \cdot \sin\varphi = l\cos\beta \cdot \sin\varphi \tag{6-9}$$

式中，$\varphi = \omega - \varepsilon$。

建立坐标系：x 为剖面方向；y 为垂直于 x 的方向（即偏离剖面方向），在 x 方向左侧为正；z 为铅直方向，向上为正。剖面左端点 $x=0$，$y=0$，z 为高程。并令孔口坐标为（x_0，y_0，z_0），z_0 为孔口高程，x_0，y_0 为在上述坐标系的坐标。

令第 i 个控制深度对应点的坐标为 x_i、y_i、z_i，则与第 $i+1$ 个控制深度对应的坐标为

$$x_{i+1} = x_i + \Delta x$$
$$y_{i+1} = y_i + \Delta y \qquad\qquad (6\text{-}10)$$
$$z_{i+1} = z_i - \Delta z$$

若孔口坐标已测定，则求得各段的坐标增量 Δx、Δy、Δz 以后，就可以依次求得各控制深度对应点的坐标。将这些点投在剖面图上，连接所有各点，就得到钻孔中心线的剖面投影。在平面图上，一般不将整个钻孔的投影线绘出，而只绘出钻孔中特征点的投影点。所谓特征点，主要是指孔口、各岩层和矿层中心点及其顶底界面点。

C. 钻孔中地质界线投影

依照上述方法，可完成所钻遇的各地质界线投影，并标绘于钻孔中心投影线上。

4）过钻孔断层表达模块的设计

这个问题涉及岩性空白区的镂空技术。如图 6-23 所示，设 AB 为断层线，E 为 AB 与钻孔中心线的交点，CD 过 E 点且垂直于钻孔中心线。为了便于观察和分析，剖面图上所标绘的钻孔宽度是超比例的，当有断层线通过时，由于实际钻孔直径很小，$\triangle ACE$ 和 $\triangle EBD$ 内的岩性实际上是不存在的，应当镂空。其方法是利用闭合区删除技术，将其挖去。

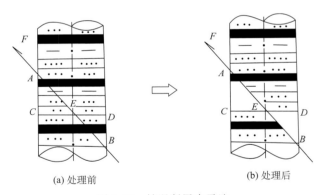

(a) 处理前　　　　　　　　　(b) 处理后

图 6-23　钻遇断层表示法

5）岩层对比连线和岩性花纹填充模块设计

在地质剖面图编绘过程中，主要工作是地层对比、连线和花纹填充。自动编绘功能的实现虽然具有很高的价值，但因为岩层对比连线和岩性花纹填充都涉及大量复杂的分析、判断，需要借助专业知识和经验，采用复杂的人工智能技术。

岩层对比技术要求遵循以下原则：①最小误差原则。在自动对比中难免出现错误，本着减少错误的原则，需要先将钻遇岩层按不同岩性组合进行划分，再在组合内进行自动对比。②平等原则。即各钻孔钻遇的每一岩层都具有参与对比的相同机会，实施对比时，相邻两钻孔间应相互参照。③瓦尔特相律。对于沉积岩系，可参照瓦尔特相律和根据实际资料总结的相变规律、粒序规律和沉积构造变化规律，来修正对比结果。④松散必平缓原则。第四系松散沉积地层通常未经变形，在多数情况下不可能出现陡倾角地层，对比中应充分考虑。⑤厚度均衡原则。虽然岩性对比在地层对比中是第一位的，但仍然要考虑地层厚度因素，即除出现窄缩、尖灭和透镜状岩层外，同一地层的厚度在相邻钻孔中近似。

由于地质现象的复杂多变，系统自动对比功能只能给出图形的一个基本框架。编图系统开发者的重要职责，是给地质工作者提供一个功能强劲且方便灵活的图形编辑环境，如地层线连接点和尖灭点的灵活移动，花纹的随意修改和替换，等等。

3. 勘探线剖面图编绘模块的实现

勘探线剖面图编绘的工作流程如图 6-24 所示。

A. 剖面图一般编绘步骤

勘探线剖面图编绘模块的应用步骤如下：①从数据库检索所需原始数据，并进行查错；②在应用程序中设置有关图形处理参数，如比例尺、数据文件路径及图形格式等；③调用基础图形系统生成、显示和缩放图形；④将钻孔及其钻遇地质资料在剖面上进行定位，并标注工程编号、采样位置及样品号等；⑤连接地层界线、矿体边界及断层等特征线；⑥调用图例库、花纹库和线型库充填剖面图，若不能满足要求，需及时调整和补充；⑦在图的一侧编制取样及分析测试结果等附表；⑧进行图名、比例尺、图签和图例绘制等整饰；⑨对图形进行查错和修正，甚至重新生成；⑩最终图形存盘和打印输出。

地质勘探剖面图的图面结构如图 6-25 所

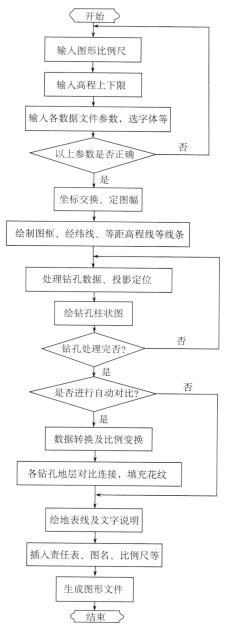

图 6-24　勘探线剖面图编绘程序框图

示。用户在使用勘探剖面图编绘模块时，只需要输入图件比例尺、剖面范围、钻孔几何参数，以及主要的定性描述数据和定量描述数据，该模块便可以自动生成剖面图的主体框架，并完成钻孔岩性花纹的填充。

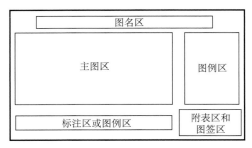

图 6-25　地质剖面图的图面结构图示

B. 勘探剖面图的编辑和输出

用户的主要编辑工作是进行交互式剖面对比连线和部分图件整饰。一旦整饰完毕，便可以给出图形输出指令，获得合格而规范的勘探剖面图（图 6-26 和图 6-27）。

6.3.3　等值线图编绘模块开发与应用

等值线是平面图中的一个重要类型，如地形等高线、岩层和矿层顶底板等高线图、矿层厚度等值线图等，不仅仅常见而且十分重要。由于用途不同，编绘方法也不同。下面着重讨论地矿领域特有的等值线编绘模块开发与应用问题。

1. 非连续型等值线图编绘模块的设计

在地矿勘查平面图件中，由于断层的存在，一些等值线图的等值线是非连续的，如地层顶、底面等高线图、矿床构造平面图和储量计算平面图等。这类平面图的编绘难点在于如何识别和提取断层，以及如何分块生成等值线图形并输出。为了在矿（岩）层底板等高线图中插入断层，可以考虑在程序中引进二维散布点趋势分析和趋势剩余分析方法，来建立断层助判子模块。

其方法原理是：以多重回归分析的理论为基础，把地质特征的观测值分解为趋势部分和剩余部分。前者用以了解该地质特征观测值的总体变化规律，后者用以分析地质特征的局部异常。断层作为一种构造上的局部因素，在矿层、煤层或岩层底板高程趋势图上，通常表现为等值线密集带；而在趋势剩余图上，通常表现为等值线密集带和正负剩余转换带。据此可以在图上判断断层的存在及其走向变化规律，实现对断层线的追踪。二维散布点趋势分析与剩余值求法如下。

设有 n 个样品，横纵坐标值分别为 x_i，y_i，$i=1，2，\cdots，n$；观测值为 z_i，$i=1，2，\cdots，n$。可建立回归方程：

$$Z = G \cdot A + \varepsilon \tag{6-11}$$

式中，G 为 x，y 坐标多项式矩阵（$n \times k$），若多项式次数为 S，则 $k=（S+1）\cdot（S+2）/2$，而 ε 为偏差。按最小二乘准则，求出系数 A 的估计量：

$$\hat{A} = (G' \cdot G)^{-1} G' \cdot Z \tag{6-12}$$

则趋势值为 $\hat{Z} = G \cdot \hat{A}$，剩余值为 $\Delta Z = Z - \hat{Z}$，拟合度为

$$C = \left[1 - \frac{\sum\limits_{i=1}^{n}(Z_i - \hat{Z}_i)^2}{\sum(Z_i - \bar{Z})^2} \right] \times 100\% \tag{6-13}$$

式中，$\bar{Z} = \left(\sum\limits_{i=1}^{n} Z_i \right) / n$。

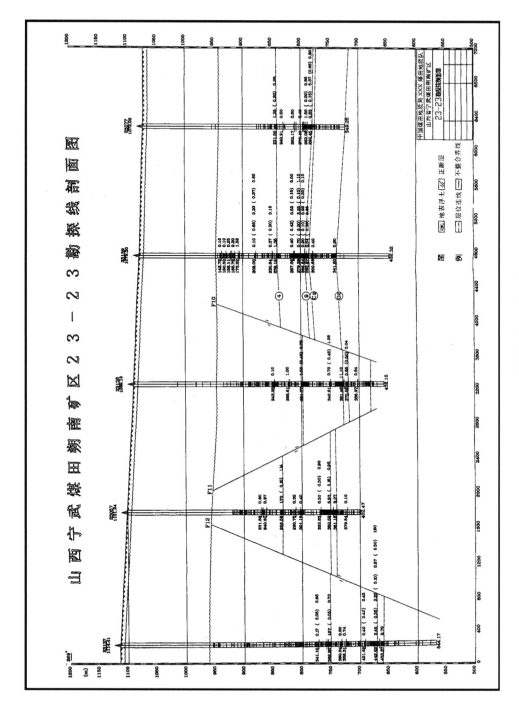

图6-26 煤田勘探线剖面图示例

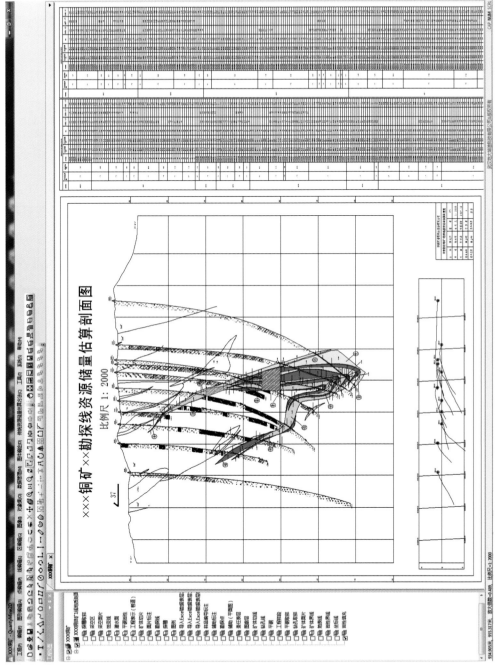

图6-27　新疆阿合勒铜矿*储量估算剖面图示例

断层信息提取和断层线追踪的实现步骤如下。

（1）进行一次趋势面拟合。首先将矿（岩）层底板高程看作连续变化量，并生成连续的底板等高线图，然后对底板高程值求一次趋势。如果一次趋势面的拟合度低于50%，说明该研究区的构造较为复杂，则改求解二次趋势面。

（2）绘制一次趋势图及其剩余图。对于复杂构造区，改绘二次趋势图及其剩余图。与此同时，调入岩层露头及钻遇断层的情况，并且在图上自动标注出来。

（3）提取断层信息。对几种图件所反映的情况进行人工分析、综合，判别勘探区内断层存在与否，进而确定断层分布及走向，在连续的底板等高线图上勾画出来。

（4）提取所勾画的断层线，并投影到新的目标底图上。

（5）最后根据断层的分布，分块生成等值线，经修整后输出正式图件。

在地矿勘查领域，等值线图往往是作为某个综合平面图件的基本组成部分来使用的，因此还要解决与各种类型平面图的叠合和集成问题。此外，不同类型的等值线图要求有不同的精度。对于那些不要求很高精度或者不要求严格通过型值点的等值线拟合，如物探和化探异常的等值线拟合，可采用趋势面模型或者 Bezier 曲线和 B 样条函数模型；对于那些要求通过型值点的等值线拟合，如地形等高线和成矿元素含量的等值线拟合，可采用实用三次样条函数模型；而对于那些需要很高精度的等值线拟合，如矿体厚度、矿体品位和矿体顶底板高程的等值线拟合，可采用克里金模型或三角网格模型。

2. 非连续型等值线图编绘模块的应用

各种非连续型等值线图编绘模块的一般应用步骤如下。

（1）根据某类专题综合平面图件的特点和质量要求，选择等值线的数学模型；

（2）根据综合平面图的类型，从数据库中检索所需原始数据，并查错和预处理；

（3）在应用程序中设置图形处理参数，如文字标注、网格化密度及图形格式等；

（4）处理数据并调用基础图形系统生成并显示初始图形；

（5）检查所生成的图形是否合格或是否有错，及时进行修改并重新生成；

（6）对最终图形进行存盘，并与专题综合平面图套合、整饰，然后打印输出。

各类等值线图的编绘都有一定的前提，如要求有足够多的、均匀分布的原始数据点，以及较为均匀连续的数值分布状况。为了避免掩盖被研究的地质对象特征在分布上的跳跃性，应当考虑到原始信息的区域分割性和可靠性，而且被研究的对象空间不能太小。等值线图的表现在空间、时间和内容上是有一定的局限性的，为了解决这个问题，人们往往编制出一组分别反映其空间、时间和专题的等值线图。

矿产储量计算图是包含等值线的一种最具代表意义的综合性图件。它是矿（岩）层底板等高线图与储量参数图、矿（岩）层结构柱状图、矿产勘查块段图及地理底图等叠合而成的综合性图件（图 6-28）。其上不仅要求有完整而复杂的图面内容，有高可靠性和高精度的数学模型，而且还要实现不连续型等值线的追踪。目前已有一些较成熟的软件可供选择应用，如 GeoQuest 软件的等值图编绘功能等。

图 6-29 和图 6-30 是平面图的入库管理和三维环境中的等值线分析示例。

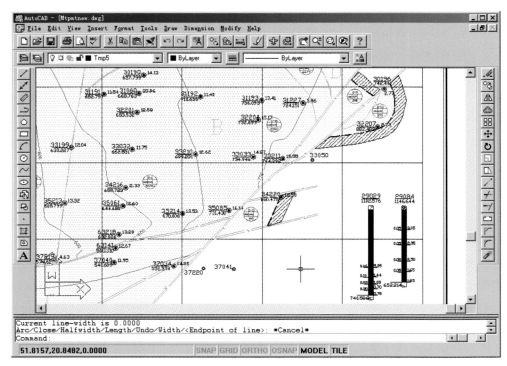

图 6-28　储量计算平面图编绘图示例

图 6-29　平面图的入库管理及调用图示例

图 6-30　三维环境中的等值线分析示例

6.3.4　地质图编绘模块的开发与应用

地质图是区域地质调查的最主要成果图件，也是各类矿产地质勘查工作的重要成果图件。其复杂程度居所有地质图件之最，编绘难度也最高。

1. 地质图结构与格式分析

地质图由主图区、图名区、综合地层柱状图区、图例区、比例尺区、接图表区、责任表区和剖面图区八个分区构成（图 6-31）。其中，主图区由基础地形图和地质平面图组成。基础地形部分需按照有关地理图件的标准要求进行绘制，地质平面图部分则需要按照地质专业领域的相关国家标准或行业标准执行。各个分区均有详细的格式要求和相互位置关系（国家标准局，1995）。

可以看到，地质图内容全面复杂，除包含柱状图和剖面图外，主图区涉及的内容涵盖了所有前期地质调查工作的成果。因此，地质图的计算机辅助编绘需要多种技术的支持和综合应用，如柱状图编绘技术、剖面图编绘技术，自身还要提供多源数据集成、图切剖面技术和多类型图件交叉调用等功能，来满足实际应用的需求。

2. 地质图数据准备与整理

地质图编绘和更新时，主要涉及两类数据：已有的各种历史数据和野外实际地质调

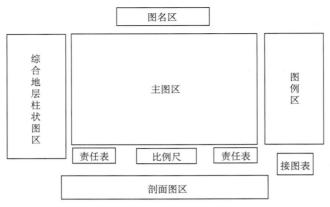

图 6-31　地质图的一般图面结构布局

查数据。依据区域地质图的工作内容，前期收集整理的有关已有数据类型和处理流程如图 6-32 所示。

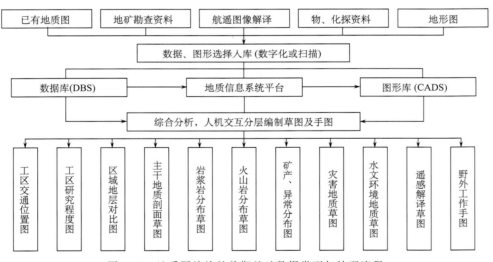

图 6-32　地质图编绘的前期基础数据类型与处理流程

野外地质调查数据采集进入系统数据库后，在地质图编图过程中需要进行经常性的空间数据和属性数据的查询检索操作，代替了传统的野簿查阅过程。通过系统设置的交互查询工具，可对地质点的基本信息、岩石描述、地层描述、构造描述等进行方便地查询（图 6-33）。其中，对于点上的构造现象，又分为断层、褶皱、线理、面理等构造分类描述。通过系统设置的交互检索工具，可对同类型地质点进行检索，已观察、分析和总结不同地质现象的分布规律（图 6-34）。

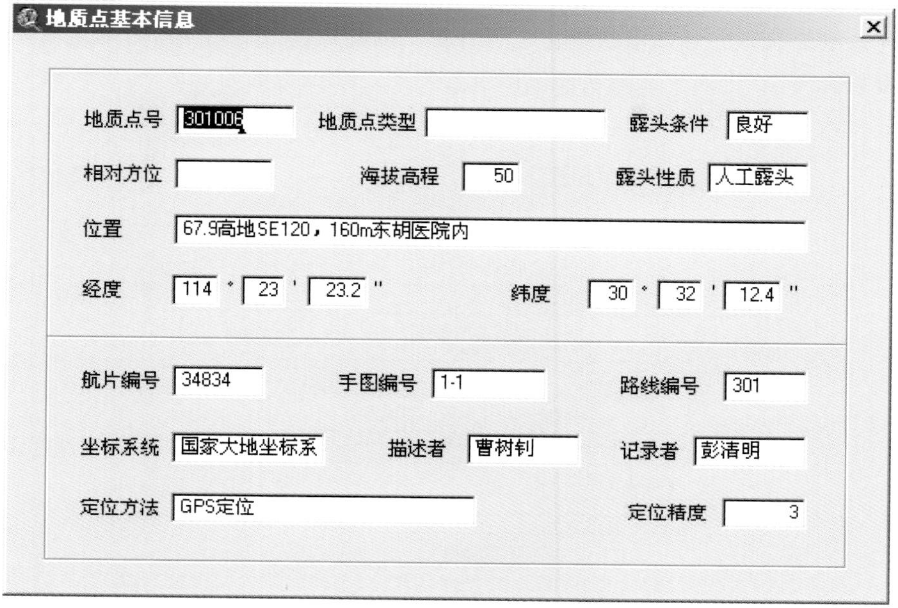

地质点基本信息
地质点号 301006
地质点类型
露头条件 良好
相对方位
海拔高程 50
露头性质 人工露头
位置 67.9高地SE120，160m东胡医院内
经度 114 ° 23 ' 23.2 "
纬度 30 ° 32 ' 12.4 "
航片编号 34834
手图编号 1-1
路线编号 301
坐标系统 国家大地坐标系
描述者 曹树钊
记录者 彭清明
定位方法 GPS定位
定位精度 3

图 6-33　地质观察点基本信息查询

图幅1
Temp.shp
地质观察点
地质点
点间点
喻家山填区.dxf
地质点检索
查找 地层 中
有 五通組
及 坟头組
经过的地质点
查找

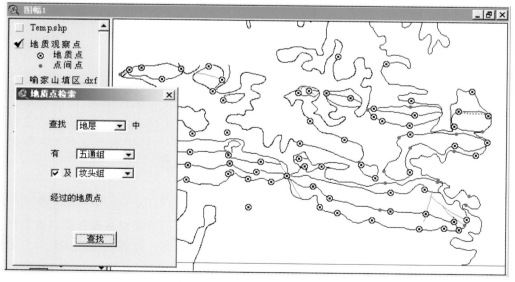

图 6-34　地层单元复合检索结果

3. 地质图编绘基本流程

地质图编绘的基本流程如图 6-35 所示：在前期数据准备和数据采集的基础上，进行数据整理和综合（包括多源数据集成与分析、图幅综合，交互或者自动地质体边界连接，图形编辑等），进而生成地质图主图及其附图，通过整饰完成最终成果图件。

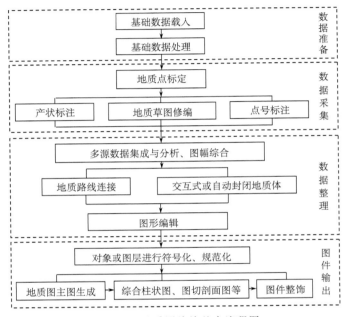

图 6-35　地质图编绘基本流程图

1）区域地质图

其具体做法是：依次打开地形等高线图层、居民地图层、湖泊图层、水系图层、交通图层、地质线图层、地质体图层等；按照标准图式模版生成主体地质图框架，进行图层和图形对象的处理与符号化，进行有关符号的标注；添加柱状图、地质剖面两大要素；参考有关的国家标准添加图例、比例尺及其他修饰对象。

2）地质构造图

其具体做法与区域地质图相似，但需要打开的图层有所不同，主要包括：地形等高线图层、地质路线图层、地质界线注记图层、地质线图层等。此外，还需要编制专用的构造（背斜、向斜等）符号的生成模块。

A. 背斜符号（线型）

背斜符号可看作是一种非规则的线型符号。由于具有较大的宽度，系统中将其作为一个多边形进行处理。在理想情况下，一个完整的背斜符号的轮廓表现为中间较粗并向两端变细，直至尖灭的多边形 [图 6-36（a）]。基于这一认识，在背斜符号的设计中，分为背斜轴迹绘制、线宽定制、多边形制作与填充三部分。

背斜轴迹绘制：由于目前还难以实现计算机自动判别褶皱构造及确认褶皱轴迹的确切位置，背斜轴迹通常通过人机交互式的方式绘制，再让系统对人工绘制的背斜轴迹进行圆滑处理，使整个线条变得流畅自然。然后按照一定的参数将背斜轴迹外扩为一个封闭的多边形，并对此多边形进行颜色填充，即成背斜符号［图 6-36（b）和图 6-36（c）］。

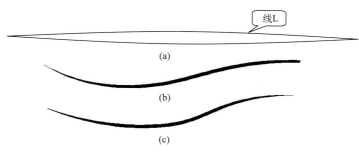

图 6-36　系统生成的背斜符号过程示意图

B. 向斜轴迹符号（线型）

向斜轴迹符号与背斜轴迹符号相似，不同点在于背斜符号是间断的符号。设计原理是首先制作一个表示背斜的多边形，然后按照图例标准用一个参数化的小四边形对该多边形进行定位切割，使之成为图 6-37 显示的向斜轴迹符号。

图 6-37　系统生成的向斜轴迹符号

C. 符号标注

地质图上的符号主要有地质产状符号、地层单元代号、地形地物符号等，而构造纲要图上也有许多符号。这些符号可以选择在图形生成之后进行注记，但对于地质点号、地层单元代号等，也可以采用参数化方式由系统进行统一标注，而后再通过人机交互方式进行位置、大小、字体、颜色等的编辑工作。

由地质图编绘系统所制作的标准区域地质图和构造纲要图如图 6-38 和图 6-39 所示。

3）图切剖面

图切剖面是区域地质图的重要附图，它位于区域地质平面图下方（图 6-38），用于反映图区内地层、岩体、构造在地下的分布特征，对于认识各种地质体和矿床赋存的地质条件和时空分布规律有重要的意义。过去，这些图切剖面用传统的手工制作，数量通

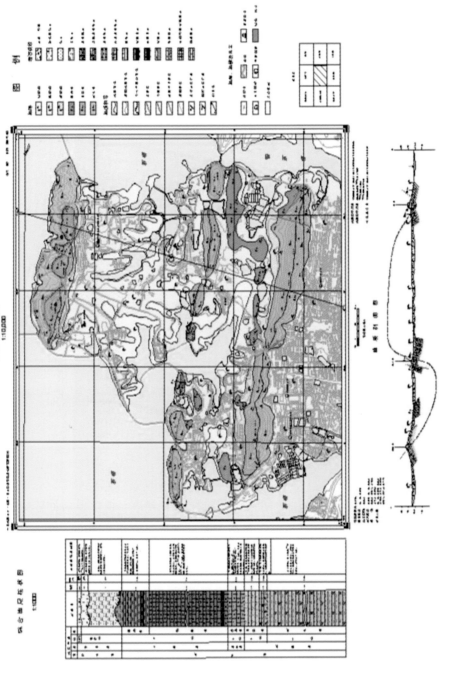

图6-38　系统生成的地质图示例

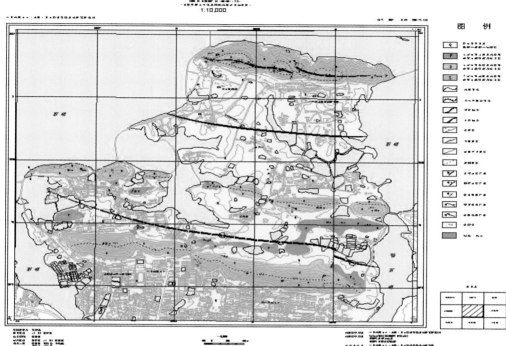

图 6-39　系统生成的地质构造图示例

常只有 1～2 条，而且一旦制作完成就不能再更改。在实际地质工作中，人们常常需要在任意地点、任意方向上切制剖面图，而且要求实现快速更新地质图及其相应的图切剖面图。利用机助编图系统无疑是一种最佳选择——在地质底图上任意选定一条剖面线位置后，就能立即在屏幕上显示该位置的地质剖面图，利用人机交互工具稍加修改就能够满足要求，并利用各种外围设备输出高质量图件。

　　A. 图切剖面编绘模块的设计

　　地质信息系统平台能将地质体地理位置与相关地质属性有机结合起来，同时借助其独有的空间分析功能和图示能力，能有效地实现图切地质剖面图机助编绘。图切地质剖面图的机助生成和编绘的工作流程如图 6-40 所示，其主要步骤如下。

　　a. 矢量化地质图的准备

　　由于图切剖面所涉及的各种空间分析和图形计算都是基于矢量数据进行的，如果该地质图不是机助编绘的，就要首先把所涉及的一些基本图层（地形、地质体、断层线、地物标志等）全部转化为矢量化文件，并且存储到数据库中备用。

　　b. 数据的整理

　　为了提高图切剖面生成的质量和效率，在编绘图切剖面之前应把图切剖面沿线涉及的地层、岩体和断层等地质体的属性数据（产状、地质年代等）整理齐全，以便所绘制

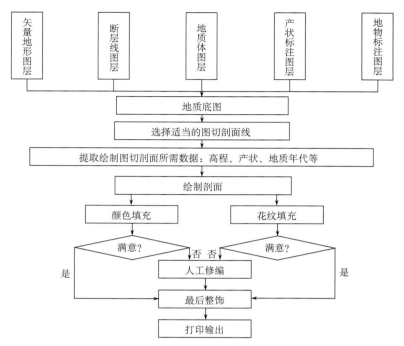

图 6-40　地质图图切剖面的计算机辅助编绘工作流程图

的剖面图能包容丰富的信息，且易于换算、定制和修编。

c. 剖面图的绘制

剖面图的绘制关键的一步是建立正确的系统模型，使各种地质体和地质构造单元的空间关系的描述符合实际情况和地质规则。例如，在绘制地层界线和断层线时，必须根据其视倾角的大小将地层线和断层线投影到剖面上。

d. 剖面图修饰与输出

图例花纹标准化和图件内容精确化，是地矿图件机助编绘系统功能设计的共同目标之一。由于地质现象本来就十分复杂，由程序控制自动生成的图切剖面与实际情况总会有或多或少的差别，需要通过人工干预的方式进行修编。

B. 图切剖面编绘模块的实现

开发地质图图切剖面机助编绘模块，需要着重解决如下七个问题。

（1）如果数据结构中不含拓扑关系，在通过图切剖面线与地质体的相交关系来获取一些与地层有关的属性时，必须实时判别拓扑关系。例如，在图 6-41 中，图切剖面线 AB 与 Q、$P_1 d$、$D_3 w$、$S_2 f$ 四套地层相交，如果不进行拓扑关系处理，直接利用线与区的相交命令来获取地层信息，将会得到如下集合：{P，P，S，S，D，D，Q，Q}，不但先后次序乱了，而且每套地层都出现了两次。经过拓扑关系实时处理，最终获取的地层信息为：{Q，P，D，S，Q}，与实际情况相符合。

（2）图切剖面线与等高线的交点，并不具有显式的先后顺序，在绘制地形线时必须采取适当的措施来解决这个问题。首先用直线类的命令来提取图切剖面线与所有等高线

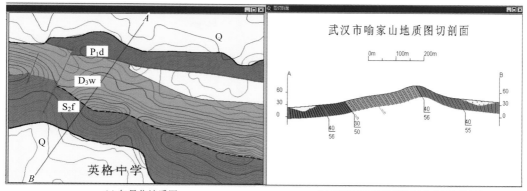

(a) 矢量化地质图　　　　　　　　(b) 基于机助编绘模块制作的图切剖面

图 6-41　图切剖面编绘模块实例

的交点（有高程值），再用"点坐标"函数得到所有交点在图切剖面线上的位置，然后按坐标顺序定向排列，并按规定线型连接成为地形线。

（3）从地质图上提取的地层和断层的倾角是真倾角，而在剖面上呈现为视倾角，必须根据图切剖面方向与地层或断层倾向之间的夹角 w 和倾角 a，换算出每一地层和断层在剖面图上的视倾角 b。其计算公式是：$\tan b = \tan a \cdot \cos w$。求出全部视倾角 b 的值之后，再根据视倾角绘制地层线和断层线。

（4）在绘制地层线和断层线时，要注意判断其倾向，并把这一问题的描述模型化，以便计算机能快速准确地绘制出来。例如，图 6-41 中的图切剖面线 AB 方位为 α，如果地层（或断层）倾向在 $(\alpha-90)°$ 和 $(\alpha+90)°$ 方向线之间，则在投影到图切剖面上时就向 B 端倾斜，否则地层线（或断层）在投影时就向 A 端倾斜。

（5）由于受地质构造运动的影响，地层界面变形强烈，到处充满不对称性和不协调性，岩性花纹填充成为一个难点问题。可采用产状制导的渐变填充算法，使其更加符合实际地层变化情况，即以产状为制导参数来绘制花纹间隔线。

（6）鉴于褶皱本身的复杂性及形态多样性，需先将其形态和花纹分解为一些单形来处理。例如，对于轴面直立的等斜背斜，可采用地层顶厚翼薄的等斜弧-线方式充填；对于直立和斜歪的同斜背斜和向斜，可采用地层等厚的同心圆状弧-线方式充填。

（7）地质图上断层交互切割、褶皱来回翻转的复杂情况比比皆是，机助编绘模块需要有强劲的图形人机交互编辑功能。其中包括线条圆滑、线条合并、线条裁剪、线条抽稀、绘制平行线、手工填充褶皱等一系列辅助图形编辑工具。

C. 图切剖面模块应用实例

利用图切剖面机助编绘模块，在武汉市喻家山 1:5 万矢量地质图上，选定任意一个适的剖面线位置 [图 6-41（a）的直线 AB]，便自动地制作并显示出剖面图草图 [图 6-41（b）]。经过人机交互修改、编辑和整饰，便可成为正式的成果图件。

进一步的研究开发可以考虑把专家系统或人工神经网络技术，与参数法、结构法等结合起来，以便能够更好地适应复杂地层和构造状况。

4）立体地质图编绘技术

立体地质图是指通过与 DEM 及三维地质模型的结合，把地质结构要素与地形、地物以立体形式表达的地质图，可称为体三维地质图。当缺乏地下地质结构信息时，也可以仅以 DEM 与二维地质模型的结合来构建，可称为面三维地质图。下面着重介绍面三维地质图的编绘原理与方法。

A. 面三维地质图编绘原理

面三维地质图实际上是二维地质图在三维空间中的展现，可以提高地质图的视觉效果和对图件内容的理解程度，提升二维图件的应用效果。

面三维地质图计算机辅助编绘模块的设计思想，是利用空间-属性数据一体化管理技术、三维可视化技术、空间信息分析技术和计算机辅助设计技术，最大限度地发挥各种空间数据和属性数据资源的价值，通过 DBMS、GIS 和 RS 等"多 S"集成，实现二维地质图信息的立体表达和分析应用。面三维地质图编绘模块，还应能与三维地质建模软件有机地集成起来，为实现体三维地质图编绘打下基础。

a. 编绘模块的功能需求

系统主要具备如下功能：能建立 DEM、能查询各种地质灾害信息、能调用地质体进行空间分析、能进行三维地表飞行浏览。

b. 编绘模块的建模内容

面三维地质图主要建模内容有以下三方面。

地形建模　根据影像资料、DEM 数据文件和测量数据建立研究区的地形模型。

地表建筑建模　根据测量数据，建立地表地物模型，如公路、桥梁、楼房等。

灾害地质图建模　根据各类地质调查成果，形成二维地质图，然后与地表模型（包括对应的纹理影像）进行精确对准和叠合。

c. 编绘模块的数据处理流程

面三维地质图的数据处理流程为：对地质数据源进行分析和分类，依据国家标准和行业标准建立数据编码、元数据、图式图例、图形分层等标准化体系，在此基础上通过数据采集、数据接收、数据整理或数据转换、数据输入、数据处理等工作，建立地质体空间-属性数据库，然后依据实际工作需要和相应实体模型，完成对应的查询、检索、统计、空间分析和相关专业评价等数据应用工作。

在模块研发过程中，要对各类数据库中的表达形式进行调整和规范化，对软件处理的内容、形式和详细程度进行约束，确定资料收集和标准化的详细程度。同时，要通过实际资料的装载来对软件进行反复修改和完善。

B. 面三维地质图编绘模块的设计

面三维地质图编绘模块的设计包括总体架构设计、实体对象模型设计、数据存储设计和功能插件设计等几个方面。下面简单介绍其设计原理和方法（张军强等，2012）。

a. 总体架构设计

该模块的整体架构由下而上分为数据层、业务逻辑层及应用层 3 个层次。

（1）数据层。直接与区测或勘查区主题式点源数据库连接，用于一体化管理和调度基础地理数据、基础地质数据，如果点源数据库采用 Oracle 进行管理，则其中的空间数据可利用 ArcSDE 或 QuantyView SDE 来访问和调度。

（2）业务逻辑层。基于 QuantyView2D、QuantyView3D 及 ArcEngine 9.3 进行业务组件开发，并实现与平面地质图编绘模块连接，完成立体地质图机助编绘作业。

（3）应用层。基于业务组件构建数据管理、信息检索、信息分析与应用等相关子模块，以及完成各专业用户对立体地质图的主图、副图，及其各种空间-属性数据的查询、检索、统计、分析、评价和专题处理等多项作业。

根据实际需要，该模块按功能划分为五个子模块：数据管理、立体图浏览、立体图分析、专题图生成、立体图输出等。各模块的功能如图 6-42 所示。

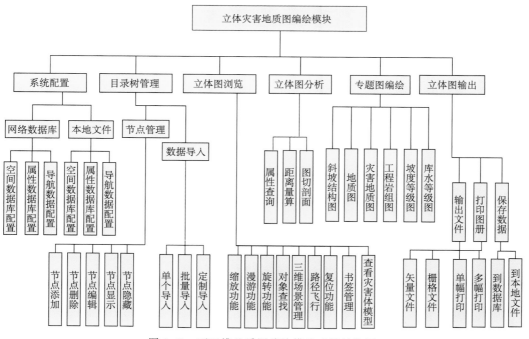

图 6-42　面三维地质图编绘模块功能结构图

该模块的主要功能设定如下：①可调用 DEM 数据并使用样条插值、克里金插值等插值方法建立地表模型，然后装饰纹理以便表现三维立体视觉效果，并可灵活叠加灾害地质图等专题图层；②通过列表搜索特征地质体和地质点，通过选择操作可联动浏览其位置，通过右键选择可得到相关信息；③通过地质体和地质点编号调用"三维地质模型库"进行特定空间分析和地质、资源及灾害评价；④通过鼠标或键盘进行地表漫游，或指定路径来进行地表飞行浏览；⑤能够查询等值线、坡度、坡向，能生成实测地质剖面和制作图切地质剖面图，能计算指定区域表面积、体积等；⑥提供文件管理和数据库管理两种方式，对立体图信息进行管理。

b. 实体对象模型设计

以灾害地质图为例，其实体对象模型如图 6-43 所示。各黑色的实体框代表了该模块的区域灾害点、灾害点基本信息表和灾害体信息表等实体，灰色的实体框代表可扩展部分的数据模型实体，箭头指明了实体间的关系。

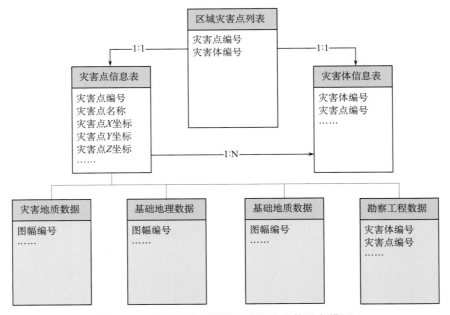

图 6-43　灾害地质立体图系统基本实体对象模型

c. 数据存储设计

针对立体地质图编绘的数据需求，描述图幅的数据结构见表 6-1。

表 6-1　地质图图幅的数据结构

序号	字段名	类型	长度	说明
1	图件类型	数值型	1	［图件类型］0 为标准分幅图件，填标准图幅名称；取 1 时，可填灾害点名称；21 为勘探线剖面图；22 为实测剖面图，填灾害点名称＋剖面线名称；23 为柱状图，填灾害点名称＋钻孔编号
2	图幅名称	字符型	50	……
3	图幅编号（灾害点编号）	字符型	16	……
4	勘察阶段	字符型	2	01—可行性调研；02—初步设计；03—详细设计；04—施工
5	勘察工程编号	字符型	12	填写勘察工程编号

续表

序号	字段名	类型	长度	说明
6	次级对象编号	字符型	8	[图件类型] 取 1 时，此项不填；取 21、22 时，填对应剖面线编号；取 23 时，填对应钻孔的编号
7	比例尺	字符型	1	1—1：100 万，2—1：50 万，3—1：25 万，4—1：20 万，5—1：10 万，6—1：5 万，7—1：2.5 万，8—1：1 万，9—1：5000，A—1：2500，B—1：2000，C—1：1000，D—1：500
8	调查单位	字符型	50	……
9	坐标系统	字符型	2	A—1954 北京坐标系；B—1980 西安坐标系；C—其他
10	高程系统	字符型	2	A—1956 黄海高程基准；B—1980 国家高程基准；C—其他
11	备注	字符型	200	当 [比例尺代码]、[坐标系统]、[高程系统] 三者任一个取值为"其他"时，需要在备注中进行说明

模块所处理的空间数据包括多种比例尺的基础地理数据和地质图数据(1：10 000)，以及各类地质体的空间数据。其中，表达各类地质体的图件比例尺较大，一般在 1：1000 以上，无法利用常规的标准分幅来组织、管理，而且由于图件内容丰富，除表现常规地理和专题地质图形外，还有三维地质体的可视化需求。这些需要应当分层管理，因此相关图件应当分别进行图层划分，其引用应当进行标记。

根据数据类型，平面图的基本图层划分为基础地理图和专题地质图两大类。

以灾害地质图为例，主图界面也即整个地质图主界面，由地形地理信息、地质信息、灾害信息、稳定性等专题信息组成。在主图上，这四方面信息都有各自的点图层（点文件）、线图层（线文件）和面图层（区文件）（表 6-2）。

表 6-2 灾害地质图主图的图层简表

图层	地形地理信息	地质信息	灾害信息	稳定性等专题信息
点图层	图名及图框注记 地名注记 高程注记	地层产状 构造注记 地层注记	灾害信息表 灾害防治措施注记 灾害注记	剖面注记
线图层	图框及公里网 居民地 境界 交通 水系 等高线	构造界线 地层界线	灾害信息表 灾害防治措施 灾害体边界	图切剖面位置 稳定性分区界线
面图层	居民地 水域	地质体面单元 灾害体面单元	灾害防治措施 灾害体 灾害直接危害区	稳定性分区

C. 面三维地质图编绘模块的应用

利用立体地质图编绘模块，并配合平面地质图编绘模块或者平面地质图图库，便可以实现各种面三维地质图编绘（图 6-44）。如果再配合三维地质建模模块或者三维地质模型库，便可以实现各种体三维地质图编绘。

在进入系统主界面（导航图）后，打开平面地质图图库并将其与 DEM 或 DOM 进行叠加处理，便可以编绘出面三维地质图。如果加载各种专题图，则可以使面三维地质图的内容更为丰富，但也可以分别生成专题面三维地质图。在各种面三维地质图上，都可以进行属性信息和空间信息的查询、量测和统计分析。如果与三维地质模型叠加，还可以编绘出体三维地质图。在体三维地质图上，还可以开展地质体和地质结构的剖切分析，以及图切剖面及栅状图制作。

由于遥感影像本身颜色很复杂，与地质图中的稳定性分区和护坡面等面状要素叠加时，往往会出现颜色失真。借鉴地貌晕渲图的原理，为了能清晰地表达地质要素和某些地质特征信息，可利用 DEM 生成光影图，经半透明处理后置于地质图层与其他点图层、线图层之间，从而获得满意的显示效果（图 6-45）。图 6-46 是利用该编绘模块把面三维地质图与三维地质模型叠合处理后，获得的体三维地质图。

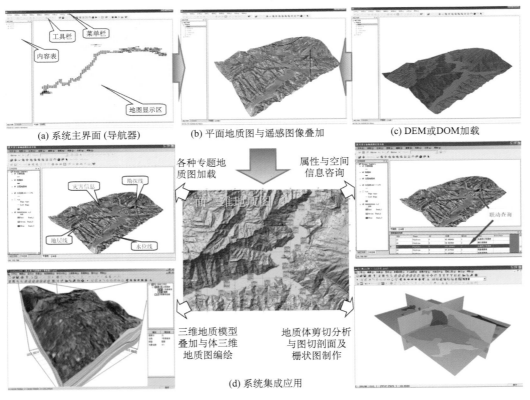

(a) 系统主界面 (导航器)　　　(b) 平面地质图与遥感图像叠加　　　(c) DEM或DOM加载

(d) 系统集成应用

图 6-44　编绘模块的实现与应用实例

图 6-45　面三维灾害地质图编绘示例（采用晕渲处理）

图 6-46　地质-地理一体化的体三维地质图显示效果示意图

第 7 章　三维地质建模原理与方法

三维数字化地质建模是"玻璃地球"建设的核心技术之一，主要用于整合和集成地质对象的空间和属性信息，形象地表达地质体的结构、构造、成分、时空演化、拓扑关系及其变化规律。它涉及地质空间对象的数据模型、插值拟合算法、动态建模法等一系列理论和技术问题，是目前地质信息科技领域研究的热点。

7.1　三维地质建模概述

为了满足基础地质、矿产地质、能源地质、工程地质、环境地质和灾害地质等领域的研究、勘探与开发的需要，而进行的三维数字化地质模型构建的操作及过程，统称为三维数字化地质建模（3D geological digital modeling），简称三维地质建模（3D geological modeling）。从技术层面上讲，三维地质建模是一种应用建模，就是利用计算机技术和数学方法并根据地质空间对象的几何特征、属性特征、结构特征和关系特征来构建其三维数字模型，以及进行可视化的虚拟再现（吴冲龙等，2012）。简言之，三维地质建模就是对所研究的地质空间对象进行全信息数字化综合描述和可视化综合表达。这方面的研究涉及地质空间认知问题，特别是其中的地质空间本质属性、对象特征、存在方式、分布状况，以及剖分方法、建模方法和表达方法等。三维数据模型和建模方法的选择，取决于地质空间认知模型。

7.1.1　国内外研究现状

近年来，随着"玻璃地球"概念的提出和计算机软、硬件技术的进步，地质体的三维数字化建模与可视化分析越来越受到重视。其中，复杂地质结构的三维、快速、动态构建和局部动态更新，以及地质结构、成分与属性的混合建模和精细建模一直是该领域的瓶颈技术和研究热点。

1. 国外三维地质建模研究现状

国外的三维地质建模及其分析研究开展较早，在理论研究、软件开发和实际应用等方面发展较为成熟。经历了从简单的线框建模、表面建模、体三维建模到集成建模的发展阶段。在 20 世纪 70 年代初，西方地学界就将三维造型技术试验性地应用于地矿领域。地矿行业最早的 3D 空间信息系统是由 Notley 和 Wilson 于 20 世纪 70 年代初开发（Notley and Wilson.，1975）。该系统基于三维线框模型（3D wire frames），通过平面和剖面图的数字化而得到三维坐标，然后生成各种透视图。该系统的功能较为简单，没有实现三维可视化，只是简单的 3D CAD 系统，但其开创性意义重大。目前，基于剖面图和平面图建立三维空间实体的方法，依然是连续不规则实体建模的主要实现方法之一。到 20 世纪 80 年代，随着计算机技术的不断更新和三维造型技术的不断进步，出现了大量的表面建模软件，其中较为著名的是法国的 GOCAD。GOCAD 研究组针对地质体的结构和形态特点，提出了一种离散建模思想（Mallet，1989，1992），其要点是：①任何对象的表面形状是由三维空间的结点的有限集合来定义；②拓扑关系通过这些结点之间的连接来模拟；③物理属性作为附加在这些结点上的值来模拟；④物理属性和空间位置的插值采用"离散光滑插值法"来实现。GOCAD 系统在建模和可视化方面取得了很高的成就，尤其适合于表示非常复杂的地质构造，但在表示非均质实体内部属性变化时存在局限性，并且该系统目前不具备对建成模型的动态修改功能。

　　到 20 世纪 90 年代中期，三维地质建模理论与方法开始向集成化方向发展。1994 年加拿大 Houlding 提出三维地学建模（3D geoscience modeling）的概念（Houlding，1994），即在三维环境下将地质解译、空间信息管理、空间分析和预测、地质统计学、实体内容分析以及图形可视化等结合起来进行地质建模与分析，其中涉及空间数据库的建立、三角网生成方法、三角网面模型构建方法、三维三角网固化方法、地质体边界的划定和连接等许多方面的方法和技术。

　　迄今为止，国外已经出现了一批大型三维地学信息可视化软件。基于 Unix 的主要有 Datamine、Minecom、Surpac、Lynx、Vulcan 等，基于 Windows 的主要有 GOCAD、SurpacVision、PC-Mine、MicroMine、Minemap 等。这些商业软件的出现，在很大程度上推动了三维空间建模技术方法的研究，也在地球物理、石油物探、石油开采和露天矿开采等领域取得了颇有成效的研究成果。但是，这些国外软件主要是采用基于手工交互的静态建模方式，其模型动态重构与快速更新问题尚未解决。

2. 国内三维地质建模研究现状

　　国内的三维地质建模研究与应用开始于 20 世纪 90 年代初期，很多高等院校和研究机构结合所在领域开展工作，很快形成热潮，并取得了较好的理论和应用成果。

　　中国科学院张菊明（1996）应用拟合函数法研发了边坡工程地质信息的三维可视化系统，并应用于长江三峡永久船闸边坡工程的三维地质结构的模拟和三维再现工作中。中国地质大学（武汉）吴冲龙等（1997，2001c，2006a）、毛小平等（1998a，2000）和田宜平（2001），翁正平等（2002）和柳庆武等（2003）对盆地三维构造-地层格架建模方法进行了系统研究，并开发了三维盆地建模与油气成藏模拟软件 GeoPtroModeling；中国矿业大学侯恩科（2002），侯恩科和吴立新（2002），以及吴立新等（2003a）提出了广义三棱柱（GTP）模型，建立了面向采矿应用的三维地质建模体系，并开发了 GeoMo3D。同时，中国科学院武汉岩土所（王笑海，1999）、北京航空航天大学（朱大培，2002）、北京大学（王勇等，2003）、天津大学（钟登华等，2005a，2005b）和中国地质调查局杨东来等（2007），也开展了相关的研究，在各自的专业领域中取得了很好的研究成果，推出了一批具有自主知识产权的三维可视化的地质建模软件，如 Quanty-View（原名 GeoView）、TITIAN3D、VRMAP 等。

　　在研究过程中涌现了一大批有价值的技术成果。例如，采用空间曲面拟合的函数化模型（毛善军等，1996）；采用有限测量点集构建地质结构面的计算机三维扩展模型（柴贺军等，1999）；基于体元和线元混合模型的地质体三维重建法（毛小平等，1999）；采用基于 B-Rep 模型的盆地三维空间拓扑结构表示法（田宜平等，2000b）；基于平面图和不规则四边形网格的盆地三维构造-地层格架建模技术（翁正平等，2002）；基于泛权算法的三维工程地质模型构建与重构问题（陈树铭等，2002）；基于钻孔的三维数字地层格架自动生成（柳庆武等，2003）；基于类三棱柱（齐安文，2002）和似三棱柱（刘少华等，2003）的钻孔三维地质建模；断层滞后插入、局部重构方法和有效耦合的多源数据三维地质建模（Wu and Xu，2003）；基于钻孔-层面模型的三维地层模型构建（朱良峰等，2004）；基于 Delaunay 剖分和四面体网格算法的复杂地质对象三维重构（Xue et al.，2004）；基于 NURBS 混合数据结构的三维工程地质对象建模和分析（钟登华等，2005a）；基于含拓扑剖面的三维地质建模方法（屈红刚等，2006）；基于地质空间认知和剖面拓扑推理的多维动态地质建模（何珍文等，2007；He et al.，2008）和基于空间插值泛型算法的三维地质建模及其动态重建（何珍文，2008；何珍文等，2012）；基于领域本体逻辑结构的三维地质模型构建（侯卫生等，2009）；基于结构-属性联动的智能化矿体三维动态建模（李章林，2011）；基于地质要素特征的统一混合体元模型结构和基于地质空间关系的空间推理地质建模（翁正平，2012），基于角点网格模型和多源勘探数据的三维构造-地层演化动态建模（张志庭，2010；Zhang et al.，2013），等等。

7.1.2 三维地质建模的技术与方法

1. 三维地质建模的技术层次

根据三维地质空间建模的功能需求、技术要领和实现方法，本书将其技术层次分为五级，即可显示、可度量、可分析、可更新和可仿真（图 7-1）（何珍文等，2012）。

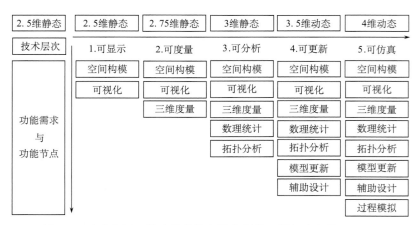

图 7-1 地质空间三维建模的技术层次划分（据何珍文等，2012）

模型可显示层次，是指能在三维可视化环境中表达三维地质空间对象，以便增强对地质空间对象的三维视觉感受。该层次可称为亚三维（2.5 维）的静态建模。

模型可度量层次，是指在模型可视化层次基础上，能够进行三维地质空间对象的长度、面积和体积度量和查询。该层次可称为拟三维（2.75 维）的静态建模。

模型可分析层次，是指在模型可度量基础上，能在三维可视化空间中对地质对象进行各种统计分析和空间关系分析。该层次可称为真三维（3 维）的静态建模。

模型可更新层次，是指在模型可分析基础上，能对三维地质体进行动态创建、更新，以及三维可视化辅助设计。该层次可称为亚四维（3.5 维）的动态建模。

模型可仿真层次，是指在模型可更新基础上，能在三维可视化地质空间中进行各种地质和成矿过程的定量仿真模拟。该层次可称为真四维（4 维）的动态建模。

上述技术层次中，模型可分析、可更新是可仿真的基础。本书的研究重点在第四个层次，即可更新层次，如没有特殊说明下面所说的建模均指第四层次的建模。

2. 三维地质建模的技术方法

三维地质空间建模方法是当前地质信息科学领域中最具挑战性的前沿课题之一，是许多地质信息科技专家长期以来的探索方向。由于目前的很多建模方法与空间对象特征及建模数据结构息息相关，空间对象的特征不同，建模方法就不同，很难采用统一的、通用的方法。这正是目前三维空间建模的一个难点。

根据地质空间特征表达方式，三维地质建模方法可分为 3 类，即数学解析型建模方法、空间展布型建模方法和混合型建模方法。下面主要介绍前两种方法。

1）数学解析型建模方法

此类方法的思路是先提炼相应的数学问题并建立数学模型，然后构建整体区域的三维地质模型，其理论基础是数学地质学（Vistelius，1989）。

Vistelius（1989）提出了三维数字地质建模的 4 个基本步骤：①在野外地质勘测和室内地质资料分析基础上，建立研究区域地质概念模型；②根据所建立的地质概念模型，构建反映地质体变化规律的数学模型，并选择合适的数学方法；③利用所建立的数学模型选择数学方法并编制计算机程序，结合具体资料和数据进行处理；④对计算结果进行地质解释和应用，并在合理的外延区间内进行外推预测。但是，此类方法只适用于地质结构简单、形态较规则的三维地质建模。

陈树铭等（2002）综合模糊数学、概率论、随机论、人工神经网络的核心思想，构造了泛信数学空间，提出了"泛权算法"。其核心思想是从有限个已知属性的无穷子空间反演整个母空间属性，试图通过该数学方法直接利用原始工程地质钻孔数据来解决三维地质建模问题。该方法已应用于北京市工程地质勘察中，在多项工程的三维建模、分析中取得了成效。但是，由于实际地质条件复杂，仅靠有限的离散的多元地质数据无法建立数学模型来求解地质空间属性，因此该算法也不具有通用性。

2）空间展布型建模方法

目前，国内外所采用的空间展布型建模方法大体有 3 类，即基于面元数据结构模型、基于体元数据结构模型和基于混合数据结构模型的建模方法。

　　a. 基于面元数据结构模型的建模方法

　　基于面元数据结构模型的建模方法，即先直接将原始的线状数据进行分层，再根据各层面标高应用曲面构造法来生成各个层面，然后连接并封闭层面成体。基于剖面数据和钻孔数据都可以采用这种方法。目前，一些比较成熟的商用软件都采用这种方法来实现三维地质对象建模。

　　b. 基于体元数据结构模型的建模方法

　　基于体元数据结构模型的建模方法，即先将剖面、钻孔等数据离散，再进行体元网络剖分，然后根据点集合的属性确定体元所属地质实体。其中有些方法，如 GTP 仅适合采用钻孔作为输入数据。

　　c. 基于混合数据结构模型的建模方法

　　基于混合数据结构模型的建模方法，即采用钻孔、平铜、地震剖面和解释剖面等多源地质数据，同时应用两种或两种以上体元或面元数据结构模型进行三维地质建模（毛小平，2000；张志庭，2010）。由于数据的多源性导致数据结构难以统一，其实现难度较大。这种集成建模方法，是目前的研究重点。

　　这三种空间展布型建模方法，都涉及空间数字插值、空间拓扑推理和地质知识运用的问题（何珍文，2008；HeZhenwen et al.，2008；何珍文等，2012）。

3. 三维地质建模的业务流程

　　静态的三维地质建模业务处理流程通常包括地质数据处理、地质对象建模和模型分析应用 3 个阶段（武强和徐华，2004；李明超，2006），考虑到动态的三维地质建模必须进行模型检查修正和模型维护，业务处理流程应调整为 4 个阶段。

　　1）地质数据处理阶段

　　地质现象及其控制因素的复杂多变，决定了地质数据的多样性、不确定性和复杂性，因而首先需要对通过露头调查、钻探、硐探、物探、化探、遥感、摄影测量等技术手段获得的原始数据，进行整理、建库，再采用各种二维图形编辑和数据预处理软件进行综合处理和编图，并结合地质专家知识对复杂的地质结构和成分进行识别、解释、描述、定位等处理；然后通过转换接口把数据转换为三维地质建模软件可接受的格式。通常，地质信息系统平台的二维图形编辑模块与三维建模模块能进行无缝数据集成，因此这种数据转换对于用户而言基本上是不可见的，如 QuantyView。但是，不少建模软件需要进行专门的数据转换处理。

　　2）地质对象建模阶段

　　三维地质建模的核心技术是关于地质空间对象的三维表达方法，这个阶段需要着重解决的主要问题包括如下三个方面。

　　第一，是关于地质对象空间几何形状的表达问题，即如何根据数据的空间展布及变化（产状）特征建立三维空间几何模型。为了使模型更为贴合实际，当局部采样数据过于密集时，可在满足精度要求的条件下按照一定规则进行抽稀处理；当局部采样数据过于稀疏，则可在离散点之间或原始剖面之间进行内插加密。

第二，是关于地质空间中地质对象的属性信息与几何对象的关联，即通过建立属性数据库与图形库间的对应关系，将属性值关联到相应的地质空间对象上，以反映地质对象的属性特征和相关知识，如岩性特征、断层性质、断层要素、岩体性质，特别是关于岩相、变质相、沉积体系和构造关系等方面地质知识。

第三，是地质空间中不同地质对象之间的空间关系描述、表达和拓扑推理，特别是在地质知识驱动下的空间关系描述、表达和拓扑推理，即通过在地质知识指导下建立三维空间拓扑模型，深刻反映地质对象之间的内在关系，包括地层之间、岩体之间、矿体之间、构造之间，以及所有这些空间对象之间的各种相互关系。

3）模型检查修正阶段

在基于多源数据的三维地质建模过程中，由于来源不同的原始数据之间的差别、解译数据之间的差别、原始数据与解译数据之间的差别，或地质知识推理的错误等影响下，会导致通过动态自动构模方式所建立的模型与实际情况出现偏差。其中，最常见的是地质体之间的空间关系（变形、交缠和位移）出现冲突。因此，在模型建立之后，应该对模型的拓扑关系等进行检查矫正，使其符合于实际情况。这个阶段在静态建模过程中的作用不是很明显，但是在动态建模过程中则必不可少。只有在确保建模模型正确性的前提下，模型的应用才会有实际的意义。

4）模型维护应用阶段

三维地质模型的应用包括地质空间分析、地下工程辅助设计、地质过程模拟和地质空间决策四个方面。模型的维护就是指对所建立的三维地质模型进行管理、更新或局部重构。之所以要开展对三维地质模型的维护，是因为各种基础地质调查、矿产地质勘查和工程地质勘察工作都是分阶段进行的，最初依据少量数据所建立的三维地质模型往往是不完备的，有时候是不同尺度和精度的模型的集成，而有时候则可能存在缺陷或错误。三维地质模型应当随着地质工作阶段的发展和地质数据的积累，而更新或局部重构，才能保证该模型的正确性并满足各种应用的需要。

7.1.3　三维地质空间对象数据模型

所谓数据模型（data model）是为方便数据的存储、管理、交换和使用而构建的数据结构、数据操作和数据约束的总称。数据模型是三维地质建模的基础。对于三维地质建模而言，数据结构（data structure）是参与建模的数据本身特征、相互间联系、组织形式和管理方式的总和。其中，数据本身特征是指数据类型、内容和性质等；数据间联系是指拓扑关系、逻辑关系和制约关系等；数据组织形式是指构型单元的几何形态、属性及构型单元的聚合、垒积样式，而数据管理方式是指数据文件和数据库。数据操作是指数据的操作类型、操作方式、操作规则和推理规则，其中包括各种插值拟合算法等。数据约束则是指地质空间边界、数据完整性规则及其集合，可按不同原则划分为数据值约束和数据间联系约束、静态约束和动态约束、实体约束和实体间的参照约束等。数据结构是对系统静态特征的描述，而数据操作是对系统动态特征的描述。数据结构是数据模型的基础，数据操作和约束都是建立在特定的数据结构上的，不同的数据结构具有不同的操作和约束。

与数据库研发和设计相似，由于数据结构起主导作用，三维地质建模的数据模型也用数据结构来命名。在三维地质建模中，目前数据结构的研究重点，在于地质空间对象的几何形态描述及其数据的组织形式。数据结构因此而划分为点元数据结构、面元数据结构、体元数据结构和混合数据结构4种。相应地，地质空间对象的数据模型也划分为点元数据模型、面元数据模型、体元数据模型和混合数据模型4种。从地质空间认知角度出发，可将地质空间对象的数据模型分为3个层次，即反映空间对象几何特征的几何数据模型，反映空间对象属性特征的属性数据模型和反映空间对象相互关系（重点是拓扑关系）的关系数据模型。

在三维地质建模中，所采用的数据模型不同，具体构模方法也不同。借鉴地理信息系统领域的成果，可将构模方法归纳为单一构模、混合构模和集成构模三大类（吴立新和史文中，2005）。考虑到数据模型、地质对象和数据结构三个方面特点和相互联系，本书把构模方式进一步概括为单一构模和集成构模两大类，同时在单一构模方式的数据模型中添加了点元模型（表 7-1）。

表 7-1　三维空间构模方式与几何数据模型

构模方式	单一构模				集成构模	
地质对象	单个地质对象				单个地质对象	多个地质对象
数据模型	点元模型	面元模型	体元模型		混合模型（面元+面元、面元+体元、体元+体元）	
			规则体元	不规则体元		
数据结构	角点网格模型（ECLIPSE）	表面模型（Surface）	不规则三角网模型（TIN）格网模型（Grid）	结构实体几何（CSG）体素（Voxel）	四面体格网（TEN）角点网格模型（CPGM）金字塔（Pyramid）	TIN+Grid Section+TIN	TIN+CSG TIN+Octree（Hybrid 模型）
		边表示模型（B-Rep）		针体（Needle）	三棱柱（TP）	WireFram+Block	
		线框模型（Wire Frame）或相连切片（Linked Slices）		八叉树（Octree）	地质细胞（Geocellular）	B-Rep+CSG	
		断面（Scetion）		规则块体（Regular）	非规则体（Irregular Block）	Octree+TEN	
		多层 DEMs			实体（Solid）		
					3D Voronoi 图		
					广义三棱柱（GTP）		

其中，单一构模是指采用单一的面元或体元模型对单一地质对象进行几何特征描述和 3D 构模；集成构模是指同时采用两种或两种以上的面元模型或体元模型，即混合模型对同一或不同地质对象进行几何特征描述和 3D 构模。在采用混合模型的情况下，对于单个地质对象而言，是同一地质体的各部分在"几何特征"表达上的集成；对于多个地质对象而言，是集合体的各个体在"空间格局"表达上的集成。

在三维地质空间中的几何数据模型（GeomModel）中，地质空间对象分为点元、线元、面元、场元和体元五种类型（图 7-2），所有几何对象都继承自几何基类 Geometry。

1. 点元数据模型

点是几何空间中最基本的对象类型，在地质空间中表示一些点状空间对象，如岩层露头点、地震震中、岩石采样点、煤矿安全监测点等。点元实体实际上就是点集及其剖分、插值方法的集成，同时也是三维网格的一种表达方式。以空间数据场的方式，即原始点集与封闭边界的集成方式，也可方便地进行三维地质建模。

在 GeomModel 中表达两类点元对象：一类是单点几何对象（GeomPoint）；另一类是点集几何对象（GeomPoints）（图 7-3）。其中，Vertex 是指 x，y，z，w 四个分量构成的纯粹坐标点数据结构；VertexList 则是 Vertex 的列表对象，无几何含义。

2. 线元数据模型

线元对象是三维地质空间中的基本对象之一。线表示一个或多个线形地质实体，如地层界线、岩体界限、断层线、勘探线、剖面线等。在三维地质空间中，线性对象是一种相对概念，如在大比例尺情况下，断层线便是具有一定宽度的断裂带（包含多种不同宽度和类型的断层岩带）。在 GeomModel 中（图 7-4），GeomPolyline 表示空间中不自相交的、封闭或非封闭的三维曲线，而 GeomPolylines 表示多条三维空间曲线。二者存储方式不同。

GeomPolyline 用 vlist：VertexList 直接记录坐标点列表，线的构成由列表中按照顺序相互邻接的点构成，并设置一个封闭标志。GeomPolyines 也用 vlist：VertexList 记录坐标点列表，点间的链接由单独的索引列表 vilist：IndicesList 来记录。IndicesList 由多个 IndexList 构成，每个 IndexList 所指向的点集构成一个与 GeomPolyline 等价的简单三维空间曲线。

3. 面元数据模型

面元对象也是三维空间中的基本对象之一，在地质空间中广泛存在，如断层面、节理面、地层界面、滑坡体滑带、矿体表面等，其特点是有长、宽、周长和面积属性。面元数据结构模型侧重于三维空间实体的表面表示，如地形表面、地层面等。所模拟的表面可以是封闭的 B-Rep 模型和 Wire Frame 模型，也可以是非封闭的 TIN 模型和 DEM 模型。以 B-Rep 模型为例，每个地质单元体由它的所有边界面（顶面、侧面和底面）构成并表示（图 7-5），比较适合基于剖面数据的三维建模（田宜平，2001）。其优点是

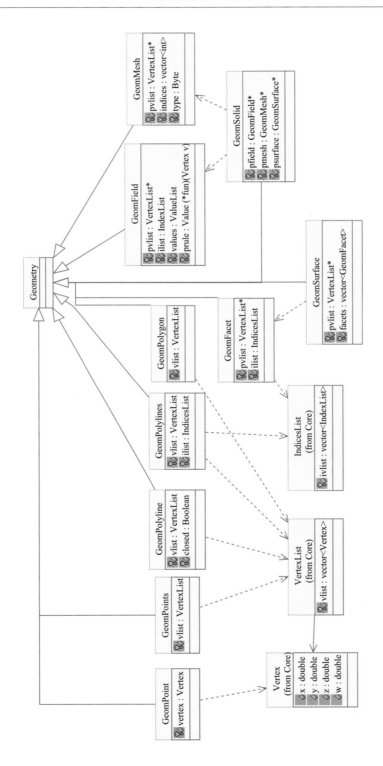

图7-2　地质空间对象的几何数据模型

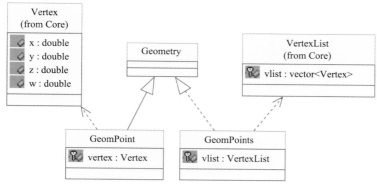

图 7-3　地质空间点元对象数据模型

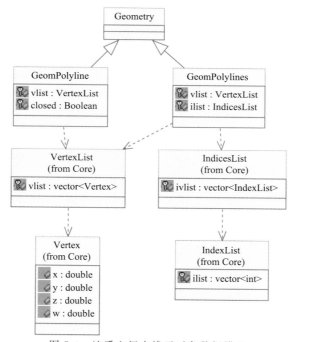

图 7-4　地质空间中线元对象数据模型

简单方便，缺点是人工交互处理的工作量大、效率低，难以实现模型动态更新和快速重建。一旦获得了新的数据，整个建模工作需要推倒重来。因此，B-Rep 结构模型只适合于那种静态的而且不需要改变的地质对象。即便是 TIN 模型和 DEM 模型，也难以应付复杂的三维动态地质建模。

在 GeomModel 中（图 7-6）用三个层次的

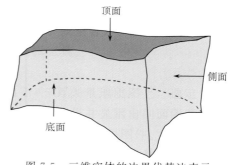

图 7-5　三维实体的边界代替法表示

对象来描述地质空间中的面元对象：第一个层次是简单的共面多边形，用
GeomPolygon 表示；第二个层次是多个共面的多边形构成的具有连通性的面片，用
GeomFacet 表示——为了方便后面拓扑关系的表示，规定所有处于同一 GeomFacet 对
象中的子多边形具有相同的方向；第三个层次是由多个面片构成的任意曲面，用 Geo-
mSurface 表示——同样为了拓扑模型表达的方便，规定一个曲面中的所有面片具有相
同的方向。GeomFacet 在很多时候是作为 GeomSurfae 的子对象而存在的，其点列表采
用指针来实现，以方便共享 GeomSurface 的点列表。

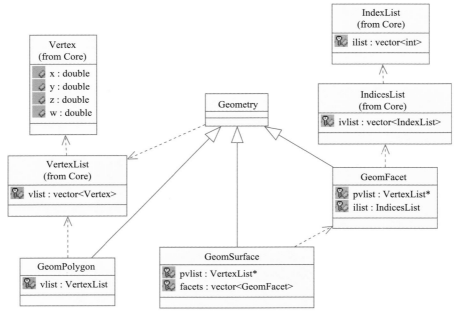

图 7-6　地质空间面元对象数据模型

4. 场元数据模型

在地质空间中，有些地质变量按照一定的规则分布，但没有确切的边界，如构造应
力场、地热场、含量渐变的金属矿体等。对于这些没有确定边界约束的地质对象，很难
用封闭的曲面或体来表示。这类对象的共同特点是，空间变量值与空间位置存在某种函
数关系，但要通过实验或采样点拟合逼近来实现。

三维地质空间中的场元对象，可采用 GeomField 来描述（图 7-7）。其中，pvlist：
ertexList * 指向坐标点列表；ilist：IndexList 记录在场对象中要使用的坐标点的索引，
并通过索引来存取坐标点；values：ValueList 是与 ilist：IndexList 对应坐标点位置上的
测量值。通过这些点与测量值的关系，可以计算出规则函数；也可以直接采用已有的经
验或理论函数，函数关系通过 prule 指针记录，其指向的函数原型为 Value（ * fun）
（Vertex v）。

通过该函数可以求出场内任意空间位置的相应场值。在对上述场元对象进行可视化
表达时，一般可以采用点集方式或者网格方式。

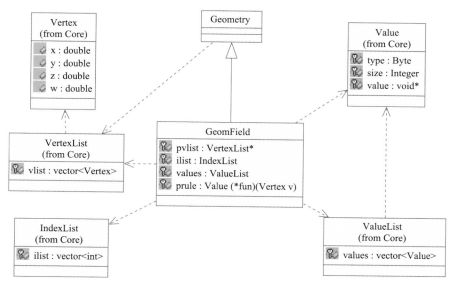

图 7-7　地质空间场元对象数据模型

5. 体元数据模型

　　体元是三维地质空间对象分割和表达的一种最小体积单元，每一个体元的属性都可以独立描述、存储和管理，比较适合于三维地学空间操作和分析。体元数据模型可以按照体元表面的数目和组合方式分为四面体（tetrahegral）、六面体（hexahedral）、棱柱体（prismatic）和多面体（polyhedral）四种类型；也可以根据体元形态是否规则，分为规则体元模型和非规则体元模型（图 7-8）。由于地质空间中的对象复杂，规则体元模型适应性较差，而非规则体元模型适应性较好。目前 GTP 模型（吴立新和史文中，2005）的应用较多。

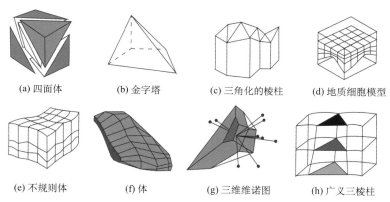

图 7-8　非规则体元模型示意图（据吴立新等，2003a）

　　GTP 的构模原理是：用 GTP 上下底面的三角形集合所组成的 TIN 面来表达不同的地层面，然后利用 GTP 侧面的空间四边形面来描述层面间的空间关系，用 GTP 柱体来表达层与层之间的内部实体。其特点是充分利用钻孔数据的不同分层，来模拟地层的分层实体并表达地层面的形态。基于 TIN 边退化和 TIN 面退化，可以由 GTP 导出 Pyramid 模型和 TEN 模型（图 7-9）。基于点、TIN 边、侧边、TIN 面、侧面和 GTP，可定义 8 组拓扑关系，以便实现空间邻接和邻近关系的查询与分析。而且，GTP 数据结构易于扩充，当有新的钻孔数据加入时，只需局部修改 TIN 及 GTP 的生成，而不需改变整个三维体的结构，这就使得局部细化与动态维护变为可能。

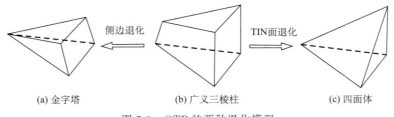

（a）金字塔　　　　　　（b）广义三棱柱　　　　　　（c）四面体

图 7-9　GTP 的两种退化模型

当比例尺足够大时，所有地质对象都可用体元来描述。例如，岩浆岩体、侵入岩脉、沉积体、变质岩体，以及边界清晰的金属矿体、煤层、油气藏、地下水体，等等。三维地质实体一般具有边界和内部特征，而 B-Rep 模型往往只顾及其边界特征。在 GeomModel 中（图 7-10），地质空间对象的表达被分为两部分：一是与 B-Rep 模型类似的对象边界特征表达——面元模型中的 GeomSurface；二是实体的内部特征表达——

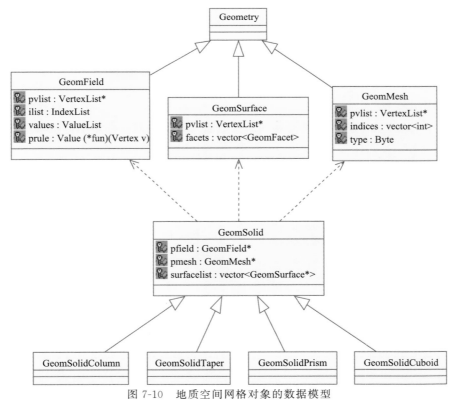

图 7-10　地质空间网格对象的数据模型

采用场元模型中的 GeomField 或者实体网格来表达。

在 GeomModel 中，用 GeomMesh 表示通用网格。该模型中共包含三个属性成员，其中，pvlist：VertexList * 指向包含所有网格结点的点列表，type：Byte 表示的是网格的类型。网格的类型可以事先进行定义。

当网格类型为 TIN 时，indices 数组存储的点索引必须是 3 的整数倍，每 3 个点构成一个网格单元；当网格类型是四面体网格时，indices 数组存储的点索引必须是 4 的整数倍，每 4 个点构成一个网格单元；当网格类型是六面体网格时，则 indices 数组存储的点索引必须是 8 的整数倍，每 8 个点构成一个网格单元。

由于各种网格的算法不同，从 GeomMesh 派生出了一些具体网格对象，如 Geom-TIN、GeomDEM、GeomTetMesh 等（图 7-11）。这些对象实现的相关算法和所有对外网格功能，通过 GeomMesh 调用实现。既统一了接口，也方便 GeomSoild 调用管理。

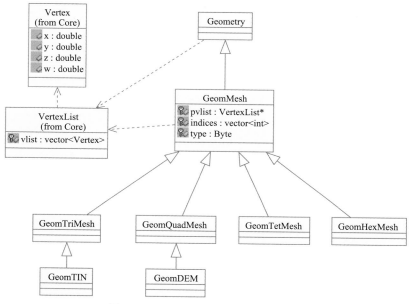

图 7-11   地质空间体元对象数据模型

在 GeomModel 中，体元对象包含三个成员变量指针，即 psurface：GeomSurface * 指向存在的 GeomSurface 对象；pfield：GeomField * 指向实体内部的场对象；pmesh：Geom-Mesh * 指向实体内部剖分产生的网格对象。当 pmesh＝NULL 并且 pfield＝NULL 时，GeomSolid 退化成 B-Rep 模型中的体对象。在地质空间中，除不规则的自然地质对象外，还有规则的人工对象。对于这种规则的人工对象，可采用参数化描述方式来表达，并从 GeomSolid 派生出相应的实体类。为了实现统一实体的 BOOL 运算，需要给出规则实体向通用不规则实体对象 GeomSolid 转化的功能。

6. 混合数据模型

面数据模型的优点是便于显示和数据更新，不足之处是不能支持空间分析。体数据结构模型的优点是便于进行空间操作和分析，但存储空间大，计算速度慢。采用混合数据模型可以综合面模型和体模型的优点，以及规则体元和非规则体元的优点，取长补短。常用的的混合数据模型主要有 TIN-CSG、TIN-Octree、Wire Frame-Block、BRep-Bloc（刘军旗，2007）和 BRep-角点网格（张志庭，2010）等混合模型。

7.1.4　地质空间三维属性数据模型

地质空间对象属性是指地质空间对象的非几何特征信息。属性描述也是数据模型的重要内容，用于描述对象属性的数据模型称为属性数据模型。该模型包含：属性信息本身的描述与组织、属性信息与几何信息的关联与整合。

1. 空间对象的属性数据模型

地质空间对象的属性采用 PropModel 来描述。在这个模型中，数据结构分为三个层次：第一个层次是数值的层次，主要包含 Value 对象；第二个层次是数值集合的层次，主要包含 ValueList、Field、Record 等；第三个层次是数值矩阵层次，也即数据表层次，主要包括 Recordset、TableC、TableR、Table 等（图 7-12）。

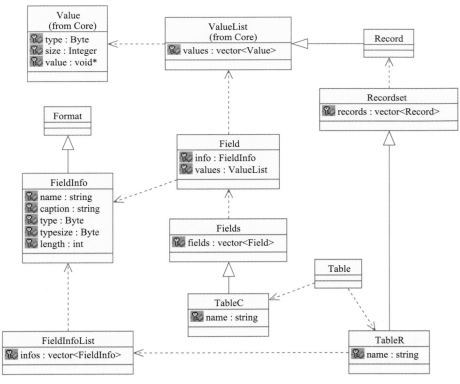

图 7-12　地质空间体元对象数据模型

在数值层次中，Type：Byte 是预先定义的系统模型的数据类型；size：Integer 为内存的字节数；value：void * 指向既定的内存空间。Value 分为字符型和数值型两类，字符型用 PROP _ TYPE _ CHAR 类型表示。根据 size 可判断 Value 是否为数组。在数值集层次中，集合分为列集和行集两类，分别用 Field 和 Record 表示。在数值矩阵层次中，对象是二维数据集（数据表），采用 Recordset、Table 来描述。

2. 几何对象与属性对象集成

在三维地质建模中，属性信息与空间信息具有同等重要意义。因此，三维地质建模系统必须同时具备属性数据和空间数据管理、交互查询功能。

常见的空间数据与属性数据组织方式有如下三种。

（1）几何图形以一定格式按文件方式存储，而属性数据存储在关系数据库中；空间信息系统（SIS）通过相应的数据库接口程序（ODBC、OLE、DB 等）来管理属性数据，并通过系统内部生成的唯一标识符实现空间数据与属性数据的关联。这是当前多数 SIS 的主要数据管理模式。

（2）扩展通用 DBMS 的空间数据管理能力，即建立对象-关系数据库，实现空间数据和属性数据的统一存储、管理——将图形数据转换存放在关系数据库中。Oracle Spatial、ArcGIS SDE 等都采用此法。

（3）面向对象管理方式，全面实现图形数据与属性数据的一体化管理。这是目前对象型空间数据库的研究重点。

在面向对象管理方式中，用 GeoObject 代表空间对象，包含 Geometry 对象和 ValueList 对象（图 7-13）。其中，GeoObject 代表地质空间中的实体对象。为了方便管理，三维地质建模系统中也采用了图层（layer）和图幅（map）的方式进行数据组织。几何对象与属性对象的集成，主要在 GeoObject 和 Layer 两个层次中进行。

3. 地质空间拓扑关系数据模型

由于三维地质对象的数据量大，而且三维地质对象之间的关系极端复杂，几何数据模型和拓扑关系数据模型的选择至关重要。在三维空间中，经过组合推理，线状目标之间可形成 56 种拓扑关系，面状目标之间可形成 57 种拓扑关系，线状目标与面状目标之间可形成 97 种拓扑关系。如果再加入点状目标和体目标，则拓扑关系将更为复杂。这是二维地质空间所不能比拟的，但只要解决了三维空间与二维空间的转换问题，二维空间中的拓扑关系模型就能在三维空间被重用。三维空间拓扑关系可归纳为三大类，即面上拓扑关系、面体拓扑关系和体内拓扑关系。

1）面上拓扑关系

为了使二维空间拓扑关系向三维空间拓扑关系平稳过渡，在讨论曲面上的拓扑关系之前，需先讨论二维平面上的拓扑关系建立流程和数据结构问题。

A. 二维空间拓扑关系

在二维空间对象拓扑关系自动生成的诸多算法中，比较常用的是 Qi 算法、基于图

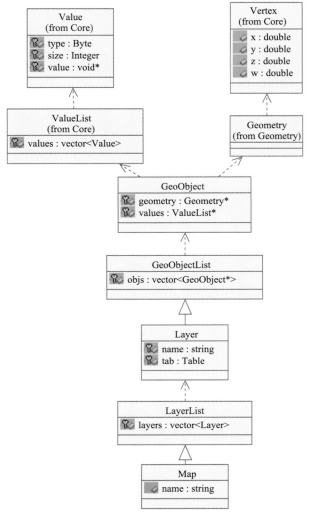

图 7-13 几何对象与属性对象的集成模型

的算法和基于方位角的算法等。其中，基于方位角的算法的数据结构如图 7-14 中的 TopoPoint、TopoPolyline 和 TopoPolygon 所示。在节点 TopoPoint 中，记录了该节点出弧段（用 TopoPolyline 表示）和入弧段信息。在 TopoPolyline 中记录起始节点和终止节点，左边区域和右边区域（TopoPolygon）；在 TopoPolygon 中则记录组成该多边形的所有的弧段列表，并用一个标识数组来标示每个弧段是否是洞或岛上的，是为 1，非为 0。

在 TopoPoint、TopoPolyline 和 TopoPolygon 的数据结构（图 7-15）下自动构建地质空间二维拓扑关系的算法步骤如下。

（1）进行线段相交、剪断运算，得到节点表和弧段表（表 7-2 和表 7-3）。

（2）去除微弧段和悬挂弧段。

（3）选取表 7-3 中的弧段 L_i，提取其起始节点和终止节点，并记起始点为 P_s。

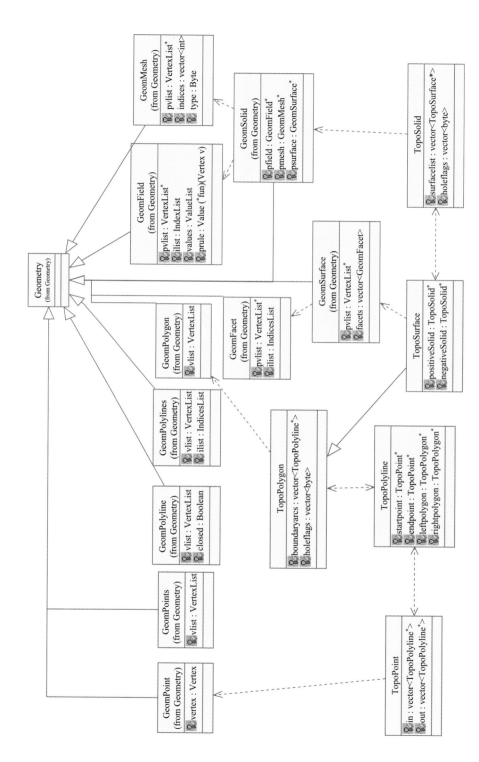

图7-14　地质空间三维拓扑关系数据模型

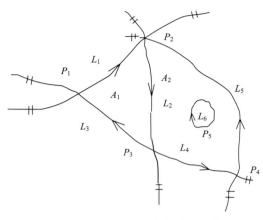

图 7-15　地质空间二维拓扑关系示意图

（4）如果 L_i 的左区域为空，进行左区域搜索，首先找到终止节点，再搜索终止节点的所有弧段，然后剔除所有处于弧段 L_i 右边的弧段（采用子算法实现）；在剩下的弧段中选取与 L_i 夹角最小的弧段 L_t。

（5）令 $L_i = L_t$，重复（4），直到 L_t 的终止节点（如果相邻弧段方向相对，则应该起始点）等于 P_s，记下所有的经过的弧段，通过这些顺序弧段构建多边形 A_l，并设置所有经过弧段的左多边形为 A_l。

（6）如果 L_i 的右区域为空，进行右区域搜索，首先找到终止节点，再搜索终止节点的所有弧段，再剔除所有处于弧段 L_i 左边的弧段（采用子算法实现）；在剩下的弧段中选取与 L_i 夹角最小的弧段 L_t。

（7）令 $L_i = L_t$，重复（6），直到 L_t 的终止节点（如果相邻弧段方向相对，则应该起始点）等于 P_s，记下所有经过的弧段，通过这些顺序弧段构建多边形 A_r，并设置所有经过弧段的左多边形为 A_r。

（8）对所有的弧段重复（3）～（7），完成拓扑多边形构造。完成后的弧段表见表7-4，区域表见表7-5。

表 7-2　节点列表

节点名称	节点入弧段	节点出弧段
P_1	L_3	L_1
P_2	L_1，L_5	L_2
P_3	L_2	L_3，L_4
P_4	L_4	L_5
P_5	L_6	L_6

表 7-3　弧段列表

弧段名称	起始节点	终止节点	左区域	右区域
L_1	P_1	P_2	NULL	NULL
L_2	P_2	P_3	NULL	NULL
L_3	P_3	P_1	NULL	NULL
L_4	P_3	P_4	NULL	NULL
L_5	P_4	P_2	NULL	NULL
L_6	P_5	P_5	NULL	NULL

表 7-4　完成后的弧段列表

弧段名称	起始节点	终止节点	左区域	右区域
L_1	P_1	P_2	NULL	A_1
L_2	P_2	P_3	A_2	A_1
L_3	P_3	P_1	NULL	A_1
L_4	P_3	P_4	A_2	NULL
L_5	P_4	P_2	A_2	NULL
L_6	P_5	P_5	A_2	NULL

表 7-5　完成后的区域列表

区域名称	弧段及其标识
A_1	$(L_1,0),(L_2,0),(L_3,0)$
A_2	$(L_2,0),(L_4,0),(L_5,0),(L_6,1)$

B. 三维空间曲面上的 2.5 维拓扑关系

在三维空间中，当剖面上所有的点、线、面对象都共面时，称为共面剖面（coplanar section），而当剖面上所有的点、线、面对象有不共面情况时，则称为非共面剖面（noncoplanar section）。不管是共面剖面还是非共面剖面，基于方位角计算的二维拓扑关系自动生成算法不能直接推广到三维平面上，需要采用一定的算法进行转换，才能保证二维拓扑关系与三维拓扑关系的平稳过渡与兼容。

建立三维空间曲面上的拓扑关系算法的基本思想是：将三维剖面与二维剖面建立投影关系，并且保证采用统一拓扑关系模型表达的拓扑关系不变。此算法可称为"基于投影的三维空间曲面拓扑关系自动生成算法"。

在未经处理的剖面上，一般只具有线条信息（图 7-16）。如果将初始剖面记为 S，则 $S=\{L_i\mid 0<i<n\}$，n 为剖面上的线段条数。算法的实现步骤如下。

（1）在剖面 S 的线段集合中进行线段相交、剪断运算。该步骤与二维空间中的"基于夹角运算的拓扑自动建立算法"的（1）基本相同，不同的只是这里计算相交剪断的是三维空间曲线，而前者是二维平面上的曲线。计算得到的节点表和弧段表的格式也是一样的，具体见表 7-6 和表 7-7。

表 7-6　节点列表

节点名称	节点入弧段	节点出弧段
P_1	L_1，L_2	L_7
P_2	L_3，L_4	L_1
P_3	L_5，L_7	L_4，L_6
P_4	L_6	L_5，L_8
P_5	L_8	L_2，L_3

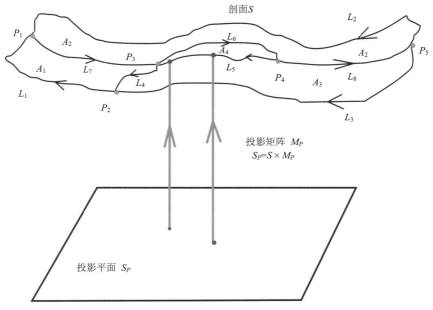

图 7-16　非共面剖面与投影平面示意图

表 7-7　弧段列表

弧段名称	起始节点	终止节点	左区域	右区域
L_1	P_2	P_1	NULL	NULL
L_2	P_5	P_1	NULL	NULL
L_3	P_5	P_2	NULL	NULL
L_4	P_3	P_2	NULL	NULL
L_5	P_4	P_3	NULL	NULL
L_6	P_3	P_4	NULL	NULL
L_7	P_1	P_3	NULL	NULL
L_8	P_4	P_5	NULL	NULL

（2）处理微弧段和悬挂弧段。微弧段的处理主要根据线的长度来判断，可以设定阈值，然后将长度小于阈值的所有弧段剔除，并重新调整节点列表和弧段列表。对于悬挂弧段的处理，是判断弧段的起始节点和终止节点是否都在有效节点列表中。只有当两个节点都处于有效节点列表中时，弧段才是有效的，否则应作为悬挂弧段剔除。以图 7-16 为例，可得到表 7-6 和表 7-7 所示的节点列表和弧段列表。

（3）选择投影面。设剖面 S 的投影平面为 S_P，则与 S_P 垂直的任意直线与剖面 S 的交点有且仅有一个（图 7-16），选择投影面的实质就是建立了一个投影矩阵 M_P。为了确保逆向操作的可行，应该确保矩阵 M_P 的逆矩阵存在，逆投影矩阵记为 M_r。投影面的选择原则是保证投影后空间实体之间的拓扑关系保持不变。

（4）实施投影变换。对表 7-6 中所有节点坐标进行投影变换，投影平面记为 S_P；为了能直接利用二维的拓扑构建算法，可加入一个旋转平移变换矩阵 M_t，使 S_P 经过 M_t 变换后能与 XOY、XOZ 或 YOZ 平面重合；经过 $M_P \times M_t$ 变换后的节点记为 PP_i，与 P_i 对应；对表 7-7 中的所有弧段坐标进行投影变换；变化后的节点记为 LP_i，与 L_i 对应。

（5）提取起始节点和终止节点。选取投影后的弧段 LP_i，提取其起始节点和终止节点，并记起始点为 P_s。

（6）提取与 LP_i 夹角最小的弧段。如果 LP_i 的左区域为空，进行左区域搜索，首先找到终止节点，再搜索终止节点的所有弧段，然后剔除所有处于弧段 LP_i 右边的弧段，在剩下的弧段中选取与 LP_i 夹角最小的弧段 LP_t。

（7）构建多边形型 AP_l。令 $LP_i = LP_t$，重复（6），直到 LP_t 的终止节点（若相邻弧段方向相对，则为起始点）等于 P_s，记下所经过的弧段。通过这些顺序弧段构建多边形型 AP_l，并根据弧段方向设置所有经过弧段的左多边形或右多边形为 AP_l。

（8）选取与 LP_i 夹角最小的弧段 LP_t。如果 LP_i 的右区域为空，则进行右区域搜索，首先找到终止节点，再搜索终止节点的所有弧段，再剔除所有处于弧段 LP_i 左边的弧段，在剩下的弧段中选取与 LP_i 夹角最小的弧段 LP_t。

（9）构建多边形型 AP_r。令 $LP_i = LP_t$，重复（8），直到 LP_t 的终止节点（如果相邻弧段方向相对，则为起始点）等于 P_s，记下经过的所有弧段，然后通过这些顺序弧段构建多边形型 AP_r，并设置所有经过弧段的左多边形为 AP_r。

（10）得到多边形集合。对所有的弧段重复（5）～（9），完成拓扑多边形构造，进而得到多边形集合 $APS = \{AP_i \mid 0 < i < m\}$，$m$ 为多边形的个数。

（11）将多边形 AP_i 弧段列表 $\{LP_j\}$ 弧段替换成 $\{L_j\}$，重构多边形 A_i；对所有投影面上的多边形进行替换操作，完成三维空间曲面上的拓扑关系建立。如果 $M_P \times M_t$ 存在逆矩阵，也可以直接通过逆变换直接得到拓扑多边形的几何信息。

通过上述步骤，便可建立三维空间曲面上的拓扑关系。所得到的每个拓扑多边形在系统中用 TopoSurface 表示。由于 TopoSurface 的几何成员是 GeomSurface，其基础是 GeomPolygon（简单共面多边形），因此 TopoSurface 能与 TopoPolyline 建立关联，进而与 TopoPoint 关联。它们之间的相互关系如图 7-17 所示。

2）面-体拓扑关系

从表面上看，地质空间实体都是由不同的曲面封闭而成的。对于面和由面构成的体之间的拓扑关系，可采用 TopoSurface 和 TopoSolid 两个对象来描述（图 7-17）。在 TopoSurface 中，除从 TopoPolygon 上集成的成员变量外，还包括 posistiveSolid：TopoSolid *（指向曲面正面所在的体）和 negativeSolid：TopoSolid *（指向曲面反面所在的体）。TopoSolid 在拓扑模型中表示实体，其几何成员变量是 GeomSolid，其中所包含的 surfacelist：vector<GeomSurface *>指向构成体表面的曲面集合。

于是，在面-体层面的拓扑关系建立后，就可以 TopoSurface 为基础，快速查询实体之间的关系。在建模过程中，几何实体对象要通过拓扑弧段成面，然后由面封闭成体

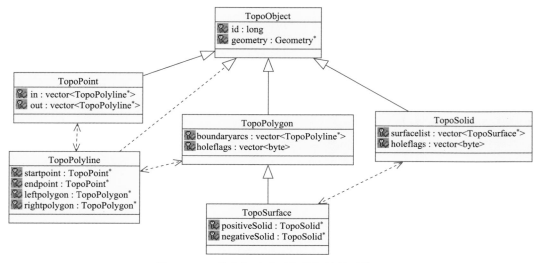

图 7-17　三维空间地质对象的拓扑关系模型

（图 7-16）；剖面 S 上的每个弧段都会向上或向下延伸，新生成 2～3 个弧段，并与另一个剖面上的对应弧段构成一个或两个曲面，再由多个关联的曲面封闭成体。所封闭而成的实体 TopoSolid 与 TopoSurface，构成了面-体拓扑关系。这样，从 TopoSolid 出发，通过拓扑关系可快速查询到哪些点或线在体的表面。

　　三维地质建模的方法不同，构建面-体拓扑关系的过程也不尽相同。由于体的表面界定了体的空间范围，其构建便成为各种三维地质建模的关键步骤。特别是采用 B-Rep 模型进行三维地质建模时，只要建立了体表面，就完成了全部建模工作。同时，体-体拓扑关系的构建也可以转化为面-体拓扑关系的构建。

　　3）体内拓扑关系

　　在 B-Rep 模型或框架模型中，实体的几何模型只包含有体表面信息，其体内不存在实质性的空间特征属性。但是在实际地质工作中，地质研究人员更关心的是地质体的内部特征。因此，在几何模型中需要用场对象 GeomField 和网格对象 GeomMesh 及其内部关系，来表征 GeomSolid 的内部特征及体内拓扑关系。其中，GeomField 可描述有封闭截面的场，而 GeomMesh 可描述约束网格集合的体。

　　在用 GeomField 描述体的内部结构时，体的内部空间可通过场的数学解析式来表达。体内任意给定的点 V，都可以通过 Value（＊fun）（Ventex V）计算出一个场值 Value。体内（即场内）的任意一点 V 与实体的关系，包括点在体内、点在体外和点在体表面三种。这些拓扑关系运算的基础，就是点与体的关系判断算法。

　　设 S 为空间实体，V 为场内任意一点，可通过以下两步来判定点与体的关系。

　　（1）将 S 的所有表曲面的正向调整指向体外。由于体的表面是一系列曲面，而曲面最终都可以转化为简单多边形 GeomPolygon 集合 $GPS = \{P_i \mid 0 < i < m\}$，$m$ 为多边形的个数，故方向的调整实际上就是调整 P_i 的方向。

（2）判断点与体的关系，即判断一个点是在体内、体外或在体表。如果 V 位于所有面片的反向，则 V 位于 S 体内；如果 GPS 面片集合中存在一个或以上的面片，使得 V 位于这个或这些面片的正向，则 V 在 S 体外；如果 V 与 GPS 面片集合中的任意面片共面，则 V 位于 S 的体表面。

基于网格的体模型内部用多面体网格来表示，而 GeomMesh 的内部成员变量表达了各个网格单元之间的拓扑关系。体内多面体网格拓扑关系的建立过程，实际上是基于体表约束的体内多面体网格剖分过程。这也是三维建模的重要一步。

7.2　空间插值算法与三维动态地质建模

不论是采用何种数据模型和建模方法进行地质建模，都涉及空间插值问题和建模方法问题。下面将着重讨论三维地质建模中常用的空间插值算法，以及利用不同来源和类型的数据进行三维动态地质建模的具体方法。

7.2.1　三维地质建模的空间插值算法

大部分地质勘探数据都表现出显著的离散、不规则分布特点，如钻孔、露头地质点、化探采样点、物探检测点等。为了通过这些离散数据来建立区域连续的整体模型，需要利用插值和逼近的曲面处理方法进行地质曲面拟合。

1. 三维地质建模插值算法概述

1）空间插值算法的概念

地质曲面拟合的算法属于空间插值算法，可分为曲面插值和曲面逼近两种。曲面插值（surface interpolation）是严格通过给定的数据点来构造曲面，并根据原始数据点的值来插补空白区的值；曲面逼近（surface approximation）是采用一定的数学准则和方法，近似地构造出一个相对简单的数学曲面，使之最大限度地逼近复杂的地质曲面。利用曲面插值法生成的曲面在已知点位上的值与原始数据值严格保持一致，而利用逼近拟合法生成的曲面在已知点位上的值与原始数据值将会有所不同。因此，利用曲面插值法生成的曲面不很光滑，而利用曲面逼近法生成的曲面较为光滑。

插值算法能严格保证所生曲面通过原始数据点，但外推能力和唯一性较差。当数据点分布较为均匀时，该法效果较好，地质工程师在进行二维图纸编绘时多加以应用。面对三维空间中分布不均匀的原始数据，采用此法难以顺利地内插生成复杂地质曲面。相比之下，基于函数逼近思想的曲面拟合算法对原始数据点的分布无任何要求，且具有较强的外推能力和确保评估值唯一性能力，并能够保证曲面对原始数据点集合具有最佳逼近效果和很好的光滑性。逼近法面临的难题是：①如何确定拟合曲面的控制网格顶点个数才能满足精度要求；②如何保证所构造的曲面的形状能够满足实际需要。在实际的建模过程中，应该从实际出发选用插值或逼近算法，以确保用尽量少的数据达到要求的建模精度（田宜平等，2000a；田宜平，2001；李明超，2006；李章林，2011）。

2）空间插值算法的分类

目前常用的空间插值法有 Lagrange 插值、Aitken 逐次线性插值、Newton 均差插值、等距节点插值、Hermite 插值、分段低次插值、三次样条插值、相似形插值、克里金插值、趋势面拟合等插值方法的直接应用或改进。

空间数据插值可简单地表达为：设有一组已知空间数据 $\{x_0, x_1, \cdots, x_n\}$ 与 $\{y_0, y_1, \cdots, y_n\}$，它们可以是离散点，也可以是分区数据，现在要从这些数据中找到一个函数关系 $I(x)$，使该关系曲线或曲面最好地逼近或者通过这些已知的空间数据点，并可以根据该函数关系式推求出一定范围内其他任意点或任意分区的值。

空间插值算法的基本假设是：对于一个均匀变化量而言，其两个相邻位置上的值是逐渐变化的，自变量与因变量的函数关系 $I(x)$ 客观存在且有可能找到。地质空间对象的某些属性的空间分布规律，如岩石中某种元素的含量、岩层和矿体的形态、断层的断距等的空间变化，都符合这一基本假设。

根据拟插值点与已知点的位置关系，可将插值分为内插和外推两种。其中，空间内插算法是一种通过已知点的值推求同一区域内其他未知点的值的计算方法，而空间外推算法则是通过已知点的值，推求区域外的点的值方法。

根据插值计算所使用的数据空间范围是否完整，可将插值分为整体插值和局部插值两类。前者用研究区所有采样点的数据进行拟合，后者则仅仅用邻近的采样点的数据进行拟合。整体插值方法通常用于检测某些偏离总趋势的状况，局部插值法用于检测和处理局部异常值。常用的整体插值法有：边界内插方法、趋势面分析法和变换函数插值等；常用的局部插值法有：最近邻点插值（泰森多边形方法）、距离反比加权插值、样条函数插值和克里金插值等方法。这些插值方法的原理不尽相同，各具优缺点，在应用时需要根据实际情况进行选择。

2. 三维地质建模的常用插值算法

1）邻近点插值法

邻近点插值法目前有最邻近点插值法和自然邻近点插值法两种。最邻近点插值法（nearest neighbor interpolation）又称泰森多边形（Thiesen，或 Dirichlet，或 Voronoi 多边形）插值法。该方法的思想是：插值点的变量值与距离它最近的测点相同，也即任一网格点 $p(x, y)$ 的属性值都使用距它最近点的属性值，用每一个网格节点的最近点值作为待插的节点值。即

$$V_e = V_i \tag{7-1}$$

式中，V_e 为待估值点变量；V_i 为距离 V_e 最近的点的变量值。这种方法对均匀间隔的数据进行插值很有用，同时对填充无值数据的区域也很有效。该法使用较为普遍，不需其他前提条件，简单而且高效，但由于对空间因素考虑太少，受样本点的影响较大，如果样本点分布不均匀，将出现很大区域具有同一数值的现象，容易造成变量值的高估或低

估，有时容易产生不光滑表面。

自然邻近点插值法（natural neighbor interpolation）是对最邻近点插值法的改进。其原理是对于一组泰森多边形，当在数据集中加入一个新的数据点时，就会修改这些泰森多边形——使用邻近点的权重平均值来确定待插点的权重。于是，待插点的权重和目标泰森多边形成一定比例，可使对插值点的估值更具区域合理性。

2）距离反比加权插值法

距离反比加权插值法的原理，是设平面上或者三维空间上分布一系列离散点和离散点属性值，用集合表示为 $\{(x_i, y_i, z_i, v_i) \mid i \in [0, n]\}$，$(x_i, y_i, z_i)$ 为坐标对，v_i 为该点的属性值。

根据周围离散点的属性值，通过距离加权插入 I 点属性值。若 I 周围有 n 个数据点，则 I 点的属性值为

$$I(z) = \sum_{i=1}^{n} \frac{v_i}{[d_i(x, y, z)]^u} \Big/ \sum_{i=1}^{n} \frac{1}{[d_i(x, y, z)]^u} \qquad (i = 1, 2, \cdots, n) \quad (7\text{-}2)$$

式中，$d_i(x, y, z) = \sqrt{(x-x_i)^2 + (y-y_i)^2 + (z-z_i)^2}$，为第 i 个已知数据点到 I 点的距离，式（7-2）中的 u 一般取值为 2，因此又可称为距离平方反比加权插值法。

距离反比加权插值法计算值易受数据点集群的影响，计算结果经常出现孤立点数据明显高于周围数据点的"鸭蛋"分布样式。此时，可根据动态修改搜索准则进行适当改进。使用距离反比加权插值法对点群数据进行网格化处理时，可以指定一个圆滑参数（大于零），以便修匀已被插值的网格，降低"鸭蛋"影响。

距离反比加权插值法综合了泰森多边形的邻近点法和多元回归法的长处，算法简单且易于实现，但由于没有考虑数据场在空间的分布状况，往往会因采样点分布不均而使用不合理的权，导致估值结果产生较大的偏差。

3）最小曲率插值法

最小曲率插值法（minimum curvature interpolation）是一种拟合逼近法，具有较高的精确性。该法试图在尽可能严格地遵循已知数据的条件下，生成尽可能圆滑的曲面——类似一个通过各已知数据点的、具有最小弯曲量的长条形薄弹性片。该法采用最大残差和最大循环次数参数，来控制最小曲率的收敛程度，使用时至少需要四个已知点，但不能确保插值过程中完全遵循已有数据。

4）多元回归插值法

多元回归插值法是一种常用的整体插值方法，一般用于确定数据的大趋势，因此也被称为"趋势面拟合"。这是描述长距离渐变特征的一种最简单方法，严格地说不属于插值方法，因为它并不试图预测未知的 Z 值，也不能确保插值函数在所有已知点完全成立。该法的基本思想是用函数代表的面来拟合对象属性的趋势变化，按最小二乘法原理对数据点进行拟合，并用多项式表示区域变化量所构成的曲面，在功效上相当于内插曲面。在对二维空间进行拟合时，如果数据点的空间坐标 (x, y) 为独立变量，而表

征特征值的 z 坐标为因变量，则其二元回归函数为

$$z = a_0 + a_1 x + a_2 y \tag{7-3}$$

$$z = a_0 + a_1 x + a_2 y + a_3 x^2 + a_4 xy + a_5 y^2 \tag{7-4}$$

式（7-3）为一次回归多项式；式（7-4）为二次回归多项式；a_0, a_1, a_2, a_3, a_4, a_5 为多项式系数。该方法认为，当 n 个采样点的观测值与评估值的误差平方和最小时，回归方程与被拟合空间对象达到最佳拟合程度，由此可以计算出多项式系数，进而通过式（7-4）的回归函数可以计算出其他空间位置的属性值。对于一般地质对象，回归函数的次数并非越高越好，一般次数为 2 或 3 就可以了。次数高的多项式能够很好地逼近观测点，但会使计算复杂，而且会使整体趋势变得不清晰，难以揭示空间变化规律；而且在多项式次数过高时，非观测点部分的评估值会产生大幅震荡。

5）径向基函数插值法

径向基函数（radial basis function）是一种单变量（d_i）的函数，即

$$h_i(x, y, z) = h(d_i) \tag{7-5}$$

式中，d_i 为点 (x, y, z) 到第 i 个数据点的距离。该基函数插值法是多种数据插值法的组合，其主要基函数类型有倒转复二次函数、复对数函数、复二次函数、自然三次样条函数、薄板样条法函数等。所有径向基函数插值法都是准确的插值器，它们都能尽量适应已知测量数据，其中复二次函数法最具圆滑曲面适应性（Hardy，1971），也是提出最早、应用最成功的径向基函数插值法。当数据点不多时，其计算也不复杂。为了生成更圆滑的曲面，采用该法时可以引入一个圆滑系数。

6）样条函数插值法

样条函数插值的原理是采用分段多项式逼近已知数据点，同时又保证在各段交接的地方有一定的光滑性。这种插值法适合于数据点比较密集的情况，所产生的空间对象能有较好的表面光滑度，缺点是难以对误差进行估计且点稀时效果不好。在实践中需要解决样条块的定义，以及如何将这些"块"拼成复杂曲面，而又不使原始曲面发生畸变。样条函数的种类很多，常用的有 B 样条、张力样条、薄盘样条和三次样条等。对于三次样条函数：若 $y_j = f(x_j)$，$j = 0, 1, 2, \cdots, n$。则其插值函数为

$$S(x) = \sum_{j=0}^{n} [y_j \alpha_j(x) + m_j \beta_j(x)] \tag{7-6}$$

式中，$\alpha_j(x)$、$\beta_j(x)$ 为插值基函数，由式（7-7）和式（7-8）计算：

$$\alpha_j(x) = \begin{cases} \left(\dfrac{x - x_{j-1}}{x_j - x_{j-1}}\right)^2 \left(1 + 2\dfrac{x - x_j}{x_{j-1} - x_j}\right) & x_{j-1} \leqslant x \leqslant x_j, \ j \neq 0 \\[3mm] \left(\dfrac{x - x_{j+1}}{x_j - x_{j+1}}\right)^2 \left(1 + 2\dfrac{x - x_j}{x_{j+1} - x_j}\right) & x_j \leqslant x \leqslant x_{j+1}, \ j \neq n \\[3mm] 0 & \text{其他} \end{cases} \tag{7-7}$$

$$\beta_j(x) = \begin{cases} \left(\dfrac{x-x_{j-1}}{x_j-x_{j-1}}\right)^2 (x-x_j) & x_{j-1} \leqslant x \leqslant x_j,\ j \neq 0 \\[3mm] \left(\dfrac{x-x_{j+1}}{x_j-x_{j+1}}\right)^2 (x-x_j) & x_j \leqslant x \leqslant x_{j+1},\ j \neq n \\[3mm] 0 & \text{其他} \end{cases} \tag{7-8}$$

m_j 由式（7-9）计算：

$$\lambda_j m_{j-1} + 2m_j + \mu_j m_{j+1} = g_j \quad (j = 1,\ 2,\ \cdots,\ n-1) \tag{7-9}$$

式中，$\lambda_j = h_j/h_{j-1} + h_j$；$\mu_j = h_{j-1}/h_{j-1} + h_j$；$g_j = 3\,(\lambda_j f[x_{j-1},\ x_j] + \mu_j f[x_j,\ x_{j+1}])$。

三次样条函数插值克服了高次多项式插值出现振荡的缺点，能较好地符合地质空间三维地质体的形态，所以在三维地质建模中使用较多。

7）克里金插值法

克里金（Kriging）插值法又称空间自协方差插值法。它不仅考虑了观测点和被估计点的相对位置，而且还考虑了多个观测点之间的相对位置关系，是一种最优的线性无偏内插估值方法。其基本方法原理是：设有 n 个采样点，其坐标分别用向量列表 $V = \{x_1,\ x_2,\ \cdots,\ x_i,\ \cdots,\ x_n\}$ 表示，采样点上承载的因变量值集合为 $Y = \{y_1,\ y_2,\ \cdots, y_i,\ \cdots,\ y_n\}$，设 $x_0 \in [\min(V),\ \max(V)]$，在点 x_0 处的因变量估计值记为 y_0^*，则

$$y_0^* = \sum_{i=1}^{n} \lambda_i y_i \tag{7-10}$$

设在点 x_0 处的实际值为 y_0，因变量估计值记为 y_0^*，克里金算法首先要求无偏差，即所有 y_0^* 与待估样本的 y_0 之间的偏差平均为 0，也即估计误差期望为 0。

$$E(y_0 - y_0^*) = 0 \tag{7-11}$$

其次，克里金算法要求估值方差最小，即误差平方的期望值最小，记为

$$\sigma_E^2 = \mathrm{Var}\{y_0 - y_0^*\} = E\{[y_0 - y_0^*]\} \tag{7-12}$$

按照上述两个基本原则，即估计量无偏且估计方差最小，可得到 $n+1$ 元方程组，用于求解权系数 λ_i，如式（7-13）所示：

$$\begin{cases} \displaystyle\sum_{j=1}^{n} \lambda_j C(x_i,\ x_j) + \mu = \bar{C}(x_i,\ x_0) & (i = 1,\ 2,\ \cdots,\ n) \\[4mm] \displaystyle\sum_{i=1}^{n} \lambda_i = 1 & (j = 1,\ 2,\ \cdots,\ n) \end{cases} \tag{7-13}$$

式中，C 为协方差函数；$\bar{C}$ 为平均协方差函数。通过 $n+1$ 元方程组求解可以得到权系数和 μ，再代入表达式求出 x_0 点的因变量估计值。

克里金插值可以分为两步：第一步是地质空间结构分析；第二步是进行克里金插值计算。前者主要是在充分了解研究空间性质的基础上提出变差函数模型，后者主要是进

行变差函数计算。变差函数既可反映变量的空间结构特性，又可反映变量的随机分布特性，而且通过变差函数很容易实现局部加权插值，可克服一般距离加权插值法结果的不稳定性。该法的缺点是计算量庞大，计算速度较慢。

8）相似变形插值法

在相邻的地质剖面上，由于自然发生的相变和变形，常使地质体出现位置偏移，上述各种插值方法只能按照外形机械地进行整体对应，难以具体地表达这种局部偏移现

图 7-18　相似变形插值法应用示例

象。这个问题可采用"相似变形插值法"（田宜平等，2000b）来解决。该插值方法类似于将每条线分解成两条独立的线条，然后分别进行插值。在实际应用中，用户可以根据确定点来控制线条上点的对应状况。如图 7-18 所示，假设线条 2 上的点 B 与线条 1 上的 B' 是对应点。我们可以通过该点，把两条线条都分成两段，然后将线条 1 上的 B 点前后两段与线条 2 上的 B' 点前后两段分别进行对应插值。具体插值时可选择上述线性插值、多项式插值和样条函数插值等基本模型中的任一种，对应点可以选择多个，数目不限，十分灵活。例如，可以强制地让线条 1 上的峰底与线条 2 上的峰顶对应，从而控制曲面的形态，使其符合实际变化。计算公式取决于所选的基本插值模型。

相似变形插值的优点是操作人员能控制插值过程，并根据实际情况来确定不同剖面的对应点，从而使插值所形成的曲面更加符合实际情况；缺点则取决于所选择的基本插值模型。

3. 三维地质建模的 NURBS 插值法

非均匀有理样条（non uniform rational B-spline，NURBS）也称贝兹样条，是一种均匀非有理 B 样条，用于产生和表示自由曲线及曲面，比较适合于复杂的三维地质对象建模中的曲面插值拟合。三维地质建模过程是一个由点构线，再由线构面，最后由面构体的过程，NURBS 插值法可以有效地实现 NURBS 曲线与地质空间的线元对象（GeomPolyline）和面元对象（GeomSurface）的相互转换。该插值法还具有节省存储空间、计算机处理简便易行、数据库管理方便，并可以保证空间唯一性和几何不变性等优点，对地质对象表达有很高的应用价值。下面着重加以介绍。

1）NURBS 曲线及其反算法

一条 p 阶（pth-degree）NURBS 曲线可用参数函数定义为

$$C(\boldsymbol{u}) = \frac{\sum_{i=0}^{n} N_{i,\,p}(\boldsymbol{u}) w_i P_i}{\sum_{i=0}^{n} N_{i,\,p} w_i} \qquad a \leqslant u \leqslant b \qquad (7\text{-}14)$$

式中，$\{P_i\}$ 为 NURBS 曲线的控制点（control points）。这些控制点形成控制多边形

(control polygon)（图 7-19），$\{P_0,\ P_1,\ P_2,\ P_3,\ P_4,\ P_5,\ P_6\}$ 为 NURBS 曲线的控制点；$\{w_i\}$ 为权重；$\{N_{i,p}(\boldsymbol{u})\}$ 为 p 阶 B 样条基函数（pth-degree B-Spline basis functions）。每个基函数由非周期节点矢量 $\boldsymbol{U}$（Knot vector）定义，其中

$$\boldsymbol{U}=\{\underbrace{a,\ a,\ \cdots,\ a}_{p+1},\ \boldsymbol{u}_{p+1},\ \cdots,\ \boldsymbol{u}_{m-p-1},\ \underbrace{b,\ b,\ \cdots,\ b}_{p+1}\} \tag{7-15}$$

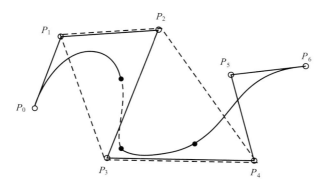

图 7-19　7 个控制点的 NURBS 曲线示意图

$\{N_{i,p}(\boldsymbol{u})\}$ 在实际运算过程中可以通过递归方式求解：

$$\begin{cases} N_{i,\,1}(\boldsymbol{u})=\begin{cases}1 & \boldsymbol{u}_i\leqslant\boldsymbol{u}\leqslant\boldsymbol{u}_{i+1} \\ 0 & \text{其他}\end{cases} \\ N_{i,\,p}(\boldsymbol{u})=\dfrac{\boldsymbol{u}-\boldsymbol{u}_i}{\boldsymbol{u}_{i+p+1}-\boldsymbol{u}_i}N_{i,\,p-1}(\boldsymbol{u})+\dfrac{\boldsymbol{u}_{i+p}-\boldsymbol{u}}{\boldsymbol{u}_{i+p}-\boldsymbol{u}_{i+1}}N_{i+1,\,p-1}(\boldsymbol{u}) \end{cases} \tag{7-16}$$

假设 $a=0$，$b=1$，并且 $w_i>0$，对于所有 i，令

$$R_{i,\,p}(\boldsymbol{u})=\frac{N_{i,\,p}(\boldsymbol{u})w_i}{\displaystyle\sum_{i=0}^{n}N_{i,\,p}w_i}\qquad a\leqslant\boldsymbol{u}\leqslant b\quad 0\leqslant i\leqslant n \tag{7-17}$$

则式（7-14）可以写成

$$C(\boldsymbol{u})=\sum_{i=0}^{n}R_{i,\,p}(\boldsymbol{u})P_i \tag{7-18}$$

$\{R_{i,p}(\boldsymbol{u})\}$ 就是 NURBS 曲线的有理基函数（rational basis functions）。这些函数都是定义在 $\boldsymbol{u}\in[0,\ 1]$ 上的有理函数。如此定义的 NURBS 曲线具有非常优异的几何属性，Piegl 和 Tiller（1997）将其归纳成 14 条属性。

在计算几何中，构建 NURBS 曲线一般根据已知控制点及其权重，但在三维地质体建模过程中，则要从已知曲线上的若干型值点反算出 NURBS 控制点及其权重。设有 $n+1$ 个型值点 $\{P_i=(x_iw_i,\ y_iw_i,\ z_iw_i,\ w_i)\mid i\in[0,\ n]\}$，每个型值点的权重为 w_i，采用齐次坐标，令 NURBS 曲线度数为 p，则 NURBS 曲线的控制点个数为 $n+p-1$，节点矢量 $\boldsymbol{U}$［式（7-15）］在首末位置有 $p+1$ 阶重复度。首先确定曲线的节点矢量 $\boldsymbol{U}=[u_0,\ u_1,\ \cdots,\ u_p,\ u_{p+1},\ \cdots,\ u_{n+2p}]$，首末处为 $p+1$ 重节点。中间节点的

确定，常用均匀参数化、累积弦长参数化、向心参数化等，这里采用向心参数化方法。于是得到方程组：

$$
\begin{cases}
\boldsymbol{u}_0 = \boldsymbol{u}_1 = \cdots = \boldsymbol{u}_p \\
\boldsymbol{u}_{n+p} = \boldsymbol{u}_{n+p+1} = \cdots = \boldsymbol{u}_{n+2p} \\
\boldsymbol{u}_{i+p} = \boldsymbol{u}_{i+p-1} + \mid \Delta C_{i-1} \mid^{\frac{1}{2}} / \sum_{j=0}^{n-1} \mid \Delta C_i \mid^{\frac{1}{2}} \quad (i=1,\ 2,\ \cdots,\ n-1)
\end{cases}
\tag{7-19}
$$

式中，$\Delta C_i = C_{i+1} - C_i$，可得到一个含 $n+1$ 个方程的方程组。方程组中包含 $n+p$ 个未知变量，需要根据起始边界条件确定 $p-1$ 个方程。联合式（7-19），可以得到一个 $n+p$ 元方程组；再采用消去法解方程组，便可得到控制点及其权重值。在实际的三维地质体建模过程中，一般将 p 设置为 3。

2）NURBS 曲面及其反算法

NURBS 曲面需要使用两个变量来表达。该曲面在 $\boldsymbol{u}$，$\boldsymbol{v}$ 方向上的阶数分别为 p，q 的双变量分段有理函数表达式为

$$
S(\boldsymbol{u},\ \boldsymbol{v}) = \frac{\sum\limits_{i=0}^{n} \sum\limits_{j=0}^{m} N_{i,p}(\boldsymbol{u}) N_{j,q}(\boldsymbol{v}) w_{i,j} P_{i,j}}{\sum\limits_{i=0}^{n} \sum\limits_{j=0}^{m} N_{i,p}(\boldsymbol{u}) N_{j,q}(\boldsymbol{v}) w_{i,j}} \qquad 0 \leqslant \boldsymbol{u},\ \boldsymbol{v} \leqslant 1
\tag{7-20}
$$

式中，$\{P_{i,j}\}$ 是控制网上的控制点。图 7-21 是由图 7-20 的控制网生成的 NURBS 曲面；$\{w_{i,j}\}$ 为权重系数；$\{N_{i,p}(\boldsymbol{u})\}$，$\{N_{j,q}(\boldsymbol{v})\}$ 是定义在节点矢量 $\boldsymbol{U}$，$\boldsymbol{V}$ 上的 B-Spline 基函数，其求解方法采用式（7-16）的递归方式。其中的节点矢量 $\boldsymbol{U}$，$\boldsymbol{V}$ 表示为

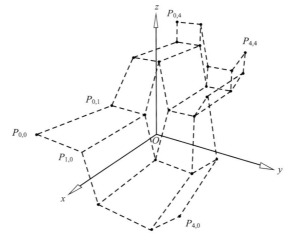

图 7-20　NURBS 曲面控制网

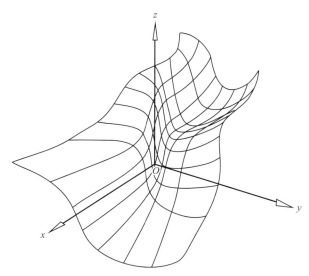

图 7-21　NURBS 曲面

$$U = \{\underbrace{0,\ 0,\ \cdots,\ 0}_{p+1},\ \boldsymbol{u}_{p+1},\ \cdots,\ \boldsymbol{u}_{r-p-1},\ \underbrace{1,\ 1,\ \cdots,\ 1}_{p+1}\} \tag{7-21}$$

$$V = \{\underbrace{0,\ 0,\ \cdots,\ 0}_{p+1},\ \boldsymbol{v}_{q+1},\ \cdots,\ \boldsymbol{v}_{s-q-1},\ \underbrace{1,\ 1,\ \cdots,\ 1}_{q+1}\}$$

式中，$r=n+p+1$，$s=m+q+1$。和 NURBS 曲线一样，令

$$R_{i,j}(\boldsymbol{u},\ \boldsymbol{v}) = \frac{N_{i,p}(\boldsymbol{u})N_{j,q}(\boldsymbol{v})w_{i,j}}{\displaystyle\sum_{i=0}^{n}\sum_{j=0}^{m}N_{i,p}(\boldsymbol{u})N_{j,q}(\boldsymbol{v})w_{i,j}} \qquad 0\leqslant \boldsymbol{u},\ \boldsymbol{v}\leqslant 1 \tag{7-22}$$

则式 (7-20) 可改写成如下形式：

$$S(\boldsymbol{u},\ \boldsymbol{v}) = \sum_{i=0}^{n}\sum_{j=0}^{m}R_{i,j}(\boldsymbol{u},\ \boldsymbol{v})P_{i,j} \tag{7-23}$$

式中，$\{R_{i,j}(\boldsymbol{u},\ \boldsymbol{v})\}$ 为分段有理基函数，具有类似 NURBS 曲线的几何属性。

与 NURBS 曲线相同，在实际的三维地质体建模过程，也是从已知地质曲面上的若干型值点反算 NURBS 控制网点及其权重。设某地质曲面上有 $(n+1)\times(m+1)$ 个型值点 $\{P_{ij}=(x_{ij}w_{ij},\ y_{ij}w_{ij},\ z_{ij}w_{ij},\ w_{ij})\ |,\ i\in[0,\ n],\ j\in[0,\ m]\}$，每个型值点的权重为 w_{ij}。采用齐次坐标，令 NURBS 曲面度数在 $\boldsymbol{U}$、$\boldsymbol{V}$ 方向上分别为为 p、q，则 NURBS 曲面的 $\boldsymbol{U}$ 方向上控制点个数为 $n+p-1$，节点矢量 $\boldsymbol{U}$、$\boldsymbol{V}$ 的表达如式 (7-21)。节点在首末位置将会有 $p+1$ 阶重复度。在计算前，需要首先确定曲线的节点矢量 $\boldsymbol{U}=[u_0,\ u_1,\ \cdots,\ u_p,\ u_{p+1},\ \cdots,\ u_{n+2p}]$ 和 $\boldsymbol{V}=[v_0,\ v_1,\ \cdots,\ v_q,\ v_{q+1},\ \cdots,\ u_{m+2q}]$。于是，采用平均规范参数法得到 $\boldsymbol{U}$ 向方程：

$$
\begin{cases}
\boldsymbol{u}_{0,j} = \boldsymbol{u}_{1,j} = \cdots = \boldsymbol{u}_{p,j} \\[2mm]
\boldsymbol{u}_{n+p,j} = \boldsymbol{u}_{n+p+1,j} = \cdots = \boldsymbol{u}_{n+2p,j} \\[2mm]
\boldsymbol{u}_{i+p,j} = \boldsymbol{u}_{i+p-1,j} + |\Delta C_{i-1,j}|^{\frac{1}{2}} / \sum_{j=0}^{n-1} |\Delta C_{i,j}|^{\frac{1}{2}} \\[2mm]
(j=1,2,\cdots,m-1; \ i=1,2,\cdots,n-1)
\end{cases}
\tag{7-24}
$$

类似的可以得到 $\boldsymbol{V}$ 向方程：

$$
\begin{cases}
\boldsymbol{v}_{i,0} = \boldsymbol{v}_{i,1} = \cdots = \boldsymbol{v}_{i,q} \\[2mm]
\boldsymbol{v}_{i,m+q} = \boldsymbol{v}_{i,m+q+1} = \cdots = \boldsymbol{v}_{i,m+2q} \\[2mm]
\boldsymbol{v}_{i,j+q} = \boldsymbol{v}_{i,j+q-1} + |\Delta C_{i,j-1}|^{\frac{1}{2}} / \sum_{i=0}^{m-1} |\Delta C_{i,j}|^{\frac{1}{2}} \\[2mm]
(j=1,2,\cdots,m-1; \ i=1,2,\cdots,n-1)
\end{cases}
\tag{7-25}
$$

结合式（7-24）和式（7-25）和补充边界条件，可解方程组得到控制点和权重。然后，按正算法进行曲面插值拟合。在实际三维地质体建模中，一般将 p、q 设置为 3。

3）基于 NURBS 的地质体表面构建

从上述情况可知，NURBS 曲线和曲面具有相同的表达形式。NURBS 的曲面插值拟合可采用面向对象和模板技术来实现。在 NURBS 的数据结构中（图 7-22），节点矢量对象为 Knot、控制点对象为 CtrlPoints 和 Nurbs。其他的类为辅助类。

在节点对象 Knot 中记录了节点度数或阶数、控制点个数，以及节点矢量。Knot

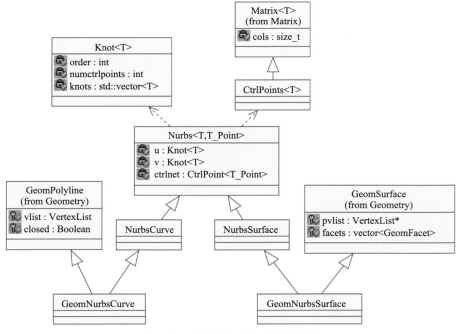

图 7-22　NURBS 对象的数据结构

为模板类，其模板变量类型一般为 float 或 double 类型。

在控制点对象（或称控制网，ControlNet）CtrlPoints 中记录控制点信息。该对象直接从矩阵类 Matrix＜T＞继承。CtrlPoints 也是模板类，其模板变量类型为节点 Vertex＜T＞。其中，行数据记录 U 方向的控制点信息，列数据记录 V 方向的控制点信息，所有操作直接从 Matrix＜T＞继承得到。

在 Nurbs 对象中包含 u、v 两个方向的节点矢量和曲面控制点信息。该类所记录的是 Nurbs 操作必需的信息。

NURBS 曲线和曲面的具体拟合操作，在辅助类 NurbsCurve 和 NurbsSurface 中分别实现。这两个类都是从 Nurbs 继承的。GeomNurbsCurve 和 GeomNurbsSurface 两个辅助类，则实现 Nurbs 结构与 Geometry 结构之间的相互转换操作。

在建立这些 NURBS 对象后，便可进行 NURBS 插值拟合。根据理论方程，NURBS 曲面可通过控制点计算来实现，具体方法有两种：若已知数据信息就是控制多边形的顶点，称为正算法；若已知数据为曲线/面上的实际数据点，则要先求出控制多边形的顶点之后再拟合 NURBS 曲面，即反算法。在实际三维地质体建模时，由于已知的钻孔数据点、剖面线数据、采样点数据等，都是地质结构面或体上的实际数据点阵，不能直接用于构造 NURBS 曲面，需采用反算法。该算法实现过程如下。

（1）根据数据点阵的空间分布，分别选取 u、v 参数为截面和纵向参数方向；

（2）对所给曲面数据点实行弦长修正或均匀参数化（视具体情况定），确定两个参数方向的节点矢量；

（3）第一次反算，将 u 参数方向上的数据点依次按曲线反算出一系列点；

（4）第二次反算，将第一次反算得到的点在 v 向上用曲线反算，即得曲面的控制点。

在反算出 NURBS 控制网点及其权重之后，就可以通过地质体上的已知型值数据点进行曲线与曲面插值构建了。

4. 空间插值泛型算法及其数据结构

泛型编程是一种面向定义的编程，其实质是将编程问题一般化，然后通过模板编程等技术加以实现。泛型编程的代表是 C＋＋ 标准模板库（standard template library，STL），它以迭代器（iterator）和容器（containers）为基础，是一种高效、支持算法重用、可交互操作的大型软件库，并被 C＋＋ 标准委员会接受为 C＋＋ 标准之一。在三维地质建模中，采用空间插值泛型算法（何珍文，2008）有显著优势。

基于空间插值泛型算法，可以把空间插值计算的要素归纳为五种：插值自变量节点（InterpPoint），插值自变量节点定义域（InterpDomain），插值应变量节点值（InterpValue），插值算子（InterpFunctor），以及插值工具包（InterpSuilt）。

InterpPoint 表示已知空间位置节点，对应插值节点 X。根据插值节点的空间维数，可将空间插值分为一维插值、二维插值、三维插值和高维插值。为了能表示任意维数的空间插值节点，可预先定义一个通用节点类 GenerealVertex 模板类（图 7-23）。其默认数据类型为 double。

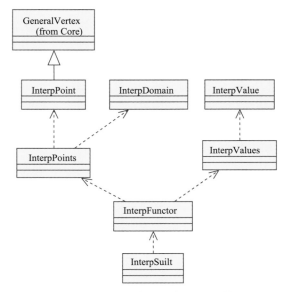

图 7-23　空间插值泛型算法数据结构

　　InterpPoint 从 GeneralVertex 继承而来，并添加了一个相关性距离计算函数 distance。该函数是虚函数，默认的实现是欧式距离计算。如果采用的插值依据不是欧式距离，可以从 InterpPoint 继承实现新的节点类，并重载 distance 函数。这样，就保证了该泛型算法的可扩展性。

　　InterpValues 和 InterpPoints 是两个集合类，都是从 STL 的 vector 类继承而来，用于插值节点与插值节点值的管理，特别是用于插值方法的参数传递。为了便于 InterpPoint 的重载扩展，集合中保存了对象指针。

　　InterpFunctors 是实现各种插值算法的纯虚模板类，其中纯虚函数 functor 用于实现各种插值算法。每种插值算法，都必须从 InterpFunctor 继承实现一个新类。例如，系统用 UniversalKrigingInterpFunctor 类来实现普通克里金插值算法。

　　InterpSuilt 是系统中所有空间插值算法的工具包。在该类中定义了插值算子迭代器原型，其函数 evaluate 通过调用各插值算子的 functor 虚函数来实现插值计算。

　　上述空间插值泛型算法和数据结构，统一了空间插值算法的实现方式与调用方式。这对于通常是综合应用几种空间插值算法的三维地质建模，优势是不言而喻的。

5. 虚拟钻孔与虚拟剖面的插值算法

　　地质空间对象通常非常复杂，然而各种地质勘探的钻探工程数量却十分有限，使得地质对象的空间特征很难得到钻孔和勘探剖面的严格控制。因此，人们在进行三维地质建模过程中通常会从特定方向先用仅有的钻孔建立多条剖面，再借鉴地质技术人员的知识、经验和插值技术，制作一些虚拟钻孔和虚拟剖面作为补充。

1）虚拟钻孔插值算法

制作虚拟钻孔的关键是确定孔段的起始点和终止点。设有 n 个实际钻孔，记为 $BS=\{b_i\mid i\in[0,n-1]\}$，基于三角剖分的虚拟钻孔插值算法的具体步骤如下。

（1）获取 BS 中所有钻孔的孔口位置坐标点，记为 $\{p_i\mid i\in[0,n-1]\}$。

（2）采用 Delauney 三角剖分算法对 $\{p_i\mid i\in[0,n-1]\}$ 进行无插入节点剖分，得到三角网 DP（图 7-24）。

（3）选取三角形 $Tri\_B_1\_B_2\_B_3$，其三个顶点均为非边界点。拟在该三角形的重心点处设置一个虚拟钻孔 VB；可称 $Tri\_B_1\_B_2\_B_3$ 为 VB 的核心三角形，称 $Tri\_B_1\_B_2\_B_3$ 共点或共线的所有三角形为 VB 的外围三角形集。

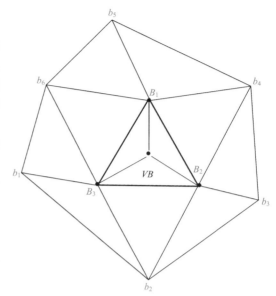

图 7-24　虚拟钻孔插值计算过程示意

（4）求 VB 的孔口坐标。将 VB 的核心三角形顶点和所有外围三角形顶点组成已知点集，再用 NURBS 曲面插值算法，求出局部拟合曲面 FS。设直线 L_0 与钻孔方向 v 平行，且通过核心三角形 $Tri\_B_1\_B_2\_B_3$ 的重心点，则 FS 与 L_0 的交点为 VB 的孔口坐标。

（5）获取 VB 核心三角形顶点钻孔 B_1，B_2，B_3 的所有孔段关键属性，剔除重复属性，将关键属性按照地质年代由新到老排列，记为 $\{c_1,c_2,\cdots,c_m\}$。

（6）进行地层属性为 c_1 的孔段尾点坐标计算。如果在 B_1，B_2，B_3 中不存在 c_1 缺失，则获取 VB 周边的所有相关钻孔的 c_1 孔段的尾点坐标，采用（4）的方法求得 VB 的 c_1 段尾点坐标。如果存在一个钻孔 c_1 孔段缺失，则 VB 的 c_1 段尾点坐标与始点坐标形成的线段长度，等于两个非缺失 c_1 孔段的平均长度的 $1/2$，且尾点位于 L_0 上，由此可求出尾点坐标；如果有两个钻孔出现 c_1 缺失，VB 的 c_1 段尾点坐标与始点坐标重合，即该点为 c_1 段的尖灭点。

（7）按照（6）类推求出 $c_2\sim c_m$ 的所有孔段尾点坐标。

（8）获取 VB 所有相关钻孔上的断层点信息，通过（4）的方法确定 VB 的断层点。如果所有的钻孔中没有断层出现，则跳过此步骤。

（9）连接 c_1，c_2，$\cdots$，c_m 所有孔段，得到虚拟钻孔 VB。

上述算法能处理地层尖灭和含断层情况，尚不能处理地层倒转情况。

2）虚拟剖面插值算法

用于三维地质体建模的剖面一般是根据钻孔、物探等资料通过人工分析、解译和对比得到的。由于受到地层尖灭、分叉及断层错移等地质因素的影响，地质剖面的结构和属性非常复杂。为了准确地反映真实地质状况，在基于剖面进行人工交互建模时，往往需要添加人工辅助剖面，即在两个已知剖面之间采用插值技术内插一个虚拟剖面（virtual section）。这项工作可由计算机自动完成。

设 VS 为 S_1 和 S_2 之间的虚拟剖面，L_0 与投影平面垂直且与 S_1 和 S_2 有交点，分别为 V_1、V_2；则 VS 为通过 V_1、V_2 中点且与 L_0 垂直的平面 VSP 的子集。自动生成 VS 的算法步骤如下。

（1）如果 S_1 和 S_2 没有地层尖灭、地层分叉以及含断层等复杂情况，设 C_1 和 C_2 分别是 S_1 和 S_2 上相互对应的一对轮廓线，则可通过 NURBS 曲面插值求出插值曲面 SC。计算 SC 与 VSP 的交集，得到对应轮廓线；按照上述方法求出所有的轮廓线及其在虚拟剖面上的对应轮廓线，再利用拓扑成区方法，得到虚拟剖面 VS。

（2）如果出现地层尖灭情况，则按照（1）的方法求出所有无尖灭情况轮廓线的插值轮廓。对于地层尖灭轮廓，将其在 VS 上变成一个无限小多边形。

（3）如果出现地层分叉情况，则按照（1）的方法求出所有无分叉情况轮廓线的插值轮廓。对于地层分叉轮廓 C_{2_1} 和 C_{2_2}，获取其最小边界轮廓 C_2，再将此轮廓线与未分叉轮廓 C_1 用（1）的方法求出其在 VSP 上的轮廓线 C，根据 C_{2_1} 和 C_{2_2} 轮廓多边形面积比例，划分 C 临界分界线，最终完成 VS 构造。

（4）如果出现断层错移情况，需要插入断层滑移临界点位置的虚拟剖面——目前还无法自动实现此情况下的虚拟剖面插值。

7.2.2　地质体亚四维动态建模法

地质勘查（察）工作总是分阶段推进的，地质数据的积累和更新也是分阶段逐步完成的，用于地质空间分析的三维地质建模过程必然是一种动态过程。在三维地质空间建模的五个层次中，前三个层次（可显示层次、可度量层次、可分析层次）属于静态构模层次，后两个层次（可更新层次和可仿真层次），属于动态构模层次。一般地说，只有基于动态建模方法构建的三维地质模型，才能支持模型的快速更新与重建。由于地质情况的极端复杂性，目前的三维动态地质建模技术还不成熟。三维动态地质建模技术，可按人机交互程度分为交互建模方法、半自动建模方法和全自动建模方法；按所采用的数据结构，可分为基于面元模型的建模方法、基于体元模型的建模方法和基于混合模型的建模方法；而按照数据来源可分为基于散点数据的建模方法、基于钻孔数据的建模方法、基于剖面数据的建模方法，以及基于多源数据的建模方法。下面将以数据来源为线索，讨论地质体和地质结构的亚四维建模法。

1. 基于钻孔数据的动态建模方法

钻孔数据作为最基本的地质勘探数据，包含着大量的地质信息，是研究地下地质体（如金属矿体、煤层、油气藏、侵入体等）结构与构造的基础资料，也是构建真三维地质体不可或缺的原始数据。正是由于钻孔数据在三维地质建模中的重要地位，基于钻孔数据的三维地质体建模方法也是基本的建模方法之一。

1）地质钻孔数据与对象模型

地质钻孔类型很多，包括第四系钻孔、基岩钻孔、金属矿床勘探钻孔、油气勘探钻孔、煤田勘探钻孔、工程地质钻孔、水文地质钻孔、环境监测钻孔等。由于钻探目的不同，所描述和记录的数据项也会有所不同。就三维地质建模而言，钻孔数据可划分为三个层次，即孔段、钻孔和钻孔群，分别用 BoreSegment、Borehole 和 Boreset 表示（图7-25）。由这三个层次的空间地质对象数据和另外两个辅助地层对象数据所构成的钻孔模型，可称为 BoreModel 钻孔模型。

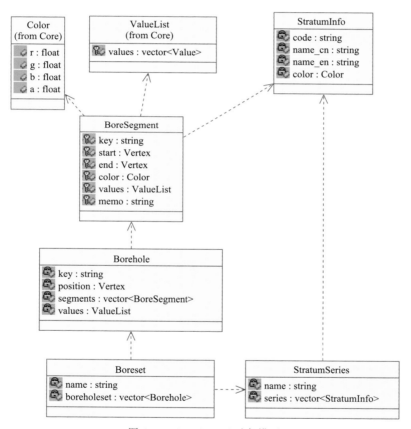

图 7-25　BoreModel 对象模型

在 BoreModel 模型中，BoreSegment 代表钻孔所穿过的一个地层，key:string 表示这个孔段或地层段的字符串标识，记录地层的年代符号或分层符号；start:Vertex 和end:Vertex 则记录孔段或地层段的上界面和下界面位置；color:Color 记录地层的显示颜色；values:ValueList 记录地层的相关属性信息。Borehole 代表一个完整的钻孔，包含由上而下的多个孔段或地层段，其中的 key:string 用于在一定的钻孔集合中唯一地标识钻孔；position:Vertex 用于记录钻孔的孔口坐标；values:ValueList 则用于记录钻的相关属性信息。Boreset 对象表示钻孔几何特征，包含多个钻孔，其中的每个钻孔都具有唯一的标识 key:string。

StratumInfo 和 StratumSeries 是两个辅助类。StratumSeries 表示一系列钻孔所在区域的标准连续地层信息，每个地层的信息用 StratumInfo 表示。每个 BoreSegment 中的 key:string 必须与一个 StratumInfo 的 code:string 对应。一个标准地层序列与一个 Boreset 钻孔集合相对应。不同种类的钻孔在三维地质建模过程中都将首先处理成 BoreModel 钻孔模型，以便支持所有的基于钻孔的建模方法。

地质钻孔数据通常以关系数据库的形式存放，即存放于事先建立的对象-关系数据库中，便于查询检索和直观地了解钻孔的空间布局。

2）基于钻孔的连续地层动态建模方法

目前，基于钻孔的自动建模方法还处于探索之中，但地质结构相对简单的连续地层四维动态自动建模方法已经取得了一定的进展（柳庆武等，2003）。该法分为钻孔数据获取与处理、建立研究区的连续地层序列、地层层面与地质体构建三个步骤。

A. 钻孔数据的获取与处理

为了适应不同的钻孔数据格式，需要通过 Boreset 提供具备多种钻孔数据格式读取能力的工具。在钻孔数据库中，通常以"钻孔编号"字段为各个数据表单的唯一关键字段，对应于 Borehole::key。这些表单每天的记录可生成一个 Borehole 对象，采用 BoreSegment 来存储。其中，"基岩地质钻孔分层属性表"的每条记录，代表每个钻孔的某个地层段信息或孔段信息。每读取一个钻孔，就将生成一个 Boreset 对象。其中可包含多个 Borehole 对象，而每个 Borehole 对象中又包含多个 BoreSegment 对象。由于每个研究区的钻孔数量都很有限，在进行建模之前一般要采用"虚拟钻孔插值算法"来对钻孔进行插值处理。当钻孔数据全部被读取到钻孔集合对象中，并且完成了钻孔间的插值处理，钻孔数据的准备与预处理工作就完成了。

B. 研究区连续地层序列的建立

为了建立基于钻孔数据的三维地质模型，需要首先建立一个标准的研究区地层序列，并记录存储于 StratumSeries 中，作为钻孔地层对比的依据。

每一个层代号对应一个 StratumInfo，所有钻遇地层的集合构成一个钻遇地层序列 StratumSeries。当获得新钻孔数据时，应检查 Boreset 中所有孔段 BoreSegment 的 key:string 字段是否为钻遇地层序列中的地层，如果不是就要把该新地层增补到标准地层序列中。所有钻孔都没有遇到的地层，应从地层序列 StratumSeries 中删除。

C. 地层层面模型的建立

地层层面建模使用经过插值处理的钻孔集合进行，主要步骤如下。

（1）遍历钻孔集合 Boreset，获取所有孔口坐标，生成坐标点列表 vertexlist。

（2）对坐标列表 vertexlist 进行三角剖分，得到地表曲面 S_0，并清空 vertexlist。

（3）获取 ss:StratumSeries 中的第 i 个地层的代码 code；遍历 Boreset 中的所有钻孔；如果钻孔中含有地层代码为 code 的孔段 BoreSegment，便将该孔段的尾坐标点 BoreSegment::end 放入 vertexlist 中，并设置标记数组 holes，在 holes 中的相应位置标记该点不是孔洞点；否则，便向前查找，如果 prev_code 为空，则持续向前查找，直到 prev_code 为有效地层代码为止，再将该孔段的尾坐标加入 vertexlist 中，并在 holes 中的相应位置标记该点是孔洞点。

（4）对坐标列表 vertexlist 进行限定 Delaunay 三角剖分，其中 holes 数组标识了列表中的点是否为孔洞，剖分后得到曲面 S_i，这个曲面代表地层代号为 code 的地层底表面；并将 vertexlist 清空，将 holes 标记数组复原为非孔洞标识状态。

（5）重复（3）和（4），完成所有地层底面的生成，得到曲面序列 S，表示为 Surfaces_Old= $\{S_i \mid 0 \leqslant i < ss. size ()$，ss. size () 为标准地层序列的层数$\}$。

（6）为充分利用已有的钻孔信息，在进行三维地质建模时会把研究区域周边的相邻钻孔也考虑进来。在地层层面模型建立之后，必须利用研究区域边界对 Surfaces_Old 中的所有曲面进行裁剪（图 7-26），得到新的曲面集合 Surfaces。

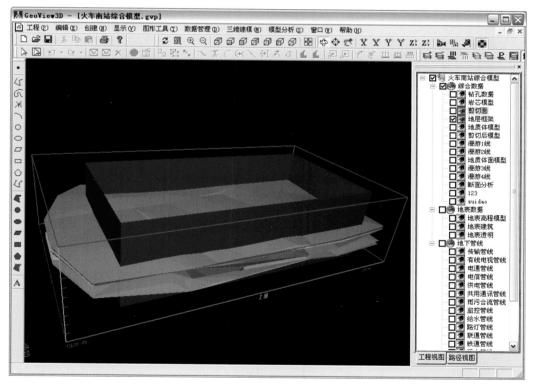

图 7-26　研究区域边界与地层层面的裁剪

D. 三维地质体的构建

建立地层层面模型后，便可进行地质体生成以及拓扑关系建立。主要步骤如下。

（1）在 Surfaces = $\{S_i \mid 0 \leqslant i < n$，n 为标准地层序列中地层的层数$\}$ 中取曲面 S_i 和 S_{i+1}；求出顶和底的边界线条，根据两条边界线条，生成该地层的侧面 SP_i，并将侧面中奇异三角形剔除。

（2）修正顶面 S_i 和底面 S_{i+1} 的拓扑结构，将顶面和底面中重合的地方删除。

（3）将顶面 S_i、底面 S_{i+1} 和侧面 SP_i，分别转化为拓扑曲面（TopoSurface）TS_i、TS_{i+1} 和 TSP_i，构造成一个地质体 TopoSolid，记为 TS_i。

（4）调整 TS 与 S_i、S_{i+1} 和 SP_i 之间的拓扑关系。

（5）从 $i=0$ 开始循环，完成所有的地质体构建，自动建立的含有地层尖灭的三维地质体模型。

（6）以地质体表面为约束条件，对地质体内部进行限定网格剖分，形成体内部网格；然后对网格进行密度简化和调整，然后与地表 DEM 模型进行集成，最终形成地下-地上、地质-地理信息一体化的三维地质对象模型（图 7-27）。

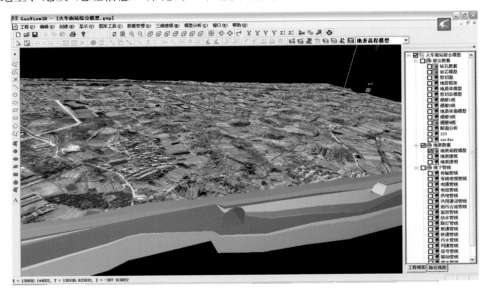

图 7-27　地表模型与地质体模型集成

2. 基于剖面数据的动态建模方法

基于剖面的三维建模方法源自于医学领域的电脑断层扫描（CAT）和核磁共振（MRI）技术，目前已经成为地质建模领域最为常用的方法。这主要是因为地质剖面图的内涵丰富，是最基本的地质勘探成果表达方式之一。Tipper（1976）及其他研究人员将这种方法引入三维地质建模领域后，国内外许多学者（田宜平等，2001；屈红刚等，2005；潘懋等，2007），都进行过卓有成效的研究。近年来，为了解决基于剖面建立的三维地质模型的动态重构问题，人们开始重视对建模过程中地质知识表达、推理与应用研究（Chiaruttini et al.，1998；Perrin，1998；Roberto et al.，1999；Schoniger and Chiaruttni，2002；Minor and Koppen，2005；Perrin et al.，2005；Zheng et al.，2006；何珍文，2008；何珍文等，2012）。

1）非共面地质剖面数据结构与拓扑关系表达

在以往的文献中，用于地质体建模的剖面大多针对定向投影所得的序列平面——剖分后呈现为系列的共面平面，并使用剖面上的轮廓线来生成地质体表面。与投影前的实际地质剖面相比，在数据模型及表达方式上有显著差异。

A. 非共面地质剖面的数据模型

实际地质勘探剖面多是曲面，剖分后呈现为系列的非共面曲面。其拓扑关系用 TopoPoint、TopoPolyline、TopoPolygon 和 TopoSurface 四个类表示。为了方便地质特性表达和存储，从这四个类中派生出四个相应的对象类，即 SectNode，SectArc，SectFace 和 Section（图 7-28）。其中，SectNode（节点）是一种特殊的三维几何点，即弧段的起始点或终止点；SectArc（弧段）是一种由几何点顺序连接而成的三维有向线段，它和其他弧段只能相交于节点处；SectFace（面）是由弧段（SectArc）首尾连接而成的地质剖面上的封闭区域。这三者的集合便构成了一个非共面地质剖面，用 Section 表示。由于 Section 是从 TopoSurface 继承来的，其几何对象为 GeomSurface。前面讨论的 TopoSurface 必备条件，同样适合于 Section 对象类。

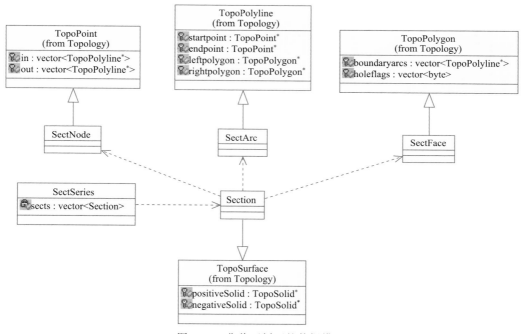

图 7-28　非共面剖面的数据模型

在三维地质建模过程中使用的地质剖面一般都是序列剖面，可采用 SectSeries 对象来管理。基于剖面的建模方法将直接在该对象上实现。

B. 非共面地质剖面上 2.5 维拓扑关系的生成

对于三维的非共面地质剖面上 2.5 维拓扑关系的生成，也可以通过剖面投影（图 7-29），采用 TopoModel 中的"基于投影的三维空间曲面拓扑关系自动生成算法"来实现。其具体过程可参见 7.1.4 节的曲面上拓扑关系的相关内容。

2）基于非共面剖面拓扑推理的三维地质体重构

空间推理（spatial reasoning）也称拓扑推理，是指利用空间理论和人工智能技术

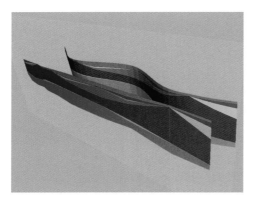

图 7-29　剖面与剖面投影

对空间对象的空间拓扑关系进行定性或定量分析、处理和描述，并在此基础上进行空间对象的建模和表达的过程。空间推理的研究起源于 20 世纪 70 年代初，最初主要是研究空间度量问题，近年来发展成为了研究知识表示的一个重要方向。由于空间地质对象极端复杂，基于剖面的三维地质建模及模型快速重构需要采用大量地质知识，采用基于非共面剖面上 2.5 维拓扑关系的空间推理，有助于这个问题的解决。

A. 地质剖面拓扑推理约定

地质剖面拓扑关系推理可采用产生式系统（production system）来描述。产生式系统是用于描述若干不同的，以产生式规则、条件和操作为基础的系统。在产生式系统中，论域的知识分为事实和规则两部分。其中，事实表示静态知识，如事物、事件和它们之间的关系；规则表示推理过程和行为。由于这类系统的知识库主要用于存储规则，因此又被称为基于规则的系统（rule-based system）。

为了表达简洁清楚，首先给出如下定义。

定义 7-1：用于判断拓扑多边形 A 和 B 是否属于同一类型的唯一属性，称为关键类型属性（KeyTypeProperty）。

定义 7-2：在地质剖面中，拓扑多边形的关键类型属性为地层岩性。如果多边形 A 的地层岩性为 Q，则表示为 KeyTypeProperty（A，Q）。

定义 7-3：拓扑多边形 A 的所有邻接多边形的关键类型属性（KeyTypeProperty）构成的集合，称为 A 的邻接关键类型属性集（JiontKTPSet）。

定义 7-4：如果剖面 SA 上的多边形 A，与相邻剖面 SB 上的多边形 B 属于同一地质单体，则称剖面上多边形 A 与 B 相互匹配。表示为 Matching（A，B）。

定义 7-5：如果剖面 SA，SB 互为相邻剖面，在剖面 SA 上存在多边形 A，记为 Existing（SA，A）；而在剖面 SB 上不存在与 A 相匹配的多边形，Inexisting（SB，A）；则称 A 在 SB 上尖灭，表示为 Annihilating（SA，A，SB）。

定义 7-6：如果剖面 SA，SB 互为相邻剖面，在剖面 SA 上存在多边形 A，且 A 的关键类型属性为 Q；而在剖面 SB 上存在两个多边形 B_1、B_2，且 B_1、B_2 的关键类型属性也都为 Q；则我们称 A 在 SB 上分叉，表示为 Bifurcating（A，B_1，B_2）。

注意：定义 7-6 只是定义了 1 对 2 的分叉情况，其他分叉情况比较复杂，但可以由 1 对 2 的基本情况来推导，这里不做进一步讨论。

定义 7-7：在剖面之间拓扑关系推理过程中的基本准则。

如果剖面 S_1 上的拓扑多边形 A 和剖面 S_2 上的拓扑多边形 B 满足下列条件。

（1）A、B 具有相同的地层属性，表示为

Key TypeProperty（A，Q）.//多边形 A 的关键类型属性为 Q

Key TypeProperty（B，P）．//多边形 B 的关键类型属性为 P

Equal（P，Q）．　　　　　//关键类型属性值 P 与 Q 相等

（2）A、B 拥有相同的拓扑节点（SectNode）数，表示为

SectNodeNumber（A，NP）．//多边形 A 的拓扑节点数为 NP

SectNodeNumber（B，NQ）．//多边形 B 的拓扑节点数为 NQ

Equal（NP，NQ）．　　　　//节点个数 NP 与 NQ 相等

（3）A、B 拥有相同的拓扑弧段（SectArc）数，表示为

SectArcNumber（A，AP）．//多边形 A 的拓扑弧段数为 AP

SectArcNumber（B，AQ）．//多边形 B 的拓扑弧段数为 AQ

Equal（AP，AQ）．　　　　//弧段个数 AP 与 AQ 相等

（4）A、B 具有相同的邻接关键类型属性集，表示为

JiontKTPSet（A，SQ）．//多边形 A 的关键类型属性集为 SQ

JiontKTPSet（B，SP）．//多边形 B 的关键类型属性集为 SP

Equal（SP，SQ）．　　　//关键类型属性值集 SP 与 SQ 相等

则，B 是 A 在相邻剖面的延拓，在建模过程中将实现 A、B 的互联和构网，表示为 Matching（A，B）。

从产生式系统的角度看，KeyTypeProperty、SectNodeNumber、SectArcNumber、JiontKTPSet、Equal、Matching 都是事实描述函数。在事实库中列出剖面上所有多边形的所有事实，然后进行推理计算，便可将剖面对比问题转换成拓扑推理问题。下面分四种情况对相关算法进行讨论。

B. 无拓扑变化情况下的拓扑推理与建模

如图 7-30 所示，相邻剖面之间的拓扑关系集合没有质的改变。这是一种最简单的序列剖面，很容易实现两个剖面上多边形对应关系的推理和查询。在这种情况下，"动态重构算法"的关键是实现剖面自动对比，而实现了剖面间任意两个多边形的对应关系推理和查询，也就解决了在地层无拓扑变化情况下的剖面自动对比问题。

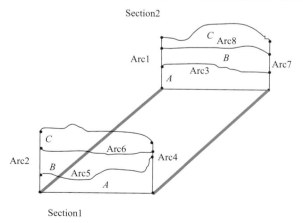

图 7-30　剖面拓扑关系知识表达示例

其要领是：首先找到相邻剖面上的对应多边形，以此类推，直至所有剖面都对比完结，再通过两个端面的对应多边形构建地质体两端的封闭面。接着，根据对应多边形 A、B 具有相同的拓扑节点数和相同的拓扑弧段数，寻找弧段的对应关系。然后，进行弧段对弧段成面并封闭成体侧表面，最后以体表面为约束条件对地质体内空间进行网格剖分。网格剖分算法采用约束 Delaunay 算法。

C. 地层尖灭情况下的拓扑推理与建模

进行三维建模时，由于地层尖灭使得某些多边形无法在相邻剖面上找到匹配（图 7-31），需要在剖面 Section1 和 Section2 之间插入一条虚拟剖面 Section1-2，其上应该存在一个无限小的多边形 B 与 Section1 上的 B 相对应。虚拟剖面 Section1-2 的插入位置，应当根据地质推断的尖灭点位置来确定。

为了让计算机自动识别处地层尖灭情况，必须建立相应的知识库和推理机。地层尖灭的判别规则是：如果地层 A 在剖面 SA 上出现，而在剖面 SB 上消失，则该地层 A 在剖面 SA 和 SB 之间尖灭（图 7-31），Section1-2 的具体位置可根据该地层的分布和变化规律确定。据此，便可实现尖灭位置的人工智能推理和判断。

在存在地层尖灭情况的三维地质建模过程，除增加地层尖灭的判定推理外，与无拓扑变化情况基本上是相同的。

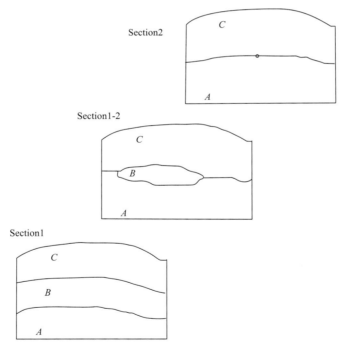

图 7-31　相邻地质剖面上地层尖灭示例

D. 地层分叉情况下的拓扑推理与建模

地层或矿体分叉也是常见的地质现象。如图 7-32 所示，剖面 Section1 上所显示的一个矿体，在 Section2 剖面分解成为两个独立矿体，造成两个剖面上的矿体多边形无法匹配。在这种情况下，必须在两个剖面之间插入一条标志分叉临界状态的虚拟剖面 Section1-2。具体插值算法已在前面详细讨论过，这里不再赘述。

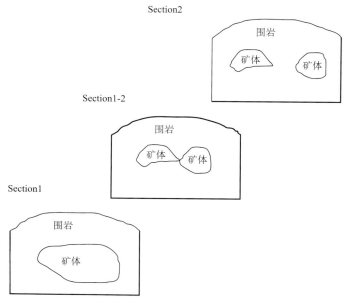

图 7-32　剖面上地层分叉示例

在存在地层分叉的情况下，除需要追加地层分叉的判定推理外，其他过程与无拓扑变化情况下的推理建模过程一样。应该指出的是，1 对 2 的分叉情况是一种基本情况，其他分叉情况可以由 1 对 2 推导出来。

E. 含断层情况下的拓扑推理与建模

当地层产生断裂、位移而导致地质体边界的弧段组成及弧段所在的多边形属性变化时，也需要增加虚拟剖面来辅助建模。如图 7-33 所示的 Section2 就是一个虚拟剖面，它代表了地层沿断层面位移过程的一个过渡状态。

在 Section1 中，三套地层被两条断层错断成为 9 个地质单体。其中，B_1、B_2、B_3 的岩性均为 B，A_1、A_2、A_3 的岩性均为 A，C_1、C_2、C_3 的岩性均为 C。断层 F_1 由 5 个弧段构成，其中粗线显示的是一条比较特殊的弧段，记为 $Arc\_F_1\_A$，其左右多边形的关键类型属性都是 A；同理还有两个弧段 $Arc\_F_1\_B$ 和 $Arc\_F_1\_C$。这种位于断层线上，并且左右多边形的关键类型属性相同的弧段，称为"同性弧段"；弧段两边的多边形具有的关键类型属性，称为"同性弧段属性"。

当两个含断层的剖面之间满足下列条件时，认为剖面之间拓扑关系没有发生本质变化，可以采用无拓扑变化情况方法进行推理建模。

（1）两个剖面上对应断层所包含的"同性弧段"的数目相同；

（2）两个剖面上对应断层所包含的"同性弧段"的"同性弧段属性"的集合相等。

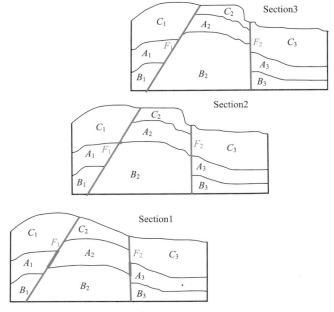

图 7-33　剖面上断层位移示意

上述规则可用于判断含断层的相邻剖面之间是否发生拓扑关系变化，进而判断是否需要进行虚拟剖面插值。可采用与上述规则等价的语句来表述。

（1）两个剖面上对应断层所包含的"同性弧段"的数目不相同；

（2）两个剖面上对应断层所包含的"同性弧段"的"同性弧段属性"集合不相等。

上述两条中满足任何一条，都可以判定两个相邻剖面发生了拓扑关系变化，需要进行虚拟剖面插值处理。根据这两条规则，可用代码实现 Section2 和 Section1 是否含有断层及拓扑变化的判断推理。在这种情况下，除需要进行断层及拓扑变化判定推理外，其他过程与无拓扑变化情况下的推理建模过程一样，但定义 7-7 中的准则条件必须修改，即所有位于断层线上的弧段不得计入定义 7-7 中的弧段操作。

F. 算法应用

图 7-34 是采用基于非共面剖面拓扑推理的动态建模方法建立的某大城市局部三维地质模型。实践证明，该方法对于除地层严重倒转之外的复杂地层结构能有效地进行三维建模和动态重构。

3. 基于散点数据的动态建模方法

基于散点数据的动态建模方法所涉及的核心技术问题，是限定散点集的网格自动剖分问题。下面提出一种"基于限定散点集的三维地质体自动重构算法"。该算法采用 GeoModel 数据模型，利用最小凸包生成算法，解决了面元模型不支持自动构模，体元模型支持自动构模却因数据量太大而不具实用性的问题。

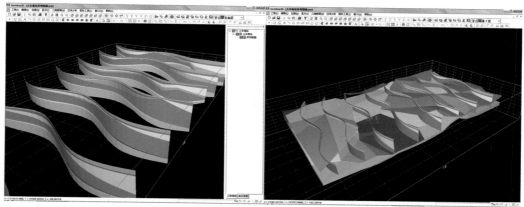

(a) 输入的非共面序列剖面　　　　　　　　　　(b) 基于剖面推理的重构的地质体

(c) 基于该算法建立的地质体模型　　　　　　　　(d) 模型C的硐室剪切模型

图 7-34　基于非共面剖面拓扑推理的动态建模方法建模效果图

1)　自动动态重构算法概述

该算法要领是首先将地质钻孔或剖面等数据进行离散插值,并将相关地质信息作为边界限定条件附加在散点集上;再对离散点集合进行地质年代分类,并计算每类点集的最小凸包;然后对这些凸包集按照地质年代顺序相互循环裁剪和剖分,得到混合地质体模型;最后建立模型拓扑关系,并进行模型面片与体元简化。该算法包含以下主要子算法:数据预处理、最小凸包集构造、凸包布尔运算、内部网格剖分、拓扑建立与模型简化。其实现过程如下。

(1) 数据离散插值处理,得到 d 维散点集 $V^d \subset R^d$, R 为 d 维欧氏空间, $d=3$;

(2) 将散点集 V 分成 m 类(V_0, V_1, V_t, $\cdots$, V_{m-1}),每类点集对应于相应地质年代,并令地质过程中 V_{t-1} 的地质年代早于 V_t 的地质年代;

(3) 循环计算 V_t($0 \leqslant t \leqslant m$)的最小 Convex Hull(凸包)$C_t$,生成封闭的 Fecets(面片)集合 F_t;

(4) 循环裁剪运算,用 F_t 裁剪 F_{t-1} 得到新的 F_{t-1};

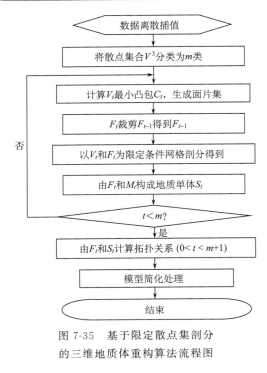

图 7-35　基于限定散点集剖分
的三维地质体重构算法流程图

（5）循环剖分运算，以 V_t 点集，以 F_t 为限定条件，剖分得到 $d+1$ 维的单体网格集合 M_t（如果 $d=3$，则 M_t 为四面体网格）；

（6）由 F_t 与 M_t 构成 EBRIM 中的地质实体 S_t；

（7）根据 F_0，…，F_t，…，F_m 中的 Facet 共用情况建立 S_0，…，S_t，…，S_m 之间的拓扑关系；

（8）采用"单体塌陷"（simplex collapse）算法，对实体表面与内部网格进行简化。

该算法实现的流程图如图 7-35 所示。

上述算法实际上可以概括为基于凸包剪切与限定散点集剖分的三维地质体动态重构算法，其建模过程可归纳为五个步骤，即地质数据离散与插值处理、地质体最小凸包构建、地质体表面构建、地质体内部网格剖分、拓扑关系建立与模型简化。

2）地质数据的离散与插值

采用基于限定散点集剖分的地质体重构算法，需要先获取约束散点集合。地质点类型的数据属于散点数据，不必再进行离散处理；而钻孔数据在垂向为系列化线状数据，还需要先进行离散处理。钻孔的数据结构模型为前面给出的 BoreModel。钻孔数据的离散处理，就是将孔段的两个节点坐标和节点所在孔段的岩性提取出来。

对剖面的离散处理，需要按照拓扑关系处理后的弧段进行离散处理。离散的规则是：每条弧段上的每个非起始、非终止节点要离散成两个点；起始节点和终止节点必须根据在该节点处交汇弧段数进行离散，且所离散出来的单点数必须与经过该交汇处的弧段数相等。

3）地质体最小凸包构建

所谓凸包（convex hull）是由包含三维空间点集中所有点的最小凸多面体。在凸包中，连接任意两点的线段必须完全位于该多面体内。目前已有多种构造三维凸包的算法，下面介绍具有较大实用性的快速算法。

构造空间中一个有 N 个点的点集凸包，所需要的最少时间是 $O(N\log N)$，为了提高效率，可用一简单有效方法预先将凸包内部的点去掉，只选取那些可能位于凸包上的点，此即快速凸包技术。快速凸包算法的主要步骤如下：①构建地质单体点集的最小包围盒；②沿着 Z 方向将点集平均分为 M 层；③再将每层离散 $N_1 \times N_2$ 个小六面体（体素）；④在每层中寻找凸包候选点；⑤通过候选点构造凸包。其关键是在数据离散化处理后进行点数据分类，将相同岩性的散点归为一类，并用一个 DisperseVertices 对象来表示，然后对每类散点集合分别进行最小凸包计算。

4）地质体表面的构建

在系统中，每个凸包用一个 GeomSurface 对象来表示，如果有 N 个凸包便会产生 N 个不同属性的 GeomSurface 对象。按照地层从老到新的顺序，凸包对象分别记为 GeomSurface（1），GeomSurface（2），…，GeomSurface（N），则从 $i=0$ 开始，依次用 GeomSurface（$i+1$），采用"矢量剪切算法"去裁剪 GeomSurface（i），裁剪后生成的一系列 GeomSurface 对象就是各个地质单体的表面。该实现方法的前提是，研究区的地层没有发生导致地层倒转的构造运动，因此有一定的局限性。

5）地质体内部网格剖分

构建完地质体表面模型，便可以开始进行地质体内部网格剖分。内部网格剖分可采用角点网格模型，也可采用限定 Delaunay 四面体剖分算法。限定 Delaunay 四面体剖分算法的输入参数为一系列的散点和多边形面片（GeomPolygon），其集合用 GeomSurface 表示。限定 Delaunay 四面体剖分算法的实现步骤如下。

（1）将散点 DisperseVertices 进行非限定 Delaunay 剖分。采用"增量换边 Delaunay 四面体剖分算法"算法：设 S 为一个三维点集合，令 $4 \leqslant i \leqslant N$，$N$ 为节点个数；假定 $i-1$ 点的 Dalaunay 四面体剖分已经构建好，记为 DT（$i-1$），则添加第 i 个点到 DT（$i-1$）。由于这个点的添加，DT（$i-1$）中的有些四面体将违背 Delaunay 规则，通过调整局部的四面体链接关系，使得加入第 i 点后的 DT 依然满足 Delaunay 规则，记为 DT（i）；重复上述过程直到 i 等于 N。

（2）去除地质体表面模型之外的四面体，即去除任何有一个或几个顶点在 GeomSurface 边界之外的四面体；去除地质体模型内部孔洞内的四面体，即去除任何有一个或几个顶点被标记为孔洞点的四面体。

6）拓扑关系的建立

通过 4）所说的方法构建的地质体表面，仅仅记录了地质体的边界，并没有赋存相应的拓扑关系信息，因此还需要补充地质体之间的拓扑关系信息。地质体之间的拓扑关系信息是通过共用面来体现的，判定两个多边形是否重叠是寻找公用面的基本途径，其判断单元为 GeomPolygon。

4. 基于多源数据的混合建模方法

基于多源数据的三维地质建模，可以转化成上述三种基本方法来处理，即先根据数据类型分别进行建模，然后集成为一个完整的三维可视化地质模型（图 7-36）。

按照这种思路和方法，结合非均匀有理样条插值拟合方式、空间插值泛型算法和动态集成构模技术，作者在 QuantyView 平台上研发了基于多源多维数据的三维可视化动态地质建模系统。该系统被实际应用于多个数字矿山软件、煤田勘查三维信息系统、国

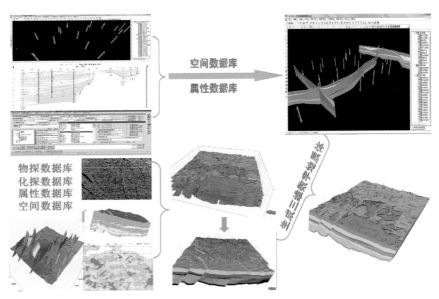

图 7-36　基于多源多维数据的盆地三维可视化地质建模过程

土资源部矿权管理信息系统、城市三维地质调查信息系统、三峡库区灾害地质信息系统，以及水利水电工程三维地质信息系统中。通过福建紫金矿业集团公司十多个大型矿山、内蒙古鄂尔多斯大煤田、湖北省四十余个矿权点、南京和福州等大城市、三峡库区数十个大型滑坡体，以及中国西部十多个大型和特大型水电站的实际三维地质建模，取得了良好成效，表明具有实际应用价值（图 7-37）。

　　该三维可视化动态地质建模系统有以下特点：①具有快速三维地质建模和快速动态重构的特征，属于可更新建模的 3.5 维技术层次；②可建立多种三维地质模型，包括三维构造-地层格架、矿床与矿体、矿体品位分布、化学元素分布、地下水分布、地下巷道网络、管道网络分布、开采设计等；③具备各种通用三维环境显示功能及某些特色显示功能，可适应各类三维地质建模需要；④可实现地下-地上、地质-地理、空间-属性数据一体化建模；⑤提供了用户指定路线（地下和地上）的飞行漫游，还可以将所经历的三维场景系统自动录制成 avi 动画；⑥提供了任意方向、任意曲面的剪切剖分和剖面图制作功能，可支持各种复杂的专业空间查询、量算以及空间分析，并可对图形属性进行交互查询、联动查询、条件查询等；⑦为矿山和油田企业提供各种贴合生产实际的开采方案设计、生产计划制定、最短运输路线设计、最佳开采模型设计等；⑧可通过局域网或浏览器实现对矿山或油田的空间数据与属性数据的实时双向交互查询、检索，及远距离传输。

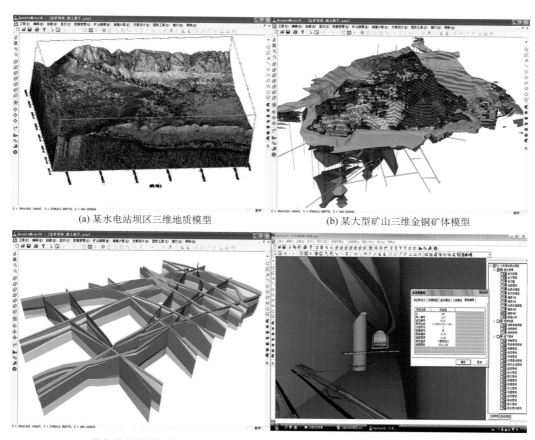

(a) 某水电站坝区三维地质模型　　　　　　(b) 某大型矿山三维金铜矿体模型

(c) 某大型矿区栅状剖面图制作　　　　　　(d) 某大城市三维地铁隧道模型

图 7-37　在 QuantyView 支持下的三维可视化数字地质建模系统应用效果

7.3　三维地质模型的简化与索引

由于三维空间中的地质对象模型形态复杂、数据量庞大，在有限的硬件支持条件下的交互显示、快速漫游和动态调度难度很大（He et al.，2007）。国内外许多学者对此进行了深入的研究，提出了许多网格模型简化算法，并建立其索引机制。这些算法可以归纳为多边形网格简化算法和多面体网格简化算法（何珍文，2008）。

7.3.1　网格简化概述

1. 多边形网格简化概述

现有多边形网格简化（polygonal simplification）算法主要针对二维三角网格的顶点聚类（vertex clustering）、面片重铺（surface re-tiling）、顶点消去（vertex decimation）和网格优化（mesh optimization）等。相关的研究主要集中在几何消减技术，即一次将一个或多个简单几何单体在一定的约束准则下消去，以便用更少的几何单体来实现网格表达。虽然已经有很多有效的多边形网格消减算法，但目前大部分还是基于折叠边收缩实现的，如 Progressive meshes（Hoppe，1996），Quadric-based simplification 和 Memoryless simplification 等。其中，Progressive meshes 能对二维三角形网格进行渐进连续分辨率表达，在边塌陷（edge collapse）、边拆分（edge split）及边交换（edge swap）3 种基本网格简化操作中，只需进行边塌陷操作就能实现网格简化。Schroeder 等（1992）曾提出过顶点消去网格简化算法及其扩展新算法，但该算法会改变网格的拓扑关系。Garland 和 Heckbert（1997）提出了一种更具可组织性的方法来表达二次误差测度，改进了 QEM 方法。Garland 和 Zhou（2005）扩展了 Quadric-based simplification 算法，使得该算法在欧氏空间中能适应任何维数的网格单体简化。

2. 多面体网格简化概述

相比较而言，多面体网格简化（polyhedral simplification）算法研究相对较少，且大部分集中在对四面体网格的简化研究上。四面体网格的简化主要包括：边塌陷类方法（edge-collapse methods）和点采样类方法（point sampling methods）。Renze 和 Oliver（1996）提出了一种基于重叠点移除的四面体网格简化算法，但是比较复杂，也没有提供误差测度去引导算法中的节点移除操作。Gelder 等（1999）通过 half-edge 收缩实现了一种新算法，通过局部密度测度导向性的选择节点消去。Trotts 等（1998，1999）提出了一种一次塌陷一条边的方法，但该算法耗时太多。Chopra 和 Meyer（2002）提出了一种快速四面体网格简化算法。Cignoni 等（2004）则提出了多种可能误差测度算法。上述算法都是基于收缩的网格简化算法。

Hoppe 最初提出的渐进网格算法只适应二维网格，此后 Popovic 和 Hoppe 对该算法进行了改进，使其能适应通用情况下的单纯复形网格；但是他们的技术只适应四面体网格，其误差测度仅仅集中于几何网格，没有考虑与网格相关的属性字段。Staadt 和 Gross（1998）将附加网格属性考虑进去，提出了一个类似的渐进网格扩展方法。近些年来，由于模型数据的不断增大，流式网格逐渐成为了研究热点。

3. 通用网格简化概述

上述网格简化算法一般是针对二维网格或者三维四面体网格。针对不同维数和不同多面体的单纯型网格，可采用一种通用的简化算法（general mesh simplification，GMS）（何珍文，2007）。该算法基于一种通用网格单体塌陷（simplex collapse）思想，将一个网格单体的所有相关单体融合到该单体的重心，即几何中心上。

图 7-38 显示了基于单体塌陷的三角网简化状况。图中粗黑的中心三角形是拟进行塌陷操作的三角形单体，其周边有相关的 9 个三角形经过简化操作后，变成 6 个共点三角形。该方法在系统中主要用于 TIN 简化。

图 7-39 显示了基于单体塌陷的四边形网格简化状况。图中粗黑的中心四边形是拟进行塌陷操作的四边形单体，其周边有相关的 8 个四边形经过简化操作后，变成 4 个共

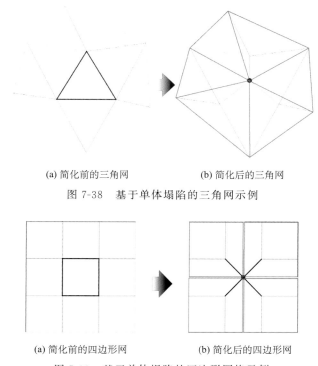

(a) 简化前的三角网　　　　　　　(b) 简化后的三角网

图 7-38　基于单体塌陷的三角网示例

(a) 简化前的四边形网　　　　　　(b) 简化后的四边形网

图 7-39　基于单体塌陷的四边形网格示例

点四边形。在系统中主要用于 DEM 或 DTM 的简化操作；同时也能对非规则四边形进行简化操作，如通过 NURBS 生成的曲面等。

图 7-40 显示了基于单体塌陷的四面体网格简化状况。图中绿色的中心四面体是拟进行塌陷操作的四面体单体，其周边至少有相关的 8 个四面体。经过简化操作后，将变成 4 个共点四面体。

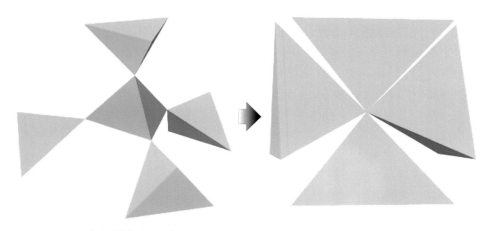

(a) 简化前的部分四面体网格　　　　　　　(b) 简化后的部分四面体网格

图 7-40　基于单体塌陷的四面体网格示例

图 7-41 显示了基于单体塌陷的六面体网格简化状况。图中绿色的中心六面体是拟进行塌陷操作的六面体单体，其周边至少有相关的 14 个六面体，经过简化操作后，将变成 8 个六面体。通过一次简化操作将至少涉及 15 个网格单体塌陷。当该示例中的六面体是立方体时，该网格模型即变成体素模型。

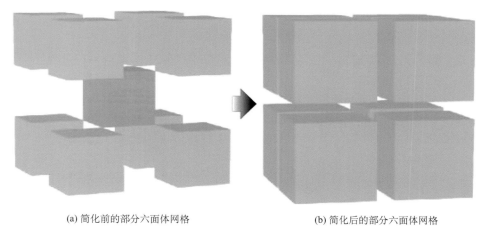

(a) 简化前的部分六面体网格   (b) 简化后的部分六面体网格

图 7-41　基于单体塌陷的六面体网格示例

7.3.2　基于单体塌陷的通用网格简化算法及其实现

1. GMS 的相关定义

下面先给出 GMS 的相关定义。

定义 7-8：通用网格单体（general meshsimplex），是网格中的一个最小基础欧氏空间几何实体元素和最小重复单元几何体，记为 S。例如，三角网的网格单体是三角形，四面体网的网格单体是四面体。

定义 7-9：通用网格（general mesh），是一个由一系列具有拓扑关系的网格单体构成的集合。如果用 S 表示单体集，用 V 表示顶点集，用 A 表示关系集，则通用网格可以表示为 $M=(V，S，A)$。在实际使用过程中 V 的维数一般是 3，当 V 的维数为 m 时，则其所属空间 R^3 变成 R^m，$v=\{v_1，v_2，\cdots，v_m\}\in V$，并且 $M^3\rightarrow M^m$。

定义 7-10：当前捕获单体（prey-simplex），是指符合被捕获规则的当前单体，备下一步简化操作之用。

定义 7-11：边界单体（boundary-simplex），是指至少有一个顶点在网格边界上的网格单体。非边界单体称为内部单体（interior simplex）。

定义 7-12：边界面片（boundary facet），是指所有组成多边形面体片的顶点都在网格边界上的面片。

定义 7-13：被影响单体（affected-simplex），是指和当前捕获单体只共享一个顶点的网格单体。在网格简化过程中，这类网格单体不会被删除，而是被拉伸重构。

　　定义 7-14：捕获顶点（prey-vertex），是指当前捕获单体与被影响单体的共有顶点。

　　定义 7-15：删除单体（deleted-simplex），是指与当前捕获单体有两个或两个以上公共顶点的网格单体。

　　定义 7-16：单体塌陷（simplex collapse），是指确定当前被捕获单体，发现并删除该单体的相关删除单体，以及重构被影响单体的过程。

2. GMS 的表达与操作

　　基于该数据结构实现通用网格简化过程可归结为以下五个操作步骤。

　　（1）设置捕获规则。该操作是 GMS 的基础，它决定了在通用网格中哪些网格单体将成为捕获网格单体。GMS 系统中采用一个模板函数来进行相关规则定义。该规则可以由用户定制实现，由系统自动调用。

　　（2）选择当前捕获单体。根据（1）设定的规则在整个网格中选择当前捕获单体，并通过调用 prey_rule 来实现。该操作返回的是当前捕获网格单体的索引。

　　（3）被影响和拟删除单体查找。主要用于查找当前捕获单体的 affected-simplices 和 deleted-simplices。该操作通过下列两个模板函数实现。其输入参数都是来自 GMS_ Mesh 和 PreySimplex，返回的是相关单体的索引集合。

　　（4）删除当前 prey-simplex 的 deleted-simplices。该操作是一种严格的删除操作。例如，在四面体网格中，每个非边界捕获单体的塌陷至少将导致 11 个相关的四面体被删除；这包括 4 个 affected-simplex 和至少 6 个 deleted-simplex。如果是立方体网格，则每次单体塌陷涉及的网格单体数至少为 15 个。由此可见，单体塌陷方法比边塌陷方法有更高的简化效率。

　　（5）重构 affected-simplices。当执行删除 deleted-simplice，并获得 affected-simplex 和 prey-simplex 之后，可计算 prey-simplex 的几何中心点，并在一定规则下重构所有 affected-simplices。如果实体网格是三角形网格，此项操作较为简单；如果实体网格是四面体网格，则将会遇到一些需要着重考虑的特殊情况。其中可能包括需要防止边界自相交和元素边界相交，并要排除翻转的情况。

　　上述五个操作步骤组成了所谓的单体塌陷操作过程。通过上述步骤的重复操作能实现整个通用网格的简化。

3. GMS 的实验效果

　　图 7-42～图 7-44 是采用实验数据对 GMS 进行验证的结果。

　　图 7-42 是通过 GMS 简化的三角网格局部放大，其中蓝色的是原始网格，红色的是简化后的网格。图 7-43 显示的是 3 个不同分辨率的 DEM 数据。图 7-43（a）是原始数据，有 10 000 个点和 10 000 个四边形；图 7-43（b）是 4 倍简化的数据网格，含有 2500 个顶点和四边形；图 7-43（c）是 25 倍简化的数据网格，含有 400 个顶点和四边形。

　　图 7-44 显示的是 3 个不同分辨率的用四面体表示的三维地质体数据。图 7-44（a）是原始数据，含有 33 036 个顶点和 140 381 个四面体；图 7-44（b）是 2.5 倍简化的数

据网格，含有 12 115 个顶点和 53 540 个四面体；图 7-44（c）是 130 倍简化的数据网格，含有 396 个顶点和 1045 个四面体。GMS 除能处理地质体模型外，也能处理其他网格模型。

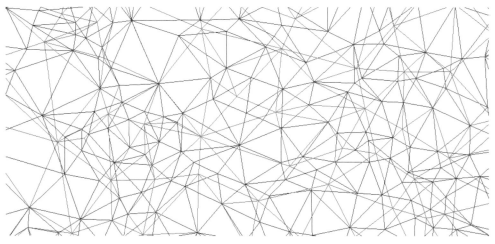

图 7-42　GMS 简化的三角形网格

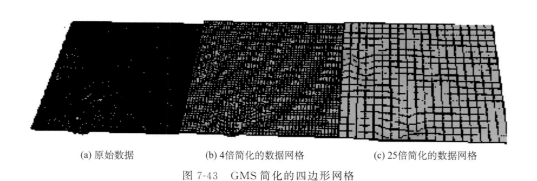

(a) 原始数据　　　　　　(b) 4 倍简化的数据网格　　　　　　(c) 25 倍简化的数据网格

图 7-43　GMS 简化的四边形网格

上述实验效果表明 GMS 具有显著的实用性。为了保证与其他网格数据的兼容性，GMS 还提供了多种网格数据接口，其中包括 STL、ELE、PLY、OFF、DEM、TIN 等。

7.3.3　三维地质集合体模型的多尺度简化算法

在 7.3.2 针对单个地质体模型的简化算法基础上，可进一步研究并建立针对大区域地质体集合的多尺度简化算法。之所以如此，是因为大区域的三维地质体模型的数据量庞大，如果在浏览时都采用高精度表达方式，必然会降低系统整体性能。只有采用多尺度的三维模型调度管理方式，才有可能便捷地浏览模型的整体和细部结构。以城市三维

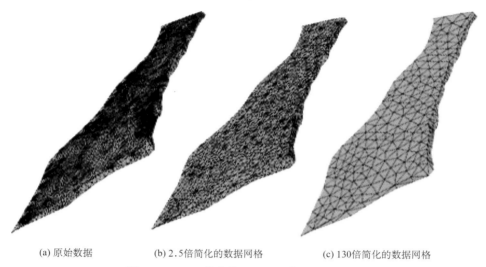

(a) 原始数据　　　　　　(b) 2.5倍简化的数据网格　　　　　(c) 130倍简化的数据网格

图 7-44　GMS 简化的基于四面体地质体网格

地质模型为例（图 7-45），通常有以下三个层次。

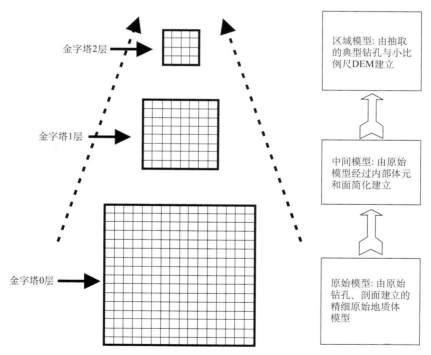

图 7-45　多尺度城市三维地质体模型

（1）底层原始模型。基于勘查工程的钻孔、地质剖面和地表测量数据建立的精细地质模型，反映了精细的地质特征，记为 S_0。

（2）中层简化模型。由原始的勘查钻孔数据，按照一定比例和规则筛选后建立的地质体三维模型，或经过对 S_0 进行简化的模型，记为 S_2。

（3）顶层整体模型。由按照规则抽提的城市地质钻孔和小比例尺的 DEM 或 TIN 建立的整体模型，以及对 S_2 简化的地质模型，即城市的整体地质体模型。

7.3.4　三维地质体模型的索引机制

解决海量三维地质体空间数据的高效存储、调度与显示问题需要从两方面入手：一是利用上述各种简化算法来减少建模的数据量；二是通过建立适用的空间索引机制来提升数据调度与显示效率。

1. 三维空间索引方法概述

最初的空间数据管理都是基于文件管理方式的，随着空间数据量的增大导致在数据处理过程中必须不断进行内存与外存的信息交换访问，空间数据的管理方式也逐渐从文件管理方式向数据库管理方式发展。但是，传统的关系数据库管理的大部分是属性数据，传统的数据库索引技术在空间数据查询操作上并不适用，需要开展深入研究并发展全新的空间索引机制。

　　1）空间索引方法分类

空间索引技术大致有四类：基于二叉树的空间索引、基于 B 树的空间索引、基于 Hashing 的空间索引和基于空间填充曲线的空间索引。这些方法按索引结构可分为点存储和扩展对象存储两种方式；按组织方式可分为线性索引、网格索引和树索引（图 7-46）。从空间索引的演化过程来看，线性索引是一种最直观简单的索引，但其访问效率不高，在大型空间数据库中很少被采用。网格索引的基本思想是将研究区域纵横分成若干个均等的小块，每个小块都视作一个桶，落在该小块内的地物对象就算作对应的桶中之物。小块还可细分，直至不可再分为止。当空间查询进行时，首先计算出查询对象所在网格，然后在该网格中查询所选空间实体，这样就大大加快了空间索引的速度。但是，采用网格文件会因目录松散而浪费主存缓冲区和二级存储。

目前绝大部分的空间索引都是属于树形索引。例如，BSP 树是一种二叉树，它将空间逐级进行一分为二的划分，能很好地与空间数据库中空间对象的分布情况相适应，缺点是因深度较大而对各种操作不利。KDB 树是 BSP 树向多维空间的一种发展，对多维空间中的点进行索引具有较好的动态特性，可以方便地实现删除和增加空间点对象。KDB 树的缺点是不直接支持占据一定范围的空间对象，如二维空间中的线和面，但可通过空间映射或变换的方法得到部分解决。

R 树是 Guttman 于 1984 年提出的最早支持扩展对象存取的方法之一，也是目前应用最为广泛的一种空间索引结构，许多商用空间数据库系统，如 MapInfo Spatial Ware 和 Oracle Spatial 等均提供对 R 树的支持，开放源码系统 PostgreSQL 也实现了 R 树。R 树是一个高度平衡树，它是 B 树在 k 维上的自然扩展，用空间对象的 MBR 来近似表

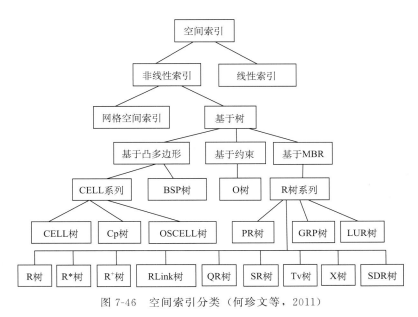

图 7-46　空间索引分类（何珍文等，2011）

达空间对象。根据地物的 MBR，R 树可以直接对空间中占据一定范围的空间对象进行
索引。R 树的每一个节点都对应着磁盘页 D 和区域 P，如果节点不是叶节点，则该节点
的所有子节点的区域都在区域 P 的范围之内，而且存储在磁盘页 D 中；如果节点是叶
节点，那么磁盘页 D 中存储的将是区域 P 范围内的一系列子区域，子区域紧紧围绕空
间对象，一般为空间对象的外接矩形。

　　R 树中每个节点所能拥有的子节点数目是有上下限的。下限保证索引对磁盘空间的
有效利用，子节点数小于下限的节点将被删除，而该节点的子节点将被分配到其他的节
点中。设立上限是因为每一个节点只对应一个磁盘页，如果某个节点要求的空间大于一
个磁盘页，那么该节点就要被划分为两个新的节点，原来节点的所有子节点将被分配到
这两个新的节点中。令 M 为一个节点中记录数目的最大值，m 为一个节点记录的最小
值（$m < M/2$），即可用来调节树结构。

　　近 20 多年来，许多学者致力于 R 树的研究，在 R 树的基础上衍生出了许多变种
（何珍文等，2011）。比较典型的有 R^+ 树、R^* 树、压缩 R 树、Hilbert R 树等。其中，
R^* 树是最有效的 R 树变种，它能对覆盖区域、重叠面积和边界周长进行启发式地优
化，并通过重新插入节点重建 R 树以提高其性能，但重新插入这个过程相当繁琐，其
实现过程太过漫长。

　　2）三维空间索引现状

　　上述空间索引方法多数是针对二维数据结构提出的。三维空间信息系统是二维空间
信息系统的扩展，二者的差异主要体现在空间位置的确定、空间拓扑关系的描述和空间
分析的延展方向上。空间维度从二维扩展到三维后，空间对象也由原来的"点、线、
面"扩充到三维空间中的"点、线、面、体"；其空间域的划分也由面划分转变成体划

分，空间索引方法也必然要随之发生变化。

多维空间索引的理论研究，涉及四叉树和 R 树的多维扩展，特别是八叉树和 3D-R 树。其设计思想均符合二次磁盘访问的目的，即空间索引可基于外存储器。根据查询操作的需要提取相关的索引节点信息，再根据节点信息从外存中提取（如果已在主存缓冲区中，则从缓冲区中提取）实际需要的空间对象信息。索引节点信息在外存上对应一个磁盘页面，以便快速访问节点信息。经典八叉树的缺点在于一个对象可能需要在多个节点中存储索引信息，因而导致维护代价较高，空间利用率下降。更为严重的是，其索引结构是空间驱动的，数据库范围须事先规划固定，而且不能根据实际的数据分布密度来动态地调整树形，导致在对象分布密度高的位置树深度较大，而对象分布密度低的位置树深度较小。并且由于相关算法中大量使用迭代操作，使得树深过大，程序无法优化，性能不稳定。

每一种空间索引方法都有其优越性、使用范围和适用对象，要根据实际情况和应用需求加以选择。目前，多数 GIS 软件采用多种索引机制并存、取长补短的策略，在地质信息系统中也采用了多种方式组合的索引方式。

2. 三维空间混合索引技术及其泛型实现

建立地下-地上、地质-地理一体化的三维模型，是"玻璃地球"建设的一个重要发展方向。这种一体化模型包含多个组成部分：地上的人工建筑及其纹理数据，地表地形及其影像纹理数据，地下地质结构、地质体和地下构筑物数据（图 7-47）。然而，这种模型的数据是海量的，不建立有效的三维空间索引机制是无法实现的。Grid＋CSR 树三维空间混合索引方法（何珍文，2008），可能是解决这一问题的有效机制。

图 7-47　三维空间一体化数据模型示例

1）聚类排序 R 树三维空间索引方法

混合空间索引方法的基础是聚类排序 R 树（CSR-Tree）索引结构。为使 CSR 树边界矩形与网格边界矩形的数据结构一致，在三维空间地质建模系统中定义了统一的多维边界矩形对象，CSR 树索引算法是 R 树的改进，包含有 7 个模板参数：OBJTYPE 是空间对象的对象类型；ELEMTYPE 是边界矩形的元素类型；NUMDIMS 是边界矩形的维数或空间对象的维数；ELEMTYPEREAL 用于数值计算采用的数据类型；Node-VisitorType 是树节点访问对象类型；TMAXNODES 表示一个节点上最大的分支数；TMINNODES 表示一个节点上最少必须有 TMINNODES 个分支。

由 R 树的构造方法可知，三维空间对象在建立的过程中并未进行分割，因此索引树中的节点之间可能存在频繁的交叠现象，使得一个对象有可能被存放在多个节点中，当搜索该对象时可能要同时访问多个节点，将导致系统搜索性能严重下降。因此，在三维空间中有必要对 R 树的构造方法加以改进。

在 R 树索引的创建过程中，首先从空树开始，将对象逐个插入。若插入过程中节点没有空间，则需要按照一定的规则分裂叶子节点，而且要保持 R 树的动态平衡，使所有的叶节点都在同一层上。研究结果表明，随着频繁插入和删除，系统搜索性能也会下降。于是，Kamel 和 Faloutsos（1993）提出了 Packed-R 树，把数据看作是相对静态的，空间对象的映射不需要频繁插入和删除，且在索引结构建立之前数据对象基本上已经知道。这样，在构建索引之前对数据进行预处理，减小覆盖和交叠的面积，构建具有高空间存储利用率的索引结构，此后的插入和删除等操作都按照 R 树的算法执行。该算法的主要思想是：对空间对象进行排序，然后按照排序后的结果建立索引结构。R 树中空间对象用 MBR 来表示，每个 MBR 都有四个角点，按角点的 x 坐标对空间对象进行排序，依次选择 B（节点中最大的空间对象个数）个节点，然后根据有序的节点建立全部 R 树索引。建立过程从索引的叶节点开始，自下而上逐层进行。由此构建了一棵类似于完全二叉树的结构，除最后一个节点之外，所有的节点都是满的，从而得到了近似 100% 的空间利用率，同时也降低了 R 树的高度，提高了树的查询效率。但此方法建立的索引仅仅考虑到某一维的空间对象排序，节点的 MBR 都是矩形的，且面积和周长也较大，索引的性能仍会受到影响。

Kamel 和 Faloutsos（1995）又提出了 Hilbert R 树来改进 R 树的构造方法。该方法分别对空间对象的边界矩形角点及其中心点按照 Hilbert 曲线进行填充。对空间数据对象进行一维升序排列，根据排序的结果生成叶子节点；再对叶节点进行排序，根据排序的结果生成中间节点。然后将每一层的中间节点排序生成上一层的节点，逐层向上递归生成整个索引。虽然此方法的空间利用率和对象的聚集性有一定改进，但并未考虑对象的大小，物理上相邻对象的存储位置也不一定相邻。

为此，本书提出了基于聚类的 R 树静态构建方法。该方法的基本思想是：通过三维空间对象的距离相似性聚类分析，将三维空间上相近的空间对象尽量放在同一个节点下，以尽量缩小节点的 MBR 大小并减少其交叠状况，提高 R 树的检索效率。

该算法包括三个大的计算步骤，分别对应成员函数 kmeansClustering、xyzSort 和

constructTree。

CR1：对空间对象的边界矩形进行 K-Means 聚类分析；

CR2：对聚类得到的每类空间对象边界矩形进行 XYZ 方向上的排序；

CR3：将排序的数据作为叶节点，由下而上进行 R 树的递归构造。

下面分别描述三个子算法。

在 ClusteringRTree 定义中，用一个 Item 代表一个空间对象记录。它是一个 pair 对象，其 OBJTYPE 模板类型代表指向空间对象的指针，BoundRect＜ELEMTYPE，NUMDIMS＞代表其 MBR。用 MBR 的中心 MBRC 代表空间对象的中心。在 K-Means 聚类分析中，设有 n 个 Item 对象需要分成 k 类，首先随机地选择 k 个 Item 对象，把每个 Item 对象作为一个类的原型，然后根据最近距离原则将其他对象分配到各个类中。在完成首批对象分配之后，以每个类所有对象的平均值作为该类的原型，迭代进行对象的再分配，直到没有变化为止，从而得到最终的 k 个类。该聚类算法描述如下。

（1）首先随机地选择 k 个 Item 对象，每个 Item 对象的 MBRC 作为一个类的"中心"，分别代表将分成的 k 个类；

（2）根据与"中心"最近距离原则，寻找与各 Item 对象最为相似的类，将对象分配到各个相应的类中；

（3）在完成对象分配之后，针对每个类，计算其所有对象的平均值，作为该类的新"中心"。

（4）根据与"中心"最近距离原则，重新进行所有 Item 对象的类分配；

（5）返回（3），直到没有变化为止；

（6）返回一个 ItemsVector＝｛Items^1，Items^2，…，Items^i，…，Items^k｝对象。

通过上述（1）～（6）的过程，实现了对空间对象距离相似性的 K-Means 聚类，与前述的 CR1 步算法步骤相对应。

CR2 算法是对 CR1 得到的结果 ItemsVector＝｛Items^1，Items^2，…，Items^i，…，Items^k｝中的每个 Items^i＝｛Item^1，Item^2，…，Item^i，…，Item^n｝进行排序。xyzSort 算法如下。

（1）令 it＝Items^1，确认 it 为非空，并含有 n 个 Item 对象；

（2）创建一条垂直于 YOZ 平面的扫描线，从 x 负向至正向对 it 中的每个 Item 对象的 MBRC 进行扫描，根据 MBRC 的 y 坐标值对空间对象进行排序，并将结果存放到集合 X-SET；

（3）创建一条垂直于 XOZ 平面的扫描线，从 y 负向至正向对 it 中的每个 Item 对象的 MBRC 进行扫描，根据 MBRC 的 y 坐标值对空间对象进行排序，并将结果存放到集合 Y-SET；

（4）创建一条垂直于 XOY 平面的扫描线，从 z 负向至正向对 it 中的每个 Item 对象的 MBRC 进行扫描，根据 MBRC 的 z 坐标值对空间对象进行排序，并将结果存放到集合 Z-SET；

（5）计算 X-SET 中的两两相邻对象之间的 x 距离的累加和，记为 x-sum；

（6）计算 Y-SET 中的两两相邻对象之间的 y 距离的累加和，记为 y-sum；

（7）计算 Z-SET 中的两两相邻对象之间的 z 距离的累加和，记为 z-sum；

（8）从 x-sum，y-sum，z-sum 中选取最小值，并令其对应的 Items 为 S；例如，若 x-sum 最小，则 $S=X\text{-SET}$；

（9）清空 it，并令 it＝S；

（10）令 it 指向 ItemsVector 的下一项，重复（1）～（9），直到完成 ItemsVector 所有的 Items 对象排序；

（11）设 $\{P_1, P_2, \cdots, P_i, \cdots P_k\}$ 对应于 $\{\text{Items}_1, \text{Items}_2, \cdots, \text{Items}_i, \cdots, \text{Items}_k\}$ 的 MBRC，利用（5）～（8）中的比较排序法，对 $\{\text{Items}_1, \text{Items}_2, \cdots, \text{Items}_i, \cdots, \text{Items}_k\}$ 进行升序排序，以使得 Items_i 与 Items_{i+1} 之间尽量靠近；

（12）返回排序修改后的 ItemsVector。

从（1）～（12），CR2 算法通过计算距离差的累加值，可以综合考虑节点的相邻关系，并且从三维的角度进行比较，能减少节点之间的交叠面积，同时节点的覆盖面积也相应减少。

ClusteringRTree 中的 CR3 算法是对 CR2 处理后的节点进行构树，设 R 树的节点分支数最大值为 M，其主要步骤如下。

（1）选取 Items_i，$i=1$；设 Items_i 中含有 n 个 Item 对象，通过这 n 个 Item 对象构造 n 个 LeafNode；

（2）从 n 个 LeafNode 对象中依次选取 M 个，构造出个数为 csize 的上级对象 ChildNode，如果 n 能整除 M，则 csize＝n/M；否则 csize＝$(n+M)/M$；

（3）当构造第 csize 个 ChildNode 时，如果剩下 LeafNode 个数为 $t<m$ 个时，应该构造 $m-t$ 个空的 LeafNode，以满足 R 树规则；

（4）令 $i=2\sim k$，重复（1）～（3），得到一个 ChildNode 数组 CNS；

（5）让 CNS 按照 Packed-R 树静态构树规则，进行剩下的步骤；

（6）返回 R 树的根节点。

由此完成了 CSR 树的静态构建算法，其他查找、更新算法直接从 R 树中继承。为追求更高效的更新操作，可以从 R^* 树中继承插入方法。CSR 树算法通过一次聚类两次排序，使得空间位置相邻的空间对象在物理存储位置尽量相近，减小了节点的覆盖面积，降低了节点的交叠概率，提升了 R 树的查询效率。

2）CSR 树与 R 树索引查找性能测试

利用随机生成的测试数据，在 PC 的 CPU 频率 2.0G，内存 1.0G 的条件下，对 R 树和 CSR 树的空间索引效率进行了测试。

测试结果表明，在空间对象较少的情况下，两个树模型的查询效率基本相当；当空间对象个数增加时，CSR 树的查询时间明显少于 R 树的查询时间（图 7-48）。

预计在对随机数据进行人工干预，使其出现明显的分类特征的条件下，CSR 树的查询效率将会比 R 树更高。

3）Grid＋CSR 树三维空间混合索引方法

大型三维模型数据的高效存储调度的解决办法有两类：其一是模型简化，包括

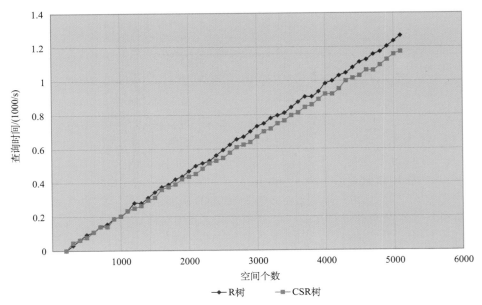

图 7-48 R 树与 CSR 树的每千次查询时间与空间个数关系图

LOD 技术；其二便是空间索引技术。目前的三维空间索引方法很多，但各有优缺点，采用单一的索引方式在处理三维海量空间数据时效果都不是十分理想。在系统中综合使用多种索引方式建立混合索引结构，不失为一种合理的选择。本书所提出的三维空间 Grid＋CSR 树的混合索引结构（mix grid clustering R-Tree，MGCSR-Tree），便是其中一种行之有效的办法（图 7-49）。

该索引结构由一个一级网格索引结构和一个二级 CSR 树索引结构组合而成。一级网格索引主要用于大块数据的索引，是平行于 XOY 平面的平面网格在 Z 方向上的拓展，属于拟三维结构。区块的划分用网格平面去剪切划分整个三维空间实体模型（图 7-50 和图 7-51）。为了调度方便，Grid＋CSR 树索引首先将大范围的三维空间划分成相对较小的空间网格。每个空间网格中的三维模型数据采用单独的外存文件或数据库数据块存储，再对每个空间网格中的三维空间对象建立 CSR 树索引。

显然，一级索引结构 TreeGrid 是一个 GridCell 的 $M \times N$ 矩阵，对应于 $M \times N$ 个桶，即每个网格区域的模型数据对应于一个桶。MGCSR 树通过矩阵网格的 BoundRect 对整个区域进行切割，因此，在一级索引上不存在跨区空间对象，但对于跨网格区域的三维空间分析会有一定影响。

MGCSR 树结合网格索引和 CSR 树索引特点，提出了基于粗分网格和 CSR 树的混合索引方法。该法通过两级索引机制将大量空间对象的索引项有机地组织到各个桶文件及其对应的 MGCSR 树中，既降低了存储开销，又保证了索引效率。

4）动态广义表空间索引方法

与前述各三维空间索引方法不同，广义表是一种非线性数据结构，是线性表和树的

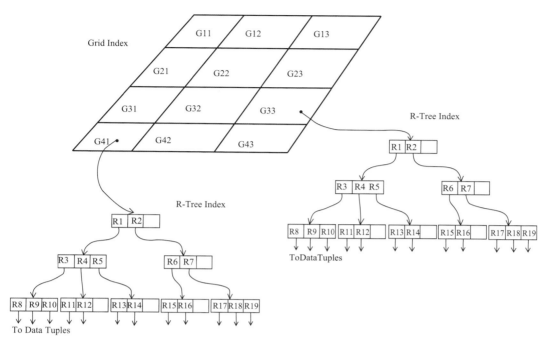

图 7-49　Grid＋CSR 树三维空间混合索引结构

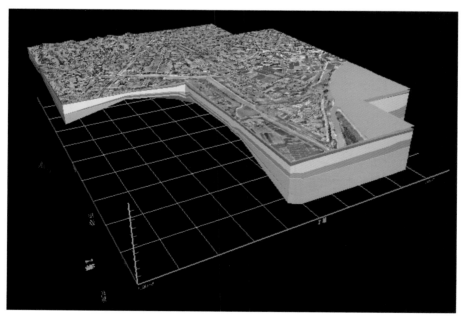

图 7-50　三维空间实体模型

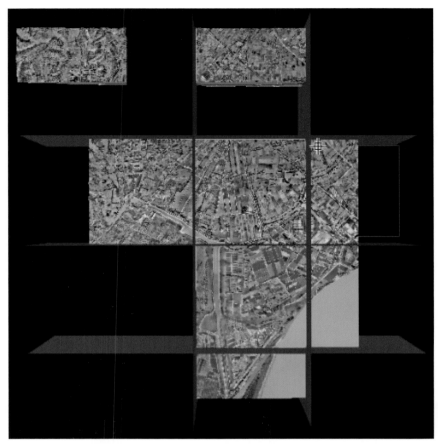

图 7-51 三维空间实体模型 Grid 剖分过程

推广。基于广义表三维空间动态索引结构 R-Lists (何珍文等，2009) 和 X-Lists (何珍文等，2011)，所实现的动态插入、动态删除、查找等算法，在多类多维海量地质数据的索引构建和应用方面具有显著优势。测试结果表明：在内存占用方面，X- Lists 的构建性能明显优于 R 树和 CSR 树；在索引构建时间方面，X-Lists 与 R 树相当，优于 R*树和 CSR 树；X-Lists 在索引构建与区域查找方面性能明显优于现有的 R 树和 CSR 树。同时，X-Lists 能有效地支持高维点查询和区域查询，具有广义表的一般属性及其优良性质，既具有高效的空间索引性能，又有利于对大规模空间数据集进行空间关系推理，有可能为基于索引结构的空间关系的智能推理，提供新的思路和方法。因此，动态广义表空间索引方法可能是一种更适合于地质信息系统的空间索引方法，值得进一步研究和开发。

第8章 地质过程的三维动态模拟

地质过程动态模拟的基本原理是：先通过地质研究来建立对象的地质特征和地质过程的概念模型，再选择适当的方法模型和数学模型来描述其主要过程，然后转化为软件模型，让计算机按一定的时序和法则来执行数值运算和逻辑推理（Harbaugh and Bonbam-Carter，1980）。所采用的数学模型可以是准确的数学函数表达式，也可以是概率性的、经验性的甚至逻辑启发性的关系表达式。模拟方法随之可分为静态确定型、动态确定型、动态随机型、动态选择型（确定＋随机）和人工智能型。这些模型通过演绎和推理，可以随着输入数据的增加而提高仿真程度，又可以按离散的时间增量前进而实现动态效果，还可以及时地将结果同实际数据进行对比，不断地修改模型以适应实际情况。当所描述的地质过程在计算机内持续进行，便可以产生与实际地质过程相似的数字化"结果"。研究者可以把这种从研究对象中抽取的概念模型及其相应的数学模型看作实验工具，通过改变各种条件和参数来观察其反应，定量地揭示出各种地质事件中主要影响因素的相互关系、变化趋势和可能结果。由此而达到理解和掌握地质过程的规律性和特殊性，进而实现对矿产资源和工程地质条件的预测、评价，以及对地质灾害的预警和防范的目的。这方面的研究在盆地分析与油气勘查领域发展较快，本书将以此为例进行阐述。

8.1 盆地构造-地层格架演化模拟

构造-地层格架演化模拟是造山带和盆地定量化分析的重要内容，也是油气田和金属矿床形成过程定量化研究的重要内容。其中，沉积盆地的构造-地层格架的计算机三维动态模拟，涉及盆地分析及复杂地质体、地质结构和地质构造多维动态建模技术的各个方面，特别是关于盆地构造-地层格架变形过程的体平衡复原技术。

8.1.1 盆地构造-地层格架三维动态模拟的方法模型

沉积盆地的构造-地层格架的三维动态模拟，是指在其静态格架模型的基础上，逐个阶段消除构造变形的影响，直到恢复盆地形成初期的状态（吴冲龙等，2006a）。这是一种逆向的构造反演方式，也称体平衡复原法。在当前尚不可能实现构造变形的动力学正演模拟的情况下，这是唯一可行的盆地构造演化历程的实验研究途径。

1. 体平衡复原法的基本思路

在常规的盆地模拟系统中，盆地沉降史和变形史的恢复，通常采用以去压实（也称压实校正）为核心的一维回剥法和以变形几何复原为核心的二维平衡剖面法。这两种构造模拟法都属于反演法，但以去压实为核心的一维回剥法难以处理盆地基底多次升降和地层多时代连续剥蚀的难题，而以变形几何复原为核心的二维平衡剖面法也难以应付岩层的大幅度弯曲和多期次变形叠加的难题，而且都不能直接推广到三维动态模拟中去。要顺利地开展三维盆地构造-地层格架动态模拟，首先要从根本上解决这些问题，并在此基础上建立相应的概念模型、方法模型和软件模型。

针对已有的一维柱状回剥法难以处理地层多次升降和多时代连续剥蚀的难题，可采用新的回剥反演法——最大深度法（毛小平等，1998a）；而针对二维几何平衡剖面法难以应付岩层大幅度弯曲和多期次变形叠加的难题，可采用物理平衡剖面法（毛小平等，1998b）。然后，把这些一维和二维构造模拟新方法推广到三维建模中去，采用综合的体平衡复原法（毛小平等，1999），来再造盆地各演化阶段的构造-地层格架，进而可采用动画方式来展现其演化历程。在这里，盆地（或凹陷）地质演化分析及其精细的三维可视化静态和动态建模，是一切工作的基础。

2. 体平衡复原的方法原理

盆地构造-地层格架的体平衡复原法，主要包括断层位移复原、地层变形复原、地层剥蚀复原、岩层压实复原四项技术内容。其要领就是把盆地构造格架演化分析与地层格架演化分析结合起来，同时把盆地构造-地层格架建模，与弹性应变分析、塑性变形分析、断裂力学分析和拓扑结构分析结合起来。

1）断层位移的复原

为了把已经变形的地层复原到初始状态，首先必须在地质演化分析及其三维可视化静态建模的基础上，恢复地层（岩层）的连续性。在二维平衡剖面模拟中，断层两盘的地层断距只有两个分量，只需采用地层线对应连接方法便可以实现断层复原；而在三维体平衡模拟中，由于断层两盘的断距有三个分量，需要采用地层面的对接方法才能进行断层复原。这就大大地增加了断距复原的难度。

三维地质模型可以采用不同的空间数据模型来构建，如八叉树、体元与面元混合、四面体格网和角点网格模型等。以角点网格模型为例，断层采用格网侧面记录和连接方式来描述和表达（Zhang et al.，2013）。通过描述断层在格网上的位置，可将整个模型分割为多个断块，而每个断块为多条断层的多个断点所包围。因此，在进行断块构造复原时，需要获取断块之间的拓扑结构和主控断层走向，并按照垂直于断层的方向进行断点追踪，然后逐一实现各断点的断距恢复，直至断块构造的整体复原。由于断层所穿越地层数不同，同一条断层在三维地质模型中的各地层面上的起止位置也不同，在复原断距的过程中需要根据各断层深度的实际变化，以最深断及层位为判断基准，实时调整各断层计算的起止深度。三维断距复原的流程如图 8-1 所示。

为了有序地进行断层复原，需要对计算步骤作出明确的规定——从模型的左面向右面逐个单元体进行。先锁定最左面一断块单元，然后以此时顶部层位为当前操作对象，向右扫描，若存在断层，则先计算该断层在顶部界面走向上不同位置的垂向断距 ΔZ_i（i 为沿断层走向上不同位置的点号），然后按相应的断距移动断层右盘，即在垂直于断

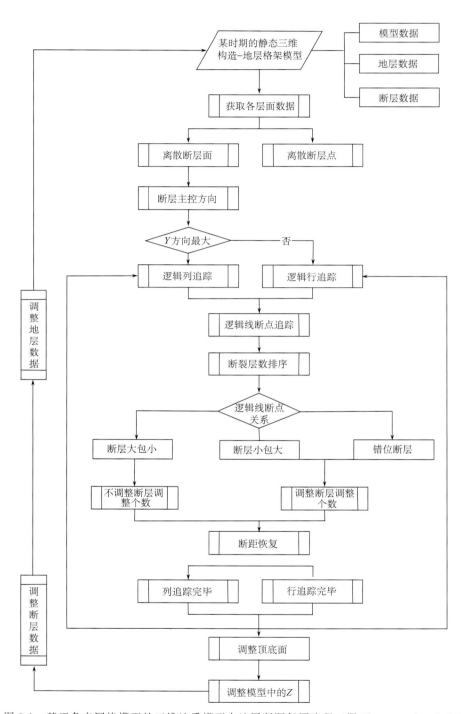

图 8-1　基于角点网格模型的三维地质模型中地层断距复原流程（据 Zhang et al.，2013）

面的平面上沿断面垂向滑动 ΔZ_i，使断层的垂向断距消失。在断层两盘复原过程中，水平位移分量 Δx，Δy 的合成断距 ΔD，即为垂直于断层走向的倾向断距。在消除断层的垂向断距后，只需进一步把断层右盘沿着倾向移动 ΔD，便可以消除倾向断距，实现该断层的完全复原。在移动断层右盘时，会牵连该断块上的所有相关层位，但由于是块体平移，不会涉及体积的损失（图 8-2）。

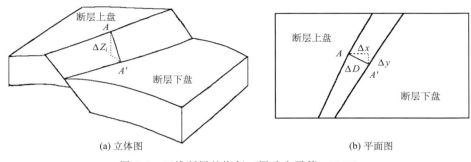

(a) 立体图　　　　　　　　　　　　　　　(b) 平面图

图 8-2　三维断层的恢复（据毛小平等，1999）

在利用计算机自动进行体平衡时，断面两边地层与断面两条交线上的对应点，必须通过断层走向法线所在的铅垂面上，如图 8-2 所示的 A 与 A' 对应。这种自动的断层复原法，对于大部分正断层和逆断层是有效的，但对于走滑断层则需要人工干预给定断点对应关系，即在水平方向上的滑动距离和方向。

2）地层变形的复原

当地层断错复原后，便可以进行挠曲变形的复原。其简化处理方法，是以断层复原后的最浅层顶面作为挠曲变形基准进行拉平。但是，在实际上，顶部地层的起伏不能完全归因于褶皱变形，而是四种因素综合作用的结果（毛小平等，1999），即

$$F = S + A + D + N \tag{8-1}$$

式中，S 为沉积作用因素；A 为古水深影响因素；D 为构造变形因素；N 为随机干扰因素，来自测量误差或解释误差。在体平衡模拟过程中，只有考虑了因素 A 之后，又通过压实校正去掉沉积因素 S 的影响，然后通过对顶部地层作平滑或作趋势面分析来消除随机干扰 N，才能得到真正的构造变形 D。这样的挠曲变形是一种趋势性变形，可理解为构造挤压或拉张引起的大尺度挠曲。挠曲变形的复原过程，是由上而下的逐层拉平过程。在求得构造变形量 D 之后，只需假设在小变形情况下岩层层长不变，便可以将映射关系作用于下伏各地层，并保证体积近似不变。

顶面地层映射为平面的算法步骤：先计算 X 方向的层长并扩展它至一平面，再计算 Y 方向的层长在 X 的映射，然后确定 Y 方向的映射关系。设变形前代表变形量的地层顶面空间坐标为 $p = \{p_{i,j}, i=1, 2, \cdots, m; j=1, 2, \cdots, n\}$，式中，$m$、$n$ 分别为 X 和 Y 方向的点数，X 方向变换后为 p'，加上 Y 方向的变换则映射至平面为 p''，有

$$p'_{i,j} = \sum_{k=0}^{i} |p_{k,j} - p_{k-1,j}| \qquad (8-2)$$

式中，$p'_{i,j}$ 为沿 X 方向各分段向量长度（模）的累加，且

$$p''_{i,j} = \sum_{k=0}^{j} |p'_{i,k} - p'_{i,k-1}| \qquad (8-3)$$

$p'' = \{p''_{i,j}, \ i=1, 2, \cdots, m; \ j=1, 2, \cdots, n\}$ 便是顶面地层映射为平面的结果。

　　上述方法对于复杂的挠曲变形而言，只是一种近似方法。其优点是能消除由构造变动引起的体积不平衡。在地层界面校正过程中，可采用剪切机制、层长不变机制进行变形校正，即在垂直于断层走向的逻辑线上由上而下进行变形校正。

　　3）地层剥蚀的复原

　　剥蚀量估算是原始地层厚度复原的主要难题。常用的剥蚀量估算方法有地层对比法、沉积速率法、测井曲线计算法、R_o 突变计算法和地层密度差法。这些方法都能够在一定的条件下，较为准确地估算出剥蚀量。但仅仅这样还不能进行剥蚀量的动态估算，也难以实现多套地层多期剥蚀厚度的统一估算和分配。为此，需在用常规方法算得的各套地层剥蚀厚度等值线的基础上，采用循环计算方式，以剥蚀期次为第一循环变量，以剥蚀地层为第二循环变量，按照剥蚀期次的顺序进行剥蚀厚度估算和原始厚度复原。三维剥蚀厚度动态估算流程如图 8-3 所示。

　　在具体实施过程中，一旦估算出一个层位的被剥蚀厚度，便新增一层与被剥蚀厚度相当的模型格网，其岩性暂用同一层位的剩余岩层或者邻近网格的岩性。然后根据该格网所处深度，采用孔隙度-深度曲线进行地层厚度插值计算和校正。此时，对于所复原的地层之下的所有格网不必进行压实校正，因为当地表抬升后，岩层的孔隙度不会随之改变。只有当盆地基底再度沉降并接受新的沉积物，而且上覆地层厚度大于被剥蚀地层厚度时，才有足够的压力使岩层的孔隙度再次被压缩。在这种情况下，需要对地质模型的所有单元体格网重新进行岩层孔隙度计算和校正。

　　4）岩层压实的复原

　　岩层压实的复原也称压实校正，是从今向古逐步去除岩层在埋藏过程中遭受的压实作用影响的一种模拟技术。随着埋藏深度的增加，上覆压力逐步增大，碎屑岩层孔隙度会随之逐步减少。假设上覆负荷的增加仅仅导致孔隙体积变小而骨架体积压实前后不变，并且单位面积上的地层柱在压实过程中仅发生纵向变化（Bessis，1986），于是，地层骨架体积不变就转化为地层骨架厚度 H_g 不变。即

$$H_g = \int_{Z_1}^{Z_2} [1 - \varphi(Z)] \mathrm{d}Z \qquad (8-4)$$

式中，Z_1 和 Z_2 分别为一套地层的顶面和底面埋藏深度；$\varphi(Z)$ 为现今孔隙度-深度函数。设 Z_1 和 Z_2 分别为该地层在随后任意埋藏位置的顶面和底面深度，则根据压实前后地层骨架厚度不变原理，可得

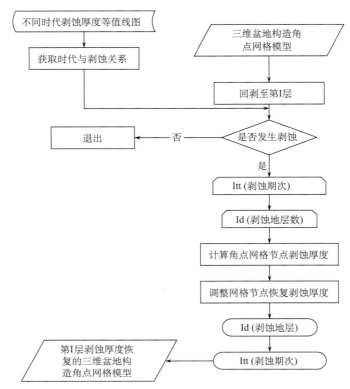

图 8-3　基于角点网格模型的三维地层剥蚀厚度估算和原始厚度复原流程图

$$\int_{Z'_1}^{Z'_2} [1-\varphi(Z)]\mathrm{d}Z = \int_{Z_1}^{Z_2} [1-\varphi(Z)]\mathrm{d}Z \tag{8-5}$$

由式（8-5）可知，只要知道了某岩层的孔隙度-深度函数，就可以用迭代法求解其顶面 Z'_1 和底面 Z'_2 之间任一埋藏位置的孔隙度和原始厚度。一般认为，碎屑岩层在压实过程中孔隙度随深度增加而呈指数减少［式（8-6）和图 8-4（b）］或分段线性减少［式（8-7）和图 8-4（c）］，即在一定深度范围内，碎屑岩层的孔隙度可表示为

$$\varphi(Z) = \varphi_0 \mathrm{e}^{-cZ} \tag{8-6}$$

或者

$$\varphi(Z) = \varphi_0 - kZ \tag{8-7}$$

式（8-6）和式（8-7）中都有两个关键性的常数，即 φ_0 和 c（或 k）。传统的方法是根据同一探井不同深度的同类型岩层的孔隙度值，用统计回归方法拟合式（8-6）或式（8-7）来建立该探井孔隙度-深度函数 $\varphi(Z)$，求出其初始孔隙度值 φ_0 和压实系数 c（或 k）。其应用前提是同类型岩层的 φ_0 和 c（或 k）是相同的。但是事实并非如此，不但不同地区的同时代不同层段碎屑岩层在相同深度上的孔隙度有很大差异，而且同一地区的同时代不同层段碎屑岩层在相同深度上的孔隙度也有显著差别。这是因为各个碎屑岩层中的矿物成分和物质结构差异较大，其初始孔隙度和压实系数 c（或 k）因此有所不同，孔隙度-深度函数也必然有所不同。因此，上述孔隙度-深度函数模型只是代表了多

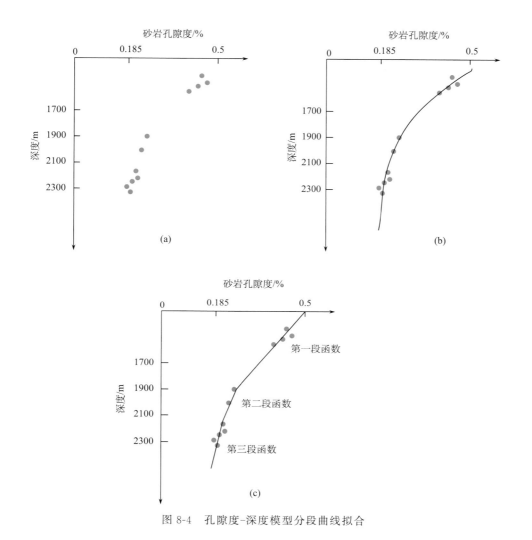

图 8-4　孔隙度-深度模型分段曲线拟合

种因素影响下的一种统计结果。为了精确地复原盆地或凹陷沉积岩层在埋藏压实前的原始厚度，并动态地再现其压实过程，需分层段或者分"地层压实单元"（杨桥等，2003）建立盆地或凹陷的孔隙度-深度函数模型。

分层段建立孔隙度-深度函数模型，需要有盆地或凹陷各处的各层段现今孔隙度值和初始孔隙度值。其中，某一深度的岩层现今孔隙度值可以通过多种方法获得，如岩心样品的实验室测定、声波测井数据换算、密度测井数据换算等。而某一深度的岩层在各个地质历史时期的初始孔隙度值，可通过相关岩心样品的去胶结作用、岩石碎屑物成分和含量实验分析，以及各层段岩石结构和岩相实验分析来确定。在求解岩层各阶段的初始孔隙度值时，既要考虑胶结物和填隙物造成的孔（裂）隙体积减小，也要考虑成岩孔隙和构造裂缝造成的孔（裂）隙体积增加。"地层压实单元"划分的粗细程度，取决于研究精度和研究者对地层层序形成过程的认识。

　　岩层一维和二维压实校正所采用的骨架厚度代替骨架体积的做法，在三维空间条件下缺陷就显露出来了，因为岩层在载荷作用下必然发生横向变形，包括弹性变形范围内的横向应变和塑性变形范围内的横向流展。在弹性变形范围内，岩层横向应变幅度与荷载及本身泊松比成正比；而在塑性变形范围内，岩层横向流展幅度与荷载和侧向可容空间成正比。因此，在进行沉积盆地的三维岩层压实动态复原时，需要同时对盆地或凹陷的伸展量进行估算。换言之，应当通过对盆地或凹陷的横向伸展量的动态模拟和复原，来近似地求解沉积岩层的横向变形量的动态变化。

3. 动态过程的内插生成

　　动态显示是对构造-地层格架演化历史模拟结果的动态表达。在进行三维构造-地层格架复原的回剥反演中，每次所处理的是一个具有一定厚度和时代间隔的层位，而不是连续的层位，其中间的动态过程需要通过内插生成。其要领是，采用以深度变化为轴的方式进行内插，以便获取任一所需时刻的构造形态，然后再采用动画技术将内插生成的瞬态三维构造-地层格架进行动态显示或输出（Zhang et al.，2013）。

8.1.2　三维盆地构造-地层格架动态模拟的实现

　　根据以上体平衡方法原理和模型，可设计出相应的软件模型，其实施流程如图 8-5 所示。所编制的构造-地层格架演化动态模拟模块，主要是适用于盆地或凹陷的整体模拟。但由于软件模型中考虑了位移（断层）和变形（挠曲）在三维空间中的分量，作为一种构造-地层格架的客观反演方法，对于局部区块也能适应。下面以东营凹陷的牛庄-王家岗区块的构造-地层格架的三维动态模拟为例加以说明。

　　东营凹陷为一个新生代裂陷型凹陷，其中 9 套地层分别是明化镇组（Nm），馆陶组（Ng），东营组（Ed），沙河街组一段（Es1），沙河街组二段（Es2），Es3^s（沙河街组三段上亚段），Es3^z（沙河街组三段中亚段），Es3^x（沙河街组三段下亚段），Es4^s（沙河街组四段上亚段）。地层单元的划分以地震等 T_0 分界面为基础（图 8-5）。在研究区的盖层中先后共发育了 14 条同沉积断层，以正断层为主。此外，在研究区的东南区还发育有两条次生断层（F_{11}、F_{11-2}）。大部分断层呈东西走向，仅在西北部有部分为北偏东走向。所有断层的倾角较大，未见铲状正断层发育，显然与基底断裂活动有关。

　　所输入的数据包括：现今的三维构造-地层格架（静态）模型、各地层的地质年代数据、断层数据、地层剥蚀厚度数据、剥蚀起始年代、孔隙度数据、孔隙度-深度曲线，以及各岩层的沉积相或砂泥百分比。模拟工作的数据预处理包括推断断层发育年代、各三维地层单元的孔隙度数据插值处理、各时代地层剥蚀厚度估算等。模拟工作依照图8-6 所示的流程进行：求取各主要断层的断距→消除断层位移并复原地层→褶皱变形的复原→地层去压实和剥蚀量估算→地层原始沉积厚度复原。模拟结果清晰地再现了研究区断裂格架、地层格架和地层挠曲的形成演化过程（图 8-5）。

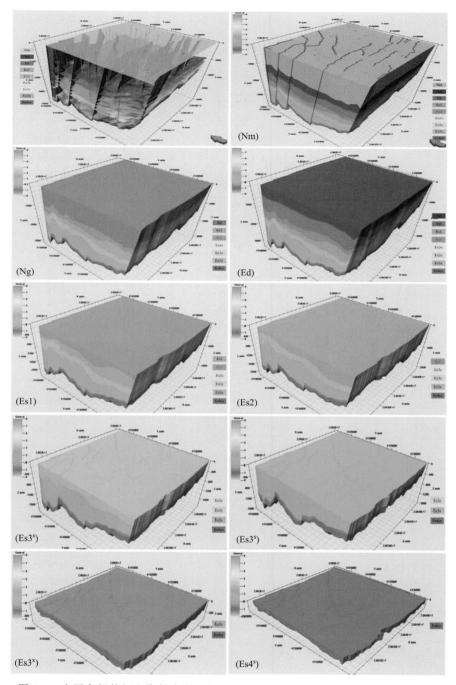

图 8-5　中国东部某新生代断陷盆地构造-地层格架形成演化的三维动态模拟结果

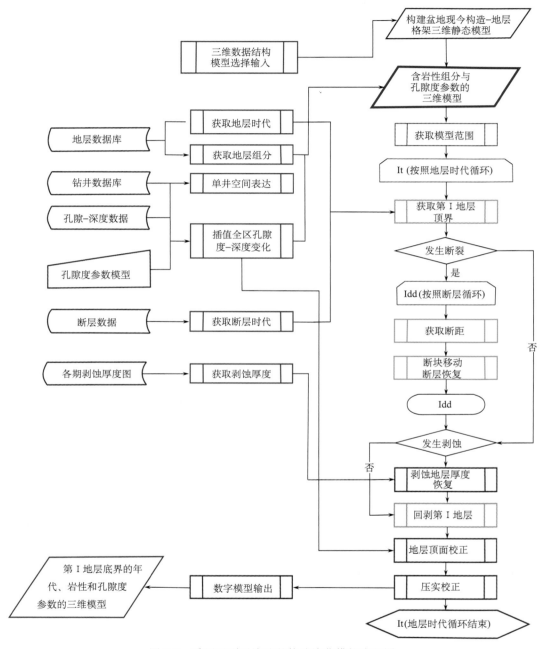

图 8-6　采用回剥反演法的构造演化模拟流程图

8.2　盆地古地热场与有机质演化模拟

热力学条件是盆地沉积盖层中的地球化学作用赖以发生和发展的基本动力学条件之一（Tissot et al.，1987）。这些地球化学作用包括：各种无机和有机化学元素迁移、反应、沉淀、成岩、成矿和成藏作用。盆地热力学条件可以用盆地古地热场动态模拟来描述。所谓盆地古地热场是指在沉积盆地形成演化过程中，内部各点的地热流状态连同沉积物所组成的空间整体。盆地古地热场演化的动态模拟既是岩层分散有机质成熟史和生烃史模拟的基础，也是金属矿质活化、迁移和沉淀过程动态模拟的基础。

8.2.1　盆地古地热场的三维动态模拟方法

盆地古地热场的影响因素众多且变化多端，建造合理的盆地地热场模拟方法模型涉及古地温、古地温梯度、古热传递方式等复杂问题，更涉及盆地古地热场的动态变化及古地热源的多期次叠加问题（杨起等，1996）。为了完整地描述这样的古地热场特征，需要从地下热流状态平衡与破坏的角度，将正常地热流与附加地热流分析结合起来，用正常地热场的概念来描述正常上地幔热流对地热场的贡献，而用附加地热场的概念来描述构造-岩浆热事件对地热场的贡献（吴冲龙等，1997，1999）。地幔热流，来自上地幔软流圈，是沉积盆地各种地质作用的主要热源。与此相应，盆地古地热场也可以划分出正常地热场和附加地热场两种成分。对盆地古地热场的模拟再造的基本方法，是古温标反演和动力学正演等模拟法。

1. 盆地古热流状态与古地热场构成

盆地内各点的古地热流状态，通常用沉积岩系中各点古地热流的大小和方向来描述。地壳中只要存在着温度的差别，便会有地热流的运动。地热流的基本运动状态有两种：一是稳定状态或平衡状态；二是过渡状态或不平衡状态。

在第一种状态下，温度是空间位置的函数，其分布不随时间而变化，即

$$T = f(x，y，z) \tag{8-8}$$

就热传导而言，根据傅里叶定律有

$$\frac{\partial}{\partial x}\left(k\,\frac{\partial T}{\partial x}\right)+\frac{\partial}{\partial y}\left(k\,\frac{\partial T}{\partial y}\right)+\frac{\partial}{\partial z}\left(k\,\frac{\partial T}{\partial z}\right)=0 \tag{8-9}$$

式中，k 为岩石热导率［W/(m·℃)］。式（8-9）表明，每一单位体积的物质在这个过程中既不获得热量也不失去热量，或者说获得和失去的热量相等。

在第二种状态下，温度是空间和时间的函数，其分布随时间而变化，即

$$T = f(x，y，z，t) \tag{8-10}$$

同样就热传导而言，根据傅里叶定律有

$$\frac{\partial}{\partial x}\left(k\,\frac{\partial T}{\partial x}\right)+\frac{\partial}{\partial y}\left(k\,\frac{\partial T}{\partial y}\right)+\frac{\partial}{\partial z}\left(k\,\frac{\partial T}{\partial z}\right)=c\rho\,\frac{\partial T}{\partial t} \tag{8-11}$$

式中，k 为岩石热导率 [W/(m·℃)]；ρ 为岩石密度（kg/m³）；c 为岩石比热 [J/(kg·℃)]，$k/c\rho$ 为热扩散率 a（m²/s）。

这两种热状态对有机质演化都是重要的。一般地说，地壳中的热事件发生时，原有的热平衡状态便被打破并转入过渡的不平衡状态；但当时间延续到一定长度，又会逐渐越过不平衡状态而趋向稳定的平衡状态。过渡状态延续时间的长短，决定于热事件的性质、规模及沉积岩系的热物理性质（热导率、密度、比热或热扩散率）和热传递方式（热传导、热对流及热辐射）。能打破地壳热流平衡状态的热事件，大致包括深部地幔热柱的形成、莫霍面的上隆、地壳的裂陷、岩浆的侵入和断裂的生成等。上述热事件可以互为因果关系，也可以联合或者单独起作用。根据热力学的一般原理，正常地幔热流和地壳放射性元素蜕变热流属于稳态地热流，所合成的地热流可称为正常地热流；而各种构造-岩浆热事件产生的地热流属于非稳态地热流，所合成的地热流可称为附加地热流。与此相应，盆地古地热场也可以划分出正常地热场和附加地热场。由于深部地幔热柱和莫霍面上隆所产生的附加地热流，往往伴随整个盆地发育过程，时间跨度大且不易与正常地幔热流分开，通常可以与正常地热流合并计算。

2. 盆地古地热场的计算模型

热的输入、在沉积物内的再分配和输出，是包括沉积盆地在内的上地壳热演化的主要内容，其内在的控制机理是热传递（传导、对流和辐射）。进行盆地古地热场动态模拟，实际上就是在四维时空中研究和再造盆地热传递状况。考虑到热传递作用（主要是热传导和热对流）在不同层位、不同孔隙度 φ 和不同地层压力 P 条件下有显著不同的表现，特将热演化概念模型分解为 3 个子模型，即过压实段子模型、欠压实段子模型和正常压实段子模型（图 8-7）（吴冲龙等，1997）。3 个子模型之间的转换以 φ 作为开关变量，而 φ 值动态获取可通过三维分层段孔隙度-深度函数模型来实现。根据地壳及盆

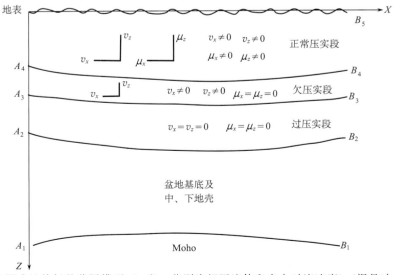

图 8-7　盆地深成地热场的分层模型（v 和 u 分别为超压流体和自由对流速度）（据吴冲龙等，1997）

地的分层热传递概念模型，可建立相应的盆地三维热演化数学模型（李星等，2001，2009）。

1）盆地内热传导和热对流耦合方程

通常认为，热传导作用和热对流作用在沉积盆地中各位置和各时间都有重要意义，而热辐射作用则仅在特定的位置和时间中有意义。热对流包括压实作用导致的流体循环（压实对流）、热力驱动的流体循环（自由对流）和地势驱动的流体循环（重力对流）。Bethke（1985）认为压实对流对热传递影响较小，效应较为局限，但在低渗透性岩石中占优势，其意义不能忽视；Ungerer 等（1990）指出，有效应力 σ 是盆地正常压实层段及欠压实层段流体驱动的主要动力。Rabinowicz 等（1985）和 Quintard 和 Bernard（1986）认为，自由对流主要形成于正常压实段的对流单元内；Willet 和 Chapman（1987）、Ungerer 等（1990）发现，重力对流主要发生于高渗透率的岩层中，其量值比压实驱动水流大几个数量级。为此，在盆地古地热场研究中，主要考虑热传导与热对流作用。

由此而建立了盆地沉积盖层中超压层段的热传导和热对流耦合方程。

$$\frac{\partial}{\partial x}\left(k\frac{\partial T}{\partial x}\right)+\frac{\partial}{\partial y}\left(k\frac{\partial T}{\partial y}\right)+\frac{\partial}{\partial z}\left(k\frac{\partial T}{\partial z}\right)-\rho_{\mathrm{f}}c_{\mathrm{f}}\left[\frac{\partial}{\partial x}(v_{x}T)+\frac{\partial}{\partial y}(v_{y}T)+\frac{\partial}{\partial z}(v_{z}T)\right]+Q$$
$$=\rho c\frac{\partial T}{\partial t} \tag{8-12}$$

式中，k 为地下孔隙介质热导率 $[\mathrm{W/(m\cdot ℃)}]$；$\rho=\rho_{\mathrm{s}}(1-\varphi)+\rho_{\mathrm{f}}\varphi$ 为地下孔隙介质的联合密度（kg/m³），ρ_{s}、ρ_{f}（常数）分别为骨架与地下流体的密度；$c=c_{\mathrm{s}}(1-\varphi)+c_{\mathrm{f}}\varphi$ 为地下介质的比热，c_{s}、c_{f}（常数）分别为骨架与地下流体的比热；Q 为放射性生热率（W/m³）；v_{x}，v_{y}，v_{z} 分别为超压流体速度 $\boldsymbol{v}=v_{x}\boldsymbol{i}+v_{y}\boldsymbol{j}+v_{z}\boldsymbol{k}$ 在 x，y，z 方向的分量（m/s）。

需要特别指出的是：在式（8-12）中，当 $v_{x}\neq v_{y}\neq v_{z}\neq 0$ 时，对应于欠压实段（即超压层段）子模型的热演化方程；当 $v_{x}=v_{y}=v_{z}=0$ 时，对应为过压实段子模型的热演化方程；如果用 $v_{x}+u_{x}$，$v_{y}+u_{y}$ 和 $v_{z}+u_{z}$（u_{x}，u_{y}，u_{z} 为自由对流速度分量）替换 v_{x}，v_{y} 和 v_{z}，则热演化方程（8-12）就转化为正常压实段的热演化方程（李星等，2001）。因此，盆地热传递方程的求解，可以以超压层段子模型为例进行说明。

2）盆地热传递方程的数值解法

盆地热传递方程数值解法面临的难题之一，是如何确定流体速度场。考虑到超压流体在发生幕式突破之前的流动速率极低，其速度 $\boldsymbol{v}=v_{x}\boldsymbol{i}+v_{y}\boldsymbol{j}+v_{z}\boldsymbol{k}$ 近似满足条件。

$$\frac{\partial v_{x}}{\partial x}+\frac{\partial v_{y}}{\partial y}+\frac{\partial v_{z}}{\partial z}=0 \tag{8-13}$$

可以将其近似地视作稳定的不可压缩的无源流体。利用这一条件及相应的边界压力条件，可使整个计算过程得到简化。

设研究区域为 Ω，则超压层段非幕式突破期的地热场数学模型的定解条件是

$$\begin{cases} T\,|_{\Sigma_1} = T_0(x,\ y,\ z,\ t) \\[4pt] \dfrac{\partial T}{\partial \boldsymbol{n}}\,|_{\Sigma_2} = \dfrac{q}{k} \\[4pt] T\,|_{t=0} = \varphi(x,\ y,\ z) \end{cases} \tag{8-14}$$

式中，$\varphi(x,\ y,\ z)$ 为初始温度（℃）；$T_0(x,\ y,\ z,\ t)$ 为第一类边界 Σ_1 上的温度，一般指地表温度（℃）；$q(x,\ y,\ z,\ t)$ 为第二类边界 Σ_2 上由外向内的热流值，一般指基底热流值 [J/(s·m²) 或 W/m²]；$\boldsymbol{n}$ 为 Σ_2 外法单位向量。

用不等间隔的分点 x_i（$i=0,\ 1,\ \cdots,\ I$），y_j（$j=0,\ 1,\ \cdots,\ J$）及 z_k（$k=0,\ 1,\ \cdots,\ K$），将三维实体的 $x,\ y,\ z$ 轴分成若干个小区间 $\Delta x_i = x_i - x_{i-1}$，$\Delta y_j = y_j - y_{j-1}$，$\Delta z_k = z_k - z_{k-1}$（$i=1,\ 2,\ \cdots,\ I$；$j=1,\ 2,\ \cdots,\ J$；$k=1,\ 2,\ \cdots,\ K$）。

令 $f^n_{i,j,k} = f(x_i,\ y_j,\ z_k,\ t_n)$，$g_{i,j,k} = g(x_i,\ y_j,\ z_k)$，对时间 t 用向后差分，并且

$$\alpha_i = \frac{\Delta x_i}{\Delta x_i + \Delta x_{i+1}}, \quad \beta_j = \frac{\Delta y_j}{\Delta y_j + \Delta y_{j+1}}, \quad \gamma_k = \frac{\Delta z_k}{\Delta z_k + \Delta z_{k+1}}$$
$$\lambda_i = \frac{2}{\Delta x_i \Delta x_{i+1}}, \quad \mu_j = \frac{2}{\Delta y_j \Delta y_{j+1}}, \quad \nu_k = \frac{2}{\Delta z_k \Delta z_{k+1}}, \tag{8-15}$$

以及

$$A^n_{i,j,k} = \lambda_i(1-\alpha_i)k_{i,j,k} + c_{\mathrm{f}}\rho_{\mathrm{f}} \frac{(u_x)^n_{i-1,j,k}}{\Delta x_i}$$

$$B^n_{i,j,k} = \mu_j(1-\beta_j)k_{i,j,k} + c_{\mathrm{f}}\rho_{\mathrm{f}} \frac{(u_y)^n_{i,j-1,k}}{\Delta y_j}$$

$$C^n_{i,j,k} = \nu_k(1-\gamma_k)k_{i,j,k} + c_{\mathrm{f}}\rho_{\mathrm{f}} \frac{(u_z)^n_{i,j,k-1}}{\Delta z_k} \tag{8-16}$$

$$D^n_{i,j,k} = \lambda_i\alpha_i k_{i+1,j,k} + \mu_j\beta_j k_{i,j+1,k} + \nu_k\gamma_k k_{i,j,k+1}$$
$$+ \lambda_i(1-\alpha_i)k_{i,j,k} + \mu_j(1-\beta_j)k_{i,j,k} + \nu_k(1-\gamma_k)k_{i,j,k}$$
$$+ c_{\mathrm{f}}\rho_{\mathrm{f}}\left(\frac{(u_x)^n_{i,j,k}}{\Delta x_i} + \frac{(u_y)^n_{i,j,k}}{\Delta y_j} + \frac{(u_z)^n_{i,j,k}}{\Delta z_k}\right) + \frac{c_{i,j,k}\rho_{i,j,k}}{\Delta t_n}$$

于是式（8-12）所对应的差分方程可以写成如下形式：

$$A^n_{i,j,k}T^n_{i-1,j,k} + B^n_{i,j,k}T^n_{i,j-1,k} + C^n_{i,j,k}T^n_{i,j,k-1}$$
$$+ \lambda_i\alpha_i k_{i+1,j,k}T^n_{i+1,j,k} + \mu_j\beta_j k_{i,j+1,k}T^n_{i,j+1,k} + \nu_k\gamma_k k_{i,j,k+1}T^n_{i,j,k+1}$$
$$- D^n_{i,j,k}T^n_{i,j,k} = -Q^n_{i,j,k} - \frac{c_{i,j,k}\rho_{i,j,k}}{\Delta t_n}T^{n-1}_{i,j,k} \tag{8-17}$$

其中，$i=1,\ 2,\ \cdots,\ I-1$；$j=1,\ 2,\ \cdots,\ J-1$；$k=1,\ 2,\ \cdots,\ K-1$。

根据第一类边界条件，当地表温度已知时，有

$$T^n_{i,j,k} = f(x_i,\ y_j,\ z_k,\ t_n) \quad (i=0,\ 1,\ \cdots,\ I;\ j=0,\ 1,\ \cdots,\ J) \tag{8-18}$$

假设四周边界是绝热的，即热流值为零，从而有

$$k \left. \frac{\partial T}{\partial \boldsymbol{n}} \right|_{\Gamma_2} = q = 0 \quad \text{或} \quad \left. \frac{\partial T}{\partial \boldsymbol{n}} \right|_{\Gamma_2} = 0 \tag{8-19}$$

所以由一阶差分，得

$$T_{0,j,k}^n = T_{1,j,k}^n, \quad T_{I,j,k}^n = T_{I-1,j,k}^n (j=0, 1, \cdots, J; k=1, 2, \cdots, K-1) \tag{8-20}$$

$$T_{i,0,k}^n = T_{i,1,k}^n, \quad T_{i,J,k}^n = T_{i,J-1,k}^n (i=1, 2, \cdots, I-1; k=1, 2, \cdots, K-1) \tag{8-21}$$

由第二类边界条件可知，基底热流为 q，即

$$k \left. \frac{\partial T}{\partial \boldsymbol{n}} \right|_{\Gamma_2} = q(x, y, z, t) \tag{8-22}$$

又根据一阶差分，可得

$$k_{i,j,0} \frac{T_{i,j,1}^n - T_{i,j,0}^n}{\Delta z_1} = -q_{i,j,0}^n \tag{8-23}$$

或写为

$$k_{i,j,0} T_{i,j,1}^n - k_{i,j,0} T_{i,j,0}^n = q_{i,j,0}^n \Delta z_1 \quad (i=0, 1, \cdots, I; j=0, 1, \cdots, J) \tag{8-24}$$

于是，我们可以从这 $(I+1) \times (J+1) \times K$ 个方程

$$\begin{cases} A_{i,j,k}^n T_{i-1,j,k}^n + B_{i,j,k}^n T_{i,j-1,k}^n + C_{i,j,k}^n T_{i,j,k-1}^n \\ + \lambda_i \alpha_i k_{i+1,j,k} T_{i+1,j,k}^n + \mu_j \beta_j k_{i,j+1,k} T_{i,j+1,k}^n \\ + \nu_k \gamma_k k_{i,j,k+1} T_{i,j,k+1}^n + D_{i,j,k}^n T_{i,j,k}^n \\ = -Q_{i,j,k}^n - (c_{i,j,k} \rho_{i,j,k} / \Delta t_n) T_{i,j,k}^{n-1} \\ T_{0,j,k}^n = T_{1,j,k}^n, \quad T_{I-1,j,k}^n = T_{I,j,k}^n \\ T_{i,0,k}^n = T_{i,1,k}^n, \quad T_{i,J-1,k}^n = T_{i,J,k}^n \\ T_{i,j,0}^n - T_{i,j,1}^n = q_{i,j,0}^n \Delta z_1 / k_{i,j,0} \end{cases} \tag{8-25}$$

中可以解出 $(I+1) \times (J+1) \times K$ 个未知数

$$T_{i,j,k}^n (i=0, 1, \cdots, I; j=0, 1, \cdots, J; k=0, 1, \cdots, K-1) \tag{8-26}$$

当 $n=1$ 时，由初始条件，即

$$T(x, y, z, t)|_{t=0} = T_0(x, y, z) \tag{8-27}$$

可得

$$T_{i,j,k}^0 = (T_0)_{i,j,k} (i=1, 2, \cdots, I-1; j=1, 2, \cdots, J-1; k=1, 2, \cdots, K-1) \tag{8-28}$$

根据方程组（8-25），依次可以解出

$$T_{i,j,k}^1, \ T_{i,j,k}^2, \ T_{i,j,k}^3, \ \cdots (i=0, 1, \cdots, I; j=0, 1, \cdots, J; k=0, 1, \cdots, K-1) \tag{8-29}$$

3) 热传递方程的多尺度差分算法

盆地的地热场是不均匀的，而反映这种不均衡的数据空间也是不均匀的。前者是一种自然现象，而后者是一种人为现象，是在油藏或矿体富集的部位布置较多的钻井（或钻孔）的缘故。通常，在采用热力学方法计算地热场时，是采用统一的网格剖分处理的，需要先通过筛选而舍掉一些数据，使数据空间分布均匀化。这样一来，便无法精细刻画油藏或矿体形成过程中的地热场细节。为了解决这个问题，需要实现有局部加密的多尺度数据一体化算法，即通过在加密体四周增加"虚拟点"的办法来解决（Li et al.，2013）。由于虚拟点处的值是通过线性插值的方法获得，因此不会增加太多的计算量，但计算精度却比没有加密体时的精度大大提高（图 8-8）。

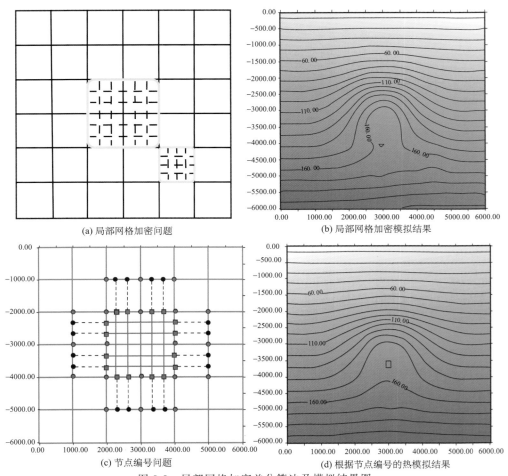

(a) 局部网格加密问题　　　　　　(b) 局部网格加密模拟结果

(c) 节点编号问题　　　　　　(d) 根据节点编号的热模拟结果

图 8-8　局部网格加密差分算法及模拟结果图

图中纵横坐标单位为 m

4) 三维多尺度非均质、非稳态盆地地热场动态模拟

为了实现大数据量、真三维、非均质、非稳态、多尺度盆地地热场动态模拟，还需

要借鉴道格拉斯（Douglas）交替算法，进一步将一个三维问题转化为三个一维问题，以便解决大线性方程组求解问题。其中，在 x，y，z 方向的计算公式分别如下：

a. x 方向的计算公式

$$\frac{k_{i+1,j,k}\dfrac{T^{n+\frac{1}{3}}_{i+1,j,k}-T^{n+\frac{1}{3}}_{i,j,k}}{\Delta x_{i+1}}-k_{i,j,k}\dfrac{T^{n+\frac{1}{3}}_{i,j,k}-T^{n+\frac{1}{3}}_{i-1,j,k}}{\Delta x_i}}{2\dfrac{\Delta x_i+\Delta x_{i+1}}{2}}$$

$$+\frac{k_{i+1,j,k}\dfrac{T^{n}_{i+1,j,k}-T^{n}_{i,j,k}}{\Delta x_{i+1}}-k_{i,j,k}\dfrac{T^{n}_{i,j,k}-T^{n}_{i-1,j,k}}{\Delta x_i}}{2\dfrac{\Delta x_i+\Delta x_{i+1}}{2}}$$

$$+\frac{k_{i,j+1,k}\dfrac{T^{n}_{i,j+1,k}-T^{n}_{i,j,k}}{\Delta y_{j+1}}-k_{i,j,k}\dfrac{T^{n}_{i,j,k}-T^{n}_{i,j-1,k}}{\Delta y_j}}{\dfrac{\Delta y_j+\Delta y_{j+1}}{2}}$$

$$+\frac{k_{i,j,k+1}\dfrac{T^{n}_{i,j,k+1}-T^{n}_{i,j,k}}{\Delta z_{k+1}}-k_{i,j,k}\dfrac{T^{n}_{i,j,k}-T^{n}_{i,j,k-1}}{\Delta z_k}}{\dfrac{\Delta z_k+\Delta z_{k+1}}{2}}$$

$$=c_{i,j,k}\rho_{i,j,k}\frac{T^{n+\frac{1}{3}}_{i,j,k}-T^{n}_{i,j,k}}{\Delta t_n} \tag{8-30}$$

b. y 方向的计算公式

$$\frac{k_{i,j+1,k}\dfrac{T^{n+\frac{2}{3}}_{i,j+1,k}-T^{n+\frac{2}{3}}_{i,j,k}}{\Delta y_{j+1}}-k_{i,j,k}\dfrac{T^{n+\frac{2}{3}}_{i,j,k}-T^{n+\frac{2}{3}}_{i,j-1,k}}{\Delta y_j}}{2\dfrac{\Delta y_{j+1}+\Delta y_j}{2}}$$

$$+\frac{k_{i,j+1,k}\dfrac{T^{n}_{i,j+1,k}-T^{n}_{i,j,k}}{\Delta y_{j+1}}-k_{i,j,k}\dfrac{T^{n}_{i,j,k}-T^{n}_{i,j-1,k}}{\Delta y_j}}{2\dfrac{\Delta y_{j+1}+\Delta y_j}{2}}$$

$$+\frac{k_{i+1,j,k}\dfrac{T^{n}_{i+1,j,k}-T^{n}_{i,j,k}}{\Delta x_{i+1}}-k_{i,j,k}\dfrac{T^{n}_{i,j,k}-T^{n}_{i-1,j,k}}{\Delta x_i}}{\dfrac{\Delta x_i+\Delta x_{i+1}}{2}}$$

$$+\frac{k_{i,j,k+1}\dfrac{T^{n}_{i,j,k+1}-T^{n}_{i,j,k}}{\Delta z_{k+1}}-k_{i,j,k}\dfrac{T^{n}_{i,j,k}-T^{n}_{i,j,k-1}}{\Delta z_k}}{\dfrac{\Delta z_k+\Delta z_{k+1}}{2}}$$

$$= c_{i,j,k} \rho_{i,j,k} \frac{T_{i,j,k}^{n+\frac{2}{3}} - T_{i,j}^{n+\frac{1}{3}}}{\Delta t_n} \tag{8-31}$$

c. z 方向的计算公式

$$\frac{k_{i,j,k+1} \dfrac{T_{i,j,k+1}^{n+1} - T_{i,j,k}^{n+1}}{\Delta z_{k+1}} - k_{i,j,k} \dfrac{T_{i,j,k}^{n+1} - T_{i,j,k}^{n+1}}{\Delta z_k}}{2 \dfrac{\Delta z_{k+1} + \Delta z_k}{2}}$$

$$+ \frac{k_{i,j+1,k} \dfrac{T_{i,j,k+1}^{n} - T_{i,j,k}^{n}}{\Delta z_{k+1}} - k_{i,j,k} \dfrac{T_{i,j,k}^{n} - T_{i,j,k-1}^{n}}{\Delta z_k}}{2 \dfrac{\Delta z_k + \Delta z_{k+1}}{2}}$$

$$+ \frac{k_{i+1,j,k} \dfrac{T_{i+1,j,k}^{n} - T_{i,j,k}^{n}}{\Delta x_{i+1}} - k_{i,j,k} \dfrac{T_{i,j,k}^{n} - T_{i-1,j,k}^{n}}{\Delta x_i}}{\dfrac{\Delta x_i + \Delta x_{i+1}}{2}}$$

$$+ \frac{k_{i,j+1,k} \dfrac{T_{i,j+1,k}^{n} - T_{i,j,k}^{n}}{\Delta y_{j+1}} - k_{i,j,k} \dfrac{T_{i,j,k}^{n} - T_{i,j-1,k}^{n}}{\Delta y_j}}{\dfrac{\Delta y_{j+1} + \Delta y_j}{2}}$$

$$= c_{i,j,k} \rho_{i,j,k} \frac{T_{i,j,k}^{n+1} - T_{i,j}^{n+\frac{2}{3}}}{\Delta t_n} \tag{8-32}$$

给定不同期的热流，解上述差分方程，便可以获得不同时期的各层的盆地或凹陷的三维热演化史。

3. 盆地古地热场模拟参数值的获取

建立盆地古地热场方法模型和软件模型，必须妥善解决盆地基底古热流值、沉积岩层的古地温和古热传导率等几种重要参数的取值、变换和预处理问题。由于这些参数都伴随着盆地构造、沉积演化而处于不停的变化之中，所提出的参数获取方法也需要与盆地的构造、沉积的动态演化相适应。

1) 盆地基底古热流值的获取方法

盆地基底古热流值的获取有多种途径和方法：其一是通过特定的盆地构造-热演化模型计算来获取，即经典的热力学模拟法；其二是通过地壳热流构成的返揭计算来获取，即地壳热结构动态分析法；其三是在合理范围内进行调整，使之符合观察结果（Ungerer et al., 1990），即经验给定法。第三种方法通常是根据知识和经验进行主观推测的，其使用需要因地而异和因时而异。下面着重介绍第一种和第二种获取方法。

A. 经典的热力学模拟法

经典的热力学模拟法是建立在大地热流基础上的。根据 Mckenzie（1978）和

Royden 和 Keen（1980）模型，针对拉张型盆地的热传导作用，设地球上某一个单元在发生拉张之前的地壳和岩石圈厚度之和为 $h=1.25 \times 10^5$（m），β 为拉张系数，地表温度为 $T_0 \approx 15$（℃），而软流圈的温度为 $T_1=1333$（℃）。当拉张发生时，由于均衡补偿作用，软流圈抬升，其顶界深度由 h 减少到 h/β，致使 1333℃ 的高温热源抬升，软流圈以上的地温梯度变大。随后，原来已经变热的地壳因散热而逐渐冷却，并随着软流圈逐渐向下收缩下沉。在这类盆地中，从地表至软流圈的地温梯度是逐渐变小的。

以一维状况为例，对应的数学模型为

$$
\begin{cases}
\dfrac{\partial T(z,\ t)}{\partial t} = \chi^2\ \dfrac{\partial^2 T(z,\ t)}{\partial z^2} \\[2mm]
T(z,\ t)\big|_{z=0} = T_1,\ \ T(z,\ t)\big|_{z=h} = T_2 \\[2mm]
T(z,\ t)\big|_{t=0} = \varphi(z)
\end{cases}
\tag{8-33}
$$

式中，$\chi^2=0.008$（cm^2/s）为热扩散率，而

$$
\varphi(z) = \begin{cases}
T_1 + \dfrac{\beta(T_2-T_1)}{h}z & 0 < z \leqslant \dfrac{h}{\beta} \\[3mm]
T_2 & \dfrac{h}{\beta} < z \leqslant h
\end{cases}
\tag{8-34}
$$

式（8-34）属于非齐次边界条件的定解问题。解之得

$$
T(z,\ t) = T_1 + \frac{T_2-T_1}{h}z + \sum_{n=1}^{\infty} C_n e^{-\left(\frac{n\pi\chi}{h}\right)^2 t} \sin \frac{n\pi}{h}z
\tag{8-35}
$$

其中

$$
C_n = \frac{2}{h} \int_0^h \varphi(z) \sin \frac{n\pi}{h}z\, dz \quad (n=1,\ 2,\ \cdots)
\tag{8-36}
$$

将 $\varphi(z)$ 代入积分表达式，得

$$
C_n = \frac{2\beta(T_2-T_1)}{(n\pi)^2} \sin \frac{n\pi}{\beta} \quad (n=1,\ 2,\ \cdots)
\tag{8-37}
$$

所以，得

$$
T(z,\ t) = T_1 + \frac{T_2-T_1}{h}z + 2(T_2-T_1) \sum_{n=1}^{\infty} \frac{\beta}{(n\pi)^2} \sin \frac{n\pi}{\beta} e^{-\left(\frac{n\pi\chi}{h}\right)^2 t} \sin \frac{n\pi}{h}z
\tag{8-38}
$$

从而可得，任意时刻 t（$t>0$）和任意深度 z（$0<z<125km$）处的热流值 $Q(z,\ t)$ 为

$$
q(z,\ t) = k\ \frac{\partial T(z,\ t)}{\partial z} = \frac{k(T_2-T_1)}{h} \left[1 + 2\sum_{n=1}^{\infty} \frac{\beta}{n\pi} \sin \frac{n\pi}{\beta} e^{-\left(\frac{n\pi\chi}{h}\right)^2 t} \cos \frac{n\pi}{h}z \right]
\tag{8-39}
$$

式中，K 为热导率。当 $z=0$ 时，得地表热流值 $q_0(t)$ 为

$$
q_0(t) = \frac{K(T_2-T_1)}{h} \left[1 + 2\sum_{n=1}^{\infty} \frac{\beta}{n\pi} \sin \frac{n\pi}{\beta} e^{-\left(\frac{n\pi\chi}{h}\right)^2 t} \right]
\tag{8-40}
$$

而 $z = h$ 处的热流值 $q_1(t)$ 为

$$q_1(t) = \frac{k(T_2 - T_1)}{h} \left[1 + 2 \sum_{n=1}^{\infty} (-1)^n \frac{\beta}{n\pi} \sin \frac{n\pi}{\beta} e^{-\left(\frac{n\pi\chi}{h}\right)^2 t} \right] \tag{8-41}$$

B. 地壳热结构动态分析法

在已有的盆地地热史模拟模型中，经典热力学法往往由于所设定的盆地模型与盆地的实际演化过程差别较大而失真，经验给定法又因有强烈的主观随意性而可靠性有限。相比较而言，借助地壳热结构动态分析法（返揭法）来确定盆地基底古热流（吴冲龙等，1997，1999），不失为一种较为客观、可靠、简便而有效的途径。

地壳热结构包括壳幔间热流、壳内不同层位热流，以及地壳深部温度分布（Blackwell，1971）。依据能量守恒定律，地壳的现今热结构（汪集旸和汪缉安，1986）可表示为

$$T_i^{\text{下}} = q_i^{\text{上}} \cdot D_i / k_i - A_i D_i^2 / k_i + T_i^{\text{上}} \tag{8-42}$$

式中，$T_i^{\text{下}}$ 和 $T_i^{\text{上}}$ 分别为第 i 层下、上界面的温度；$q_i^{\text{上}}$ 为第 i 层上界面的热流值，表层取地表热流值；D_i 为第 i 层的厚度；k_i 为第 i 层的热导率；A_i 为第 i 层的放射性生热率。

根据同样的原理，给以一系列合理的初始条件和边界条件限定，然后变换式（8-42），便有可能获取盆地演化各阶段的基底热流值。其方法要领是：①假定地壳各层次的岩石放射性生热率和热导率变化可忽略不计，上地壳由盆地变质基底和沉积盖层组成（$H_{\text{上}} = H_{\text{基}} + H_{\text{盆}}$），且盆地变质基底和中地壳的物质成分、厚度（$H_{\text{基}}$ 和 $H_{\text{中}}$）相对稳定；②利用大地电磁测深资料了解上、中、下地壳各层次的现今厚度（$H_{\text{上}}$、$H_{\text{中}}$、$H_{\text{下}}$）；③利用压实校正法和剥蚀量估算法恢复盆地各演化阶段的盖层总厚度（$H_{\text{盆}}$）；④利用经验公式估算盆地各演化阶段古莫霍面埋深（$H_{\text{莫}}$），并计算下地壳厚度（$H_{\text{下}} = H_{\text{莫}} - (H_{\text{中}} + H_{\text{基}} + H_{\text{盆}})$）；⑤根据大地构造背景类比估计古莫霍面的热流值和温度值，并根据古纬度资料估计盆地古地表温度；⑥变换式（8-42），由下而上推算地壳各演化阶段的古热流结构，再由上而下推算地壳相应的古地温结构。具体地，变换式（8-42），得

$$q_i^{\text{上}} = k_i \frac{T_i^{\text{下}} - T_i^{\text{上}}}{D_i} + A_i D_i \tag{8-43}$$

根据 $q = k \dfrac{\partial T}{\partial \boldsymbol{n}}$ 可知

$$q_i^{\text{上}} = k_i \frac{T_i^{\text{下}} - T_i^{\text{上}}}{D_i} + A_i D_i \tag{8-44}$$

式（8-44）便可化为

$$q_i^{\text{上}} = q_i^{\text{下}} + A_i D_i \tag{8-45}$$

式（8-45）说明，第 i 层上界面的热流值等于该层下界面的热流值与该层产生的热流之和。于是，可得盆地基底热流 $q_{\text{盆}}$。

$$q_{\text{盆}} = q_{\text{幔}} + A_{\text{下}} H_{\text{下}} + A_{\text{中}} H_{\text{中}} + A_{\text{基}} H_{\text{基}} \tag{8-46}$$

式中，$A_下$，$A_中$，$A_基$分别为下地壳、中地壳和盆地基底的放射性生热率；$H_下$，$H_中$，$H_基$分别为下地壳、中地壳和盆地基底的厚度；$q_幔$为地幔热流值。表 8-1 和表 8-2 分别列举了国内外已知的几类岩石的放射性生热率和部分现今地幔热流平均值，可供不同盆地或同一盆地不同原型发展阶段的类比和选用。

表 8-1　若干岩石的放射性生热率

岩石类型	生热率/$(\mu W/m^3)$	岩石类型	生热率/$(\mu W/m^3)$
花岗岩	3.0	板岩	1.8
花岗闪长岩	1.5	云母片岩	1.5
闪长岩	1.1	片麻岩	2.4
纯橄榄岩	0.0042	闪岩	0.3
橄榄岩	0.0105	球粒陨石	0.026
砂岩	0.34～1.0		

表 8-2　盆地大地构造背景与现今上地幔热流（$q_幔$）值

盆地类型	局部构造位置	$q_幔$/(mW/cm^2) 变化范围	$q_幔$/(mW/cm^2) 平均值	实　例
克拉通（中生代）	次级隆起	30.1～39.3	34.7	鄂尔多斯[1]
	斜坡	29.6～31.3	30.2	
	次级凹陷			
内陆拗陷（中生代）	近缘斜坡	18.0～35.6	28.0	四川盆地[1]
	次级隆起	42.9～49.0	46.0	
	次级凹陷	19.2～23.9	20.9	
内陆断陷（新生代）	盆外隆起		34.0	河套盆地[1]、山西地堑系[1]、美国西部盆地山脉省[2]
	凹陷边缘		35.5	
	凹陷内部	43.2～69.0	58.3	
活动陆缘裂陷（新生代）	次级隆起	40.0～53.9	44.7	辽河盆地[3]、华北盆地[1]、苏北盆地[4]、郯庐裂谷[1]、澳洲东部盆地[2]
	一般次级凹陷	41.0～58.4	51.4	
	中心凹陷	70.8～75.3	77.1	
被动陆缘裂陷	一般次级凹陷	21.0～33.0		北美东部盆地[2]
全球地壳	大洋区		57.0	全世界数据平均[5]
	大陆区		28.0	
	海陆平均		48.0	

注：①吴冲龙等，1999；②Sass et al.，1981；Morgen and Sass，1984；Morgen，1984；③汪集晹和汪缉安，1986；④王良书和施央申，1989；⑤Pollack and Chapman，1977

　　利用热结构分析来恢复盆地基底古热流值的关键问题，是估算盆地各演化阶段的古地壳厚度，即古莫霍面埋深（$H_莫$）。目前解决这一问题仍缺乏有效方法，一个可能的途径是：根据相对处于均衡补偿状态的盆地的数据，通过回归分析来近似求取（Wu et al.，1991）。这个方法是建立在以下 3 个基本认识之上的：①莫霍面埋深的变化与壳-幔重力均衡调整密切相关，因而盆地底面与莫霍面普遍呈"镜像倒影"关系；②盆地基底从沉降、蓄水、充填沉积物到触发重力均衡机制，并达到再调整的 90%，只需 1 万～10 万年时间，当剥蚀作用和沉积作用穿插进行时，各阶段的重力场都能得到迅速补偿（Kinsman，1975），因此基底的沉降和隆起与莫霍面的隆起和沉降，是准同步发生的；③现今的莫霍面是盆地演化过程中重力均衡调整的结果，若能找到重力均衡异常为零或近于零且变形微弱的完整盆地，便可以根据该盆地各处沉积盖层的现今厚度与莫霍面现今埋深的相关分析，拟合出一个经验公式。正是基于以上认识，通过对符合条件的松辽盆地进行拟合，得

$$H_{莫} = \frac{55.19146 - H_{盆}}{1.63092} \tag{8-47}$$

式中，$H_{莫}$ 为莫霍面埋藏深度；$H_{盆}$ 为盆地底面埋藏深度，相当于沉积盖层总厚度。根据该式，可通过盆地各演化阶段的沉积盖层三维厚度模型（需经压实校正和剥蚀量恢复），求解出相应阶段的莫霍面埋深和空间形态。于是，盆地基底古热流值 $q_{盆}$ 为

$$q_{盆} = q_{莫} + A_{下}(33.84069 - 1.61315H_{盆}) + (A_{中} - A_{下})H_{中} + (A_{基} - A_{下})H_{基} \tag{8-48}$$

2）岩层热导率的估算法

盆地沉积岩层的热导率是动态变化的，在中新生代盆地中，影响热导率的因素除沉积的岩石类型、矿物成分之外，还有孔隙度和地温及其变化梯度。如前所述，孔隙度与压实程度、岩性及孔隙充填情况密切相关，而压实程度取决于埋藏深度，孔隙充填情况又取决于填隙物类型及成岩程度，从而又与埋藏深度密切相关。现今的岩层热导率可以通过钻井采样的实测来获取，而盆地或凹陷的各层段的古热导率需要通过动态模拟来获取。在求解盆地或凹陷的古热导率时，需要在分层段建立孔隙度-深度函数的基础上，进一步考虑沉积相、矿物成分和地热梯度的影响。

为了简化起见，可根据不同地热梯度下的热导率与埋藏深度之间的关系（Ungerer et al.，1990）（图 8-9），采用双重回归的方法将其转换为数学表达式。其方法要领是①一定深度间隔对各曲线的热导率进行密集取值；②分别采用多项式回归法拟合出各条曲线的数学表达式；③对同种岩性的两条热导率曲线的系数再次进行线性回归，便可得到一组经验公式（吴冲龙等，1999），即

页岩：$K_{Sh} = 0.936122 - 0.039356\Delta T + (3.77919 + 0.49197\Delta T)H \times 10^{-4} - (7.10736 + 0.45607\Delta T)H^2 \times 10^{-8} + (3.28372 + 0.22924\Delta T)H^3 \times 10^{-12}$

灰岩：$K_L = 1.65637 - 0.18393\Delta T + (3.47354 + 2.09579\Delta T)H \times 10^{-4} - (0.56212 + 0.30656\Delta T)H^2 \times 10^{-7} + (2.02319 + 1.55438\Delta T)H^3 \times 10^{-12}$

白云岩：$K_D = 2.49882 - 0.25239\Delta T + (1.74634 + 2.35199\Delta T)H \times 10^{-4} - (0.62132 + 3.44626\Delta T)H^2 \times 10^{-8} + (2.36835 + 2.13317\Delta T)H^3 \times 10^{-12}$

砂岩：$K_S = 3.34011 - 0.03587\Delta T + （1.22136 + 0.13283\Delta T）H \times 10^{-3} - （2.33496 + 0.05602\Delta T）H^2 \times 10^{-7} + 1.04504 + 0.03229\Delta T）H^3 \times 10^{-11}$

盐岩：$K_{Sa} = 6.21146 - 0.03352\Delta T - （8.56667 - 1.44621\Delta T）H \times 10^{-4} + （3.36318 - 0.73388\Delta T）H^2 \times 10^{-8}$

石英岩：$K_Q = 7.86398 + 0.13269\Delta T - （7.79587 - 1.54145\Delta T）H \times 10^{-4}$　　（8-49）

式中，ΔT 为地温梯度（℃/100m）；H 为埋深（m）；K_{Sh}，K_L，K_D，K_S，K_{Sa} 和 K_Q 分别为不同岩性的热导率。

各组数据的复合回归系数都达到 0.97 以上，表明岩性、深度和地温梯度综合地反映了上述各种因素的复杂影响，该经验公式应具有使用价值。

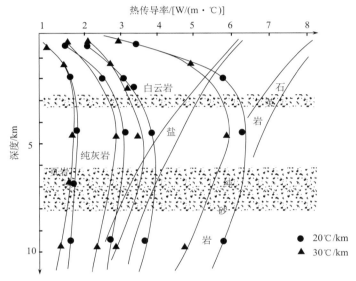

图 8-9　岩石热导率与各种因素之间的复杂关系（据 Ungerer et al.，1990）

3）岩层古温度的估算法

现今的岩层温度可以通过钻孔（井）的测温直接获取，而盆地演化过程中的岩层古温度获取除上述各种模拟方法之外，只能靠矿物或微古生物古温标来间接测定。例如，有镜质体（组）反射率（R_o）自生成岩矿物、矿物流体包裹体、矿物裂变径迹、牙形石色变指数（CAI）等。其中，常用的是 R_o、裂变径迹和流体包裹体 3 种。

A. 镜质体（组）反射率（R_o）

镜质组反射率 R_o 值是一种有效性较高、易于准确测定而又代价低廉的古温度计，目前被广泛应用于煤级和岩层分散有机质成熟度的标定。业已证明，R_o 值主要是所经受的地温 T 及有效受热时间 t 的函数（Lopation，1971），即：$R_o = f（T，t）$。Bostick 等（1979）曾根据煤化作用的热动力模拟，近似地计算出烟煤各煤化阶段的反应速度，并绘制出了镜质组反射率与煤化温度、时间的关系曲线。这个关系模型客观地反映了有机质的热演化规律。只要找到其数学表达式，便可以采用简单而直观的方式开展定量模拟，根据少量 R_o 实测数据来复原盆地或凹陷的古地热场动态演化历程；也可以通过所建立的古地热场来动态地描述岩层有机质的多热源多阶段叠加变质作用。

基于 Bostick 等（1979）曲线和松辽、鄂尔多斯、二连等盆地的实测数据，采用双重回归法建立了 T-t-$R_{o,m}$ 经验公式（Wu et al.，2000）。

$$R_{o,m} = \frac{0.492t^{0.093}}{\dfrac{646.32}{111.85 + \ln t} - \ln T} \tag{8-50}$$

式中，T 为古地温（℃）；t 为岩层绝对年龄（Ma）；$R_{o,m}$ 为镜质组平均反射率（%）。

变换式（8-50）得

$$T = e^{\left(\frac{646.32}{111.85 + \ln t} - \frac{0.492t^{0.093}}{R_{o,m}}\right)} \tag{8-51}$$

利用式（8-51），便可以根据岩层的实测 $R_{o,m}$ 值和地质年龄值，换算出所经历的古地温值。不过，镜质体反射率法本身也存在许多局限性，如：①该法不能直接应用于海相或前石炭纪缺失镜质体的地层；②R_o 测值在低熟的有机质中精度差；③R_o 测值受镜质体本身的有机组成和多旋回混入物的影响；④R_o 测值受氧化-还原因素和光性各向异性成分的影响；⑤R_o 测值受复杂的构造演化（抬升与沉降）史和受热史的影响。因此，求解盆地或凹陷的古地热史，还需要参考其他古温标的研究成果。例如，在上古生界和下中生界海相地层中，可以参考牙形石色变指标（CAI）及其与 R_o 值的对应关系；而在其他时代和其他类型的盆地中，可以参考裂变径迹的研究成果。

B. 裂变径迹

裂变径迹包括磷灰石裂变径迹和锆石裂变径迹两类。利用磷灰石裂变径迹恢复盆地热历史的方法，是建立在对磷灰石所含的 U_{238} 在自发裂变时，其射线径迹会因受热而发生退火作用的认识之上的。磷灰石在沉积岩中分布广且对温度敏感，径迹退火的温度范围为 60～125℃，与生油窗的温度范围基本一致，用于标定烃源岩生烃阶段的温度比较精确（Gleadow et al.，1983），在油气勘查领域应用广泛。

在使用磷灰石裂变径迹技术研究沉积盆地热演化史时，常用的参数包括：裂变径迹平均长度、裂变径迹年龄、表观年龄随深度的变化、单颗粒年龄分布、封闭径迹平均长度随深度的变化、封闭裂变径迹长度分布等（Green et al.，1989）。

磷灰石中每一条裂变径迹，实际上是不同时期形成的。随时间增加磷灰石中的径迹不断增加，但初始的径迹长度都在 $16 \pm 1 \mu m$ 范围内。通过实验证实，在地质条件下，随温度的增高，磷灰石裂变径迹的密度较少、长度变短，径迹长度配分图由长、窄变为短、宽，直至完全消失。换言之，随温度的增高，裂变径迹的长度分布会由形状对称、峰窄、平均值较大、偏差较小等特点，向短径迹方向移动，导致短径迹数增多，分布变宽，平均值变小，偏差变大（图 8-10）。裂变径迹的这种缩减现象，反映了它们所经历的退火状态及退火历程。某些进入退火带的矿物，如果所经历的热演化史比较复杂，则其裂变径迹的长度分布可能会出现双峰或混合峰的形态。

Naeser 等（1989）在连续沉积的盆地盖层的磷灰石裂变径迹年龄-深度（或温度）

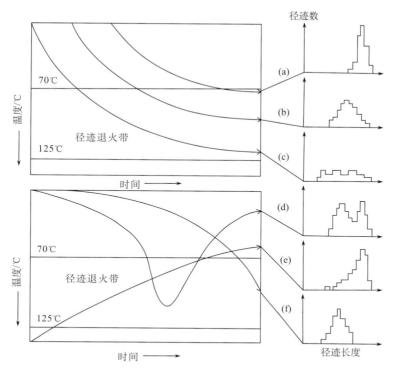

图 8-10　不同热演化过程与裂变径迹长度的关系（引自康铁笙和王世成，1991）

图上，划分出了 3 个不同的带（图 8-11）。从浅到深依次为：①未退火带。地层尚未受到退火作用，其裂变径迹年龄反映了物源的年龄，通常大于或等于地层年龄。②部分退火带。地层已受到退火作用，其裂变径迹年龄逐渐减小，通常小于地层年龄。③完全退火带。其裂变径迹年龄等于零，地层达到完全退火。

　　如果地层达到最大埋藏温度后，由于抬升剥蚀或地温梯度的下降而冷却，磷灰石的裂变径迹年龄-深度（温度）图上会出现 5 个带（图 8-12）（Naeser et al.，1989）。从上到下依次是：①未退火带；②部分退火带；③前完全退火带，也称冷却带，常有新的裂变径迹，利用新裂变径迹年龄、年龄-深度曲线斜率和该带地层厚度，可以确定冷却事件发生的时间、速率和地层抬升剥蚀方面的信息；④部分退火带；⑤完全退火带。

　　在 20 世纪 80 年代以后，随着 Zeta 常数定年法和 Durango 等标准年龄样品的使用，以及单颗粒沉积碎屑物的测年和磷灰石退火行为等方面的研究，使得裂变径迹热年代学得到迅猛发展。基于不同的等温退火实验建立了不同的磷灰石退火模型，如平行直线模型、扇形直线模型、平行曲线模型、扇形曲线模型、统计模型等（Carlson et al.，1999；Donelick et al.，1999）。目前，国际上已经有较为成熟的模拟软件。

　　磷灰石裂变径迹法的主要优点：①能确定最大古地温；②能确定从最大古地温状况下冷却的时间；③能确定地层达到最大古地温时的古地温梯度。但其缺陷也是很明显的，一旦遇到温度超过超过 125℃ 的最大的热事件，如大规模岩浆侵入，原有的磷灰石

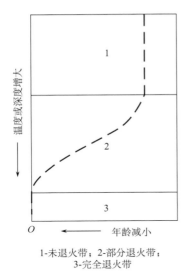

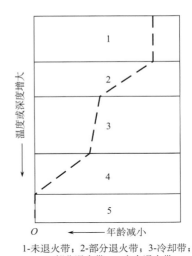

1-未退火带；2-部分退火带；
3-完全退火带

1-未退火带；2-部分退火带；3-冷却带；
4-部分退火带；5-完全退火带

图 8-11　最大埋藏温度下的磷灰石裂变径迹
年龄与温度的关系（据 Naeser et al.，1989）

图 8-12　受到一次冷却后的磷灰石裂变径迹
年龄与温度的关系（据 Naeser et al.，1989）

裂变径迹将因完全被愈合而丧失，此前的地热演化史将因被掩盖而难以追索。由于锆石裂变径迹退火温度高于磷灰石，在热演化程度高的盆地或凹陷，可以把磷灰石裂变径迹与锆石裂变径迹结合起来分析。

C. 流态包裹体

在盆地沉积物通过埋藏和压实成岩作用而形成碎屑岩系的同时，伴随有一系列新生（自生）矿物的生成和有机质化学变化。这些新生矿物在成岩期的不同阶段和成岩期后，有不同的产出形式和生成顺序，并且在生成过程中常常封存了不同成因的微量地质流体（包括有机流体），形成大量的流体包裹体。通过对自生矿物及其流体包裹体的研究，可以获得有关油气成藏的地质构造环境，以及物理化学状态等重要信息，其中包括热流体流经该处的温度及其期次的信息。检测这些信息对于恢复盆地演化史，查明油气成藏动力学和热力学过程等有重要意义。

流体包裹体研究的前提是：①流体包裹体的成分能够代表其形成时主体流体的成分；②流体包裹体的物理化学条件、性质与主矿物结晶生长时的相一致；③流体包裹体与其寄主矿物之间不发生任何物质交换或其他化学反应；④流体包裹体作为一封闭体系，在其形成时及形成后不存在物质的流入和流出。满足了这些前提条件，就可以从流体包裹体中检测出均一温度、捕获温度和峰值温度。

其中，流体包裹体的均一温度代表了未经压力校正的包裹体形成温度，捕获温度代表了经压力校正后的包裹体形成温度，而流体包裹体的温度峰值对应于沉积盆地内部的重大构造-热事件。所谓的构造-热事件，可能是盆地基底沉降幅度最大、烃源岩（或有机质）埋藏深度最大的事件，也可能是较大规模岩浆侵入事件。根据包裹体的形态特征，还可以获得一定的热演化信息。例如，气液比大小与含包裹体矿物经受古地温高低成正比，而包裹体颜色深浅与热演化程度成正比。一般来说，随着油气演化程度增高，包裹体主要类型由纯液态向气液双态、气态方向变化。此外，包裹体的大小、数量和形态与寄主矿物结晶速度和环境有关。若矿物结晶速度快，则包裹体个体大、数量较多、形态不规则，反映热流体动力条件较强；若矿物结晶速度慢，则包裹体个体小、数量较少、形态规则，反映热流体动力条件较弱。

近年来，快速发展的激光拉曼光谱技术，将包裹体成分和温度、压力测定提高到一个新的水平，使液态包裹在盆地地热演化史研究中的应用更具实用意义。

8.2.2　有机质成熟史的三维动态模拟方法

沉积岩层中的有机质有多种类型，既包括集中的有机质（煤），也包括分散有机质（油母质）。岩层中有机质的成熟与否，是针对成煤作用和生烃作用而言的，可用有机质成熟度来衡量。在众多的有机质成熟度指标中，镜质组反射率 R_o 值具备有效性较高、易于测定而又代价低廉的特征，先是被广泛应用于煤级或煤阶的标定，随后被用于油母质成熟度的标定，以及盆地模拟和油气成藏模拟中。

R_o 值主要是所经受的地温 T 及有效受热时间 t 的函数，因此它既是盆地沉积岩层有效的古温标，又是岩层有机质成熟度的重要指标。

R_o 的计算方法较多，但目前应用广泛且较为成熟度的方法有三种，即 $\mathrm{TTI_{ARR}}$-R_o 法、Easy R_o 法和化学动力学法。下面着重介绍前两种方法。

1）$\mathrm{TTI_{ARR}}$-R_o

TTI 即时间温度指数，表示岩层中有机质在时间和温度影响下降解速度的变化特征。其要领是：从"温度每升高 10℃ 干酪根反应速度提高一倍"的认识（Lopatin and Bostick，1974）出发，根据盆地沉降史模型所得的岩层埋藏史，以及地热史模型所得的地温史，通过 R_o-TTI 关系式求解各套地层的 R_o 变化史。其计算过程如下：

先通过 Arrhenius TTI（$\mathrm{TTI_{ARR}}$）公式（Wood，1988）求出各套地层底界的 TTI 变化史：

（1）对于温度逐步上升且加热速度为常数的时间段 $[t_n，t_{n+1}]$ 内 $\mathrm{TTI_{ARR}}$ 增量为

$$\Delta \mathrm{TTI_{ARR}} = \frac{A}{V_Q}\left[\frac{RT_{n+1}^2}{E+2RT_{n+1}}\mathrm{e}^{-\frac{E}{RT_{n+1}}} - \frac{RT_n^2}{E+2RT_n}\mathrm{e}^{-\frac{E}{RT_n}}\right] \tag{8-52}$$

式中，V_Q 为加热速度（$\mathrm{d}T/\mathrm{d}t$）；A 为频率因子(1/Ma)；E 为活化能(kJ/Ma)；R 为气体常数 $[0.008\,314\mathrm{kJ}/(\mathrm{mol \cdot K})]$，$T$ 为绝对温度（℃ $+273$）；n 为由下而上的计算时间段序数。

（2）对于温度保持为某一常数的时间段 $[t_n，t_{n+1}]$，$\mathrm{TTI_{ARR}}$ 增量为

$$\Delta \mathrm{TTI_{ARR}} = (t_{n+1} - t_n)A\mathrm{e}^{-\frac{E}{RT_n}} \tag{8-53}$$

在具体计算时，可先根据盆地的构造-沉积历史，将地热演化史划分为温度升高和温度恒定两种时间段（温度降低段暂不考虑，因为有机质成熟是不可逆的），分别用式

（8-52）和式（8-53）计算出各段的 TTI_{ARR} 值，然后加以累积。

$$TTI_{ARR} = \sum_{n=1}^{m}\left[\varepsilon_n \frac{A}{V_Q}\left(\frac{RT_{n+1}^2}{E+2RT_{n+1}}e^{-\frac{E}{RT_{n+1}}} - \frac{RT_n^2}{E+2RT_n}e^{-\frac{E}{RT_n}}\right) + \mu_n(t_{n+1}-t_n)Ae^{-\frac{E}{RT_n}}\right]$$

（8-54）

式中，

$$\varepsilon_n = \begin{cases} 1 & [t_n, t_{n+1}] \text{为增温时间段} \\ 0 & [t_n, t_{n+1}] \text{为常温时间段} \end{cases}; \qquad \mu_n + \varepsilon_n = 1。$$

这里，动力学参数的选择至关重要。从已经发表的数据看，干酪根降解反应中 E 值的分布介于 $100\sim350kJ/mol$，$\ln A$ 介于 $40\sim80/My$，并且 E 和 A 成正相关关系。

TTI-R_o 法认为，R_o 值与 TTI 值存在对数线性关系（虽然值得进一步探讨），即

$$R_o(t) = b_i \lg[TTI_{ARR}(t)] + a_i \qquad (8-55)$$

有机质成熟史受多因素控制，R_o 与 TTI_{ARR} 之间的关系在不同盆地、不同凹陷、不同层段和不同井位都会有差异，各层段 R_o-TTI 曲线须分别回归（石广仁，1998）：

$$\begin{aligned} R_o &= b_1\lg TTI + a_1 & 0 < TTI \leqslant I_1 \\ R_o &= b_2\lg TTI + a_2 & I_1 < TTI \leqslant I_2 \\ &\vdots & \vdots \\ R_o &= b_{n-1}\lg TTI + a_{n-1} & I_{n-1} < TTI \leqslant I_{n-1} \\ R_o &= b_n\lg TTI + a_n & I_{n-1} < TTI \leqslant I_n \end{aligned}$$

（8-56）

式中，I_i 为 R_o-TTI 曲线拐点处的 TTI 值。为简化计算，可以在每个 R_o 小分区中选取代表性的钻井进行回归分析并制作 R_o-TTI 曲线，即分别求出其 a，b 值。把式（8-52）和式（8-56）集成到地热场和有机质演化三维模型中，便可计算出任一层位在任一时间的 R_o 值。进而模拟出盆地（或凹陷）的 R_o 和 TTI 演化史。

2）Easy R_o 法

Easy R_o 法是 Sweeney 根据镜质组的组分随时间和温度变化的现象，所提出的一种求 R_o 的简便方法。其要领是：根据地层埋藏史、地温史和简易化学动力学公式，计算出任意时刻、任何地质的 R_o 史。具体计算公式为

$$R_o(t) = \exp[-1.6 + 3.7F(t)] \qquad (8-57)$$

式中，t 为埋藏时间（Ma）；$F(t)$ 为化学反应程度，其取值范围是 $0\sim0.85$，即

$$F(t) = \sum_{i=1}^{20} f_i\left\{1 - \exp\left(-\frac{[I_i(t) - I_i(t-\Delta t)] \cdot \Delta t}{T(t) - T(t-\Delta t)}\right)\right\} \qquad (8-58)$$

式中，Δt 为时间间隔；$T(t-\Delta t)$、$T(t)$ 分别为时刻 $t-\Delta t$ 及时刻 t 的古地温（℃）；f_i 为化学计量因子（表 8-3）；而 $I_i(t)$ 的计算公式为

$$I_i(t) = A[T(t) + 273] \cdot \left\{1 - \frac{[a_i(t)]^2 + 2.33473a_i(t) + 0.250621}{[a_i(t)]^2 + 3.330657a_i(t) + 1.681534}\right\} \cdot \exp[-a_i(t)]$$

（8-59）

式中，$a_i(t) = \dfrac{E_i}{R\,[T(t)+273]}$；$A$ 为频率因子的预指数，其值为 1.0×1013（1/s）；R 为气体常数，其值为 $1.986\,[cal/(mol \cdot K)]$[①]；$E_i$ 为活化能（kcal/mol）（表 8-3）。

表 8-3　在 Easy R_o 中使用的化学计量因子和活化能

序号	化学计量因子 (f_i)	活化能 (E_i) /(kcal/mol)	序号	化学计量因子 (f_i)	活化能 (E_i) /(kcal/mol)
1	0.03	34	11	0.06	54
2	0.03	36	12	0.06	56
3	0.04	38	13	0.06	58
4	0.04	42	14	0.05	62
5	0.05	42	15	0.05	60
6	0.05	44	16	0.04	64
7	0.06	46	17	0.03	60
8	0.04	48	18	0.02	68
9	0.04	50	19	0.02	70
10	0.07	52	20	0.01	72

　　Easy R_o 法是对 TTI-R_o 法的改进，但计算过程仍然较为复杂。从应用的角度看，用于描述热过程单一的有机质成熟史可以收到好的效果；但用于描述描述中国各时代盆地中广泛出现的有机质多热源多阶段叠加变质作用，将会遇到许多麻烦。该法的适用范围是 R_o 值处于 0.3%～4.5% 的有机质。

8.2.3　地热场与有机质演化三维动态模拟的实现

　　盆地地热场和有机质演化动态模拟软件系统开发的建模过程，也遵循从实体模型到概念模型再到方法模型，最后转换为软件模型的顺序。

1. 软件设计思路及流程图

　　根据盆地地热场和有机质演化动态模拟原理，选用适当的方法模型及软件开发环境，并以三维可视化地质信息系统平台为基础，便可开发出盆地地热场和有机质溶化动态模拟软件。以国产的 QuantyPetrol 为例，完整的盆地地热场和有机质演化动态模拟软件大致由六个模块组成（图 8-13），各模块中又包含若干子模块。

　　盆地地热场和有机质演化动态模拟软件系统开发的建模过程，也遵循从实体模型到概念模型再到方法模型，最后转换为软件模型的顺序。软件系统的整体逻辑结构和研发流程如图 8-14 所示。其中，盆地地热场和有机质演化方法模型的构建，是整个研发工

---

① 1cal＝4.184J。

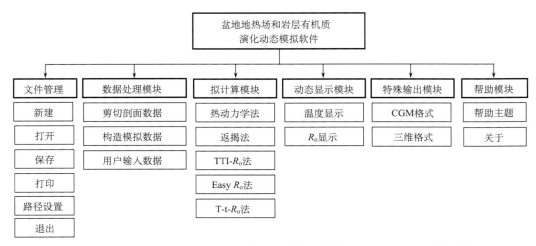

图 8-13　盆地地热场和岩层有机质演化动态模拟软件 QuantyPetrol 的功能结构

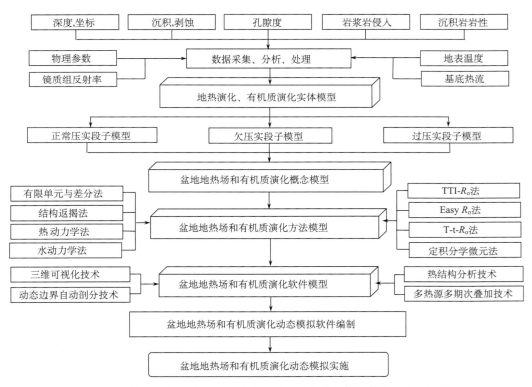

图 8-14　QuantyPetrol 的地热场和岩层有机质演化模拟模块研发流程图

作的核心。它通过多种不同的方法获取盆地基底热流值之后，再读取或输入其他参数，
然后借助有限单元法求解三维热传导、热对流方程，从而得到地热场演化值。为了便于
不同用户针对不同研究对象的选择使用，该模拟系统同时采用"TTI-R_o 法"，"Easy R_o

法"和"T-t-R_o法"3 种方法，并且分别予以编程实现。此外，还采用温度与压力耦合模型，实现了热传导与热对流的联合动态模拟。

2. 东营凹陷的地热场演化模型及参数

下面以东营凹陷牛庄-王家岗区块为例，说明盆地古地热场模拟的应用建模和模拟实施要领（Li et al.，2013）。盆地热史模型的构成包括地质模型、热力学模型、数学模型，以及相关介质的几何、物理参数和平均放射性生热率值等。

东营凹陷是一个四周由凸起环绕的晚侏罗世-古近纪时期的叠合型裂陷盆地，具有北断南超的特点，新近纪以后成为华北大型近海盆地的一部分。该凹陷中的古近系和新近系总厚度巨大，最大可达 7000m 以上。受基底裂陷和沉降方式的控制，地层厚度呈西厚东薄、北厚南薄的格局。古近系自下而上为：孔店组（E_k），沙河街组（E_s），东营组（E_d）、馆陶组（N_g）和明化镇组（N_m）。其中，沙河街组（E_s）为主要含油岩系，自下而上可进一步划分为沙四段（E_{s4}）、沙三段（E_{s3}）、沙二段（E_{s2}）和沙一段（E_{s1}）。

根据深部地球物理探测资料（张先康和宋建立，1994）、现今区域地壳热结构资料（迟清华和焉明才，1998；龚育龄等，2003），确定了现今沉积盖层和上、中、下地壳的厚度（表 8-4）和莫霍面埋藏深度（30km），建立了东营凹陷的地壳热结构模型。

表 8-4　东营凹陷地壳结构与平均放射性生热率

地壳分层特征	沉积盖层	上地壳下部	中地壳	下地壳	资料来源
地震波速/(km/s)	<6.0	6.0～6.3	6.4～6.6	6.7～7.2	张先康和
分层厚度/km	6.0	8.0	7.5	8.5	宋建立，1994
平均放射性生热率 /($\mu W/m^3$)	1.40	1.24	0.86	0.31	龚育龄等，2003 迟清华和 鄢明才，1998

东营凹陷的其他各项古地热场建模参数确定如下（表 8-5）：根据研究区岩心样品的放射性生热率实测数据，计算各套地层的平均放射性生热率；根据研究区所在的华北地区古近纪古纬度与现今差别不大（朱日祥，1998），设定各套地层沉积期末的古地表温度与现今相同，均为 15℃；根据研究区的陆内裂陷构造背景，从表 8-2 中获取古地幔热流值；根据华北区域构造演化背景的稳定性，假设在东营凹陷沉积演化过程中，地壳和沉积盖层各个层位的平均放射性生热率保持不变。

在此基础上，通过返揭法求得该区的盆地基底（沙四段底界）热流值、最高温度和平均地温梯度（表 8-6）。从表 8-6 中可以看出：研究区基底热流值在各个沉积期的变化于 58.6～83.56 mW/m^2，并且由古往今逐步降低，其中沙三中亚段沉积期末、沙三下亚段沉积期末和沙四段沉积期末的基底热流值较为接近，现今的凹陷基底热流值最低；沉积盖层的平均地温梯度变化于 5.295～3.142℃/100m，并且由古往今逐步降低，其中沙四段沉积期末和沙三下亚段沉积期末的平均低温梯度值较为接近，现今的平均低

表 8-5　东营凹陷新生界热结构模型的相关参数

系	统	组、段		代号	底界年龄/Ma	沉积期末地表温度/℃	沉积期末地幔热流值/(mW/m²)	平均放射性生热率/(μW/m³)
第四系	全新统	平原组		Q_p	2.0	15	31.21	1.410
上第三系	上新统	明化镇组		N_m	5.1	15	33.60	1.515
	中新统	馆陶组		N_g	24.6	15	40.495	1.453
下第三系	渐新统		东营组	E_d	32.4	15	40.978	1.334
		沙河街组	沙一段	E_{s1}	36.0	15	43.480	1.800
			沙二段	E_{s2}	38.0	15	45.847	1.395
			沙三上段	E_{s3s}	41.0	15	45.904	1.390
			沙三中段	E_{s3z}	42.0	15	45.963	1.410
			沙三下段	E_{s3x}	43.0	15	46.022	1.400
			沙四段	E_{s4}	50.0	15	46.022	1.400
数据来源					胜利油田	李星等，2012	迟清华和鄢明才，1998

温梯度值最低；沙四段底界的最高温度变化于 35.41~143.28℃，并且由古往今逐步升高，与最大埋深呈正比关系，现今沙四段底界的温度为最高（143.28℃），所对应的埋深也最大（3983.04m）。这些情况表明，基底热流值和地温梯度的变化趋势符合陆内裂陷的一般规律，即初始裂陷期地幔上隆引发基底高热流和高地温梯度；在随后的裂陷作用发展过程中，岩石圈顶部逐渐冷却，基底热流值随之降低，但凹陷底部的沙四段底界温度则随着埋藏深度增大而逐渐升高，至今仍处于最大埋深和最高温度阶段，而沉积盖层中的地温梯度也逐渐降至最低。

表 8-6　盆地基底（沙四段底界）在各套地层沉积期的地热参数返揭成果

沉积时期	最大埋深/m	基底热流值/(mW/m²)	最高温度/℃	凹陷平均地温梯度/(℃/100m)
现今	3 983.04	58.6	143.28	3.142 20
馆陶组末	3 403.40	61.57	141.16	3.411 22
东营组末	3 187.42	72.89	157.91	4.165 63
沙一段末	2 362.48	77.41	128.03	4.460 64
沙二段末	2 154.99	79.50	120.58	4.648 29
沙三上段末	1 922.74	80.66	110.38	4.858 25
沙三中段末	1 600.26	82.40	96.20	5.089 59
沙三下段末	615.60	82.98	52.84	5.294 62
沙四段末	294.06	83.56	35.41	5.281 36

根据沉积岩层的放射性生热率的参数（表 8-6），我们甚至可以用返揭法来对盆地（或凹陷）进行沉积盖层内部的古热结构动态分析。沉积岩层的放射性生热率主要取决于其中放射性元素（U、Th、^{40}K）的含量，其经验公式如下（迟清华和鄢明才，1998）：

$$A = 0.317\rho(0.73U + 0.2Th + 0.27K) \tag{8-60}$$

式中，A 为岩石的放射性生热率（$\mu W/m^3$）；ρ 为岩石密度（kg/m^3）；U、Th 为含量实际测定值（10^{-6}）；K 为用 K/U 含量比值带入计算（%）。

3. 东营凹陷地热场演化的三维动态模拟

研究区古地热场三维动态模拟是在建立了三维构造-地层格架模型和地热演化模型，并获取了一系列基本参数和数据的基础上进行的。其中，关键性步骤有两个：第一是把研究区的古地热场演化模型与三维构造-地层格架模型耦合起来；第二是动态地求解每个三维网格单元中的热导率及其古温度。由于岩性、深度和地温梯度综合地反映了各种因素对岩层热导率的复杂影响，因此可在进行研究区的三维构造-地层格架动态模拟的同时，采用热导率计算的经验公式［式（8-49）］，来建立其三维岩层热导率动态模拟模型，然后计算出研究区内各套沉积岩层的任意层位（任意网格单元）在任意深度上的温

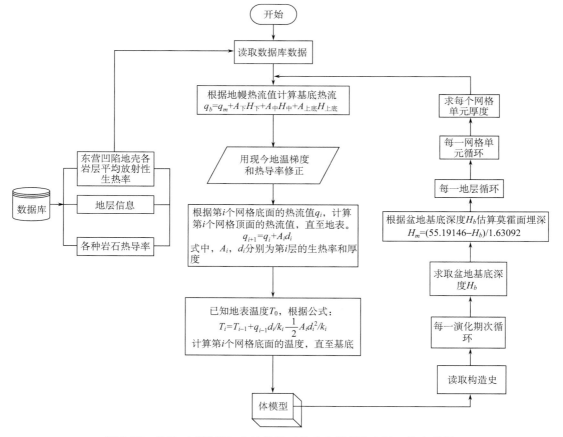

图 8-15 盆地（或凹陷）古地热场三维动态模拟的实际工作流程图

度值 T，进而可以得到研究区的沉积岩层整体三维温度场和热流场，以及整个研究区各演化阶段的三维温度场和热流场。

东营凹陷牛庄-王家岗地区的古地热场三维动态模拟，采用国产的 QuantyPetrol 软件来实现。其实际工作流程如图 8-15 所示。

模拟结果可用从沙四段沉积期以来直至现今的系列三维图件来表达，图 8-16 便是是东营凹陷牛庄-王家岗区块古地温场动态模拟结果中的现今一帧。

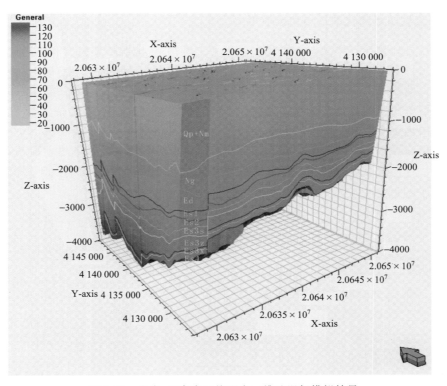

图 8-16　牛庄-王家岗区块现今三维地温场模拟结果

将基于地壳古热结构分析法（返揭法）的地热场动态模拟所得的现今温度场，与采用传统的热史模拟方法——镜质体反射率反演法（李星等，2012）、热阻率法（熊振等，1999），以及钻井中实测所得的现今温度场进行对比（表 8-7），发现有很高的吻合度。并且基于地壳热结构分析法和镜质体反射率反演法模拟所得的结果，都落在热阻率法和实测所得的结果的变化范围之内，也就是说，地壳热结构分析法和镜质体反射率反演法所得结果离散度小，而热阻率法分析结果和实测结果离散度比较大。对于动态模拟而言，现今温度场是盆地（或凹陷）古温度场历史演化过程的最终结果，与实测结果的较高吻合度在某种意义上证明了模拟方法的可靠性，同时也就证明了基于所采用方法模拟的每个历史阶段每个层段的地温场的可靠性和合理性。

表 8-7 利用几种不同方法对东营凹陷所做的热史模拟结果对比

模拟方法	地层	馆陶组沉积期末/℃	现今/℃	数据来源
基于地壳热结构的基底热流值模拟法	沙河街组四段下底界	70～130	81～130	李星等，2012
	沙三段下亚段下底界	64～128	76～135	
	沙河街组一段下底界	31～85	65～99	
基于镜质体反射率（R_o）反演的基底热流值模拟法	沙河街组四段下底界	71～132	87～130	李星等，2012
	沙三段下亚段下底界	67～130	81～133	
	沙河街组一段下底界	31～87	69～97	
热阻率法计算结果	沙河街组四段下底界		64～137	熊振等，1999
	沙三段下亚段下底界		61～133	
	沙河街组一段下底界		53～100	
钻井中实测温度	沙河街组四段下底界		67～134	胜利油田勘探成果
	沙三段下亚段下底界		62～136	
	沙河街组一段下底界		50～98	

为了了解古地热场的空间特征和内部结构，可以任意地对所得的三维地温场模型进行剖切与挖刻，开展随机的空间查询。此外，为了便于说明凹陷三维地温场的整体变化趋势，也可采用模拟结果的水平投影图来展示。图 8-17 和图 8-18 便是所得的该区沙三段下亚段底界和沙一段下亚段底界三维地温场模拟结果的投影。从这两幅水平投影图可清晰地看到，沙三段下亚段底界温度在馆陶组沉积末期的变化范围是 64～128℃ [图 8-17（a）]，其中占全区面积 90% 以上的地方温度变化于 90～128℃；而现今的变化范围是 76～135℃ [图 8-17（b）]，其中占全区面积 90% 以上的地方温度变化于 90～135℃。沙一段下亚段底界温度在馆陶组沉积期末的变化范围是 31～85℃ [图 8-18

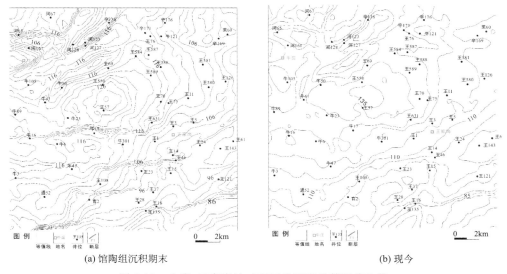

(a) 馆陶组沉积期末　　　　　　　　　　　　(b) 现今

图 8-17 牛庄-王家岗沙三下亚段下底界等温线比较

(a)]，均低于 90℃；而现今的变化范围是 65～99℃［图 8-18（b）］，只有占全区面积不到 20％的区域达到 90℃。其他各层段也都出现类似的状况，显示出凹陷内各个沉积层段的地热场（温度场）都有逐步增强的趋势。这种与地幔热流及地温梯度相反的变化趋势，恰恰说明了埋藏深度在这里起了显著的控制作用。

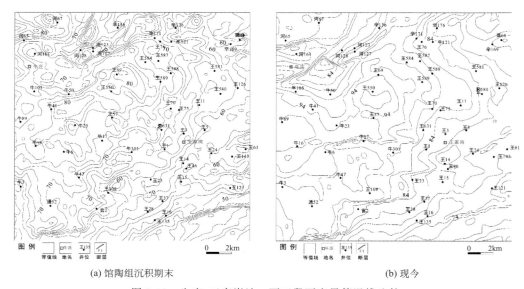

(a) 馆陶组沉积期末　　　　　　　　　　　　(b) 现今

图 8-18　牛庄-王家岗沙一下亚段下底界等温线比较

　　从上述动态模拟结果可知，研究区沙三段下亚段底界以下的沙四段烃源岩在馆陶组沉积期末，基本上已经整体进入了生油温度窗，现今仍处于该温度窗内；沙一段下亚段底界以下的沙二段在馆陶组沉积期末没有进入生油度窗，现今也只有局部进入了生油度窗；而沙三段下亚段多数在馆陶组沉积期末进入了生油温度窗，中亚段大约 50％在馆陶组沉积期末进入了生油温度窗，上亚段大少数在馆陶组沉积期末进入了生油温度窗，现今则研究区沙三段整体的大部分都进入了生油温度窗。从古至今，各层段的各时段等温线大致都呈 NEE 走向，与东营凹陷轴向平行，高温区基本上都稳定在中部偏北处，与基底最大沉降幅度及岩层最大埋藏深度相一致。

　　研究区地热场动态模拟结果所显示的各种特征表明，东营凹陷在形成演化过程中的陆内裂陷型构造热体制较为稳定，对地温场的控制也始终如一。这种情况，对于我国东部众多新生代盆地具有普遍意义，符合陆内裂陷盆地演化的一般规律。

　　基于古地热结构分析的古地热场模拟之所以可行，是因为该法直接采用了较稳定的地幔热流值来反演求解盆地基底古热流，可以避开构造-岩浆热事件和其他多种因素引起的 R_o 局部异常。凹陷中的构造-岩浆热事件可能是多期叠加的，并且出现在不同的时空位置，将会导致采用 R_o 进行古地热场反演或对有机质成熟度估算出现误差。把基于古地热结构分析的古地热场模拟与基于 R_o 反演的古地热场模拟结合起来，并且互相印证，是对盆地（或凹陷）进行古地热场和有机质演化动态模拟的有效方法。在对盆地

（或凹陷）进行正常古地热场模拟的同时，还应该将该模拟模块与附加地热场模拟模块集成起来，才能完整地实现复杂盆地的古地热场演化模拟。

8.3　石油与天然气油气成藏过程模拟

油气成藏过程模拟是盆地模拟和油气系统模拟的核心内容。盆地模拟和油气系统模拟是近年来在石油地质勘探领域发展最为迅速的一种仿真技术。它们综合地质学、地球物理学和地球化学的资料，采用计算机技术定量地再现盆地形成、演化历程及其中石油与天然气的生成、运移和聚集状况，对深化地质认识并促进地学定量化、降低油气勘探风险等方面有着重大意义。

8.3.1　盆地模拟与油气系统模拟的原理与方法

盆地模拟和油气系统模拟之间既有联系又有区别（吴冲龙等，2001c）。盆地模拟的目标，是再造盆地系统的构造史、沉积史、地热史、有机质成熟史和生烃史，实现盆地油气资源潜力的总体定量评价；油气系统模拟的目标，则是在盆地模拟的基础上，再造各级油气系统的油气生成史、排放史、运移史、聚集史和散失史，实现各级油气系统的油气资源潜力定量评价。二者之间既有联系又有区别，从某种意义上说，前者是总体的概略模拟评价，后者是局部的详细模拟评价；前者是后者的基础，而后者是前者的发展和深化。应当分层次地设计并建立其概念模型、方法模型、模拟模型和软件模型，使之与盆地分析和油气系统分析的层次和目标相适应。

1. 盆地模拟的原理与方法

传统的盆地模拟（basin modeing）是通过地质模型的数学化和程序化，运用计算机定量地再现含油气盆地的形成、演化和烃类生成的一项仿真技术（Hermanrud，1993）。其方法是一种定量化的盆地分析方法，其技术是针对含油气盆地整体演化过程的定量化模拟技术。它既是含油气盆地的一种快速、定量、综合的研究手段（Lerche，1990），也是实现石油地质勘探数字化、信息化和自动化的一条重要途径。

1）盆地模拟的基本概念和原理

盆地模拟的一个重要特点是着眼于研究对象的整体，从分析影响盆地形成演化和油气生成、排放的诸因素入手，关联地、动态地、全面地、定量地把握盆地及其内部各独立的油气生聚单元（拗陷、凹陷或次凹等）的构造史、沉积史、地热史、生烃史和排烃史。8.1 节讨论的盆地构造-地层格架三维动态模拟，以及盆地古地热场与有机质演化三维动态模拟，都可以看作盆地模拟的组成部分或基础。

盆地模拟系统就是基于上述认识，以石油地质学为基础、应用多学科知识建立起来的一种大型综合性软件系统，通常包含沉降史（包含构造史和沉积史）、地热史、生烃史和排烃史四个模型，相互间组成有机的统一体（石广仁，2004）。盆地模拟系统的工作方式和方法，是尽可能精确地输入地质、地震、测井、地化以及开发试验等数据资料，然后通过模拟演算来实现对盆地整体或盆地内某一个地质单元的油气资源综合评价，为进一步开展勘探开发提供决策支持。经过多年的发展，盆地模拟经历了从单因素的有机地球化学静态模拟，到多因素的综合动态模拟；从一维空间的单井序列模拟，到二维空间的联井剖面模拟，再到三维空间的区块和盆地整体动态模拟。

2）沉降史模拟的内容与方法

基底沉降史是盆地或凹陷形成演化的主导轨迹，其研究和描述内容与前述盆地构造-地层格架动态模拟类似，但更加注重盆地或凹陷的构造演化史和沉积演化史的再造。因此，基底沉降史模拟就是以现今的三维静态构造-地层格架模型为基础，进行构造史、沉积史和成岩史的回剥反演。在进行沉降史模拟时，对含油气盆地的沉积史和构造史的回溯，应考虑古水深、可容空间、沉积间断、正常压实、欠压实（超压）、单层剥蚀、多层连续剥蚀、断层和褶皱等地质现象和参数。沉降史模拟是整个盆地模拟的基础，但传统的模拟方法有正常压实带的回剥技术、欠压实带的超压技术、整个沉降过程的回剥与超压结合技术 3 种，均缺乏对横向变形的处理能力，近年来引进了物理剖面平衡技术和体平衡技术，有望解决这个问题。

3）地热史模拟的内容与方法

地热史模拟的研究内容包括含油气盆地或凹陷的岩层古地热流、古热导率和古温度演化史。古地热场演化的动态模拟所涉及的内容，就是地热史模拟的主要内容，而盆地古地热场演化的动态模拟方法，也就是地热史模拟的基本方法，即常规地球热力学法、地球热力学-地球化学（R_o 反演）结合法，以及古地壳热结构-地球热力学-地球化学结合法。这些方法也已经在 8.2 节中做了详细介绍和讨论，这里不再赘述。

4）生烃史模拟的内容与方法

按照有机成因说，有机质的成熟度达到生烃门限之前，生烃作用不会发生；成熟度超过生烃门限以后，生烃作用才开始进行。当成熟度达到某个范围时，进入生烃高峰期；而当成熟度超过生烃结束门限，生烃就停止了。生烃史模拟的研究内容，就是重建油气盆地或凹陷中岩层分散有机质的成熟史、降解史和生烃量史。生烃史是盆地或凹陷油气资源潜力的评价依据，因此成为传统盆地模拟的核心。降解史和生烃量史模拟的内容，包括各烃源层的有机质降解史、生油量史、生油强度史、含油饱和度史、生气强度史、生气量史、含气饱和度史等几个方面。

如 8.2 节所述，有机质成熟史模拟方法有 3 种：TTI-R_o 法（适用于勘探程度较高地区）、化学动力学法（适用于勘探程度中等地区）、Easy R_o 法（适用于勘探程度较低地区）。降解史和生烃量史模拟方法，则分别在上述 3 种方法所得的有机质成熟度（R_o）的基础上，采用由化验室做出的热模拟资料，来进行各区块、各层段和各时段生烃量计算。例如，在 TTI-R_o 法基础上，可采用各种干酪根的降解率-R_o 曲线（或生油率-R_o 曲线）、产气率-R_o 曲线等，因此适用于勘探程度稍高的盆地或拗陷；在化学动力学方法的基础上，需要干酪根的各个活化能，以及对应于每个活化能的各种干酪根生烃潜量和频率因子等，因此适用于勘探程度稍低的盆地或拗陷（石广仁，1998）。干酪根的降解是分阶段进行的，模拟工作也应当分解为若干对应的阶段；不同类型干酪根的降解条件不同，生烃作用也不同，应当分别进行模拟，然后加以汇总。

2. 油气系统模拟的原理与方法

油气系统模拟（ptroleum system modeling）（Waples，1994）在国内也称油气成藏动力学模拟或油气成藏动态模拟（吴冲龙等，2001c）。油气系统模拟是盆地模拟的发展，是在油气系统分析的基础上建立油气系统的时空结构模型和动力学模型，并从油气成藏动力学原理出发，通过时空结构模型和动力学模型的数学化和程序化，运用计算机定量地回溯和再造油气系统的形成和演化，烃类的生成、排放、运移、聚集和逸散历史过程的一项复杂仿真技术（Wu et al.，2013）。

1）油气系统模拟的基本概念与原理

油气系统模拟是实现油气系统定量化分析的途径，是检验人们通过地质分析所得到的油气成藏模式，并对勘探目标进行定量的有效手段和工具。由于盆地地质结构非常复杂，加上受到勘探技术和勘探程度的约束，普遍存在信息不完全的状况，要精细地刻画油气生成、排放、运移、聚集和逸散过程，准确地估算油气资源量是十分困难的。开展油气系统模拟的目的，仅仅在于综合地运用油气系统和油气成藏动力学知识，尽可能使油气成藏过程分析和资源潜力评价变得定量、清晰和客观合理。

A. 油气系统模拟的整体观念

油气系统模拟应当与盆地模拟相结合，着眼于对象的整体性并且从分析影响油气系统形成演化和油气生、排的诸因素入手，关联地、动态地、全面地、定量地把握盆地及其内部各独立油气系统的构造史、沉积史、地热史、生烃史、排烃史、运聚史和逸散史。特别需要指出的是，油气生-排-运-聚-散是一个系统行为，不同区块在不同时期生成和排放的油气，可以通过远距离的横向运移到同一个地方聚集成藏，而同一区块不同时代形成的油气也可以通过远距离的垂向运移和横向运移到不同地方聚集成藏，或者先后叠加、替代或者再生成藏。因此，油气成藏模拟必须在一个完整的生-排-运-聚-散系统中，即完整的油气系统中进行，至少要在一个能够包含从"源"到"藏"的完整的成藏动力学系统（金之钧等，2003）中进行。这正是油气系统模拟的精妙之处。对孤立的区块进行模拟，是不可能准确地描述油气成藏状况的。

B. 排烃史模拟的内容与方法

排烃作用也称油气初次运移作用，是指所生成的油气从烃源岩中排放到相邻输导层的过程。排烃史模拟的主要研究内容，包括油气系统中的排烃作用分析、建模和模拟实验，以及通过模拟实验来探索油气从烃源岩中排放到输导层的机制，验证通过地质分析所建立的排烃模型，并重建含盆地的油气排放历史过程。

通常认为，烃源岩排烃作用的机制有两种：即压实排烃和破裂排烃。这两种排烃机制是先后发生的。按照时间的顺序，排烃过程分可为两个主要阶段：第一阶段为压实排烃阶段；第二阶段为破裂排烃阶段。在压实排烃阶段，烃源岩处于正常压实过程中，由上而下的孔隙和裂隙都是连通的，作为主要排驱动力的孔隙压力等于与上覆岩层等高的水柱压力。烃源岩所生成的油气能及时排除，并且能够在短时间内即达到压力平衡。在破裂排烃阶段，烃源岩孔隙度和渗透率很小且孔隙和裂隙连通性变差，流体排出不畅，不能继续正常压实，孔隙压力不再等于与上覆岩层等高的水柱压力，而是逐渐趋向上覆岩柱压力。当压力系数大于 1.2 时，便称为超压。随着干酪根不断裂解生烃并转入孔隙中，以及随着埋深不断增大而致升温膨胀，孔隙流体压力不断增大，经过长期积累便形成异常高压，其最大值为同深度的岩层破裂极限。当孔隙流体的异常高压达到烃源岩的破裂极限，可引起烃源岩破裂而产生微裂缝。随即，微裂缝迅速扩展并发生总破裂，含烃流体将沿着破裂带排出，使孔隙压力释放。压力释放后，裂缝闭合，直至孔隙压力再次蓄积并达到烃源岩的破裂极限，破裂再次发生并排出含烃流体（England and Fleet，1991）。如此周而复始，使烃类不断地排出烃源岩，直至生烃结束。由于这个阶段的烃类排驱动力是异常孔隙压力，故也称超压排烃阶段。

排烃史模拟常用的方法有压实排油法（适用于正常压实阶段）、压差排油法（适用于孔隙度变化异常的情况）、渗流力学法和破裂排烃法（适合于欠压实阶段）。

C. 运聚烃史模拟的内容与方法

运聚烃史模拟专指探索并再造油气进入输导层开始二次运移，直至进入圈闭聚集成藏的复杂过程的一项计算机模拟技术。运聚烃史模拟的研究内容包括油气运移的驱动力体系、介质和通道体系、圈闭和封盖体系、油气本身的特征和运动规律，以及由这些体系构成的油气运移系统的整体运作机制和过程（Ozkaya，1991）。

在含油气盆地中，沉积体复杂多变且断层、裂隙和不整合面很发育，使油气运移和聚集的介质充满了非均质性；同时，地层温度、压力、流体势和油气相态也是复杂多变的（England et al.，1987）。油气运移方向、速率和数量的变化因此而充满了非线性特征，单纯使用传统动力学模拟方法，难以实现油气运聚过程的定量描述。因此，需要采用选择论方式（吴冲龙等，2001b），将传统动力学模拟与人工神经网络模拟结合起来，在三维构造-地层格架动态模拟的基础上进行单元剖分，使之转化为有限个均质体，再利用传统动力学方法对相态和驱动力求解，然后运用人工神经网络技术来解决单元体之间油气运移方向、运移速率和运移量等的非线性问题（吴冲龙等，2001c；Liu et al.，2013）。

2）油气系统模拟的方法论问题

盆地模拟是油气系统模拟的基础。其软件结构组成复杂、影响因素众多，是一种复杂的大系统。系统设计应当运用系统工程的思想与方法，提出明确的预定功能和目标，着重解决概念模型和相似性、数学模型的适应性和方法模型的实用性问题；要协调好各元素之间及元素与整体之间的有机联系，同时要考虑参与系统活动的人的因素及其作用，以便使系统从总体上达到最优（吴冲龙等，1993）。

A. 概念模型的相似性问题

油气系统模拟软件的研制遵循由实体模型到概念模型，再由概念模型到方法模型

（数学模型），然后由方法模型到软件模型的建模过程。概念模型是实体模型的概括与抽象，它与实际过程的符合程度，即概念模型的相似性，是模拟成败的关键之一。我们不可能要求概念模型成为实际过程的全息映像，但可以要求概念模型与实际过程有较高的相似性，而要做到这一点，必须满足以下两个条件：①模型所描述的过程应该是盆地演化的实际过程；②模型应当考虑到盆地本身的复杂性，不能过分简化。

B. 数学概念模型的适应性问题

为了实现计算机模拟，首先要针对概念模型选择适当的方法模型，再将概念模型转化为与方法模型相应的数学模型，然后转化为计算机模型，即利用数符化模型来描述概念模型。国内外通用的数学模型主要是精确性模型，即描述严格的物理和化学定律的微分、偏微分方程的集合。但地质现象虽有精确性的一面，却更多地表现出随机性和模糊性的另一面——它的构成复杂，干扰因素众多，事件的发展方向和结果有多种可能性，即具有不确定性（或称无序性）。这就使得本来是受一定的物理、化学定律制约的事件，往往变得杂乱无章、难以捉摸。因此，有必要综合地采用概率论、统计学、随机过程论、模糊数学、灰色系统、云模型和分形几何的基本理论和方法，有针对性地构筑研究对象某一侧面的数学模型。

C. 方法模型的实用性问题

油气系统是一个复杂的大系统，油气成藏过程是一个复杂的非线性过程，涉及一系列复杂的地质作用，而各种地质作用之间存在着复杂的控制与反馈控制关系。揭示这种控制和反馈控制机理，并且近似地加以描述，是油气系统分析和油气系统模拟的一个重要课题。然而，由于油气系统内部有些重要的物理、化学过程至今尚未明了，要采用技术控制理论来描述是比较困难的。

为此，可以考虑引进"系统动力学"（systems dynamics）（Forrester，1968）的原理和方法，建立"油气系统动力学"模型（吴冲龙等，1998，2000；Liu et al.，2013），把构造、沉积、地热、有机质以及油气生成、排放、运移、聚集、逸散等子系统之间相互渗透的本质因素，按大自然法则（物质守恒和能量守恒定律）有机地联系起来，然后用一系列反馈回环来表示油气系统内部的整体动态结构和反馈机制，并且采用一个系统动力学方程组来加以描述。此外，针对沉积盆地和油气系统中一些复杂的、尚未查明的局部非线性过程，如油气的运移和聚集过程，可以考虑人工智能模拟方法——人工神经网络系统和演化计算方法，以便发挥地质专家分析问题和解决问题的特殊才能，完成各个子过程之间的衔接和交替。也就是说，在进行盆地模拟、油气成藏动力学模拟系统设计时，可以采用多种方法有机结合综合性的模型。

借鉴系统工程学的思想，开展油气系统模拟可在将动力学模拟与拓扑结构模拟结合起来，用拓扑结构模拟再造油气成藏四维空间的同时，将常规动力学模拟与系统动力学（systems dynamics）模拟结合起来，用系统动力学描述系统整体的非线性过程；将数值模拟与人工智能模拟结合起来，用人工智能方法解决油气运聚等局部过程的非线性问题（Wu et al.，2001b，2013）。

8.3.2　盆地模拟与油气系统模拟的实现

基于上述原理、方法和各种技术措施，盆地模拟与油气成藏模拟有可能在统一的三维地质信息系统平台上统一起来，成为一个完整的油气成藏模拟系统，如 Quanty Petrol。也就是说，在统一的模拟系统中，以盆地或凹陷的三维构造-地层格架动态模拟为先导，依次完成地热场和有机质演化史、油气系统生烃史、油气系统排烃史、油气系统运聚史的三维动态模拟，以及油气聚集单元（圈闭）的定量综合评价。

1. 盆地或油气系统生烃史模拟

下面以 TTI-R_o 法和化学动力学法为例，说明在陆相盆地中如何根据有机质成熟度史模拟结果实现生烃史模拟。由于基于 TTI-R_o 法进行生烃史模拟，需要详尽的资料，通常只能用于勘探程度稍高的盆地、凹陷或油气系统；而基于化学动力学法进行生烃史模拟，仅需要简略的资料，常被用于勘探程度稍低的盆地、凹陷或油气系统。

1）基于 TTI-R_o 法的生烃史模拟

这是指在 TTI-R_o 法所得的有机质成熟度史（$R_o(t)$）基础上进行的生烃史模拟。所需资料包括干酪根的降解率-R_o 曲线（或产油率-R_o 曲线）、产气率-R_o 曲线等实验室热模拟结果。主要内容是原始有机质含量估算、生烃量史模拟和生烃强度史模拟。

A. 原始有机质含量估算

各成熟阶段的生烃率由成熟度与生烃率的关系决定。随着生烃作用的进行，烃源岩中有机质含量处于不断变化之中，通过样品实测所得的烃源岩中现今有机质含量 $c_{残}$，是经过长期降解后残留下来的。即

$$c_{残} = (1 - 0.01D|_t) \cdot c_{原}$$

$$c_{原} = \frac{c_{残}}{1 - 0.01D|_{t=0}}$$

(8-61)

而任意时刻的剩余有机质 $C(t)$ 应为

$$(1 - 0.01D|_t)c_{原} = (1 - 0.01D|_t) \cdot \frac{c_{残}}{1 - 0.01D|_{t=0}} = \frac{1 - 0.01D|_t}{1 - 0.01D|_{t=0}}c_{残} \quad (8\text{-}62)$$

式中，$c_{原}$ 为原始有机质含量（%）；$D|_t$ 为 t 时刻降解率；$D|_{t=0}$ 为现今降解率。

B. 生烃率-R_o 曲线图版

这是一组表示由 R_o 值和对应的干酪根生烃率 G_r 值组成的曲线族（图 8-19 和图 8-20），统计自多个盆地的实测数据。在勘探程度较高的盆地或凹陷，需要采集多个钻井中的多个层位烃源岩样品，进行实测并制定专用的生烃率-R_o 图版。

C. 生烃强度计算公式

对于陆相地层而言，为了简化起见，暗色泥岩在烃源岩中体积百分比可用厚度百分比 M 来近似替代。即当 R_o 由 R_{o1} 变到 R_{o2} 时，平均生烃强度为

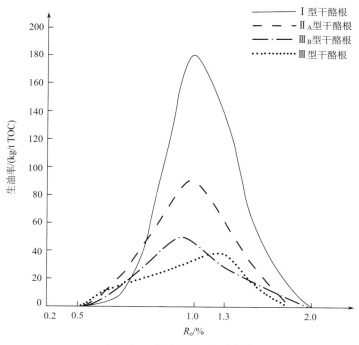

图 8-19　生油率-R_o关系曲线

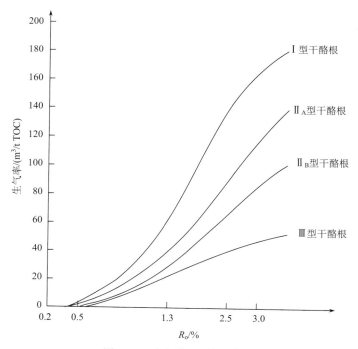

图 8-20　生气率-R_o关系曲线

$$E_x = \frac{10^{-15}}{R_{o2} - R_{o1}} \int_{R_{o1}}^{R_{o2}} (z_2 - z_1) M \cdot d \cdot c \cdot \frac{G_r}{1 - 0.01D}\Big|_{t=0} dR_o \qquad (8\text{-}63)$$

式中，M 为暗色泥岩厚度百分比；d 为暗色泥岩的相对密度；c 为残余有机碳含量；D 为有机质降解率；G_r 为生烃率；$R_{o1} >$ 生烃门限；$R_{o2} <$ 生烃结束门限。

D. 生烃史模拟步骤

应用 TTI-R_o 方法计算生烃史的原理及方法步骤可表示为图 8-21。

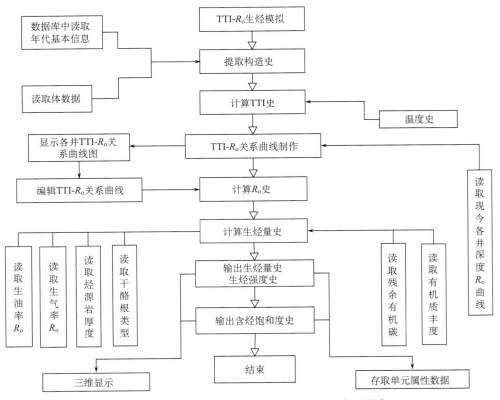

图 8-21　基于 TTI-R_o 法的生烃史动态模拟流程图（据石广仁，2004）

模拟通常是先分别针对单井进行的。先选定模拟开始时间，并把模拟时间范围划分为若干时间区间 $[t_{i-1}, t_i]$；然后按该时间区间将地层分为一系列沉积单元，并分别对其生烃量进行动态模拟。各沉积单元出现的起始时间不同，必须按照实际出现的时段依次进行模拟，直至该单元被剥蚀或生烃结束。其输入参数包括：该井位的沉积史，该井位的地温史，该井位的 TTI-R_o 回归曲线、生烃率-R_o 曲线图版、有机质类型和比例，以及有机质含量资料（按干酪根不同类型给出）。在一般情况下，为了简化计算，各单元的这些参数值均取由顶到底的平均值。沉积单元划分越细，则模拟精度就越高。在计算出某井位 t_i 时刻某单元的生烃强度后，便可求出该井位该时刻的整体生烃强度，进而可以计算该井位到该时刻为止的累积生烃量。

在完成全部单井模拟后，便可进行剖面的生烃量史和生烃强度史模拟，进而完成整个油气系统的三维生烃量史和生烃强度史模拟。进行剖面和整个三维油气系统的生烃史模拟时，各种参数的处理方法有两种：①对各种中间参数进行插值，然后进行模拟；②对最后结果进行插值，避开中间多种数据的插值。

E. 模拟结果的表达

TTI-R_o 法模拟生烃史的结果可以采用可视化方式在计算机屏幕上进行静态或动态表达，也可采用系列的二维或三维图件进行表达。所显示的图形或绘制的图件内容包括：TTI 史、R_o-史、生烃强度史（图 8-22）、生烃量史、烃源岩中含烃饱和度史。这里，烃源岩中的含烃饱和度史是生烃量史的一种处理。

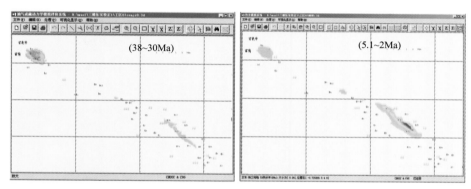

图 8-22　百色盆地那读组基于 TTI-R_o 法的生烃强度史模拟结果的分段二维表达

2）基于化学动力学法的生烃史模拟

这是生烃史的一种采用化学动力学理论进行的正演模拟法。在进行模拟时，为计算方便可从逻辑上把有机质降解分为生油和生气两个阶段（实际上难以明确区分），并记 t 时刻第 i 种干酪根含量为 $Z_i(t)$，初值为 $Z_i(0) = Z_{i0}$。

A. 第一阶段——干酪根降解为中间产物（液态烃）阶段

第一阶段降解的中间产物记为 $Y_i(t)$，其化学反应动力方程为

$$\frac{\mathrm{d}z_i}{\mathrm{d}t} = -k_{1i}z_i \quad (i=1, 2, \cdots, n)（考虑几种干酪根） \tag{8-64}$$

$$k_{1i} = A_{1i}\exp\left(\frac{-10^3 E_{1i}}{R(T+273)}\right)$$

$$T = T(t)$$

解几个方程定解问题

$$\begin{cases} \dfrac{\mathrm{d}z_i}{\mathrm{d}t} = -k_{1i}z_i \\ Z_i(0) = Z_{i0} \end{cases} \quad (i=1, 2, \cdots, n) \tag{8-65}$$

式中，$n=6$（Tissot，1978），A_{1i}、E_{1i} 由 Tissot 给出的表中得到。

B. 第二阶段——中间产物降解为最终产物（气态烃）阶段

第二阶段降解的中间产物记为 $Y_i(t)$，此阶段化学动力学方程为

$$\frac{\mathrm{d}U_j}{\mathrm{d}t} = k_{2j}y \tag{8-66}$$

式中，U_j 为最终产物的第 j 种，而 $y = \sum_{i=1}^{n} y_i$，$k_{2j} = A_{2j}\exp\left(\dfrac{-10^3 E_{2j}}{R(T+273)}\right)$，$A_{2j}$ 为成气阶段的频率因子 (T^{-1})；E_{2j} 为成气阶段的活化能 (EM^{-1})；R 为气体常数 $(\mathrm{EM}^{-1}H^{-1})$；$T+273$ 为绝对温度 (H)；y 为生油量；y_i 为干酪根中具有第 i 种活化能物质的生油量；U_j 为生气量，当只考虑生成一种气时取 $j=1$。

$\quad Z_0 = \sum Z_{i0}$ 为 $t=0$ 时，干酪根初值，即生烃潜量；

$\quad y_0 = \sum y_{i0}$ 为 $t=0$ 时，干酪根中初始液态烃数量；

$\quad U_0 = \sum U_{j0}$ 为 $t=0$ 时，干酪根中初始气态烃数量。

C. 补充关系（物质守恒关系）

假定热解中没有别的物质参加，根据物质守恒定律，可得

$$\sum_{i=1}^{n} Z_{i0} + \sum_{i=1}^{n} y_{i0} + \sum_{j} U_{j0} = \sum_{i=0}^{n} Z_i(t) + \sum_{i=1}^{n} y_i(t) + \sum_{j} U_j \tag{8-67}$$

D. 模拟方法步骤和方程求解过程

分别对第 i（$1 \leqslant i \leqslant 0$）个求解：

$$\begin{cases} \dfrac{\mathrm{d}Z_i}{\mathrm{d}t} = -k_{1i}Z_i \\ Z_i(0) = Z_{i0} \end{cases} \tag{8-68}$$

可得 $Z(t) = \sum_{i=1}^{n} Z_i(t)$。

假设只求一种气态烃的产量即 $j=1$，此时 $U_0 = U_{10}$，若取 $U_{10}=0$，则有

$$Z_0 + y_0 = \sum_{i=1}^{n} Z_i(t) + \sum_{i=1}^{n} y_i(t) + U_1(t) \tag{8-69}$$

由此得

$$y(t) = \sum_{i=1}^{n} y_i(t) = x_0 y_0 - \sum_{i=1}^{n} z_i(t) - U_1(t) \tag{8-70}$$

从而得到方程

$$\begin{cases} \dfrac{\mathrm{d}U_1}{\mathrm{d}t} = k_{21}\left[\left(Z_0 + y_0 - \sum_{i=1}^{n} Z_i(t)\right) - U_1\right] \\ U_1(0) = U_{10} \end{cases} \tag{8-71}$$

其计算工作流程如图 8-23 所示。

模拟所输入的输入数据包括：①上述方程式中出现的各种参数；②基于化学动力学法计算所得的地温史 $T(t)$ 和成熟度史 $R_o(t)$。

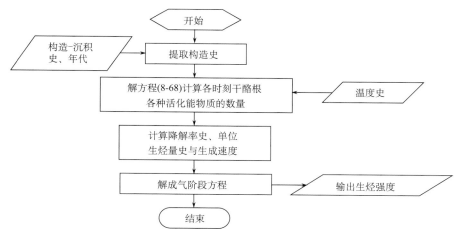

图 8-23　基于化学动力学法的生烃强度模拟工作流程图

E. 模拟结果的输出

化学动力学法模拟生烃史的结果，同样可以采用可视化方式在计算机屏幕上进行静态或动态表达，也可以采用系列的二维或三维图件进行表达。主要输出内容包括：

（1）可降解的干酪根的降解率（$D(t)$）和干酪根的降解量史（$Z_i(t)$）；

（2）生油史（$y_i(t)$）和生气史（$U_i(t)$）；

（3）$U_{hc}(t) = y(t) + U(t)$ 为生烃量史，即 $U_{hc}(t) = Z_0 + y_0 - Z(t)$。

式中，$Z_0 - Z(t)$ 为干酪根总降解量；$U_{hc}(\hat{t}_{k+1}) = Z_0 + y_0 - \sum_{i=1}^{n} Z_{ik+1}$ 为烃源岩含烃量；

$V(\hat{t}_{k+1}) = \dfrac{U_{hc}(\hat{t}_{k+1}) - U_{hc}(\hat{t}_k)}{\Delta \hat{t}}$ 为干酪根降解速度；$U_g(\hat{t}_{k+1}) = U_1(t_{k+1}) = U_{1,k+1}$（$k = 0$，1，2，…，直到今天），是某处从 t_0 开始至时刻 $\hat{t}_{k-1}$ 的生气量。

2. 油气系统的排烃史模拟

油气系统模拟应当在其生烃史模拟的基础上进行。油气系统模拟所面对的与生烃史模拟相同，应当是同一个完整的油气系统，在模拟过程中还应当根据排烃作用在不同阶段的不同机制，采用不同的概念模型和方法模型。

1）排烃作用机制和阶段划分

根据对岩层孔隙流体压力变化的分析，排烃过程分可为两个主要阶段：第一阶段为压实排烃阶段；第二阶段为超压排烃阶段。在压实排烃阶段，烃源岩孔隙系统是一个开放体系，含烃油气排出及时，在短时间内即达到压力平衡。在超压排烃阶段，烃源岩成为一个封闭或半封闭体系，含烃流体排出明显受阻，流体增量增温所引起压力差异长时间不能平衡。只有当异常高压达到一定界限，引起烃源岩破裂而产生微裂缝时，流体才能沿着微裂缝排出，使压力释放。压力释放后，微裂缝闭合，等待孔隙压力再次蓄积并再次破裂。如此周而复始，微裂缝不断开启和闭合，使新生的油气伴随孔隙流体不断地排出烃源岩，直至生烃作用结束为止。

两个排烃阶段的划分，以烃源岩出现超压状况为准。通常认为，超压现象大致出现在孔隙度 $\varphi=10\%$ 时，即烃源岩在 $\varphi<0.1$ 时进入超压范围。若研究区烃源岩在埋藏过程中并未出现超压，则只存在压实的排烃阶段。通常认为，在排烃作用过程中，由浓度差而发生的扩散作用，处于相对次要地位。

2）压实排烃作用数学模型

开展压实排烃建模需首先要有若干基本假设，然后基于这些假设进行孔隙压力、烃源岩含烃饱和度、排烃强度史和排烃量史等模块的开发（Liu et al.，2013）。

A. 若干基本假设

为了使问题简化，根据理论研究和实践总结，压实排烃建模可作如下分设。

（1）岩石骨架是不可压缩的，压实期间的流体排出量（体积）等于孔隙中流体增量体积与压实后孔隙体积的减少量之和（质量守恒律：排出量＋存量＝原存量＋生成量）。

（2）孔隙流体压力等于与上覆岩层同高度的水柱静压力，即含烃流体是随着孔隙的压缩及孔隙度减少而被"挤出"烃源岩的，阻碍小且均能"及时"排出。

（3）孔隙系统内的流体多呈油、气、水三相存在，各相流体的排出量与各相可动饱和度成正比，并受到各相可动饱和度临界值和不可动饱和度约束值的控制。

B. 排烃强度和排烃量计算

对于某烃源岩层，取一单位体积元 V_i，时刻为 t_i，温度为 T_i，压力为 P_i。

a. 求体积单元在 t_i 时刻后各相流体的饱和度

t_i 时刻排烃后的饱和度，即为 t_{i+1} 时刻压实排烃模拟的初始条件

$$S_{w0}=1,\ S_{o0}=0,\ S_{g0}=0 \tag{8-72}$$

这时各相的孔隙体积分配为

$$V_{wi}=V_i\times S_{wi}$$
$$V_{oi}=V_i\times S_{oi} \tag{8-73}$$
$$V_{gi}=V_i\times S_{gi}$$

式中，V_{oi}、V_{gi} 和 V_{wi} 分别为 t_i 时刻孔隙系统中的油、气和水的体积；S_{oi}、S_{gi} 和 S_{wi} 分别为 t_i 时刻孔隙系统中的油、气和水的饱和度。

b. 求体积单元在 t_{i+1} 时刻前孔隙中各相流体的体积

为了计算方便，设 $\mathrm{d}t$（$\mathrm{d}t=t_{i+1}-t_i$）时间段的排烃作用相对集中在 t_{i+1} 时刻发生。在 t_{i+1} 时刻前，孔隙中石油、天然气和水的体积为

$$V_{o,\,i+1}=V_{oi}+V_o\times B_o$$
$$V_{g,\,i+1}=V_{gi}+V_{wi}\times\rho_{wi}+V_{oi}\times\rho_{oi}+V_{gi}^{生}\times B_g \tag{8-74}$$
$$V_{w,\,i+1}=V_{wi}\times B_w$$

式中，V_o 和 $V_{gi}^{生}$ 分别为 $\mathrm{d}t$ 时间内油和天然气的生成量；V_{oi}、V_{gi} 和 V_{wi} 分别为经过前一

期次排烃后，孔隙中的残余油、气和水的体积；B_o、B_g 和 B_w 分别为孔隙体系中油、气和水的体积系数；ρ_{wi} 和 ρ_{oi} 分别为天然气在水中和油中的溶解度（mol/m^3）。

　　c. 求体积单元在 t_{i+1} 时刻天然气在各相液体中的分配

　　首先需要计算 t_{i+1} 时刻天然气在油中和水中的溶解度 $\rho_{o,i+1}$ 和 $\rho_{w,i+1}$，由此有：t_{i+1} 时刻前气在油和水中的溶解量：

$$
\begin{aligned}
N_{og,\,i+1} &= V_{o,\,i+1} \times \rho_{o,\,i+1} \\
N_{wg,\,i+1} &= V_{w,\,i+1} \times \rho_{w,\,i+1} \\
V_{g,\,i+1} &= V_g - N_{og,\,i+1} - N_{wg,\,i+1}
\end{aligned}
\tag{8-75}
$$

式中，$N_{og,i+1}$、$N_{wg,i+1}$ 为 t_{i+1} 时刻前天然气在油中和水中的溶解量；$\rho_{o,i+1}$、$\rho_{w,i+1}$ 分别为 t_{i+1} 时刻前天然气在油和水中的溶解度；$V_{g,i+1}$ 为 t_{i+1} 时刻前游离相天然气体积。

　　d. 求体积单元在 t_{i+1} 时刻各相的可动饱和度

　　先计算 t_{i+1} 时刻孔隙流体总体积：

$$
V_{i+1} = V_{w,\,i+1} + V_{o,\,i+1} + V_{g,\,i+1}
\tag{8-76}
$$

式中，V_{i+1} 为 t_{i+1} 时刻孔隙流体总体积，其他变量同前。

　　于是，t_{i+1} 时各相的饱和度为

$$
\begin{cases}
S_{w,\,i+1} = V_{w,\,i+1}/V_{i+1} \\
S_{o,\,i+1} = V_{o,\,i+1}/V_{i+1} \\
S_{g,\,i+1} = V_{g,\,i+1}/V_{i+1}
\end{cases}
\tag{8-77}
$$

　　t_{i+1} 时刻各相的可动饱和度则为

$$
\begin{cases}
S_{wb,\,i+1} = \max(S_{w,\,i+1} - S_{wr,\,i+1},\ 0) \\
S_{ob,\,i+1} = \max(S_{o,\,i+1} - S_{or,\,i+1},\ 0) \\
S_{gb,\,i+1} = \max(S_{g,\,i+1} - S_{gr,\,i+1},\ 0)
\end{cases}
\tag{8-78}
$$

式中，$S_{wb,i+1}$、$S_{ob,i+1}$ 和 $S_{gb,i+1}$ 分别为 t_{i+1} 时刻水、油和气的可动饱和度；$S_{wr,i+1}$、$S_{or,i+1}$ 和 $S_{gr,i+1}$ 分别为 t_{i+1} 时刻水、油和气的不可动饱和度。

　　e. 求体积单元在 dt 时间内排出的各相流体体积和总体积

　　先计算 t_{i+1} 时刻各相流体排出体积：

$$
\begin{cases}
V_{exw,\,i+1} = V_{ex} \times [S_{wb,\,i+1}/(S_{wb,\,i+1} + S_{ob,\,i+1} + S_{gb,\,i+1})] \\
V_{exo,\,i+1} = V_{ex} \times [S_{ob,\,i+1}/(S_{wb,\,i+1} + S_{ob,\,i+1} + S_{gb,\,i+1})] \\
V_{exg,\,i+1} = V_{ex} \times [S_{gb,\,i+1}/(S_{wb,\,i+1} + S_{ob,\,i+1} + S_{gb,\,i+1})]
\end{cases}
\tag{8-79}
$$

式中，$V_{exw,i+1}$、$V_{exo,i+1}$ 和 $V_{exg,i+1}$ 分别为体积单元的水、油和气排出量，即流体排出强度。其中，气排出强度还应包括体积单元中一起排出的水溶气和油溶气量，因此天然气的排出强度，应作如下修正：

$$
V'_{exg,\,i+1} = V_{exg,\,i+1} + V_{exw,\,i+1} \times \rho_{w,\,i+1} + V_{exo,\,i+1} \times \rho_{o,\,i+1}
\tag{8-80}
$$

　　于是，t_{i+1} 时刻各体积单元的各相流体排出的总体积强度为

$$
V_{ex} = V_{i+1} - V_{po,\,i+1}
\tag{8-81}
$$

式中，V_{ex} 为体积单元的流体总排出强度；$V_{po,i+1}$ 为 t_{i+1} 时刻体积单元的孔隙体积。

把油和气排出强度乘以油气系统中相应的烃源岩体积，便得到各层烃源岩相应的油、气排出量。通过以上方法，还可以计算出排烃系数等。

f. 为下一时间段计算的准备

完成了 dt 时间段的压实排烃模拟，还需要计算 t_{i+1} 时刻排烃后的各相饱和度：

$$\begin{cases} S_{w,\,i+1} = (V_{w,\,i+1} - V_{exw,\,i+1})/V_{po,\,i+1} \\ S_{o,\,i+1} = (V_{o,\,i+1} - V_{exo,\,i+1})/V_{po,\,i+1} \\ S_{g,\,i+1} = (V_{g,\,i+1} - V_{exg,\,i+1})/V_{po,\,i+1} \end{cases} \tag{8-82}$$

以及 $V_{p,i+1}$ 和温度、压力史，提供 T_{i+2} 和 P_{i+2} 等，为进行下一时间段排烃模拟做准备。

g. 压实排烃模拟流程图

依照压实排烃的机制和数字模型，基于三维可视化地质信息系统平台，可以编写出相应的压实排烃模拟模块。该模块的工作流程如图 8-24 所示。

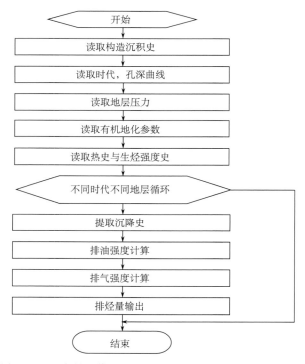

图 8-24　压实排烃模拟原理与流程框图（据石广仁，2004）

3) 破裂排烃作用数学模型

与压实排烃相似，为了使问题简化，进行破裂排烃作用建模也需要接受一些相应的基本假设。例如：①烃源岩排烃的动力是烃源岩孔隙系统内的异常高压；②间歇开启和连通的岩层微裂缝是液体排出唯一通道；③排烃以油、气、水 3 种游离相发生，各相流体的排出量，与其各自可动部分的饱和度成正比。

A. 岩层孔隙度变化的动态计算

通常认为，进入破裂排烃阶段的孔隙度临界值大致是 $\varphi \leqslant 0.1$。这时，孔隙压力突然加大并超过静水压力，表现为地层孔隙压力系数 $\delta \gg 1$。因此，模拟时首先要判别烃源层是否进入超压阶段，在简化的情况下可判断是否 $\varphi \leqslant 0.1$。

进入超压阶段的岩石孔隙度按如下规律变化：

$$\varphi(z) = \varphi_0 e^{-\gamma z} \tag{8-83}$$

孔隙体积公式为

$$V_i = \int_{z_{1i}}^{z_{2i}} \varphi_0 e^{-\gamma z} dz \tag{8-84}$$

烃源岩的孔隙压缩系数（η）则按式（8-85）计算：

$$\eta = \frac{s - p}{s - p_H} \tag{8-85}$$

式中，s 为上覆地层静压力；p 为孔隙压力；p_H 为静水压力，$p_H = \rho_w g z \approx g z$。

当 $p \gg p_H$ 时，孔隙压力系数 $\delta \gg 1$，而孔隙压缩系数 $\eta \ll 1$，即上覆岩层压力被孔隙压力大幅度抵消，孔隙压缩受限，因而出现欠压实现象。只有当岩层出现新的微裂缝并连通或旧裂缝重新开启时才发生排烃作用，因此需要求解破裂发生和裂缝张开所需的临界压力，并判别破裂是否发生或者旧裂缝是否重新开启。

B. 烃源岩的破裂模型

烃源岩所处的静应力场可用最大的主应力 s_1、中间主应力 s_2 和最小主应力 s_3 来描述。按照地质学的习惯，通常把垂直向下的主应力称为最大主应力 s_1，其数值等于岩层静压力 s；s_2 和 s_3 则是水平方向的主应力。如果地下岩石以弹性方式承受上覆岩层荷载，则最小主应力与最大主应力成正比（England and Fleet，1991），即有

$$s_3 = \frac{\nu}{1 - \nu} \cdot s_1 \tag{8-86}$$

式中，ν 为岩石的泊松比（$\nu \in (0, 0.5)$，由于 $\nu/(1-\nu) < 1$，故有 $s_3 < s_1$）。

s_3 是水平方向的应力，可能是压应力，也可能是张应力（视岩层的水平方向受力状态而定）。若设孔隙压力为 p，s_3 为压应力，岩石的抗张强度为 k，暂不考虑构造应力，则当 $p \geqslant s_3 + k$ 时，岩石将发生破裂并引起水平方向的位移；同样，若 s_3 为张应力，岩石的抗张强度为 k，暂不考虑构造应力，则当 $p + s_3 \geqslant k$，岩石也将破裂并引起水平方向的位移。若 s_3 不清楚为张性或压性，全按压性处理。在倾斜变形不大的中新生代盆地中，这两种情况下发生的岩石微裂缝，都将以垂直层面为主。

在破裂排烃阶段，如果要使排烃作用持续进行，就需要微裂缝持续开启。其条件是孔隙流体压力保持大于或等于 s_3，即

$$p \geqslant s_3 = \frac{\nu}{1 - \nu} s_1 \tag{8-87}$$

而要使已闭合的微裂缝再次张开，需要的临界孔隙流体压力 p_c 为

$$p_c = \frac{\nu}{1-\nu}s_1 \tag{8-88}$$

如果如果有关参数不易获取，也可采用岩石破裂的经验条件：$p \geqslant 2.3 \times 0.85 gz$。

C. 岩层孔隙压力模型

岩层孔隙压力采用式（8-89）计算：

$$p = \bar{\rho}_f gz / (0.01 \times 10^6) + p_a \tag{8-89}$$

式中，P_a 为烃源岩各时刻的异常压力（超压）；z 为埋深；$\bar{\rho}_f$ 为流体平均密度；g 为重力加速度。

应当指出的是：由于采用的超压方程不一样，就会出现不同的超压计算方案。有关超压计算问题，将在后面专门讨论。这里先假定已求得各时刻各点处的超压，仅考虑这阶段的排烃模拟问题。由于烃源岩各部分的超压状况不同，各部分的破裂排烃状况可能不一致，需要分别估算烃源岩界面上不同类型的排烃面积、相应的排烃强度和排烃量。同时，求解超压方程时需要顾及阶段性变化，超压增长到一定限度由于破裂排烃而释放，超压计算就应重新开始，因此呈现"波动"变化形式。相应的孔隙流体各相含量也如此（含量总和为1，水含量一般不小于0.3，烃浓度不超过0.7），随着破裂排烃作用的周期性进行而分别呈现"波动"的变化形式。此外，排烃阶段划分与生烃阶段划分皆与埋深有关，排烃作用通过孔隙度与埋深关联，而生烃作用通过成熟度与埋深关联，因此排烃与生烃的阶段划分可通过埋深发生关联，可以设法通过统计分析求出孔隙度及成熟度相对于生烃和排烃的深度变量代换关系。

D. 破裂排烃计算模型

根据上述破裂排烃机制和数学模型分析，孔隙中含烃流体各相的含量比例和饱和度（可动与不可动）的计算模型，可通过对压实排烃模型的适当改造得到。

由此得出在 $p_{c,i+1}$ 下孔隙中各相流体总体积 $V'p_{c,i+1}$ 为

$$V'p_{c,\,i+1} = V'_{w,\,i+1} + V'_{o,\,i+1} + V'_{g,\,i+1} \tag{8-90}$$

如果超压方程求解得到的 t_{i+1} 时刻的孔隙压力 $p_{i+1} \geqslant p_{c,i+1}$，则裂缝开启并一次性排烃，此时 $V'p_{c,i+1}$ 有实际意义；如果 $p_{i+1} < p_{c,i+1}$，则不发生排烃，$V'p_{c,i+1}$ 就不具实际意义，此时孔隙中流体的体积实际上就是 t_{i+1} 时孔隙体积 V_{i+1}。

先计算所排出的含烃流体总体积最大值

$$VQ_{i+1} = \max(V'p_{c,\,i+1} - V_{i+1}, \ 0) \tag{8-91}$$

当 $VQ_{i+1} > 0$ 时，计算各相饱和度

$$S'_{w,\,i+1} = \frac{V'_{w,\,i+1}}{V'p_{c,\,i+1}}$$

$$S'_{o,\,i+1} = \frac{V'_{o,\,i+1}}{V'p_{c,\,i+1}} \tag{8-92}$$

$$S'_{g,\,i+1} = \frac{V'_{g,\,i+1}}{V'p_{c,\,i+1}}$$

由用户提供 t_{i+1} 时刻的束缚水饱和度 $S_{w,i+1}$，不可动油饱和度为 $S_{o,i+1}$，不可动气

的饱和度为 $S_{g, i+1}$，即可计算出可动部分为

$$S'_{wb, \ i+1} = \max(S'_{w, \ i+1} - S_{wr, \ i+1}, \ 0)$$
$$S'_{ob, \ i+1} = \max(S'_{o, \ i+1} - S_{or, \ i+1}, \ 0) \tag{8-93}$$
$$S'_{gb, \ i+1} = \max(S'_{g, \ i+1} - S_{gr, \ i+1}, \ 0)$$

于是，各相流体排出体积为

$$VQ_{w, \ i+1} = VQ_{i+1} \cdot S'_{wb, \ i+1}$$
$$VQ_{o, \ i+1} = VQ_{i+1} \cdot S'_{ob, \ i+1} \tag{8-94}$$
$$VQ_{g, \ i+1} = VQ_{i+1} \cdot S'_{gb, \ i+1}$$

这就是破裂排烃模拟所算得的排烃强度。下面，再考虑排烃界面面积因素影响下时间段 dt 内的排烃量。天然气排出强度（摩尔数）可表示为

$$\begin{aligned} NQ_{g, \ i+1} &= NQ_{wg, \ i+1} + NQ_{og, \ i+1} + NQ_{gg, \ i+1} \\ &= VQ_{w, \ i+1} \cdot \rho_{w, \ i+1} + VQ_{o, \ i+1} \cdot \rho_{o, \ i+1} + VQ_{g, \ i+1} \cdot p_{g, \ i+1} / R(273.15 + T_{i+1}) \\ &= VQ_{w, \ i+1} \cdot \rho'_{w, \ i+1} + VQ_{o, \ i+1} \cdot \rho'_{o, \ i+1} + VQ_{g, \ i+1} \cdot p_{g, \ i+1} / R(273.15 + T_{i+1}) \end{aligned}$$

$$\tag{8-95}$$

并为下步算出 t_{i+1} 时刻排烃后各相流体的饱和度：

$$S_{w, \ i+1} = (V'_{w, \ i+1} - VQ_{w, \ i+1}) / V_{p_{i+1}}$$
$$S_{o, \ i+1} = (V'_{o, \ i+1} - VQ_{o, \ i+1}) / V_{p_{i+1}} \tag{8-96}$$
$$S_{g, \ i+1} = (V'_{g, \ i+1} - VQ_{g, \ i+1}) / V_{p_{i+1}}$$

此处 $V_{p_{i+1}}$ 即 V_{i+1}。

当 $VQ_{i+1} = 0$ 时，

$$S_{w, \ i+1} = V'_{w, \ i+1} / V_{i+1}$$
$$S_{o, \ i+1} = V'_{o, \ i+1} / V_{i+1} \tag{8-97}$$
$$S_{g, \ i+1} = 1 - S_{w, \ i+1} - S_{o, \ i+1}$$

这就为下一周期的破裂排烃的模拟计算做好了准备。

4）排烃作用模拟的实现和应用

在实际工作中，以 $\varphi = 0.1$ 或 $p = 1.2s$ 为门限值，把压实排烃模型与破裂排烃模型耦合起来，再基于三维可视化地质信息系统平台进行软件开发，然后与生烃作用模拟模块集成，便可以实现对盆地或凹陷的烃源岩压实排烃和破裂排烃作用的一体化动态模拟。

排烃模拟的实施以百色盆地为例来说明。该盆地位于广西壮族自治区西部的右江断裂带上，是在海相中三叠统基底上形成的新近纪内陆拉分式断陷盆地，后期变形和破坏十分微弱，目前仍为一完整的油气系统。盆地整体呈狭长条带状，东西长 109km，南北宽 7～15km，面积约 830km^2。盆地内部的沉积盖层自下而上为：新生界下古近系古新统六吅组（E_1l）、始新统洞均组（E_2d）、那读组（E_2n）、百岗组（E_2b）；渐新统伏

平组（E_3f）、建都岭组（E_3j）；新近系长蛇岭组（N_2ch）和第四系（Q）。生烃模拟结果表明，该盆地的主要烃源岩所在的那读组三段、那读组二段和百岗组三段，从渐新统伏平组沉积期（38～30Ma）开始生烃，至建都岭沉积期（30～24Ma）进入生烃高峰期，累计生油量为 10.533×10^8t、生气量为 $3.78\times10^{11}m^3$。

通过模拟快速地获得了百色盆地的排烃强度史和排烃量史。该结果表明，百色盆地主要烃源岩的初始排放时间与初始生烃相当，大致从渐新统伏平组沉积期（38～30Ma）开始，至建都岭沉积期（30～24Ma）进入排烃高峰期，随后迅速减弱（表 8-8～表 8-10；图 8-25 和图 8-26）。迄今为止，累计排烃量达 3.767×10^8t，其中排油量为 2.464×10^8t、排气量为 $1.121\times10^{11}m^3$（表 8-8 和表 8-9）。从总排烃量看，在 3 套主要烃源岩中，那三段为 1.755×10^8t，那二段为 0.964×10^8t，百三段为 0.79×10^8t（表 8-10）。这就是说，该盆地几套烃源岩所排出的烃，仅占所生成烃量的 1/4（26.32%）。

表 8-8　百色盆地排油量统计表

地层	百一段（E_2b^1）	百二段（E_2b^2）	百三段（E_2b^3）	那一段（E_2n^1）	那二段（E_2n^2）	那三段（E_2n^3）	累计/（$\times10^8t$）
排油量/（$\times10^8t$）	0.010	0.121	0.569	0.113	0.836	0.997	2.646

表 8-9　百色盆地排气量统计表

地层	百一段（E_2b^1）	百二段（E_2b^2）	百三段（E_2b^3）	那一段（E_2n^1）	那二段（E_2n^2）	那三段（E_2n^3）	累计/（$\times10^{11}m^3$）
排气量/（$\times10^{11}m^3$）	0	0.013	0.221	0.001	0.128	0.758	1.121

表 8-10　百色盆地各套地层不同时期排烃总量（10^8t 油当量）统计表

地层＼年龄	2～0Ma	5.1～2Ma	24～5.1Ma	30～24Ma	38～30Ma	累计
伏平组	0	0	0	0	0	0
百岗组一段	0.003	0.001	0.001	0.005	0	0.010
百岗组二段	0.031	0.018	0.018	0.067	0	0.134
百岗组三段	0.170	0.096	0.082	0.426	0.016	0.790
那读组一段	0.023	0.013	0.012	0.066	0	0.114
那读组二段	0.160	0.100	0.093	0.603	0.008	0.964
那读组三段	0.296	0.190	0.181	1.049	0.039	1.755
洞均组	0	0	0	0	0	0
六吧组	0	0	0	0	0	0
合计	0.683	0.418	0.387	2.216	0.063	3.767

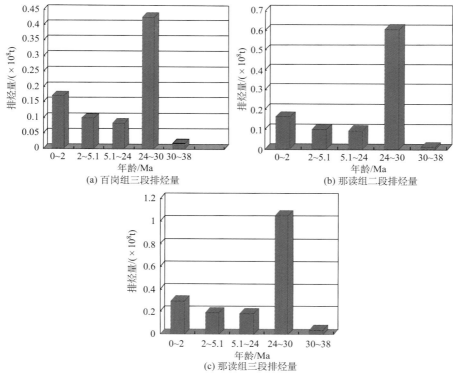

图 8-25　百色盆地百岗组三段、那读组二、三段排烃量模拟结果直方图

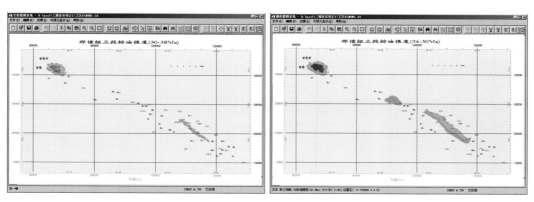

图 8-26　新生代百色盆地生、排烃强度模拟结果示例

3. 油气系统运聚烃史模拟

在采用人工神经网络技术来模拟油气系统的运聚史之前，需要进行油气系统的运聚作用三维动态建模。这里涉及油气本身及其运移的动力体系、介质和通道体系、圈闭和封盖体系的特征和运动规律，以及由这些体系构成的油气运聚系统的整体运作机制和过

程分析。与油气生成和排放模拟相同，如果需要取得较为准确的数量结果，首先应当保证模拟所针对的是一个完整的油气系统或者是一个完整的油气成藏动力学系统，否则将会因为该研究区块内部所生成、排放的部分油气向外运移，或者该研究区块外部生成、排放的部分油气进入其中，而使模拟结果失真。

1) 油气运移和聚集的概念模型

为了构建油气运移和聚集的人工神经网络概念模型，需要首先根据油气地质研究领域多年来所形成的共识，建立相应的知识库和各种推理规则。根据国内外多年的研究和总结，对油气运移和聚集的共识可以粗略地概括如下。

(1) 盆地构造类型控制了盆地的沉积、构造和地热特征及其演化特征，从而对油气系统中油气生成数量、运移方式和聚集条件起主导作用；

(2) 油气运聚的"介质"包括通道体系、储集层、圈闭和盖层，起关键作用的是孔隙度与渗透性，各种介质特征差异，都可以归结为孔隙度与渗透性的差异；

(3) 某一独立油气运移单元中所有的运移通道及相关的围岩组成一个通道体系，与烃源体相接的某些通道（如背斜脊）可能成为主干运移通道；

(4) 油气的"相态"包括游离油相、游离气相、气溶油相和油溶气相，在向上运移的过程中，低分子烃从石油中分离出去成为气相，高分子烃从天然气中分离出去成为液相，石油的密度增加而天然气的密度减少；

(5) 油气相态不仅影响二次运移的效率，而且制约运移速度和方向，在进入输导层之后，特别是在浅处，油气总是以游离相态存在和运移的；

(6) 油气运移的驱动力是流体势，其组成以浮力和有效孔隙压力为主，其次是压实水动力和大气水动力；毛细管阻力对于伸入烃源岩中的储集层而言作用非同小可，而构造应力在挤压盆地和构造反转期的拉张盆地中也不可忽视；

(7) 温度的变化既制约着油气的相态，也影响着流体压力、浮力和毛细管阻力，还可以改变通道的某些特征，从而对流体势和油气运移的速度、方向、效率起作用；

(8) 油气聚集的最好场所是背斜圈闭，但在某些情况下断层圈闭、不整合面（风化壳）和岩性圈闭也能富集大量油气，甚至超压带也可以对油气起封存作用，裂缝带的发育和开启（有效应力 $\sigma = 0$）是自生自储型油气藏存在的重要条件；

(9) 存在封堵性好的区域性盖层，是油气大规模聚集和长期保存的必备条件；扩散作用是气藏破坏的重要原因，气藏的存留是补充和扩散的动平衡结果；

(10) 油气在圈闭中的聚集通过渗滤作用或排替作用来实现，也可能通过渗滤和排替联合作用来实现；在运移通道上可能出现油气分异聚集现象，同时由于途中损耗和局部聚集，油气运移量将逐步减少，油气聚集量按圈闭出现的先后依次减少。

以上这十点共识，是构建油气运移和聚集的人工神经网络概念模型时，所应当遵循和全面掌握的。例如，对于动力体系既要考虑流体势和浮力的驱动作用，又要考虑毛细管阻力的排斥和吸引作用，以及地温变化对流体势的影响；对于介质和通道体系，既要考虑输导层的岩性、断层、裂隙带和不整合面的输导性能，又要考虑输导层的产状及构造脊的导向性能；对于圈闭和封盖体系，既要考虑构造圈闭及其封盖性能，又要考虑岩性和地层圈闭及其封盖性能。

之所以采用人工神经网络来模拟油气运移过程，还因为考虑到在数千米深度中的地质流体是在具有较高的温度、压力的非均匀、非连续、非多孔介质中运移的，不同于在常温常压条件下的均匀、连续、多孔介质中运移的渗滤流体，达西定律不一定适用（Wu et al.，2013）。这一点，也可能就是长期以来很多人尝试采用达西定律进行油气运移聚集模拟，却几乎没有取得成功的原因。

2）油气成藏机制和数学模型

控制油气二次运移和聚集的条件可归纳为油气、介质和驱动力 3 个方面。其中，"油气"包括相态和数量。关于油气运聚的相态、驱动机制和数学模型，已经有许多成熟的成果（Ungerer et al.，1990；石广仁，1998；Hindle，1999）可供参考。

A. 油气运移的相态判别子模型

烃类在运移过程中的相态变化，主要受所处位置的温压条件控制。在油气运移过程中，组分 X 与温度 T、压力 p 的关系大致如下（England et al.，1987）：

当 GF＜GOR 时，油相对于气不饱和，不会出现独立的气相，气溶于油中运移；

当 GF＞1/CGR 时，气相对于油不饱和，不会出现独立的油相，油溶于气中运移；

当 1/CGR＞GF＞GOR 时，油与气各自相对另一相完全饱和，二者均呈游离相运移。

式中，GF 为从烃源岩排出的烃类的地面气油质量比；CGR 为凝析气的油气质量比；GOR 为地面气油质量比。根据质量平衡原理，饱含气体的油的密度为

$$\rho_o = [(1+GOR)/B_O] \times 800(kg/m^3) \tag{8-98}$$

式中，B_O 为岩层油的体积系数，代表体积为 V 的地下烃流体采至地表后，经气/液分离器后的体积减少量，即 $B_O = V/V_O$。根据质量平衡原理，地下气体的密度为

$$\rho_g = [(1+CGR)/B_G] \times 0.8(kg/m^3) \tag{8-99}$$

式中，B_G 为岩层气的体积系数，可按如下简化式求得

$$B_G = 335Z \times T/p \tag{8-100}$$

式中，Z 为经验压缩系数；T 和 p 分别为地下烃流体的温度和压力。

显然，只要知道地下烃流体所在处的温度、压力、B_G 和 B_O，就可以求得 GF、GOR 和 CGR 值，判断出该处烃流体的相态，进而了解该处的油、气密度及其动态变化。

B. 油气运移的驱动机制及数学模型

油气运移的驱动力可以用流体势来概括（England et al.，1987）。所谓流体势是指单位质量的流体所具有的机械能的总和，在输导层中可表达为

$$\phi_f = s - \rho_f gZ + p_c = \phi_w + (\rho_w - \rho_f)gZ + p_c \tag{8-101}$$

式中，ϕ_f 为流体势；ϕ_w 为水势（主要来自剩余孔隙压力，$\phi_w = s - \rho_w gZ$）；s 为岩层骨架静压力；g 为重力加速度；z 为流体所在的深度，p_c 为毛细管阻力（取负值）；ρ_f 为烃流体的密度，根据油气质量比对 ρ_o 和 ρ_g 加权平均求得；ρ_w 为水的密度，按式（8-102）

求得：

$$\rho_w = 1/[1.00087 - (7.96930 - 0.44992T) \times 10^{-6}z - (1.16069 - 0.10516T) \times 10^{-9}z^2]$$

$$(8\text{-}102)$$

在式（8-102）中，$-(\rho_w - \rho_f)g$ 即为浮力（$F_f = -d\phi_f/dz$），它与剩余压力联合可以驱使油气向上运移。在质量相同时，天然气的浮力大于石油的浮力；在性质相同时，连片油气的浮力大于分散油气的浮力。开始时油气分散，浮力小，被阻滞于通道体系的下部某处；而后汇成油气流（柱），浮力增大。当浮力与水势之和超过最大连通孔隙喉道的毛细管阻力时，油气开始上浮运移。

在输导层（体）中，由于孔隙较大，毛细管阻力很小，烃源岩中的砂体能够像海绵一样吸收油气，运移路径上的砂体也很容易捕捉油气。在考虑盖层或断层及其两盘的封隔作用时，需要比较它们与输导层（体）的毛细管阻力。其计算公式为

$$p_c = 2\gamma(1/r_t - 1/r_p)$$

$$(8\text{-}103)$$

式中，γ 为表面张力（N/m，地表值为 3×10^{-2} N/m）；r_t 和 r_p 分别为岩石喉管半径和孔隙半径。当岩层深处由于破裂（超压段）或介质孔隙结构均一，r_t 和 r_p 差别变小，毛细管阻力将趋零。γ 还随温度升高而降低，梯度约为 0.18×10^{-5} N/cm，其经验公式为

$$油：\quad \gamma_O = 26 - (T - 15) \times 0.18 \qquad\qquad (8\text{-}104)$$

$$气：\quad \gamma_G = 70 - (T - 15) \times (0.18 \sim 1.8) \qquad (8\text{-}105)$$

式中，T 为岩层单元体的温度（℃）。由式（8-104）推知，当 $T = 160$℃时（单元体大约处于 $3000 \sim 4000$m 深处），$\gamma_O = 0$，油的毛细管阻力消失；而由式（8-105）推知，气的表面张力 γ_G 变化较大，最少在 $1000 \sim 2000$m 深处，其毛细管阻力就可能消失。

在有地下水流运动的条件下，油气运移的方向由剩余压力、浮力、水力和毛管阻力的合力决定；如果还存在构造应力，则油气运移的方向由剩余压力、浮力、水力、毛细管阻力和构造应力的合力决定。由于合力通常并非垂直向上，石油和天然气将分别向垂直于各自的等势线方向运移，并且油-水和气-水界面分别沿着油和气的等势面倾斜。盆地的水动力主要来自压实水流和大气水流。在盆地演化早期，压实水流强大，其流动方向由下而上，由中心向边缘，与剩余压力及浮力方向相近；晚期大气水流作用增强，其流动方向由上而下，由边缘向中心，与剩余压力及浮力方向近于相反。这就决定了早期进入输导层（体）的油气，总是沿着上倾的砂岩层和断层带的顶面，特别是沿着背斜脊向上运移，然后随着地表供水的动力条件增强而逐步改变方向。

大量现代地应力测量发现，在压性、压剪性构造活动带和压性盆地中，岩层的水平方向应力大大超过垂向应力，表明在挤压盆地的发展过程中和拉张盆地的构造反转期，水平构造应力对油气的运移和聚集的作用是不可忽视的。古构造应力可以通过现代地应力测量值，或同类大地构造单元的现代测量值的类比来获取。

由式（8-101）可知，流体势在实际上是剩余压力、浮力、水力、毛细管阻力和构造应力的合力，应采用矢量合成的方法进行计算，即：$\vec{\phi}_f = \vec{p}_r + \vec{p}_b + \vec{p}_w + \vec{p}_c + \vec{p}_t$。在输导层和油气圈闭中，这几种力通常处于相对平衡状态，但随着沉积物的不断压实，压

实水力逐步衰减，大气水力将相对地逐步增强，而地壳抬升、构造变形也将使这种平衡状态进一步遭到破坏。流体势各成分的定量计算和整体定量合成，为人工神经网络模型中油气运移方向和强度的判断提供了定量的依据。

3）油气运聚的人工神经网络模型

油气运聚模拟所面对的是一个具有四维时空特征的油气系统，进行人工智能模拟需要有完善的推理规则，以及合理的系统结构模型和方法模型。

A. 油气运移方向和输导比率的推理规则

采用人工智能方式来模拟油气运移和聚集过程，评价油气资源潜力，必须遵从一系列推理规则。其中包括：油气相态判别规则、流体势组成判别规则、水动力类型判别规则、构造应力反演的约束判别规则、毛细管阻力判别规则、断层力学性质判别规则、断层活动性判别规则、断层封堵性判别规则、裂隙带开启程度判别规则、断层和裂隙带活动期判别规则、接触类型和接触面积判别规则、油气运移方向判别规则、油气运移比率分配规则和运移量衰减判别规则等。

B. 油气运聚智能模拟的单元体模型

采用三维网格化方法来剖分单元体，可使非均匀的复杂介质转化为有限个均质体。剖分的尺度准则是要求在横向上能反映岩性、岩相的变化及局部圈闭，在纵向上能反映各层系的构造及有关地质特征。每个单元体的输导性通过人工神经网络来判别，输入数据包括初始烃量、相态、介质参数和流体势等，可通过

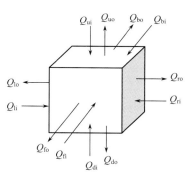

图 8-27　单元体油气运移分量

传统动力学模拟和三维数字地质体模拟来获取。每个单元体内的油气运移分量可用图 8-27 表示，其中：

$$\sum Q_{\mathrm{o}} = \sum Q_i + Q_{\mathrm{e}} - Q_{\mathrm{r}}$$

$$\sum Q_i = Q_{\mathrm{ui}} + Q_{\mathrm{di}} + Q_{\mathrm{li}} + Q_{\mathrm{ri}} + Q_{\mathrm{bi}} + Q_{\mathrm{fi}}$$

$$Q_{\mathrm{uo}} = \mathrm{FR}_{\mathrm{uo}} \times \sum Q_{\mathrm{o}}, \qquad \mathrm{FR}_{\mathrm{uo}} = R_{\mathrm{uo}} + \Delta R_{\mathrm{uo}}$$

$$Q_{\mathrm{do}} = \mathrm{FR}_{\mathrm{do}} \times \sum Q_{\mathrm{o}}, \qquad \mathrm{FR}_{\mathrm{do}} = R_{\mathrm{do}} + \Delta R_{\mathrm{do}}$$

$$Q_{\mathrm{lo}} = \mathrm{FR}_{\mathrm{lo}} \times \sum Q_{\mathrm{o}}, \qquad \mathrm{FR}_{\mathrm{lo}} = R_{\mathrm{lo}} + \Delta R_{\mathrm{lo}}$$

$$Q_{\mathrm{ro}} = \mathrm{FR}_{\mathrm{ro}} \times \sum Q_{\mathrm{o}}, \qquad \mathrm{FR}_{\mathrm{ro}} = R_{\mathrm{ro}} + \Delta R_{\mathrm{ro}}$$

$$Q_{\mathrm{bo}} = \mathrm{FR}_{\mathrm{bo}} \times \sum Q_{\mathrm{o}}, \qquad \mathrm{FR}_{\mathrm{bo}} = R_{\mathrm{bo}} + \Delta R_{\mathrm{bo}}$$

$$Q_{\mathrm{fo}} = \mathrm{FR}_{\mathrm{fo}} \times \sum Q_{\mathrm{o}}, \qquad \mathrm{FR}_{\mathrm{fo}} = R_{\mathrm{fo}} + \Delta R_{\mathrm{fo}}$$

式中，Q_{o} 为本单元体的烃输出量；Q_i 为来自外单元体的烃输入量；Q_{e} 为本单元体的排烃量；Q_{r} 为运聚后的烃残留量；Q_{ui}、Q_{di}、Q_{li}、Q_{ri}、Q_{bi}、Q_{fi} 和 Q_{uo}、Q_{do}、Q_{lo}、Q_{ro}、

Q_{bo}、Q_{fo} 分别为本单元体向其上、下、左、右、后、前各侧单元体的烃输入量和输出量；FR_{uo}、FR_{do}、FR_{lo}、FR_{ro}、FR_{bo}、FR_{fo} 分别为本单元体向 6 个侧面（顺序同前）单元体的烃总输出比率；R_{uo}、R_{do}、R_{lo}、R_{ro}、R_{bo}、R_{fo} 分别为不考虑地层倾斜及流体势单向驱动的情况下，本单元体向 6 个侧面（顺序同前）单元体的输烃比率；ΔR_{uo}、ΔR_{do}、ΔR_{lo}、ΔR_{ro}、ΔR_{bo}、ΔR_{fo} 分别为考虑地层倾斜及流体势单向驱动的情况下，本单元体向 6 个侧面（顺序同前）单元体的烃输出比率的修正值。

C. 通道体系评价模型

a. 介质输导性模糊综合评价

通道体系的输导性能评价，可以归结为对介质特征的评价。目前已经认识的通道体系，大致有岩层、断层、裂隙带和不整合面（包括古风化壳）4 种介质类型。因此，基于模糊人工神经网络的通道体系的输导性能评价模型，可划分为岩层、断层、裂隙带和不整合面 4 个子模型。针对每个子模型的影响因素众多且评价标准不一的情况，该系统采用模糊数学的隶属度分割方法建立评价矩阵，然后进行模糊综合评价。

评价矩阵的元素按习惯划分为"优、良、中、差、劣"5 个等级。先根据专家知识对各个影响因素的等级隶属度赋值，再把评价矩阵作为神经网络系统的输入向量，然后把期望值作为输出向量。其中，输导性的期望输出值为"0.9，0.1，0.1，0.1，0.1"代表输导性优；"0.1，0.9，0.1，0.1，0.1"代表输导性良；"0.1，0.1，0.9，0.1，0.1"代表输导性中等；"0.1，0.1，0.1，0.9，0.1"代表输导性差；"0.1，0.1，0.1，0.1，0.9"代表输导性能劣。储集性评价与此相反。

评价模型采用 n（输入层）—$2n+1$（隐含层）—1（输出层）的神经网络拓扑结构，系统误差设定为 0.0001，分别经过反复学习，即可建立相应的人工神经网络评价子模型。

下面以岩层（体）输导性能评价子模型为例加以说明。

影响岩层（体）输导性能的控制因素 x 主要有孔隙度、砂岩百分比、渗透率、砂体类型、裂缝发育程度和接触面积 6 项。其隶属函数的确定结果如下。

孔隙度：

$$\mu_{yk}(x) = \begin{cases} 0.9 & x > 15\% \\ 0.5 & 5\% < x \leqslant 15\% \\ 0.1 & x \leqslant 5\% \end{cases}$$

砂岩百分比：

$$\mu_{yb}(x) = \begin{cases} 0.9 & x > 60\% \\ 0.5 & 30\% < x \leqslant 60\% \\ 0.1 & x \leqslant 30\% \end{cases}$$

渗透率：

$$\mu_{ys}(x) = \begin{cases} 0.9 & x > 100 \\ 0.5 & 10 < x \leqslant 100 \\ 0.1 & x \leqslant 10 \end{cases}$$

砂体类型：

$$\mu_{yl}(x) = \begin{cases} 0.9 & x = \text{I} \\ 0.5 & x = \text{II} \\ 0.1 & x = \text{III} \end{cases}$$

式中，变量 x 的单位为 mD①。

式中，I 为冲积扇相、河流相、三角洲相、台地相；II 为平原相、滨海相、河沼相；III 为浅海相、浅湖相、深湖相。

① 1D = 0.986 923 × 10⁻¹² m²。

裂缝发育程度：

$$\mu_{yl}(x)=\begin{cases}0.9 & x=\text{I}\\0.5 & x=\text{II}\\0.1 & x=\text{III}\end{cases}$$

接触面积：

$$\mu_{ym}(x)=\begin{cases}0.9 & x=\text{I}\\0.5 & x=\text{II}\\0.1 & x=\text{III}\end{cases}$$

式中，I 为非常发育；

II 为发育；

III 为不发育。

式中，I 为接触面积大；

II 为接触面积中；

III 为接触面积小。

b. 各单元体输导性归一化处理

首先要根据岩层、断层、裂隙带和不整合面 4 种介质的多指标模糊综合评价结果，分别对油气系统中各层段每种介质的全部单元体在每一地史阶段（或时间段）的输导性能，逐一进行模糊综合和归一化处理。其评价矩阵为

岩层：

$$\mu_{dy}(x)=\begin{cases}0.6 & x=\text{I}\\0.3 & x=\text{II}\\0.0 & x=\text{III}\end{cases}$$

断层：

$$\mu_{dd}(x)=\begin{cases}1.0 & x=\text{I}\\0.6 & x=\text{II}\\0.3 & x=\text{III}\\0.0 & x=\text{IV}\end{cases}$$

式中，I 表示岩体输导性为 I 级；

II 表示岩体输导性为 II 级；

III 表示岩体输导性为 III 级。

式中，I 表示断层的输导性为 I 级；

II 表示断层的输导性为 II 级；

III 表示断层的输导性为 III 级；

IV 表示断层的输导性为 IV 级。

裂隙带：

$$\mu_{dl}(x)=\begin{cases}0.7 & x=\text{I}\\0.4 & x=\text{II}\\0.1 & x=\text{III}\\0.0 & x=\text{IV}\end{cases}$$

不整合面：

$$\mu_{br}(x)=\begin{cases}0.8 & x=\text{I}\\0.5 & x=\text{II}\\0.2 & x=\text{III}\\0.0 & x=\text{IV}\end{cases}$$

式中，I 表示裂隙带级别为 I 级；

II 表示裂隙带级别为 II 级；

III 表示裂隙带级别为 III 级；

IV 表示裂隙带级别为 IV 级。

式中，I 表示不整合面的级别为 I 级；

II 表示不整合面的级别为 II 级；

III 表示不整合面的级别为 III 级；

IV 表示不整合面的级别为 IV 级。

考虑到岩层（体）、断层、裂隙带和不整合面的输导性处于不同水平上，为便于进行对比，需要对它们的期望输出值进行校正，再作归一化处理，给出分值。一个简单的做法是以断层为基准，让岩层（体）降低一个等级、裂隙带和不整合面降低半个等级，即让岩层（体）的输出结果向下（右）移动一个等级（最左边的差等不动，从较差开始依次将每个等级的值移到下一个等级上），如将 "0.2，0.1，0.6，0.2，0.2" 改为 "0，0.2，0.1，0.6，0.4"；让裂隙带和不整合面的输出结果向下（右）移动半个等级（最左边的差等不动，从较差开始依次将每个等级的值取出一半加到下一个等级上）；断层则保持不变。给定得分的权："优" 100 分，"良" 80 分，"中等" 60 分，"较差" 40 分，"差" 20 分。于是，上例岩层（体）"0，0.2，0.1，0.6，0.4" 的得分为 54 分。

　　然后，求出中心单元体与周围各相邻单元体的输导性能得分差值。设得分大于中心单元体者差为正值，否则为负值。将得分差值按"高、较高、中等、较低、低"五等进行隶属度分割，建立输导性能差值评价矩阵，其特征值取（30，15，0，－15，－30）。最后，将输导性能评价矩阵作为输入向量，将期望输出值作为输出向量，其中，"0.9，0.1，0.1，0.1，0.1"代表输导性高；"0.1，0.9，0.1，0.1，0.1"代表输导性较高；"0.1，0.1，0.9，0.1，0.1"代表输导性中等；"0.1，0.1，0.1，0.9，0.1"代表输导性较低；"0.1，0.1，0.1，0.1，0.9"代表输导性低。评价模型的神经网络拓扑结构为4（输入层）—9（隐含层）—1（输出层），系统误差设定为0.0001，经过反复学习，即可建立各体积单元的输导性能综合评价的人工神经网络模型。

　　c. 单元体输烃比率半定量评价

　　在油源充足的条件下，每一个获得油气的单元体，可能把油气封闭成藏，也可能把油气输送出去。考虑油气运移进入和离开一个单元体的效率，与考虑一个单元体向周围邻接单元体输送或获得油气的比率等效，关键在于将邻接单元的动力、介质和油气饱和度特征进行两两比较。在获取每个单元体的输导（或封盖）性能动态评价结果之后，就有可能通过比较进一步判断其向上、下、左、右、前、后各单元体输烃的比率。该比率可根据相邻单元体的介质类型、孔隙度和驱动力的综合比较，采用半定量方式来确定。为了简化知识获取和计算过程，先不考虑流体势驱动而仅凭单元体之间的输导性能，确定其向上、下、左、右、前、后各侧的初始油气输导比率。

　　计算出单元体输导比率后，再利用模拟计算所得的流体势进行校正，便可体现在动力体系、通道体系和封盖体系等多种因素作用下的油气运移和聚集状况。当单元体向周围相邻单元体输导油气的比率之和为1时，只起单纯的油气输导作用；当单元体向周围相邻单元体输导油气的比率之和小于1时，产生油气聚集，输导烃比率越低，充注率就越高。随着时间推移，油气充注率不断累积，直至烃类饱和度达到极限为止。这时，邻侧单元体不再向它输烃，向各邻接单元体的输出比率随之改变。如此循环往复，便可以完成油气系统中油气运聚过程的人工神经网络模拟。

　　4）油气运聚人工神经网络模拟的实现

　　在建立了油气运移和聚集的实体模型、概念模型和方法模型之后，需要进一步建立油气运移和聚集的软件模型，即对实现油气运移和聚集方法模型的目标、规则、标准、技术、过程和程序结构框架进行归纳和总结，然后在三维可视化地质信息系统平台上完成油气运移和聚集只能模拟软件的开发工作。

　　通过多个拗陷的研究实践证明，采用人工神经网络模型可以有效地跟踪油气运移主通道——断层、构造脊、溶洞体系，以及由它们组成的复合通道，也可用于追索油气聚集的主圈闭——构造圈闭、岩性圈闭、地层圈闭或者由它们组成的复合圈闭，还可用来揭示伸入烃源岩中的砂体在毛管阻力作用下吸引油气的"海绵作用"。烃类运移和聚集人工神经网络模拟流程如图8-28所示。

　　利用这种方法和软件对我国多个盆地的油气系统运聚史开展了成功的模拟实验研究。南海北部珠一拗陷的惠州油气系统的油气运聚模拟是其中的典型案例之一。

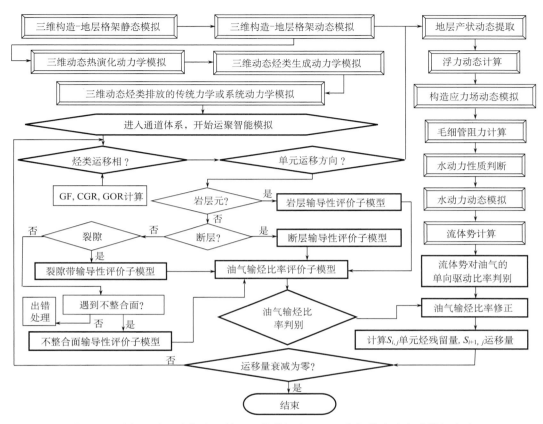

图 8-28　油气运移和聚集人工神经网络模拟流程（双线框代表动力学模拟方式）

　　珠一拗陷位于南海北部陆架珠江口盆地东部，是新近纪断陷盆地，面积约 3.74 万 km^2，共有 5 个凹陷、2 个凸起和 1 个北部断阶带。拗陷内由下而上发育了湖相沉积、海湾相沉积和三角洲-滨岸沉积，具备形成油气藏的基本条件。其中，湖相沉积包括古近系始新统文昌组（E_2w）油源岩和渐新统下部的恩平组（E_3^1n）气源岩。主要输导层是恩平组（E_3^1n）中上部和渐新统上部的珠海组（E_3^2zh）河流-三角洲-滨海相砂岩，而储集层包括珠海组河流-三角洲-滨海相砂岩和中新统下部的珠江组（N_1^1zz）的三角洲砂岩和台地相礁灰岩。直接盖层是珠江组的滨浅海相泥岩，而区域盖层是中新统中部韩江组（N_1^2h）和中新统上部的粤海组（N_1^3y）广海陆棚泥岩。

　　经过多年曲折、反复的勘探，仅在惠州凹陷生烃区发现 6 个油田，储量为 $0.8242×10^8t$；在凹陷北侧隆起上几乎没有发现；而在其南侧东沙隆起上的惠流构造脊上却发现了 8 个油田，储量为 $3.0296×10^8t$，相当前者的 4 倍。其中位于惠流构造脊顶端的 LH11-1 油田，发育了面积达 $416km^2$ 的大型礁灰岩背斜圈闭，汇聚了 $2.4×10^8t$ 的石油储量，成为目前珠江口盆地的最大油田。与源区相连通的构造脊和圈闭均含油，而且油藏沿着构造脊呈串珠状分布，而与油源无关的构造脊和圈闭均不含油，最大运移距离达到 100km（图 8-29）。油藏物理、化学资料和油源对比结果表明，油气运聚分早晚两期，早期Ⅰ类原油来自惠西洼陷的文昌组烃源岩，运移距离长且主要分布于东沙隆起上；晚期Ⅲ类原油来自惠西洼陷恩平组烃源岩，运移距离段且主要分布于东沙隆起的北缘惠流构造脊上。由此而推测：石油从生油区生成并排出后，在孔隙剩余压力和浮力主导下以断裂为主干通道垂直向上运移至珠海组，分异后在大气水动力主导下以构造脊为主干通道向南东运移至东沙隆起上的珠江组中聚集成藏。在此基础上，建立了该油气系统的成藏模式（杨甲明等，2002；图 8-30）。该模式在我国滨浅海区众多陆相盆地中具有典型性，对于指导我国滨浅海区陆相盆地油气勘探具有重要意义。但是，根据勘探结果推测的成藏过程和成藏机制，在成藏动力学上的合理性及正确性，是需要通过计算机模拟实验来检验和证实的。

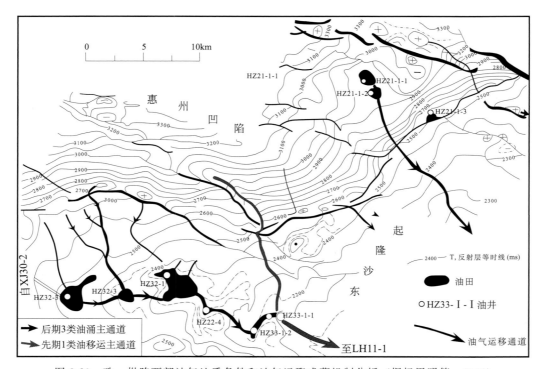

图 8-29　珠一拗陷西部油气地质条件和油气运聚成藏机制分析（据杨甲明等，2002）

　　模拟采用模糊人工神经网络的正演方式，单元体尺度为 1km×1km，时间步长为 1Ma；单元体剖分和属性拾取均实现了自动化。每计算一个时间步长，自动调入相应的三维构造-沉积格架及有关的地质参数、岩石物理参数、地化实验参数，以及地热场、地层压力、流体势、孔隙度、生烃史和排烃史的三维动态模拟数据。

　　模拟结果客观地再现了如下过程：在惠州凹陷-东沙隆起油气系统中，来自主生烃洼陷文昌组和恩平组的油气，先在浮力和剩余孔隙压力主导下沿着开启的断层向上运移至珠海组砂岩中；接着在大气水力主导下向南运移到东沙隆起，形成了 HZ25-1、HZ26-1、HZ33-1 和 HZ35-1 等油藏 [图 8-31（a）]。前 3 个油藏通过由西向东的惠流构造脊连接起来，至 HZ33-1 后拐向南东，与另一条由北而来经 HZ35-1 蜿蜒向南的构造

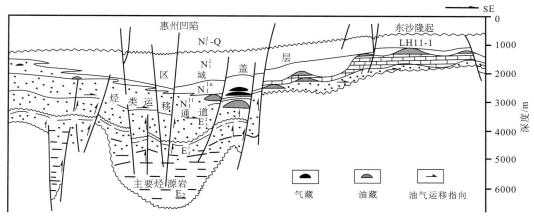

图 8-30　珠一拗陷惠州凹陷油气系统的成藏模式总结（据杨甲明等，2002）

脊汇合。油气于是在珠海组砂岩中由北向南再由西向东 ［图 8-31（a）］，又由北向南 ［图 8-31（b）］运移并向上进入珠江组碳酸盐岩的生物礁中，形成了 LH11-1 和 LH11-2 大型油藏。

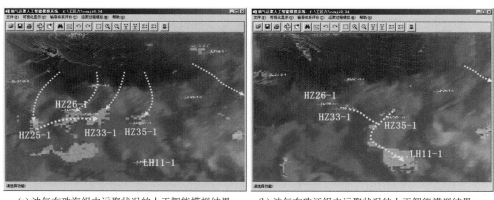

(a) 油气在珠海组中运聚状况的人工智能模拟结果　　　　(b) 油气在珠江组中运聚状况的人工智能模拟结果
(0Ma)　　　　　　　　　　　　　　　　　(0Ma)

图 8-31　利用 QuantyPetro 的智能运聚模块对珠一拗陷惠州凹陷油气系统的运聚模拟结果

　　这项模拟实验，证实了关于"惠州凹陷-东沙隆起油气系统的油气垂向运移主干通道是断层、横向运移主干通道是构造脊"，"大气水动力是驱动油气向南、向东运移的主导因素"，以及"油气成藏机理为多源多期汇聚型"的认识，由此建立的成藏模式在成藏动力学上是合理的和正确的。同时，也对成藏模式的细节作了一些重要的补充和修正。例如，晚期的油气来自恩平组，并经过同样的机制和路径向南进入 HZ25-1、HZ26-1、HZ33-1 和 HZ35-1 等油藏后，而由于本身数量不足，仅够就近充注这几个圈闭，而早期充注在这里的文昌组原油则被驱赶往 LH11-1 和 LH11-2 圈闭方向，存在着特殊的稀释、改造和驱替的多期成藏作用现象。

第9章　地质数据挖掘与决策支持

建立"地质信息系统"的目标，是对研究区的地质、资源和环境条件进行分析、预测和评价，进而为其合理开发、利用提供决策支持。要实现这个目标，必须快速、高效、实时地处理海量的地质调查、矿产勘查或工程勘察数据，以及各种动态监测数据。近几年发展起来的数据仓库（或空间数据仓库技术），以及基于数据仓库（或空间数据仓库）的联机分析和数据挖掘技术，将地矿领域的决策支持提高到了新的水平。

9.1　地质数据仓库与数据集市

三维地质建模、地质数据挖掘、三联式科学找矿、矿产资源综合评价、地质工程协同设计、协同办公、网络办公、信息资源共享等概念已经逐渐被人们所接受，而且正在成为现实。当代地质学和矿产资源勘查学已经从针对地球系统的某一特殊组成部分，或者某一特殊事物的研究，逐渐扩展到对地球系统中不同时空尺度下多学科的综合研究。为此，需要有一个公共的数据源和数据操作平台。特别是在海量的地质数据背后，隐藏着大量的成矿、成藏与成灾信息和规律，需要对这些数据进行挖掘、提取信息并发现相关规律，地质数据仓库或数据集市的设置和应用势在必行。

9.1.1　地质数据仓库的结构与功能

数据仓库是面向主题的、集成的、不更新的（稳定性）、随时间不断变化（多时态）的数据集合，用以支持经营管理中的决策制定（Inmon，1994）。与传统数据库面向具体应用不同，数据仓库是面向主题的。所谓主题是一个较高层次上的数据归类标准，每一个主题对应一个宏观的分析领域。所谓集成是指在数据进入数据仓库之前，必须经过数据加工和集成，协调原始数据中的矛盾之处，并将其结构从面向应用转变为面向主题。所谓稳定性是指数据仓库反映的是历史数据，而不是日常事务处理产生的数据，数据经加工和集成进入数据仓库后是累积的而不是替代的，是极少或根本不修改的。显然，数据仓库是一个过程，与数据库有着本质的区别。其主要功能是通过数据仓库特有的储存架构，对长期累积的海量数据进行系统分析整理，以利于在线分析处理（OLAP）或称联机分析处理、数据挖掘（data mining）和决策支持系统（DSS）创建，帮助决策者快速地从大量资料中，提取有价值的决策信息。

1. 地质数据仓库的体系结构

地质数据仓库系统首先是一种解决方案，是对原始的地质矿产点源操作型数据进行各种预处理后转换成有用地质信息的处理过程。用户可以通过对地质数据的分析，对地质环境、地质灾害和矿产资源作出预测、评价和战略性的决策。面向地质应用的地质数据仓库系统，具有三级层次体系结构模型（图 9-1）（邵玉祥，2009）。

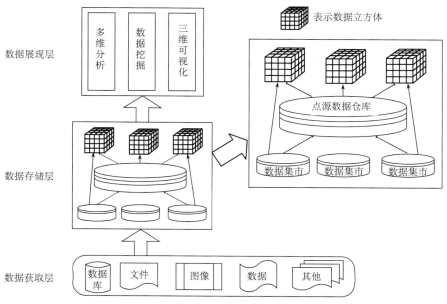

图 9-1 地质数据仓库系统体系结构图（据邵玉祥，2009）

A. 数据获取层（data acquisition）

数据获取层由异构异质数据源，以及各种数据清洗、数据加工工具构成。这些异构异质数据源，包括地质点源数据库，以及各种物探、遥感和化探原始数据。数据获取层的任务是整合、清洗和提取这些异构异质地矿勘查（察）数据，并将其导入到地质数据仓库的数据库中，实现勘查（察）数据的规范与融合。

B. 数据存储层（data storage）

数据存储层由地质点源数据库、模型库和方法库组成。点源数据库采用分布式的数据集市模式进行分级存储和管理，可以支持海量数据的存储。该系统还可以通过多用户并发访问与控制技术实现并行处理，通过 Web 进程控制技术实现数据的统一管理。其数据来源包括已有的研究区、勘查区或矿山、油田点源数据库，数据类型包括各种属性数据和空间数据，其中既有结构化数据也有非结构化数据。利用方法库、模型库和数据库系统内置的 ETL（extract-transform-load）功能，无需进行复杂的数据迁移，就可直接在点源数据库中完成复杂的数据抽取、转换和加载。

C. 数据展现层（data access）

地质数据仓库系统数据展现层由地质数据可视化、地质空间分析、地质数据挖掘、智能计算等工具模块组成，通过各种形式展现数据分析结果。该数据展现层可采用全新的三维可视化方案、三维空间分析方案、空间数据挖掘和各种智能解决方案，并使用 C♯、. Net 以及各种控件，实现可视化和智能化决策分析。

从技术层面上看，数据仓库体系结构的主体就是数据库、方法库和模型库。其中，数据库是多源异构数据库、分布式的点源数据库、空间数据立方体以及各种结构化和非结构化的数据集合；方法库是以工具箱的形式存在的各种数据操作的函数集合；模型库是对各种数据操作分析结果的集合。在这3种集合中，每个个体的研究对象都是三维乃至四维地质空间中的地质数据体和地质实体。其中，数据集市的数据库主要就是地质点源数据库。因此，地质点源数据库是数据仓库体系的基石。

2. 地质数据仓库的基本功能

地质信息共享与服务已经成为21世纪各国地质工作的战略重点。世界各国的地质调查机构，都在地学数据管理和信息服务方面投入了巨大的人力、物力和财力，建设了大量的基础数据库，整合了国家范围内的基础地质、矿产地质、工程地质、环境地质等领域的数据源，并形成了国家地质与矿产资源主体数据库群，储存了包括各类地质图件、遥感影像、物化探数据和钻孔数据等在内的海量数据。这些工作，不仅大大提高了科学数据共享和数据社会化服务程度，而且在理论基础、科学数据共享机制、技术平台框架、标准体系和法律法规体系建设等方面取得了显著进展。

数据仓库的构建，实质上是一种数据集成。但是，如果数据共享技术只是提供了数据流通途径和网格化管理条件，为数据集成和充分共享提供了网络资源保证，并没有打通各个"小房间"（数据库），并将其汇集成为一个"大仓库"（数据仓库），那就只是形成了无中心的环结构。在这种情况下，各数据库仍然是独立的，仍表现出分散、多源、异构、语义不统一等特征，特别是在"应用型"数据库普遍存在的某些部门，问题将会更加严重。这类问题归纳起来有：①"信息孤岛"日益增多，造成了信息资源和设备资源的极大浪费；②数据爆炸而知识贫乏，无法及时而有效地发现数据中存在的有用知识；③信息系统建设出现"分层"现象，能够支持"决策层"运用的工具严重不足；④异地存储、分布式应用，但缺乏"一站式"集成服务的共享数据环境。在这种情况下，为了最大限度地实现地质数据共享和社会化服务，不仅要通过网络连接实现地质数据的异地分布式存储，还需要对那些仅仅在现代网络环境下实现了远程交换的地质数据，实行真正意义上的集成和共享。

为了实现地质数据"一站式"集成服务和共享，需要打破单学科、单主题的数据组织方式，进行多学科、多主题、多模式的协同，用全新的风格去重组，或者在原来的基础上再筑"一层楼"，实现这些"小房间"内的数据有机融合，构建一个面向客户、结构统一、语义一致的、逻辑集中而物理分散的地质数据仓库或数据集市，同时实现基于数据仓库的多级多向查询、分析和数据挖掘。只有这样，地质专家才能够更方便、快捷地进行各种形式的分析，做出更全面、科学的评价和决策。

建设地质数据仓库的目的是：面对地质数据管理和应用中存在的问题，在已建数据库的基础上，汇总并融合多源、多类、多量、多维、多主题、多尺度、多时态特征的勘查数据，建立地下-地上、地质-地理、空间-属性数据一体化数据管理模式，为地质数据挖掘、知识发现以及地矿资源的评价和决策，提供充分共享的数据操作平台。其基本功能如下。

A. 解决地矿企业"信息孤岛"日益增多的难题

通过地质数据仓库的建设，可以形成地矿企业内部的数据关联机制，进而将企业内部各部门数据有机地集成起来。从数据本身解决数据的分离问题，是有效解决企业之间、企业内部各管理层之间、各业务部门之间、各应用系统之间数据难以交流与共享问题的根本途径，因而是彻底消除"信息孤岛"的有效手段。

B. 规范并推动地质勘查与矿业开发信息标准化

随着地质-矿产行业信息化建设的推进，工作重心将从信息系统及网络的建设和维护，向信息交换标准化、管理规范化的方向转移。作为行业内部和行业之间数据交换、集成和互操作平台，地质数据仓库的建设尤其需要加强标准代码库的设立，以及多源异构数据的转换和融合，这将规范并推动行业的信息标准化建设。

C. 实现资源环境评价与生产经营决策的科学性

现有的地矿数据分散存储在地矿行业的不同层次、不同部门，难以进行综合的和系统的决策分析。地质数据仓库可以方便地支持多类型、多维度、多主题、多尺度和多时态数据的综合和融合，从而能支持整个企业乃至整个行业内部的数据共享、知识发现和联机分析处理，保证资源环境评价和决策的正确性。

利用地质空间数据仓库技术，将地学数据按专题、分学科、分布式、网络化、分区存储，不但能很好地实现数据共享，而且是提高数据利用价值的一种有效途径，更有利于实现地学数据的整合与集成研究，为构建一站式地学信息集成服务的共享数据环境奠定基础。为了使数据仓库技术适应于局部领域和项目的应用，以便获得一种易于自行定向的、开放式数据接口工具，发展出了数据集市技术。所谓的数据集市是一种小型的数据仓库，它采用自底向上的思想从各相关部门的数据库中筛选出有用的数据，经过整理和汇总而成。与数据仓库相比，数据集市具有建设周期短、投资小、风险低等优点，缺点是较难实现对数据的一致的储存。但是，只要事先制定全局数据标准和统一的数据模式，数据一致性问题便可以解决。数据集市具有可扩展性和可集成性，基层建立数据集市可以集成起来，扩展为整个企业或部门数据仓库。

由于地质数据仓库管理的数据量庞大，数据类型繁多，支持决策的空间分析和计算非常复杂，该系统结构需要研究的主要内容有如下七个方面。

(1) 地质地理一体化的数据结构。即研究方便数据挖掘和决策支持的地质-地理、地下-地上、空间-属性数据一体化分布式存储和检索机制。

(2) 多源异构地质数据的集成。即地质空间、时间、属性数据的集成以及异构异质地质数据之间的融合，其中包括结构化和非结构化数据。

(3) 地质空间维的划分与管理。即针对地质勘查工作的特点和需求，确定主题并划分不同的地质数据集空间维，以及其粒度、层次和级别。

(4) 地质空间度量及其计算。即研究地质数据立方体在聚集过程中的融合、重叠、交叉等操作，以及地质空间中各种地质对象的生成算法。

(5) 地质空间数据的管理。即研发大型的地质数据仓库的 DBMS 系统，并在 ETL 工具的基础上研发方法库，用以实现地质数据的 ETL 过程。

(6) 空间数据挖掘方式和方法。即研究基于数据仓库的空间数据挖掘方法和决策支持模型，特别是研究各种空间数据挖掘算法及其适用性。

（7）地质空间数据联机分析方法。即研究基于地质数据仓库的联机查询、分析、处理方法，以便支持各种空间分析、资源和灾害预测评价。

3. 地质数据仓库的若干特点

传统的数据仓库系统主要是面对以关系模型存储的属性数据的，但地质数据既有大量的属性数据也有大量的空间数据。这些数据有分别存储于关系数据库和空间数据库中的，也有一体化存储于对象-关系数据库中的。因此，地质数据仓库的数据源既有关系数据库和空间数据库，也有对象-关系数据库。数据源是关系数据库即为传统的数据仓库，而数据源是空间数据库即为空间数据仓库。

地质空间数据仓库是空间数据库技术与传统数据仓库技术相结合的产物，是在传统数据仓库的基础上引入空间维数据，增加了对空间数据的存储、管理和分析能力。其任务是按主题需要从不同的数据库中提取从点位到区段乃至整个岩石圈系统，从瞬态到地质作用阶段乃至全过程的不同规模时空尺度上的信息，然后加以融合、分析和综合，为目前地质勘查和研究，以及资源、环境和灾害预测评价提供服务。

地质数据仓库的建设是一种逐步完善的过程。它除了具有传统数据仓库和空间数据仓库的共同性质，还具有以下若干显著特点。

A. 地质数据仓库数据来源的继承性

地质数据仓库以各类地质数据库为数据源，特别是以主题式对象-关系点源地质数据库为数据源，明显地继承了地质点源信息系统的思路和方法，可看作是在点源数据库基础上的延伸和扩展——专题数据检索、组织、综合和分析。

B. 地质数据仓库结构体系的完整性

地质数据仓库既是一个系统解决方案，又是一个附加在地质点源数据库系统之上的、存储管理了地质勘查单位的综合数据，并能为评价和决策分析人员提供决策支持的应用系统。因此，地质数据仓库通常具有完整的结构体系框架，能够支持从数据抽取、重组、存储、管理，到查询、检索和分析、综合的全过程。

C. 地质数据仓库描述对象的复杂性

地质数据仓库面对多种复杂的地质实体，其中既有地层、岩体、矿体、断层、褶皱、推覆、裂陷等自然对象，又有钻孔（井）、探槽、探硐、硐室、矿井、巷道、隧道等人工对象。自然对象是在漫长的地质历史中，由各种不同的地质作用联合造成的，甚至为多期次构造运动复合作用的产物。地质数据仓库要支持如此复杂的地质体、地质过程、地质作用和矿产资源分析、预测和评价，不仅需要有完整的结构框架，还需要有完善的数据融合、调度、操作与分析、综合功能。

D. 地质数据仓库数据管理的多维性

维度是人们观察问题的角度，地质数据仓库的多维性不仅体现在研究对象是三维空间中乃至四维时空中的地质实体，而且体现在勘查（察）技术手段的多样性、对象实体的多层次性、现象描述的多参数性、过程发展的多阶段性，以及对问题考察的多重视觉。地质数据之所以表现出多源、多类、多维、多主题、多尺度和多时态特征，就在于从统计学的角度看，其样本空间是一种多维度空间。

目前，已经有了不少通用的数据仓库管理工具。为了更加有效地存储、管理和处理地质矿产点源数据，更好地满足各级客户的分析、决策需求，亟待研发并采用集实体模型、数据模型、应用模型和方法模型于一体的地质数据仓库管理工具。

9.1.2　地质数据仓库的建模方法

一个完整的地质数据仓库（GeoDM）系统由数据获取（data acquisition）、数据存储（data storage）、数据访问（data access）3 个部分组成。构建数据仓库首先应当进行整体框架设计，再进行概念模式、逻辑模式和物理模式设计，然后分层进行实际构筑，最后进行数据的抽取、转换、加载和应用。

1. 地质数据仓库的维度和度量

地质数据仓库是建立于多维数据模型基础之上的，其表现形式为星形、雪花模型或星形-雪花模型。无论何种数据模型实质都是以事实表为中心，周围由维度表环绕，区别只在外围维度表之间的相互关系不同而已。在星形模型（图 9-2）中，维度表只会与事实表生成关系，维度表之间并不会生成任何关系；在雪花模型中，维度表不仅与事实表生成关系，而且维度表之间也会生成关系，呈现雪花状；星形-雪花模型（图 9-3）是星形模型与雪花模型的结合，兼具两种模型的特点。

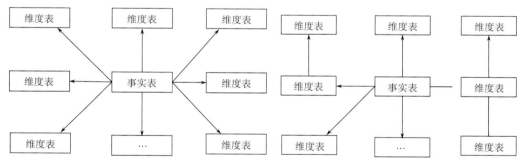

图 9-2　地质数据仓库星形模型　　　　　图 9-3　地质数据仓库星形-雪花模型

事实表由两部分组成：一部分是事实表的主键；另一部分是数据仓库的空间型和数值型指标，即度量。这些度量用于定义和量算每个派生出来的主键，具有数值化和可加性特征。维度表包含数据及其属性两部分，可看作是用户分析数据的窗口。所谓维度是人们观察事物的角度，维度表就是观察对象的属性列表。在观察事物的维度时，属性可看作描述该事物的信息，在分析过程中提供行标题。每一维有一个代表键，用于区别数据仓库中每一维的单个记录。

在地质空间数据仓库中，维度及其度量具有以下四种形式。

（1）属性维。在地质数据仓库中，包含大量与空间位置无关的属性值，无论沿着该维度上钻或下卷，泛化的结果仍然是属性数据。

（2）空间维。这个维度中包含着海量的空间数据。当沿着该维度上钻或下卷时，可能转化为非空间数据，也可能转化为空间数据，取决于泛化的层次。

（3）时间维。地质空间数据都是在一定时期内采集的，而且在不同勘查或者开发阶段，所采集数据的尺度和精度不断改变，因此从同一位置获取的空间信息可能会有很大的不同。例如，在工程地质、水文地质和灾害地质勘察领域，需要采集不同时段的数据并分析其动态变化规律；在矿产资源开发领域，需要采集不同阶段的数据并进行探采对比和储量管理。此外，在研究地质史、成矿史和成藏史时，也需要采集地层、构造、矿体或油藏的各种遗迹，并进行过程分析或动态模拟。

（4）尺度维。这是空间数据仓库所特有的维度。在不同尺度下，地质空间信息所表现的属性特征、存在形式和数据精度不同。在不同的概化层次上，地质空间数据对应不同的尺度。目前，国家基本比例尺的地形地质图有 11 种之多。例如，一个研究区域的空间数据在 1∶1000 比例尺下，所表达的是面状信息；在 1∶10 000 比例尺下，所表达的却是点状信息，甚至由于规模太小而被综合掉，无法表达任何空间信息。

在地质空间数据仓库中有两种类型的度量，即数值度量和集合度量。数值度量对应数值型数据，而空间度量则对应空间数据。空间度量结果可表达为各种柱状图、剖面图和平面图等可视化形式，一般不直接存储空间对象的实体，而是由一组指向地质空间实体对象的指针，或是二维图件的指针组成。

数值度量的聚集函数分为分布型、代数型、整体型 3 类。其中，分布型聚集函数包括求和、最大值、最小值、汇总记录数等；代数型聚集函数可定义为一个表达式，如求平均值可以定义为对 SUM、COUNT 的求解；整体型聚集函数不能通过划分数据集进行计算，必须在整体数据集上进行计算，如求中间值。空间度量的聚集函数包括多边形融合、联结、交叉、重叠以及多面体的裁剪与合并等。根据计算性质，该类聚集函数可以分为空间分布型、空间代数型、空间整体型，具体包括求多点的中心、几何体重心、实体分割、最短路径等函数。

2. 地质数据仓库建模方法概要

进行地质数据仓库建模，首先应根据地质勘查单位、矿山、油田的实际情况和需要设计整体框架，再进行概念模式、逻辑模式和物理模式设计，然后进行数据提取、转换和加载，最后进行决策分析和应用（雷景生，2003；邵玉祥，2009）。

1）地质数据仓库框架设计

地质数据仓库框架设计是一项奠基性工作。根据地质数据的特点，为了满足地质信息系统建设与勘探开发决策的需求，并且降低开发难度和开发代价，通常选择共享多维度体系结构的数据集市开发方案（李日荣，2006）。

地质数据集市的功能包括 3 个部分：①数据的提取、转换和加载；②数据的存储管理；③数据的访问和分析。其中，数据的提取、转换和加载（即 ETL）过程最为复杂。根据结构-功能统一性原则，地质数据集市的总体框架通常采用三层结构（图 9-1），其逻辑关系如图 9-4 所示。系统的底层是数据集市服务器，中间层是 OLAP 服务器，顶层是用户访问层。其中，底部的数据集市服务器即为地质点源数据库系统，配置有网络连接作用的应用程序，负责从其他操作型点源数据库和外部数据源提取数据。中间的 OLAP 服务器的典型数据模型是：①关系 OLAP（即 ROLAP）模型，是扩充的关系型 DBMS，可将多维数据上的操作映射为标准的关系操作；②多维 OLAP（即 MOLAP）模型，可以直接实现多维数据操作；③HOLAP 即混合型（Hybrid）的 OLAP 数据存储形式；④Partition（分区）数据组织形式。顶部的用户访问层，包括各种多维查询和数据报表、决策分析和数据挖掘工具。

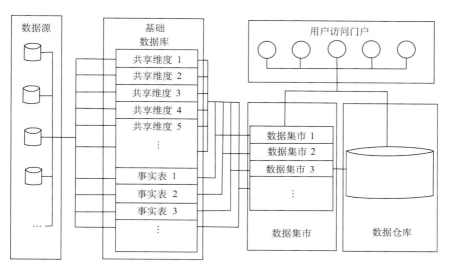

图 9-4　地质信息系统的数据集市体系结构图

由此而创建的共享维度体系结构的数据集市具有如下特点。

（1）保证数据能按多个维度进行多维透视，能够支持各种勘探-开发决策分析。

（2）易于扩展，能够方便地通过增加新的维度表来丰富数据分析的角度，同时还能通过增加新的事实表来形成新的数据集市，扩展数据仓库。

（3）由于所有的数据转换工作均使用共享维度体系结构，能够有效地保证数据集市中数据类型的一致性。用户可以只使用那些实时创建的、与数据集市相关的共享维度，从而可以加快数据集市和数据仓库的创建进程。

2）概念模型设计

概念模型设计的主要任务包括主题划分、粒度和层次划分，以及维和度量定义 3 项。

数据仓库是面向主题的，在地质数据仓库的构建之初就应当确定未来将涉及的分析主题。所谓概念模型设计，就是确定并划分数据仓库的主题。其主要工作任务是：①界定系统边界；②确定主题域及其内容。

主题是研究对象的问题域，在逻辑上对应着某一宏观研究领域内的所有对象。划分主题就是站在较高的层次上，以地质矿产业务分析系统的信息模型为依据，对数据进行分析、综合、分类、归并，进而得到整个地矿企业范围内的高层数据视图，并加以抽象，划定地矿数据的若干个逻辑主题范围。在地质数据仓库内部，数据是面向主题进行组织的，而不是像一般业务管理系统那样按照操作功能进行组织的。面向主题的数据组织，就是按照确定的主题对数据进行加工、整理和数据集分解，并根据决策需要细化为多个主题表，进行数据项及其相互间联系的刻画。

地质数据仓库系统的研究对象是三维地质实体，划分数据仓库主题的过程实质上就是确定三维地质问题空间，分析地质问题域和建立各问题域信息模型的过程。其主题的划分应当在地矿企业业务系统调研的基础上进行，而且必须把数据仓库（或数据集市）系统的上端需求与应用主题所涉及的数据范围结合起来，以确保企业决策应用分析所需的数据都已经从地质点源数据库中抽取出来，并且得到了很好的组织。显然，数据仓库（或数据集市）概念模型的好坏，取决于对地质勘探工作的理解，应当保证数据集市所涉及的业务处理都被归纳进概念模型。

一般地说，主题的划分是以业务系统的信息模型为依据的。具体做法是：首先对原有数据库系统加以分析，查看在原有的数据库系统中"有什么"、"怎样组织的"和"如何分布的"等，再对各种业务系统的信息模型进行宏观的归并，然后加以抽象并划分出几个逻辑上的主题，并分解为若干个主题表。

图 9-5　烃源岩评价主题概念模型 E-R 图

以数据集市为例，概念模型的构建要点是实体和关系，俗称 E-R 图。在 E-R 图中，实体体现的就是数据集市的主题——决策涉及的范围和所要解决的问题（图 9-5）。某些实体是否处于概念模型的范围内，取决于数据模型的边界，而数据模型的边界由决策涉及的范围和目标来定义。数据模型边界的确定过程，实际上就是对数据集市的主题进行分析和确认的过程。这种分析和确认基于对业务系统的调查，以及应用需求与数据集成范围的对照。对数据集市的主题进行分析和确认，是数据集市系统分析的重要任务。为此，系统分析人员应首先抓住框架性问题，如地质调查、矿产勘查和工程勘察所做的决策类型有哪些？决策者感兴趣的是什么？分析这些问题需要什么信息？要得到这些信息需要提取数据库系统的哪些数据？在此基础上，可以划定一个当前系统的大致边界，进而确认所需的数据是否已从各个数据库系统中抽取出来，并且得到了很好的重新组织。

3）逻辑模型设计

逻辑模型即中间层数据模型，是对概念模型的主题域及其联系的进一步明确，以及对主题所包含的信息、事实表与维度表的关系的具体描述。逻辑模型设计的目标是对数据集市中每个主题的逻辑实现进行定义，并将相关内容记录在元数据中。逻辑建模直接反映出业务部门的需求，并对系统的物理实施起指导作用。概念模型中所标识的每一个主题域或实体，都要建一个中间层模型 DIS（图 9-6）。

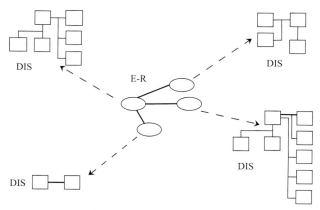

图 9-6　数据仓库数据逻辑模型中的 E-R 图与 DIS 关系图

　　数据仓库逻辑模型设计的关键问题是逻辑建模方法的选择。在中央数据仓库设计中，常用第三范式（third normal form，3NF），或者雪花模式，而在数据集市设计中则常用星形模式、雪花模式和星形-雪花模式。星形架构从支持决策的角度定义数据实体，与决策分析者期待的数据集市查询方法相对应。同时，星形架构包含的用于信息检索的联接少，更容易管理。因此，在数据集市的逻辑模型设计中最为常用。

　　星形模式和雪花模式的具体分析和设计过程如下。

　　A. 分析主题域

　　在概念模型设计中，虽然已经确定了基本的主题域，但是，数据集市的设计方法是一个逐步求精的过程。在逻辑模型设计中，应当对所确定的基本主题域做进一步分析和排队，并且选择出要优先实施的若干个主题域。

　　B. 划分粒度和层次

　　粒度是指数据仓库中数据单元的尺度级别和详细程度。数据越详细，尺度级别越低，粒度就越小；数据综合度越高，尺度级别越高，粒度也就越大。粒度有空间粒度和时间粒度之分，其中地质数据空间粒度可按研究对象的空间分布范围或填图作业比例尺进行划分，地质数据时间粒度可按地质年代单元进行划分。例如，按研究对象分布范围划分的空间粒度有全球性构造、区域性构造和局部性构造，矿集区、矿田、矿床和矿体，盆地、拗陷、凹陷和洼陷，等等；按填图作业比例尺划分的空间粒度有小比例尺（≤1：500 000）、中比例尺（1：250 000）、中大比例尺（1：50 000～1：25 000）和大比例尺（≥1：10 000）等。按地质年代单元划分的数据时间粒度有宙、代、纪、世、期、阶（时间单位），或者宇、界、系、统、组、段（地层单位）。

　　粒度的详细程度是对数据仓库中数据的综合程度高低的度量。粒度划分适当与否，直接影响到数据集市的数据量和查询类型的确定。在粒度划分过程中，需要注意粒度变化对事实数据处理方式和用途的影响。当数据粒度变粗时，要考虑多主题数据的融合与汇总；而当粒度变细时，则要考虑事实数据的层次和级别。经验表明，粒度增大能提供更宏观的数据视图，因而能为跨主题的数据融合和高层次决策分析提供更有价值的依据。数据集市的数据粒度划分，包括粒度类型（单一粒度还是多重粒度）和粒度层次两方面，可以通过估算数据行数和所需的存取设备数来确定。由于数据仓库的主要作用是支持决策分析，因而绝大多数的数据查询都是基于一定程度的综合数据的，只有极少数查询涉及细节，所以通常将大粒度数据存储于本地数据仓库中，只把小粒度数据进行远程存储。

确定数据分割策略 适当的数据分割可以大大缩短数据检索的路径，提高系统的性能和数据挖掘、综合的效率。数据分割标准的选择要考虑数据量、数据分析处理状况、简易性及粒度划分策略等。另外，还要考虑所选择的数据分割标准是否自然、易于实施，以及数据分割标准与粒度划分方案否相适应。

关系模式定义 数据集市的每个主题都由多个主题表来实现。这些主题表之间依靠主题的公共码键联系在一起。数据集市的基本主题在概念模型设计时就确定了，每个主题的公共码键、基本内容等也都做了相应的描述。在定义关系模式时，要先对当前实施的主题进行模式划分，形成多个主题表，再确定表间的关系模式。

C. 定义维和度量

地质数据仓库的多维数据模型采用星形或星形-雪花模型来存储。在数据仓库或数据集市中，维和度量均含有大量空间信息，需要扩展数据仓库中数据立方体的维和度量的概念，引入空间维和空间度量，将维分为非空间维、空间到非空间维、空间到空间维3种形式，同时将度量分为数值度量和空间度量。在将空间信息融入数据仓库中时，采用把空间信息作为空间维引入、把空间信息作为分析主题引入，或者在维和度量中都包含空间信息3种方式。

a. 仅包含空间维的多维模型

在第一种方式下，多维模型中只包含空间维，不包含空间度量。空间维可以只有一个，也可以有多个。若有多个空间维时，需要考虑它们之间的拓扑关系。在每个空间维中，都包含与几何对象有关的描述属性和几何属性。从数据对象性质的观察角度看，把空间信息作为空间维引入，便于进行空间分析和空间决策。

b. 仅包含空间度量的多维模型

在第二种方式下，多维模型的事实表中包含空间度量，但没有空间维。空间度量可以表示成指向一个或多个空间对象的指针集合，是相关主题多维分析的对象。对这种数据进行决策分析，通常可以通过非空间维方式来实现。但是，为了在某些非空间维上进行上卷操作，还需要定义相应的空间聚集函数。

c. 包含空间维和空间度量的多维模型

在第三种方式下，多维模型中既包含空间维，也包含空间度量，而且都可以不止一个。其中，空间维可以使用空间索引树来定义和描述分组层次，而空间度量可表示成空间对象的指针集合，并可通过空间拓扑操作来获得。空间度量既可以通过空间维来分析，也可以通过非空间维来分析。当存在多种空间信息时，而且有的作为分析目标，有的作为分析角度时，需要使用这种多维模型来描述。

星形模式是一种多维的数据关系，由一个事实表和一组维度表组成。每一个数据集市都包括一个或一组事实数据表。星形架构的中心是一个事实数据表，用以捕获衡量单位业务运作的数据。事实数据表是数据分析的中心,其中所包含的数据,随着时间的推移会变得越来越庞大。每个维度表都有一个维作为主键,所有这些维则组合成事实表的主键,事实表主键的每个元素都是维度表的外键。事实表的非主键属性称为事实,一般都是数值或其他可以进行计算的数据;而维大多是文字、时间等类型的数据。与事实数据表相比,维度表是一个小得多的实体。维度表包含着描述事实数据表中事实记录的特性,以及帮助汇总数据层次结构的特性。这些特性或者用于为决策者提供描述性信息,或者用于指定如何汇总事实数据表的数据。数据的维度是数据分析的角度,即从什么角度去分析数据。以油气勘探为例,烃源岩评价数据集市的事实数据表与维度表见表 9-1～表 9-8。例如,在烃源岩评价主题中,分析烃源岩一般情况通常有 5 个维度(井位、层位、岩石类型、埋藏深度、评价指标)。粒度是数据的深度,即在什么层次上分析数据。例如,在油气成藏条件评价主题中,分析成藏规律通常有 6 个粒度(盆地、拗陷、凹陷、洼陷、区带和圈闭)。

表 9-1　烃源岩评价事实数据表

索引	数据元素名	字段名	数据类型	长度	描述
主 ↑	井位序号	GGON_ID	int	4	Not null
主 ↑	层位序号	DSM_ID	int	4	
主 ↑	岩石序号	YSAD_ID	int	4	
主 ↑	颜色序号	YSH_ID	int	4	
主 ↑	埋藏深度序号	GGHHB	real	4	
主 ↑	烃源岩评价指标序号	SYK_ID	int	4	
	烃源岩评价指标值	SYK	real	4	

表 9-2　井位维度表

索引	数据元素名	字段名	数据类型	长度	描述
主 ↑	序号	GGON_ID	int	4	Not null
	盆地	SYPJBA	varchar	10	
	凹陷	SYPJBB01	varchar	10	
	构造带	SYPJBD	varchar	10	
	井号	TKCBAA	varchar	10	
	X 坐标	TKCAF	real	4	
	Y 坐标	TKCAG	real	4	
	Z 坐标	TKCAI	real	4	

表 9-3　层位维度表

索引	数据元素名	字段名	数据类型	长度	描述
主↑	序号	DSM_ID	int	4	Not null
	层位代号	DSM	varchar	10	
主↑	地质时代序号	DSF_ID	int	4	
	统	DSAC	varchar	10	
	组	DSAD	varchar	16	
	组	DSBB	varchar	10	
	段	DSBC	varchar	10	

表 9-4　岩石类型维度表

索引	数据元素名	字段名	数据类型	长度	描述
主↑	序号	YSAD_ID	int	4	Not null
	岩石代号	YSAD	varchar	10	
	岩石类型	YSEA	varchar	10	
	岩石名称	YSEB	varchar	20	

表 9-5　埋藏深度维度表

索引	数据元素名	字段名	数据类型	长度	描述
主↑	埋藏深度序号	GGHHB_ID	int	4	Not null
	起始深度	GGHHBC	real	6	
	终点深度	GGHHBD	real	6	
	起始高度	GGHHBE	real	6	
	终点高度	GGHHBF	real	6	

表 9-6　烃源岩评价指标维度表

索引	数据元素名	字段名	数据类型	长度	描述
主↑	序号	SYK_ID	int	4	Not null
主↑	分类	SYKC_ID	int	4	
	指标名称	GRADE	varchar	30	
	指标说明	GRADE1	varchar	20	

表 9-7　评价指标分类表

索引	数据元素名	字段名	数据类型	长度	描述
主↑	序号	SYKC_ID	int	4	Not null
	名称	SYKC	varchar	10	

表 9-8　地质年代表

索引	数据元素名	字段名	数据类型	长度	描述
主 ↑	序号	DSF_ID	int	4	Not null
	地质年代名称	DSF	varchar	10	

D. 物理模型设计

数据集市的物理模型是完全属性化的数据模型。它将星形架构中的数据、实体和相互之间的关系进行属性化的描述，是数据集市实施和配置的基础。数据集市物理模型设计的主要内容，是定义数据模型和确定数据的物理存储模式。

a. 定义数据模型

定义数据标准　定义数据标准是明确命名约定，提供有意义的和描述性的关于数据集市各实体的信息（如提供命名的完整词语和定义字符格式等）。

定义实体　定义实体是确认星形图中的事实表和维度表等实体；形成实体间的属性化描述。

确定数据容量、更新频率　数据集市中的每个实体都必须进行有关容量（如预期的行和增长模式的数目）和更新频率（如以日或月为单位）的评估。

定义实体的特征　定义实体的特征是指识别数据集市中的每个实体的特点（如数据值的范围、数据的类型和大小及对数据施加的完整性描述等）。

b. 确定物理存储模式

确定存储结构　目前的数据集市仍然采用传统的数据库管理系统，作为数据存储管理的基本手段。每个主题在数据集市中都由一组关系表实现，因此确定数据的存储结构主要是确定面向主题的数据表和表的分割。与数据库的差别在于，根据决策分析的需要引入适当冗余并细分数据等。

确定索引策略　在数据集市中，存储、管理和处理的数据量很大，因而需要对数据的存储建立专门的索引，以获取较高的存取效率。

确定存储分配　确定存储分配主要是对数据库管理系统提供的一些存储分配参数，进行物理优化处理，如对块的尺寸、缓冲区的大小和个数等进行调整。

9.2　勘查数据挖掘与知识发现

数据挖掘与知识发现是近年来伴随人工智能、数据库、数据仓库和 GIS 等技术的发展而迅速发展的一项新的数据处理技术。数据挖掘技术在地质数据分析处理、矿产资源预测评价、区域稳定性评价和勘探开发决策等方面有着广泛的应用（Jackson，2005）。

9.2.1　数据挖掘的概念和定义

数据挖掘（data mining，DM），是指从大型数据库或数据仓库中提取人们感兴趣的、隐含的、事先未知的潜在有用信息（Widom，1995；Han and Kamber，2001）。作为一个学术领域，数据挖掘和数据库知识发现（knowledge discovery in databases, KDD）具有很大的重合度（胡侃，1998），在人工智能（AI）领域习惯称数据库知识发现，而在数据库领域习惯称数据挖掘。数据挖掘从理论和技术上继承了知识发现领域的成果，同时又有着独特的内涵——更多地着眼于设计从海量数据中发现知识的高效算法。因此，数据挖掘既充分利用了机器学习、人工智能、模糊逻辑、人工神经网络、分形几何和云模型等的理论和方法，又有许多自己的新发展。例如，机器学习一般是处理小型的数据集，主要关注提高系统的性能，数据挖掘的对象是大型的数据库，主要任务是发现可以理解的知识，但后者很好地利用了前者的理论和方法。

在传统的决策支持系统中，知识库中的知识和规则是由专家或程序人员建立的，即由外部输入的，而数据挖掘的知识是从系统内部自动获取的。这些知识可以直接提供给决策者，用以辅助决策过程；也可以提供给领域专家，用以修正专家已有的知识体系；还可以作为新的知识转存到应用系统的知识存储机构中，如专家系统（exper system）、规则库（rulebase）等。

应当指出，OLAP（on-line analytical process，联机分析处理）是数据仓库的知识验证型分析工具，而数据挖掘是数据仓库的知识发现型分析工具。OLAP 包括两层含义：其一是多维数据视图定义；其二是多维数据库（CUBE）立方体的实现。OLAP 中的多维视图属于客户端的应用范畴，可以快速响应客户需求并与客户交互式操作，目的是实现多维透视，进行多维分析。其前提条件是首先创建 OLAP 数据库。数据挖掘与OLAP 的不同点还在于，OLAP 能够真实客观地呈现出用户想要查询、分析、汇总得出的报表，而报表的翻译将由用户自行进行；数据挖掘则能够进一步运用统计分析等手段对数据进行再分析，以获得更深入的理解，帮助用户探求实体和现象产生的原因，而且数据挖掘具有预测功能，可借助已知数据预测未知结果。

9.2.2 数据挖掘的过程及分类

1. 数据挖掘的过程

数据挖掘过程一般由 3 个主要的阶段组成（图 9-7）：数据准备、挖掘操作、结果表达和解释。知识的发现可以描述为这 3 个阶段的反复过程。

1）数据准备

这个阶段又可进一步分成 3 个步骤：数据集成、数据选择、数据预处理。数据集成将多文件或多数据库运行环境中的数据进行合并处理，解决语义模糊性、处理数据中的遗漏和清洗脏数据等。数据选择的目的是辨别出需要分析的数据集合，缩小处理范围，提高数据挖掘的质量。预处理是为了克服目前数据挖掘工具的局限性。

2）数据挖掘

数据挖掘是实施挖掘的操作阶段。其操作要点是：①决定如何产生假设，即让数据挖掘系统为用户产生假设，或者让用户自己对数据库中可能包含的知识提出假设。前者

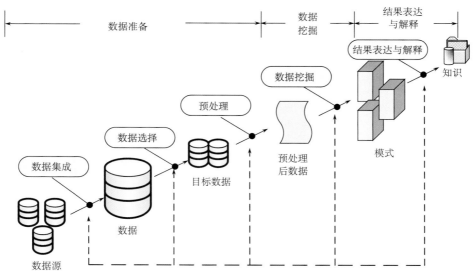

图 9-7　数据挖掘的过程（据胡侃和夏绍玮，1998）

称为发现型（discovery-driven）的数据挖掘；后者称为验证型（verification-driven）的数据挖掘。②选择合适的工具。③发掘知识的操作。④证实发现的知识。

3）结果表达和解释

根据最终用户的决策目的对所提取的信息进行分析，将最有价值的信息区分出来，并且通过决策支持工具提交给决策者。因此，这一阶段的任务不仅是把结果表达出来（如采用数据可视化方法），还要对信息进行过滤处理。如果所挖掘的结果不能令决策者满意，需要重复以上数据挖掘过程，再度开展新的挖掘，直至决策者满意或者各种假设都尝试过为止。

2. 数据挖掘的分类

从不同的视角出发，数据挖掘有几种不同的分类：基于知识发现方法、基于数据库类型和基于所采用的数据挖掘技术。

1）基于知识发现方法的分类

基于知识发现方法的分类包括以下主要类型：总结（summarization）规则挖掘、特征（characterization）规则挖掘、关联（association）规则挖掘、分类（classification）规则挖掘、聚类（clustering）规则挖掘、趋势（trend）分析、偏差（deviation）分析、模式分析（pattern analysis）等。以挖掘知识的抽象层次划分，又有原始层次（primitive level）的数据挖掘、高层次（high level）的数据挖掘和多层次（multiple level）的数据挖掘等。

2）基于数据库类型的分类

按照所采用的数据库管理系统特征，挖掘的类型可划分为：关系型（relational）、事务型（transactional）、面向对象型（objected-oriented）、主动型（active）、空间型（spatial）、时间型（temporal）、文本型（textual）、多媒体（multi-media）、异质（heterogeneous）数据库和遗留（legacy）系统等。

3）基于数据挖掘技术的分类

针对不同的数据特点，需要采用不同的数据挖掘技术。目前最常用的数据挖掘技术是：人工神经网络、遗传算法、决策树、最近邻技术、规则归纳和可视化等。

各种数据挖掘技术的相关算法将在后面介绍。

9.2.3　空间数据挖掘的任务和方法

空间数据挖掘是指从空间数据库或数据仓库中抽取出隐含的知识和空间关系，并发现其中有用的特征和模式的理论、方法和技术（李德仁等，2006）。空间数据挖掘及其知识发现的过程大致可分为以下步骤：数据准备、数据选择、数据预处理、数据缩减或者数据变换、确定数据挖掘目标、确定知识发现算法、实施数据挖掘、模式解释、知识评价等。显然，数据挖掘的实施只是整个过程的一个关键步骤。但是，为了叙述简便，人们常常用空间数据挖掘的概念来代表空间数据挖掘和知识发现的整个过程，以及全部工作内容。

1. 空间数据挖掘的基本内容

1）空间数据挖掘的任务

空间数据挖掘的基本任务，是在不同的空间概念层次（从微观到宏观）挖掘出各种类型的知识，并用相应的知识模型表示出来。可供选用的知识表示方法包括：基于规则的表示法（如产生式规则）、基于逻辑（如命题逻辑和一阶谓词逻辑）的知识表示、基于关系的知识表示、面向对象的知识表示、基于模型的知识表示、语义网络表示、脚本表示、模拟表示、基于过程的表示以及基于本体的知识表示等。不仅如此，空间数据挖掘的任务还包括根据所采用的知识表示方法设计出相应的推理模型，以便为不同领域、不同层次、具有不同应用需求的用户提供行之有效的辅助决策支持。

空间数据挖掘的具体任务是：在空间数据库和数据仓库的基础上，利用统计学、模式识别、人工智能、粗糙集、模糊数学、云理论、机器学习、专家系统、可视化等相关技术和方法，以及其他相关信息技术手段，从海量的空间数据、属性数据中提取出可靠的、隐藏的、事先未知的、潜在有用的和最终可理解的知识，从而揭示出蕴含在空间数据背后客观世界的本质规律、内在联系和演化趋势，实现知识的自动或半自动获取，为矿产资源预测、发现、评价和决策提供依据。简言之，就是从地质空间数据库和地质空间数据仓库中发现知识，并提供相关的决策支持。实际上，在地球物理、地球化学和数学地质领域，从 20 世纪 60 年代以来，就广泛地开展了从数据中识别异常和提取知识的工作，只是缺乏系统总结和归纳。

2）空间数据挖掘的内容

这里拟借鉴一般空间数据挖掘理论与方法（邸凯昌，2001；李德仁等，2006），结合地质数据特点加以阐述。一般地说，地质空间数据挖掘的内容，以及从地质空间数据库和数据仓库中可能发现的知识类型有以下十六种。

A. 空间几何知识（spatial geometric knowledge）

空间几何知识即地质空间对象的一般几何知识，包括研究目标的数量、长度、面积、体积、周长、形态、距离和拓扑关系等特征。通过计算和统计，获知上述地质空间对象几何特征的最小值、最大值、均值、方差、众数及其空间分布和相互关系等。例如，在某一套地层露头中各种岩性的厚度、出露面积、形态及其各种几何特征值。

B. 空间特征规则（spatial characteristic rules）

空间特征规则指某类或某几类目标的空间和非空间属性的普遍特征、对应关系，即对共性的描述。空间特征规则汇总了目标类空间数据的一般特性，多为对空间的类或概念的概念化描述。例如，研究区内各种围岩蚀变、物探异常和化探异常的最小值、最大值空间分布特征，以及它们之间的相互关系、它们与矿体之间的位置关系。

C. 空间分布规律（spatial distribution regularities）

空间分布规律指目标在地质空间中的分布规律，可分成二维平面上或剖面上，以及三维空间中的平、剖面上联合分布规律。例如，成矿元素、伴生元素和矿物在平面上和剖面上的分带性，矿体形态、结构和品位在平面上和剖面上的分布及其组合规律，以及沉积盆地中沉积相和同沉积构造在平面上和剖面上的分带性布及其组合规律等。

D. 空间趋势规则（spatial trend rules）

空间趋势规则即某一非空间属性随着空间位置变化而变化的趋势。例如，地壳重力、磁力和电流等地球物理场的空间变化趋势，各种元素、氧化物和有机质等地球化学场的空间变化趋势，以及地层产状和构造复杂程度等地质变量的空间变化趋势，以及隐藏在趋势性变化背后的控制因素和成矿、成藏地质条件。

E. 空间异常规则（spatial anomaly rules）

空间异常规则即关于地质空间对象实体及其属性值在较为均匀分布或趋势性变化的区域背景上，出现的局部性特殊值和特殊现象的知识。所有与成矿作用有关的地质条件，都表现为地质演化过程中的地质异常事件，在地壳范围内应是一种特殊的地质异常空间（赵鹏大等，1996）。因此，这些空间异常值和异常现象的出现，很可能就是形成矿体和矿床的特殊地质条件引起的，因而也是矿产资源预测、评价的重要依据。开展成矿可能地段、找矿可行地段及找矿有利地段的预测，就是通过物探、化探、遥感和地面地质调查等方法和途径，圈定出的与成矿有关的地质异常或所谓"致矿地质异常"。不仅金属矿床预测如此，油气藏预测也如此，甚至地质灾害的预测还是如此。

F. 空间孤立点知识（spatial outlier knowledge）

空间孤立点知识孤立点是指在数据集中与其他数据表现不一致的特异数据。其非空间属性值与空间邻近的其他空间参考对象相差甚远，以至于被怀疑是不同的随机干扰或偶然性观测误差所造成的。对孤立点的识别和分析可以发现非期望的知识，目前已经有了许多实际应用。例如，地球物理异常和地球化学异常特高值空间分布，及其与矿床的分形和多重分形关系，目前已经被成功地应用于金属和非金属矿床的预测方面。

G. 面向对象的知识（object oriented knowledge）

面向对象的知识指由某类复杂对象的子类所构成的有关其普遍特征的知识。例如，在某一矿床的矿体群中，含有某些特殊伴生元素或者品位较高的矿体所具有的共同特征，暗示其成矿条件的特殊性；某含油气盆地的两组油藏群中，稠度不同的油藏所具有的不同特征，隐含了油源的差异或者成藏期次及演化历史的差异。

H. 空间协同定位规则（spatial co-orientation rules）

布尔空间特征表示在二维或三维空间中，不同位置存在或不存在某些特定的地质对象类型。其协同定位模式表示布尔空间特征的子集。该子集的实例经常集中于一个特定的地质区域，如不同的板块构造位置存在不同的地质构造、矿床类型、煤层类型、油气藏类型、岩浆岩类型和沉积相类型等。

I. 空间分类规则（spatial classification rules）

空间分类规则指反映空间实体特征及其属性差异的分类知识。这是在已知空间实体特征及其属性类别的条件下，所进行的空间数据挖掘和空间分类知识发现。例如，已知盆地中不同空间位置的不同成藏模式（类型）、构造带不同单元的不同成矿模式（类型），以及不同大地构造背景下的不同盆地性质和不同的构造格架类型等。这种空间数据挖掘和知识发现，通常可以采用判别分析、因子分析和秩相关分析等方法来实现。

J. 空间聚类规则（spatial clustering rules）

空间聚类规则指特征相近的空间目标聚合成类的规则，即使类间的差别尽量大而类内差别尽量小。这是在未知空间实体特征及其属性类别的条件下，所进行的地质空间对象的概括、综合和区分。例如，对成矿或成藏远景区的各个分区或预测单元，进行多因素空间聚类分析，然后对其进行分类组合和评价，进而查明其成矿或成藏条件的差异。

K. 空间关联规则（spatial association rules）

空间关联规则指空间实体之间频繁地同时出现的条件规则，其中包括空间目标间相邻、相连、共生、包含等拓扑关系的知识。例如，沉积学中的"瓦尔特相律"及其各种沉积相模式和金属矿物的共生组合关系等。关联规则可分为一般关联规则和强关联规则，前者为可能存在的一般性或偶发关系，后者为发生频率较高的模式、关系或规则，属于确定的必然联系。相比较而言，后者更为重要，如浊积岩的"鲍马序列"、三角洲相模式和伟晶岩矿床的分带性等。空间关联规则通常具有时间性和转移性，如从沉积地层的钻孔数据库中挖掘到关联规则"泥岩→粉砂岩和泥岩薄互层→细砂岩和泥岩或粉砂岩较厚互层→中、粗砂岩→泥岩或粉砂岩"，即向上渐变的细→粗→细垂向层序，以及由"泥岩→中、粗砂岩→泥岩或粉砂岩"，即向上突变的细→粗→细垂向层序。这两种垂向层序反映了两种不同的沉积环境及其水动力条件随时间迁移的沉积相模式，前者反映了三角洲环境沉积相演化模式，后者反映了河流环境沉积相演化模式。在进行油气储层预测时，需要对各种沉积物的垂向变化序列进行认真识别、配套，并且加以正确运用。

L. 空间依赖规则 （spatial dependent rules）

空间依赖规则指不同空间实体之间或相同空间实体的不同属性之间所隐含的函数依赖关系，这是从定性数据的研究中发现的知识。例如，黑色泥岩的有机质丰度和煤层中灰分含量相对于沉积环境位置的依赖性，或者伟晶岩型稀有金属矿体的形成与伴生矿物分带性及岩浆分异程度之间的联系。又如，矽卡岩型铁矿的产出位置与碳酸盐岩接触带的关系，以及所受岩浆气水热液交代作用的控制作用。

M. 空间区分规则 （spatial diseriminate rules）

空间区分规则指两类或多类目标空间之间在属性上的不同特征及其差异，即关于区分不同类目标空间的知识，以及不同类型空间实体的分布规则。例如，隐含于重磁勘探数据中的，用于划分构造-地层单元的有关信息：重磁异常跳跃变化说明盆地基底埋藏浅，而重磁异常平静稳定，说明盆地基底埋藏深。又如，隐含于古生物化石中的，可用于岩石地层和层序地层划分的有关信息：生物数量的变化——上下地层内生物数量突变；生物种属的变化——上下地层中的化石所代表的时代相差较远，或古生物化石群发生突变。出现生物数量突变，或生物种属突变，都说明在不同地层之间发生过沉积间断或长时间的侵蚀风化。

N. 空间演化规则 （spatial evolution rules）

空间演化规则指空间目标依时间变化的规则，包括在地质空间中各种实体和属性在地质历史中的演化趋势、演化方向、演化速度、演化强度、演化均匀性和演化过程等知识。地质空间目标对象总是处于不断演化之中的。例如，盆地和山脉的形成演化，以及盆-山一体化演化；在构造应力场中，岩层和岩体的递进变形；滑坡体、崩滑体在降水和重力作用下的变形、位移和成灾过程，破坏性地震发生的时空迁移规律；油气的运移聚集过程、油气藏的形成和改造过程，以及含矿热液的运移沉淀过程，等等。

O. 空间预测规则 （spatial predictable rules）

空间预测规则是指地质空间实体或属性特征的差异性预测的准则、方式、技术路线和方法步骤等知识。开展空间预测是地质勘查工作的最重要任务之一，因而也是地质空间数据挖掘的最重要任务之一。例如，金属矿产成矿预测、油气成藏预测、工程稳定性预测及地质灾害孕育发生预测，都是常规的地质空间预测内容。这些空间预测可以依据已知的空间分类规则或未知的空间聚类规则，并且采用各种回归分析、判别分析、聚类分析、关联分析、对应分析、逻辑信息分析和随机过程（马尔科夫链）分析方法来实现。

P. 空间决策规则 （spatial decision rules）

空间决策规则指从空间决策表中得到的能辅助决策的规则。这些规则能够揭示出空间目标及其属性相互依赖的宏观规律，对行为的决策具有一定的价值。例如，支持勘探网类型和密度的决策，进行矿产资源综合评价和进入下一阶段勘查的决策；支持为应对市场变化而改变某种金属矿体最低开采品位的决策，以及将矿床、煤田和油田付诸开发的决策；开展地质灾害预报、应急预案的制定和应急指挥的决策等。

从上述介绍中可以了解，地质空间数据挖掘实际上就是利用各种方法，来揭示某处或某区域的某个或某组地质变量在空间上和时间上的变化特征及相互关系，从而为地质过程、地质灾害和矿产资源的预测、评价和勘查利用决策提供依据。

2. 空间数据挖掘的基本方法

基于 GIS 和空间数据仓库的空间数据挖掘，是在基于数据库和数据库的数据挖掘基础上发展起来的（李德仁等，2006）。在数学地质领域中，基于概率论和常规集合论的数理统计方法、基于扩展集合论的模糊集和粗糙集，以及基于仿生学方法的人工神经网络和遗传算法，经过长期的研究和应用，已经比较成熟了，都可作为地质空间数据挖掘的基本方法。近年来基于扩展集合论的云模型的提出和应用（李德毅和刘常昱，2004；李德毅和杜鹢，2005），为地质空间数据挖掘增添了有力的计算工具。

1) 基于概率论的数据挖掘方法

这是一种针对属性空间分布的随机性和不确定性的数据挖掘方法。在地质对象空间中，各种地质作用、地质过程和地质现象，以及它们所呈现出来的、可被感知的特征，都在很大程度上受概率法则的支配和影响。因此，在数学地质领域中常用的基于概率论的各种数理统计方法，都可以成为有效的空间数据挖掘方法。

A. 回归分析法（regression analysis）

这是考察两种或两种以上变量之间依赖关系的一种数理统计方法。按照涉及的自变量多少，回归分析可分为一元回归分析和多元回归分析；按照自变量和因变量之间的关系类型，可分为线性回归分析和非线性回归分析；按照自变量的引入方式，可分为一步回归分析和逐步回归分析。

大量的研究结果表明，某类矿床与某些地质因素或找矿标志之间存在着某种内在联系，即具有统计相关关系。这正是利用某些地质变量来建立矿床预测回归模型的依据。在有着多个地质因素的情况下，采用多元逐步回归分析是建立"最优"回归模型的方法（赵鹏大等，1983）。其要领是：从一个自变量 x_i 开始，把对因变量 y 的作用显著的自变量，即偏回归平方和检验显著的自变量逐个引入回归方程中。在引入每个新的因子后，要对原来已经引入的因子逐个检验，把偏回归平方和变为不显著的因子从回归方程中剔除。如此反复进行，直到没有变量可以引入和剔除为止。这样建立的回归方程即为最优回归方程，可用于对该区域内或该构造带内的其他未知区域，或者同类区域或同类构造带进行矿床类型、规模和品位预测。

回归分析法在工程稳定性及地质灾害预测的数据挖掘方面，也有广泛的应用。

B. 因子分析法（factor analysis）

因子分析法是指从评价指标的相关矩阵内部依赖关系出发，把一些信息重叠、关系复杂的变量归结为少数几个不相关的综合因子的一种多元统计分析方法（赵鹏大等，1983）。其要领是：根据相关性大小把变量分组，使得同组内的变量间相关性较高，不同组的变量相关性较低或不相关。每组变量即为一个综合性的公共因子。应用此法进行数据挖掘，可方便地找出影响地质对象空间特征的主要因素，并确定其影响力（权重），达到用最简练的形式描述地质对象，解释和探索地质现象成因联系的目的。因子分析法可研究标本之间或变量之间的成分分类，因而也可分为 Q 类和 R 类。其主要分析过程如下：①确认是否作因子分析；②构造因子变量和因子分析模型；③原始数据标准化；④求标准化数据的相关矩阵；⑤求相关矩阵的特征值和特征向量；⑥计算方差贡献率与累积方差贡献率；⑦求解并确定公共因子；⑧进行因子旋转；⑨求各因子得分；⑩综合得分结果；⑪进行得分排序；⑫解释和评价。

目前，判别分析法、聚类分析法、证据权重法、趋势分析法，以及克里金分析法等，在属性数据挖掘和空间数据挖掘领域也开始得到应用。这些方法已经在 5.1 节作了介绍，这里就不再赘述。

2）基于扩展集合论的数据挖掘方法

上述基于概率论的各种空间数据挖掘方法，同时也都是基于传统集合论的。地质空间对象的特征在许多方面具有显著的不确定性，仅有基于传统集合论的各种数据挖掘方法，还不能满足要求。因此，需要发展一系列基于扩展集合论的空间数据挖掘方法。近年来，这方面的研究成果比较多，如模糊数学、粗糙集理论和云模型等。这些新的理论与方法，在地质空间数据挖掘方面的应用有很好的前景。

A. 模糊数学（fuzzy mathematics）

模糊数学是研究和处理模糊性现象的一种数学理论和方法（Zadeh，1965），它用隶属函数和隶属度来描述那些介于"是"与"否"之间的各种过渡现象。对模糊性的数学处理是以将经典的集合论扩展为模糊集合论为基础的，乘积空间中的模糊子集给出了一对元素间的模糊关系。集合概念的扩充使许多数学分支都增添了新的内容，如模糊拓扑学、模糊代数学、模糊概率统计、模糊测度与积分、模糊群、模糊图论、模糊逻辑学等。人们基于模糊集的描述方式，运用模糊数学概念进行判断、评价、推理、决策和控制过程的描述，发展出了如模糊聚类分析、模糊模式识别、模糊综合评判、模糊决策与模糊预测、模糊控制、模糊神经网络、模糊信息处理等方法。这些方法构成了一种模糊性系统理论和思辨数学的雏形。利用模糊数学模型进行地质空间数据挖掘，也是模糊数学的重要应用领域之一。

之所以如此，是由于地质现象本身存在着显著的结构信息不完全、关系信息不完全、演化信息不完全和参数信息不完全的特征，模棱两可的情况比比皆是，难以清晰地判断。这种情况必然体现在地质勘查过程中所获取的数据上。因此，从这些数据中所获取的对地质对象的认知，也必然有不确定性。换言之，我们对地质体、地质结构和地质过程的认知具有模糊性。这种模糊性恰恰是模糊集合理论和方法所力求研究和解决的问题。基于模糊集合论的方法，在地质体识别、地质结构判译、地质过程推断和矿产资源预测评价等方面有广泛的应用。

B. 粗糙集理论（rough set）

粗糙集理论由 Pawlak（1982）提出，近年来发展迅速。它不依赖于数据集之外的

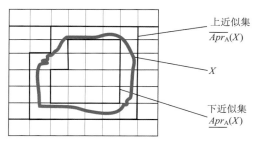

上近似集 $\overline{Apr_A}(X)$

X

下近似集 $\underline{Apr_A}(X)$

图 9-8　上近似集和下近似集示意图

附加信息，是一种处理模糊、不精确、不确定和不完备信息的智能数据决策分析工具，比较适合基于属性不确定性的空间数据挖掘。粗糙集理论的核心是关于知识、集合的划分、近似集合等概念。粗糙集由上近似集和下近似集构成，其中下近似集 $\underline{Apr_A}$ (X) 是在所有包含于 X 的知识库中的集合中求交得到的，而上近似集则是在包含 X 的知识库中的集合求并得到的（图 9-8）。

由于粗糙集理论创建的目的和研究的出发点，就是直接对数据进行分析和推理，从中发现隐含的知识，揭示潜在的规律，因此是一种天然的数据挖掘或者知识发现方法。它与基于概率论的数据挖掘方法、基于模糊理论的数据挖掘方法和基于证据理论的数据挖掘方法等其他处理不确定性问题理论的方法相比，最显著的优点是它不需要提供研究问题所需处理的数据集合之外的任何先验知识，而且与处理其他不确定性问题的理论有很强的互补性。例如，模糊理论侧重于描述集合内部元素的不确定性，而粗糙集理论侧重于描述集合之间的不确定性。

目前，粗糙集的研究主要集中在理论和算法方面。在理论方面，包括利用抽象代数来研究粗糙集代数空间的代数结构；利用拓扑学描述粗糙空间；粗糙集理论和其他软计算方法或者人工智能方法的结合；将经典粗糙集理论从等价关系上，拓展到相似关系甚至一般关系上；将经典粗糙集理论从静态数据挖掘-知识发现，拓展到动态数据挖掘-知识发现。关于向动态数据挖掘的拓展，史开泉和崔玉泉（2002）曾给出了动态 R-元素等价类 $[x]$ 的概念，提出并且定义了 S-粗集的概念，为动态数据挖掘-规律发现研究提供了新的理论支持。在算法方面：一方面是研究粗糙集理论属性约简算法和规则提取启发式算法，如基于属性重要性、基于信息度量的启发式算法；另一方面是研究与其他智能算法的结合，如与人工神经网络结合、与支持向量机（SVM）结合、与遗传算法结合、与模糊理论结合等。

C. 云模型分析法（cloud model）

云模型是用自然语言值表示的定性概念与其定量数据表示之间的不确定转换关系，主要反映客事物或人类知识概念的模糊性和随机性，并把二者完全集成在一起，构成定性和定量相互间的映射（李德毅和杜鹢，2005）。云模型与不确定性推理和云变换等共同构成云理论的主体。基于云理论的空间数据挖掘方法，在处理空间对象中融随机性和模糊性为一体的不确定性属性方面具有显著的优势，可用于地质空间对象关联规则的挖掘、空间数据库的不确定性查询等。

采用模糊数学的隶属度所界定的模糊集，虽然其边界远看是模糊的，但近看却是清晰的，因为最终要确定一个边界值。云理论用隶属云概念取代隶属度概念，显然是对传统的隶属函数概念的扬弃，因而也是对模糊数学的发展（李德毅等，2004）。基于云理论，自然界中的大量模糊概念都可表述为一个边界具有不同弹性的、收敛于正态分布函数的"云"模型（图 9-9）。实质上，云是用语言值表示的某个定性概念与其定量表示之间的不确定性转换模型。因为这种分布很类似天空中的云彩，远看有明确的形状，近看却没有确定的边界，借用云来比喻定性和定量之间的不确定性映射是合理的。云的数字特征可用期望值 Ex（中值）、熵 En（离散度）、超熵 He（离散度的离散度）3 个数值来表征，它把模糊性和随机性完全集成到一起，构成定性和定量相互间的映射，为定性与定量相结合的信息处理提供了有力手段。所以它成为有效的模糊信息挖掘工具。

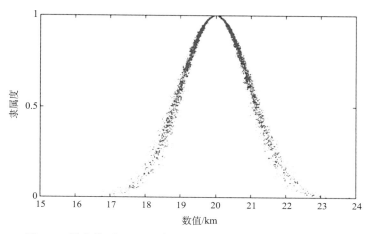

图 9-9　语言值"20km 左右"的隶属云图（邸凯昌等，1999）

隶属云的具体实现方法，是通过云模型的转换，即基于云的运算、推理和控制等方式，实现由定性概念到定量表示。由云的数字特征产生云滴的具体实现模型，称为正向云发生器；而由定量表示转化为定性概念的具体模型，也就是由云滴得到云的数字特征的具体实现模型，称为逆向云发生器。正态分布广泛存在于自然现象和社会活动中，在随机现象的概率分布中居首要地位。产生正态分布的条件及其广泛性和普适性，可以根据中心极限定理从理论上加以阐述。根据研究对象的特征属性及其数据分布的空间维度，云模型有一维、二维、三维，乃至多维之分。

3）基于生态学的数据挖掘方法

这类数据挖掘方法属于仿生学范畴，是模仿生物的智能行为和遗传规律的一种空间数据挖掘方法。已有的实践表明，这类方法对于从复杂的地质数据中发现潜在的知识，实现对复杂地质结构和地质过程的认知，具有重要的价值。

A. 人工神经网络法（artificial neural networks，ANNS）

人工神经网络系统用大量的简单元件作为神经元，广泛相互连接而成一个复杂的网络系统，来仿造模仿人脑的结构和工作方式。神经元作为人工神经网络的基本处理单元，类似多输入、单输出的非线性器件（图 9-10），其中 X_1、X_2，…X_n 为输入量，W_{ji} 为 j 节点（输入）到 i 节点（后层节点）的权重，Y_i 为输出向量，θ_i 为阈值，则

$$Y_i = f\left(\sum_{j=1}^{n} W_{ji} \cdot X_j + \theta_i \right) \tag{9-1}$$

$$f(x) = \frac{1}{(1 + e^{-x})} \tag{9-2}$$

按照神经元之间的连接形式，人工神经网络有多种结构模型，其中 BP 神经网络模型是具有典型性的传统结构模型（图 9-11），由输入层、隐含层和输出层组成。网络的运算主要是执行学习和评价预测两个过程。

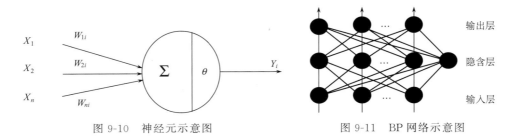

图 9-10　神经元示意图　　　　　　　图 9-11　BP 网络示意图

这种系统具有强大的知识自学习、自组织、自适应、联想存储和非线性映射，以及高速寻找优化解的能力。由于采用大规模、并行分布式存储与处理机制，使知识的获取、存储与推理一体化，可以克服专家系统存在的知识获取难、学习能力差和知识库管理难等缺点。于是，不仅增加了系统模拟的灵活性和准确性，还能与其他模拟评价系统相匹配，在庞杂的地质数据中进行特征分类和聚类以及知识发现。甚至还能够采用非线性动力学或混沌动力学，进行与非线性地质过程相关的空间数据挖掘。

人工神经网络所拥有的多种自学习算法，是其神奇功能的发动机。正是那些有效的学习算法，使得神经网络能够通过连接权值的调整，构造客观世界的内在表示，形成独具特色的数据挖掘和信息处理方法。根据学习环境不同，神经网络的学习方式可分为监督学习和非监督学习两类。监督学习网络类型方面，主要有 BP 网络和 RBFN 网络。其中，BP 网络算法简单、易于构建，而 RBFN 网络能够实现局部逼近。在非监督学习网络类型方面，SOFM、CPN 和 ART 等具有较强的客观性、自组织性和非线性问题求解能力。随着应用的拓展，人工神经网络分别与模糊数学、粗糙集理论、云理论、证据理论、专家系统、遗传算法、小波分析、分形理论、混沌动力学和灰色系统等结合，将在空间数据挖掘领域发挥更大作用。

B. 蚁群算法（ant colony optimization，ACO）

蚁群算法是模拟蚂蚁在寻找食物过程中发现路径的行为，在图中寻找优化路径的一种概率型算法（Dorigo，1992）。这实际上是一种基于局部信息和简单规则的决策方式。所谓局部信息，是指虚拟的蚂蚁生活环境信息，其中包括障碍物、别的"蚂蚁"，以及食物信息素和蚁窝信息素。每个"蚂蚁"仅仅能感知狭小范围内的环境信息，而环境以一定的速率让信息素消失。所谓简单规则，是指"蚂蚁"觅食规则、移动规则、避障规则和播撒信息素规则。这些规则的核心包括多样性和正反馈两部分。多样性保证了"蚂蚁"在觅食的时候不至走进死胡同而无限循环，正反馈机制则保证了相对有用的信息能被保存下来。换言之，多样性是一种创造能力，而正反馈是一种学习能力。正是这两部分的有机结合，幻化出"蚂蚁"群体的智能行为。

　　蚁群算法是一种基于种群寻优的启发式搜索算法，其要领是通过正反馈和分布式协作来寻找最优路径，适用于组合优化类问题的求解。这种求解模式能将问题求解的快速性、全局性和合理性结合起来。其中，寻优的快速性通过正反馈式的信息传递和积累来保证，而算法的早熟性收敛通过其分布式计算特征来避免。蚁群算法的特点有 4 个：①自组织性。当算法开始的初期，单个的人工"蚂蚁"无序的寻找解，经过一段时间的演化，人工"蚂蚁"通过信息激素的作用，自发的越来越趋向于最优解，实现从无序到有序的过程。②并行性。每只"蚂蚁"搜索的过程彼此独立，仅通过信息激素进行通信。它在问题空间的多点同时开始独立的解搜索，不仅增加了算法的可靠性，也使得算法具有较强的全局搜索能力。③正反馈性。在较优路径留下更多的信息激素，从而吸引更多的"蚂蚁"进入较优路径，这个正反馈的过程使得初始的差异不断扩大，引导整个系统向最优解的方向进化。④强鲁棒性。其求解结果不依赖于初始路线的选择，而且在搜索过程中不需要进行人工的调整。此外，参与计算的参数少，设置简单，易于应用到其他组合优化问题的求解中去。

　　蚁群算法在地质空间数据挖掘的应用，如从三维地震勘探数据中解释并匹配断层，从遥感图像数据中解释地层、构造和矿化露头等。实际的数值仿真结果表明，蚁群算法是一种模拟过程追踪的有效新方法。

　　C. 演化算法（evolvable algorithms，EA）

　　演化算法或称进化算法，是以进化论思想为基础，模拟生物进化过程与机制求解问题的一种自组织、自适应的人工智能技术（Schaffer，1985）。演化计算包括遗传算法、遗传规划、演化策略和演化规划 4 种模型。遗传算法的主要基因操作是选种、交配和突变，而在进化策略和进化规则中，演化机制源于选种和突变。遗传算法与遗传规划强调的是父代对子代的遗传链，而演化策略和演化规则则着重于子代本身的行为特性，相互间形成一条行为链。遗传算法和演化规划强调对个体适应度和概率的依赖。遗传算法用于选择优秀的父代，而演化策略和演化规划则用于选择子代；演化规划把编码结构抽象为种群之间的相似，而演化策略则把编码结构抽象为个体之间的相似。

　　演化算法是有高鲁棒性和广泛适用性的全局优化方法，并且具有自组织、自适应、自学习的特性，不受问题性质的限制，能有效地处理传统优化算法难以解决的复杂问题。它对问题的整个参数空间给出一种编码方案，而不是直接对问题的具体参数进行处理，不是从某个单一的初始点开始搜索，而是从一组初始点搜索。搜索中用到的是目标函数值的信息，可以不必用到目标函数的导数信息或与具体问题有关的特殊知识。因而演化算法具有广泛的应用性，高度的非线性，易修改性和可并行性。随后发展起来的差分演化算法（Storn and price，1995）是一种基于群体进化的算法，具有记忆个体最优解和种群内信息共享的特点，其本质是一种基于实数编码的具有保优思想的贪婪遗传算法。差异进化算法在一定程度上考虑了多变量间的相关性，在变量耦合问题上有很大的优势又如，颇受关注的求解 TSP 的郭涛算法（GT）（Guo and Michale wicz，1998），能够快速地给出一条遍历给定的若干地域中所有地域的最短路径；改进的郭涛算法（IGT）（蔡之华等，2005）通过引入映射算子、优化算子以及增加一些控制策略，提出了一种更为高效的演化搜索新算法。演化问题的求解是通过选择、重组和变异 3 种操作来实现。其计算过程如图 9-12 所示。

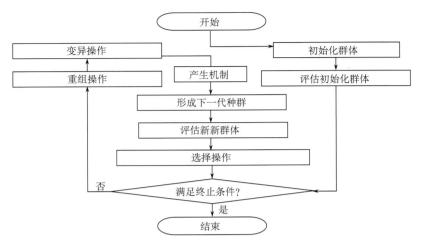

图 9-12 演化计算的流程示意图

演化算法在地质空间数据挖掘中，主要应用于与连续函数优化、模式识别、机器学习、神经网络训练、系统辨识、分类、聚类和智能控制等相关的遥感地质信息提取，物探异常、化探异常和其他各种地质异常的发现和提取，成矿、成藏过程和规律分析，以及矿产资源和地质灾害预测等知识的发现。

4）其他数据挖掘方法

以上各种可用于地质空间数据挖掘的理论和方法，在实践中需要根据地质实体的数学特征、地质对象空间属性类型、样本空间分布特征、地质数据集特征，以及研究问题的类型和实际需要来选择使用。除此之外，在利用地质空间数据挖掘进行地质异常定量识别和圈定时，还常用如下多种计算方法。

A. 地质复杂系数（C 值）法

地质复杂系数（C 值）是衡量某一单元子区相对于研究区平均复杂程度的度量。首先根据研究区的地层、构造、岩浆活动、变质作用等地质变量进行统计，取平均值作为研究区平均复杂程度的度量（大背景或理想的正常场）。用向量表示为

$$\bar{\boldsymbol{X}} = (\bar{x}_1, \ \bar{x}_2, \ \cdots, \ \bar{x}_p)^{\mathrm{T}} \tag{9-3}$$

根据式（9-4）计算出每一单元子区相对于平均复杂程度的地质复杂系数。

$$C_{ij} = \sum_{j=1}^{p} (x_{ij} - \bar{x}_j)^2 \quad (i=1, \ 2, \ \cdots, \ n) \tag{9-4}$$

式中，i 为单元网格编号；n 为单元数；j 为向量编号；x_{ij} 为第 i 单元第 j 个向量组；$\bar{x}_j$ 为第 j 个向量的平均值，共计 p 个分量，这里 $p=3$。

当 C_{ij} 为 0 时，表示该单元的复杂程度与研究区的平均复杂程度（正常场）相当；当 C_{ij} 值为正时，表示该单元的地质条件比正常场简单，数值越小则地质条件越简单。

因此，根据每个单元的 C 值，可以圈定地质条件复杂或简单的地质异常区。

B. 组合熵（H 值）法

熵是信息论中度量信息量的一种方法，也反映事物发生的不确定度。在一般情况下，事物越复杂，不确定程度越高。因此，地质体和地质过程的特征越复杂，其不确定程度就越大，在熵值上表现为高值。多个地质变量的组合熵可以反映一定区域内地质结构的变异程度，而结构的变异程度对成矿具有控制作用。计算公式为

$$H_i = -\sum_{j=1}^{p} x_{ij} \log x_{ij} \quad (i = 1, 2, 3, \cdots, n) \tag{9-5}$$

式中，p 为变量数；n 为单元数；x_{ij} 为第 i 个单元的第 j 个变量的原始数据，对数 log 可取自然对数或以 10 为底的普通对数。

对于非定和数据，计算公式为

$$H_i = -\sum_{j=1}^{p} \left(\frac{x_{ij}}{\sum_{i=1}^{n} x_{ij}} \right) \log \left(\frac{x_{ij}}{\sum_{i=1}^{n} x_{ij}} \right) \quad (i = 1, 2, 3, \cdots, n) \tag{9-6}$$

C. 地质相似系数（S 值）法

地质相似系数是衡量某一地质单元与周围单元之间相似程度的度量。首先对研究区进行网格单元划分，并分别统计各网格单元的地层、构造、沉积相、岩浆岩等变量的取值。某一单元与周围的地质特征存在差异时，相似程度就小，据此可圈定出地质异常区的分布。根据式（9-7）先求出每一单元与周围相邻单元的相似系数，再用式（9-8）取求算单元的 8 邻域相似系数（S_{i1}，S_{i2}，S_{i8}）的平均值作为该单元的相似系数。

$$S_{ij} = \frac{\sum_{k=1}^{p} x_{ik} x_{jk}}{\left(\sum_{k=1}^{p} x_{ik}^2 \sum_{k=1}^{p} x_{jk}^2 \right)^{\frac{1}{2}}} \quad (i, j = 1, 2, \cdots, n) \tag{9-7}$$

式中，n 为单元数；p 为变量数；i 为某一求算单元；j 为 i 相邻的 8 个邻域；k 为变量的取值。

$$S_i = \frac{1}{8} \sum_{j=1}^{8} S_{ij} \tag{9-8}$$

为了便于圈定地质异常，可将相似系数转换为不相似系数，即不相似系数 $= 1 - S_i$，最后可通过圈定等值线或趋势分析等处理确定地质异常。

D. 分维（F 值）法

分形揭示了自然界中所形成的无规则体的内在规律性，即标度不变性。作为描述分形结构复杂性定量参数的分维，对于具有显著非线性特征的地质作用而言，具有特殊的意义。其中，R/S 分析方法在地质空间数据挖掘中最为常用。

对于一个二维空间序列数据（设有 m 行和 n 列），求出这个序列的（Σ 个极差和标准差，建立 R/S、Σ 的数据对，然后求出 $\ln(R/S) - \ln\Sigma$ 的拟合直线斜率，即为赫斯特指数 H，这里也可将其理解为极差、标准差的结构分维。对于空间数据挖掘，先算

出总体的分维值 A，再算出每行、每列的分维值，形成分维矩阵。

$$d_{ij} = (a_i, b_j) \quad (i = 1, 2, 3, \cdots; j = 1, 2, 3, \cdots) \tag{9-9}$$

于是每个空间单元的分维：

$$d_{ij} = \sum \left[(A - a_i)^2 + (A - b_j)^2 \right] \quad (i = 1, 2, 3, \cdots; j = 1, 2, 3, \cdots)$$

$$\tag{9-10}$$

式中，d_{ij} 为各单元对总体分维背景的异常，据此可作出分维异常等值线图。

　　E. 地质关联度（R 值）法

　　地质关联度分析是借鉴灰色系统（邓聚龙，1982）中研究两个事物之间关联程度的一种定量方法。其要领是通过曲线间几何形状的分析和对比，来计算曲线间的关联程度。一般地说，其几何形状越接近（相似）的曲线，其发展变化的趋势越接近，则关联程度越大，单元之间的关联也越密切，那么这两个单元的地质条件就越相似。具体方法步骤是，首先对研究区进行网格单元划分，分别统计各网格单元的地层、构造、岩浆岩等变量的取值；再计算每个单元（称为参考单元）与周围相邻单元（称为被比较单元）之间的关联度，然后取平均值作为该单元与周围单元的关联程度。

$$\xi_i(k) = \frac{A}{B}$$

$$A = \min_i \min_k |x_0(k) - x_i(k)| + \xi \max_i \max_k |x_0(k) - x_i(k)| \tag{9-11}$$

$$B = |x_0(k) - x_i(k)| + \xi \max_i \max_k |x_0(k) - x_i(k)|$$

式中，$\xi(k)$ 为被比较单元与参考单元的第 k 个变量相对差值之商，称为关联系数。根据 p 个变量的关联系数，取其平均值作为两个单元之间的关联度，即

$$R_{ij} = \frac{1}{p} \sum_{k=1}^{8} \xi_i(k) \quad (j = 1, 2, \cdots, 8) \tag{9-12}$$

式中，R_{ij} 为参考单元 i 与被比较单元 j 之间的关联度。

　　计算了某一个单元（参考单元）与周围 8 个单元（被比较单元）的关联度之后，根据式（9-13）取平均值作为该单元与周围单元的关联度。

$$R_i = \frac{1}{8} \sum_{j=1}^{8} R_{ij} \tag{9-13}$$

　　为了便于圈定地质异常，可将关联度转换为不关联度，即不关联度 $\bar{R}_i = 1 - R_i$，然后利用等值线目视判译或趋势分析来确定地质异常。除计算每个单元与周围相邻单元的不关联度外，还可计算每个单元与平均值之间的不关联度。

　　此外，用于地质空间数据挖掘的方法还有混沌特征提取法、块褶积滤波、计算几何方法、多重分形方法、决策树方法、归纳学习方法、可视化方法等。

　　5）可视化法

　　采用数据可视化方式，可以直观而形象地将空间数据所隐含的特征显示出来，帮助人们通过视觉分析来寻找其中的结构、特征、模式、趋势、异常现象或相关关系等空间

知识。为了确保这种方法行之有效，特别是在数据三维可视化的方式下，必须设置功能强大的可视化工具和辅助分析工具，其中包括矢量剪切工具和透视。

近期，空间数据挖掘已经开始从单机、单库挖掘向在线挖掘方向发展。在线数据挖掘是一种基于网络的验证型空间进行数据挖掘和分析的工具。它以多维视图为基础，强调执行效率和对用户命令的及时响应，一般以空间数据仓库为直接数据源，通过空间查询及与 OLAP、决策分析、数据挖掘等分析工具的配合，完成对空间信息的提取和知识的发现。其中，海量地质空间数据的网络传输和互操作技术，亟待进一步研究和开发。

9.3　地质勘查（察）决策支持系统的设计

基层矿产资源勘查单位或矿山、油田和大型水利水电工程的地质勘查（察）研究院和设计院，所面对的实际问题主要是成矿-成藏条件评价、矿区的深部与外围的资源预测、矿产资源可利用性综合评价、工程地质条件评价和地质灾害预测预报。由于地质勘查（察）所需要的决策支持内容专业性强，参数众多而主题明确，但系统的规模比较小，其决策支持系统（GeoDSS）比较适合基于数据集市来组建。

9.3.1　地质勘查（察）决策支持系统的总体结构

基于数据集市的地质勘查（察）决策支持系统的总体逻辑结构可表示如图 9-13 所示。它主要由两部分组成，左边部分直接基于多源异构数据库，是传统 DSS 的继承，通过对模型库、方法库、知识库的综合运用，提供相应的决策支持，解决地质勘查（察）过程中所遇到的简单问题；中间和右边部分基于数据集市、联机分析挖掘，再加上模型库、方法库、知识库，体现了典型的 "DW＋OLAP＋DM" 智能化决策支持解决方案。

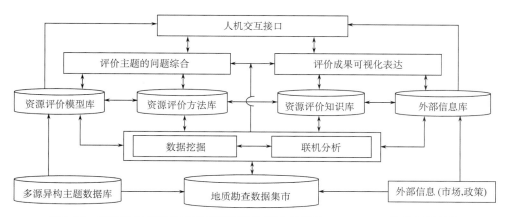

图 9-13　基于数据集市的矿产资源评价决策支持系统（GeoDSS）总体逻辑结构

地质数据集市的基本作用是：把分散的应用系统和多源数据整合起来，提供数据操作平台，对勘探资料进行整理、清洗、综合和预处理，并快速、高效地分析和综合长期积累的勘探数据，为矿产资源和地质灾害预测、评价，以及矿产资源勘探、开发和地质灾害防治的决策分析，提供可靠的、综合性的数据支持。由于对数据进行了预处理，可以大大加快数据挖掘计算和问题处理的速度，从而提高决策支持的时效性。地质数据集市的构建基础是基层地质勘探区点源数据库系统，但地质数据集市的构建，反过来又可以促进地质点源信息系统的建设。

联机分析单元与数据挖掘单元一起，组成了统一的联机分析挖掘单元。联机分析单元是 DSS 的功能核心，也是模型库、方法库、知识库、外部信息库和数据集市的操作中心，主要职能是针对特定问题的联机数据访问和分析。该单元通常使用数据挖掘单元的集成数据，也可以直接访问数据仓库。数据挖掘单元则是统领模型库、方法库、知识库、信息库和数据仓库的智能中心。在数据挖掘单元中，不仅使用数据集市或数据仓库中的数据，而且与其他 4 个库密切关联。其中，模型库为数据挖掘提供模型和规则；方法库为数据挖掘提供方法；知识库为数据控制和挖掘过程提供知识；信息库为数据挖掘提供外部条件。通过数据挖掘产生新的知识和规则，又可充实模型库和知识库，为问题处理和决策分析服务。

模型库管理系统负责模型库中模型的提取、调用，以及根据新的发现对旧模型作增加、删除、修改。由于绝大多数决策都是建立在数学基础上的，该模型库中存储的主要是一些数学模型，其中既包含了数据挖掘所需要的模型，也包含了解决问题时所需要的模型，其中包括各种成矿地质条件、成藏地质条件、工程地质条件、成灾地质条件和资源可利用性的评价模型和预测模型。模型库的使用加强了系统的灵活性，决策者在解决问题时可以进行多模型比较选优。同时，数据挖掘也可以为模型库发现并建立新模型，或者通过对数据仓库中数据的拟合对已有模型进行适当改进。

方法库存放着数据挖掘和解决问题时所需要的多种方法，其中包括各种数理统计、模糊数学、人工智能、分形几何和动力学模拟等。当决策者确定问题及其模型后，可以在方法库存放的多种方法中进行择优使用，这就提高了系统的灵活性。方法库所存放的多种数据挖掘方法，同时也为数据挖掘提供了方便。方法库的应用通过方法库管理系统来实现，即通过定义标准接口来使用数据和方法。因此，方法库管理系统的首要职能是定义统一的数据和方法调用接口，其次是负责对方法库中所存放方法的增加、删除、修改，其中包括对各种方法的统一接口进行增加、删除和修改，或根据新模型的要求对部分方法的接口进行修改。

知识库是根据系统智能化需求而建立在模型库基础上的，规则和模型是知识库存在的依据。知识库中存放了解决问题所需要的各种知识——来自生产与研究部门的专家和学者关于各种成矿地质条件、成藏地质条件、工程地质条件、成灾地质条件和资源可利用性评价的知识和评判规则。这些知识是采用各种方法对模型进行推理计算的依据。除来自专家、学者之外，还有在数据挖掘过程中得到的新知识。决策者可以利用这些知识，来进行决策分析，解决面临的各种问题。一般地说，那些来自数据挖掘过程的新知识与实际的关系更为密切，因而也具有更大的实用性。在进行决策分析时，通常是利用知识库中的知识按照模型库的规则进行推理，再采用方法库中的方法得出辅助决策结果。有些经验性的非数值型知识，可进行模糊推理并使之量化，再采用其他的方法和模型来获得辅助决策结果。知识库中的知识对数据挖掘也具有指导性意义，可以显著地减少无谓的计算，提高数据挖掘的效率，同时也可以通过数据挖掘而得到新的知识补充。知识库管理系统的职责就是负责知识库中知识的管理、调用，以及根据实际情况的变化而进行知识的增加、删除、修改等项更新工作。

外部信息库则主要存放与决策有关的政策、法规、社会、市场信息，以及本地区、本单位的勘探开发技术条件、竞争力与成本、国内外现状和发展趋势等数据。

基于数据集市（数据仓库）的智能化决策分析，是一个多库信息往返交叉处理的复杂过程。在进行决策分析时，决策者通过人机交互接口与 DSS 进行交流，联机分析挖掘单元根据模型库提供的资源预测、评价模型，采用方法库中的相关方法，对数据集市（数据仓库）进行数据挖掘，并结合知识库中的相关专家知识和评判规则，以及外部信息库中的信息进行联机分析，从而获取对所研究问题的科学评判，并给出明晰的决策意见和直观的表达图表。处理机制支持下间接形成的一些新规则和新知识，可以反过来充实 DSS 的模型库和知识库。

9.3.2　基于数据仓库的联机分析处理技术

1. 联机分析处理的基本概念

通常在进行决策分析时，需要对关系数据库进行大量计算，而所得的结果却往往不能满足决策者的需求。Codd 等（1993）因此提出了 OLAP 的概念，并采用 12 条准则来加以描述：①OLAP 模型必须提供多维概念视图；②透明性准则；③存取能力推测；④稳定的报表能力；⑤C/S 体系结构；⑥维的等同性准则；⑦动态的稀疏矩阵处理准则；⑧多用户支持能力准则；⑨非受限的跨维操作；⑩直观的数据操纵；⑪灵活的报表生成；⑫不受限的维与聚集层次。利用 OLAP，管理人员能够针对同一个主题，从多个角度对数据进行分析，从而快速、交互地得出决策支持的分析结论。它的技术核心是"维"，因此，OLAP 也被称为多维数据分析。OLAP 分析只是将数据转化为信息，提供用户从不同的角度对某一个主题进行观察的机制，本身并没有直接将信息转化为知识，即没有在数据中直接发现规律，预测未来的发展趋势，属于数据集市的一般应用。

数据处理可分成两类（表 9-9）：联机事务处理（OLTP）、联机分析处理（OLAP）。OLTP 是传统的关系型数据库的主要应用，主要是基本的、日常的事务处理；而 OLAP 是数据集市系统的主要应用，支持复杂的分析操作，侧重决策支持，并且提供直观易懂的查询结果。

OLAP 是使分析人员、管理人员或执行人员能够从多角度对信息进行快速、一致、交互地存取，从而获得对数据的更深入了解的一类软件技术。OLAP 的目标是满足决策支持或者满足用户在多维环境下特定的查询和报表需求。

表 9-9　OLTP 系统与 OLAP 系统的比较

比较内容	OLTP	OLAP
功能	事务型操作	分析型操作
用户	DBA、数据库操作员、办事员	主管、决策者、工程师
数据库设计	基于 E-R，面向应用	星形/雪花形，面向主题
数据	当前的，实时的	历史的，多时态的
汇总程度	原始的，高度详细	汇总的，高度统一
视图	详细，二维关系	综合，多维复合
处理单位	简单事务	复杂专题
存取	读、写	以读为主
关注重点	数据输入	信息输出
操作	主关键字上索引	大量扫描
访问记录数量	数百个至数千个	数百万
用户数	数千至数万	数百
数据库规模	100MB～GB	100GB～TB
特性	高效率，高可用性	高灵活性，高自治性
度量指标	事务吞吐量	查询频度，响应时间

　　如前所述，"维度"是人们观察客观世界的角度，是一种高层次的类型划分。"维"中往往包含着"粒度"，即存在层次关系。这种层次关系有时会相当复杂。通过把一个实体的多项重要属性定义为多个维，用户就能够对不同维上的数据特征进行比较。因此 OLAP 也可以说是多维数据分析工具的集合。OLAP 多维分析的基本操作有上翻（rolling up）、下钻（drilling down）、切片（slicing）、切块（dicing）和旋转（pivoting）等。其中，上翻和下钻可改变维的层次、变换分析的粒度。上翻是在某一维上将低层次的细节数据概括为高层次的汇总数据，其结果是提高概括层次减少维数，或者增大粒度；而下钻则相反，是从高层次的汇总数据深入到低层次的细节数据，即降低概括层次增加维数，或者减小粒度。切片和切块是在某些维上选定值后，关心度量在剩余维上的分布。如果剩余的维有两个，即为切片；如果有三个，则是切块。旋转是变换维的方向，即在表格中重新安排维的放置（如行列互换）。

2. 联机分析处理数据的存储方式

　　OLAP 数据的存储方式即多维数据模型的实现方式主要有 3 种：多维数据库方式（multi-dimensional OLAP，MOLAP）、关系数据库方式（Relational OLAP，ROLAP）和二者结合方式（hybrid OLAP，HOLAP）方式（萨师煊，1998）。此外，还有一种 DOLAP（desktop OLAP）方式，是将 OLAP 要用到的数据传输并存储到客户端，优点是用户访问不受网络瓶颈的制约，但操作和数据安全性难以保障，在管理和维护上也有问题，目前仅在小型项目中应用。

1) MOLAP 实现方式

MOLAP 是基于多维数据组织的 OLAP 实现。它严格遵照 Codd 等（1993）的定义，自行建立多维数据库来存放联机分析系统的数据。MOLAP 以多维数据组织方式为核心，并且使用多维数组存储数据，在数据库内形成"立方块"（cube）的结构。当利用多维数据库存储 OLAP 数据时，不需要将多维数据模型中的维度、层划分和立方体等概念转换成其他的物理模型，因为多维数组（矩阵）能很好地体现多维数据模型特点。在 MOLAP 中对"立方块"的"旋转"、"切块"和"切片"，是产生多维数据报表的主要技术。

MOLAP 结构的主要优点是它能迅速地响应决策分析人员的分析请求，并快速地将分析结果返回给用户。这得益于它独特的多维数据库结构，以及存储器中的预处理程度很高的数据（一般预处理度在 85％以上）。在 MOLAP 结构中，OLAP 服务器主要是通过已经预处理过的数据来完成分析操作。而这些预处理是预先定义好的，结果就限制了 MOLAP 结构的灵活性。这种限制主要表现在以下 3 方面：①用户很难对维数进行动态变化，每增加一维会使多维数据库的规模急剧增加，所需的预处理时间也会大大增加；②对数据变化的适应能力也较差，当数据或计算频繁变化时，其重复计算量相当大，有时还需重新构建多维数据库；③处理大量细节数据的能力差，预处理的程度决定了数据集市的大小（因为预处理的结果也要存入数据集市），由于 MOLAP 的预处理能力较强，反而限制了它处理大量细节数据的能力。

利用数组实现多维数据模型的优点，在于能够实现对数据的快速访问，但同时也会带来存储空间的冗余，即出现稀疏矩阵的问题，进而导致对存储空间的极大需求。为了妥善地克服稀疏矩阵带来的缺陷，一些研发机构提出了稀疏维（sparse）和密度维（dense）策略，即由稀疏维产生索引块，由密度维形成数据块。不过，索引块的创建只有当稀疏维的组合在交易事件初次发生时才会实现，然后再创建数据块。稀疏维和密度维策略的引入，在一定程度上降低了立方体的存储冗余问题。此外，通过数据压缩技术也可以降低数据块的存储空间。

2) ROLAP 实现方式

ROLAP 以关系数据库为核心，以关系型结构进行多维数据的表示和存储，将多维数据库的多维结构划分为两类表：一类是事实表，用来存储数据和维关键字；另一类是维表，对每个维至少使用一个表来存放维的层次、成员类别等描述信息。维表和事实表通过主关键字和外关键字联系在一起，形成"星形模式"。对于层次复杂的维，为避免冗余数据占用过大的存储空间，可以使用多个分散的表描述，即"雪花模式"。雪花模式是星形模式下的维表经过正规化处理而成的，能表现更丰富的信息，也使得信息处理更加灵活，因而能让使用者以简单方式了解资料，提高查询效率。

事实表有如下特点：①内含大量的数据列，存储容量可达到 TB 级；②主要存放数值型数据，只有少数的文字或者多媒体形式的数据；③具有和维表连接的外关键字；④所存放数据为静态数据和聚集数据。维表中的数据是对事实表的相应说明，如岩性特征、构造类型和油藏分布等描述数据。通过维表将复杂的描述分割成几个小部分，可减少对事实表的扫描，实现优化查询。维表的特点是：①记录数较少，可能只有上千或者上万个记录；②大多为文字资料；③信息具有层次结构；④只有一个主键（primary key 或 dimension key）；⑤信息可修改。

3）HOLAP 实现方式

HOLAP 是基于混合数据组织的 OLAP 实现，如低层采用关系型（ROLAP）、高层采用多维矩阵型（MOLAP）。这种方式具有更好的灵活性。

一个真正的 HOLAP 系统应遵循以下准则：①维数能够被动态更新——一个真正的 HOLAP 不但可以提供对数据的实时存取，还可以根据不断变化的结构对维数进行更新；②可根据 RDBMS 的数据字典产生多维视图；③可以快速地存取各种级别的汇总数据；④可适应大数据量数据的分析；⑤可以方便地对计算和汇总算法进行维护和修改。

此外，还有其他的一些实现 OLAP 的方法，如提供一个专用的 SQL Server，对某些存储模式（如星形、雪花形）提供对 SQL 查询的特殊支持。

3. 空间 OLAP 与 ETL 实现过程

1）空间联机分析处理

空间 OLAP 是一种共享多维信息的、针对特定问题的联机数据访问和分析的软件技术。它通过对信息的多个观察角度和多种观察形式进行快速、稳定、一致和交互性的存取、分析和处理，允许管理决策人员对多维数据进行深入观察。在联机分析处理软件中，设置了支持决策的复杂分析操作功能。利用数据集市（数据仓库），分析人员可根据需要快速、灵活地进行大数据量的复杂查询处理，并且能以直观易懂的形式将查询结果提供给决策人员，以便他们准确掌握地质、矿产或灾害的实际状况，开展预测、评价和决策，制定正确的勘查、开发或治理方案（图 9-14）。

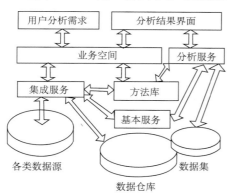

图 9-14　联机分析处理的一般流程

空间 OLAP 有灵活、简捷和可视化等突出优点，从而可使用户对基于大量复杂数据的分析变得轻松而高效，利于决策人员迅速做出正确判断。它可用于检验和证实人们所提出的复杂假设，其结果是以图形或者表格的形式表示出来的。空间 OLAP 是一种证实知识的方法，其结果不标记出异常信息。

对海量空间数据立方体进行快速而有效的分析，是空间 OLAP 研究的总体目标。为了提高空间联机分析效率，需要进一步研究有效支持空间 OLAP 的数据仓库技术、有效存储空间对象及支持快速查询更新的索引结构、面向复杂对象的视图实例化选择算法，以及空间聚集操作的改进和优化途径。

基于数据集市（或数据仓库）空间数据立方体的 OLAP 有以下四种类型。

A. 概括分析

概括分析就是改变空间数据立方体的维数或维的层次，变换分析的概括度和粒度，以便满足用户基于多维数据的综合分析。概括分析是基于钻取分析的，包括维上钻、维下翻和维层次上钻、维层次下翻等几种。

B. 局部分析

对于由维数多于 3 个以上的空间数据立方体组成的超立方体结构，度量数据随立方体维变化的规律往往不易观察。此时，最佳选择是先固定一部分维，然后考察度量数据在剩余维上的分布。这种方法称为局部状态分析法。如果所选定的维只有一个，称为切片；如果所选定的维有两个或两个以上，则称为切块。

C. 全局分析

全局分析用于对事物的详细分析，即满足空间数据立方体所有维给定的成员值。全局分析是在所有维上选定成员值后，即在立方体的所有维上进行切片，考察度量数据在维上的分布，在（维 1，维 2，…，维 n，度量）空间数据立方体的基础上，同时选定所有维成员的操作，称为空间数据立方体的全局分析。

D. 旋转分析

旋转分析就是变换空间数据立方体维的角度，从不同的方向考察度量数据在维上的分布。在（维 1，维 2，…，维 n，度量）空间数据立方体的基础上，每个维彼此在垂直方向上固定。为了改变人们的观察视点，需要改变空间数据立方体维的方向，对整个数据立方体进行方向变换，这个过程称为旋转。应该注意的是，空间数据立方体的旋转并不改变度量的值，只是变换了人们观察分析度量的角度。

空间数据立方体 OLAP 分析结果分为两种类型：其一是以表格方式显示出来；其二是基于图件方式显示出来。前者与传统数据仓库系统功能类似，基于空间数据仓库的 OLAP 主要在于实现后者功能。一般来说，联机分析的操作对象是空间数据及其相关的属性数据，为了达到更加直观的效果，这些主题式的点源空间数据及其联机分析结果，通常被叠加在基础空间数据之上一并显示。

2）数据提取、转换和加载

数据提取、转换和加载（extraction，transformation and loading，ETL）是数据仓库或数据集市的实建过程。ETL 工具的任务是将业务系统中分布的、异构数据源中的数据（如关系数据、平面数据文件等）抽取到临时中间层，并进行清洗、转换、集成，然后加载到数据仓库或数据集市中。对于一个数据仓库而言，如果没有 ETL 工具，不进行数据的提取、转换和加载，那么它就是一个空库。

A. 数据提取（data extraction）

数据仓库或数据集市是按照分析的主题来组织数据的，通常只提取出主题决策分析所必需的那部分数据。现有的数据仓库产品几乎都有关系型数据接口，可利用提取引擎从关系型数据库中提取数据。

B. 数据转换（data transformation）

各个地质矿产勘查开发单位和工程勘察单位的业务系统可能使用不同的数据库管理

系统，如 IBM、DB2、Informix、Sybase、SQL Server、Oracle 等，而各种数据库管理系统的数据类型不同，不同软件开发商设计使用的数据类型也不相同。因此，联机分析处理所面对的是一些异构异质数据，需要转换成统一的格式。

C. 数据加载（data loading）

在数据提取、整理、清洗、转换完成后，应对原始数据进行数据清洗预处理，然后再移入数据仓库中。在将目标数据移入数据仓库时，可以直接存放到目的表中，也可以先移动到中间表，然后将数据移动到实际的目的表中。在原始数据加载入数据仓库之前，要对数据进行清洗预处理，是为了将错误的、不一致的数据再进行更正或删除，以免影响系统决策支持的正确性。在地质与矿产勘查开发企业的各类业务数据库中，可能包含着大量的重叠信息，也由于不同的基层业务系统可能使用不同的数据库管理系统，或由不同的软件开发商来开发，这使得各个业务数据库中的数据存在不一致现象。另外，数据库使用人员的操作失误也会造成数据的不一致。通过数据清洗，便可保证进入数据仓库的数据质量，在数据仓库构建中显得非常重要。

ETL 工具有多种，目前 ETL 工具的典型代表有 Informatica、Datastage、Oracle 的 OWB、SQL Server 2000 和 SQL Server 2005 的 DTS 工具，ArcGIS 的 FME 等。地质数据仓库或数据集市系统的 ETL 工具可以分为三个部分：其一是数据挖掘 BI 部分；其二是数据提取的 ETL 部分；其三是数据访问接口部分。就技术实现而言，ETL 工具是由自定义的方法库和数据库系统提供的功能库函数组成的。

在完成 ETL 之后，便可以通过联机分析处理实现矿产资源、工程稳定性和地质灾害的预测、评价和勘查、开发和治理决策。还可以采用数据挖掘技术，从数据仓库或数据集市中发现规则和知识。

4. 联机分析处理的系统结构

基于数据仓库或数据集市的联机分析处理系统，提供各种决策分析手段，允许用户（管理者和决策者）进行各种跨区域和跨时间的多维决策分析（沈兆阳，2001）。该系统采用三层 C/S 结构（图 9-15），可对来自数据仓库或数据集市的数据进行多维化或预处理，在功能上与具有两层 C/S 结构的传统联机分析处理系统有明显差别。其中，第一层为客户机，实现最终用户操作功能，能够方便地浏览数据仓库中的授权数据，还能够浏览和操作相关的数据立方体，支持各种联机分析处理操作，如切片、切块、旋转、比

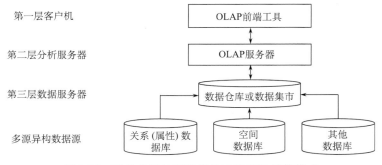

图 9-15　联机分析处理系统的三层 C/S 结构模式

较和各种空间分析等处理。第二层为分析服务器，存储来自数据仓库或数据集市的综合数据，如基层勘查（察）单位、矿山或油田各勘查及生产部门的统计数据等。第三层为数据服务器，存储数据仓库或数据集市的细节数据，如岩石类型、矿化标志、构造特征等，它来自基层点源地质数据库。这种结构的优点在于将应用逻辑、GUI 及 DBMS 严格区分，复杂的应用逻辑不是分布于网络中的客户机上，而是集中存放在分析服务器上，由服务器提供高效的数据存取，以及分析预处理。

9.3.3　地质勘查（察）决策支持系统的实现

地质勘查（察）决策支持是基于数据仓库或数据集市实现的，即利用数据仓库或数据集市的开发工具，把系统设计的结构模型、数据模型和 OLAP 模型付诸实施。其实现方法和过程，可以用油气勘探的决策支持实例（李日荣，2006；邵玉祥，2009）加以说明。

1. 地质数据集市的实建与应用

在地质数据集市的实际构建过程中，需要解决数据源、数据立方体及其存储管理方式，数据提取、转换、清洗和加载实现方法，以及联机分析处理的具体应用等实际问题。

1）地质数据集市的数据源问题

数据集市的数据源是各种类型的地质勘查数据库，其中最重要的是主题式地质点源数据库。这类数据库能有效地进行基层勘探单位的多源、多类、多量、多维、多尺度、多时态、多主题特征的地质数据的管理与集成，可为数据集市系统提供充分的数据资源（图 9-16）。除勘探区点源数据库以外，一些早期的区域地质调查、矿产资源勘查评价、工程地质和水文地质勘察方面的成果报告、各类数据表、图件和各类专题研究报告，也

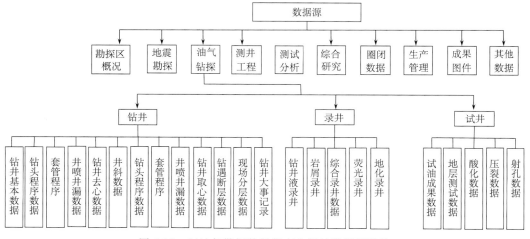

图 9-16　以油气勘探数据集市为例的数据源结构

是地质数据集市的重要外部数据源（表 9-10）。

表 9-10　各种未入库的早期数据、数据文档（以油气勘探为例）

序号	资料类型	数据内容	资料形式
1	探井基础数据表	各探井的构造单元，井点坐标与开、完井资料	Excel 表
2	探井地层分层数据表	各地层的层位、深度、厚度等资料	Excel 表
3	综合录井图 岩心录井图	各岩层的深度、厚度、颜色、岩性等资料	Excel 表 EMF 格式图
4	层序地层分析剖面图	各岩层的深度、厚度、颜色、岩性及测井资料	Excel 表
5	测井曲线	PVelocity、Density、sp_fin、gr_nor、R25M、BZSP、AC、SP、CAL、CAL1、CAL2、CNL、COND、DEN、GR、MINV、MNOR、NG、R045、R25、R4、RA04、RA05、RLLD、RLLS、TM、RXO、RXO1、LLS、LLD、R05	Text 文本
6	岩石物性分析数据表 分析化验数据表 薄片分析数据表	岩石比重、孔隙度、渗透率等岩石物性资料，岩石化学分析、干酪根、沥青、烃等有机物化验分析资料，岩屑、胶结物的薄片鉴定资料	Excel 表
7	地震资料类 测线位置图	地震剖面、波阻抗图、相图、速度图	TIF，EMF，JPEG 格式图
8	构造图、等厚图、等值线图	各地层的构造图、等厚图	EMF 格式图
9	地层对比图	钻井层位对比图	JPEG 格式图

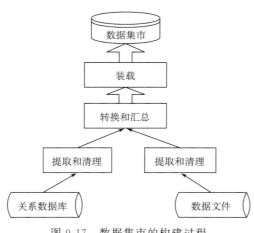

图 9-17　数据集市的构建过程

各个部门业务数据库的数据，经过提取、清理、转换和汇总等预处理后，载入到数据集市中，便完成了数据集市的构建。其构建过程如图 9-17 所示。

多个数据集市的简单合并不能成为数据仓库。这是因为，各个数据集市对现实数据和历史数据的存储有尺度和时态上的差异，同一个问题在不同数据集市中的查询结果可能不一致，甚至相互矛盾。如果不经过规范化和标准化，在数据集市之间或者源数据库系统之间难以协调管理。

数据集市有独立数据集市（图 9-18）和从属数据集市（图 9-19）两类。独立数据集市的数据直接来源于基础数据源，而从属数据集市中的数据来源于中央数据仓库。

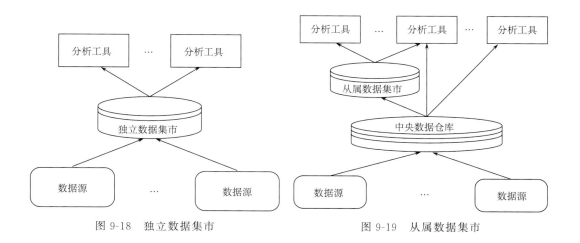

图 9-18　独立数据集市　　　　　　　　　　图 9-19　从属数据集市

2）空间数据立方体及数据存储

空间数据立方体是三维地质空间对象的数据子集，是对点源数据的高层次抽取的结果。其数据来源既有数据集市也有数据仓库，可采用分区策略进行存储和管理。

地质空间数据立方体由非空间维、空间维、数值度量、空间度量组成，其通用表达形式如下：

空间数据立方体（非空间维 1，非空间维 2，…，非空间维 n，空间维 1，空间维 2，…，空间维 m，数值度量 1，数值度量 2，…，数值度量 i，空间度量 1，空间度量 2，…，空间度量 j）。其中，n，m，i，j 均为正整数。

空间数据立方体可细分为空间维数据立方体和空间度量数据立方体，其通用表达形式如下：

空间维数据立方体（非空间维 1，非空间维 2，…，非空间维 n，空间维，数值度量 1，数值度量 2，…，数值度量 m）。其中，n，m 为正整数。

空间度量数据立方体（非空间维 1，非空间维 2，…，非空间维 n，数值度量 1，数值度量 2，…，数值度量 m，空间度量）。其中，n，m 为正整数。

空间维数据立方体与数据立方体的主要差别在于是否具有空间维，其概念模型的区别即为空间维数据立方体具有空间维表。在空间维立方体中，通过空间维表中的维成员与其他非空间维表中的维成员聚集，计算出事实表中的数字度量，并最终将该数字度量的结果显示在对应的地质要素上。此时，空间维表中的地质要素不发生空间位置、形状和空间关系上的变化，仅作为图形显示背景反映数字度量的聚集结果。

空间度量数据立方体与数据立方体的主要区别在于是否具有空间度量。在事实表中，空间度量为指向水系、地层、构造、盆地、岩体、矿床、矿体等具有多边形或不规则体区域的空间目标对象指针。在空间度量数据立方体中，由若干个非空间维共同聚集计算出事实表中的数值度量和空间度量。此时，空间度量中地质要素的多边形区域将发生空间位置、形状和关系上的变化，并最终将该数值度量的结果显示在与该空间度量相应的地质要素上。基于数据仓库的联机分析是地矿资源评价决策的主要途径和方法，其主要分析处理的对象就是数据立方体。

空间数据立方体的存储采取分布式分区（partition）存储机制，允许立方体源数据和聚合数据分布在多台服务器计算机中。数据立方体中的每个分区都可以有不同的数据源——异构异质的关系数据库。同时，每一个分区的聚合数据既可存储在定义了该分区的分析服务器中，也可存储在其他分析服务器中，或者存储在该分区源数据所在的数据库中。每个数据立方体都至少有一个用于包含立方体数据的分区，当定义立方体时，将自动为其创建一个分区。当创建新分区时，该新分区就添加到立方体已有的分区集合中。数据立方体包含了其所有分区中的组合数据。

使用分区存储有助于对立方体数据进行统一管理、协调和决策分析。通常每个分区都有一种存储模式，决定了该分区的聚合数据是存储在分析服务器所在的计算机上，还是存储在分区的数据源所在的数据库中。存储模式还决定了在分析服务器的计算机上是否存储分区源数据的复本。数据立方体分区存储模式即为联机分析处理数据的存储方式，即多维联机分析处理、关系维联机分析处理、混合联机分析处理。

Microsoft SQL Server 2000 的 Analysis Services，可以有效地支持上述 3 种存储模式。由于立方体数据结构视图不会因分区创建和组合而改变，数据集市的设计人员可以放心地根据需要，把立方体数据及其结构存储到一个或多个分区上。

3）数据集市数据库的创建

该项工作的主要内容是按照系统设计的数据物理模型，将相关的数据模式转化为数据库管理系统（SQL Server 等）所要求的数据模式。其中，包括创建数据库和其定名，文件定名、选择全部属性、数据规范化处理和定义完整性约束。为了和已有的数据库保持一致，数据表的命名应遵照相关的国家标准或行业标准。例如，根据"石油工业信息分类编码导则（报批稿）"，烃源岩评价数据集市的事实表的 SQL 命令如下：

```
CREATE TABLE [SYDW10] (
        [井位序号] [int] NOT NULL,
        [层位序号] [int] NOT NULL,
        [岩石序号] [int] NOT NULL,
        [颜色序号] [int] NOT NULL,
        [评价指标序号] [int] NOT NULL,
        [深度] [real] NOT NULL,
        [高度] [real] NOT NULL,
        [评价指标值] [real] NOT NULL)
```

用相同的方法可将所有事实表与维度表建立在基础数据库中。基础数据库中建立的事实数据表和维度表及名称见表 9-11。

表 9-11　基础数据库所有数据表及各自名称、代码

序号	文件代码	文件名	备注
1	SYDW10	烃源岩评价事实表	烃源岩评价数据集市的事实表
2	SYDW20	储层评价事实表	储层评价数据集市的事实表
3	SYDW30	盖层评价事实表	盖层评价数据集市的事实表
4	SYDW40	生储盖组合评价事实表	生储盖组合评价数据集市的事实表
5	SYDW11	烃源岩评价指标维度表	烃源岩评价数据集市专用维度
6	SYDW12	评价指标分类表	烃源岩评价数据集市专用维度
7	SYDW21	储层评价指标维度表	储层评价数据集市专用维度
8	SYDW31	盖层评价指标维度表	盖层评价数据集市专用维度
9	SYDW41	生储盖组合评价指标维度表	生储盖组合评价数据集市专用维度
10	SYDWW1	位置维度表	公用维度
11	SYDWW2	层位维度表	公用维度
12	SYDWW3	地质年代表	公用维度
13	SYDWW4	岩石类型维度表	公用维度
14	SYDWW5	岩石颜色维度表	公用维度

2. 数据提取、转换、清洗、加载

数据提取、转换、清洗、加载是创建数据集市的一个重要阶段。它涉及数据集市的数据质量是否满足要求，以及能否进行有效分析。其主要工作包括：确定数据源、指定数据目的地以及操纵和转换从数据源到数据目的地的数据。在数据集市模型建立后，数据集市中的事实表和维度表的结构就基本确定了。接着应把原 MIS 系统中的相关业务数据，加载到数据集市的事实表和维度表中。整个数据集市的生成过程，是该阶段工作量比较大的一个阶段。

1）数据提取

数据提取是针对各个业务系统及不同网点的分散数据，规划所需要的数据源及数据定义，确定可操作的数据源并给出增量抽取的定义。由于所需的数据往往存储在多个地方，在进行数据提取时，需要集中精力解决源数据如何映射到目标数据的问题。参与者对设计流程应有深刻的理解，以便选择合适的源表。

在烃源岩评价数据集市中，事实表的主键来自 4 个维度表，其度量即烃源岩评价指标的测定值来自油气勘探区点源数据库的多个数据表，需要用 SQL 查询语句，把事实表所需字段合并起来。例如，有机碳含量的测定资料在油气勘探区点源数据库的有机元素分析数据表（AH23）中，而所有样品信息在样品信息表（AHAA）中。把井号、测样类型与样品编号作为主键，便可以将数据表 AH23 和 AHAA 连接起来，并且从 AHAA 提取样品采集深度与层位、样品的岩石名称与颜色等有关信息。为了把样品信

息表中的样品深度转换为高度，需要从探井基础数据表（AZ01）中提取井点的地面海拔高度（图 9-20）。其他指标的转换过程与此类似。

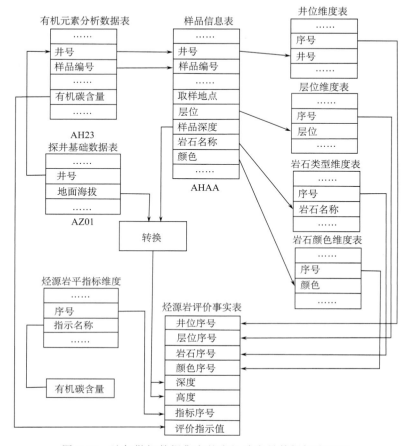

图 9-20　油气勘探数据集市的有机碳含量数据提取过程

从数据源抽取出的数据通常先放置在临时数据区，即数据中转区——临时数据库或简单文件。随后的数据转换、清洗等，可以在这个临时数据中转区完成。这样做不仅保证了集成和加载的有效性，而且当数据更新时不会影响用户对数据集市的访问。当数据加载完成后，临时数据区内数据就可以删除掉。

2）数据转换和清洗

数据转换是将源数据变为目标数据的关键环节。在数据集市建立之后，要通过一系列转换将数据从业务模型变成分析模型。该过程包括数据格式转换、数据类型转换、数据汇总计算、数据拼接等环节。通过内置的库函数、自定义脚本或者其他扩展方式，可实现这些复杂转换，并且支持调试环境，监控数据的转换状态。但数据转换时间可视具体情况而定，如可在数据抽取时转换，也可以在数据加载时转换。

数据清洗是将错误的、不一致的数据在进入数据集市之前进行更正或者删除。当业务系统的数据存在很多问题时，如滥用缩写词、惯用语、数据输入错误、数据中的内嵌控制信息、记录重复、数值丢失、拼写变化、计量单位不一致和编码过时等，数据清洗是必不可少的。必须针对系统的各个环节，通过试抽取将有问题的记录先剔除出来，并且要根据实际情况随时调整清洗工作。常用的数据清洗算法有：脏数据预处理、排序邻居方法、优先排队算法、多次遍历数据清理方法、增量数据清理、采用领域知识进行清理、采用数据库管理系统的集成数据清理算法等。

在实际工作中，数据转换与清洗的主要工作内容包括以下方面：

数据格式转换 例如，录井图数据中的岩石记录方式不一致，有些井的岩石以岩石名称来记录（含泥砾岩、砾状砂岩、泥质砂岩等），而另一些井的岩石以岩石代码来记录（ny、fszny、ygfsy、fsy 等）。此时，可以在数据集市的数据库中建立一个岩石类型维度表，把勘探区发现的所有岩石类型都综合记录在该维度表中，当岩石数据被提取到数据集市中时，便可根据在岩石类型维度表记录的序号，对表中的数据逐一进行对应转换。

数据汇总、计算 例如，干酪根与沥青"A"的红外光分析数据——红外光谱特征吸收峰的强度，需通过 ActiveX 脚本进行编程转换，才能成为烃源岩评价指标。如图 9-21所示，烃源岩成熟度评价指标"干酪根 1715/1600"，是指从数据源提取红外光谱特征吸收峰 1715 和 1600 的强度数据，然后计算其强度比（1715/1600）。

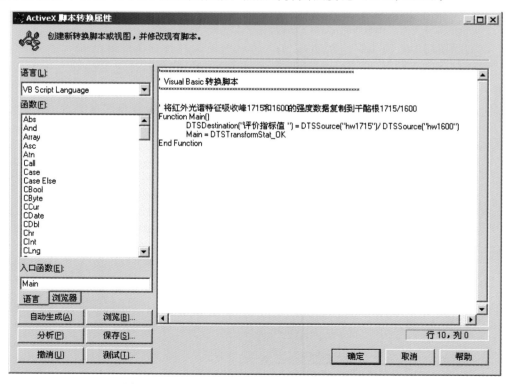

图 9-21 干酪根 1715/1600 指标转换 ActiveX 脚本

空值处理　对字段空值进行捕获，然后将其替换或加载为其他含义的数据，并根据字段空值的具体情况分流加载到不同的目标库。

规范化数据格式　对于来自数据源的时间、数值、字符等数据，进行字段格式的规范化约束定义，并且自定义加载格式。

拆分数据　依据业务处理需求对字段进行分解。

数据替换　对无效数据、缺失数据进行替换。

建立 ETL 过程的主外键约束　对于无依赖性的非法数据，进行替换或导出到错误数据文件中，以保证主键唯一记录的加载。

3）数据加载

数据加载就是把经过转换和清洗的数据，加载到数据集市的数据库中。数据加载的方式有通过数据文件或直接与数据库连接两种：第一种方式可实现全体批量装入，比较快；第二种是通过查询语句装载，比较慢。除装载表以外，加载任务还包括：管理数据行、建立表索引和表约束、汇总表，以及对表进行检索、连接、排序和合计等操作。

数据集市的装载任务繁重，为了尽可能减少数据装载的时间，可采用多 CPU 和多 I/O 并行操作来提高速度，如缓冲处理和并行装载。

缓冲处理　在装载之前对数据进行缓冲处理。独立的数据在被抽取/转换/装载软件处理之前，可集中在一起放入缓冲区。

并行装载　把待输入的数据划分成几个工作流，使得每一个工作流独立于其他工作流而存在，然后采用 I/O 并行操作来执行输入。

在实际应用中，应当先定义 DTS 包，再利用工具进行全体批量装入。由于事实表的井位序号、层位序号、岩石序号、颜色序号等数据，都是通过相关的维度表关联的，根据关系规则，导入数据前要先导入维度表，接着导入事实表。在执行定义好的 DTS 转换任务时，数据将按照设定的步骤规则被导入数据集市的维度表和事实表中。

3. 油气勘探多维数据集的建立

油气勘探多维数据集的建立步骤大致是决策分析数据源的确定、多维数据集的创建、客户端的设置和数据集市的维护等几个步骤。许多数据库厂家在这方面做了专门研发，提供了一些较为强大的工具。例如，微软公司提供的两个灵活且强大的组件，用于生成 SQL Server 2000 Analysis Services。这些组件是程序员在执行 SQL Server 数据的多维分析时的主要工具。下面以此为例加以简单介绍。

1）决策分析数据源的确定

Analysis Services 可将数据仓库中的数据，组织到含有预先计算好的汇总信息的多维数据集中，以对复杂的分析查询提供快速响应。此外，由于 SQL Server 2000 集成了众多的支持工具，Analysis Services 可以通过多种方式访问 OLAP 数据源。鉴于 Analysis Service 具有这些优点，常被选作地质勘探数据集市的多维分析服务器（李日容，2006）。OLAP 的主要工作是将数据集市数据库中的数据转换到多维结构中，并且调用多维数据集（即数据立方体）来执行有效且非常复杂的查询，因此多维结构和数据立方体的创建就成为 OLAP 应用的核心部分。

数据集市的数据源就是上面建立的数据集市数据库。将数据源连接到数据集市的 OLAP Manager，便可使之成为决策分析数据源。

2）多维数据集的创建

在 SQL Server 2000 Analysis Services 中提供了一套向导，用于定义分析处理过程中所用的多维结构，并提供用于管理分析结构的 Microsoft 管理控制台管理单元（Analysis Manager）。利用 Analysis Manager，用户可以根据数据集市快速地创建已经设计好的维度和多维数据集。创建多维数据集的主要工作，是按数据集市星形模型的要求分别创建事实表和维度表。其实现步骤大致是：建立与数据源的连接；选择源数据表中适当的字段构成事实表、维度表，并设立各维度表中字段的层次关系。

A. 共享维度表的建立

共享维度是指多个数据集市共享的维度。在实际工作中，井位维度、层位维度、地质年代表、岩石类型维度与岩石颜色维度都是共享维度。

井位维度的数据来源于已经创建好的油气勘探数据集市数据库，包含序号、盆地、凹陷、构造带、井号、X 坐标、Y 坐标和 Z 坐标列。维度中用级别来具体描述层次结构，从数据的最高（汇总程度最大）级别直到最低（最详细）级别。在 Analysis Service 中，级别是在维度内定义的，用以确定层次结构中包含的成员及其在层次结构中的位置。在使用维度向导或维度编辑器创建维度时，就同时创建了级别。在油气勘探数据集市的时间维度中，基于盆地、凹陷、构造带和井号列创建了 4 个级别。其中"盆地"级别的汇总程度最高，"井号"级别的汇总程度最低（图 9-22）。

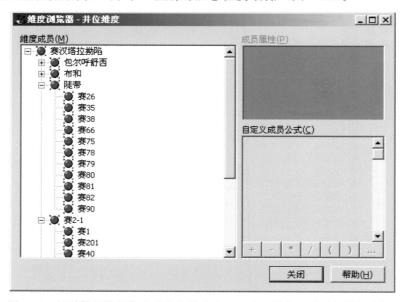

图 9-22　地质勘探数据集市的井位维度表（以赛汉塔拉凹陷油气勘探为例）

地层层位维度、岩石类型维度和岩石颜色维度的创建过程类似。其中，地层层位维度表的维度级别分为系、统、群、组与段，岩石类型维度表的维度级别为分类岩石名称，而岩石颜色的维度级别为国家颁布的岩石颜色标准级别，但增加了一些地质勘探常用的颜色级别。

B. 专用维度表的建立

专用维度是在一个数据集市中，专用于某一评价和决策主题的数据维度。例如，在油气勘探工作中，烃源岩评价指标维度和储层评价指标维度，就是专用维度。该烃源岩评价指标维度的数据，来源于已经创建好的油气勘探数据集市数据库中的烃源岩评价指标维度表，包含指标序号、分类、指标名称和指标描述等。

Analysis Manager 提供一种父子维度。父子维度是基于一个维度表中的两列数据。这两列数据一起定义了维度成员中的沿袭关系。其中，一列称为成员键列，标识每个成员；另一列称为父键列，标识每个成员的父代。父子维度是用特殊类型的单个级别定义的，但可以产生最终用户所看到的多个级别。存储成员键和父键的列的内容，将决定显示出的级别数目。前面所说的油气勘探目标评价的指标维，就可以设计为父子维度。例如，在烃源岩评价的指标维度表中，标识每个成员的列是"序号"，而表示每个成员父代的列是"分类"。通过这种父子维度的存储和表达，就可以构成上述逻辑数据模型的层次结构。

烃源岩评价指标分为四大部分：岩石厚度、有机物丰度、有机物类型和有机物成熟度。其指标值在创建数据集市的数据库时，已经通过一系列复杂的数据转换公式计算完成了。烃源岩评价指标维度的这些数据，就是来源于已经创建好的油气勘探区数据集市数据库中的烃源岩评价指标维度表的（图9-23）。

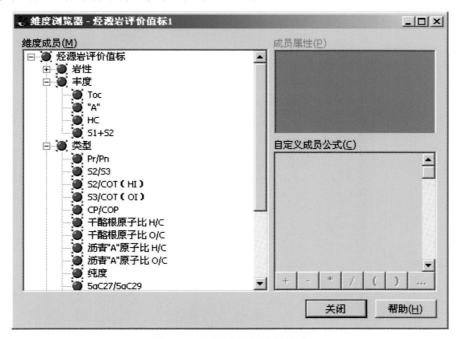

图 9-23　烃源岩评价指标维度

　　上述维度表的创建过程对于各类地质勘探数据集市都具有借鉴意义。各类矿产资源或工程地质条件评价体系的指标维度表，都可以按照这种方法进行创建。

　　C. 多维数据集的建立

　　在建立了维度之后，就可以着手创建多维数据集。首先，利用 Analysis Service 提供的创建多维数据集的向导，从勘探数据集市的数据库中选择多维数据集的事实表和度量值——深度、高度、纵横坐标和评价指标值，然后选择所需维度。在数据集市中，各个度量的汇总方式可以有求和、求差、求积或求均值等多种，应根据需要来确定。例如，在汇总深度（样品所采取的深度）时，决策者所感兴趣的是反映样品采集的深度范围。与此类似，在汇总各种评价指标值时，决策者所感兴趣的通常是反映评价指标的平均值。

　　因此，需要引入衍生度量和计算成员的概念。例如，为了满足决策分析的要求，在烃源岩评价和储层评价的多维数据集中，创建了 5 个衍生度量值（最小深度、最大深度、最小高度、最大高度和样品数）和一个计算成员（指标平均值）。计算成员指标平均值是从评价指标值和样品数计算得来的。最小深度和最小高度的汇总函数是最小值 min，最大深度和最大高度的汇总函数是最大值 max，样品数的汇总函数是成员数 count，源度量评价指标值的汇总函数是和 sum。这样，汇总结果显示为样品采集的深度、高度范围和评价指标值的平均值（图 9-24）。

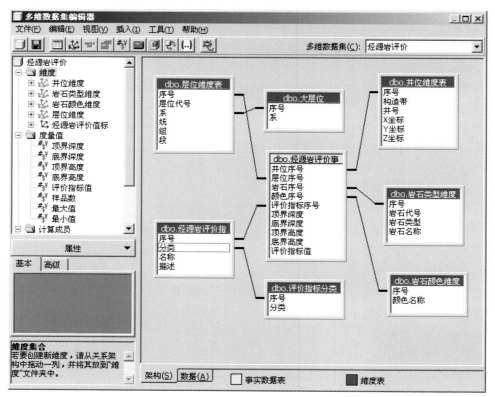

图 9-24　油气勘探数据集市中的烃源岩评价多维数据集

油气藏的储层、盖层和生储盖组合评价，金属非金属矿产资源可利用性综合评价，以及工程地质条件综合评价的数据集市创建过程，均与此类似。完成了数据集市创建，服务器端的工作就结束了；接着就是设计客户端，以便各级管理人员能访问 OLAP 服务器上的数据集市，开展相关的决策分析，做出合乎实际的科学决策。

3）客户端的设置

在完成数据集市构建以后，主要应考虑如何将数据集市中的数据提供给用户使用。在一般情况下，是不允许用户直接进入数据集市进行数据浏览和使用的。因此，需要事先设计好一般用户的数据集市应用功能，确定提供给用户的数据集市内容、选择客户端界面显示工具以及客户端界面显示的具体形式。同时，应当在访问层的客户端对门户应用进行集成，使用户能够方便地通过统一的门户，按照不同的权限进行决策分析的数据查询、业务报表生成和分发、在线业务数据填报等应用。这样，就实现了为地质勘探领域的各级、各方管理机构和领导层（勘探公司领导、管理人员、技术人员和其他相关人员）提供决策数据服务。

各类决策分析用户对数据集市的使用，主要集中在多维主题数据集及其数据挖掘结果的查看、浏览，以及数据集市内容和资源预测、评价结果的动态查询。多维数据集查询是用户使用数据集市的主要方式，用户通过对多维主题数据集的不同维度、不同层次的上卷、下拉，可以方便地查看数据集市的内容。数据挖掘结果的显示对数据集市的用户也极为重要，许多有价值的决策方案往往来自数据挖掘的结果。

微软公司为 OLAP 提供了一组从服务器传递到客户端的工具——数据透视表服务专用工具。该项服务工具通过 OLE DB 和 ActiveX 数据对象 ADO MD，为客户端提供了查询数据源的编程接口。利用这个编程接口，便可以方便地通过 C++ 来使用为 OLAP 服务的 OLE DB，在 Visual Basic 和 ASP 中使用 ADO MD 编写客户端程序。同时，由于 Microsoft Excel 使用许多为 OLAP 服务的 OLE DB 核心 API，使得 Excel 具有强大的 OLAP 数据提取和分析功能。目前，Excel 为广大管理人员熟悉，从方便用户使用的角度出发，也可以采用 Excel 作为数据集市的 OLAP 数据提取和分析的主要工具。

在客户端界面的显示中，为了对显示给用户的数据集市进行更好的控制，以便使一部分用户可以进行数据的检索，而禁止另外一部分用户进行同样的操作，有必要加强对客户按照其职能范围所进行的安全控制。此外，为了使用户能够方便地进行动态的数据操作，或者把数据集市的应用与其他的信息处理整合在一起，可以选择 Excel VBA 来编写 OLAP 应用程序。Excel 客户端显示界面的实现，要求在客户端上有 Microsoft Office 2000 以上的 Excel 版本，并要求在要访问的数据集市服务器上有 Microsoft Internet information 服务（IIS）运行，而在客户端计算机操作系统所在盘的 inetpub/wwwroot 目录中应有 Msolap. asp 文件存在。如果客户端需要通过网络与服务器连接，必须知道服务器的名称或 TCP/IP 地址。

例如，客户端的 Excel 界面设计通常可以按照以下步骤进行。

（1）客户端用 SQL Server 2000 合法的用户名登录。

（2）在 Excel "数据" 菜单中，用 "数据透视表和数据透视图报表" 命令选择数据源。

（3）在数据透视表和数据透视图向导中，设置外部数据源连接，选择 OLAP 多维数据集。

（4）创建新的数据源连接。在创建新数据源连接时，输入数据源的名称，然后在 "为您要访问的数据库选定一个 OLAP 供应者" 下拉列表中，选择 Microsoft OLE DB Provider for OLAP Services 8.0，便可实现与新的数据源连接。通过多维连接对话框，在 Server 框中输入服务器名称，就可以建立与分析服务器的连接。

（5）多维数据集的选择和数据显示界面设计。通过服务器界面，可在数据库列表中选择已经存在的分析数据库——勘探区数据集市的数据库。

（6）在布局对话框中进行客户端数据显示的布局设计（图 9-25），并加以保存。今后打开该界面后，只要执行更新数据，就可以观察到多维数据集的最新分析数据。

（7）将数据透视表数据存储后，以网页的形式进行数据透视。通过以上的方法步骤，可使用客户端 Excel 2000 连接 OLAP 服务器上的多维数据集市，在客户端进行决策分析，还可以用交互的方式来实现网络数据浏览。

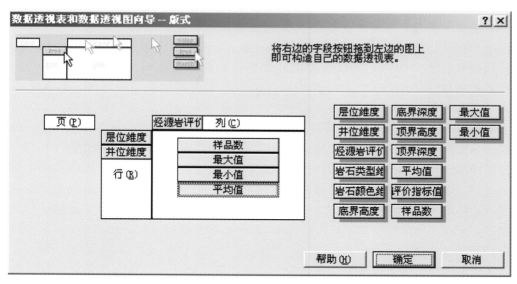

图 9-25 油气勘探区数据集市客户端数据显示的布局设计

4）数据集市的维护

在数据集市的实现过程中，一个最大的潜在花销是对系统的维护和管理。数据集市的维护和管理包括质量检测、决策支持工具管理及应用程序管理，并且还要定期进行数据更新、维护，以便使数据集市始终处于正常运行状态。同时，数据安全在数据集市中也是一个很重要的问题，因为数据集市中包含着很多维度和事实数据，而这些数据对不同的用户而言应有不同的开放程度，需要管理员加强管理与维护。

4. 地质勘查（察）决策支持系统的应用实例

下面以内蒙古二连盆地赛汉塔拉凹陷为例，介绍地质勘查（察）决策支持系统的应用情况。赛汉塔拉凹陷有较好的油气成藏条件，勘探前景也比较好，目前的勘探程度中等。运用多维数据模型，顺利地建立了其油气资源勘探开发评价系统（李日容，2006）。该系统的典型应用是对盆地或凹陷的烃源岩、储层、盖层的性质和分布特征，以及生储盖组合特征进行全面分析，进而对其油气勘探方向和勘探目标进行综合评价。实践结果表明，基于数据集市和联机分析挖掘技术的油气资源勘探开发评价系统，是盆地或凹陷油气成藏条件快速、动态评价的有效工具。该系统不仅能解决油气勘探数据的快速集成、综合和管理，而且通过烃源岩、储层、盖层和生储盖组合特征的全面分析和综合评价，还能够快速提供最佳含油构造带和勘探目标的排序。下面是对赛汉塔拉凹陷的实际评价结果。

从烃源岩的角度看，在垂向上，下白垩统腾格尔组暗色泥岩的有机质丰度最高，其中腾一段的有机物丰度比腾二段更好；腾一段有机物类型也最好，有Ⅰ型干酪根存在，无Ⅲ型干酪根，偏腐泥型干酪根（Ⅰ型＋Ⅱ1型＋Ⅱ2型）所占比例较大；腾二段、腾一段和阿尔善组均有成熟烃源岩分布，但腾一段和阿四段的暗色泥岩厚度大、有机质丰度高、有机相类型好、成熟度较高，是赛汉塔拉凹陷主力烃源岩。在横向上，机质丰度高低依次为赛4构造带、赛2-1构造带、赛2-2构造带和乌兰构造带；从湖盆边缘向中心，有机质类型逐渐变好，由偏腐植型逐渐过渡到偏腐泥型；在凹陷东洼槽的中部，腾一段、阿四段、腾二段3套烃源岩的厚度大、热演化程度高，是最有利的生油区。

从储层角度看，垂向上腾二段的储集物性较好，腾一段次之，阿尔善组最差。腾二段储层有效孔隙度平均为17%，渗透率平均为459.65μm^2，最大为26 919×10$^{-3}\mu m^2$；阿四段和腾一段上部的砂岩孔隙度一般在10%～20%，渗透率一般几到几十，最大2397×10$^{-3}\mu m^2$。该凹陷内的储层物性变化大，局部出现高孔高渗。横向上，乌兰构造带（35%）、布和构造带（28.72%）、赛2-2构造带（24.94%）的腾二段储层有效孔隙度高，而赛4构造带（726.77×10$^{-3}\mu m^2$）和布和构造带（154.40×10$^{-3}\mu m^2$）的渗透率好。

从盖层的封闭性能角度看，在垂向上，腾一段、阿三段、腾二段泥岩的封闭性最好。其中，腾一段单层泥岩的厚度平均为9.7m，最大为284.5m；阿三段单层泥岩的厚度平均为8.86m，最大为56m；腾二段单层泥岩的厚度平均为8.0m，最大为361m。在横向上，腾一段单层泥岩在赛2-2构造带和赛2-1构造带最厚；阿三段的单层泥岩在赛4构造带最厚；腾二段单层泥岩，在布和构造带和陡坡构造带最厚。

从生储盖组合角度评价，下白垩统可大致划分为3套主要的生储盖组合：阿尔善组中上部暗色泥岩为烃源层，其间所夹的砂砾岩为储层，腾一段泥岩为盖层的组合；阿尔善组中上部和腾一段暗色泥岩为烃源层，腾一段内部砂岩夹层为储层的组合；以腾一段和腾二段暗色泥岩为烃源层，腾二段砂砾岩集中段为储层，赛汉塔拉组泥岩为盖层的组合。平面上赛4构造带（生储盖配合度是良）具有良好的生储盖组合。

　　上述评价结果与通过常规方法所得的结果相比，除更加定量化之外，考虑的参数更齐全、资料的综合程度更高、结果的获取时间更短、结论的可信度也更大，而且还可以迅速感知其空间分布状况，并编绘出各种空间分布图。显然，建立并采用基于"数据仓库（数据集市）＋联机分析＋数据挖掘"的地质勘查（察）决策支持系统，有助于提高地矿资源的预测评价、决策分析和经营管理的信息化水平。

第10章　计算机网络与地质数据共享

地质数据的信息共享是地矿工作信息化的关键技术之一，而网络通信平台是进行信息共享的前提条件。地质数据的传输手段主要是卫星、微波和计算机网络，其中计算机网络的应用最为普遍。各国政府和企业的地质调查机构都在国家空间数据基础设施之上，建立了一系列的地矿专用信息网络。随着国家信息高速公路建设的推进，海量地矿数据的远程传输与共享和综合应用已经逐步成为现实。用户在各种相关网络管理模式下，可以利用网络终端设备随时在异地查询和共享有关的地矿信息。

10.1　计算机网络概述

计算机网络是计算机技术和通信技术相结合的产物，它们之间相互渗透，相互促进，通信网络为计算机之间通信提供了信息传输的信道，而计算机技术促进了通信技术的发展。目前，计算机网络已经成为社会结构的一个重要组成部分。迄今为止，计算机网络的发展可分为 5 个时期，即 20 世纪 60 年代萌芽、70 年代兴起、70 年代中期至 80 年代发展和局部互联，90 年代网络计算和国际互联，21 世纪初以来的全光网、IPv6 和移动计算（陈方勇，1997；原荣，1999）。

10.1.1　计算机网络的概念

1. 计算机网络定义

目前，比较认同的计算机网络的定义为：计算机网络是将分布在不同地理位置上的具有独立和自主功能的计算机、终端及其附属设备，利用通信设备和通信线路连接起来，并配置网络软件（如网络协议、网络操作系统、网络应用软件等）以实现信息交换和资源共享的一个复合系统。该定义有以下四个要点。

（1）网络是由多台独立的计算机组成的一个群体，任意两台计算机之间没有主从关系，不能互相干预，其机型和结构不限。

（2）通信设备是指网络上的任何设备，包括计算机、通信处理机、外围设备、传感器等。

（3）网络软件包括通信协议、通信控制程序、网络操作系统和网络数据库等。其中，通信协议是计算机网络特有的重要概念，也是计算机网络存在的依据。

（4）计算机之间互联是指它们彼此之间能够交换数据和信息，互联方式是多种多样的，可以通过硬介质（通信线路和设备）及软介质来实现。

2. 计算机网络分类

计算机网络的类型多种多样，从不同角度，按不同方法，可以将计算机网络分成各不相同的网络类型。常见的分类方法有以下五种。

1）按通信传输介质分类

按通信所使用的传输介质可以分为有线网络和无线网络。有线网络是指采用如铜缆、光纤等有形的传输介质组建的网络。无线网络是指采用微波、红外线等无线传输介质作为通信线路的网络。

2）按网络拓扑结构分类

在计算机网络中，为了便于对计算机网络结构进行研究或设计，通常把计算机、终端、通信处理机等设备抽象为点，把连接这些设备的通信线路抽象成线，并将由这些点和线所构成的拓扑称计算机网络拓扑结构。计算机网络拓扑结构反映了计算机网络中各设备节点之间的内在结构，对于计算机网络的性能、建设与运行成本等都有着重要的影响。因此，无论对于计算机网络的技术实现（如网络通信协议的设计、传输介质的选择），还是在实际组网时，网络拓扑结构都是首要考虑的因素之一。常见的网络拓扑结构如图 10-1 所示。

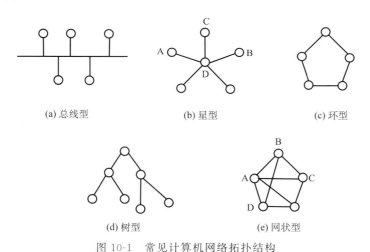

(a) 总线型　　　　　　(b) 星型　　　　　　(c) 环型

(d) 树型　　　　　　(e) 网状型

图 10-1　常见计算机网络拓扑结构

3）按地理覆盖范围分类

按地理覆盖范围可分为局域网、城域网和广域网 3 种。局域网（local area network，LAN）是指有限范围内的一组计算机互联组成网络，如学校、机关、公司、工厂的网络；城域网（metropolitan area network，MAN）是指城市范围内由局域网互联组成更大网络，主要满足中心城区及郊区的通信需求；广域网（wide area network，WAN）

也称远程网，它所覆盖的范围可能是一个国家，也可能是全世界。"因特网"就是广域网中最典型的例子，它将全球成千上万的 LAN 和 MAN 互联成一个庞大的网络。地理覆盖范围的不同直接影响网络技术的实现与选择，即具有明显不同的网络特性，并在技术实现和选择上存在明显差异。近年来，由于光纤通信技术的广泛应用，局域网、城域网和广域网之间的界限正在变得相对模糊。

4）按网络传输技术分类

按网络传输技术可以将计算机网络分为广播式网络和点到点式网络。广播式网络（broadcast network）是指网络中的计算机或设备共享一条通信信道。其特点是：任何一台计算机发出的信息都能够被其他计算机收到，接收到信息的计算机根据信息报文中的目的地址来判断是进一步处理该收到的报文还是丢弃该报文；任何时间内只允许一个节点使用信道，从而在广播式网络中需要为信道征用提供相应解决机制。

5）按网络管理模式分类

按网络管理模式可以将计算机网络划分为对等网模式、客户/服务器模式和浏览器/服务器模式。网络管理涉及网络中各计算机之间的地位问题。

对等网模式是一种"Peer-to-Peer"（简称 P2P，点对点）结构的计算机网络，网络中各计算机的地位是平等的。各计算机既作为其他计算机的服务/资源的提供者，担当"服务器"角色，同时又接收其他计算机所提供的服务/资源，担当"客户机"的角色。这种网络管理模式的网络配置简单、构建费用低廉，但可管理性差。

客户/服务器（client/server，C/S）模式是非平等计算机网络管理模式。其中，由一台或者多台计算机担当整个网络的管理角色，称为"服务器"，为整个网络中的计算机提供服务和管理；而其他计算机是受这些服务器管理的，这些计算机被称为"客户机"。这种网络管理集中、方便且有效，但网络配置复杂，建设费用较高。

浏览器/服务器（browser/server，B/S）模式是随着 Internet 技术的兴起，对 C/S 的一种变化或者改进的结构模式。这种模式将系统功能实现的核心部分集中到服务器上，简化了系统的开发、维护和使用。客户机上只要安装一个浏览器，如 Netscape Navigator 或 Internet Explorer，服务器安装 Oracle、Sybase 或 SQL Server 等数据库，即可通过 Web Server 同数据库进行数据交互。其用户界面完全通过 WWW 浏览器实现，部分事务逻辑在前端实现，但是主要事务逻辑在服务器端实现，因此应用服务器运行数据负荷较重。目前在大系统和复杂系统中，普遍采用 C/S 结构和 B/S 结构的嵌套模式。

3. 计算机网络的功能与特点

由计算机技术和通信技术相结合所形成的计算机网络，不仅使计算机的作用范围超越了地理位置的限制，而且也增强了计算机处理复杂问题的能力。

1）数据的快速远程传输

计算机网络的最基本功能是，在终端与计算机之间，或计算机与计算机之间，快速、可靠地相互传输数据，能够在瞬间把现场监测数据和事件的状况实时地发送到管理和处理机构，也能够把在地理位置上分散的数据进行远程聚集、融合、发布、交流和会商。这对于地质灾害的防治和应急指挥的意义尤其重大。

2）计算机系统资源的共享

初期的资源共享主要是共享硬件，而目前的资源共享除硬件外，主要是数据和软件。资源共享使得网络中分散的资源能够互通有无、分工协作，既能大大提高资源的利用率、后备力和可靠性，也能均衡网络中单台计算机的负担，使整个网络资源能互相协作，处理能力大为增强，而数据处理的平均费用大为下降。

3）数据的分布式管理与处理

对于如同地矿行业那样的分布于广大地域中，涉及多级管理、处理和应用的庞大业务系统，可以利用网格技术建立分级的分布式数据库系统及其管理体制。而对于综合性的大型计算和仿真模拟问题，也可以采用合适的算法，将任务分散到不同的计算机上进行分布式处理。同时，还可利用网络技术将许多小型机或微型机连成具有高性能的分布式计算机系统，使它具有解决复杂问题的能力，从而有利于不同地区或单位的科研人员共同协作，进行重大科研课题的开发研究。

计算机网络的这一系列重要功能与特点，使得它在经济、军事、减灾、生产管理及科学技术等部门发挥着重要作用，成为计算机在事务处理和过程控制中应用的主要形式，也是办公自动化等的主要手段。因此，在各行各业中建立一个全国规模的分级管理的计算机通信网络，将是非常重要的事情。没有计算机通信网络技术，各种海量数据库不能发挥作用，各种信息系统都难以充分地发挥作用。

10.1.2　计算机网络的协议与体系结构

协议（protocol）是为了实现通信而设计的约定或对话规则，其制定和实现是计算机网络的重要组成部分。网络协议有 3 个要素：①语义（semantics），涉及用于协调与差错处理的控制信息；②语法（syntax），涉及数据及控制信息的格式、编码及信号电平等；③定时（timing），涉及速度匹配和排序等。

在计算机网络中存在有多种协议。每一种协议都有其设计目标和需要解决的问题，同时，每一种协议也有其优点和使用限制。为了使协议的设计、分析、实现和测试简单化，需要对网络进行层次划分，将庞大、复杂的计算机网络划分成若干较小的、简单的部分，并"分而治之"。建立这种层次化结构之后，由于各层之间相互独立，网络便具有灵活性好、易于实现和维护、有利于网络标准化的优势。

通常将计算机网络系统中的层、各层中的协议以及层次之间的接口的集合称为计算机网络体系结构。国际标准化组织（International Standard Organization，ISO）制定开发了开放系统互联参考模型（open system interconnection/reference model，OSI 参考模型）（简称 OSI 模型）。OSI 模型的目的是为了使两个不同的系统能够较容易地通信，而不需要改变底层的硬件或软件的逻辑。OSI 模型是设计网络系统的分层次的框架，保证了各种类型网络技术的兼容性、互操作性。有了这个开放的模型，各网络设备厂商就可以遵照共同的标准来开发网络产品，最终实现彼此的兼容。

OSI 模型只是定义了一种抽象的结构，而并非具体实现的描述。即在 OSI 模型中的每一层，都只涉及层的功能定义，而不提供关于协议与服务的具体实现方法。OSI 模型描述了信息或数据通过网络，是如何从一台计算机的一个应用程序到达网络中另一台计算机的另一个应用程序。当信息在一个 OSI 模型中逐层传送时，它越来越不同于人类的语言，而变为只有计算机才能明白的数字（0 和 1）。OSI 模型由下而上共有七层，高三层由应用层、表示层和会话层组成，面向信息处理和网络应用；低三层由网络层、数据链路层和物理层，面向通信处理和网络通信；中间层为传输层，为高三层的网络信息处理应用提供可靠的端到端通信服务。

美国国防部高级计划研究局（DARPA）为实现 ARPANET（后来发展为 Internet），与很多大学和研究所协作开发了 TCP/IP 协议。TCP/IP 是一组协议的统称，它包括许多不同功能的协议，组成了 TCP/IP 协议簇。一般来说，TCP 提供传输层服务，而 IP 提供网络层服务。该协议是诸多网络互联协议中使用最为普遍的网络互联标准协议。目前，众多网络厂家的产品都支持 TCP/IP 协议，因此 TCP/IP 协议已成为一个事实上的工业标准。与 OSI 模型不同，TCP/IP 体系结构将网络划分为应用层（application layer）、传输层（transport layer）、网际层（Internet layer）和网络访问层（network interface layer）4 层，与 OSI 模型有一定的对应关系。

10.2　计算机网络的设计与实现

计算机网络的建立要经过系统分析、设计和实现的过程。系统分析就是对现行系统及其环境状况进行调查分析，为新系统设定最适合整体目标的系统条件。系统设计涉及拓扑结构、传输介质、硬软件等的选择，同时还要考虑连接距离、系统的延迟极限等。对于较大的系统，还需考虑信息的传输体制，即何时何处使用网桥、路由器与网关等。系统的实现是指系统安装、调试和试运行。

10.2.1　网络建设的系统分析与系统设计

网络建设系统分析的主要工作包括用户的通信资源及环境调查、通信需求调查、设备需求调查，以及在此基础上所进行的用户需求分析。

1. 网络建设的系统分析

1) 通信资源及环境调查

为了设置最佳的系统条件，需要查清用户的信息系统及其远程数据通信系统，是建立在何种公用通信资源基础上。调查内容可以考虑以下 7 个方面：①用户的通信资源和用户的地理分布；②电信网的类型、通信方式及通信数据量；③通信线路的类型、速度、容量及长度；④通信质量、特性及费用；⑤通信设备和数据处理设备；⑥远程数据通信所依托的通信机构；⑦用户的通信发展规划等。

2) 通信需求调查

通信需求调查的目的，主要是确定数据通信系统的定量技术指标。其主要内容是对通信节点、通信量、通信速度、通信线数和通信性能的分析。其中，通信节点分析，是了解需要建立通信节点的机构及用户数目和它们的地理分布，处理机及终端的类型和特性，是否要用集中器等；通信量分析，是分析有原始数据的节点的收发数据量和时间分布，根据通信量来研究通信速度、通信时间及设备使用效率等参数；通信速度分析，是分析通信量、线路特征、设备能力及通信性能需求；通信线数分析，是分析每个节点的通信线数，及其逐级汇总所形成的各个集中器和通信控制器的配置和选型；通信性能分析，是分析可靠性、误码率、响应时间、费用、通信时间、时延、吞吐量及设备效率等基本参数的需求并进行定量化估算。通过通信需求调查的结果，可得到或部分得到待建网络需求的基本参数。

3) 设备需求调查

以局域网为例，大致要考虑以下 7 个问题：①选择何种局域网产品？是 Ethernet 或 Token Ring，Arcnet，还是 Star 局域网，抑或是无线局域网？②原来使用的计算机设备，是否需要作某种改变？③网络上需要多少网络共享资源？服务器的分布位置如何？④本局域网是否要与其他的局域网或广域网连接？应选哪些连接设备？⑤如何选择、确定符合要求的网络 OS、网络硬件设备及在网上可能使用的应用软件？⑥网络布线计划如何？布线配置如何？各网络节点和设备的安装地点分布？整个建筑群的网络布置图？⑦接线点到用户之间的传输介质的类型等。

4) 需求分析原则

在对需求调查进行分析、整理和归纳时，应当遵循如下原则：①确立整体观念。在收集齐各用户部门提出的要求后，要集中加以研究，从全系统的观点来看待部门需求，统筹兼顾局部与全局。②分清轻重缓急。将需求加以分类，有些是当前可以实现的，有些是可在今后逐步加以实现的，有些可能在当前技术水平下是无法实现的。③坚持实事求是。用户没有提到的，而建立系统又是必需的，则应加以补充。④清晰表达需求。设计人员要利用自己对分析信息技术的能力和对网络技术的确切理解，将用户提出的要解决的问题，用计算机网络术语来作出清晰的表达。

2. 网络建设的系统设计

1) 确定网络联接方式

首先要确定互联的途径：是采用公用网络还是专用网络？一般情况下，如果不涉及机密数据，而且联接的次数有限，要求通用性好，但不必固定的，可选公共数据（PDN）增值网；如果涉及机密数据，而且联接的次数很多，甚至要求 24h 畅通无阻，则采用专用网络更为合适。其次需要确定数据类型和传输方式：是传输数字、文字、语音还是图像？有多少条路径必须同时处于联机状态？是否要跨越国界？数据传输是突发性质还是恒流方式？再次要确定场点间的连接特性：是属于 PC 到 PC 的连接还是 PC 到局域网？局域网到局域网？终端到主机？是否有分布数据库？便携机用户如何从远端拨入系统？各场点有哪些连接平台？它们使用哪些操作系统和通信协议？什么时候需要异步通信？什么时候需要建立点到点的同步线路？数据传输的安全问题，是必须重点考虑的问题。最后要确定各种不同区域的联接特性，区域内的场点分布及其互联，各场点信息交换频度，等等。

局域网的情况下还应当考虑：将使用何种软件？网络使用的主要方式是什么（文档传输、海量图文数据传输、电子邮件传递或单纯使用应用软件）？网络用户个数和用户分布状况如何？各部门与网络之间的关系如何规划？同时，不同性质的部门在资源运用的配置上，应当着重考虑安全问题。特别是在涉密数据的传输网络建设中，技术档案部门、会计部门和人事部门应各自配置独立的网络服务器。

2) 调节通信负荷

地质空间数据的海量特征对传输量的影响巨大，为了避免网络通信的拥塞，可以根据实际情况选择不同的对策来调节通信负荷。

A. 采用数据压缩技术

采用某些图像压缩编码算法，可使线路上的图像数据获得数十倍的编码压缩率。

B. 数据存取距离最近化

建立分级管理的分布式数据库，将海量地质空间数据存储在靠近使用最频繁的人员附近，可以有效减少通信线路的占用。如果存在两个地理上相隔很远的机构都需要使用同样数量的数据，如大型石油公司的油田和研究总院之间，或者大型矿业集团的矿山和研究总院之间，为了解决通信拥挤，可考虑把原始数据库、规范化的主题数据库和成果数据库都存放在油田或者矿山，但分别制作一份拷贝放置在研究总院。为了保证两地的数据一致性，必须规定油田和矿山在严格的授权审查情况下才能变更数据，但变更后要及时拷贝给研究总院更新，而研究总院无权单独变更数据。如果研究总院在使用中发现问题，必须会同油田或者矿山进行核对并取得共识后，由油田或者矿山数据中心进行修改，并重新拷贝存放于集团公司的研究总院。

C. 采用路径优化算法

根据对线路交通的忙闲程度，及时调整路由，提高网络的响应速度。

3）通信链路设计

　　通信链路设计的任务是解决各场点如何通信的问题。目前，根据地质数据的特点，局域网通常采用传输速率 100Mbit/s 以上、长几十千米的光纤链路。一些大型企业（如大型油田和大型矿山）的控制系统，往往是功能多样且完善的通信网络，不但要求能够控制信号的采集和传输，还要具有故障报警、信息查询、打印输出、视频监控等功能。光纤通信链路设计的主要依据是系统的需求和当前市场上光发射机、光接收机和光纤等的性能与价格，着眼点是数据传输速率（B）、传输距离（L）和传输效率，并且要在保证系统性能的基础上，使系统成本降到最低。图 10-2 是一个大型矿山企业通信链路的总体逻辑结构的例子。这类通信链路主要服务于资源勘查开发管理的网络化和信息化。

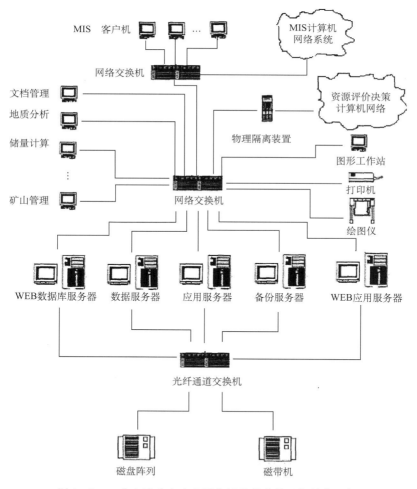

图 10-2　一个大型矿山企业通信链路的总体逻辑结构示例

4) 网络可靠性与安全设计

网络系统的可靠性与安全性，是网络赖以存在和发展的生命线。进行网络系统设计时，必须始终把可靠性与安全性保障放在重要的位置上。

A. 网络可靠性设计

网络系统是数据处理和数据转发的枢纽，其可靠性首先是通信网络的可靠性，即通信链路可靠性、通信节点可靠性和业务数据可靠性。网络系统的可靠性保障，包括通过各种途径建立一套完整的分层次网络备份体系和数据备份容灾体系。

a. 通信链路的可靠性

为了保证通信网络能够不间断地运行，可采取在各站点的路由器与总站路由器之间建立主、备两条链路的方法。其做法是：把原有核心层与汇接层网络转为备份链路，启动 OSPF（open shortest path first，开放式最短路径优先）动态路由协议；当主传输链路失败时，通过 OSPF 路由协议更改路由器的 Metrio 数值，使用户数据切换到备份链路。这时，接入层用户数据主要由边缘路由器转发，当接入设备或者链路故障时，可通过原有通信网络或拨号建立新的链路。

b. 通信节点的可靠性

保证各交换节点可靠运行的办法是：对关键设备采用冗余模块的方式，即让各核心设备的主要模块，如控制板与业务交换板，都支持冗余备份与切换，各模块都设定支持热插拔功能，各节点机房都配置冗余电源，如 UPS（uninterrupted power supply，不间断电源）等。

c. 通信网络的可靠性

为了使终端计算机用户在核心交换机出现故障时不受影响，可以考虑采用网络层的冗余方式。其实现途径是边缘接入和骨干路由。边缘接入可通过 VRRP（虚拟路由器见余协议）协议实现，即在主交换机冗余的状态下，通过 VRRP 协议在两台交换机上同时做出一个虚拟路由器，作为终端接入计算机的缺省网关，提供广域网间的路由。骨干路由可结合实际的冗余链路，通过相应的路由技术来实现。具体做法是在冗余链路上通过 MPLS（multi-protocol label switching，多协议标签交换）快速重路由技术，将不同链路的 Metric 值设定成相同，实现不同链路负载均衡传输；或者通过设定动态路由或备份路由，在网络出现故障时自动切换，保证网络的不间断传输。

B. 网络安全性设计

网络安全性设计是指对网络物理层、链路层、网络层所需采取的安全措施进行筹划、安排，以保障网络所支持的各个应用系统安全运行。由于地学数据的高度敏感性，确保它们在网络中的安全传输显得特别重要。进行网络安全设计，首先应该解决如何保障通信传输安全和多层访问控制问题。

a. 网络安全策略

在目前的技术条件下，可供借鉴与参考的主要安全对策（宾晓华和周世斌，2002）包括以下六方面。

（1）在各网节点路由器的内网接入端配置 VPN（virtual private network，虚拟专用网络）设备。建立 VPN 虚拟专网安全隧道，实现基于 IPsec（Internet protocal security，Internet 协议安全性）标准的信息加密与认证。利用独立的 VPN 设备可以保证在低成本的公用通信网络中安全地进行数据交换，降低企业建设自己的广域网的成本，而且同时实现信息资源的充分利用。VPN 设备采用隧道技术，将企业网的数据封装在隧道中进行传输，利用专用密钥处理信息，可实现在低成本非安全的公用网络上安全地交换信息。

（2）在企业内部子网建立企业级认证授权（ceritificate authority，CA）。由于目前大多数的基于 Internet 的服务及应用都有安全考虑，都能很好地支持数字证书以解决安全问题，基于 CA 颁发的数字证书的 B/S 模式的应用已能成功解决用户身份识别、数据的安全性、完整性和数据发送方对其发送数据的不可抵赖性等安全问题。对于只需要一般性安全要求的企业内部子网来说有 CA 系统，利用数字签名、数字信封技术，即能解决大多数安全问题。

（3）在 Internet 出口、内部信息子网间配置防火墙。将企业局网各业务子网隔离，在网络层控制出入的路由功能，对进出的数据包进行较粗粒度的控制，保证数据的完整性和保密性，进行较粗粒度的访问控制，实现不同层次的访问安全控制（图 10-3）。

（4）在办公业务子网等重要部位的接入口配置专用网络安全授权、控制设备。实现用户授权、网络访问控制等细粒度安全策略的制定、配置与实施。

（5）在重要用户终端和服务器间配置用户密码机。为特殊应用系统提供端端加密、通播加密与认证服务，为标准应用提供网络（IP 数据）加密与认证服务。

（6）建立密码管理中心和密码管理逻辑专网。配置和管理支持密码管理的用户密码机、分发专用密码和密钥，实现密码密钥和网络安全设备的网络管理。

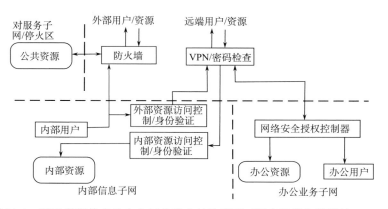

图 10-3 基于密码技术的企业网络安全结构模型（据宾晓华和周世斌，2002）

在图 10-3 的结构模型中，防火墙负责对进出的数据包按照系统设置的安全规则进行过滤，并提供代理服务；网络授权控制器对办公业务子网用户的访问进行细粒度控制；内/外部资源访问控制是对内部信息子网用户的权限进行管理，对用户的权限进行细致的分类控制；VPN 设备构成广域连接的虚拟安全通道。今后，采用新的数据隐密（steganography）技术，将是提高地学数据传输安全性的有效途径。

b. 通信传输安全的加密技术

防止在线窃听、篡改传输信息，实现通信传输安全，是各种专用网络通信链路设计的重要环节。目前，实现通信安全的最好方式仍然是物理隔离和对数据流传输加密。首先，对于，涉及国家安全的政务和军方内部网，通常采用物理隔离方式，不与 Internet 连接；其次，对于各种网络中有保密性质的数据，采用数据流传输加密方式。数据流传输加密方式有链路加密、节点加密和端端加密 3 种。

链路加密　　链路加密也称在线加密，是对每两个通信节点间链路上的数据流加密，并且在链路两端设置一对加/解密硬件。即所有数据在被传输之前进行加密，在接收节点对收到的数据进行解密，再使用下一个链路的密钥对消息进行加密，然后再传输、再解密。在到达目的地之前，一个数据可能要经过许多通信链路的传输。链路加密能为网上传输的数据提供安全保证。链路加密对用户是透明的，用户无需考虑低层传输细节，但存在着加/解密设备费用高、安装量大，以及密钥管理和分配问题。而且在通信节点内部及通信节点与加/解密设备间的数据仍然是明文，存在着明显的安全隐患。

节点加密　　节点加密要求报头和路由信息以明文形式传输，以便中间节点能得到如何处理数据的信息，对其他数据的加密与链路加密大致相同。两者均在通信链路上为传输的数据提供安全性，都在中间节点对数据先解密再加密，加密过程对用户是透明的。节点加密不允许数据在网络节点以明文形式存在，它把收到的数据先进行解密，然后采用另一个不同的密钥进行加密。节点加密能给网络数据提供较高的安全性，但对于防止攻击者分析通信业务是脆弱的，同样存在安全隐患。

端端加密　　端端加密也称脱线加密或包加密，是在 OSI 模型的数据链路层之上的应用层对信息包附加的安全措施。这种方式允许数据在从源到终点的传输过程中，始终以密文形式存在。采用端端加密的数据在被传输时到达终点之前不进行解密，因为数据在整个传输过程中均受到保护，即使有中间节点被损坏也不会泄露。但由于只在两端节点处对数据流加/解密，虽然在链路上传输的数据包是密文，控制域如地址、数据类型仍然是明文，仍有安全隐患。相比之下，端端加密的安全性较强。因此，在多数情况下，端端加密是传输敏感信息必须使用的方法。

c. 通信传输安全的隐密技术

近年来，在网络信息传输安全领域出现了一种全新的信息隐密技术。它与传统的加密技术的根本区别在于：加密技术是隐藏信息的"内容"，而隐密技术是隐藏信息的"存在性"；加密机制强调的是将机密信息变为"看不懂"，而隐藏机制强调的是将机密信息变为"看不见"。与加密技术相比，隐密技术由于不容易引起攻击者的注意从而减少了被攻击的概率，因此，隐密技术被认为可以极大地提高地学数据在公共网络中传输的安全性和鲁棒性。鉴于地学数据的复杂性和网络环境的多变性，传统的数据加密技术与解决方案难以适应当前网络与多媒体应用快速发展的需要，因此，采用新型海量信息传输安全理论和技术迫在眉睫。

国内外许多大学和研究机构正在大力开展信息隐藏研究，取得了一些标志性的技术成果。例如，基于 TCP/IP 的信息隐藏（Ahsan and Kundur，2002）、基于 Linux 和 Open-BSD 上进行 TCP 的 ISN 域信息隐藏（Murdoch and Lewis，2005）、基于 MAC 网络协议的信息隐藏（Li and Ephremides，2005）、基于 TCP/IP 等网络协议头部的信息隐藏（Zander et al.，2007；Sellke et al.，2009），基于 IP 协议 TTL 域的信息隐藏，以及以图论为基础的码本分组优化的 CNV 信息隐藏（Xiao et al.，2008）、针对低速率语音编码 G.723.1 的静音帧（inactive frame）信息隐藏（Huang et al.，2011a）和 VoIP 流媒体信息隐藏的检测方法（Huang et al.，2011b；Huang et al.，2011c），等等。

但总的说来，信息隐藏技术无论在理论研究还是技术成熟度和实用性方面，都尚未发展到可实用的阶段，仍有不少关键技术的问题需要解决，例如，隐藏容量的提升瓶颈，隐藏算法的融合问题，数据安全存储及加密检索问题。应当指出的是，信息隐藏技术的潜在价值是难以估量的，应当密切关注并适时加以采用。

C. 网络安全体系的建立

为了实现对企业网络的整体安全防护，可利用上述各种技术条件和设备，以密码技术和防火墙为支撑，建立完善的网络安全体系。对于局域网而言，需要在内部采用统一的安全保密模式和安全保密技术体制，集中统一管理密码、密钥和网络安全设备，采用国产专用硬件平台实现密码处理；还应该根据不同业务子网的安全要求分别采用身份验证、访问控制、鉴别验证和完善的管理制度，必要时甚至应当采取物理隔离策略和措施。尤其应强调重视采用数据备份与容灾方案解决数据的安全问题，以便在系统出现问题时及时恢复数据并保障系统正常运行。对于专业性的广域网络而言，则需要以健全的局域网安全体系为基础，设立多级管理和访问权限，并且在各级网关处采取路由＋防火墙＋加密设备的控制措施（图 10-4 和图 10-5）。

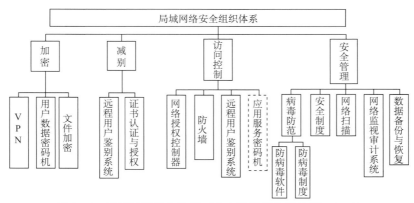

图 10-4   局域网络安全体系（改自宾晓华和周世斌，2002）

5）网络结构和硬软件选择

A. 选择的原则

总原则是在特定的应用需求和条件下，使计算机网络的性能价格比是较优的。为此，就需要经过周密的调研，考虑应用需求和财力支持，还要考虑计算机网络的性能及其发展趋势，要从系统化、整体化、实用化和先进性上着眼进行比较。

具体的选择原则包括以下几点：基于开放的操作系统、标准化程度高、传输速度快；性能可靠、易于使用、易于扩展、易于管理，易于维护；能容纳多种操作系统及多

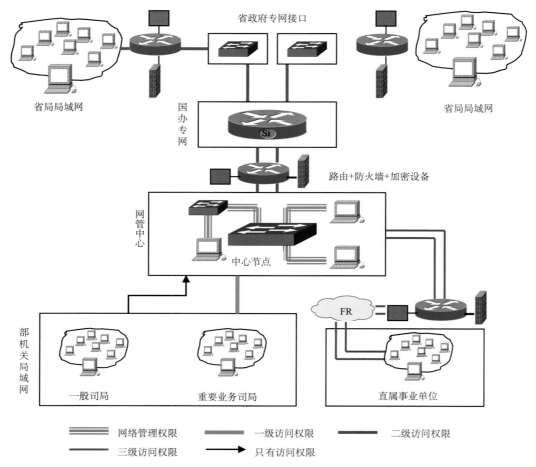

图 10-5　国土资源部全国网络安全控制图示（据国土资源部信息中心）

注：省厅局和直属事业单位之间可互发电子邮件和 WEB 访问，其各自发布信息的访问权限由其所在网站自行设定；机关局域网各司局单位享受最高级别的访问权限，但其对外发布信息的访问权限根据不同专业司局业务需要自行设定；网络管理中心节点享有对整个网络系统各分支节点通信协议和访问端口的最高管理权限

家厂商的硬件、能与未来的网络产品兼容，并能保护已有的投资。

B. 选择的步骤与方法

在进行网络结构和硬软件选择时，首先应确认系统应用条件，即根据系统分析的结果，确认当前与将来的应用需要和应用条件，列出必须保证的系统性能、争取的系统性能、扩展时的系统性能及应用的限制条件等。然后，根据功能需求进行网络结构和硬软件选择，其中包括拓扑结构、传输介质及共享设备，公用或专用设备、工作站设备、网络互联部件、网络数据库和网络软件的选择等。

在选择中，需要考虑各种产品是否符合国际标准和国家标准，是否能支持网络的长远发展。进行网络设备选择，主要应着眼于组成一个可行、有效、经济及可靠的网络系统。数据通信系统的设备通常分为专用和公用两类。其中，专用设备包括：通信处理机/通信控制器、集中器/多路控制器、调制解调器/接口设备通信传输线路。公用设备包括：计算机、交换机、通信传输线路。一般地说，公用设备的选择是指公用网络选择，而这通常早已规定，如 Internet 和行业公用网络。因此，网络设备选择主要就是指专用网设备选择。

专用网设备选取时具体要考虑：①技术上的可行性。主要是指设备的一致性、匹配性和兼容性，体现在连接方式、传输形式、传输速度、调制解调技术、多路复用技术、同步技术、交换技术、接口标准、传输控制方式、差错控制方式、编码及转换技术、网络协议、通信线路、网络连接软件等。②应用上的有效性。主要是指数据传输量的大小和响应时间的要求。应选择那种足够而又不过于富裕的通信容量，并保持适当的响应速度。③实践上的可靠性。主要表现在实际运行时所发生的误码率、故障率、容障能力、故障恢复能力和后援能力 5 个方面。实践上的可靠性，除查验产品说明外，更重要的是要通过已有用户调查和适当的实际检测来鉴别和认定。④经济上的合理性。在进行经济合理性评估时，既要考虑第一次成本，即购买网络设备的费用（包括硬软件和辅助设备以及电缆等），也要考虑第二次成本，即安装、培训和开发应用的费用。此外，还应当考虑未来的系统运行和维护费用。一般地说，评估第一次成本主要是考虑网络设备的性能价格比。但由于计算机及网络设备更新周期短，务必注意不要选择即将淘汰而又不能和新产品兼容的设备。

协议和网络软件是网络系统的关键部分，其中包括网络协议和接口、网络操作系统和网络数据库管理系统，以及网络通信、网络管理和网络应用等功能软件。在硬件设备技术已经比较成熟的今天，网络系统的性能实际上是由协议和网络软件决定的。其中，网络协议决定网络系统的体系，及其与其他网络的兼容程度。选择时主要考虑：网络协议分层情况、各层功能安排、与 ISO 的 OSI 模型的兼容关系。网络操作系统是管理整个网络资源的软件，除管理网络系统各用户共享的资源外，还管理各个工作站和通信子系统。网络通信功能软件执行计算机网络的通信作业，决定着系统的交换方式、通信方式、同步方式、传输透明性、控制功能、传输效率、数据格式、可靠性等。网络管理功能软件执行整个网络的节点、链路和资源的扩充、修改、重级等结构性的管理功能，同时执行网络状态的记录、故障诊断、恢复、检测及安全保密的管理，以及网络节点、线路的工作状态和工作方式的控制等。而网络的应用功能软件执行网络向最终用户提供的服务功能，决定着网络中的资源，如数据、文件、硬软件，向用户开放的程度和提供服务的能力。网络应用功能软件的代表性功能有：虚拟终端服务、远程数据库服务、远程文件访问及传输、远程作业输入及管理、电子邮件，以及专用外设共享（如汉字激光打印机）等。

C. 生产厂家选择与设备选型

要对多家厂商进行调查了解，了解其信誉、产品种类及服务质量等。对提供的产品要分析其满足需求的可能性，性能价格比，产品的先进性与实用性等。特别是对已选的网络产品，要进行生产厂家和使用单位的实地调查，以具体确定生产厂家的技术力量、生产条件和经营作风，产品的价格和销售情况、提供的备用件、技术资料和人员培训条件，以及维护力量如何等。对使用单位的调查，主要是确定产品的实际运行情况，主要的技术指标及可靠性，使用是否方便，生产厂家是否可以信赖，等等。在调研的基础上，对网络产品的主要技术指标、应用、需求和价格成本进行综合分析比较，列出几种不同的网络逻辑模型的优缺点和成本的比较结果。

在上述性能价格比综合分析、比较的基础上，确定网络及其部件的选型，确定设备的数量，进而制定设备购置及实施计划。完成了全部硬软件设备的购置后，即可进行设备安装。安装时应遵循国家关于网络和机房建设的各项质量标准和安全标准，以保证整个网络能够优质、高效的运行。

10.2.2　计算机网络的管理与维护

加强计算机网络的管理和维护，是使计算机网络得以稳定、安全运行的基本保证。不同类型和不同级别的计算机网络，其管理和维护工作的职责和任务不同。

1. 网站建设和网页设计

为了更好地传输数据、提供信息服务，有关专业网络管理机构要不断地进行网站建设和网页设计、更新。一般地说，网站服务内容和网页更新问题，应当由局域网的软件维护人员自行解决，但大型网站及其网页也可委托有资质的公司代为设计和更新。如果是系统软件不适用了，可更换遵守同种协议的新系统软件；而如果是大型应用软件不适用了，可要求开发厂商进行优化或升级，或者更换新的应用软件。此外，还应当加强网站的标准化建设，简化更新维护方式，提高网站的更新速度、信息传播速度和办公效能，为用户提供各层次的信息支持和共享服务。

1）网站结构设计

网站是网络运行管理、信息交流和对内、对外服务的窗口。在总体设计前，应当先对栏目定位、栏目目的、服务对象、子栏目设置、首页内容和分页内容进行总体规划，并且加以详细说明，以便作为总体设计的依据。在网站设计具体实施阶段，主要应关注网站的目录结构设计规则、超链接设计规则以及网站设计技术。

A. 网站目录结构设计规则

目录结构规定了服务器上所存储的网站文件的组织方式。为了使网络结构具有可观赏性，也便于网站制作维护，网络的目录结构必须条理清晰和层次分明。条理清晰就是要按栏目数量建立对应子目录，层次分明则要求网站目录结构按照多级（一般是三级）嵌套的树状结构设置。对于一些重要的软件和资料，应该采用特定的专用目录来分类存放。此外，为了避免系统解释转换和编辑出错，目录命名还应当遵循如下规则：①不使用中文目录名；②不使用长文件名；③目录名意义明确。

B. 超链接结构设计

超链接是网站上下行目录之间的导向器。网站页面的超链接结构，是指网站在运行时抽象出来的拓扑结构。超链接结构建立在网站物理结构之上而又跨越物理结构，其设计必须考虑到页面的循环方向。从实用性角度看，当页面过长时应在页内设置跳转锚点，同级栏目之间应有跳转链接，而同级页面之间以及上下级页面之间可用切换窗口替换原页面，下级页面都应有跳回上级页面的链接。在做超链接设计时，应当尽量使用相对地址，只有在调用网站目录之外的外部地址时，才使用绝对地址。

C. 网页制作技术选择

网页制作涉及多方面技术，如制版/美工制作技术、编程技术和编程语言、动态页面和静态页面制作、网站整体风格及色彩控制、图像/动画的配合效果，以及模板设计与层叠样式表（cascading style sheet，CSS）样式控制。在进行网站总体设计时，应根据实际需要和条件，对网页制作技术作出合理的选择和配搭，同时也要注意追踪这些技术的发展和改进。

D. 网站测试与维护

网站启动前要进行细致周密的测试，其中包括反复测试链接、导航工具条、交互程序等，尽量避免出现错误。在网站启动后，还需要经常性地进行网站内容的更新、回馈信息处理、客户服务等日常运营管理，以及网站新功能的开发利用、网站新业务的开展等。目前，网站应用层次已经全面向互动事务处理的高级阶段推进，如何更好地服务于企事业单位的管理与经营值得认真研究。

2）网页制作

网页制作的重点在于提供网页管理、维护和更新方面的功能，应当以网站总体设计方案为参照，同时要注意提供主页存放空间或在线制作网页的服务。

A. 网页制作的基本技术

制版/美工制作　制版/美工制作是指网页制作技术、图像和图形制作和编辑技术、网络动画的创作及其编程技术等。网页制作通常包括框架设计、表格应用、文本编写、图像/动画制作 4 个部分；编程技术包括网页设计基础语言——超文本标记语言（hyper text markup language，HTML）和精确控制网页样式的 CSS；专业的编程技术包括 Javascript（跨平台）和 VBscript（适用于 IE）、CGI 语言（可用 Delphi、C、C++等编译型语言进行编写）、ASP、JSP、PHP Perl Cold Fusion 等。近年来，随着网页设计技术的发展，出现了许多新兴的编程语言，如 XML、网上虚拟 VRML、WML 等。

网页框架设计　网页框架设计是指整体风格和色彩控制。基本要求是：整体框架布局协调、网站标志醒目、导航条分类清晰、色彩搭配和谐、图像利用合理、空间安排适当、文字可读性强等，同时要求操作简单、方便，并且有较强的灵活性。网页界面设计大致可分为两部分，即网页表现形式设计和浏览路径分析。

网页表格应用　表格在网页中不只是在 HTML 页上显示表格式数据，还可以定位和设置网页布局。在进行网页制作时，运用表格技术可以使网页上的内容排列整齐，让浏览者对表格中表达的数据及其含义一目了然。特别是对于图文混排的网页，利用表格可以大大提高制作效率。表格的代码是＜table＞…＜/table＞，表格由一行或者多行组成，每行又由一个或者多个单元组成。

文本编写　网页的文本编写主要采用 HTML，它支持 Web 上所有的文档格式化，可以链接图形图像、多媒体文档、表单等。HTML 由很多标记组成，每一个标记的语句以“＜”开始而以“／＞”结束，并且每种标记都有很多属性，正确、灵活使用标记的属性能制作出精美的网页。

图像/动画制作　　目前，一般网站上流行的图像/动画配合方法是用 Fireworks 无缝切割大图成小图作背景，并在局部小图上加载若干个小 Flash 动画的方法。在插入 Flash 动画后，在对象源代码中添加＜Param mame ＝ "wmode" value ＝ "transparent"＞就能实现动画的透明背景显示。对于地质信息科技网站，还需要有一些能实现地质现象和地质过程的图像/动画配合的简单的专用浏览工具。对于二维地质图像的浏览，由于涉及数据量巨大，通常需要在上述常规制作技术的基础上，采用较大数量的数据动态调度和较大场景的图像动态浏览技术。至于涉及海量数据的三维地质体和地质结构图像的浏览，则需要采用专门的图像/动画制作技术。

B. 网页界面的优化设计

优化设计的目的在于提高网站的服务水平和用户的查询检索效率，其核心问题是以人为本的观念和人性化的设计思路。优化的内容包括整体布局、超链接方式、网页自适应、网页的动态性、搜索引擎、页面颜色等。

网页设计中的面向对象编程技术　　作为 Web 网页设计的超文本标志语言，从 HTML1.0 版推出之日起，就成为面向对象的网页编程技术的主流，推动了网页设计的快速发展。随后，面向对象的动态超文本标志语言（DHTML）的陆续推出，使 Web 网页的设计进入了一个崭新的发展阶段。

DHTML 实际上是将 CSS 融合到 HTML 之中，一方面仍然利用 HTML 确定网页中的所有元素；另一方面利用 CSS 标明浏览器如何绘制 HTML 所指定的元素，并通过设置元素的 ID 标识号，将网页中的相应元素确立为对象，以实现网页设计中的面向对象技术（于国防和杜文龙，2006）。一旦将网页中的相应元素确立为对象，就可以充分运用 VBScript 或 JavaScript 等脚本语言更方便、更灵活地加以控制，使之像目前很多的软件开发工具一样，具有类似控件事件响应一样的元素事件响应特性，或者是类似控件属性值改变的元素动态特性，以实现特定的网页功能或显示效果。

网页自适应生成技术与实现　　网页自适应生成技术与实现是指按照使用者选取的版式自动生成网页的技术。其特点是：①能够按照某个自适应算法，从数据库中自动选取最符合使用者指定条件的网页素材；②所生成网页的速度要比人工方式快得多，而且要容易得多；③为使用者提供多个网页版式，而且易于添加新的版式。其关键技术有两个（赵文进和石昭祥，2006）：一是从素材库中获得最符合使用者指定条件的网页素材，即选择自适应算法；二是用所获得的网页素材来填充网页版式，进而生成所需要的网页。为了用合适的素材填充网页版式，需要用到 ASP. NET 的数据绑定技术，即使用控件的 DataSource 属性或者数据绑定表达式。这种技术几乎可以将任何类型的数据，绑定到页面中的任何控件或控件属性中，从而控制数据在数据库和页面之间的移动。此外，利用模板与 CSS 配合，还可以实现一次性修改大批量网页。

网页的"动态性设计"　　所谓"动态性"，就是指网页的页面具有交互性、自动性和多面性。交互性是指网页能根据客户的要求而动态改变和响应，自动性是指能自动生成新的页面，多面性是指当不同时间、不同用户访问同一网址时，能产生不同的页面。从广义上讲"动态性设计"是指构成整个网页的"人机交互"过程设计，而狭义的"动态性设计"是指构成网页基本视觉元素的"动态性"表现设计。动态性网页的检索功能好，但需要数据库支持；而静态网页的运行速度快，且页面美观，易于编辑。选择静态网页或动态网页，主要是根据功能需要。目前，有不少网站主页的设计采用了静动相结合的方式，即静态的主页面和动态的内容相结合的方式。

　　常用的动态网页设计技术有 ASP（active server pages，动态服务器页面）、JSP（Java server pages，Java 服务器页面）和 PHP（hypertext preprocessor，超文本预处理器）3 种。这 3 种动态网页设计技术各有优缺点。相比之下，ASP 只能在 Windows 平台上使用，PHP 可以在 Windows、Unix 和 Linux 系统下的 Web 服务器上使用，而 JPS 几乎可以在所有的平台上使用，具有真正的跨平台意义；JSP 的循环性能和数据库操作执行效率也是最好的，ASP 其次，而 PHP 再次；PHP 缺乏规模支持和多层次结构的硬软件资源支持，对数据库的接口也不一致，交互式访问较为困难，ASP 和 JPS 则无此缺点。因此，最佳设计技术是 ASP。

　　计算机主题搜索引擎技术　随着 Internet 信息急剧膨胀以及信息多元化的发展，用户迫切需要一个数据分类细致、精确、全面、更新及时的面向主题的搜索引擎，来从网上获取主题资源信息。主题搜索引擎可面向某一特定的专业领域，其特有的信息采集策略可显著地提高网站信息更新和查询的效率，能大大缩短专业领域有关信息的更新时间，保证对该专业领域各种信息的全面收录与及时更新。目前，各专业的主题搜索引擎已经大量涌现出来了。

　　一个典型的主题搜索引擎系统如图 10-6 所示。在该系统中，主题搜索引擎采用了特征集首页关联、页面内容预测和链长比等技术，还把计算机主题词典用于主题特征提取，并采用了基于网页结构的权值计算方法（潘常春，2005）。

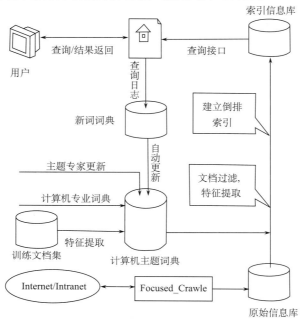

图 10-6　主题搜索引擎系统结构（据潘常春，2005）

2. 计算机网络管理和维护

计算机网络的管理和维护对象包括所有的网络类型。其中，公用的广域网、城际网通常由邮电部门进行管理和维护；专用广域网的信息管理则由所拥有的政府部门和公司、企业进行管理和维护，其硬件系统和网络协议部分仍由邮电部门进行管理和维护；而局域网完全由所拥有的机构和企业等进行管理和维护。

1) 网络信息资源管理

网络信息资源管理是网络管理的日常工作。为了加强网络管理和维护，需要在网站建设和网页设计的基础上，建立网站管理系统，使网站管理和维护规范化和制度化。

A. 数据备份

由于许多网络资源使用者对计算机的操作命令不太熟悉，难免出现操作失误甚至导致软件或者数据毁坏。因此，网站一方面应当为用户详细指明软件使用方法；另一方面必须建立严格的系统软件、应用软件和数据库数据的备份制度，以便技术人员定期地进行所有系统软件、应用软件和数据库数据的备份。

B. 用户管理

地质科学信息网站的用户类型分为专业用户和一般用户两种。专业用户包括地质矿产科研机构和生产机构的专业技术人员，以及一部分相关的政府机构和企业的管理人员，他们拥有高级别授权，可以查询检索与所授权限相应的数据资料，甚至进行各种数据操作和数据处理。一般用户包括各种对相关地质科技信息感兴趣的非专业的公众用户，他们仅能浏览和查询网页上各种栏目发布的公开信息，并享受对感兴趣问题的咨询服务。网络管理员可以根据有关约定和实际情况，进行添加、修改或删除用户等操作，并授予或改变用户的权限，使网站管理实现正规化和系统化。

C. 栏目管理

栏目管理功能是采用网页工具，对整个网站目录树进行管理。一般地说，随着网站内容的增多和网站业务的拓展，网站的栏目将会越来越多。栏目管理不仅要执行增加、修改、删除栏目功能，更重要的是把它们有效地组织并运行起来，分层次地进行管理、服务和维护。这是提高栏目服务质量的关键。

D. 信息发布

信息发布即定时在网页上发布有关信息（或数据）。为实现信息及时有效的发布，除所设计的网页要达到预期功能外，还必须随着时间的推移和网络应用的发展，不断地进行网页形式和内容的更新，其中包括版面更新、数据更新和界面优化。

2) 网站安全保护

这项工作主要是防止各种病毒侵扰，杜绝数据被非法盗用。随着微型计算机的应用越来越广泛，计算机病毒对软件的破坏以及外人对数据库的非法入侵也越来越严重，已经成为计算机网络系统运行中所面临的主要安全问题。根据总体设计确定的安全策略和措施，设置各种网络防火墙并对网络运行情况，以及用户的权限进行严密监控，切实保障网络安全，是网络维护、管理人员的重要职责。

10.3　地质数据网络建设与数据共享

地质数据数字化传输既包括将野外采集的数据向室内数据处理中心传输，也包括在室内进行远程数据查询、交换和互操作。地质信息数字化传输主要是通过数字通信网络来实现的。随着国家信息高速公路和通信网络建设的加速进行，地矿数据的远程共享和综合应用正在逐步成为现实。海量空间数据的传播不同于一般的事务管理和商务管理，需要在国家空间数据基础设施的基础上，研发出专门的技术。相关的国家空间数据基础设施包括：空间数据协调、管理与分发体系和机构，空间数据交换网站，空间数据交换标准以及数字地球空间数据框架。

10.3.1　地质勘查数据网络建设概况

1. 欧美地质数据网络建设概况

欧美发达国家地质资料的网络传输开始比较早，发展也比较快。其中，最具代表性的是美国地质调查局（USGS）和澳大利亚地质调查局。

USGS 于 1985 年建立了全国范围的远程通信网络 GEONET，通过这个网络将 USGS 分布在各地的多个局部网络和多个计算机系统连接起来，并实现了声音与数据同时传输的功能。各个局部网络允许使用不同的网络技术与传输速率以满足不同用户的需要，并在本地区或单位内部共享资源和信息。在网络上运行的应用程序包括计算机图形系统、数据管理系统、统计分析系统和数据输入系统等。GEONET 还负责整个美国内务部的远程通信，它将 USGS 的数据库系统与渔业、野生动物保护单位、国家公园管理局、矿产资源局、矿业局和土地管理办公室等的数据库系统相连接。该网络的使用率每月达数千人次，发生数十万次计算机对话，传输约数十亿个字符的数据。从 1988 年起，USGS 的 GEONET 与全美网络和国际互联网 Internet 连接，进一步实现了与 1500 所美国及其他国家的研究中心通信，同时可以方便地使用联络网络上的国家超级计算机资源，极大地发挥了地质数据的使用价值。到了 20 世纪末，USGS 更把"采用所有可能新出现的信息技术，保证及时（实时）、有效、连续地为用户提供信息服务，并提高公众查找、检索和使用地质图件和资料的能力"，作为其基本职能和工作重点列入了 2000～2010 年的战略计划中。

澳大利亚地质调查局（AGSO）也从 20 世纪 80 年代就开始了地质数据传输网络的建设和应用。他们根据不同的机型和不同需求采用不同的通信网络，其中，PC 机用 Novell 网、苹果机用 APPLELK 网、VAX 小型机用 DECNET 网，设置多路转换器、中继器和桥，并通过以太网和 TCP/IP 协议将这些网络连接起来，共享数据资源和软件资源。AGSO 也安装了具有音像传输能力的专用自动交换机，还与国际互联网 Internet 连接，用户可以随时从全国各地和世界各地提取所需要的信息。澳大利亚议会还通过立法，要求在该国领土和领海从事地质矿产勘查工作的所有国内和国外公司，必须无条件地把所获得的地质数据入库，提供全社会共享。大量的数据库通过网络向广大用户提供信息服务，不但推动了地矿勘查工作的发展，还促成了一个崭新的地矿信息产业的形成。到了 20 世纪 90 年代，澳大利亚的各种地矿数据和图件资料均已商业化，走向了市场，向全社会服务。到了 21 世纪初，AGSO 更提出并实施了在线工作计划，决定使所有可能的服务都采用在线方式。

为了加强科学数据共享与交流，国际地质科学联合会于 1986 年设立了科学数据组织世界数据中心（World Data Center，WDC）。目前下设 40 多个学科数据中心，分属 4 个数据中心群：WDC-A 美国、WDC-B 苏联、WDC-C 欧洲和日本、WDC-D 中国。每一个数据中心群都建立了地质学科数据中心，开展地质科学数据的采集、管理和服务。

2. 我国的地质数据网络建设概况

我国的信息基础设施 China NII（中国信息高速公路）于 1994 年启动，并根据国情以"金桥工程"为起步工程，实现了全国联网及国际联网。与此同时，还制定了国家空间数据交换格式标准，完成了全国 1∶100 万、1∶25 万和 1∶5 万基础空间数据库的建设，各省（市、区）1∶1 万数字地球空间数据框架的建设也正在开展。在此基础上，分属于各部委和大型企业的一系列地质数据网络的建设，也从 20 世纪 90 年代中期先后启动并逐步展开了。

我国的地质数据网络是分别建于各有关部委、研究院和企业的，基本上按中央（部委、石油总公司）、大区或省（厅局、石油管理局）、基层数据采集点（地质调查院、地质队、大型矿山或采油厂、大专院校）三级布局，通过信息高速公路连接成网。除遥感信息外，所有原始数据均存放在基层点源数据库中，通过网络构成分布式国土资源信息平台。大区或省级网络中心通常存放部分综合数据，或建立相应的数据银行和数据仓库，但主要负担全省网络管理和网络应用开发任务。中央网络中心通常设于部委信息中心，除存放一些重要的综合数据外，主要负担全国网络管理和网络应用开发任务。当然，各部委的具体情况有所差别。

以中国地质调查局主管的地质信息网络建设为例，该网络在国家信息基础设施的基础上，经过两期网络建设和升级、改造，基本上形成了地质调查局、大区研究中心（天津、沈阳、南京、宜昌、成都、西安）和部分专业地质调查单位的三级网络体系，实现主干千兆速度的数据信息传输网络系统。中国地质调查局 Internet 网站于 2000 年 1 月 1 日正式开通，并设置了六大区专业中心和发展研究中心分站，按地质大调查项目、信息查询、资源下载、学术交流、地学论坛、地学科普等子页面，编辑约千余个中英文页面，向社会提供地质调查成果资料目录、地质文献资料和全国地层数据库等方面的信息服务。运行以来，已有数百万人次访问或下载信息。目前正在继续完善地质调查骨干网络体系建设，形成结构和数据分布较为合理的网络系统和服务体系，为地质调查成果社会化服务和数据共享提供基本网络平台。近期已经完成了中国地质调查局中心网络的升级改造工作，完善了六大地质调查中心的网络系统和各专业中心的网络建设，实现了与项目实施单位的网络连接；还规范和充实了各省地质勘查局的网站建设，健全了网络信息服务方式，补充开发了信息共享服务系统，形成了在线服务和离线服务机制。

我国的地质科学数据网络的建设，也取得了重要进展。1988 年，中国加入世界数据中心，并建立世界数据中心中国分中心（World Data Center D，WDC-D）。WDC-D 组织机构包括：中国数据国家协调委员会、科学数据委员会、中国数据中心协调办公室、科学数据委员会秘书处及 9 个学科数据中心。这些学科中心都属于地球科学领域，其中与地质科学密切相关的是：地质学科数据中心、地震地质学科数据中心、地球物理学科数据中心、海洋学科数据中心、冰川冻土学科数据中心、资源与环境学科数据中心等。WDC 地质学科数据中心（World Data Center D for Geology），挂靠中国地质科学院信息中心，负责地质科学数据资源的采集、交换与共享服务。该中心依托中国地质科学院的专业性广域网络，于 1999 年启动了中国地质科学数据库群的共享服务平台的建设工程。平台采用了分布式布局，以中国地质科学院信息中心为主节点，院属 7 个专业研究所（地质研究所、矿产资源研究所、地质力学研究所、地质实验测试中心、水文地质环境地质研究所、物化探研究所、岩溶地质研究所）为分节点，通过国家公用信息通道互联（董树文，2006）。中国地质科学数据库群开通运行服务以来，得到地学界的广泛关注。目前，一个具有丰富的地质科学数据资源的国家级地质科学数据共享服务平台，已初步建成并全面投入使用。

10.3.2　我国的地质调查数据网络简介

我国的地质调查数据网络建设，是围绕"一个业务网、三级网络数据中心、五个技术支撑体系和一个统一的工作平台"进行的，其宗旨是在加强地质调查数据共享水平的同时，大力提升国家地质调查的数据在线处理、数据管理、信息发布与综合服务能力。下面拟根据郎宝平（2006）提供的资料，对其加以简单介绍。

1. 国家地质调查网络总体布局与建设目标

1）网络的总体布局

"一个业务网、三级网络数据中心、五个技术支撑体系和一个统一的工作平台"，既是我国的地质调查数据网络的基本内容，也体现了该网络的总体布局。

A. 一个业务网

一个业务网是指以中国地质调查局主干网为基础，依托 Intranet 和 Internet 建立起来的国家地质调查网络系统。该业务网支持各级地质调查业务和管理部门的数据交换业务，支持社会公众地质调查信息的检索和查询等业务。

B. 三级网络数据中心

三级网络数据中心即国家级、地区级（含专业级）和数据获取级网络数据中心。三级网络数据中心是以地理分布为基础、工作职能为构架所形成的分级管理体系。各级网络数据中心采用数据库支持下的应用结构，其功能按照不同软硬件层次组合而成层次结构。各级网络系统的职能不同，所存储的数据也不同。信息源所产生的数据，首先在下一级网络数据中心按照统一的指标体系和标准进行加工、整理和存储，再根据需求把成果数据传递给上一级数据中心，以便不同的应用目标存储和使用。

地质调查数据获取节点　　地质调查数据获取节点主要以属地化后的公益性地质队伍为基础，完成数据采集、基础数据标准化编录、基础成果评价，以及原始数据库、基础数据库和成果数据库构建等，并把所有成果以数字化方式向上一级汇交。

地区级网络数据分中心（含专业中心）　　地区级网络数据分中心（含专业中心）包括 6 个地区地质调查机构（天津、沈阳、南京、宜昌、成都和西安地质调查中心）、4 个专业地质调查机构（航空物探遥感中心、水文地质工程地质技术方法研究所、广州海洋地质调查局和青岛海洋地质研究所）、3 个公共服务机构（中国地质环境监测院、中国地质图书馆和实物地质资料中心）、8 个科技创新与支撑机构（中国地质科学院机关、地质研究所、矿产资源研究所、地质力学研究所、国家地质试验测试中心、水文地质环境地质研究所、岩溶地质研究所、物化探研究所）、5 个企业所（成都综合利用研究所、郑州综合利用研究所、勘探技术研究所、探矿工艺研究所和北京探矿工程研究所），即主要以局直属单位为基础，存储地质调查综合数据、基础数据和专业数据。其中，地区级网络数据分中心是整个网络系统的关键，既是上级系统的数据源，又自成体系，完成本地区信息的综合评价与分析；专业级（包括公益性、科学性），完成本专业信息的综合评价与分析。

国家级地质调查网络数据中心　　国家级地质调查网络数据中心设在中国地质调查一级节点，以构建综合数据库系统为主，同时存储全国基础数据以及重点地区的详细基础数据；对数据进行管理并提供较强的统计分析和综合评价工具，为各级有关部门提供决策信息。

C. 五个技术支撑体系

五个技术支撑体系即海量数据存储体系、高性能计算环境、高速通信系统、安全体系和信息服务体系。按照网络数据中心的不同级别，分别进行规划、设计和构建。

D. 一个统一的工作平台

一个统一的工作平台是一个用于支持各种地质调查业务操作的统一工作平台。该平台从基础构架、公用支撑服务和系统管理服务等通用目标出发，构建整个网络系统的应用系统支撑环境，提高了地质调查专业应用系统的开发速度和基础软环境设施的集成度。

2）网络建设的总体目标

国家地质调查网络系统建设的总体目标是：以满足国家地质调查工作需求为出发点，以各类数据为依据，以实际应用为动力，在充分考虑网络安全的前提下，合理配置不同类型的软硬件产品，使数据资源和通信流量得以合理分配和有效控制，为地质调查工作提供一个稳定、可靠的基础平台。同时，通过提供数据存储、数据处理、数据通信、网络安全和信息服务 5 个方面的技术支撑，逐步构建基于陆、海、空、天地质调查数据和基于地质调查数据流（包括业务数据工作流和管理数据流）的、具备分级管理层次的立体网络服务体系，为全面实现地质调查信息处理和管理的现代化和地质调查主流程信息化提供基础环境——国家地质调查管理信息系统和国家地质调查信息系统应用环境。

2. 国家地质调查网络建设现状

目前，已经初步完成了广域业务网、局机关内部办公网和国际互联网工程建设任务，并且已经开始了内部运行和社会化服务。

1）广域业务网

该网络以国家级网络数据中心为核心，通过 2M 数字电路与地区级（6 大区所）及专业级（青岛海洋地质所、航空遥感中心、广州海洋地质局）网络数据分中心（共 9 个单位）连接，并通过光纤直接与环境监测院连接。已经有 15 个地质调查数据获取节点，直接接入国家地质调查网络骨干网中，其中 11 个省地质调查研究院通过 2M 数字电路连接至国家级网络数据中心，4 个省地质调查研究院通过 2M 数字电路连接至地区级网络数据分中心。其他省地质调查研究院则通过 Internet 连接至地区级网络数据分中心。国家地质调查业务网的分级管理体系已经初步形成。

2）局机关内部办公网

中国地质调查局局机关内部办公网的建设依据，是国务院关于内部网与业务网相分离的精神和国家保密局的要求。该内部办公网络系统采用与国际互联网完全物理隔离的方式，主要运行局办公自动化系统和地质调查项目检索服务系统。

A. 局办公自动化系统

局办公自动化系统的宗旨是采用计算机网络技术，实现局办公的自动化、信息化，同时通过办公信息的实时传递、共享和协同，提高办公效率。所起的作用包括以下四个方面。

信息充分共享　通过授权管理、身份认证和权限控制，为所有用户提供一个统一与安全的信息共享环境，实现了公文运转、信息发布、会议管理、问卷调查、外出登记、在线点播媒体之声等功能的应用，显著提高了地质调查局的办公效率。

网上协同工作　通过工作流设计、任务跟踪、催办提醒等功能设计，使局机关实现了内外部文件全过程的网上协同工作。地质调查局机关在网上阅文的人数已近 100%，不但缩短了文件的办理过程，而且简化了办文程序，提高了办文效率。很多文件当天即在网上办理完毕，效率之高，速度之快，前所未有。

文件迅速归档　每天公文数据的随时归档已成为现实，公文办理结束后，做到随办随归，还可以在档案软件中进行历史文件检索。

动态发布信息　实现党务工作、政务工作、业务工作等信息的动态发布。

B. 地质调查项目检索服务系统

地质调查项目检索服务系统可进行地质调查项目的常规检索和多条件组合检索，同时可对检索结果（基本信息、实物工作量、预期矿种和相关的电子文档资料等）进行输出、修改、添加和删除等操作，并考虑了系统的操作安全性，可从根本上提高工作效率和质量。

3）国际互联网

国际互联网包括中国地质调查局国际互联网网站（中英文版）和中国地质调查局发展研究中心互联网网站，以及为6个地区地质调查中心、青岛海洋地质研究所和水文地质研究所进行了网站托管。

中国地质调查局互联网网站于2000年1月1日正式开通，分为中文和英文两个版本，具有权威性、规范性、专业性、及时性和服务性。目前，国际互联网网站日益受到社会各界的关注，访问量也在与日俱增。其中，信息服务栏目为社会公众提供了地质资料、地质调查成果、地质调查数据等信息的浏览、检索与查询等服务。

3. 国家地质调查网络的未来建设规划

国家地质调查网络的未来建设规划的总体设想是：充分利用前期建设成果，完善已形成的网络硬软件体系和网络信息安全体系；逐步由硬环境的基础设施建设转到软环境的基础设施建设上来。依托中国地质调查局组织体系，建立支持内部的生产与管理等业务系统，以及为社会公众提供优质服务的高效运行的网络环境，以便全面提升数据管理、共享、信息发布与综合服务的能力，提高地质调查信息化的整体效益。其主要建设内容将包括以下五方面：

1）标准化建设

标准化建设主要是指国家地质调查网络体系建设和运行管理的标准化。为了适应地质调查信息化的发展需要，未来的国家地质调查网络系统建设将会在标准化、工程化方面有新的突破，特别是加强硬件基础设施建设、基础应用支撑平台建设、网络管理、系统管理、系统运行等方面的相关标准、形式的工程化设计。

2）基础设施建设

基础设施建设本着建设与管理并重的原则，建立起结构合理、覆盖面广、带宽合理、安全可靠的国家地质调查网络系统。其重点是网络基础平台和三级网络数据中心。

A. 网络基础平台

健全连接国家级、地区级（和专业级）、数据获取节点级网络等三级地质调查数据中心的主干网（通过广域网连接或 Internet/VPN 连接），确保三级数据中心的互联互通，以及经常性地质调查管理和数据交换工作的顺利完成。同时，在三个级别数据中心分别构建相应的技术支撑体系，包括海量数据存储体系、高性能计算环境、高速通信系统、安全体系和网络服务体系，以及网络基础设施的管理机制。

B. 地质调查网络数据中心

对地质调查的数据资源进行统一规划和集中管理，以成熟的理论模型为指导，借鉴发达国家的成功经验，建设三个级别的网络数据中心。该地质调查网络数据中心的基础设施包括：可靠的存储备份、地质调查信息和技术标准元数据库、功能强劲的数据处理系统、完备的用户权限管理机制（安全保障）等。该网络数据中心可为综合应用和决策支持提供系统、丰富、权威的主题数据集和数据目录。

3）基础应用支撑平台建设

从该网络的基础管理构架（如统一认证管理、统一授权管理、协作平台管理、数据存储管理等）、公用支撑服务（信息交换、业务流程管理、门户管理等）和系统管理服务（系统监控和备份服务等）等通用系统出发，构建网络应用系统的支撑环境，提高地质调查专业应用系统的开发速度，加强集成化的基础软环境设施的建设。

4）统一门户建设

统一门户建设主要包括：国际互联网门户建设、业务网门户建设和内部网门户建设。

A. 国际互联网门户建设

中国地质调查局政务门户 在国家地质调查网的国际互联网基础上，开发或引进信息发布、信息查询和搜索引擎等系统，构建以信息发布平台为主的国际互联网门户。

国家地质调查信息网门户 在国家地质调查网的国际互联网基础上，建设三级网络数据中心的门户。通过开发统一的信息发布平台，形成分工协作的国家地质信息网，并通过用户安全认证系统和授权系统，提供公益性地质调查资料（成果）的查询、检索、下载、在线处理等服务；为社会各界和公众提供科研学术（成果）、图书和科普、商务等信息，对加工和提炼后的地质资料，向公众提供内容丰富的地质信息服务。

B. 业务网门户建设

在国家地质调查专用网的基础上，建设三级网络数据中心的内部网门户。

国家地质调查知识管理网门户 在三级网络数据中心的基础上，通过开发统一的信息发布系统，形成国家地质调查综合知识管理网，并以分工协作的方式，为局、局直属单位和地质调查项目承担单位，提供地质调查（生产）、科研（学术）、资料（成果）、情报（国内外动态，期刊）、商务（商业地质活动）、图书和科普（图书馆）等业务信息。

地质空间数据共享与服务门户 在三级网络数据中心的基础上，充分利用"863"项目成果，构建地质空间信息数据共享与服务体系，同时以分工协作的方式，为地质调查项目承担单位提供空间数据共享与服务。

C. 内部网门户建设

在局机关办公网（内部网）的基础上，以各部室业务工作为依据，逐步开发事务处理系统（操作级）、知识咨询系统和办公自动化系统（知识级）、管理信息系统和决策支持系统（管理级）、高级管理支持系统（战略级），形成局机关管理信息系统应用平台的内部网门户，为局机关从事行政管理、项目管理、宏观规划、决策和处理突发事件等，提供管理信息和基础业务信息（如地质资料、调查成果、情报、学术期刊、商业信息、图书和科普知识）。

各门户之间通过安全审核机制进行数据传递（除物理隔离内网外），即专用网的数据通过安全审核后直接发布至 Internet，或通过复制迁移到 Internet 数据中心。

5）安全保障体系建设

该网络建设将会严格遵循国家有关安全保密法律法规、信息安全保障制度，强化地质调查数据和信息的安全保障，以及相关设备、网络、应用系统及应用环境的安全保障，加强网上用户和信息监察等保密系统建设，拟从规章制度、管理措施、技术手段等方面全面完成地质调查信息化安全保障系统的建设。

通过以上措施，为国家地质调查网络提供坚实、可靠的信息交换与共享基础平台，保障各类应用系统对宏观决策、管理的支持，提高地质调查信息的社会化服务能力。

10.3.3　我国的国家地质科学数据网络

中国地质科学数据库群是国家科学数据共享工程、国土资源科学数据共享平台的重要数据资源。目前，基于该数据库群的数据共享工程，已经取得了重要进展。在该工程的实施过程中，逐步开展了数据共享服务，为发挥我国地质科学数据资源的基础性、公益性作用，促进我国地质科技创新，地质科技交流与国际合作，起到了良好的示范作用。下面将根据戴爱德（2006）和董树文（2006）的资料加以简要介绍。

1. 中国地质科学数据网建设历程

中国地质科学数据网的建设开始于 1999 年，其标志是中国地质学科数据中心地质科学数据库群共享服务平台建设工程的启动。该项建设依托于中国地质科学院的专业网络，得到了国家科学数据共享工程专项、国家科技基础性工作专项和科学数据共享试点专项的资助。其建设历程大致如下：

2000 年，开展并完成中国地质科学数据中心网站（http://www.wdcdgdc.org）建设；

2001～2002 年，开展并完成中国地质科学数据网（http://www.wdcgeo.net）建设；

2004～2006 年，开展并完成国土资源科学数据中心——地质科学分中心（http://www.geoscience.cn）建设。

2. 中国地质科学数据网建设内容

中国地质科学数据网建设的主要内容包括：信息基础设施、科学数据资源（数据库群）、科学数据共享服务体系、相关配套管理政策与技术队伍体系等。

1）信息基础设施

中国地质科学数据网的信息基础设施包括基础网络平台、服务器平台、海量数据存储设备、数据库平台、应用系统和安全系统等。其中，基础网络平台由国土资源科学数据共享网络、国家地质调查骨干网络——地质科学支撑网络，以及 Internet 专线组成；服务器平台由 Intel 系列服务器和 IBM 小型机组成，数据库平台选用 Oracle 和 SQL

Server 等关系数据库管理系统，应用系统采用 ArcGIS、MapGIS、ArcIMS 等；安全系统由防火墙和漏洞扫描、用户识别、入侵检测、杀毒、核心防护等软件模块组成。

2）数据网络的拓扑结构

该数据网依托中国地质科学院的专业性广域网络，采用了分布式的平台布局，以中国地质科学院信息中心为主节点，院属 7 个专业研究所为分节点，通过国家公用信息通道互联。其拓扑结构如图 10-7 所示。

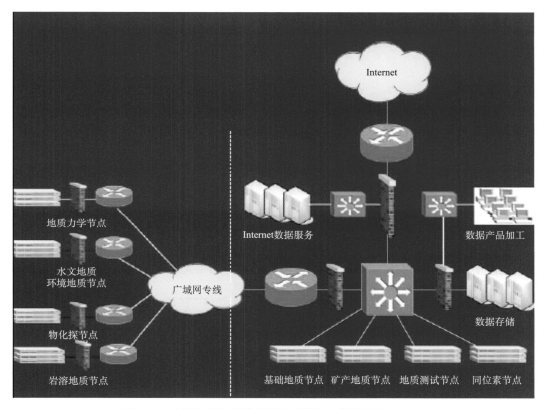

图 10-7　中国地质科学数据网拓扑结构（据董树文，2006）

3）地质科学数据资源建设

地质科学数据资源包括一系列地质科学数据库群。其主要数据来源包括：中国地质科学院及其各研究所、中国地质调查局、中国地质学会、国家地层委员会世界数据中心、国际地质公园协调办公室、国家同位素地质开放实验室、北京离子探针中心等。

3. 中国地质科学数据库群的共享规则

所谓共享规则是指数据共享分级分类办法及提供数据共享服务的方式。该共享规则是依据国务院 2002 年颁布实施的《地质资料管理条例》、2003 年国土资源部颁布的相应实施办法等制定的。其中，地质科学数据的共享属性，总体上分为两大类。

（1）社会共享类：国家允许社会公开利用的公益性、基础性地质科学数据。主要通过网络提供在线服务。数据量较大的数据集则采用光盘、磁带等介质提供。

（2）内部共享类：现阶段国家不允许向社会公开的地质科学数据，在政策允许范围内提供共享。本类数据集，仅在网络发布数据目录，而数据实体（即数据内容）的索取则应按国家有关规定办理数据索取使用手续后，采用光盘等数据载体提供。

根据上述地质科学数据共享分类，该共享工程确定了两种服务方式：在线服务与离线服务。目前，中国地质科学数据库群的数据目录及 80％以上的数据集内容，已经可以通过网络提供在线服务，少量数据集内容通过光盘提供离线服务。

4. 中国地质科学数据库群的在线服务平台

该数据共享服务平台的统一规划域名系统为 geoscience. cn；院级网络中心同时为各分节点提供了网站镜像发布环境，以保证共享服务系统的可靠运行。目前，共享服务平台主节点（http://www. geoscience. cn），已成为国内基于 Internet 提供地质科学数据目录及数据内容在线服务的主要站点之一，同时也作为国土资源科学数据共享平台——地质科学数据节点。中国地质科学数据网目前已开通了如下地质科学专业网站：

（1）世界数据中心中国地质学科中心网站（http://www. wdcgeo. net）；

（2）中国洞穴研究网站（http://www. cave. cn）；

（3）中国国家地质公园网（http://www. geopark. cn）；

（4）中国可持续发展——地质矿产资源网站（http://lris. cags. ac. cn）；

（5）中国地下水资源信息网（http://www. groundwater. org. cn）；

（6）中国盐湖与热水研究网站（http://www. cslc. cn）；

（7）中国大陆动力学网站（http://www. continentaldynamics. cn）；

（8）中国地球动力学网站（http://www. geodynamics. cn）；

（9）中国岩溶动力学网站（http://www. karst. edu. cn）。

10.3.4　三峡库区地质灾害监测预警信息网络实例

三峡库区两侧发育有众多的滑坡和泥石流，该库区地质灾害防治指挥部为了防灾减灾而开展了大规模地质灾害预警指挥系统建设。其中，涉及海量灾害地质勘察数据及灾害孕育动态监测数据的采集、传输、存储、管理、处理和预测、会商，以及应急预案制定和灾害发生现场的应急指挥。所有这些事务的处理和实施，都与网络建设和应用密切相关。经过多年的努力，三峡库区地质灾害监测预警信息网络已经建成，目前开始投入运行并发挥作用。

1. 网络整体拓扑结构

三峡库区地质灾害数据网络建设是一项复杂的系统工程，需要妥善解决多源数据采集、融合、通信、长途传输、三层交换等方面的设施和运行机制问题。该网络系统的拓扑结构如图 10-8 所示。通过论证认为，由于光纤网络本身的稳定性，该系统可以满足类型复杂的数据传输、交换和共享需要。

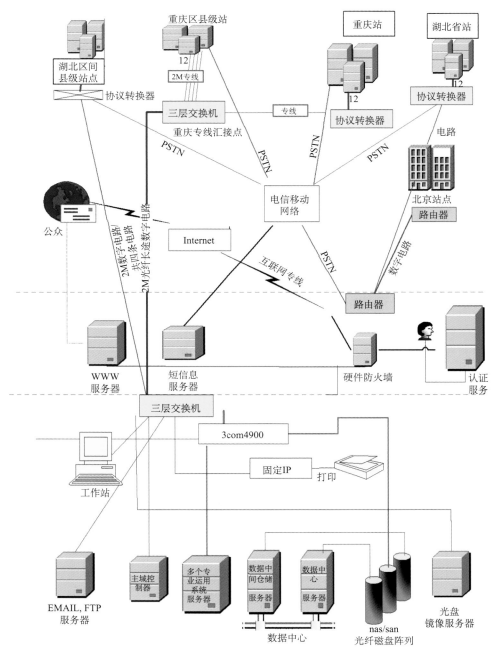

图 10-8　三峡水利枢纽库区地质灾害数据网络拓扑结构
（据三峡库区地质灾害防治工作指挥部）

2. 广域网络的布局

通过深入调研和反复论证,长江三峡库区地质灾害监测预警的广域网系统,目前拟采用 2M 数字电路专线传输与 GSM、CDMA 等移动通信手段相结合的方式。

1) 数字电路专线

所谓专线,是指中心站及各基础站间进行专线连接,要求各基础站点建立内部网站系统,以便其他站点用户直接访问各基础站点、交换数据、查阅资料。该网络中心站设在三峡库区地质灾害防治指挥部所在地,各基础站点分别设在库区各县县政府所在地。为适应目前对传输视频流的要求,所有县区站点均通过 2M 光纤数字电路连接。距离短的基础站点直接在中心站汇接,距离长的基础站点先进行自行汇接,然后租用 2M 长途光纤数字电路与中心站连接。这样,就构成了一个专业性的广域网系统。今后再根据实际需要,进一步提升专线网络带宽到 10M、100M。

各基础站点的 IP 地址由中心站统一分配,全部出口均通过中心站接入,必要时只需扩大中心站接入带宽即可。由中心站到北京,构建异地专线。从中心站到部、院(监测院)的专线采取一次性建设方案,以便全系统能及早同时投入运行使用。这样,有利于实现分布式数据存储,并在此网络基础上实现增值服务,如可视电话会议系统,网络办公自动化等。在北京可以通过专线,直接浏览广域网络系统中各县级站的 WEB 主页,了解现场的实际灾害状况及新闻、气象、监测数据等。由于各个局域网具有相对的独立性,加上建立了逐级备份机制,将使数据备份、重构得以实现,网络安全有保障。此外,为了防止线路因受自然和人为影响而中断,在事故发生时实时数据的上传可通过 PSTN 方式下的 FTP 上传下载,直到线路恢复连接。

2) 手机短消息

在野外的条件下,采用 PSTN 方式不一定能实现广域系统的连接,而且并非每一个人员都配备有手提电脑并采用无线连接,但 GSM/GPRS、CDMA 却可覆盖库区大部分地区。因此,群测群防人员可以利用移动电话,采用短信的群发形式向信息管理中心发送测量数据、通报灾情、发布新闻等。这样做,可对专线的数据传输起到补充作用。

3. 局域网络的布局

库区的每个基础站点和中心站既是整个网络系统的一个节点,同时又都自成一个局域网系统,而整个广域网络可看作这种局域网络的延伸和连接。在各个局域网络中,都需要完成网络连接、数据采集、数据传输,以及各种日常报表和文件处理,并且以 WEB 方式在二级主页上发布信息,如通知、报告、本地气象、公告牌等。

按照总体设计要求,建立了数据服务器群,扩充了存储系统、双机热备份机制和光纤磁盘阵列的存储设备,以确保数据库的分类存储及数据安全,使整个系统实现高效、不间断、无阻塞的运行。

4. 野外地质数据远程传输

三峡库区地质灾害数据的远程传输，可以采用无线网络，也可以采用有线网络（图 10-9）。无线传输网络具有灵活、自主性强、对系统变化的适应性强等优点，在必要时还可以实行无人操作；但数据链路受环境影响较大、数据传输速率不高，需要较强的纠错算法，且成本相对也比较高。有线传输网络则具有可利用设施多、链路稳定、可靠性高、数据传输速率较高，投资相对较少的优点；但系统灵活性较低，对于缺乏有线网络线路或电话线路的地方，特别是对于无人监测站而言应用难度较大。

因此，采取灵活的数据传输策略：在实际工作地点远离城镇，有线链路不能到达的地方，或是那些需要连续不断地采集数据并发送出来的野外监测站，采用无线网络；在实际工作地点靠近城镇，有线链路能够到达的地方，则采用有线网络。

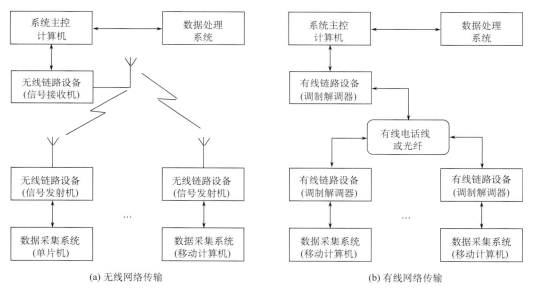

图 10-9　三峡库区地质灾害数据远程传输方案（改自沙学军等，1999）

10.3.5　本体创建与地质数据共享

在计算机网络已经广泛应用的时代，对于使用海量地质数据的各项研究和应用而言，数据的互操作性（interoperability）是实现高效率的信息提取、信息共享和知识发现的必要条件之一（Loudon，2000；Gahegan et al.，2009）。影响数据互操作性的因素可能出现在不同层面，如系统（即数据交换所基于的网络和服务）、语法（即记录数据的语言和编码）、模型（即数据的概念建模和结构）、语义（即数据的内容和含义）和语用（即数据的使用和效果）（Brodaric，2007）。我们可以把地质数据互操作性定义为由一个数据源提供的数据所具备的能被用户发现、访问、解码、理解及合理使用的能力（Ma et al.，2011）。在已有和正在进行的众多针对地质数据互操作性的研究中，基于本体的方法近年来受到了越来越多的关注。

1. 本体与本体谱系的概念

在计算机领域中，本体（ontology）是指对一个知识领域的可共享的概念化（Gruber，1995），它起源于哲学领域中对存在的研究。在对一个领域进行概念化的过程中，通常会涉及对该领域中一组概念的定义及对这些概念之间相互关系的表达。为了保存和交流这些表达，人们一般用文字和计算机语言把它们记录下来。概念的定义可以粗浅，也可以精细，概念之间关系的表达也是如此。这样就使建立的概念含义（或称语义）可以模糊，也可以缜密。本体谱系（ontology spectrum）的提出和讨论（McGuinness，2003），是对本体的建造及其在数据共享中的应用方式、方法的一种探索。如图 10-10 所示，该谱系包括了从词汇表、分类法、主题词表（或称叙词表）、关系模型到面向语义网（semantic web）的逻辑语言等不同本体类型。

在地质信息科学与技术的发展过程中，已经出现了图 10-10 谱系中各种本体类型的实例。其中，词汇表的一个实例是我国的地质词典（地矿部《地质词典》办公室，1983）美国地质调查局的地质词汇表（Neuendorf et al.，2005）；分类法的实例有岩石分类和古生物分类等（Huber et al.，2003；Huber and klump，2009）；主题词表的实例有地质矿产术语分类代码国家标准（GB/T 9649-1988）和地质年代主题词表（Ma et al.，2011）等；概念模型的实例有美国地质调查局和加拿大地质调查局联合设计的北美地质图数据模型（NADM Steering Committee，2004）等。采用面向语义网的逻辑语言，如资源描述框架（RDF）和网络本体语言（OWL）来编辑地学本体的相关工作，近年来发展很快，并在地球科学数据的网络发布中起到了促进互操作性的作用。例如，地球和环境词汇语义网（SWEET）（Raskin and pan，2005）和地质年代本体（Ma et al.，2012）等。

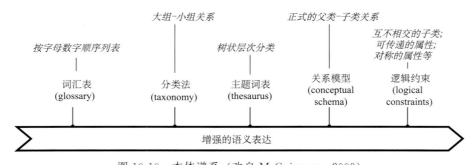

图 10-10　本体谱系（改自 McGuinness，2003）

注：斜体字用于解释对应的本体类型中两个概念之间比较典型的一种关系

在最近的一些与国家、区域和全球范围有关的地质数据基础设施项目中，不同类型的本体被用来开发出特色鲜明的功能，从而在应用中推动了地质数据的互操作性、促进了信息获取和知识发现。澳大利亚的 AuScope 项目（http://www.auscope.org）建立了基于词典的服务，用于对地质图的查询。所开发的功能可以克服由于语言、拼写、同义词和方言等造成的地质术语中的变化和不同，从而帮助用户找到所需的地质信息。北美地质图数据模型（NADM Steering Committee，2004）被应用于美国国家地质图数据库项目（http：//ngmdb.usgs.gov），促进了美国国内各种地质图数据库之间的协同工作。国际性的"同一个地质"（OneGeology）项目（http：//www.onegeology.org）采用 GeoSciML（Sen and Duffy，2005）作为一个通用的概念模型和网络数据交换标准，促进了全球范围内网络地质图的交换和集成。GeoSciML 也被用于"同一个地质-欧洲（OneGeology-Europe）"项目（http：//www.onegeology-europe.org）中。OneGeology-Europe 进一步扩展了基于词典的服务，它使用面向语言网的语言开发了针对地质年代和岩石类型的主题词表。该主题词表对涉及的每个地质概念给出了 19 种语言的标签，可以对网络发布的地质图进行多语种翻译和标注。通过这些功能 OneGeology-Europe 实现了 20 个欧洲国家的地质图在网络上的一体化融合和发布。与 OneGeology 类似的策略（即在分散的数据源之间采用通用的概念模型以进行协调），也被用于美国地学信息网络（USGIN）项目（http：//www.usgin.org）和加拿大地下水信息网络（GIN-RIES）项目中（http：//www.gw-info.net），分别处理地质信息和地下水信息的互操作性问题。在美国地学信息网格中，正式的本体被用于协调异构地质图的概念模型，从而使得它们之间的语义集成成为可能。

　　在上述研究和应用项目中，开发地质本体并用于协调异构地质数据的工作所取得的显著进展，也使得本体用于促进地质数据互操作性的能力得到了广泛承认。在这些项目中，一个技术趋势是把实际工作置于语义网（Berners-Lee et al.，2001）环境中，并使用与万维网（World Wide Web）兼容的全球通用格式（如可扩展标记语言（XML）及 XML 的子语言，如万维网联盟（W3C）提议的简单知识管理系统（SKOS）、资源描述框架（RDF）和网络本体语言（OWL）等）来开发本体。

2. 本体与本体谱系的构建与应用

　　下面就以 OneGeology-Europe 项目中的多语种地质年代和岩石类型主题词表的建模、编码及其在网络地质图共享发布中的应用为例，介绍这一技术趋势。

　　区域和全球性的合作已经是地质科学工作的一个趋势，但地质数据的多语种造成的障碍也经常出现，给地质数据互操作和地质信息带来了很大麻烦。随着地质科学和技术工作范围的全球化和国际化，解决语言障碍成为地质数据共享中的一个重要议题。大部分地质图都是由政府组织生产制作的，因此这些图件的语言通常是用生产单位的官方语言。如果用户无法阅读一幅地质图的语言，那么他将很难理解那幅地质图的含义，更不用说高效地使用它。最近有一些数字地质图采用了双语种或多语种的格式出版，以减轻语言障碍而给国际用户带来的困扰，如日本地质调查局（GSJ-AIST）在 2009 年出版的 1：20 万日本地质图，就是用英语和日语双语出版；世界地质图委员会（CGMW）和巴西地质调查局（CPRM）在 2003 年联合出版的 1：550 万南美地质图，使用了西班牙语、葡萄牙语和英语三语出版。不过，这些图件中使用的语言数量依然是有限的，多数国家出版的地质图依然还是处于单语种的状态。因此，大部分国家的地质图基本上不具备互操作性，或者在很大程度上受到阻碍。

在过去数十年中，国际地质科学联合会地学信息管理与应用委员会（CGI-IUGS）及其之前的类似机构组织的科学家，曾试图通过开发多语种地质主题词表的方式来降低地质图中的语言障碍。早期的工作成果包括 1988 年和 1995 年分别出版的地球科学多语种主题词表第一版和第二版。其中，第二版包括 5823 个专业词汇，采用以英语词汇为基础的分类编排方式，同时为每个英文条目安排对应的法语、德语、意大利语、俄语和西班牙语的词汇。2006 年，东南亚地学项目协调委员会（CCOP）和法国的国际地学培训与交流中心（CIFEG），联合出版了亚洲地球科学多语种主题词表。这份词典包括 5867 个专业词汇，同样也是英文词汇作为基本参照来组织分类，然后为每个条目安排中文、高棉语、法语、印尼语、日语、韩语、老挝语、马来语、泰语和越南语的词汇。这些主题词表能协助用户理解和使用以外国语言出版的地质图。不过，上述两部词典都存在着少量词汇编排不连贯、不完整和不精确的缺点，其实际使用受到了限制。因此，CGI-IUGS 也一直没有停止组织和开展多语种地球科学主题词表的修订工作。

中国原国家标准局出版的国家标准分类主题词表——地质矿产术语分类代码（GB/T 9649-1988），同时也对每个中文条目安排了对应的英文标注和说明。

飞速发展的网络技术使得地质图的网络共享发布变得简单易行。通过使用这些网络服务，机构或者个人能够在网络上快速地发布和共享地质图。开放地理空间联盟（OGC）的网络服务标准，如网络地图服务（WMS）、网络特征服务（WFS）和网络覆盖服务（WCS）等，使得地质数据能通过万维网进行更开放和更快的流动。地学主题词表的开发是地学本体开发和知识表达的基本要素和基础（表 10-1），网络地质图为开发和应用多语种地学主题词表提供了一个平台，而相关工作在语义网环境中也得到了更多重视和技术支持。

表 10-1　SKOS 模型中的主要对象属性和数据类型属性

对象属性	含义	数据类型属性	含义
skos：broadMatch	上位匹配概念是	skos：altLabel	交替标签
skos：broader	上位概念是	skos：changeNote	修改记录
skos：broaderTransitive	上位传递概念是	skos：definition	定义
skos：closeMatch	紧密匹配概念是	skos：editorialNote	编辑记录
skos：exactMatch	精确匹配概念是	skos：example	实例
skos：hasTopConcept	根概念是	skos：hiddenLabel	隐标签
skos：inScheme	在概念表中	skos：historyNote	历史记录
skos：mappingRelation	有映射关系的概念是	skos：notation	符号
skos：member	成员概念是	skos：note	记录
skos：memberList	成员概念列表是	skos：prefLabel	正标签
skos：narrowMatch	下位匹配概念是	skos：scopeNote	使用范围
skos：narrower	下位概念是		
skos：narrowerTransitive	下位传递概念是		
skos：related	相关概念是		
skos：relatedMatch	相关匹配概念是		
skos：semanticRelation	有语义关系的概念是		
skos：topConceptOf	是根概念于概念表		

　　CGI-IUGS 下属的地学概念定义工作组目前正在使用简化知识组织系统（Simple knowledge organization system，SKOS）编辑多语种地学主题词表，并且已经取得了阶段性成果。SKOS 是由 W3C 推荐的标准之一，它提供了一个预先定义的框架模型来对某一个领域进行建模，这个框架模型中的属性特别适合于建设主题词表。该模型中包括一组用来定义概念之间关系的对象属性（object property）和一组用来描述概念自身特征的数据类型属性（datatype property）。采用这些属性条目，用户可以方便地建立各主题词表中各词汇条目之间的上下层次关系和平行关系，同时可以赋予这些条目以各类属性值（如多语种的词汇标签）。目前，CGI-IUGS 地学概念定义工作组的工作，希望能在网络地学主题词表的应用上取得重大进展。原有的两个主题词表，是通过主题领域划分来组织地学词汇条目的，但是在各主题领域内词汇是用字母顺序编排且没有定义各词汇的含义。CGI-IUGS 地学概念定义工作组通过使用 SKOS，建立起地学词汇之间的层次关系，并给各词汇条目添加了定义。由于使用了 SKOS，其工作与语义网兼容且在网络地质图中有巨大的应用潜力。

　　为了使工作能得到实质性的进展，OneGeology-Europe 项目在众多的地质主题领域中选取了地质年代和岩石类型来编辑面向欧洲各国官方语言的多语种主题词表。在 OneGeology-Europe 所开发的地质年代主题词表中，使用 SKOS 对下三叠统（lower triassic）作了定义（表 10-2）。该定义除了使用 SKOS 模型中提供的属性，还采用了两

表 10-2　OneGeology-Europe 开发的地质年代主题词表中对"下三叠统"的定义

```
<skos:Concept rdf:about="urn:cgi:classifier:ICS:StratChart:200908:LowerTriassic">
    <geosciml:from_Ma xml:lang="en">251 +/-0.4</geosciml:from_Ma>
    <geosciml:to_Ma xml:lang="en">245.9</geosciml:to_Ma>
    <skos:notation xml:lang="en">a1.1.2.3.3</skos:notation>
    <skos:prefLabel xml:lang="bg">Раннен/долен Триас</skos:prefLabel>
    <skos:prefLabel xml:lang="cs">Spodní trias</skos:prefLabel>
    <skos:prefLabel xml:lang="da">Tidlig/Nedre Triassisk</skos:prefLabel>
    <skos:prefLabel xml:lang="de">Frühe/Untere Trias
(Buntsandstein)</skos:prefLabel>
    <skos:prefLabel xml:lang="en">Early/Lower Triassic</skos:prefLabel>
    <skos:prefLabel xml:lang="es">Triásico Inferior</skos:prefLabel>
    <skos:prefLabel xml:lang="et">Vara/Alam-Triias</skos:prefLabel>
    <skos:prefLabel xml:lang="fi">Varhais/Ala-Trias</skos:prefLabel>
    <skos:prefLabel xml:lang="fr">Trias inférieur</skos:prefLabel>
    <skos:prefLabel xml:lang="hu">kora/alsó-triász</skos:prefLabel>
    <skos:prefLabel xml:lang="it">triassico inferiore</skos:prefLabel>
    <skos:prefLabel xml:lang="lt">Ankstyvasis/Apatinis Triasas</skos:prefLabel>
    <skos:prefLabel xml:lang="no">Tidlig/undre trias</skos:prefLabel>
    <skos:prefLabel xml:lang="nl">Vroeg/Onder Trias</skos:prefLabel>
    <skos:prefLabel xml:lang="pl">Wczesny/Dolny Trias</skos:prefLabel>
    <skos:prefLabel xml:lang="pt">Triásico Inferior</skos:prefLabel>
    <skos:prefLabel xml:lang="sk">rany/spodny trias</skos:prefLabel>
    <skos:prefLabel xml:lang="sl">zgodnji/spodnji trias</skos:prefLabel>
    <skos:prefLabel xml:lang="sv">äldre/undre trias</skos:prefLabel>
    <skos:narrower rdf:resource="urn:cgi:classifier:ICS:StratChart:200908:Induan"/>
    <skos:narrower rdf:resource="urn:cgi:classifier:ICS:StratChart:200908:Olenekian"/>
    <skos:broader rdf:resource="urn:cgi:classifier:ICS:StratChart:200908:Triassic"/>
</skos:Concept>
```

个自定义的属性"geosciml：from_Ma"和"geosciml：to_Ma"来定义下三叠统的起止年代数值。数据类型属性"skos：notation"，被用来定义下三叠统在地质年代框架结构中的位置。其值"a1"、"1"、"2"、"3"、"3"中的五部分，代表了从超宇、宇、界、系到统的层次结构。中间的三个代码"1"、"2"、"3"，分别代表了下三叠统的上位概念即显生宇、中生界、三叠系的层次位置。表 10-2 中还使用"skos：prefLabel"定义了下三叠统在 19 种语言中对应的词汇条目。此外，"skos：broader"用来说明下三叠统在地质年代框架的上位概念是三叠系。"skos：narrower"用来说明下三叠统有两个下位概念即奥伦尼克阶和印度阶。

OneGeology-Europe 所开发的多语种主题词表，已经被用于其网络地质图的门户网站（http：//onegeology-europe. brgm. fr/geoportal/viewer. jsp）中。在该门户网站中，用户可以浏览由十余个欧洲国家地质调查局所共享的地质图。目前，包含地表地质年代、地表岩石类型、基岩地质年代和基岩岩石类型等图层。这些图件由各个国家地质调查局管理的网络服务器发布，而在 OneGeology-Europe 门户网站界面上则初始显示整个欧洲的范围，仿佛这些图层是由一个机构所提供。图 10-11 为在该门户网站选择浏览地表地质年代图层后所得到的结果。通过该网站提供的点选信息功能，用户可以点击图层上某点，从而获取该点对应的属性信息。如点击图 10-11 图层中某点，系统会弹窗显示该点对应的地表地质年代信息。图 10-12 中即点击德国某点的地表地质年代图层后，系统返回的信息。

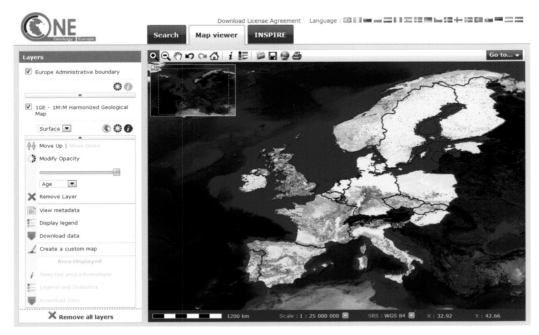

图 10-11　OneGeology-Europe 网络地质图门户网站界面

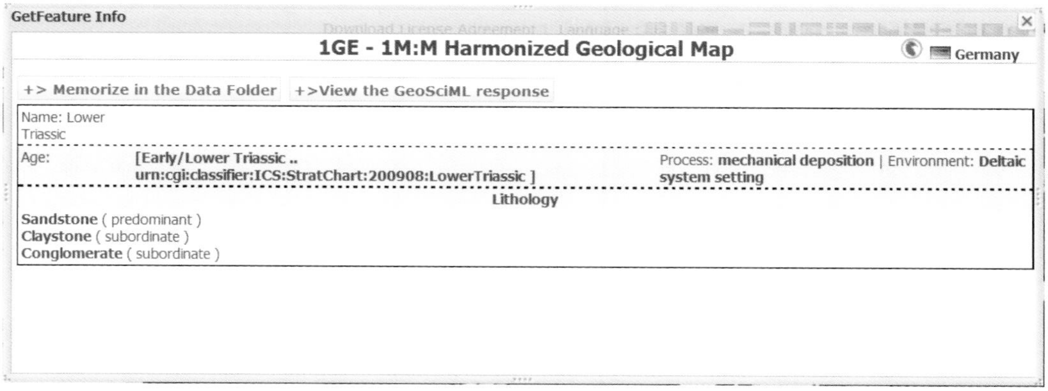

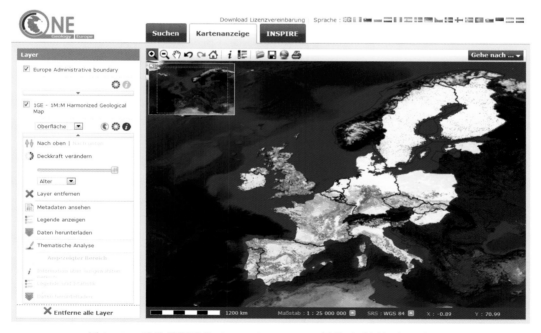

图 10-12　点击德国地表地质年代图层中某点后获取的属性信息

通过使用多语种主题词表，OneGeology-Europe 的地质图门户网站提供了便捷的语言环境变化功能。例如，点击表 10-2 中界面右上所示的语言列表中的德语，则整个网站的界面语言会全部变成德语（图 10-13）。之后，如果使用网站的点选信息功能，则系统返回的图层上某点的信息也全部显示为德语。图 10-14 即为选择德国地表地质年代图层中某点后系统返回的用德语显示的信息。在这个过程中有关地质年代的专业术语的翻译使用了前述的多语种主题词表。

图 10-13　选取德语后的 OneGeology-Europe 网络地质图门户网站界面

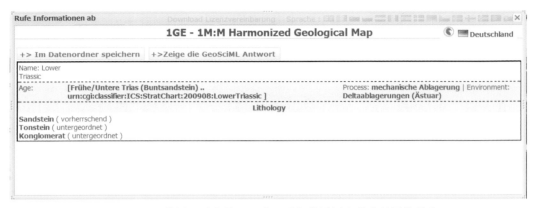

图 10-14　用德语显示的德国地表地质年代图层中某点的属性信息

以上我们简单描述了 CGI-IUGS 在多语种地学主题词表方面的工作，以及与之密切相关的 OneGeology-Europe 项目通过使用多语种主题词表，来增强网络地质图服务功能的工作。除了 OneGeology-Europe 项目，在其他项目中主题词表和本体等也还被用于开发其他有特色的功能。需要指出，尽管建设和使用不同的地质本体已经取得了进展，但仍然处于初级阶段。应用图 10-10 本体谱系中的各类本体，来促进地质数据互操作性和充分共享，依然面临着如下许多挑战（Ma，2011）。

（1）本体的建模与编码。建模把人们脑海中的领域知识转变为概念和关系，编码则是在一个上下文环境中用符号或者语言来执行这些建模。建模过程中的差异可以产生不同语义丰富程度的本体，而编码则与本体被使用的环境有关系。有关建模和编码的区别和联系，在地球科学领域的应用研究中还需要更多实践工作和讨论。

（2）地质数据和地质本体的多语种特征。地质现象和过程其自身是独立于语言隔阂的，但是地质数据则不同，它们往往是用一个国家的官方语言来记载。在地质领域的诸多主题上，能够得到各国共同认可的多语种本体还十分缺乏。同时在网络上发布共享的地质数据中应用多语种地质本体的工作也还处于刚刚起步阶段。

（3）基于本体的应用程序的灵活性和实用性。本体与地质信息领域最新技术的集成，如与 OGC 的网络服务标准、信息获取算法、概念映射和数据可视化等技术的集成，可以使我们有可能进一步探索和评估本体和基于本体的应用在促进地质数据互操作性和共享性方面的潜力。

（4）地质本体和地质数据的协调与演化。在一个较短时期内，我们有可能利用现有的地质本体协调一部分异构数据并使之同化。但是从长远的眼光看，数据在持续的流动和更新。因此，我们需要一些新的范例和模式，以便进一步运用本体处理在一个不断演化的环境中的数据互操作性和数据共享问题。

第11章 地质信息系统集成方法

地质信息系统集成是信息技术在地质工作中应用发展的必然现象。随着地质信息技术的深入应用和计算机软硬件环境的不断发展，人们越来越清醒地认识到，只有采用系统集成方式，才有可能取长补短并改变杂乱和无序状态，完整地发挥出地质信息系统和地质信息技术的潜在功能和价值，实现地质工作主流程的信息化。通常把整个生命周期的信息系统集成称为广义系统集成，而把局限于工程实施阶段的信息系统集成称为狭义系统集成。本书从实现地质工作主流程信息化的角度出发，把广义和狭义系统集成统一起来，整体地讨论地质信息系统的集成途径和方法。

11.1 地质信息系统集成概述

根据美国信息技术协会（ITAA）的定义，信息系统集成是根据一个复杂的信息系统或子系统的要求，把多种产品和技术验明并连接入一个完整的解决方案的过程。从技术、方法的角度看，所谓集成，是一种有机结合和在线连接，是使一个整体的各部分之间能彼此有机地和协调地工作，以发挥整体效益，达到整体优化的目的（费奇和余明晖，2001）。系统集成的框架结构包含 3 个主要组成部分：可重用技术、集成结构及总体集成（Rossack，1991）。系统集成的必要性根源在于现有系统的异构性，即由于系统中存在着异构的成分导致了系统中各个子系统无法实现有效的交互。系统的异构性包括目标与语义异构、体系结构异构、系统类型异构、编程语言异构、操作系统异构等几种（Roda et al.，1991）。因此，系统集成的本质含义是通过思想观念的转变、组织机构的重组、流程（过程）的重构以及计算机系统的开放互联，使整个企业彼此协调地工作，从而发挥整体上的最大效益（白庆华和何玉琳，1997）。

信息系统集成的结果，是构成一个整体、实时、动态和优化的，集数据采集、管理、处理、建模、分析、表达和应用为一体的运行系统。参与集成的各部分有机结合、相互衔接，数据在系统中流转顺畅、充分共享，最大限度地发挥信息系统的作用。信息系统的集成，既是信息化的内容，也是信息化的衡量指标。

根据地质信息系统的特点，其系统集成包括系统技术集成、系统网络集成、系统数据集成和系统应用集成 4 个方面。系统技术集成是指将多种技术方法或软件系统，有机地组合成一个完整的系统，实现系统功能的提升和飞跃；系统网络集成是指通过网络和网格技术，把分散于各地的相关硬软件资源连接起来，实现资源共享和功能增强；系统数据集成是指通过一定的技术方法，将各类异地、异构数据库连接起来，实现数据汇总、融合和综合；系统应用集成是指把地质工作主流程中各个环节的信息处理，组成一个有序的链条，各环节的成果和数据相互承接、流转顺畅，实现地质工作主流程的全面优化。集成后的系统整体逻辑结构如图 11-1 所示。

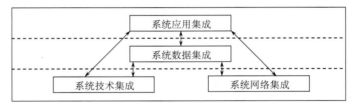

图 11-1　地质信息系统四大集成之间的逻辑关系

　　整个系统集成的核心是数据集成。没有数据集成，各功能模块就无法发挥作用，其他集成也失去意义。技术集成和网络集成既是数据集成和应用集成的手段，也是数据集成和应用集成的基础。四方面集成构成了一个完整的体系，相互间既有清晰的逻辑关系，又相互关联相互渗透，在具体实施过程中甚至是协同完成的。技术集成实现系统的一体化和可操作性，网络集成实现系统异地异构资源的互联、互通，数据集成实现系统的数据共享，应用集成则实现系统作业的有序化和一体化。

　　从系统开发和应用的顺序来看，集成的地质信息系统由数据层、技术（方法）层和应用层组成。这个层次结构和地质信息系统的实际开发应用和存在状态有着很好的对应关系（图 11-2）。从图中可以看出，地质信息系统使用的数据、技术、方法和应用领域，具体的系统集成方法将在本章的后续内容中讨论。

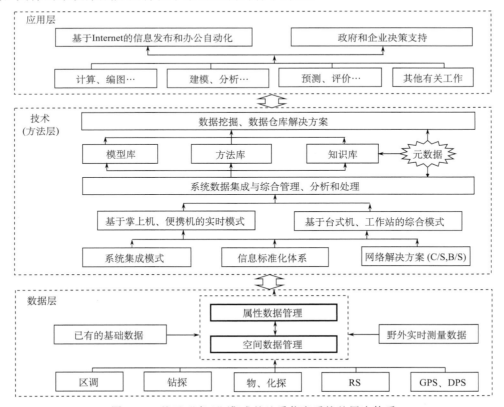

图 11-2　基于"多 S"集成的地质信息系统的层次体系

11.2　地质信息系统的技术集成

　　一般地说，进行信息系统的技术集成，是为了支持某一领域工作主流程中信息技术应用的序列化、一体化，促进该领域工作主流程的信息化。地质信息系统技术集成的内容应当是以"多 S"为主体，其集成方式可以是外部集成也可以是内部集成，视实际情况和需要而定。

11.2.1　技术集成的基本内容

　　为了支持地面测量工作中信息技术应用的序列化、一体化和信息化，提出了"GIS、RS 和 GPS"等"3S"集成的概念和方法（王之卓，1995）；而为了支持航空测量工作的序列化、一体化和信息化，提出了"GIS、RS、GPS、DPS 和 ES"等"5S"集成的概念和方法（李德仁，1995）。由于地质数据本身及其采集、管理、处理和应用，都具有极端复杂性，支持地质工作的序列化、一体化和信息化，仅靠"3S"或"5S"集成是远远不够的。地质信息系统的技术集成，应当是以"多 S"（DBS、GIS、CADS、RS、GPS、DPS、MIS、OAS、ANNS 和 ES 等）为主体的集成（吴冲龙，1998a；吴冲龙等，2005b）。

　　这是因为，地质信息系统不仅要面对海量的属性数据，还要面对海量的空间数据，而且要求实现地质-地理、地下-地上的空间-属性数据一体三维可视化建模，进行地质与成矿（成藏）过程动态模拟，开展地质环境、地质条件、成矿条件、成藏条件和矿产资源潜力的分析、评价与勘探开发决策，等等。传统的数据管理、处理、建模和分析软件系统，即上述"多 S"技术中的每个"S"技术，都是在各行各业信息化发展的不同阶段分别形成的，然后在地质工作信息化的进程中被逐步引入的。每一种"S"，即每一种应用软件系统，往往只能执行某个功能，因此需要有多种软件系统的协同，方能完成整个地质工作主流程的信息化作业任务。

　　在众多的"S"中，早期的主题式点源数据库系统采用关系数据库管理系统，用于管理和处理各类属性数据。GIS 因具有较强的时空数据管理、处理和空间分析功能，通常用于对多源时空数据的集成管理、动态存取和综合处理，以及进行系统集成的平台。但是，GIS 对属性数据管理能力不强，因而需要有关系数据库系统的支持。同时传统的GIS 的图形处理能力也没有 CAD 系统灵活和方便，往往需要 CAD 系统来辅助生成和输出各种地质图件。GPS 主要用于实时、快速地提供各类目标、传感器和运载平台的空间位置，在差分技术条件下可以达到毫米级的精度；RS 在这里是指遥感数据处理系统，专用于处理地表目标及其环境的图像数据，从中提取各种地质信息；DPS（数字摄影测量技术）结合其他技术提供可视化的高精度数字影像地图，是资源调查中一个重要的应用方向；MIS（管理信息系统）通常用于企业管理，而 OAS（办公自动化系统）通常用于政府或事业单位的日常工作，把 MIS、OAS 与其他多个"S"集成起来，是为了使以地质工作为主业的企事业单位的技术工作信息化与管理工作信息化衔接起来，提高其整体信息化的水平。三维地质建模、三维图形显示、三维空间分析、三维数值模拟和资源评价决策，都是上述各类软件系统集成化应用。

11.2.2 "多 S"集成的主要方式

"多 S"集成可以采用多种方式，其中包括外部集成方式、内部集成方式和部分内部集成的方式。外部集成方式是指采用 ODBC（open database connectivity，开放数据库互连）、OLE/OCX 等系统连接技术，把几个不同的软件系统连接起来，这是早期各类地质信息系统技术集成的主流方式。ODBC 可用于不同关系数据库系统之间数据的共享，或者其他系统（如 GIS）对关系数据库的访问。ODBC 以 SQL 为基本命令集，不但方便了程序设计，而且同一套 ODBC 指令可以访问不同的关系数据库数据，因而可以设计出通用数据库接口程序。OLE/OCX 是所谓"构件软件"概念的产物，其着眼点在于让用户工作在一个以文档为中心而不是以应用程序为中心的计算环境中，用户不必在处理与特定应用程序相关的数据之前就启动管理该数据的应用程序（李向阳等，2001）。一个 OLE/OCX 对象是基于构件对象模型（COM）的，它的出现使系统的高度集成成为可能。例如，可以把 Word、Excel 表格、Visio 图形、图片、声音文件、视频剪接等多种系统混合使用。

以早期的计算机辅助地质调查系统为例，其结构和数据流向如图 3-3 所示。在该图中，虚线框内所包含的元素及其相互关系，是在分析了地质调查工作的任务、内容和工作方式基础上制定的基本体系结构，箭头线表明了系统的数据流向。系统中包含了 DBS、GIS、RS、GPS 和 CADS 等，以及多种小型硬件设备（如便携机、手写板、GPS 和数码相机等）的一个综合性系统。该系统的技术层建设正是围绕着数据库展开的，DBS 和 GIS 是整个系统的核心，GIS 还因具备强大的数据操作和空间分析能力而成为整个系统的基本集成平台，其他几个"S"便是通过与这个平台连接而充分发挥作用的。

采取外部集成方式的优点是软件研发工作量小。实际上，前述关于信息系统集成的经典定义，就是针对外部集成而言的。在一般情况下，如果所涉及的各种"S"少而且相互间没有数据结构不一致的问题，或者数据结构不一致的问题容易通过系统连接技术来解决，就采取外部集成方式。采取这种集成方式所遇到的困难之一，是操作时往往要先退出一个系统才能进入另一个系统，但由于各个"S"的研发思路不同、系统构架和数据结构不同，工作流程也不同，造成矛盾的冲突不断。有时为了完成一个信息处理任务，需要多次进行数据转换，造成信息丢失和错乱。而为了简化操作必须使系统之间的数据流转和交换顺畅无阻，这就将面临更大的麻烦，即各个研发机构和厂家不愿公开其数据结构。虽然有许多研究者尽了多年努力，至今仍没有实现两种"S"之间的数据转换完全正确无误，而且哪些数据丢失了和哪里数据错乱了又无法估计和评价，只有在后来的应用过程中才能够逐步被发现。

要彻底解决系统之间的数据流转问题，只能采用内部集成方式。内部集成方式是指把所有的"S"融合在一起，成为一个完整的综合性软件系统。通常的做法是以一个共用地质数据平台为基础进行开发，使该系统同时具有所有"S"的特征。但是，采用内部集成方式也面临着巨大困难。最大的困难之一在于现有的 GIS 不具备体三维数据结构，难以充当"多 S"集成的基础平台并实现地质-地理、地下-地上的空间-属性数据的一体化存储、管理、处理和应用；困难之二是开发工作必须从底层开始搭建一个具有强大功能的对象-关系数据库，以及具有体三维数据结构的地质信息系统平台，但其工作量巨大，需要耗费大量的时间、人力和财力，几乎不可能完成。

从"追求整体最优"的系统工程基本思想出发，采用部分内部集成、部分外部集成的方式较为合理、可行，即对于那些不需进行数据转换且开发工作量过大的系统以外部集成方式进行开发，而对于那些需要进行数据转换且开发工作量较小的系统则以内部集成方式进行开发。例如，功能强劲且具有对象-关系数据库特征的 DBS，不是一朝一夕可以开发出来的，与其他"S"之间也不存在数据结构不同的问题，可以选用现成的最佳产品进行外部集成；而"GIS"、"CADS"、"MIS"和"DSS"，以及各种三维地质建模系统等，则采用内部集成方式，并且以具有自主版权的体三维地质信息系统平台取代普通的 GIS 平台，作为地质信息系统集成所依托的基本平台（图 11-3）。至于参加集成的其他"S"以何种方式进行集成，可以视实际情况而定。国际上流行的组件式和插件式程序开发方式，无疑是值得借鉴的。通过多年的研讨和实践，这种部分内部集成、部分外部集成的方式，已经被人们普遍接受，成为国内外地质信息系统技术集成的主流方

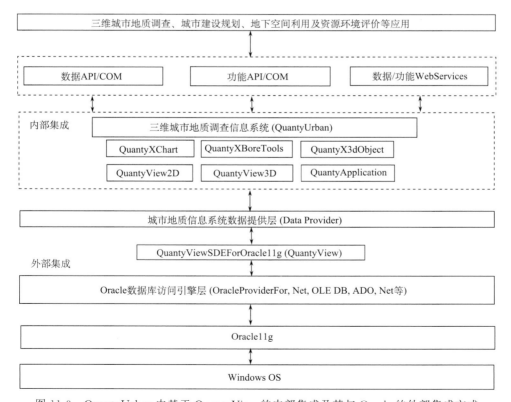

图 11-3 　QuantyUrban 中基于 QuantyView 的内部集成及其与 Oracle 的外部集成方式

式。国内以 QuantyView 为基础平台研发的"城市地质调查信息系统（QuantyUrban）"（图 11-3）、"矿产资源勘探开发信息系统（QuantyMine）"、"灾害地质勘察信息系统（QuantyHazard）"等，便采用了这种集成方式。

从某种意义上说，QuantyView 平台本身也是采用内部集成的方式组建起来的。该平台以主题式点源对象关系数据库和数据仓库为核心，综合了"GIS"、"CADS"、"MIS"和"DSS"等功能，以及多维动态数据调度、可视化建模和数据处理功能，并且以插件方式接纳和集成多种数据处理功能软件，各种技术方法与应用模型层叠式复合，彼此间实现无缝连接，成为一个功能齐全的地质信息工作站。该平台目前已经成为国内一些专业化的地质信息系统，如城市三维地质调查信息系统、矿产资源三维勘探开发信息系统和油气成藏过程动态学模拟等系统开发所依托的基础平台。

11.3 地质信息系统的数据集成

由于数据存在的多源异构性、分布性和自治性等特点，数据集成技术在各个专业应用领域一直受到人们的关注。30 多年来，从早期多数据库系统的集成，到分布式数据库系统、中介器系统、联邦式数据库系统、数据仓库、操作数据存储（operational data stores，ODS）、面向消息的中间件（message-oriented middleware，MOM）、网格和基于本体的语义数据等的集成，体现了数据集成技术的发展历史。

11.3.1 数据集成的解决方案

数据集成的核心问题是对多源异构数据库的集成。目前的数据集成方式主要有两类，即虚拟视图法和实视图法。虚拟视图方式也称模式集成方式，其数据仍保存在各数据源上，由集成系统提供一个虚拟的集成视图（即全局模式）以及全局模式查询的处理机制——查询翻译和查询处理算法（Wiederhold，1992）。用户可以如同访问拥有统一模式的单个数据源一样，查询这些信息源中的有用信息。实视图方式也称数据复制方式，目前常用的是数据仓库法（Chaudhuri and Dayal，1997），可用于集中存储来自各数据源的数据，由系统提供相应的查询机制。用户基于数据仓库所作的数据检索与操作，就是在一个实际存在的且更为完善的主题式数据库中进行。

1. 基于虚拟视图法（模式集成法）的数据集成

1）多数据库系统的数据集成

基于 ODBC 的系统连接技术，实际上就是多数据库系统的数据集成技术。除了 ODBC，还有随后发展起来的 DAO、OLE DB 和 ADO 等多种数据库连接技术。其特征如下。

ODBC 微软公司早期开放服务结构（windows open services architecture，WOSA）中有关数据库的一个组成部分。这是一种基于一组规范和标准的 API，进行底层访问的关系数据库互连技术。ODBC API 可以是客户应用程序，能从底层设置和控制关系数据库，完成一些高级数据库技术无法完成的功能。在实际应用中，如果使用 SQL API 进行编程，访问效率较高，但需要编写的代码较多；如果使用 MFC ODBC 封装的类进行访问，实现过程就比较简单。其不足之处在于，ODBC 只能用于关系型数据库的访问和连接。

DAO（data access objects，数据访问对象）是 Microsoft 一种用来访问 Jet 引擎的方法，主要用来访问 Access 数据库，使用起来比较简单。提供了一种通过程序代码创建和操纵数据库的机制。其特点是对 Microsoft Jet 数据库的操作很方便，可以访问从文本文件到大型后台数据库等多种数据格式。随着分布式数据库的出现和应用，DAO 演变出了 RDO（remote data objects，分布式数据库体系设计）。

OLE DB（object link and embed data base，对象链接和嵌入数据库），这是一种基于面向对象技术的数据库接口技术，可实现对所有类型数据库的操作，甚至可以在离线的情况下存取数据。OLE 不仅是桌面应用程序集成，而且还定义和实现了一种允许应用程序作为软件"对象"（数据集合和操作数据的函数）彼此进行"连接"的机制。这种连接机制和协议称为部件对象模型。利用这种技术能开发出可重复使用的软件组件（COM），显著地提高服务器端游标的性能。OLE DB 也可与 ODBC、ADO 联合使用，这时则 OLE DB 位于 ODBC 层与 ADO 之间，ADO 是位于 OLE DB 之上的"应用程序"。ADO 发出的调用请求先被送到 OLE DB，然后再交由 ODBC 处理。

ADO 是一种基于 COM 的数据库访问技术，既可以访问关系数据库，也可以访问非关系数据库及多种异构数据源。它也是从 ODBC 发展而来的。由于它是基于 COM 的，访问速度也较快，占用资源较小。ADO 是一种基于 OLE DB 的访问接口，建立在 OLE DB 底层技术基础上，实际上是 OLE DB 的客户程序，属于数据库访问的高层接口。ADO 的程序间接使用了 OLE DB，属于面向对象的 OLE DB 技术，继承了 OLE DB 的优点。ADO 由于兼有强大的数据处理功能和简单的编程接口，因而应用十分广泛。

这些连接技术各有优缺点（表 11-1），相比较而言 ADO 优于 ODBC 和 DAO。

表 11-1　几种数据源连接方式的优缺点比较

访问接口	易用性	运行能力	运行速度	内存占用	可扩展性	安全性	技术层次	访问数据源类型
ODBC	较差	较高	慢	多	差	好	底层	关系数据库
MFC ODBC	好				一般		高层	关系数据库
MFC DAO	好	较高	较快		一般		高层	关系数据库，Jet 型最好
OLE DB	差	高			好		底层	关系型非关系型数据库
ADO	最好	高	快	少	好	稍差	高层	关系型非关系型数据库及多种异构数据源

2）分布式数据库系统的数据集成

解决分布式数据库系统的数据集成问题，可采用 RDO、XML（extensible markup language，可扩展的标记语言）和 CDN 技术。

XML 目前已经成为 W3C（The World Wide Web Consortium，互联网联合组织）的标准。它提供了一种表示数据结构和内容的通用格式，比较好地解决了网上异构系统之间数据交换的统一表示问题，适合作为异构数据集成系统中的公共数据模型。XML具有以下特点：①作为面向内容的标识语言，可以脱离具体应用来描述保存在异构环境中的各种数据，其文件中的数据可供其他系统直接操作；②以一种统一的数据模式描述来自不同数据源的数据，屏蔽数据源中应用环境和数据结构的异构性；③具有很好的可扩展性。除定义可扩展标记语言标准外，还另有一套相关的标准，当应用服务器利用它进行数据建模时，只需改变定义即可改变数据模型。XML 的缺点是语义表达能力有限，难以单独解决异地异构数据集成问题，只有在其他技术的配合下方能实现对数据进行跨平台、跨协议集成和互操作。

3）基于中间件信息系统的数据集成

基于中间件信息系统（mediator-basted information systems，MBIS）进行数据集成的方案（图 11-4），是为提高查询处理的并发性，减少响应时间而提出的（Busse et al.，1999）。所谓中间件（mediator），是指用来封装一系列关于对象交互行为的一个中介对象。多源异构数据库集成所面临的问题之一，是并发性差且响应时间长。通过在中间件和包装器（wrapper）之间分割处理任务，可以有效地提高查询处理的并发性，减少响应时间。其中，包装器对特定数据源进行封装，将其数据模型转换为系统的通用模型并作为输出模式，还提供一致的物理访问机制。中间件侧重于全局查询处理和优化，有一个采用通用模型描述的全局模式，用户可以把集成数据源看作一个统一的整体。系统通过调用包装器或其他中间件来集成数据源的信息，解决数据冗余和不一致性，提供一致协调的数据视图和统一的查询语言。该数据集成方案实现的关键，是构造这个逻辑视图并使得不同数据源及其关系能映射到中间层。中间件模式是目前比较流行的数据集成方法，其优点是具有公共数据模型、分布式异构透明、本地自治和可扩展等；缺点是不能够有效地解决消息的阻塞等问题。

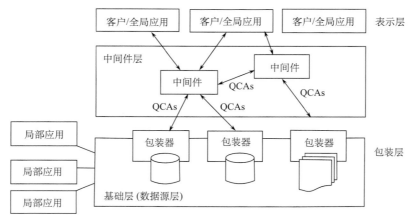

图 11-4　基于中间件信息系统的体系结构（Busse et al.，1999）

注：QCA（query correspondence assertions，查询关系断言）

4）基于联邦式信息系统的数据集成

所谓联邦式信息系统（federated information systems，FIS），是既协作又自治的多个数据库系统的集合，其中的数据源之间共享一部分数据模式，以形成一个联邦模式。联邦数据库系统（FDBS）按集成度可分为两类：紧耦合联邦数据库系统和松耦合联邦数据库系统。紧耦合系统拥有统一的全局模式，各数据源的数据模式均映射到全局数据模式上，集成度较高；但是构建全局数据模式比较复杂，可扩展性也差。松耦合系统没有全局模式，只是采用联邦模式，由用户通过统一的查询语言解决异构的问题，集成度不高。基于 FIS 的数据集成方案的体系结构，类似于基于中间件信息系统的集成方案（Busse et al.，1999）。联邦层就相当于图 11-4 中基于中间件信息系统的体系结构中的中间件层。对于 FDBS，包装层对应于其成员模式和输出模式。该体系将非联邦模式的多数据库语言系统，从 FDBS 中分离出来作为一种松散耦合系统，成为 FIS 中独立的一类（图 11-5）。由于未采用联邦全局模式，其优点是容易实现，缺点是工作量极大而扩展性差，其中数据源有可能要映射到每一个数据模式上，当集成的系统很大时，对实际开发将带来巨大的困难。

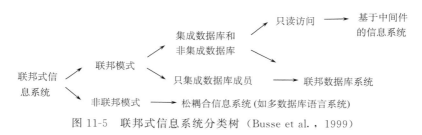

图 11-5　联邦式信息系统分类树（Busse et al.，1999）

5）基于 ODS 的数据集成

ODS（operational data store）是一个面向主题的、集成的、可变的、当前的细节数据集合，是介于数据库和数据仓库之间的一种数据存储技术，用于支持企业对于实时性的、操作性的、集成的全体信息的需求。ODS 的最大特点是数据可实时更新。如果需要，还可以对 ODS 中的数据进行增加、删除和更新等操作，甚至 ODS 中的数据更新可以反向传播至相应的数据源。与数据仓库相比，ODS 更侧重面向业务处理的数据集成以及对"战术级"决策分析的支持。在基于 ODS 的数据集成过程中，可通过 ETL、EAI（enterprise application integration）等技术准实时或实时地从各业务系统中抽取相关数据，进行转换、加载、映射等工作形成 ODS 的核心数据。在这个过程中，需用到中间件的数据集成技术，即先将异构数据进行同步化，然后进行 ETL（抽取-转换-清洗-过滤-加载），而且强调自动化的过程管理。

6）基于网格的数据集成

网格（grid），也称虚拟计算环境，是近年来兴起的一种重要的网络技术。采用开放网格服务体系结构（open grid service architecture，OGSA）所定义的面向服务的基本体系结构和机制，能够有效地解决具有高度自治特征的远程多源异构地质数据的集成、共享和互操作问题。依据 OGSA 面向服务的体系结构，数据集成中间件可以抽象为一种网格服务——数据集成中间件服务。在整个网格体系框架内，数据集成中间件的服务是基于网格基础设施提供的基本服务，对那些已经存在的数据库资源，还需要扩展网格服务来进行连接，即通过扩展网格数据管理功能来实现数据集成（Foster et al.，2002）。这种扩展的构成是一种面向特定应用环境的网格扩展服务包模块。目前的常用模式，是采用 The University of Edinburgh（2009）研发的、基于网格基本数据管理功能之上的信息数据集成访问中间件 OGSA-DAI（open grid service architecture-data access and integration）来实现。

OGSA-DAI 是一个免费的、开源的中间件，属于面向服务的集成技术。其中间件是可复用的软件。OGSA-DAI 处于网格的网络基础设施和数据库之上，用户应用软件（即应用层）之下，总的作用是通过网格操作系统软件 GT4，为应用软件提供运行与开发的环境，帮助用户灵活、高效地开发和集成复杂异构的数据。OGSA-DAI 提供 6 个基本服务，必须通过功能拓展才能再充分发挥作用（The University of Edinburgh，2009）。它可以通过 3 个途径进行功能拓展：①对于关系数据库、XML 数据库、半结构化文本文件、结构化二进制文件之外的其他数据源，须开发相应的驱动；②通过 Activity（活动）的灵活运用，结合 Workflow（工作流）技术进行应用软件编程，实现功能拓展；③若 OGSA-DAI 中的 Activity 功能不全或者接口不方便，用户可自己编写 Activity，拓展 OGSA-DAI 功能。实践结果表明，通过扩展，对于高度自治、异构量大、集成极难且更新变化快的网格系统有很好的适应性。

7）基于本体语义的数据集成

基于本体语义的数据集成技术，是为了填平异构数据源之间的"语义鸿沟"而提出来的。数据的异构性分为两个方面：一是结构性异构，即不同数据源数据的结构不同；二是语义性异构，即不同数据源的数据项在内容和含义上有所不同或有冲突。目前，结构性异构已经有许多办法来解决，特别是 XML 成为异构系统间数据交换的公认标准之后，其集成的困难就不存在了，于是语义异构上升为数据集成技术的主要难点。本体是对某一领域中的概念及其之间关系的显式描述，是语义网络的一项关键性技术。本体技术能够明确表示数据的语义以及支持基于描述逻辑的自动推理，为语义异构性问题的解决提供了新的思路。但本体技术也存在一定的问题，如已有关于本体语义集成技术研究都没有充分关注如何提高数据集成过程和系统维护的自动化程度等问题，而已有各数据集成方法也都面临如何更好地解决语义异构的问题。因此，基于本体语义的数据集成技术，虽然很有发展前景，却至今还没有真正发挥作用。

2. 基于实视图法（数据复制法或数据仓库法）的数据集成

数据仓库是面向主题的、集成的、不更新的（稳定性）、随时间不断变化（多时态）的数据集合，用以支持经营管理中的决策制定（Inmon，1994）。换言之，数据仓库是面向主题的数据集成，与传统数据库面向具体应用不同。它通过数据综合的方式提供了一个集成数据环境，但是这种集成方式是单向、自下而上的集成。数据仓库中的数据是在对原有分散的数据库数据抽取、清理的基础上经过系统加工、汇总和整理得到的，消除了源数据中的不一致性，可以保证数据仓库内的信息是一致的全局信息。但是，数据仓库中的数据是单向流动的，不支持更新。因此，数据仓库技术适合于仅需综合查询、统计报表、数据分析等的应用场合，而不能支持各数据源之间的数据互操作的需求。常用的数据仓库体系结构如图 9-1 所示。

为了实现地质数据"一站式"集成服务和共享，需要打破单学科、单主题的数据组织方式，进行多学科、多主题、多模式的协同，用全新的风格去重组数据，或者在原来的基础上再筑"一层楼"，实现这些"小房间"内的数据有机融合，构建一个面向客户、结构统一、语义一致的、逻辑集中而物理分散的地质数据仓库或数据集市，同时实现基于数据仓库的多级多向查询、分析和数据挖掘。

数据仓库是一种新的数据处理体系结构，能对大量分散独立数据库进行规划、平衡、协调和编辑，对数据进行标识并编成目录，确定元数据模型，使得数据能够在集成的系统中分布和共享。优势在于集成后仍然能够适应以后系统的升级，同时随着数据挖掘和知识发现技术的迅速发展，挖掘隐藏的有用信息，为企业更进一步的发展提供了基础。同时，数据仓库中数据处理过程能对大量无用数据进行处理。

利用地质空间数据仓库技术，将地学数据按专题、分学科、分布式、网络化、分区存储，不但能很好地实现数据共享，而且是提高数据利用价值的一种有效途径，更有利于实现地学数据的整合与集成研究，为构建"一站式"地学信息集成服务的共享数据环境奠定基础。而为了使数据仓库技术适应于局部领域和项目的应用，以便获得一种易于自行定向的开放式数据接口工具，还可以采用数据集市技术。只要事先制定全局数据标准和统一的数据模式，不仅可以有效地解决数据一致性问题，还可以把各个局部的数据集市集成起来，扩展为整个企业或部门数据仓库。

3. 两种数据集成方式的比较

基于虚拟视图法方式数据集成，优点是不需要重复存储大量数据，能保证查询到最新的数据，比较适合于类型单一、更新变化快的异构数据源集成，可用来对正在进行的矿产勘查、工程勘察和矿产开采过程和结果的动态评估和掌控，以及对地质灾害监测预警分析和决策；缺点是难以在短时间内聚集和组织多类型、多维度、多尺度、多时态、多粒度和多主题的海量空间-属性数据。基于实视图方式的数据集成，能够高效而有序地聚集和组织多类型、多维度、多尺度、多时态、多粒度和多主题的海量空间-属性数据，适用于区域成矿预测和矿产资源勘查决策等复杂的多层次、多主题、多目标的决策分析，缺点是数据重复存储，而且更新不及时。

根据以上各种数据集成方式和方法的特点，地质信息系统平台的整体构建可以选用基于实视图法的数据集成，即数据仓库方式；而以组件或插件方式依附于该平台的各种具体功能处理软件，可选用基于虚拟视图方式的各种合适的集成方法。国产的三维地质信息系统平台 QuantyView 数据及集成方式，正是采用了这种解决方案。

虽然数据集成技术已经有了很大进展，但由于应用和需求的不断变化，数据集成至今仍是地质行业信息系统建设、维护和发展所面临的难题。已有的数据集成方案普遍存在难以适应数据源的动态变化、难以完成海量多源异构地质数据的动态集成，以及传输成本过高等缺陷，而且很多系统中的数据是从数据源向集成模式单向流动的，不能支持局部数据源之间的数据交换、共享和互操作，也不能在集成数据上进行新型跨部门、跨单位的综合业务开发。着眼于未来的发展，需要更多地关注和研发基于数据仓库、网格和本体的数据集成技术。这些问题的解决只能是循序渐进的，即伴随地质信息系统建设和地质工作信息化的发展而发展。

11.3.2　数据集成的预处理问题

由于地质信息系统所面对的数据本身所具有的多源、多维、多类、多尺度、多时态和多主题等特征，不仅是空间实体的位置、几何形状及相互间拓扑关系的反映，同时也是空间实体对应属性的反映。在进行地质数据集成（整合、聚集、组织、分层）时，首先要处理好系统数据标准化和数据存储结构问题；其次要处理好地下-地上、地质-地理、空间-属性数据的一体化存储管理问题。

1. 系统数据的标准化问题

系统数据标准化是信息系统建设的必要保证，也是提高系统数据信息利用价值的必经之路。地质信息系统的开发需要考虑的数据标准包括属性数据标准、空间数据标准（包含图式图例标准、数字化分层标准等）和网络应用标准等。制定这些具体标准需要参考有关的国家标准和国际标准。

　　1）属性数据标准

有关的国家和行业标准举例如下。
(1)《地质矿产术语分类代码》（GB/T 9649.16—1988）；
(2) 国家标准《国土基础信息数据分类与代码》（GB/T 13923—1992）；
(3) 国家标准《中国河流名称代码》（SL 249—1999）；
(4) 国家标准《中华人民共和国行政区划代码》（GB/T 2260—1995）；
(5) 国家标准《世界各国和地区名称代码》（GB/T 2659—1994）；
(6) 国家标准《工程测量基本术语标准》（GB/T 50228—1996）；
(7)《地学数字地理底图数据交换格式》（DZ/T 0188—1997）；
(8)《数字化地质图图层及属性文件格式》（DZ/T 0197—1997）；等等。

　　2）空间数据标准

空间数据标准包括基础地理信息测量和地理信息系统的标准（图式图例、技术规程等）。
一些国家和国际组织成立了 GIS 标准化组织。美国、德国、英国、加拿大、澳大利亚和欧洲制图委员会、北约组织等已开发了各自的 GIS 数据转换标准。在各种标准之中，美国的 SDTS 影响最大，已进入应用阶段。我国也开始了这方面的工作，已经制定了一系列相应的标准，如《空间数据交换格式标准》等。

3)　网络应用标准

地质信息系统通常兼有广域网和局域网两种结构，建设中需要考虑网络系统的稳定性、安全性、通用性和可扩展性。网络系统又包括软件和硬件两个部分，其中硬件包括网络体系结构、硬件平台选择和通信线路布置等几个方面；软件包括操作系统的确定、通信协议、软件平台的确定和浏览器支持等几个方面。在具体实现过程中，应采用符合国家标准或国际标准的硬软件平台体系。

2. 系统元数据标准与应用

1)　元数据的作用、内容与分类

元数据即"说明数据的数据"，是关于数据和信息资源的描述性信息。地质-地理元数据用于描述地质-地理数据集的内容、质量、表示方式、空间参照系、管理方式以及数据集的其他特征，既是实现地质-地理空间数据集共享的核心内容之一，也是数字地球和空间信息基础设施的核心内容。

地质-地理元数据设计的目标是确定需要哪些元数据内容才能简洁、准确、完备地描述地质-地理数据库中的数据，因此，地质-地理数据的内容、数据中所包含的信息是元数据设计的决定因素。不同元数据的格式不同，应分别设计。参考国际上已有的元数据格式标准，并结合我国地理信息数据的特点和已制定的格式标准，确定元数据的描述内容包括标识信息（类型标识、内容摘要）、精度信息（精度等级、比例尺、分辨率等）、空间参照系信息（坐标系类型）、范围信息（大地坐标范围、经纬度范围）、数据存储信息（数据量、存储路径）及其他信息共 6 类。

下面以矢量数据为例说明其结构设计。矢量数据是分图层管理的，这些图层的描述信息一部分相同，一部分不同。系统中据此可设计两个模式，分别描述图层的公共信息（表 11-2）和各图层的特别信息（表 11-3）。模式之间通过图层表名建立连接。由于现有矢量数据多是由纸质地图数字化而来，模式设计中需加入数字化日期、单位等字段。

表 11-2　矢量数据的公共元数据格式

字段名	数据类型	长度限值	说明
类型标识	char	3	恒为 vec
内容摘要	char	40	对本数据的简短说明
格式	char	10	国标、军标、MapInfo 等
成图日期	date		
成图单位	char	30	
数字化（采集）日期	date		
数字化（采集）单位	char	30	
投影方式	char	10	
比例尺	int		
图幅号	char	12	

续表

字段名	数据类型	长度限值	说明
大地经度最小值	char	10	以度、分、秒表示
大地纬度最小值	char	9	定义域为［－90°，90°］
大地经度最大值	char	10	以度、分、秒表示
大地纬度最大值	char	9	定义域为［－180°，180°］
大地纵坐标最小值	float		以米为单位
大地横坐标最小值	float		
大地纵坐标最大值	float		
大地横坐标最大值	float		
图层表名	char	10	

表 11-3　矢量数据的图层元数据格式

字段名	数据类型	长度限值	说明
图层名	char	10	
初始显示颜色	char	10	
点目标个数	int		
线目标个数	int		
面目标个数	int		
数据量	float		以 Mb（兆字节）为单位
存储的物理位置	char	40	

通过建立系统元数据，不仅能够实现系统内部数据的有效管理，同时还可以建立服务于 B/S 结构、C/S 结构的新一代网络应用的基础数据设施，很好地支持系统的三维可视化模拟、数据挖掘与数据仓库等高级应用。

2）元数据的标准

迄今为止，已有许多机构或组织对元数据所描述的空间数据特征进行了规划和分类，从而形成了一系列可供参考和遵循的标准（表 11-4）。

表 11-4　国际上几种著名的空间数据元数据标准

序号	名称	机构或组织
1	数字地理空间元数据内容标准（CSDGM）	美国联邦地理数据委员会（FGDC）
2	目录交换格式（DIF）	美国国家航空航天局（NASA）和全球变化数据管理国际工作组（IWGEMGC）
3	政府信息定位服务（GILS）	美国联邦政府
4	CEN 地理信息—数据描述—元数据	CEN/TC287
5	数据集描述方法 GDDDD	欧洲地图事务组织（MEGRIN）
6	数字地理参考集的目录信息 CGSB	加拿大通用标准委员会（CGSB）地理信息专业委员会
7	ISO 地理信息元数据	国际标准化组织地理信息技术委员会 ISO/TC211

可供参考的国家标准包括国家基础地理信息系统（NFGIS）元数据标准草案等。

3）元数据的管理

对于记录形式，元数据可以采用非结构化的文本记录方式和结构化的数据库记录方式。前者所要求的计算机资源较少，适用于记载数据项不复杂、使用不频繁的元数据；后者一般需要以关系数据库管理系统为基础，查询、检索和使用元数据的效率较高。空间信息与属性信息元数据格式比较复杂，且担负着管理与检索海量地理信息的任务，必须保证其完整性、一致性，还要管理方便、查询速度快，所以可采用成熟的商用关系数据库管理系统。元数据管理系统提供的功能，因用户权限而异。对普通用户应该提供查询、浏览的功能，数据库管理员还要能对数据进行编辑。另外，因为是网络型信息系统的元数据管理系统，所以应该允许用户远程登录访问。

11.3.3　数据集成与云概念

与数据集成和网络计算相关的云概念一经提出便迅速发展，云主机、云系统、云计算等名词层出不穷，应用越来越广泛。

云主机是云计算在基础设施应用上的重要组成部分，位于云计算产业链金字塔底层，产品源自云计算平台。该平台整合了互联网应用的三大核心要素：计算、存储、网络，面向用户提供公用化的互联网基础设施服务。

云系统是采用 HFP 及 HDRDP 技术，可在局域网框架下实现云计算效果的新一代通用计算机系统产品。云系统由软件、硬件及安全组件构成，是一种将云计算的 SaaS（软件即服务）、PaaS（平台即服务）和 IaaS（基础设施即服务）技术理念导入本地，并通过局域网加以实现的通用网络计算机系统。该系统具有性价比高、安全稳定、寿命长、功能强、高可管及易维护的特点，可帮助多机用户以最低投入实现最高效率。

云计算（cloud computing）是网格计算（grid computing）、分布式计算（distributed computing）、并行计算（parallel computing）、效用计算（utility computing）、网络存储（network storage technologies）、可视化（virtualization）、负载均衡（load balance）等传统计算机技术和网络技术发展融合的产物。它旨在通过网络把多个成本相对较低的计算实体整合成一个具有强大计算能力的完美系统，并借助 SaaS、PaaS、IaaS、MSP（microsoft student parthers）等先进的商业模式把这强大的计算能力分布到终端用户手中。云计算的一个核心理念就是通过不断提高"云"的处理能力，进而减少用户终端的处理负担，最终使用户终端简化成一个单纯的输入输出设备，并能按需享受"云"的强大计算处理能力。云计算的核心思想，是将大量用网络连接的计算资源统一管理和调度，构成一个计算资源池向用户按需服务。

目前，云系统建设和云计算技术在 GIS 领域已经取得了初步成果，并且开始向地质信息系统领域渗透。这种发展趋势值得重视。基于网格的数据集成和云计算，将使得实现海量、分散、异构的大规模地质数据的融合与计算，三维地质模型的区域连片集成，以及全国乃至全球范围的"玻璃地球"建设成为现实。

11.4　地质信息系统的网络集成

网络集成是指利用计算机网络及其集成技术，把异地、异构、分散的硬件、软件和数据资源集成起来，充分实现资源共享的过程。网络集成技术近期发展的代表性成果，便是 WebGIS 技术和网格集成技术。这些技术近年来也已经被引进到地质信息科技领域，为地质信息系统的网络集成提供了新的思路与途径。

11.4.1　WebGIS 的借鉴与应用

随着新技术的不断涌现和发展，传统 GIS 面临着严峻的挑战，具体表现在：成本高、维护费用大、数据共享困难、操作复杂、不具备跨平台的特性。为了解决这些问题并推进 GIS 的发展，人们把 GIS 与网络紧密结合起来，研发出了一种新型 GIS，即 WebGIS。这就使得用户能够直接通过 Web 获取 GIS 数据和使用 GIS 功能，满足不同主题和不同层次对 GIS 数据的使用要求。地质信息系统领域同样存在着如上所述的各种问题，因此 WebGIS 的方法与技术有重要的借鉴和应用价值。

1. WebGIS 的体系结构

在许多大型 WebGIS 系统和复杂系统中，普遍采用 C/S 和 B/S 嵌套结构（龚健雅，1999）。WebGIS 的特点是：①远程服务。客户可以通过网络向服务器请求数据、分析工具和功能模块，服务器执行请求并把资源分发给客户端使用。②分布体系。WebGIS 把 GIS 数据和分析工具部署在网络不同的计算机上，构成一个地理上相互隔开的分布式数据和分析工具体系。③充分共享。在全球范围内任意一个 WWW 站点的 Internet，都可以获得 WebGIS 服务器提供的信息服务。④跨越平台。WebGIS 可以在 Internet 上跨越不同的操作系统和不同的硬软件平台，支持用户进行数据访问、检索和互操作。在许多大系统和复杂系统中，普遍采用 C/S 和 B/S 嵌套结构。

1）C/S 双层体系结构

在 C/S 模式中，WebGIS 由客户端和服务器两部分组成。服务器通常采用高性能的 PC、工作站或小型机，并采用大型数据库系统，如 Oracle、Sybase、Informix 或 SQL Server，客户端需要安装专用的客户端软件。于是，整体构成 C/S 双层结构（图 11-6）。该模式基于简单的请求/应答方式，即由客户端向服务器发送数据处理请求，服务器接受请求并进行处理，将操作结果传回给客户端。

按照负载的轻重和处理性质可以将 C/S 结构分为两类，分别是基于客户端的 Web-GIS 体系结构和基于服务器端的体系结构。前一种体系结构由客户端实现 GIS 的绝大多数功能，只有少量的 GIS 功能在服务器实现，所以又被称为瘦服务器/胖客户端模式。后一种体系结构由服务器完成 GIS 的大部分功能，客户端仅充当对用户友好的接口，服务器端的负载较重，所以被称为胖服务器/瘦客户端模式。

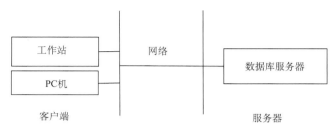

图 11-6　WebGIS 两层体系结构图

2）B/S 三层体系结构

在 B/S 模式中，客户机上加装了一个浏览器，如 Netscape Navigator 或 Internet Explorer，将 C/S 结构中的服务器端分解成应用服务器和多个数据库服务器，系统由此构成 B/S 三层结构（图 11-7）。这是一种新的计算模式，用户界面完全通过 WWW 浏览器实现，而一部分事务逻辑也可以在前端实现，但是主要事务逻辑仍在服务器端实现，浏览器通过 Web Server 同数据库进行数据交互。这种计算模式减轻了客户端和数据库服务器的压力，而且只需随机增加中间层服务器（应用服务器），即可满足用户对 GIS 的各种应用需要。

图 11-7　WebGIS 三层体系结构图

2. WebGIS 的数据传输方式

通过 WebGIS 传输的数据主要是空间数据，其传输方式主要有 3 种：栅格图件、矢量图件、栅格矢量混合。这 3 种方式也适用于地质信息系统。

1）栅格图件方式

栅格图件的传输与表现方式是根据用户操作的空间范围以及操作的图层，由服务器生成相应大小的栅格图件，返回给客户端浏览器进行显示。服务器端的数据可以是矢量空间数据，也可以是按一定方式组织的栅格空间数据。如果是矢量方式，则服务器应用程序根据客户请求实时地对矢量数据进行栅格化；如果是栅格方式，则根据客户的请求实时地进行栅格数据重采样。ES-RI IMS 和 MapInfo Proserver 就是服务器端按照矢量方式组织、客户端以栅格方式展现的例子。

2）矢量图件方式

矢量图件的传输与表现方式就是在客户端以矢量方式显示，即服务器直接将矢量数据传递到客户端，由客户端程序完成对矢量地图的展现。在这种方式下，服务器的空间数据以矢量方式组织，同时提供矢量数据服务引擎。MapGuide、Geosurf、Geobeans等产品，都具有这种矢量图件的传输与表现方式。

　　3）栅格矢量混合方式

　　栅格矢量混合方式的传输与表现方式是既可以在客户端展现栅格形式的数据，又可以展现矢量形式的空间数据，甚至可以把矢量和栅格两种形式的空间数据进行叠加显示。这需要服务器端同时提供栅格空间数据服务引擎和矢量空间数据服务引擎。目前有许多 WebGIS 产品都提供这种混合传输与表现方式，如 MapGuide、Geobeans 等。

3. WebGIS 的开发模式

　　WebGIS 的开发模式与其功能需求和结构相应，采用 C/S、B/S 和 C/S-B/S 嵌套 3种模式。具体实现方法有很多，从硬件角度可以分为服务器端和客户端。目前，基于服务器端的实现技术，有通用网关接口 CGI、服务器端应用程序编程接口 Server API；基于客户端的实现技术，有插件 Plug-in、Java Applet、ActiveX。这几种 WebGIS 实现技术各有优缺点（表 11-5），可根据数据特点及用户需求选择使用。

表 11-5　WebGIS 多种实现技术的优缺点对比

技术类型	优点	缺点
CGI	客户端小；处理大型 GIS 操作分析的功能强；充分利用服务器资源	网络传输和服务器负担重；多同步请求；作为静态图像，JPEG 和 GIF 是客户端操作的唯一形式
ServerAPI	不像 CGI 那样每次都要重新启动，其速度较 CGI 快得多	需要依附于特定的 Web 服务器和计算机平台
Plug-in	服务器和网络传输的负担轻；可直接操作 GIS 数据，速度快	先下载到客户机端；与平台和操作系统相关；对于不同的 GIS 数据类型，需要相应的 Plug-in 来支持
ActiveX Control	执行速度快；具有动态可重用代码模块	与操作系统相关；需要下载、安装；对于不同 GIS 数据类型，需要有相应的 GIS ActiveX 控件来支持
Java Applet	与平台和操作系统无关；实时下载运行；GIS 操作速度快；服务器和网络传输负担轻	GIS 数据保存、分析结果存储和网络资源使用等能力有限；处理较大的 GIS 分析任务的能力有限

　　资料来源：杨崇俊等，2001

4. WebGIS 的发展趋势

　　随着网络技术、分布式计算以及计算图形学的飞速发展，为 GIS 开创了一个新的时代，促使 WebGIS 从"地理数据服务"推进到"地理信息处理服务"的新阶段。这同时也为地质信息系统网络服务的发展，指明了方向。在地理信息处理服务阶段中，对于地质信息系统建设有重要借鉴和应用价值的 WebGIS 新技术，包括实现完全的分布式计算、构建网络的虚拟地理环境和应用并扩展移动通信技术。

1）实现完全的分布式计算

分布式计算目前只实现了 C/S 计算，它是实现完全的分布式计算的一个中间步骤。完全的分布式计算是一个非集中的，对等的协同计算，是新世纪的理想计算模式。目前分布式计算平台采用的体系结构或标准有对象管理组织（OMG）的共同对象请求代理体系结构（COR-BA）；微软的分布式部件对象模型（DCOM）和分布式网络体系结构（DNA）；以及 SUN 的 Java。而微软公司推出的 Microsoft. NET 和 SUN ONE 平台，将是分布式网络计算主流平台。

2）构建网络的虚拟地理环境

随着 Internet 的飞速发展及三维可视化技术的日益成熟，人们已经不满足 Web 页上二维空间的交互特性，而希望将 WWW 变成一个立体空间，虚拟现实技术因此而逐渐成为网络应用的研究热点。人们采用以虚拟建模语言（VRML）为基础的地理虚拟建模语言（GeoVRML），来描述地理空间数据。其目的是让用户通过一个在 Web 浏览器上安装的标准 VRML 插件，来浏览地理参考数据、地图和三维地形模型。VRML 插件的出现为在网络环境下实现虚拟地理环境，提供了一个良好的数据规范平台，为构建网络虚拟地理环境奠定了坚实的基础。虚拟地质环境是一种真三维的环境，其构成比虚拟地理环境更为复杂，构建难度也更高。在借鉴和应用虚拟地理环境技术构建虚拟地质环境时，无疑需要考虑地质体、地质结构、地质过程和地质数据的极端复杂性，以及三维动态地质建模的各种特殊要求和特殊处理方式。

3）应用并扩展移动通信技术

WAP/WML 技术作为无线互联网领域的一个热点，已经显示了其巨大的应用前景和市场价值，WAP/WML 技术与 GIS 技术的结合产生了移动 GIS（mobile GIS）应用和无线定位服务（location-based services，LBS）。通过 WAP/WML 技术，移动用户几乎可以在任何地方、时间获得网络提供的各种服务，无线定位服务将提供一个机会使 GIS 突破其传统行业的角色而进入到主流的 IT 技术领域中。这种技术对于野外地质工作和地质灾害监测工作中所采集数据的实时传输，尤其具有重要意义。

在地质勘查（察）和研究领域，大量原始地质数据采集工作是在野外进行的，特别是地质灾害预警监测站，需要连续不断地采集数据并发往远处的控制中心。为此，需要建立一种专用的数据采集传输系统。我国国家地震局、长江水利委员会水文局和三峡库区地质灾害防治指挥部，都在这方面做了很多研究、探讨和建设工作。使用移动（无线）通信技术进行移动办公、无线连接。通过移动设备与移动通信技术能把现代计算机信息处理技术由室内转向野外，直接到野外采集数据，野外工作者可以直接利用文字、声音、图像等多媒体技术，来多方位地描述野外地质点的信息。这些技术不仅简化了野外数据的采集方式，而且能够更加客观详实地反映其属性及空间信息，同时使数据录入标准化，减轻了室内的工作量。野外采集的地质数据经过很少修改就可以进入室内主数据库中。

11.4.2　地质信息系统网络集成的优化

地质工作的野外作业与室内作业的分工、现场作业与决策分析的分工，以及基层决策分析与上层决策分析的分工，决定了地质信息系统常常需要采用分布式技术，将数据和程序分散到多个服务器。这种分布式技术，有利于任务在整个计算机系统上进行分配与优化，还可以克服传统集中式系统会导致中心主机资源紧张与响应瓶颈的缺陷，解决网络地质信息系统存在的数据异构、数据共享、运算复杂等问题。然而，随着计算机网络的复杂性增大，对网络管理系统的性能要求越来越高，网络管理系统需要朝着层次化、Web 化和智能化方向发展。同时，由于地质信息系统的日常工作要处理和产生大量的图形、图像数据，多用户作业过程使访问服务器的速度越来越慢，甚至成为系统集成的技术瓶颈。采用 CDN（content delivery networks，内容分送网络）技术可有效地提高数据传输速度，有望在较大程度上解决这个技术瓶颈问题，推动分布式地质信息系统的集成。

1. 网络系统管理的优化

1）网络系统管理的层次化

由于网络规模的扩大，地质信息系统的使用范围扩大，所涉及的单位、人员可能是国家、省、市、县、单位科室，也可能是各地质调查院、勘探院、油田和矿山的地质研究院，而且它们各自所需要的信息服务也是各不相同的。针对这种状况，网络需要实行分层管理。从目前情况看，通过第 2 版 SNMPv2 支持管理器间通信，RMON（remote network monitoring，远端网络监控）MIB（management information base，管理信息库）允许代理自动监控，聚合（aggregate）MIB 还能够对 MIB 变量进行轮询，并对变量值进行算术或运算。历史 MIB 则能跟踪 MIB 变量的变化过程，并把记录结果向管理器报告。网络管理正从集中化向层次化发展，有利于分布地质信息系统的建设与应用。

2）网络管理的 Web 化

传统的网络管理界面，是通过网络管理命令驱动的远程登录屏幕。这只能够依赖专业网络管理人员进行操作，需要经过专门的技术培训。随着网络规模的增大，网络管理（简称网管）功能日趋复杂，传统网管界面的友好性越来越差。为了降低网络管理的复杂性和开销，需要的是跨平台的、方便、适用的新的网络管理模式。基于 Web 的网络管理模式可以实现这个目标。特别是 C/S 和 B/S 模式，以及 WebGIS 技术的应用，使得网络管理员可以使用任何 Web 浏览器在网络的任何节点，便捷地访问、配置、控制和管理网络的各个部分。通过 Web 进行网络管理的魅力在于可以跨平台，网管界面更直观、更易于理解和使用，降低了对网络管理人员的门槛，是网络管理的一次革命，为实现"自己管理网络"和"网络管理自动化"的目标迈出了关键一步。

　3)　网络管理的智能化

　由于现代计算机网络结构和规模日趋复杂，要求网络管理员具备坚实的网络技术知识、丰富的网管经验和应变能力。由于网络管理是一个多因素的复杂问题，具有实时性、动态性和瞬变性的特点，特别是网络应用的广泛发展和 CDN 技术的应用，使得经验丰富的网管人员也常常感到力不从心。因此，现代网络管理系统正在向网络管理智能化发展，在以下四个方面表现出较强的能力。

　A. 处理不确定性问题的能力

　智能化网络管理要具备处理不确定信息的能力，能根据这些信息对网络资源进行管理和控制，以及实现分布式异构数据源访问、检索的全局负载均衡〔或 DNS（domain name system，域名解析系统）〕服务。目前，处理不确定性问题的较好方法有模糊逻辑（fuzzy logic）、主观 Bayes 方法、Dempster Shafer 的证据理论（belief function）等。

　B. 协作与协调能力

　由于网络规模和结构日趋复杂，集中式网管系统中单一的网络管理器难以应付全部管理任务。采用层次化网管模式，上层管理器可以轮询监测中层管理器，中层管理器向上层管理器报告突发事件的同时还要对下层状态进行监测，这就存在多层管理器之间任务的分配、通信和协作。同时，CDN、DNS 及其系统管理技术的应用，也提出了更高的多服务器协作与协调动作的要求。目前多代理协作、分布式人工智能的思想已经引入网络管理，并且已经应用于 WebGIS 领域。

　C. 适应系统变化的能力

　由于网络系统是一个不断变化的分布式动态系统，传统的按照"数据驱动"模式对网络资源进行管理控制的网管模式，已经越来越难以适应系统的动态变化，需要采用基于规则的智能化网络管理，方能有效地解决所遇到的各种问题。当处在某一特定状态下时，网络管理系统能够启动相应的处理动作；而网络管理员也可以灵活地增加、删除、修改基于规则的智能化网管策略，以适应网络的不断变化。

　D. 解释和推理能力

　智能化的网络管理不仅是简单地响应来自低层设备的一些孤立信息，它应有能力综合解释这些低层数据，以得出用于高层管理的信息，并基于这些高层的信息对网络进行管理和控制。智能化网络管理的推理能力很重要，它能够根据已有的不很完全、不很精确的信息来作出对网络状态的判断。例如，当网络中某个路由器出现故障时，这台路由器及其与之相连的网管通信设备都会失去与网络管理器的联系。当网络管理器轮询这些设备时，它们都不会响应。在这种情况下，智能化的网络管理应有能力推断出哪台设备可能出了故障。

2. CDN 技术及其应用

　1)　CDN 的技术要点

　CDN 技术是新兴的网络加速技术，它采用内容路由技术、内容分发技术、内容存储技术、内容管理技术等。设立若干分支节点，尽量将用户请求的内容存储到距离用户"最后一公里"的边缘节点上，在 Internet 上构筑一个地理上分布的内容分送网络，将信息资源向网络边缘推进，用户可以在"最近"的位置快速访问到所需的内容（Cranor et al.，2001）。

A. 全局负载均衡技术

CDN 构建在数据网络上，作用是采用流媒体服务器集群技术，克服单机系统输出带宽及并发能力不足的缺点，可极大提升系统支持的并发流数目，减少或避免单点失效带来的不良影响。利用全局负载均衡（或称 DNS）技术，可将用户的访问指向离用户最近的工作正常的流媒体服务器上，并由流媒体服务器直接响应用户的请求。服务器中如果没有用户要访问的内容，CDN 会根据配置自动从原服务器抓取相应的内容并提供给用户。IPTV（interactive video over IP，基于 IP 技术的交互视频）可利用 CDN 为用户提供 VOD（video on demand，视频点播技术）业务，通过 CDN 把视频内容分发到靠近用户端的 CDN 节点后，可以在一定程度上保证端到端的服务质量。

B. 内容分发与复制技术

网站访问响应速度取决于许多因素，如网络的带宽是否有瓶颈、传输途中的路由是否有阻塞和延迟、网站服务器的处理能力及访问距离等。在多数情况下，网站响应速度和访问者与网站服务器之间的距离有密切的关系。如果访问者和网站之间的距离太大，它们之间的通信需要经过重重的路由转发和处理，网络延误就是不可避免的。利用 CDN 的内容分发与复制技术，将占网站主体的大部分静态网页、图像和流媒体数据分发复制到各地的加速节点上，可以有效提高访问的响应速度。

C. Web 缓存服务技术

Web 缓存服务也是改善用户请求响应时间的有效技术。这种技术包括几种实现方式，如代理缓存服务、透明代理缓存服务和重定向的透明代理缓存服务等。通过 Web 缓存服务，用户访问网页时可以将广域网的流量降至最低。对于公司内联网用户而言，这意味着将内容在本地缓存，无须通过专用的广域网来检索网页；而对于 Internet 用户而言，这意味着将内容存储在自己的 ISP（Internet service provider，互联网服务提供商）的缓存器中，而无须通过 Internet 来检索网页。因此，Web 缓存服务技术将会显著地提高用户的访问速度。

D. CDN 系统管理技术

CDN 的管理系统是整个系统能够正常运转的保证。它不仅能对系统中的各个子系统和设备进行实时监控，对各种故障产生相应的警报，还可以实时监测系统中总的流量和各节点的流量，并将其保存到系统的数据库中，使网管人员能够方便地做进一步分析。通过完善的网管系统，用户可以对系统配置进行修改。

2）CDN 的网络架构

CDN 网络架构由中心和边缘两大部分组成。这里的中心是指 CDN 网管中心和 DNS 重定向解析中心，是设备系统机房之所在，负责全局负载均衡；边缘是指 CDN 分发的载体，即异地节点，主要由高速缓存服务器（Cache）和负载均衡器等组成。CDN

网络可以仅由一个负责全局负载均衡的 DNS 和每个节点一台 Cache 组成。DNS 支持根据用户源 IP 地址解析不同的 IP，实现就近访问。为了保证高可用性，需要监视各节点的流量和运行状况。当一个节点的单台 Cache 承载数量不够时，可以配置多台 Cache，而当一个节点配置多台 Cache 时，就需要加装负载均衡器，以便使 Cache 群协同工作。

A. CDN 中心节点

中心节点包括 CDN 网管中心和全局负载均衡 DNS 重定向解析系统，负责整个 CDN 网络的分发及管理。CDN 网管中心是整个 CDN 能够正常运转的基础保证，它不仅能对整个 CDN 网络中的各个子系统和设备进行实时监控，对各种故障产生相应的告警，还可以实时监测到系统中总的流量和各节点的流量，并保存在系统数据库中，使网管人员能够方便地进行进一步分析。一套完善的网管系统，允许用户按需对系统配置进行修改。全局负载均衡 DNS 通过一组预先定义好的策略，将当时最接近用户的 Cache 节点地址提供给用户，使用户能够得到快速的服务。同时，它还与分布在各地的所有 CDN 节点保持持续通信，搜集各节点的通信状态，确保不会将用户的请求分发到不可用，或不健康的 Cache 节点上。

B. CDN 边缘节点

CDN 边缘节点主要指异地分发节点，每个 CDN 边缘节点由负载均衡设备和 Cache 组成。前者负责每个节点中后者的负载均衡，并负责收集节点与周围环境的信息，保持与全局负载 DNS 的通信，实现整个系统的负载均衡。Cache 负责存储客户网站的大量信息，就像一个靠近用户的网站服务器一样响应本地用户的访问请求。

当用户访问加入 CDN 服务的网站时，其请求将会交给全局负载均衡的 DNS 进行处理。DNS 通过一组预先定义好的策略，把用户的请求透明地指向离它最近的节点，节点中 CDN 服务器会像网站的原始服务器一样，迅速地响应用户的请求。由于它离用户最近，因而响应时间必然是最快的。同时，DNS 还与分布在各地的所有 CDN 节点保持通信，随时搜集掌握各节点的通信状态，确保不将用户的请求分配到不可用的 CDN 节点上。对于普通的 Internet 用户来讲，每个 CDN 节点就相当于一个放置在它周围的 Web。因此，CDN 可以更有效地减少源 Web 服务器的负载和起到负载均衡的效果，可以使 ICP 以尽可能小的成本提供尽可能好的服务。这一点对于运行巨大数量的分布式空间信息系统而言，显得尤为重要。

3）CDN 网络的应用

CDN 从第一代边缘缓存、第二代架设光纤骨干网连接的数据中心，到利用 P2P 技术融入用户终端的第三代对等网辅助（peer-assisted）CDN，在应用的推动下不断进化发展。对等网辅助 CDN 是根据 GB 级大数据量传输和多用户并发访问的需要，从 P2P 技术角度出发，将 CDN 代理服务器改造为可靠的超级节点（super nodes），以用户为 P2P 网络的对等节点，构成 P2P 覆盖网。其网络架构如图 11-8 所示。在这种 CDN 方式中，用户不再是被动的服务接受方，也可以为其他用户提供服务。目前，在充分利用网络资源、提高服务能力、降低内容分发成本的同时，CDN 在网络服务中所扮演的角色，逐渐从幕后走向台前，从透明化用户服务到融入用户终端。

实践结果证实，采用 CDN 技术可以显著地提高 WebGIS 的工作效率。在 CDN 的空间信息传输方式中（图 11-8），利用其内容路由技术，WebGIS 用户访问返回的结果是经附近节点的 GIS 服务器处理、由 GIS 数据库生成的数据，而非 GIS 的数据则仍从缓存服务器中取得；利用其内容分发技术，可以确保 GIS 源服务器上数据的发布与 CDN 的 GIS 服务器上的数据同步；利用其内容存储技术，可实现 GIS 数据的有效存储；而利用其内容管理技术，可以通过用户访问与统计来感知数据访问频度与需求，列出数据与服务优先级，并优先缓存、分发和存储优先级高的数据。

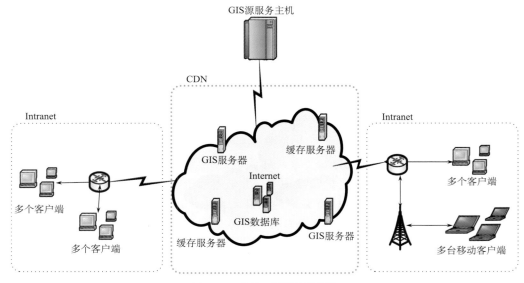

图 11-8　CDN 应用网络架构

11.4.3　地质信息系统的网格集成技术

目前，互联网技术发展的新趋势是网格技术的兴起，并逐渐成为新一代信息系统网络集成技术发展的主流。网格能够有效地集成网络上的各种硬软件资源和信息资源，未来将成为地质信息系统网络集成的主要依托。

1. 网格的基本概念

网格是构筑在互联网上的一组新兴技术，它将高速互联网、高性能计算机、大型数据库、传感器、远程设备等融为一体，为科技人员和普通老百姓提供更多的资源、功能和交互性（Foster and kesselman，1998）。换言之，网格是一种虚拟计算环境，它利用计算机网络把异地分布的计算机、存储设备、输出设备等硬件资源，与各种软件资源、数据库资源和信息资源等，连成一个逻辑整体，像一台超级计算机一样为用户提供一体化的数据查询检索及信息服务，实现互联网上所有资源的充分共享和协同计算，以消除各种信息孤岛和资源孤岛。网格作为一种数据和计算资源管理的基础设施，可为全球的商业、政府、研究、科学和企业提供基础支撑。

随着更多种类和更加复杂的用户交互模型的出现，传统的 B/S 或 C/S 结构的信息交互方式已经不能满足人们快速、方便、安全、准确地获取信息的需求，主要表现在以下 3 个方面（李德仁等，2005）：①基于 WWW 的互联网络尚有大量的处理器、存储能力和网络带宽的闲置；②Web 方式的信息共享机制本身存在一些欠缺，造成了人们通过互联网获取信息的不便；③WWW 方式的互联网络缺乏有效的安全管理机制。Web 技术在这些方面的不足恰恰为网格技术提供了用武之地，如提供超级计算能力、闲置带宽利用，集成信息服务、"一步登录"（single sign on），提供有保障的服务质量等。但网格的出现并非是要完全取代 WWW 技术的应用，而是会通过积极拓展新的具有更强资源共享能力的互联网应用，解决目前互联网络应用中所存在的根本性问题，满足人们更高层次上的计算能力需求。

通过网格，我们可以在多个动态的虚拟组织之间共享资源，协同解决问题。网格的根本特征不在于它的规模，而在于资源充分共享和消除了硬软件资源和信息资源孤岛，既可以构造全球性网格、全国性网格，也可以构造地区性的网格、企事业内部网络、局域网网络。网格计算所带来的低成本、高性能以及方便的计算资源共享，使得它成为未来的主流计算形式和系统集成技术的发展方向。显然，把网格技术应用于地质信息系统的网络集成，是势在必行的。

未来的数据库将构筑在网格计算环境之上。这需要有相应的支撑技术。Oracle 公司推出的 Oracle 9i 数据库中，所采用的 RAC（real application cluster，真正应用集群）技术，就是支持网格计算环境的一项核心支撑技术。它的出现解决了传统数据库应用中面临的高性能、高可伸缩性与低价格之间的矛盾。除此之外，Oracle 9i 数据库还具备其他支持网格计算的功能，包括支持在数据库之间进行数据快速复制的 Transportable Tablespaces、支持数据流更新的 Oracle Streams、支持应用可移植性的 One Portable Codebase 等。Mendelsohn 认为，对那些需要建立数据中心的企业来说，Oracle 9i RAC 加上刀片服务器和 Linux 操作系统，就完全能够替代传统的基于大型机的数据系统。在此基础上发展起来的 Oracle 10g 和 Oracle 11g，则是具备了完全支持网格的数据库技术，其词末的 "g" 即为网格（grid）缩写。

2. 网格的体系结构及其进化

网格体系结构是网格功能的体现，它包括网格的基本组成及相互关系，以及集成方式、方法，并且刻画了支持网格运行的机制。网格的体系结构在短短几年内，就经历了由五层沙漏结构到开放网格服务结构（open grid services architecture，OGSA），再到网络服务资源框架（web services resource framework，WSRF）的进化（图 11-9）。

1）五层沙漏结构模型

五层沙漏结构如图 11-9（a）所示。该结构以 "协议" 为核心，按照网格中各组成部分与共享资源的距离为准，由下而上把对共享资源的操作、管理和使用分为五个层次（Foster et al.，2001），越往下层越接近物理资源，越往上层就离开物理资源越远：构

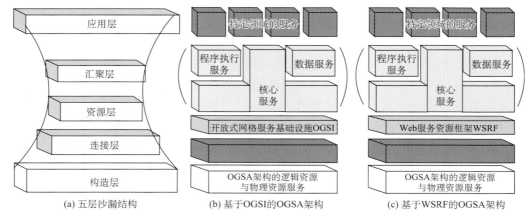

(a) 五层沙漏结构　　　(b) 基于OGSI的OGSA架构　　　(c) 基于WSRF的OGSA架构

图 11-9　网格体系结构的进化（据李德仁等，2005）

造层（fabric）主要负责对本地计算资源的控制和访问；连接层（connectivity）负责分布式计算资源之间的通信与安全；资源层（resource）通过协商访问或控制使用来实现对单个资源的共享；汇聚层（collective）主要负责多个资源的管理，如目录代理、诊断与监控等；应用层（application）则是关于构建特定领域应用的相应的软件工具以及编程语言支持等内容。其中，资源层与汇聚层构成了协议之间映射的瓶颈。

2）开放网格服务结构模型

OGSA 是一种新的以"服务"为核心的网格架构（Foster et al.，2002），它对成熟的面向服务架构的 Web Service 技术的许多重要方面进行了复用和扩展，形成了网格服务技术标准。五层沙漏结构强调资源共享，而 OGSA 结构强调服务共享；五层沙漏模型是以协议为中心的"协议结构"，而 OGSA 就是以服务为中心的"服务结构"。在 OGSA 中，从资源到服务，将资源、数据和信息统一起来，更加有利于灵活的、一致的、动态的共享机制的实现。这种结构将网格的思想纳入到 Web 服务框架中，使网格服务可以通过统一的 Web 服务来实现，使分布式系统管理有了标准的接口和行为，适用于所有应用领域。在这里，一切逻辑的或者物理的计算资源都被虚拟化为某种 Grid Service。与 Web Service 中管理无状态、持久性服务不同的是，OGSA 中能够对有状态、临时性的服务进行管理，同时提供更好的安全性和服务质量保证（QOS）。OGSA 由 4 个主要的层构成［图 11-9（b）］：特定领域的网格应用服务、基于 OGSA 架构的服务、Web 服务以及定义网格服务的 OGSI 扩展、资源服务。OGSA 定义了这些服务开放的、已公布的接口，并且在开源工具 Globus Tolkit 3.0 中完成了服务的最小化实现，从而将网格服务的实用化进程进一步向前推进。

3）网络服务资源框架模型

WSRF 是 OGSI 的进化和重构，是网格与 Web Service 的深度融合。从 OGSI 到 WSRF，OGSA 中的服务是对互联网上所提供的一组功能的抽象和封装，从而屏蔽了提供服务所依赖的计算资源的异构特征，在更高的抽象层次上实现了资源的统一。然而，原始的 OGSA 架构的基石——OGSI 也在实际应用的过程中被证明存在一些不足，表现在以下 4 个方面（李德仁等，2005）：①某些定义中存在着含混不清，没有清晰的功能划分，以支持增量发展；②扩展了 Web 服务描述语言（WSDL），不能直接使用现有的 Web Service 和 XML 工具；③含有太多的面向对象的成分，不能很好地贯彻面向服务架构；④重复了 WSDL 的一些工作。因此，Foster 及其 GGF 的同事（Czajkowski and Foster，2004）提出把 OGSI 的概念向 WSRF 演化的构想，并且明确表示，今后的 OGSA 实现（即 GT 4.0）中，将由原来的 OGSI 转为对 WSRF 提供支持。

WSRF 是被提议的 Web 服务规范的一部分，其目的是阐明怎样把"有状态"加入到 Web 服务中。WSRF 和 OGSI 都关注于如何操作有状态的资源：创建、定位、观察、撤销等，不同的是，OGSI 采用了同一种结构模型化状态资源作为一个 Web 服务，而 WSRF 使用了不同的结构模型：状态资源加 Web 服务，更具有表达性，同时，基于 WSRF 的 OGSA 的实现将能直接利用已有的 XML 和 Web Service 的标准和现存的工具。

3. 网格的关键技术

为解决不同领域复杂科学计算与海量数据服务问题，人们以网络互联为基础构造了不同的网格，有代表性的如计算网格、拾遗网格、数据网格等，其体系结构、服务对象和服务内容不尽相同，但关键技术问题相似。

1) 关键技术问题分析

A. 高性能调度技术问题

在网格系统中，如何使异地分布的类型繁多、数量巨大的硬软件和数据资源得到充分共享，并获得最大的应用效果，是网格调度所要解决的问题。网格调度技术比传统高性能计算中的调度技术更复杂，这是因为网格资源具有动态变化性、资源的类型异构性和多样性、调度器的局部管理性等。面对这种状况，网格的调度需要建立随时间变化的性能预测模型，充分利用网格的动态信息来表示网格性能的波动。同时，在网格调度中，还需要考虑可移植性、可扩展性、可重复性、效率以及网格调度和本地调度的结合等一系列问题。

B. 资源管理技术问题

资源管理的关键问题是为用户有效地分配资源。资源的高效分配涉及分配和调度两个方面，一般通过一个包含系统模型的调度模型来体现。系统模型是潜在资源的一个抽象，可为分配器及时地提供所有节点上可见的资源信息。分配器获得信息后将资源合理地分配给任务，实现系统性能的优化。

C. 网格安全技术问题

由于网格计算环境中的用户数量、资源数量都很大且动态可变，一个计算过程中的多个进程间存在不同的通信机制，而资源支持不同的认证和授权机制且可以属于多个组织，因此网格计算环境对安全的要求比 Internet 的安全要求更高也更复杂。其中，包括支持在网格计算环境中主体之间的安全通信，防止主体假冒和数据泄密；支持跨虚拟组织的安全；支持网格计算环境中用户的单点登录，包括跨多个资源和地点的信任委托和信任转移等。这里涉及政治风险和商业利益，也涉及各组织间安全资源的共享问题，需要在网格计算实现商业应用之前加以妥善解决。

2）OGSA 的支撑技术

基于上述关键技术问题的考虑，OGSA 采用了两大支撑技术，即 Globus Toolkit 软件包和 Web Services。前者相当于网格操作系统和广为接受的网格技术解决方案，后者是访问网络应用时普遍采用的标准框架。

Globus Toolkit 是一种基于社团的、开放结构、开放源代码的服务的集合，也是支持网格及其应用的软件库。Globus 是美国 Argonne 国家实验室与南加州大学信息科学学院（ISI）合作制定的网格协议，而 Toolkit 是基于此协议开发的网络计算工具。Globus Toolkit 解决了安全、信息发现、资源管理、数据管理、通信、错误检测以及可移植等问题，目前已经成为网格计算事实上的标准，有力地推动着网格技术实用化进程。该软件包目前已经被 Entropia、IBM、Microsoft、Compaq、Cray、SGI、Sun、Veridian、Fujitsu、Hitachi、NEC 在内的 12 家计算机和软件厂商所采用。作为一种开放架构和开放标准基础设施，Globus Toolkit 提供了构建网格应用所需的很多基本服务，如安全、资源发现、资源管理、数据访问等。迄今为止的所有重大网格项目，都是基于 Globus Tookit 提供的协议与服务进行建设的。

在 Web Service 中，普遍采用了 XML 进行信息交换，其中包含了多种基于 XML 的协议、接口和服务。例如，简单对象访问协议（simple object access protocol，SOAP）是基于 XML 的 RPC（remote process call）协议；WSDL 用于描述服务，包括接口和访问方法，是 Web Service 的接口定义语言；WS-Inpection 用于为定位服务提供者发布服务信息；UDDI（universal description discovery and integration，通用描述发现与集成服务）则定义了 Web Service 的目录结构。

经过多年的研究和开发，网格技术已经具备了实用价值。目前的网格技术发展与 Web Service 出现了大体上趋同的态势，即全球大网格（great global grid）的呼声日渐衰落，专业性应用网格却蓬勃发展，呈现出强劲之势（李德仁等，2005）。

4. 网格在地质信息系统集成中的应用

国际上对网格技术在地质工作中应用的研究开始于 20 世纪末，在石油勘探开发领域取得了较大的进展。我国这方面的研究大致开始于 21 世纪初，并且已经在区域地质调查领域（唐宇等，2003）和石油勘探开发领域中（赵改善等，2005），取得了较好的成果。伴随着中国空间信息网格建设的完成，国家空间信息资源和统一的空间信息管理和处理平台初步建立，这方面的探索、研究和应用正在深入发展。

1）国家地质调查应用网格概况

在国家 863 计划项目的资助下，中国地质调查局研究并建立了国家地质调查应用网格（nationalg eology grid，NGG）（唐宇等，2003），并结合国家地质调查工作，针对地质空间数据的特点，重点研究并解决多源地质空间数据共享与整合、地质空间信息一体化分析与处理、资源共享与服务等关键技术问题，进一步建立了我国地质空间信息的共享与应用服务体系，提升了行业信息技术的应用水平。

这是一个基于宽带传输和海量数据组织、空间分析处理、Web Service 等技术和网格基础支撑环境的多层次的地质专业领域空间信息应用平台，是贯穿空间信息生产、服务全过程的地质空间信息基础设施。在 NGG 中，空间信息的处理和应用是分布式、协作和智能化的，用户可以通过单一入口访问所有地质调查空间信息和资源。

其技术要素包括：①空间资源网格化；②以“服务”为中心；③分布式、松散耦合的组织结构；④跨越传统元数据的高层资源管理；⑤多层次智能化的节点感知与控制；⑥空间资源集成与协作。它通过网络和网格系统软件使空间信息和资源以“流”的方式在各节点和组成部分间流动。其框架体系从顶层到底，由应用、汇集、分析处理、共享、资源组织、连接传输和数据获取等，组成一个多层次的、相互关联的，上层可以调用下层功能和服务的开放框架体系（图 11-10）。

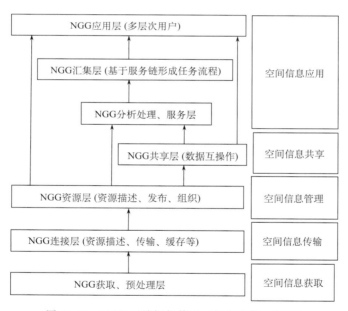

图 11-10　NGG 开放框架体系（据唐宇等，2003）

2）国家地质调查应用网格的关键技术

NGG 的关键技术包括网格管理、资源信息服务、资源交易服务 3 个方面。

就网格管理而言，NGG 是一个松散耦合的系统，要实现分布异构空间资源的互联和共享，必须研究并应用网格管理技术对各种空间资源进行协调和管理。其中包括提供空间服务（节点）注册、资源信息管理、用户管理、资源交易等功能，实现 NGG 高效运行。NGG 管理平台的功能模块的结构组成如图 11-11 所示。

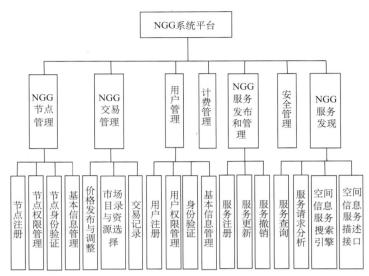

图 11-11　NGG 系统平台的功能模块结构组成（据唐宇等，2003）

在 NGG 中分布着大量的异构空间资源，资源信息服务的宗旨是实现资源的感知和发现，并以资源元数据为依据，引导用户对符合要求的资源进行访问。系统采用面向对象的方式设计资源信息模型，并基于 XML 进行定义和描述；资源信息的组织采用树型结构，根据信息条目在树型结构中的位置对条目进行命名；基于轻型目录访问协议（lightweight directory acess protocol，LDAP）协议进行功能模型的设计，提供了查找、比较、新增、删除、修改和连接等基本操作功能；对于资源信息和服务的注册、发布，分动态和静态两种进程，在协议中明确规定了时机和方法，并使用 UDDI 或 WS-inspection 进行资源信息服务管理。

在 NGG 中，还建立了相应的资源交易服务机制，其应用框架如图 11-12 所示。资源交易服务主要是指信息有偿服务，这是系统信息增值和系统维护的重要保证。资源交易服务的责任是及时、正确地记录用户和资源提供者之间的各种交易信息，使资源提供者和用户能够在线进行资源的有偿交易。

在 NGG 中为了满足应用需求，允许集成各种服务形成一个完善的服务链。这种服务链模型本质上是一个流程模型，其服务过程是一个服务流和资源流并行的过程，而资源的流动和服务的执行则与活动相对应。系统中还对基本 Petri 网进行扩展，结合图论和 Petri 网提出了一种新的服务链模型：服务/资源网（service/resource net，S/R-net），类似于 WSRF。

上述关键技术为空间数据服务提供了一个可靠、高效的网格工作环境，极大地提高了获取地质图数据的高速性，同时又保证了系统的稳定性。根据地质空间信息的应用与服务具有的跨地区、跨专业、实时更新特点，基于该网格平台建立了新的运行模式，并且结合全国铁矿资源潜力预测与评价，开展了 NGG 网格的应用系统示范，为其他矿种的评价采用该技术和应用提供了范例和借鉴。

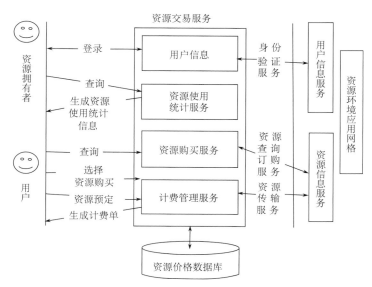

图 11-12　NGG 资源交易服务应用架构（据唐宇等，2003）

作为这次全国铁矿资源潜力预测评价应用示范节点，有北京、天津、成都、沈阳地质调查中心及各省地质调查院等单位。重点是华北大区和西北大区等地区。基于中国地质调查信息网格平台的全国铁矿资源潜力预测评价应用示范系统，开发和部署了如下服务：证据权法、铁矿预测区（单斜、背斜、向斜）体积计算；最小预测区、典型成矿区、预测区铁矿资源量计算；省级、大区级、全国级铁矿资源量统计汇总，全国铁矿资源潜力预测评价节点数据集成显示、编辑、查询、数据结果返回、数据统计报表等服务（吕霞等，2012）。应用示范取得了成功，为在全国范围进一步开展铁矿及其他矿种资源潜力预测评价预测评价提供了范例。

3）NGG 中基于 SOA 的数据集成机制

针对数据集成除了实现异构数据源中数据检索，还应满足异构数据管理系统之间数据约束关系维护与协同工作的需求，在国家地质调查应用网格环境中，还建立了一种基于面向服务的体系结构（service oriented architecture，SOA）的数据集成机制（图 11-13；郭皓明和郝国舜，2008）。在这一数据集成机制中，通过局部数据源信息与全局统一数据视图的松散耦合，保证数据的有效连接与访问，实现了层次化的信息检索；同时以数据源内部事件触发机制为基础，通过网络服务（web service）保证分布式数据源之间数据完整性约束，满足了分布式环境中异构数据源之间协同工作的需求。所研发的数据集成中间件 NGG-DBMs（national geology grid-data base management system）系统平稳运行于国家地质调查应用网格环境中，满足了数据集成需求。对分布在华北地区各地的地下水数据资源所进行的集成结果表明，在对数十个数据库、上万条数据中的检索与查询时，通过该中间件一次数据提取任务用时不超过应用消耗时间的 5%，而在集成应用中，完整性约束执行用时仅占整个数据修改操作时间的 7%。

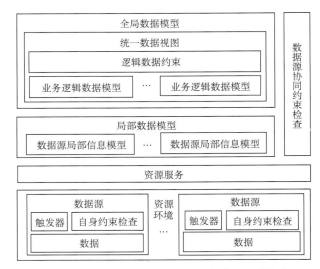

图 11-13 NGG 中基于 SOA 的数据集成机制框架
(据郭皓明和郝国舜，2008)

4）NGG 中以功能需求为驱动的资源聚合机制

在 NGG 中，基于 SOA 的分布式环境，为了提供一站式的资源访问与组织服务，针对应用与资源存在的功能实现接口的不一致性、应用内部服务之间的依赖性、应用流程的确定性和应用任务的不确定性等特点，还建立了以功能需求为驱动的资源聚合机制——动态非持久映射的资源聚合机制（郭皓明和马世龙，2008）。在这一机制中，资源不再是静态的组件对象，应用流程与任务模型实现了分离，任务所需的功能成为关注重点与组织对象。聚合机制由 3 层构成（图 11-14）：通过底层服务信息集合汇聚满足需求的资源服务；通过中间层的功能需求描述定义资源服务所具备的各种功能与属性；通过上层上下文环境满足任务执行过程中资源服务之间的约束。在模型内部，通过逻辑数

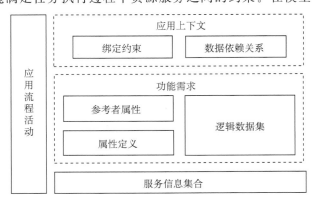

图 11-14 NGG 中基于 SOA 的资源聚合机制框架
(据郭皓明和郝国舜，2008)

据，维护异构服务接口之间的数据依赖关系。利用该聚合机制实现了以功能需求为驱动的资源聚合应用，基于该机制建立的工作流系统 NGGWf（national geology grid workflow）已应用于国家地质调查应用网格中的地质勘测工作中，能有效地满足地质调查行业中服务动态聚合的需求。

11.5　地质信息系统的应用集成

对系统应用集成可以有多种理解，本书中的系统应用集成专指把地质工作主流程中各个环节的信息处理，组成一个有序的链条，各环节的成果和数据相互承接、流转顺畅，实现地质工作主流程的全面优化。换言之，系统应用集成是指从野外数据采集到室内综合整理，再到图件编绘、三维建模、专题研究、资源评价和勘探开发决策全过程的各道信息化作业工序，连接成为一条序列化、一体化的流水线，实现数据和各环节中间成果的充分共享，避免数据重复输入、图件重复编绘所带来的隐患，提高信息化作业的水平和效率。系统技术集成、数据集成和网络集成，为应用集成奠定了坚实的基础，而应用集成是上述 3 个集成的最终落实和归宿。下面拟通过集成方式方法和实例，来阐述地质信息系统应用集成领域的现状和发展趋势。

11.5.1　地质信息系统应用集成的方式与方法

地质信息系统的应用集成包括三种模式：模式一是异地异构软件的分布式系统应用集成；模式二是同地异构软件的分布式系统应用集成；模式三是同地同构软件的集中式系统应用集成。模式一属于特大型企业各级管理机构、所属各矿山各油田，或者政府各级主管部门间应用软件和数据的应用集成，在技术上类似基于局域广域网络的外部集成，目标是无约束地利用远程分布的各种应用软件资源和数据资源；模式二属于大型企、事业单位内部不同部门间各种应用软件和数据的应用集成，在技术上类似基于局域网络的外部技术集成，目标是无障碍地共享设置于单位内不同部门的各种应用软件资源和各类数据资源；模式三属于大型企、事业单位内部同一部门不同业务环节之间，或者中小型企、事业单位内部整体的各种软件和数据的应用集成，在技术方法上是系统内部技术集成的直接结果和应用，目标是无缝隙地连接单位内部各种应用软件资源和数据资源，实现各项作业的序列化和一体化。下面着重介绍模式二，对于模式一仅作概略说明，模式三因前面各章多有涉及而不再赘述。

1. 异地异构软件的分布式系统应用集成

此即模式一。所要实现的应用程序间数据和功能共享，是以不对应用程序本身做大的修改为前提的，主要涉及分布式软件、组件方法、中间件平台和软件体系结构 4 个方面的技术。其中，对于异地异构的分布式软件，需要着重解决并发控制、事务等问题；组件方法的技术问题集中在组件的接口层次上，包括接口命名、输入/输出参数类型及交互协议；中间件平台集中在对组件运行和交互的基础架构上，主要是提供组件运行容器（container 或 dock）、组件交互行为、附加服务和通信的中间件（Shaw and Garlan，1996）。同时还要提高系统的可扩展性、可靠性和适应性。从较高的抽象层次来看，分布应用集成主要解决数据转换、通信连接、访问介入三大问题。在应用软件不多的简单情况下，通常采用软件间直连的网状方式来实现应用软件之间的集成，其优点是简捷、方便，缺点是系统缺乏柔性、耦合性高；在应用软件多的复杂情况下，通常采用通过中间件转接的星型方式来实现应用软件之间的集成，其优点是系统柔性好、耦合性低，缺点是较为复杂、繁琐。

网络集成问题已在 11.4 节中作了较多的诠释，这里不再赘述。

2. 同地异构软件的分布式系统应用集成

此即模式二，即企业内系统的应用集成。与一般企业信息系统的应用集成相似，地质行业的企业内信息系统的应用集成方式，在近 20 年中经历了早期的点对点、EAI（enterprise application integration，企业应用集成），到目前的 SOA 方式，始终伴随着计算机技术和企业信息系统的发展而发展。

1）点对点集成方式

地质矿产勘查开发行业的企、事业内地质信息系统应用集成，大致开始于 20 世纪90 年代中期。当时地矿行业的企、事业内信息系统建设刚刚开始，各种信息技术的业务应用较少，少数企业为了工作上的方便，开始了应用集成的探索。由于软件、数据和处理都比较简单，一般采用点对点的集成方式。这种方式在原理上类似于分布式系统应用集成的直接连接方式。在这种点对点的集成方式中，各种业务应用之间都很清楚对方的结构，相互间通过接口连接，主要解决原始数据和中间数据的传输、转换和共享问题。从总体上看，需要处理的接口少、接口开发和集成工作量也小。

从 21 世纪初开始，随着地质信息系统建设和应用的发展，地质工作主流程各个环节都实现了信息化作业。为了减少数据重复存储、图件重复编绘和各工序信息化作业脱节，以及数据和中间成果无法共享等问题，需要集成的业务应用数量急剧增加，集成关系及接口问题变得非常复杂，业务应用之间的接口需求和接口开发的工作量随之增大，系统维护难度也增大。于是，点对点集成方式的接口灵活性差等问题凸显出来，采用新的集成方式便成为一种必然的选择。

2）EAI 方式集成

为解决点对点集成方式所带来的问题，信息系统应用集成引入了 EAI 平台。EAI平台针对不同的接口技术分别提供了相应的适配器，采用不同技术的业务应用通过这些适配器接入 EAI 平台，由 EAI 平台负责业务应用之间的集成。

EAI 包括的内容较为复杂，涉及结构、硬件、软件以及流程等企业系统的各个层面。其中，主要有界面集成、业务过程集成、应用集成和数据集成。这里的界面集成是常用的浅层次集成，其要领是把用户界面作为公共的集成点，把原有零散的系统界面集中在一个新的、通常是浏览器的界面之中。业务过程集成包括业务管理、进程模拟以及综合任务、流程、组织和进出信息的工作流，还包括业务处理中各个环节都需要的各种工具。当对业务过程进行集成时，企业必须在各种业务系统中定义、授权和管理各种业务信息的交换，以便改进操作、减少成本、提高响应速度。应用集成是指为两个应用中的数据和函数提供接近实时的集成。在一些 B2B 集成中用来实现 CRM 系统与企业后端应用及 Web 的集成，并构建能够充分利用多个业务系统资源的电子商务网站。数据集成是应用集成和业务过程集成的基础和前提，因此在实施系统应用集成之前，必须首先对数据进行标识并编成目录，同时还要确定元数据模型，才有可能在系统中消除信息孤岛，实现数据充分共享。

EAI 的原意是把企业内基于各种不同平台、用不同方案建立的异构软件进行集成应用的一种技术方法。EAI 通过建立底层结构，来连接异构软件、应用和数据源，实现企业内部在各种管理、数据库、数据仓库，以及其他内部系统之间无缝地共享和交换数据。由于采用了 EAI，企业可以将信息技术的核心应用和新的 Internet 解决方案结合在一起。这样做可大大减少接口连接数量，有效地提高了集成后的系统灵活性，而且在接口变化时，只需在 EAI 平台进行调整即可，可以显著地增加业务应用的可扩展性，降低业务应用维护和升级的复杂性。实施 EAI 通常涉及多种标准化的企业级连接服务技术，既可以被包含在相关产品中供用户透明地使用，也可以由用户自己在应用程序中调用。正是因为存在着这样大量不同的技术标准和规范，因此在 EAI 平台上需要进行大量的数据转换及配置工作。

3）SOA 方式集成

SOA 是近年来随着 Web 服务以及网格计算等技术的成熟而兴起的一种组件式应用集成模型（Kruger and Mathew，2004）。这种体系结构把业务逻辑和具体实现技术分离开来，使得基于该体系结构的应用系统能适应业务和实现技术的动态变化，具有较强的生命力。

SOA 能够向企业提供灵活、快捷的系统整合方案，大大地减少数据转换及配置工作，降低实施 EAI 的成本和风险。这是因为它的接口规范及使用的具体硬件平台、操作系统与编程语言无关，在服务调用方与服务提供方之间，可以使用统一和标准的方式进行通信。这样便有效地解决了 EAI 方式集成所面临的上述问题。为了更有效地管理服务并降低服务之间的依赖关系，SOA 体系中引入了 ESB（enterprise service bus，企业服务总线）的概念。ESB 将业务应用的功能通过开放的标准进行统一接入，并以服务的形式发布，为参与集成的各方用户屏蔽了各种硬件、软件、网络和环境位置上的差异，是实现系统松耦合应用集成架构的核心。

通常，ESB 使用 SOAP 作为消息格式，可根据需求支持各种开放的标准传输协议（如 HTTP（S）、JMS 等）。它帮助服务提供方和服务调用方隔离具体的技术实现，帮助服务调用方进行消息的路由和转换，进行权限验证后，按服务提供方规定的格式发送到指定地址，最后再将返回结果以服务调用方可接受的格式发还给服务调用方。另外，ESB 还支持消息的单向发送，发布/订阅模式。

这种具有中立的接口定义而不强制绑定到特定实现上的松耦合有两点好处：其一是

具有显著的灵活性；其二是具有较强的自适应性。松耦合的系统所具有的灵活性和自适应性，能够根据业务的需要和环境的变化而变化，而且当组成整个应用程序的每个服务结构和实现发生改变时也能够继续存在。SOA 通过使用基于 XML 的语言来描述接口，服务已经转到更动态且更灵活的接口系统中。

这种松耦合特性，是实现各种服务的关键。有了这种特性，一个应用程序的业务逻辑（business logic）或某些单独的功能，可被模块化并作为服务呈现给客户端或数据检索。应用开发人员或者系统集成者可以通过组合一个或多个服务来构建应用，而无须理解服务的底层实现。例如，一个服务可以用 .NET 或 J2EE 来实现，而使用该服务的应用程序可以在不同的平台之上，使用的语言也可以不同。显然，对于面向同步和异步应用的，以及基于请求/响应模式的分布式计算而言，SOA 是一场革命。

SOA 能够将业务的管理流程与其技术流程联系起来，并映射二者之间的关系。例如，开展地质勘探和矿产开发的生产管理，以及进行矿产资源勘探开发决策分析是管理流程；而构建对象-关系数据库并装载地质空间数据库和属性数据库，进行地质图件编绘、矿产储量估算和数字地质模型构建等则是技术流程。在 SOA 的设计中，工作流扮演着重要的角色。动态业务的工作流不仅可贯穿部门内的各项操作，而且可贯穿部门间的各项操作。因此，为了提高效率，在 SOA 的设计中需要定义如何获知服务之间关系的策略，其中包括服务级协定和操作策略等形式。

在任何 SOA 中，都必须充分保证消息传递的安全和可靠性。因此 SOA 的设计和运行应当处于一个安全和可靠的环境中，严格地根据约定的条款来执行流程。

11.5.2　金属矿山地质信息系统集成方案

矿山的一切活动都是围绕着矿山资源的勘查、开发和销售进行的，所涉及的各种基础地质数据具备长期保存和充分共享的必要性，因此其数据库的建设是矿山信息系统的核心，在数字矿山工程中应当处于优先建设的地位上。其他的各种功能处理技术软件，包括可视化、虚拟现实、空间分析和空间决策技术的软件配置、应用，都应当围绕该点源数据库进行。大量的经验教训表明，没有信息齐备的矿山地质点源数据库，一切高超的功能处理技术都将成为空中楼阁。

1. QuantyMine 软件系统的技术、数据和网络集成

武汉地大坤迪科技有限公司与紫金矿业集团股份有限公司（简称紫金矿业集团），以对象-关系数据库技术、网络技术、计算机辅助设计技术、可视化技术、地质建模技术、空间分析技术和系统集成技术为支撑，合作研发了适用于该集团各矿山的软件平台——QuantyMine。该软件系统从应用角度可以分为 9 个子系统（图 11-15），即矿山综合信息管理子系统、数据共享与服务平台、三维可视化建模子系统、地质图件辅助编绘子系统、储量动态估算子系统、三维空间分析子系统、矿山工程机助设计子系统、开采方案辅助编制子系统和冶炼厂生产管理子系统。该系统的基础是矿山综合信息管理子系统，而核心就是矿山主题式点源对象-关系地质数据库。

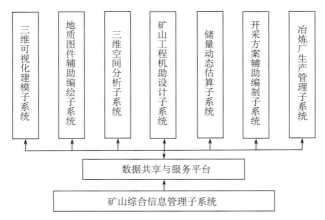

图 11-15　QuantyMine 软件的功能应用子系统组成

　　该系统具备了海量地质空间数据和属性数据一体化采集、存储、管理、更新，以及矿产储量动态估算、矿产资源三维可视化的动态分析、预测、评价和决策支持的功能。在实际应用中，该系统以应用集成为主线，把技术集成、数据集成和网络集成统一起来，构成了一个完整的综合性信息技术系统。

　　其技术集成以"多 S"为主体、内部集成与外部集成相结合的方式。具体做法是：根据紫金矿业集团的实际情况，在各个功能子系统中采用内部集成方式，而在各个功能子系统与数据共享与服务平台之间、矿山综合信息管理子系统内各类型基础数据库之间，以及数据共享与服务平台与矿山综合信息管理子系统之间，采用以 ODBC、OLE/OCX 等系统连接技术为支撑的外部集成方式。

　　其数据集成方式分为两类：一类是对于同一矿山内，采用虚拟视图法和实视图法相结合的解决方案，即非地质类数据库之间采用虚拟视图法——混合采用 ODBC、OLE DB 和 ADO 技术来实现；而地质类对象-关系数据库采用实视图法——采用地质数据仓库或数据集市技术来实现。另一类是对于集团公司各大矿山之间，采用以 XML 技术为支撑的分布式集成解决方案，今后的发展可能采用基于中间件的集成技术。为了实现各类数据之间的转换，还建立了数据转换规范。基于该数据转换规范，各种属性和时空数据可以方便地存入数据库，也可方便地实现各子系统之间的信息交流和共享。

　　其网络集成采用基于 Internet 技术的企业局域网模式，挂接到紫金矿业集团的内部网中，建立了"主数据库服务器—本地数据库服务器—客户端微机"的工作模式（图 11-16），通过其骨干网进行信息交换。各应用模块运行于 Internet/Intranet 模式下，主要功能模块以服务组件的方式提供调用，配置专用的应用服务器，以提高整个应用系统的性能。基于 C/S 和 B/S 相结合的模式，建立了应用软件层/信息处理层/数据支撑层的多层结构（张夏林等，2010）。在这种结构体系下，各客户机的浏览为第一层，主要提供信息化处理应用的操作界面；数据管理分发服务器上的中间层和信息处理软件构成第二层，负责接收和访问请求；数据库管理为第三层，负责数据管理与分发。对外采用 TCP/IP 协议，局域网内部采用 TCP/IP、NetEUI 等协议。

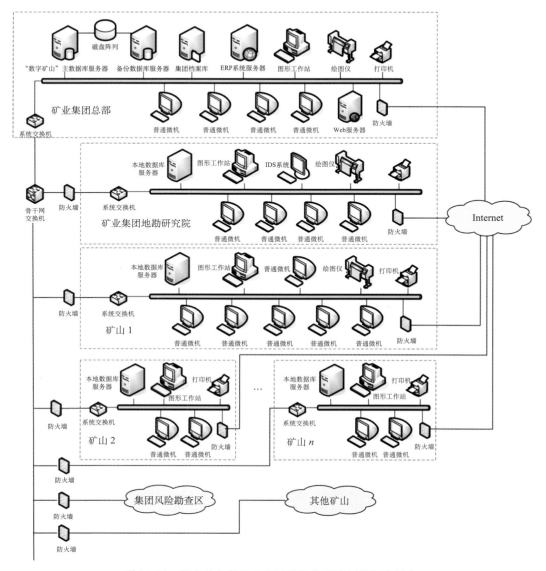

图 11-16　紫金矿业集团矿山地质信息系统网络拓扑结构

2. QuantyMine 软件系统的应用集成

　　紫金矿业集团的地质信息系统的应用集成，就整体而言采用了 SOA 支持下的 EAI 应用集成技术。主要涉及异地异构软件的分布式系统应用集成（即模式一）和同地同构软件的集中式系统应用集成（即模式三），少量涉及同地异构软件的分布式系统应用集成（即模式二）。模式一用于实现紫金矿业集团总部各级管理机构，以及地质研究院与所属各矿山之间应用软件和数据的应用集成，采用基于广域网的外部集成方式。由于应用软件多，采用了通过中间件转接的星型方式来实现应用软件之间的集成。模式三用于实现该集团地质研究院内不同业务环节之间各种软件和数据的应用集成，实际上是研发与构建 QuantyMine 数据共享平台时，所采用的内部技术集成的直接结果及其应用。模式二用于实现该集团内部不同部门间各种应用软件和数据的应用集成，采用了基于局域网络的外部技术集成方式。

紫金矿业集团矿产勘查开发信息系统应用集成的整体解决方案，根据实际工作流程进行布局，把工作流和数据流密切结合起来进行规划和设计。系统的体系结构（整体构架）和集成方案如图 11-17 所示。

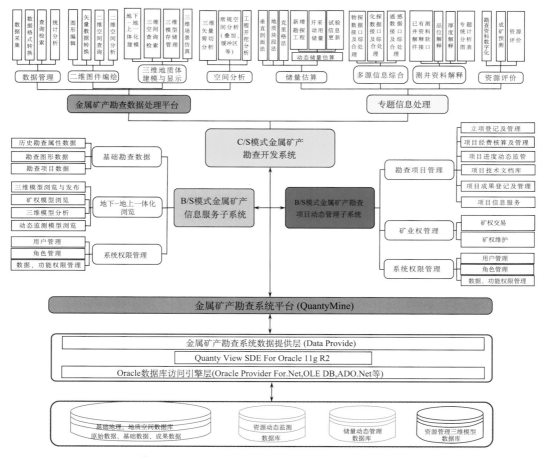

图 11-17　紫金矿业集团矿产勘查开发信息系统应用集成的整体解决方案

3. QuantyMine 软件系统的应用

QuantyMine 的三维可视化建模子系统在 QuantyView 平台和主题式点源对象-关系数据库支持下，提供了一个三维可视化的虚拟矿山环境。用户可以利用这个平台实时展示矿山的各种三维结构信息、成分信息、环境信息和过程信息，提供多种基础的和特色的显示效果功能、编辑功能，以及数据变换功能（张夏林等，2010）。

其地质图件辅助编绘子系统可以实现全部矿山勘探开发图件的计算机辅助编绘，其中包括各类钻孔柱状图、地质剖面图、地质平面图、水平切面图和各种曲线图。该子系统与矿山勘探、生产中的数据采集部分紧密关联，可直接从主题式点源数据库中提取有关数据，实现了矿山空间数据与属性数据的双向可视化查询、检索，并提供丰富的图元（点类、线类、面类、注记类）编辑和图形修饰工具，还可与其他系统（如 AutoCAD、MapGIS、ArcGIS）进行交互处理和编图。

其三维空间分析子系统提供多种空间分析模块，可以对矿山、矿床和矿体进行任意的空间统计分析和任意的矢量剪切分析（切片、刻槽、挖洞），制作任意的地质剖面图、切面图和栅状图。矿山工程机助设计子系统含有露天矿、地下巷道、排土场/堆场、运输线路等机助设计模块，可以实现这些矿山工程的三维可视化设计。

其储量动态估算子系统包含多种储量计算模块，如三维地质统计学法和垂直断面法（平行剖面法）、地质块段法模块，可满足不同矿种和不同阶段的矿山储量计算和核查的需要。系统提供了自动计算和人工交互处理功能，可实现储量计算和编图的一体化作业，还可以根据市场的动态变化进行最低可采品位决策，实现矿体形态及其空间分布的动态显示，以及矿石量、金属量等的动态计算。

其开采方案辅助编制子系统提供露采和井采模型，以及日常生产计划编制工具，可以根据对市场应对的决策，快速地生成新的矿山、矿体模型，快速变更开采方案并制定采剥作业计划，从而实现对国内外市场变化的快速应对。冶炼厂生产管理子系统包含多个生产车间生产的管理与监控模块，可支持对冶炼的决策、部署、实施，以及对整个黄金生产流程的管理。该子系统为用户提供基于局域网和 Internet 的空间数据和专题属性数据的录入、查询检索、统计汇总、报表输出等功能。

其网络与信息服务子系统专门用来发布和查询矿区、矿山资料，采用严格的权限约束机制，实现了数据分级控制，有效地保证了数据的完整和安全，具有较高的可靠性、兼容性和可操作性特点。系统支持 IE、Netscape 以及其他所有支持 Cookie 和 JavaScript 的浏览器，也可以挂接到内部网络中，建立"主数据库服务器—本地数据库服务器—客户端微机"工作模式。

利用该软件可把支持领导决策的目标与支持矿山勘探、开发等日常生产管理目标结合起来，成为矿山企业数据采集点上功能强大的工作站和矿山管理系统中信息齐备的信息网络节点，从而为实现矿山工作信息化打下了基础。其中，以主题式矿山地质点源数据库（实现了空间和属性数据的一体化存储、管理）为基础的共用数据平台，有效地避免了系统内的数据冗余。利用该信息系统对矿山生产主流程进行充分改造，可实现矿山资源勘查、开发与经营的全程计算机辅助化。

参 考 文 献

白庆华，何玉琳. 1997. CIMS 中的系统集成和信息集成. 北京：北京电子工业出版社.

宾晓华，周世斌. 2002. 企业网络安全问题研究. 计算机工程与应用，（1）：179-182.

蔡之华，彭锦国，高伟，等. 2005. 一种改进的求解 TSP 问题的演化算法：计算机学报，28（5）：823-828.

柴贺军，黄地龙，黄润秋. 1999. 地质结构面三维扩展模型研究. 水文地质工程地质，10（2）：2-5.

陈方勇. 1997. 现代互联网络. 北京：宇航出版社.

陈国旭. 2011. 资源储量传统估算法的三维动态可视化原理及关键技术研究. 武汉：中国地质大学博士学位论文.

陈国旭，张夏林，田宜平，等. 2012. 三维空间传统方法资源储量可视化动态估算及应用. 重庆大学学报，35（7）：119-126.

陈隆. 2010. 遥感技术在矿产资源勘查中的应用研究. 科技传播，9：177-180.

陈述彭，鲁学军，周成虎. 1999. 地理信息系统导论. 北京：科学出版社.

陈述彭，赵英时. 1990. 遥感地学分析. 北京：测绘出版社.

陈树铭，王满春，刘慧杰，等. 2002. 工程地质三维数字化及计算机三维实现. 中国土木工程学会第十届年会论文集——土木工程与高新技术：530-535.

成秋明. 2001. 多重分形与地质统计学方法用于勘查地球化学异常空间结构和奇异性分析. 地球科学——中国地质大学学报，26（2）：162-166.

成秋明. 2004. 空间模式的广义自相似性分析与矿产资源评价. 地球科学——中国地质大学学报，29（6）：733-743.

迟清华，鄢明才. 1998. 华北地台岩石放射性元素与现代大陆岩石圈热结构和温度分布. 地球物理学报，41（1）：38-47.

崔巍. 2004. 用本体实现地理信息系统语义集成和互操作. 武汉：武汉大学博士学位论文.

戴爱德. 2006. 中国地质科学数据网建设进展. 地质调查信息化建设. http：//www. cgs. gov. cn/cgiz/xxhis/rdzt/dzdcxxhjs/index. htm［2009-06-05］.

邓聚龙. 1982. 灰色控制系统. 华中工学院学报，10（3）：9-18.

邓明德. 1993. 遥感用于地震预报的理论及实验结果. 中国地震，9（2）：163-169.

邸凯昌. 2001. 空间数据发掘与知识发现. 武汉：武汉大学出版社.

邸凯昌，李德毅，李德仁. 1999. 云理论及其在空间数据发掘和知识发现中的应用. 中国图象图形学报，4（11）：930-935.

地矿部《地质词典》办公室. 1983. 地质词典（第一～第五分册）. 北京：地质出版社.

董树文. 2006. 中国地质科学数据库总体构架与共享. 地质调查信息化建设. http：//www. cgs. gov. cn/cgiz/xxhis/rdzt/dzdcxxhjs/index. htm［2009-06-05］.

费奇，余明晖. 2001. 信息系统集成的现状与未来. 系统工程理论与实践，（3）：75-78.

冯秉铨. 1980. 现代科学技术中的信息科学，百科知识，（5）：48.

冯玉才. 1993. 数据库系统基础. 2 版. 武汉：华中理工大学出版社.

甘甫平，王润生，马蔼乃，等. 2002. 光谱遥感岩矿识别基础与技术研究进展. 遥感技术与应用，17（3）：140-147.

龚健雅. 1999. 当代 GIS 的若干理论与技术. 武汉：武汉测绘科技大学出版社.

龚健雅. 2001. 地理信息系统基础. 北京：科学出版社.

龚健雅. 2004. 当代地理信息系统进展综述. 测绘与空间地理信息，27 (1)：5-11.

龚健雅，夏宗国. 1997. 矢量与栅格集成的三维数据模型. 武汉测绘科技大学学报，22 (1)：7-15.

龚育龄，王良书，刘绍文. 2003. 济阳拗陷地温场分布特征. 中国地球物理. 地球物理学报，46 (5)：652-658.

郭皓明，郝国舜. 2008. NGG 中异构数据的集成与协同工作. 北京航空航天大学学报，34 (2)：179-182.

郭皓明，马世龙. 2008. 以功能需求为驱的资源聚合方法与实现. 北京航空航天大学学报，34 (5)：576-579.

郭小方，赵元洪. 1991. 提取遥感图像地学纹理信息的极值法. 遥感信息，(2)：009.

国家标准局. 1995. 中华人民共和国地质矿产行业标准：浅覆盖区区域地质调查工作细则 (1：50000) (DZ/T0158-1995).

哈博 J W，梅里亚姆 D F. 1978. 电子计算机在地层分析中的应用. 北京：科学出版社.

韩志军，汪新庆，吴冲龙. 1999a. 数据库系统数据字典的设计与实现. 微机发展，(2)：30-32.

韩志军，汪新庆，吴冲龙. 2000. 野外数据采集系统数据字典的研制，地球科学——地质大学学报，24 (5)：539-541.

韩志军，吴冲龙，袁艳斌. 1999b. 地质矿产信息系统开发的标准化. 中国标准化，(11)：7-8.

何珍文. 2008. 地质空间三维动态建模关键技术研究. 武汉：华中科技大学博士学位论文.

何珍文. 2009. 泛型聚类排序 3DR 树批量构建算法. 地理与地理信息科学，(3)：12-15.

何珍文，吴冲龙，刘刚，等. 2012. 地质空间认知与多维动态建模结构研究. 地质科技情报，31 (6)：46-51.

何珍文，吴冲龙，张夏林，等. 2001. 数据库应用程序中通用动态查询实现方法研究. 计算机工程，28 (11)：353-360.

何珍文，郑祖芳，刘刚，等. 2011. 动态广义表空间索引方法. 地理与地理信息科学，27 (5)：9-15.

侯恩科. 2002. 三维地学模拟的若干关键问题研究. 北京：中国矿业大学博士学位论文.

侯恩科，吴立新. 2002. 面向地质建模的三维拓扑数据模型. 武汉大学学报 (信息科学版)，27 (5)：467-472.

侯景儒，黄竞先. 1990. 地质统计学的理论与方法. 北京：地质出版社.

侯景儒，尹镇南，李维明，等. 1998. 实用地质统计学. 北京：地质出版社.

侯卫生，刘修国，吴信才，等. 2009. 面向三维地质建模的领域本体逻辑结构与构建方法. 地理与地理信息科学，25 (1)：27-31.

胡继武. 1995. 信息科学与信息产业. 广州：中山大学出版社.

胡侃，夏绍玮. 1998. 基于大型数据仓库的数据挖掘. 软件学报，9 (1)：53-63.

胡友元，黄杏元. 1988. 计算机地图制图. 北京：测绘出版社.

黄杏元，马劲松，汤勤. 2001. 地理信息系统概论 (修定版). 北京：高等教育出版社.

金之钧，张一伟，王捷. 2003. 油气成藏机理与分布规律. 北京：石油工业出版社.

康铁笙，王世成. 1991. 地质热历史研究的裂变径迹法. 北京：科学出版社.

孔凡臣，丁国瑜. 1991. 山西及邻区水系与黄土冲沟的分形几何学分析结果及其与构造活动的关系. 地震地质，13 (3)：221-229.

郎宝平. 2006. 国家地质调查网络体系建设. 地质调查信息化建设. http://www. cgs. gov. cn/cgiz/xxhis/rdzt/dzdcxxhjs/index. htm [2009-09-10].

雷景生.2003.基于 POSC 平台的油气勘探数据仓库及数据挖掘.计算机工程,29（20）：175-176,190.

李德仁.1995.论全球定位系统（GPS）、数字摄影测量系统（DPS）、遥感（RS）、地理信息系统（GIS）和专家系统（ES）的结合//杜道生.GPS、RS、GIS 的集成与应用.武汉：武汉测绘科技大学出版社：200-209.

李德仁.1997.论 GPS,GPS 与 GIS 集成的定义.遥感学报,1（1）：64-68.

李德仁.1998.论 "GEOMATICS" 的中译名.测绘学报,27（2）：95-98.

李德仁,李清泉.1997.一种三维 GIS 混合数据结构研究.测绘学报,26（2）：121-127.

李德仁,崔巍.2004.空间信息语义网格.武汉大学学报（信息科学版）,29（10）：847-851.

李德仁,李清泉.1998.论地球空间信息科学的形成.地球科学进展,13（4）：319-326.

李德仁,王树良,李德毅.2006.空间数据挖掘理论与应用.北京：科学出版社.

李德仁,易华蓉,江志军.2005.论网格技术及其与空间信息技术的集成.武汉大学学报（信息科学版）,30（9）：757-761.

李德毅,杜鹢.2005.不确定性人工智能.北京：国防工业出版社.

李德毅,刘常昱.2004.论正态云的普适性.中国工程科学,6（8）：28-34.

李建华,边馥苓.2003.工程地质三维空间建模技术及其应用研究.武汉大学学报（信息科学版）,28（1）：25-30.

李峻.2001.GIS 决策支持可视化的研究.武汉：武汉大学博士学位论文.

李明超.2006.大型水利水电工程地质信息三维建模与分析研究.天津：天津大学博士学位论文.

李日荣.2006.含油气盆地点源信息系统中数据集市技术的研究（以赛汉塔拉凹陷为例）.武汉：中国地质大学博士学位论文.

李绍虎.2006.临清拗陷东部油气成藏动力学模拟——三维地质建模研究与应用.武汉：中国地质大学博士学位论文.

李四光.1973.地质力学概论.北京：科学出版社.

李向阳,吴冲龙,汪新庆.2001.分布式地矿点源信息系统的构件化体系结构设计.国土资源科技管理,（6）：41-45.

李新中,赵鹏大,胡光道.1995.基于规则知识表示的模型单元选择专家系统的实现.地球科学——中国地质大学学报,20（2）：173-178.

李星,廖莎莎,周霞,等.2012.基于地壳热结构返揭法的东营凹陷古地热场三维动态模拟.地质科技情报,31（6）：34-40.

李星,吴冲龙,毛小平.2001.盆地超压段非幕式突破期的地热场模型数值解法.地球科学——中国地质大学学报,26（5）：513-516.

李星,吴冲龙,姚书振.2009.盆地地热场和有机质演化动态模拟原理、方法与实践.武汉：中国地质大学出版社.

李裕伟.1998.空间信息技术的发展及其在地球科学中的应用.地学前缘,5（1-2）：335-341.

李章林.2011.精细三维矿体模型智能化动态构建方法研究.武汉：中国地质大学博士学位论文.

李章林,吴冲龙,张夏林,等.2011.基于三维块体模型的矿体动态构模方法.矿业研究与开发,31（1）：60-63.

李之棠,李汉菊.1997.信息系统工程原理、方法与实践.武汉：华中理工大学出版社.

刘刚.2004.资源信息系统中参数化图形设计方法研究.武汉：中国地质大学博士学位论文.

刘刚,韩志军,罗映娟,等.2001.资源勘查信息系统中参数化图形设计方法的应用框架研究.地球科学——中国地质大学学报,26（2）：197-200.

刘刚,汪新庆,李伟忠,等.2002a.资源勘查图件计算机辅助编绘系统的结构分析与开发策略研究.地质与勘探,38(4):60-63.

刘刚,汪新庆,李伟忠,等.2003.工程勘察信息系统中多S集成应用研究.计算机工程,29(3):19-21.

刘刚,翁正平,毛小平,等.2012.基于三维数字地质模型的地质空间动态剪切分析技术.地质科技情报,31(6):9-15.

刘刚,吴冲龙,何珍文,等.2011.地上下一体化的三维空间数据库模型集成管理的设计和应用.地球科学——中国地质大学学报,36(2):367-374.

刘刚,吴冲龙,汪新庆,等.2002b.多S集成技术在土地资源调查中的应用研究.地球科学——中国地质大学学报,27(s):155-160.

刘刚,吴冲龙,汪新庆.2003.计算机辅助区域地质调查野外工作系统研究进展.地球科学进展,18(1):77-84.

刘刚,袁艳斌,吴冲龙.1999.参数化设计方法在地矿图件计算机辅助编绘中的应用.地质科技情报,18(1):93-96.

刘光鼎.2002.回顾与展望——21世纪的固体地球物理.地球物理学进展,17(2):191-197.

刘海滨.2000.油气运移和聚集人工智能模拟系统的研制.武汉:中国地质大学博士后流动站出站报告.

刘军旗.2007.水利水电工程地质三维信息系统研究与应用.武汉:中国地质大学博士学位论文.

刘军旗,綦广,程温鸣,等.2012.滑坡透明化研究与应用——以黄土坡滑坡为例.地质科技情报,31(6):52-58.

刘鲁.1995.信息系统设计原理与应用.北京:北京航空航天大学出版社.

刘少华,刘荣,程朋根,等.2003.一种基于似三棱柱的三维地学空间建模及应用.工程勘察,5:52-54.

刘瑜,朱光喜,尹浩,等.2009.内容分发网发展综述.计算机科学,36(2):11-14.

刘志锋.2011.基于系统动力学的三维油气成藏模拟研究及应用.武汉:中国地质大学博士学位论文.

柳庆武,吴冲龙,李绍虎.2003.基于钻孔资料的三维数字地层格架自动生成技术研究.石油实验地质,25(5):501-504.

鲁学军,秦承志,张洪岩,等.2005.空间认知模式及其应用.遥感学报,9(3):277-285.

吕霞,李丰丹,李健强,等.2012.中国地质调查信息网格平台的分布式空间数据服务技术.地质通报,31(9):1520-1530.

马瑾,汪一鹏,陈顺云,等.2005.卫星热红外信息与断层活动关系讨论.自然科学进展,15(12):1467-1475.

马志光,罗治平.1999.数据仓库、联机分析处理和联机分析开采研究.计算机应用研究,(11):7-11.

毛善军,许友志,张海荣,等.1996.空间地质模型及其可视化系统//中国数学地质.7.北京:地质出版社:186-189.

毛小平.2000.盆地构造三维动态演化模拟系统研制.武汉:中国地质大学博士学位论文.

毛小平,黄延祜,吴冲龙.1998a.体元结构模型在三维地震模型正演模拟研究中的应用.地球物理学报,41(6):833-840.

毛小平,李绍虎,刘刚.1998b.复杂条件下的回剥反演方法——最大深度法.地球科学——中国地质大学学报,23(3):277-280.

毛小平,吴冲龙,袁艳斌.1998c.地质构造的物理平衡剖面法.地球科学——中国地质大学学报,23(2):167-170.

毛小平,吴冲龙,袁艳斌.1999.三维构造模拟方法——体平衡技术研究.地球科学——中国地质大学学报，24（6）：505-508.

毛小平，张志庭，钱真.2012.用角点网格模型表达地质模型的剖析及在油气成藏过程模拟中的应用.
地质学刊，（3）：265-274.

潘常春.2005.计算机主题搜索引擎研究.河池学院学报，25（5）：40-43.

潘懋，方裕，屈红刚.2007.三维地质建模若干基本问题探讨.地理与地理信息科学，23（3）：1-5.

平田隆幸，许晏平.1990.通过破裂实验观察地震现象.北京：地震出版社.

齐安文，吴立新，李冰，等.2002.一种新的三维地学空间构模方法一类三棱柱法.煤炭学报，27
（2）：158-163.

其和日格，韩志军.2003.中国地质调查局地质调查信息化建设.http：//www. cgs. gov. cn/ TASK/
xinxi/index. htm［2005-09-08］.

其和日格，于庆文.1997.加速我国1：5万区调现代化、信息化进程.中国地质，（10）：40-41.

綦广.2011.矿山开采设计三维可视化方法与关键技术研究.武汉：中国地质大学博士学位论文.

强祖基，赁常恭.1998.卫星热红外图像亮温异常——短临震兆.中国科学（D辑），28（6）：564-573.

屈红刚，潘懋，王勇，等.2006.基于含拓扑剖面的三维地质建模.北京大学学报（自然科学版），
42（6）：717-723.

萨师煊.1998.数据仓库技术与联机分析处理.北京：科学出版社.

沙学军，赵刚，徐玉滨.1999.专用数据采集系统的设计与实现.计算机与网络，（23）：26.

邵玉祥.2009.三维地质空间点源数据仓库系统构建及关键技术研究.武汉：中国地质大学博士学位
论文.

沈兆阳.2001.SQL Server 2000 OLAP解决方案——数据仓库与Analysis Services.北京：清华大学出
版社.

石广仁.1994.含油气系统模拟方法.北京：石油工业出版社.

石广仁.1998.油气盆地数值模拟方法.北京：石油工业出版社.

石广仁.2004.油气盆地数值模拟方法.3版.北京：石油工业出版社.

史开泉，崔玉泉.2002.S-粗集和它的一般结构.山东大学学报（理学版），37（6）：471-474.

孙卡.2010.海量地质空间数据的动态调度技术研究.武汉：中国地质大学博士学位论文.

孙卡，吴冲龙，刘刚，等.2011.海量三维地质空间数据的自适应预调度方法.武汉大学学报（信息科
学版），36（2）：140-413.

唐宇，何凯涛，肖侬，等.2003.国家地质调查应用网格体系及关键技术研究.计算机研究与发展，
40（12）：1682-1688.

田宜平.2001.盆地三维数字地层格架的建立与研究.武汉：中国地质大学博士学位论文.

田宜平，袁艳斌，李绍虎，等.2000a.建立盆地三维构造-地层格架的插值方法.地球科学——中国地
质大学学报，25（2）：191-194.

田宜平，刘海滨，刘刚，等.2000b.盆地三维构造—地层格架的矢量剪切原理及方法.地球科学——中
国地质大学学报，25（3）：306-310.

田宜平，毛小平，张志庭，等.2012."玻璃油田"建设与油气勘探开发信息化.地质科技情报，
31（6）：16-21.

仝川，杨景荣，雍伟义，等.2002.锡林河流域草原植被退化空间格局分析.自然资源学报，17（5）：
571-577.

汪集暘，汪缉安.1986.辽河裂谷盆地地壳上地幔热结构.中国科学（B辑），（8）：856-866.

汪明冲，赵军，李玉琳.2006.空间数据库引擎及其解决方案分析.地理信息世界，（4）：63-66.

汪新庆，刘刚，韩志军，等.1998a.地质矿产点源数据库系统的模型库及其分类体系.地球科学——中

国地质大学学报，23（2）：199-204.

汪新庆，刘刚，袁艳斌，等.1998b.岩土工程勘察点源程序信息系统的开发.北京：中国建筑工业出版社.

王良书，施央申.1989.油气盆地地热研究.南京：南京大学出版社.

王笑海.1999.基于三维拓扑格网结构的 GIS 地层模型研究.武汉：中国科学院武汉岩土力学研究所博士学位论文.

王勇，薛胜，潘懋，等.2003.基于剖面拓扑的三维矢量数据自动生成算法研究.计算机工程与应用，39（5）：1-2.

王之卓.1995.遥感、地理信息系统及全球定位系统的发展过程及其集成//RS、GIS、GPS 的集成和应用.北京：测绘出版社：1-8.

韦玉春，汤国安，杨昕，等.2007.遥感图像处理教程.北京：科学出版社.

魏振华.2011.海量地质空间数据一体化存储模型和索引机制研究.武汉：中国地质大学博士学位论文.

翁正平，何珍文，毛小平.2012.三维可视化动态地质建模系统研发与应用.地质科技情报，31（6）：59-66.

翁正平，吴冲龙，毛小平.2002.基于平面图的盆地三维构造-地层格架建模技术.地球科学——中国地质大学学报，26（增刊）：135-138.

吴冲龙.1998a.地质矿产点源信息系统的开发与应用.地球科学——中国地质大学学报，23（2）：193-198.

吴冲龙.1998b.计算机技术与地矿工作信息化.地学前缘，5（2）：343-355.

吴冲龙，何珍文，翁正平，等.2011b.地质数据三维可视化的属性、分类和关键技术.地质通报，30（5）：642-649.

吴冲龙，李星，刘刚，等.1999.盆地地热场模拟的若干问题探讨.石油实验地质，21（1）：1-7.

吴冲龙，李星.2001.多热源叠加的岩层有机质成熟度动态模拟方法.石油与天然气地质，22（2）：187-189.

吴冲龙，刘刚，田宜平，等.2005a.论地质信息科学.地质科技情报，24（3）：1-8.

吴冲龙，刘刚，田宜平，等.2005b.地矿勘查信息化的理论与方法问题.地球科学——中国地质大学学报，30（3）：359-365.

吴冲龙，刘刚.2002.中国"数字国土"工程的方法论研究.地球科学——中国地质大学学报，27（5）：605-609.

吴冲龙，毛小平，田宜平，等.2006a.盆地三维数字构造-地层格架模拟技术.地质科技情报，25（4）：1-8.

吴冲龙，谭照华，李伟忠，等.2006b.三峡库区地质灾害勘察点源信息系统的研发.水文地质工程地质，（2）：123-128.

吴冲龙，牛瑞卿，刘刚，等.2003.城市地质信息系统建设的目标与解决方案.地质科技情报，22（3）：67-72.

吴冲龙，田宜平，张夏林，等.2011.数字矿山建设的理论与方法探讨.地质科技情报，30（2）：102-108.

吴冲龙，汪新庆，刘刚，等.1996.地质矿产点源信息系统设计原理及应用.武汉：中国地质大学出版社.

吴冲龙，王燮培，何光玉，等.2000.论油气系统与油气系统动力学.地球科学——中国地质大学学报，25（6）：604-611.

吴冲龙，王燮培，毛小平，等.1998.油气系统动力学的概念模型与方法原理.石油实验地质，20

（4）：319-327.

吴冲龙，刘海滨，毛小平，等. 2001a. 油气运移和聚集的人工神经网络模拟. 石油实验地质，23（2）：203-212.

吴冲龙，王燮培，毛小平，等. 2001b. 三维油气成藏动力学建模与软件开发. 石油实验地质，23（3）：301-311.

吴冲龙，王燮培，毛小平，等. 1997. 三维海洋油气成藏动力学模拟与评价系统研发中海油重点项目研究报告.

吴冲龙，翁正平，刘刚，等. 2012. 论中国"玻璃国土"建设. 地质科技情报，31（6）：1-8.

吴冲龙，杨起，刘刚，等. 1997. 煤变质作用热动力学分析的原理与方法探讨. 煤炭学报，22（3）：225-229.

吴冲龙，张洪年，周江羽. 1993. 盆地模拟的系统观和方法论. 地球科学——中国地质大学学报，18（6）：741-747.

吴立新，刘善军，吴育华. 2006. 遥感岩石力学引论：岩石受力灾变的红外遥感，北京：科学出版社.

吴立新，史文中，Christopher G M. 2003a. 3D GIS 与 3D GMS 中的空间构模技术. 地理与地理信息科学，19（1）：5-11.

吴立新，殷作如，钟亚平. 2003b. 再论数字矿山：特征、框架与关键技术. 煤炭学报，28（1）：1-7.

吴立新，史文中. 2005. 论三维地学空间构模. 地理与地理信息科学，21（1）：1-4.

武强，徐华. 2004. 三维地质建模与可视化方法研究. 中国科学（D辑）：地球科学，34（1）：54-60.

席永利. 2003. CDN 网络实现. 邮电规划，（6）：24-30.

熊振，王良书，李成，等. 1999. 胜利油气区东营凹陷现今地温场研究. 高校地质学报，5（3）：312-314.

徐冠华，孙枢，陈运泰，等. 1999. 迎接"数字地球"的挑战. 遥感学报，3（2）：85-89.

徐凯，孔春芳. 2002. 遥感影像理解专家系统的设计与实现. 测绘技术装备，（2）：2-4.

杨成杰. 2010. 地学空间三维模型矢量剪切技术研究. 武汉：中国地质大学博士学位论文.

杨成杰，吴冲龙，翁正平，等. 2010. 矢量剪切技术在地质三维建模中的应用. 武汉大学学报（信息科学版），35（4）：419-422.

杨崇俊，王宇翔，王兴玲，等. 2001. 万维网地理信息系统发展及前景. 中国图象图形学报，6（9）：886-894.

杨东来，张永波，王新春，等. 2007. 地质体三维建模方法与技术指南. 北京：地质出版社.

杨甲明，龚再升，吴景富，等. 2002. 油气成藏动力学研究系统概要（中）. 中国海上油气（地质），16（5）：309-316.

杨起，吴冲龙，汤达祯，等. 1996. 中国煤变质作用. 地球科学——中国地质大学学报，21（3）：311-319.

杨桥，漆家福. 2003. 碎屑岩层的分层去压实校正方法. 石油实验地质，25（2）：206-210.

殷国富，陈永华. 2000. 计算机辅助设计技术与应用. 北京：科学出版社.

于国防，杜文龙. 2006. 网页设计中的面向对象编程技术. 计算机技术与发展，（4）：58-60.

於崇文，岑况，鲍征宇，等. 1998. 成矿作用动力学. 北京：地质出版社.

原荣. 1999. 光纤通讯网络. 北京：电子工业出版社.

张洪涛. 2001. 服务国家目标，体现科技创新. 中国地质，28（1）：4-8.

张菊明. 1996. 三维地质模型的设计和显示. 中国数学地质 7. 北京：地质出版社.

张军强，吴冲龙，刘军旗. 2012. 三峡库区灾害地质立体图数据库的设计与实现. 人民长江，43（7）：47-49.

张夏林. 2002. 主题式石油天然气地质勘探点源数据库的研究与开发. 武汉：中国地质大学博士学位论文.

张夏林，蔡红云，翁正平. 2012. 玻璃国土建设中的矿山高精度三维地质建模方法. 地质科技情报，31 (6)：22-27.

张夏林，汪新庆，吴冲龙. 2001. 计算机辅助地质填图属性数据采集子系统的动态数据模型. 地球科学——中国地质大学学报，26 (2)：201-204.

张夏林，吴冲龙，翁正平，等. 2010. 数字矿山软件 (QuantyMine) 若干关键技术的研发和应用. 地球科学——中国地质大学学报，35 (2)：302-310.

张先康，宋建立. 1994. 深部地球物理研究及其在地震预报中的作用. 地震学刊，4：36-40.

张志庭. 2010. 盆地断块构造三维建模与过程可视化技术研究. 武汉：中国地质大学博士学位论文.

章毓晋. 2012. 图像处理和分析技术 (第2版). 北京：高等教育出版社.

赵改善，李剑峰，王于静，等. 2005. 网格计算技术及其在石油勘探开发中的应用前景. 石油物探，4 (5)：413-420.

赵军，李先华. 2001. 北京地区典型地物遥感图像分形研究. 东北测绘，24 (2)：3-7.

赵鹏大，李万京. 1991. 矿产勘查与评价. 北京：地质出版社.

赵鹏大，李紫金，胡旺亮. 1983. 矿床统计预测. 北京：地质出版社.

赵鹏大，孟宪国. 1992. 地质学的定量化问题. 地球科学——中国地质大学学报，17 (S)：51-56.

赵文进，石昭祥. 2006. 网页自适应生成技术与实现. 计算机应用，(1)：307-308，311.

赵英时. 2003. 遥感应用分析原理与方法. 北京：科学出版社.

中国石油天然气总公司勘探局. 1999. 油气资源评价技术. 北京：石油工业出版社.

钟登华，李明超，王刚，等. 2005a. 复杂地质体 NURBS 辅助建模及可视化分析. 计算机辅助设计与图形学学报，17 (2)：284-290.

钟登华，李明超，杨建敏. 2005b. 复杂工程岩体结构三维可视化构造及其应用. 岩石力学与工程学报，24 (4)：575-580.

钟义信. 1988. 信息的科学. 北京：光明日报出版社.

周成虎，鲁学军. 1998. 对地球信息科学的思考. 地理学报，53 (4)：372-380.

周成虎，骆剑承，杨晓梅，等. 1999. 遥感影像地学理解与分析. 北京：科学出版社.

朱大培. 2002. 三维地质建模与曲面带权限定 Delaunay 四面体剖分的研究. 北京：北京航空航天大学博士学位论文.

朱良峰，吴信才，刘修国，等. 2004. 基于钻孔数据的三维地层模型的构建. 地理与地理信息科学，20 (3)：26-30.

朱日祥，1998. 中国主要地块显生宙古地磁视极移曲线与地块运动. 中国科学 (D 辑)，28 (Z1)：1-16.

Abiteboul S，Buneman P，Sueiu D. 2001. Data on the Web：from Relations to Semistructured Data and XML. San Francisco：Morgan Kaufmenn Publishers.

Agterberg F P，Bonham-Cater G F，Chen G Q，et al. 1993. Weights of evidence modeling and weighted logistic regression for mineral potential mapping//Davis J C，Herzfield U C. Computer in Geology-25 years of progress. New York：Oxford University Press：13-32.

Agterberg F P. 1974. Geomathematics. Amsterdam：Elsevier Publishing Company.

Ahsan K，Kundur D. 2002. Practical data hiding in TCP/IP. Proceedings of Workshop on Multimedia Security at ACM Multimedia'02. Juan-les-Pins.

Aitchison J. 1982. The statistical analysis of compositional data (with discussion). J. R. Statist. Soc, ser. B, 44 (2): 139-177.

Berman F, Fox G, Hey A J G. 2003. Grid computing: making the global infrastructure areality. Chichester: John Wiley & Sons.

Berners-Lee T, Hendler J, Lassila O. 2001. The semantic web. Scientific American, 284 (5): 34-43.

Bessis F. 1986. Some remarks on subsidence study of sedimentary basins: application to the Gulf of Lions margin (Western Mediterranean). Marine and Petroleum Geology, (3): 37-63.

Bethke C M. 1985. A numerical model of compaction-driven groundwater flow and heat transfer and its application to the paleohydrology of intracratonic sedimentary basins. Journal of Geophysical Research, 90: 6817-6828.

Blackwell D D. 1971. The thermal structure of the continental crust //Heacock J G. The structure and physical properties of the earth's crust. Washington: American Geophysical Union: 169-184.

Booch G. 1993. Object-oriented analysis and design with applications. 2nd edition. Redwood City: Benjamin Cummings.

Bostick N H, Cashman S M, McCulloh T H, et al. 1978, Gradients of vitrinite reflectance and present temperature in the Los Angeles and Vradiets Basins, California//Oltz D F. Low temperature metamorphism of kerogen and clay minerals. Los Angeles: Society of Economic Palecntologists and Mineralogists: 65-96.

Brdlie K. 1995. Scientific visualizatio-past, present and future. Nuclear Instruments and Method in Physics Research A, 354: 104-111.

Briner A P, Kronenberg H, Mazurek M, et al. 1999. FieldBook and GeoDatabase: tools for field data acquisition and analysis. Computers & Geosciences, 25 (10): 1101-1111.

Brodaric B. 1997. Field data capture and manipulation using GSC Fieldlog v. 30//Soller D R. Proceedings of a workshop on digital mapping techniques: methods for geologic map data capture, management, and publication. United States Geological Survey: 77-100.

Brodaric B. 2004. The design of GSC FieldLog: Ontology-based software for computer aided geological field mapping. Computers & Geosciences, 30 (1): 5-20.

Brodaric B. 2007. Geo-Pragmatics for the geospatial semantic web. Transactions in GIS, 11 (3): 453-477.

Brown W M, Gedleon T D, Groves D I, et al. 2000. A new method for mineral prospectivity mapping. Australian Journal of Earth Sciences, 47 (4): 757-770.

Busse S, Kutsche R D, Leser U, et al. 1999. Federated information systems: concepts, terminology and architectures. Berlin: Berlin Technische University.

Carlson W D, Donelick R A, Ketcham R A. 1999. Variability of apatite fission-track annealing kinetics: I. Experimental results. American Mineralogist, 84: 1213-1223.

Carr G R, Andrew A S, Denton G J, et al. 1999. The "Glass Earth" ——Geochemical frontiers in exploration through cover. Australian Institute of Geoscientists Bulletin, 28: 33-40.

Chakrabarti S, Van den B M, Dom B. 1999. Focused crawling: A new approach to topic-specific web resource discovery. Computer Networks, 31: 1623-1640.

Chaudhuri S, Dayal U. 1997. An overview of data warehousing and OLAP technology. SIGMOD Record, 26 (1): 65-74.

Cheng Q. 1994. Multifractal modeling and spatial analysis with GIS: gold potential estimation in the Mitchell-Sulphurets area, northwestern British Columbia. [pH. D. Dissertation]. University of

Ottawa.

Cheng Q. 1999a. Multifractal interpolation//Lippard S J, Naess A, Sinding-Larsen R. Proceedings of the fourth annual conference of the international association for mathematical geology. Trondheim: 245-250.

Cheng Q. 1999b. Multifractality and spatial statistics. Computers & Geosciences, 25 (9): 949-961.

Cheng Q. 2001. Decomposition of geochemical map patterns on the basis of their scaling properties in order to separate anomalies from background Seoul: Proceedings of the international statistical institute.

Cheng Q. 2004. A new technique for quantifying anisotropic scale invariance and for decomposition of mixing patterns. Mathematical Geology, 36 (3): 345-360.

Chiaruttini C, Roberto V, Buso M. 1998. Spatial and temporal reasoning techniques in geological modeling. Physics and Chemistry of the Earth, 23 (3): 261-266.

Chopra P, Meyer J. 2003. TetFusion: An algorithm for rapid tetrahedral simplification. In IEEE Visualization, 2003: 133-140.

Cignoni P, De Floriani L, Magillo P, et al. 2004. Selective refinement queries for volume visualization of unstructured tetrahedral meshes. IEEE Transactions on Visualization and Computer Graphics, 10 (1): 29-45.

Codd E F, Codd S B, Sally C T. 1993. Beyond decision support. Computer World, (6): 46-50.

Cranor C, Green M, Kalmanek C, et al. 2001. Enhanced streaming services in a content distribution network . IEEE Internet Computing, 5 (4): 66-75.

Czajkowski K, Foster I. 2004. From open grid services infrastructure to WS-resource framework: refactoring & evolution. Berlin: Global Grid Forum.

Dangermond J. 1983. A classification of software components commonly used in geographic information systems//Peuquet D J, O'Callaghan J. Design and Implementation of Computer Based Geographic Information Systems. IGU Commission on Geographical Data Sensing and Data Processing, Amherst New York: 30-51.

Daniel R M, Dianne C. 2000. Visualization of data. Current Opinion in Biotechnology, 11 (1): 89-96.

Dibiase D, MacEachren A M, Krygier J B, et al. 1990. Animation and the role of map design in scientific visualization. Geography and Geographic Information System, 19 (4): 201-214.

Donelick R A, Ketcham R A, Carlson W D. 1999. Variability of apatite fission track annealing kinetics Ⅱ: Crystallographic orientation effects. American Mineralogist, 84: 1224-1234.

Dorigo M. 1992. Optimization, learning and natural algorithm. [Ph. D. Dissertation]. DEI, Politecnico di Milano, Italy.

Duda R O, Hart P E, Konolige K, et al. 1979. A computer-based consultant for mineral exploration: Final Report of SRI project 6415. Artificial Intelligence Center, SRI International.

England W A, Fleet A J. 1991. Petroleum migration. Geological Society of London. Special Publication.

England W A, Mackenzie A S, Mann D M, et al. 1987. The movement and entrapment of petroleum fluids in the subsurface. Journal of the Geological Society, London, 144: 327-347.

Esterle J S, Carr G R. 2003. The glass earth. Australian Institute of Geoscientists News, 72: 1-6.

Forrester J W. 1986. 系统原理. 王洪斌译. 北京: 清华大学出版社.

Foster I, Kesselman C, Nick J M, et al. 2002. Grid service for distributed system integration . IEEE Computer, 35 (6): 37-46.

Foster I, Kesselman C, Tuecke S. 2001. The anatomy of the grid: Enabling scalable virtual organizations. International Journal of High Performance Computing Applications, 15 (3): 200-222.

Foster I, Kesselman C. 1998. The grid: Blueprint for a new computing infrastructure . San Francisco: Morgan Kaufmann Publishers.

Förster A, Merriam D F. 1996. Geologic modeling and mapping. New York: Plenum.

Gahegan M, Luo J, Weaver S D, et al. 2009. Connecting GEON: Making sense of the myriad resources, researchers and concepts that comprise a geoscience cyberinfrastructure. Computers & Geosciences, 35 (4): 836-854.

Garland M, Heckbert P S. 1997 . Surface simplification using quadric error metrics. Proceedings of SIG-GRAPH 97. Los Angeles: ACM SIGGRAPH: 209-216.

Garland M, Zhou Y. 2005. Quadric-based simplification in any dimension. ACM Transactions on Graphics, 24 (2): 209-239.

Gelder A V, Verma V, Wilhelms J. 1999 . Volume decimation of irregular tetrahedral grids. In Computer Graphics International: 222-231.

Gleadow A J, Duddy I R, Lovering J F. 1983. Fission track analysis: A new tool for the evolution of thermal histories and hydrocarbon potential. Australian Petroleum Exploration Association Journal, 23: 93-102.

Goodchild M. 1992. Geographic information science. International Journal of Geographical Information System, 6 (1): 1-45.

Goodchild M. 1995. Future directions for geographic information science. Geographic Information Science, (1): 1-7.

Gore A. 1998. The digital earth: understanding our planet in the 21st century. The Australian Surveyor, 43 (2): 89-91.

Grady B. 1993. Object-Oriented Analysis and Design with Applications.

Green P F, Duddy I R, Lastett G M, et al. 1989. Thermal annealing of fission tracks in apatite (4): Quntitatixe modeling techniques and extension to geological timescales. Chemical Geology, 79: 155-182.

Groot R. 1991. Education and training in Geomatics in Canada. CISM Journal, 45 (3): 365-382.

Gruber T R. 1995. Toward principles for the design of ontologies used for knowledge sharing. International Journal of Human-Computer Studies, 43 (5-6): 907-928.

Guo T, Michalewicz Z. 1998. Evolutionary algorithms for the TSP//Eiben A E, et al. Proceedings of the 5th parallel problem soving from nature conference. Lecture Notes in Computer Science 1498, Berlin: Springer: 803-812.

Haldorsen H H, Macdonald C J. 1987. Stochastic modelling of underground reservoir facies. SPE Paper16751. Proceedings of 62nd SPE Annual Technical Conference and Exhibition. Dallas: 99-113.

Halevy A Y. 2000. Answering queries using views: A survey. The VLDB Journal, 10 (4): 270-294.

Han J, Kamber M. 2001. Data mining: concepts and techniques. San Francisco: Academic Press.

Hanson B. 2011. Ontological relations and spatial reasoning in earth science ontologies//Sinha A K, Arctur U D, Jackson I. et al. Societal Challenges and Geoinformatics, Geolgical Society of America, Special Paper 482: 13-28.

Harbaugh J W, Bonham-Carter G. 1980. Computer simulation in geology. New York: Wiley-Interscience.

Hardy R L. 1971. Multiquadric equations of topography and other irregular surfaces. J. Geophys. Res. ，
　　76 (8)：1905-1915.

Hawkes D D. 1992. Goldfinder：A knowledge-based system for mineral prospecting. Journal of the Geo-
　　logical Society，149：465-471.

Hawkins J K. 1970. Textural properties for pattern recognition. //Lipkin B C，Rosenfeld A. Picture
　　Processing and Psychopictorics. New York：Academic Press：347-370.

He Z W，Kraak M J，Huisman O，et al. 2013. Parallel indexing technique for spatio-temporal data. IS-
　　PRS Journal of Photogrammetry and Remote Sensing，78：116-128.

He Z W，Liu G，Weng Z P，et al. 2010. R-Lists：A dynamic spatial index structure based on
　　generalized lists. 2th International Conference On Tuture Computer ＆ Communication /IEEE，2
　　(9)：553-556.

He Z W，Wu C L，Tian Y P，et al. 2008. Three-dimensional reconstruction of geological solids based
　　on section topology reasoning. Geo-spatial Information Science，11 (3)：201-208.

He Z W，Wu C L，Wang C. 2007. Progressive simplification of general meshes in geological modeling.
　　Proceedings of IAMG2007 geomathematics and GIS analysis of resources，environment and hazard：
　　739-742.

He Z W. 2007. Progressive Simplification of General Meshes in Geological Modeling. Beijing：2007
　　IAMG：739-745.

Hermanrud C S. 1993. Basin Modeling Tecniques—an overview// Dore A G，et al. Basin Modeling：
　　Advances and Applications. Amsterdam：Elsevier：1-34.

Hindle A D. 1997. Petroleum migration pathways and charge concentration//a three-dimensional model.
　　AAPG Bulletin，81 (9)：1451-1481.

Houlding S W. 1994. 3D Geoscience modeling-computer techniques for geological characterization .
　　Berlin：Springer-Verlag.

Huang Y F，Tang S，Yuan J. 2011c. Steganography in inactive frames of VoIP streams encoded by
　　source codec. IEEE Transactions on Information Forensics and Security，6 (2)：296-306.

Huang Y F，Tang S，Zhang Y. 2011b. Detection of covert voice over Internet protocol communications using
　　sliding window-based steganalysis . IEE/IET Journal，IET Communications，5 (7)：929-936.

Huang Y，F，Tang S，Bao C，et al. 2011a. Steganalysis of compressed speech to detect covert voice
　　over Internet protocol channels. IEE/IET Journal，IET Information Security，5 (1)：26-32.

Huber P J. 1981. Robust Statistics. New York：John Wiley ＆ Sons Inc.

Huber R，Klump J，Gotz S. 2003. A tree for rocks-hierarchies in stratigraphic databases. Computers ＆
　　Geosciences，29 (7)：921-928.

Huber R，Klump J. 2009. Charting taxonomic knowledge through ontologies and ranking algorithms.
　　Computers ＆ Geosciences，35 (4)：862-868.

Hunt J M. 1990. Generation and migration of petroleum from abnormally pressured fluid compartment.
　　AAPG Bulletin，74 (1)：1-12.

Inmon W H. 1994. Using the Data Warehouse. New York：John Wiley ＆ Sons Inc.

ISO/TC 211. 1996. ISO 19106 Geographic information-Terminology. Oslo：International Organization
　　for Standardization.

Jackson I，Wyborn L. 2008. One planet：OneGeology? The Google Earth revolution and the geological
　　data deficit. Environmental Geology，53 (6)：1377-1380.

Jackson I. 2005. Managing and exploiting the geoscience data legacy. Toronto: Proceedings of IAMG'05: GIS and Spatial Analysis.

Jackson I. 2007. OneGeology—Making geological map data for the earth accessible. Episodes, 30 (1): 60-61.

James M. 1977. Computer database organizations (2nd Edition). Prentice-Hall.

Johnson B D, Bradbury R. 1991. The national resource information centre: its role in the identification, access and integration of resource information in support of government decision making processes and in geoscience research. Abstracts-Geological Society of Australia, 30: 109-110.

Kamel I, Faloutsos C. 1993. On packing R-tres. Proceedings of the 2nd conference on information and knowledge management (CIKM). Washington: 490-499.

Kamel I, Faloutsos C. 1995. Hilbert R-Tree: an improved R-tree using fractals//Bocca J B. Proceedings of the 20th International Conference on Very Large DataBases. San Francisco: Morgan Kaufmann Publishers Inc: 500-509.

Keller G R, Baru C. 2011. Geoinformatics-Cyberinfrastructure for the Solid Earth Sciences. Cambridge: Cambridge University press.

Kim W, Chol L, Gala S, et al. 1993. On resolving schematic heterogeneity in multidatabase systems. Distributed and Parallel Databases, 1 (3): 251-279.

Kinsman D J J. 1975. Rift valley basin and sedimentary history of traling continental margins//Fisher A G, Judson S S. Petroleum and global tectonics. Princeton: Princeton Univesty Press: 83-126.

Kokla M, Kavouras M. 2005. Semantic information in geo-ontologies: Extraction, comparison, and reconciliation//Spaccapietra S, Zimányi E. Journal on Data Semantics III, Lecture Notes in Computer Science 3534. Springer-Verlag Berlin & Heidelberg: 125-142.

Kruger I H, Mathew R. 2004. Systematic development and exploration of service-oriented software architectures. Proceedings of the 4th Working IEEE/IFIP Conference on Software Architecture. Oslo: 177-187.

Laxton J L, Becken K. 1995. The design and implementation of a spatial database for The production of geological maps. Computers & Geosciences, 22 (7), 723-733.

Leonard J E. 1989. Basin modeling economic tool for locating hydrocarbons. American Oil Gas Reporter, 32 (11): 11-15.

Lerche I. 1990. Basin analysis: quantitative methods (Volume II). San Francisco: Academic Press.

Li S G. 1973. The conspectus of geological mechanics. Beijing: Press of Science.

Li S, Ephremides A. 2005. A covert channel in MAC protocols based on splitting algorithms. IEEE Wireless Communications and Networking Conference. , 2: 1168-1173.

Li X, Wu C L, Cai S H, et al. 2013. Dynamic simulation and 2D multiple scales and multiple sources within basin geothermal field. International Journal Oil, Gas and Coal Technology, 6 (1/2): 103-119.

Liboutry L. 1982. Tectonophysique et geodynamique, Une synthese, geologie structurale. Geophysique interne. Masson, Paris.

Liu G, Tang B Y, Wu C L, et al. 2013. 3D simulation of hydrocarbon-expulsion history: a method and its application. International Journal Oil, Gas and Coal Technology, 6 (1/2): 133-157.

Liu G, Wu C L, Li W Z, et al. 2005. GeoSurvey: A computer-aided geological survey system based on multi-S integration and tablet portable computer. Proceedings of IAMG'05, Toronto: 898-903.

Liu G, Wu C L, Liu J Q, et al. 2006a. Computer-aided parametric design of dividable borehole histogram. Proceedings of IAMG'06: Quantitative Geology from Multiple Sources, Liege: 14-17.

Liu G, Wu C L, Tian Y P, et al. 2010. Design and integrated application of geological hazard information 3D visualization and analysis system in three gorges reservoir area. Proceedings of 2nd Conference on Environmental Science and Information Application Technology, 1: 391-395.

Liu G, Yu L, Wu C L, et al. 2006b. A new type of field geological sketch system based on GIS and electronic ink techniques. Proceedings of IAMG'06: Quantitative Geology from Multiple Sources, Liege: 11-26.

Liu Z F, Wu C L, Wei Z H. 2013. Research on 3D numerical simulation of petroleum pool-forming based on system dynamics. International Journal Oil, Gas and Coal Technology, 6 (1/2): 158-174.

Lopatin N V. 1971. Temperature and geologic time as factors in carbonlification (in Russian). Bulletin of the Academy of Sciences of the U. S. S. R. Geologic series, 3: 95-106.

Lopatin N V, Bostick N H. 1974. The geological factors in coal catagenesis. Illinois Geol Survey Reprint.

Loudon T V. 2000. Geoscience after IT: a view of the present and future impact of information technology on geoscience. Oxford: Elsevier.

Ludäscher B, Lin K, Brodaric B. 2003. GEON: toward a cyberinfrastructure for the geosciences-a prototype for geological map interoperability via domain ontologies. Proceedings of Workshop on Digital Mapping Techniques'03. Millersville: 223-229.

Ma X G. 2011. Ongtology spectrum for geological data interoperability. PhD. dissertation, Faculty of Geo-Information Science and Earth Observation (ITC), University of Twente.

Ma X G, Asch K, Laxton J L, et al. 2011. Data exchange facilitated. Nature Geoscience, 4 (12): 814.

Ma X G, Carranza E J M, Van der Meer, et al. 2010. Algorithms for multiparameter constrained compositing of borehole assay intervals from economic aspects. Computers & Geosciences, 36 (7): 945-952.

Ma X G, Carranza E J M, Wu C, et al. 2012. Ontology-aided annotation, visualization, and generalization of geological time-scale information from online geological map services. Computers & Geosciences, 40: 107-119.

MacEachren A M. 1998. Visualization-cartography for the 21st century. Proceedings of the 7th Annual Conference of Polish Spatial Information Association. Warsaw, Poland: 287-296.

Mallet J L. 1989. Discrete smooth interpolation. ACM Transactions on Graphics, 8 (2): 212-144.

Mallet J L. 1992. Discrete smooth interpolation in geometric modeling . Computer Aided Design, 24: 199-219.

Mandelbrot B B. 1983. The fractal geometry of nature/Revised and enlarged edition. New York: WH Freeman and Company.

Mao X P. 2013. Quantitative simulation and analysis of hydrocarbon pool-forming processes in Tahe oilfield, Tarim basin. International Journal Oil, Gas and Coal Technology, 6 (1/2): 191-206.

Matheron G. 1971. The theory of regionalized variables and its application. Les Cahiers du Centre de Morphologie Mathematique de Fountainbleau, Fascicule. 5. Ecole Nationale Superieure des Mines de Paris, Fontainebleau.

McCormick B H, Defanti T A, Brown M D. 1987. Visualization in scientific computing. Computer Graphics, 21 (6): 103-111.

McGuinness D L. 2003. Ontologies come of age//Fensel D, Hendler J, Lieberman H, et al. Spinning the semantic web: bringing the world wide web to its full potential. Cambridge: MIT Press: 171-196.

Mckenzie D P. 1978. Some remarks on the develoment of sedimentary basins: Earth and Planetary Science. Letters, 48: 25-32.

Minor M, Koppen S. 2005. Design of geologic structure models with case based reasoning. Lecture Notes in Computer Science (including subseries Lecture Notes in Artificial Intelligence and Lecture Notes in Bioinformatics), 3698 (9): 79-91.

Morgen P. 1984. Structure and evalution of the continental lithosphere// Pollack H N, Murthy V R. Physics and Chemistry of the Earth. 15. Oxford: Pergamon Press: 107-193.

Morgen P, Sass J H. 1984. Thermal regime of the continental lithosphere J. Geodynamics, 1: 143-166.

Murdoch S J, Lewis S. 2005. Embedding covert channels into TCP/IP. Data Hiding, 26: 247.

NADM Steering Committee. 2004. NADM Conceptual Model 1. 0—A conceptual model for geologic map information. Open-File Report 2004-1334, U. S. Geological Survey, Reston, VA, USA.

Naeser N D, Naeser C W, McCulloh T H. 1989. The application of fission track dating to the depositional and thermal history of rock in sedimentary basin. Thermal History of Sedimentary Basins: Methods and Case Histories. New York: Springer Verlag.

Neuendorf K K E, Mehl J J P, Jackson J A. 2005. Glossary of geology (5th edition). Alexandria: American Geological Institute.

Nina S N. 1990. Description and Measurement of Landsat TM Images Using Fractal. Photogrammetric Engineering & Remote sensing, 56 (2): 187-195.

Notley K R, Wilson E B. 1975. Three dimensional mine drawings by computer graphics. CIM Bulletin, 2: 60-64.

Okubo P G, Aki K. 1987. Fractal geometry in the San Andreas fault system. Journal of Geophysical Research: Solid Earth (1978-2012), 92 (B1): 345-355.

Ozkaya I. 1991. Computer simulation of primary oil migration in Kuwait. Journal of Petroleum Geology, 14 (1): 37-48.

Pawlak Z. 1982. Rough sets. International Journal of Computer and Information Sciences, (11): 341-356.

Perrin M. 1998. Geological consistency: an opportunity for safe surface assembly and quick model exploration. 3D Modeling of Natural Objects, A Challenge for the 2000's, 3 (6): 4-5.

Perrin M, Zhu B T, Rainaud J F, et al. 2005. Knowledge-driven applications for geological modeling. Journal of Petroleum Science and Engineering, 47 (1-2): 89-104.

Piegl L A, Tiller W. 1997. The NURBS book (2nd edition). Berlin: Springer.

Pollack H N, Chapman D S. 1977. Mantie heat flow, Earth Planet. Sci. Lett, 34: 174-184.

Popovic J, Hoppe H. 1997. Progressive simplicial complexes. Proceedings of SIGGRAPH 97. ACM SIGGRAPH: 217-224.

Pratt P J, Adamski J J. 2012. The concepts of database management, 7th Edition, Boston: Course Technology.

Quintard M, Bernard D. 1986. Free convection in sediments// Burrus J. Themal modeling in sedimentary basins. Paris: Editions Technip: 271-286.

Rabinowicz M, Dandurand J L, Jakubowski M, et al. 1985. Convection in a North Sea oil reservoir: inferences on diagenesis and hydrocarbon migration. Earth and Planetary Science Letters, 74:

387-404.

Raskin R G, Pan M J. 2005. Knowledge representation in the semantic web for earth and environmental terminology (SWEET). Computers & Geosciences, 31 (9): 1119-1125.

Reddy R K T, Bonham-Carter, G F, Wright D F. 1990. GIS for mapping mineral resource potential: Preliminary results of base-metal study, Snow Lake area, Manitoba. Proceedings of GIS for the 1990's Conference, Ottawa, Canada: 384-400.

Ren J S, Wu C L, Mu X, et al. 2013. Quantitative evaluation methods of traps based on hydrocarbon pool-forming process simulation. International Journal Oil, Gas and Coal Technology, 6 (1/2): 175-190.

Renze K J, Oliver J H. 1996. Generalized unstructured decimation. IEEE Computer Graphics & Applications, 16 (6): 24-32.

Richard C B, Stephen J M, Holger K, et al. 2011. Synopsis of Current Three-dimensional Geological Mapping and Modeling in Geological Survey Organizations. University of Illinois Board of Trustees. All rights reserved. For permissions information, contact the Illinois State Geological Survey.

Roberto V, Chiaruttini C. 1999. Modeling and reasoning techniques in geologic interpretation. IEEE Transactions on Systems, Man, and Cybernetics Part A: Systems and Humans. 29 (5): 460-473.

Roda C, Jennings N R, Mamdani E H. 1991. The Impact of heterogeneity on cooperating agents. Anaheim: Proceedings of AAAI Workshop on Cooperation among Heterogeneous Intelligent Systems.

Rossack W. 1991. Some thought on system integration: a conceptual framework. Journal of System Integration, (1): 97-114.

Royden L, Keen C E. 1980. Rifting process and thermal evolution of continental margin of eastern Canada determined from subsidence curves. Earth and Planetary Science Letters, 51 (2): 343-361.

Rumbaugh J, Blaha M, Premerlani W, et al. 1991. Object-Oriented Modeling and Design. New York: Prentice-Hall.

Sass J H, et al. 1981. Heat flow from the crust of the United State, Chapter 13// Toulou Y S, Judd W R, Ror R F. Physical Properties of rocks and Minerals. New York: McGraw-Hill.

Schaffer J D. 1985. Multiple objective optimization with vector evaluated genetic algorithms. Proceedings of the First International Conference on Genetic Algorithms. Pittsburgh: 93-100.

Scheidegger A E. 1958. Principles of Geodynamics. New York: Springer-Verlag.

Scheidegger A E. 1963. Principles of Geodynamics (2nd). Berlin: Springer-Verlag.

Schoniger M, Dietrich J, Hattermann F. 2002. Geological reconstruction using conditional stochastic simulation for uncertainty analyses of water resources management. IAHS-AISH Publication, 273: 163-168.

Schroeder W J, Zarge J A, Lorensen W E. 1992. Decimation of triangle meshes. Proceedings of SIGGRAPH'92, 26 (2): 65-70.

Sellke S H, Wang C, Bagchi S, et al. 2009. TCP/IP timing channels: theory to implementation. Proceedings of the 28th IEEE International Conference on Computer Communications. Rio de Janeiro: 2204-2212.

Sen M, Duffy T. 2005. GeoSciML: development of a generic geoscience markup language. Computers & Geosciences, 31 (9): 1095-1103.

Shannon C E, Weaver W. 1964. The Mathematical theory of communication. URBANA: The University of Illinois Press.

Shaw M, Garlan D. 1996. Software Architecture: perspectives on an emerging discipline. New Jersey: Prentice Hall.

Sinha A K, Arctur D, Jackson I, et al. 2010a. Societal challenges and geoinformatics. Geological Society of America, Special Paper 482.

Sinha A K, Malik Z, Rezgui A, et al. 2010b. Geoinformatics: transforming data to knowledge for geosciences. GSA Today, 20 (12): 4-10.

Smith B, Mark D M. 1998. Ongtology and geographic kinds. Proceedings of 8th international symposium on spatial data handling (SDH 98). Vancouver: 308-320.

Smith B, Mark D M. 2001. Ontology with human subjects testing: an empirical investigation of geographic categories. International Journal of Geographical Information Science, 15 (7): 591-612.

Staadt O G, Gross M H. 1998. Progressive tetrahedralizations. IEEE Visualization 98 Conference Proceedings, Los Alamitos: 397-402.

Storn R, Price K. 1995. Differential evolution-a simple and efficient heuristic for global optimization over continuous spaces, Technical Report TR-95-012. Berkeley: International Computer Science Institute.

The University of Edinburgh. 2009. Applications Using OGSA-DAI. http://www. ogsada. iorg. uk/applications/index. php [2011-09-10].

Tian Y P, Zhang P, Mao X P, et al. 2013. A method of calculating hydrocarbon generation history-hydrogen index method (TTPCI-IH method). International Journal Oil, Gas and Coal Technology, 6 (1/2): 120-132.

Tipper J C. 1976. The study of geological objects in three dimensions by the computerized reconstruction of serial sections. Geology, 84 (4): 476-484.

Tissot B P, Pelet R, Ungerer P. 1987. Thermal history of sedimentary basin. Maturation Indices, and Kinetics of oil and gas generation. AAPG Bulletin, 71: 1445-1466.

Trotts I J, Hamann B, Joy K I, et al. 1998. Simplification of tetrahedral meshes. IEEE Visualization, 98: 287-296.

Trotts I J, Hamann B, Joy K I. 1999. Simplification of tetrahedral meshes with error bounds. IEEE Transactions on Visualization and Computer Graphics, 5 (3): 224-237.

Ungerer P, Bessis F, Chenet P Y, et al. 1984. Geological and geochemical models in oil exploration: principles and practical examples//Demaison. Petroleum geochemistry and basin evaluation. American Association of Petroleum Geologists, Memoir No. 35: 53-77.

Ungerer P, Burrus J, Doligez B, et al. 1990. Basin evaluation by integrated two-dimensional modeling of heat transfer, fluid flow, hydrocarbon generation, and migration. AAPG Bulletin, 74 (3): 309-335.

Vistelius A B. 1989. Principles of mathematical geology. Dordrecht: Kluwer Academic Publishers.

Waples D W. 1994. The modeling of sedimentary basin and petroleum system//Magoon L B. The Petroleum System: From Source to Trap. AAPG Memoir No. 60: 307-322.

Widom J. 1995. Research problems in data warehousing. Proceedings of the 4th International Conference on Information and Knowledge Management . Baltimore: 25-30.

Wiederhold G. 1992. Mediators in the architecture of future information systems. IEEE Computer, 25 (3): 38-49.

Wiener N. 1985. Cybernetics (2nd edition). Cambridge: MIT Press.

Willet S D, Chapman D S. 1987. Temperatures, fluid flow and thermal history of the Uinta basin// Doligez B. Migration of hydrocarbons in sedimentary basins. Paris: Editions Technip: 533-552.

Williams F N. 1996. Three-dimensional subsurface characterization using geoscientific information systems in the Springfield-Harrison 1: 250 000 Map Quadrangles, Missouri and Arkansas. Colorado School of Mines, Golden, CO, USA.

Wood D A. 1988. Relationships between thermal maturity indices calculated using arrhenius equation and lopatin method. AAPG, 72: 115-134.

Wood M, Brodlie K. 1994. ViSC and GIS: some fundamental considerations//Hearnshaw H M, Unwin D J. Visualization in Geographical Information Systems. London: John Wiley & Sons.

Wu C L, Li S T, Cheng S T. 1991. The Statistical prediction of the vitrinite reflectance and study of ancient geothermal field in songliao basin, China. Journal of China University of Geosciences, 2 (1): 91-101.

Wu C L, Li W Z, Cheng W M, et al. 2006. Research and development of GeoHazard: a geological hazard exploration information system of the Three Gorges Reservoir area. Proceedings of IAMG′06, Liège-Belgium: S9-30.

Wu C L, Liu G, Tian Y P, et al. 2005 . GeoView: A computer-aided system for informatization of geological and mineral resources survey and exploration works. Proceedings of IAMG′05: GIS and Spatial Analysis, Toronto: 958-963.

Wu C L, Liu G, Tian Y P, et al. 2007. Discussion about the informatization of geological survey and mineral resources exploration. Proceedings of IAMG′07: Geomathematics and GIS Analysis of Resources, Environment and Hazards, Beijing: 773-777.

Wu C L, Liu G, Weng Z P, et al. 2006. Discussion on geological information science . Proceedings of IAMG′06, Liège-Belgium: S11-33.

Wu C L, Mao X P, Song G Q, et al. 2013. Three-dimensional oil and gas pool-forming dynamic simulation system: principle, method and applications. International Journal Oil, Gas and Coal Technology, 6 (1/2): 4-30.

Wu C L, Yang Q, Zhu Z D, et al. 2000. Thermodynamic analysis and simulation of coal metamorphism in Fushun Basin, China. International Journal of Coal Geology, 44: 149-168.

Wu L X, Yang K M, Qi A W, et al. 1999. Information classification & management for MGIS and digital mine. Proceedings of International Symposium on Digital Earth: Towards digital earth. Beijing: 999-1004.

Wu Q, Xu H, Zou X K. 2005. An effective modeling for 3D geolojical modeling With multi-source data integration. Computer & Geosciences, 31 (1): 35-43.

Wu Q, Xu H. 2003. An approach to computer modeling and visualizatiom of geological faults 3D. Computer & Geosciences, 29 (4): 503-509.

Xiao B, Huang Y, Tang S. 2008. An approach to information hiding in low bit-rate speech stream. Processings of 2008 IEEE Global Communications Conferences (GlobeCom). New Orleans: 371-375.

Xue Y, Sun M, Ma A N. 2004. On the reconstruction of three-dimensional complex geological objects using Delaunay triangulation. Future Generation Computer Systems, 20: 1227-1234.

Yamada R, Yoshioka T, Watanabe K, et al. 1998. Comparison of experimental techniques to increase the number of measurable confined tracks in zircon. Chemical Geology, 149 (1/2): 99-107.

Zadeh L A. 1965. Fuzzy sets. Information and Control, 8 (3): 338-353.

Zander S，Armitage G，Branch P. 2007. Covert channels and countermeasures in computer network protocols. IEEE Communications Magazine，45（12）：136-142.

Zhang Z T，Wu C L，Mao X P，et al. 2013. A research on method and technique of 3-D dynamic structural evolution modeling of fault basin. International Journal Oil，Gas and Coal Technology，6（1/2）：40-62.

Zheng L，Li D R，Wei S F. 2006. The application and research of an improved event-based spatio-temporal data model. Proceedings of SPIE-The International Society for Optical Engineering. Geoinformatics 2006：Geospatial Information Science：6420-6429.

Zitzler E，Thiele L. 1999. Multi-objective evolutionary algorithms：A comparative case study and the strength Pareto approach. IEEE Transactions on Evolutionary Computation，3（4）：257-271.

Гзовский М В. 1975. Основы тектонофизикий . Москва，"Наука".